Theodor Simon Flatau

Nasen-, Rachen- und Kehlkopfkrankheiten

ein Lehrbuch für Ärzte und Studierende

Theodor Simon Flatau

Nasen-, Rachen- und Kehlkopfkrankheiten
ein Lehrbuch für Ärzte und Studierende

ISBN/EAN: 9783743472778

Hergestellt in Europa, USA, Kanada, Australien, Japan

Cover: Foto ©berggeist007 / pixelio.de

Weitere Bücher finden Sie auf **www.hansebooks.com**

NASEN-, RACHEN-

UND

KEHLKOPFKRANKHEITEN

EIN

LEHRBUCH FÜR STUDIERENDE UND ÄRZTE

———

VON

DR. THEODOR S. FLATAU

IN BERLIN

———

MIT 53 ABBILDUNGEN IM TEXTE

LEIPZIG
JOHANN AMBROSIUS BARTH
(ARTHUR MEINER)
1895

Vorwort.

Als ich, dem Antrage der Verlagshandlung folgend, diese Arbeit begann, war eine die Gebiete zusammenfassende Darstellung der Nasen-, Rachen- und Kehlkopfkrankheiten noch ohne Vorbild und ich war mir der Schwierigkeit dieses Unternehmens nicht so bewusst, als ich es in seinem Verlauf geworden bin. So bin ich am allerwenigsten blind gegen viele Schwächen, die aus dem Streben nach Beibehaltung des Grundplans auf der einen und nach Kürze und Auswahl auf der anderen Seite hervorgegangen sind. Die gewöhnlichen Untersuchungsmethoden setzte ich als bekannt voraus; ferner hielt ich es für angemessen, Gegenstände, die bei uns ausschliesslich der allgemeinen Chirurgie zufallen, nur insoweit zu bearbeiten, als es für das Verständnis der rhinolaryngologischen Dinge nötig ist. Daher konnte ich trotz des verhältnismässig kleinen Umfanges das praktisch Wichtigere ausführlicher behandeln. Vielleicht ist es mir gelungen, dazu beizutragen, dass die vielen Unterlassungssünden sich mindern, die Unkenntnis und Unterschätzung unseres Sondergebietes noch immer im Gefolge haben. Nicht weniger wichtig erschien mir die Pflicht, vor jener unheilvollen Vielgeschäftigkeit zu warnen, die örtlich behandelt und operiert, ohne Indikation, Erfolg und Schwere des Eingriffs zu ermessen. Zwischen diesen Klippen hindurch windet sich die beschwerliche Fahrstrasse zu einer richtigen und segensreich wirkenden rhinolaryngologischen Therapie.

Nicht alle braven Lotsen, kaum jene Kühnen, die die ersten Fahrten ohne Leitstern gewagt, konnten in der Darstellung gebührend genannt werden.

Es ist mir Pflicht, voll Dankbarkeit der Schöpfer und Förderer unserer Wissenschaft an dieser Stelle zu gedenken.

Berlin, Februar 1895.

Der Verfasser.

Inhaltsverzeichnis.

Erstes Kapitel.

Bildungsfehler und -abweichungen.

Die Formfehler, die ihr Dasein nachweislichen Krankheitsprozessen verdanken, finden an dieser Stelle keine Besprechung. Indessen sind die Abweichungen, die durch den Gang der natürlichen Entwickelung gesetzt werden, aus zwei Gründen einer genaueren Erörterung würdig. Einmal können sie dieselben Ergebnisse und Verrichtungsstörungen zur Folge haben wie die auf krankhafter Grundlage entstandenen. Sie bilden dann eine der Heilung bedürftige und zumeist auch günstige Gruppe von Störungen. Somit ist ihre Kenntnis auch da notwendig für die richtige Erkenntnis; jene bildet die Voraussetzung, um die in weiten Grenzen schwankenden Einzelabweichungen zu scheiden von dem Krankhaften. Es wird sich zeigen, dass hier keine scharfen Grenzen möglich sind. Es ist ein weit umgrenztes Übergangsgebiet, um das es sich handelt. Die einzelnen Gegenstände der Untersuchung können durch die anwachsende Zahl der Beobachter und der Kranken noch täglich vermehrt werden, wenn nur anatomische und klinische Untersuchung sich zweckgemäss verbindet.

Die Befunde dieser Gruppe lassen sich ungezwungen in zwei grosse Hauptteile unterordnen: übermässige Bildungen, zu denen wir auch die Doppelbildungen und die überzähligen rechnen, und mangelhafte Bildungen. Zu diesen gehören eine Reihe der angeborenen Spalten, sowie der Verschlüsse. Übergangsformen, die sich bald zu beiden, bald zu keinem dieser Hauptteile rechnen lassen, sind die Abweichungen von der Symmetrie und einzelne Spielarten heterotopischer Art, wie z. B. der Befund von Zähnen in der Nase oder von strumösem Gewebe am Zungengrunde, und dergleichen.

Noch ziemlich wenig untersucht ist das gegenseitige Verhältnis, in dem die Nasen- und die Rachenhöhle zum Kehlkopftrachealrohr bei diesen

Anomalieen stehen. Ein Teil davon ist meist Gegenstand chirurgischer Untersuchung, und so mag auf feinere Nebenbefunde in den Nachbarorganen klinisch selten gefahndet werden.

Wir wissen, dass asymmetrische Bildungen ungemein häufig in der Nase vorkommen, erst viel später und seltener sind sie im Nasenrachenraum, in der Hinternasengegend, im Kehlkopfknorpelsystem entdeckt. Wir wissen aber noch wenig oder nichts von den gegenseitigen Beziehungen, der grösseren oder geringeren Häufigkeit des gemeinsamen Vorkommens dieser Abweichungen, wenn auch schon jetzt ausgesprochen werden kann, dass spätere, weil verständnisvollere Untersuchungen häufiger als bisher etwa gleichzeitige Verschluss- oder Spaltbildungen der drei Höhlensysteme werden nachweisen lassen.

Schon das Entwicklungsleben des Kindesalters, in noch mächtigerem Grade und in kürzerer Zeit die Pubertätsperiode, berühren das gegenseitige Grössenverhältnis der Organe. Bei dem Neugeborenen und Säugling sind die Ansatzröhren, so weit sie den Saugapparat bilden, am mächtigsten entwickelt. Die Nase tritt zurück, wir werden noch sehen, dass die Nasenhöhle enger und absolut kleiner gebaut ist, als beim Erwachsenen. Der Kehlkopf ist eng an und sogar unter das Zungenbein gezogen[1]), so dass dieses verhältnismässig grösser erscheint. Der Kehldeckel des Kindes[2]) bildet eine stark gesenkte, oben stark konvex gekrümmte und seitlich zusammengedrückte Rinne, deren oberster Rand in eine Spitze ausläuft. Der Stimmfortsatz existiert noch nicht; die knorpelige und die ligamentöse Glottis sind gleich lang. Die Stimmbänder sind im Verhältnis zur Kehlkopfgrösse ausserordentlich klein, weil

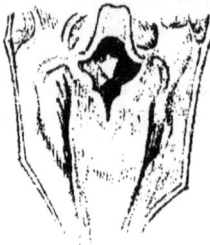

Fig. 1.
Kehlkopf eines 1³⁄₄jährigen Kindes.
(Nach Luschka.)

die Sagittaldurchmesser kleiner sind als die Frontalen. Dieser Umstand[3]) wird aber durch ihre grössere Dicke, Plumpheit und Rundheit kompensiert. Die Grösse des Ansatzrohres bewirkt das durchdringend grelle Timbre der Stimme beim Neugeborenen, die absolute Kleinheit, die geringe Vollheit, die Dünne. Die Lage des kindlichen Organs ist ungefähr entsprechend der des erwachsenen Weibes oder der älterer Kinder. Bis zur Pubertätsperiode ändern sich die Dimensionen nur sehr wenig, doch sind die Stimmfortsätze schon vor dem Eintritt der Geschlechtsreife vorhanden. Die damit eintretende Veränderung ist eine sehr in die Augen

[1]) Merkel. Anthropophonik.
[2]) Störk. Klinik der Kehlkopfkrankheiten.
[3]) Rossbach. Physiologie der Stimme.

fallende; sie unterliegt sehr vielfachen, nur zum Teil genauer studierten Abweichungen. Die Vergrösserung des Lumens geht bis zum Sechsfachen des kindlichen, der Schildknorpel wird grösser und härter, seine früher mehr rundliche Gestalt wird zu einer winkligen. Das Wachstum bei Knaben vollzieht sich mehr in der Höhen- und Tiefenrichtung (sagittale und Längsachse), beim Weibe mehr in der Längendimension, die Stimmbänder sind kürzer, dünner, schmaler. Bei dem Manne dagegen entwickeln sich die Stimmfortsätze stärker, die Stimmbänder werden länger und dicker. Eine gleichzeitig sich einstellende spärliche Schleimsekretion bedingt die Rauhigkeit und Heiserkeit während der Mutation, man findet die Stimmbänder häufig gerötet. Es besteht Neigung zu Entzündungen.

Beim Weibe ist die Gesamtzunahme geringer, nur etwa halb so gross als beim virilen Kehlkopf, auch findet sich die Mutirheiserkeit selten. Das bei mutirenden Knaben besonders häufig zu beobachtende Überschnappen von den höchsten zu den tiefsten Tönen führt Rossbach[1]) auf die veränderte Muskelbeschaffenheit zurück. Fälle, in denen trotz normaler Kehlkopf- und Geschlechtsentwickelung der infantile Stimmcharakter verblieb, sind wiederholentlich beschrieben worden. Man hat sie hie und da als Eunuchenstimmen bezeichnet wegen der Ähnlichkeit der Stimmlagen. Die Bezeichnung ist jedoch inkorrekt. Nach Gruber[2]) ist der Kastratenkehlkopf dem weiblichen ähnlich, übertrifft ihn jedoch noch etwas an Grösse und Weite. Hier handelt es sich um ausgewachsene Kehlköpfe. Man kann also nur von eunuchenartiger Stimmbildung sprechen. Damit darf die Fistelstimme nicht verwechselt werden. Diese hat, wie es scheint, eine ähnliche phonatorische Muskelaktion zur Grundlage, wie die physiologische Fistelstimmbildung. Ich kann dafür einen Fall von Mermali und eine eigene Beobachtung anführen. Von der Pubertätszeit an sprach mein Patient dauernd mit Fistelstimme, bei der Phonation sah man stets Adduktion in der ganzen Länge der Glottis mit feiner scharfer Gestaltung des freien Randes (Wirkung der cricothyreoidei bei abgespanntem thyreoarytänoideus). Diese Anomalie der Phonation bestand in meinem Falle, bei dem sich ein sehr wenig deutliches pomum adami entwickelt hatte und der ganze Schildknorpel hypoplastisch erschien, bis ins reife Mannesalter, um dann in ein unangenehmes monotones strohbassartiges Organ überzugehen — anfangs gelegentlich, später des Kranken Willen und fleissiger Einübung für die Dauer gehorchend. Die eunuchenartige Stimme ist im Gegen-

[1]) (l. c.)

[2]) Müller's Archiv 47. V.

satz dazu — wie auch Trifiletti[1]) hervorhebt — bei normaler Wachstumsfolge durch einen allgemeinen Schwächezustand des phonatorischen Muskel-Nervenapparates bedingt. Es ist dabei die Knabenstimme beibehalten, ohne dass laryngoskopisch Veränderungen der Aktion nachweisbar sind. Einfache Gymnastik, Massage und Elektrizität pflegen das Übel zu heben. Der Zusammenhang zwischen Bildungsabweichungen des Kehlkopfes und der Stimme einerseits und Störungen der Pubertätsentwickelung und des Geschlechtslebens andererseits ist übrigens noch wenig erforscht. Bei den erwähnten Formen bestand das eine ohne das andere, wie auch das umgekehrte Verhältnis bekanntlich nicht selten ist. Magnan[2]) erwähnt einen Fall von Hodenatrophie, Hypertrophia mammarum und Schwachsinn. Der Kranke entstammte blutsverwandter Ascendenz, bei den Eltern waren nervöse Störungen vorhanden. Bei diesem hatte das Becken zwar männliche Maasse, die Stimme war weiblich, der Kehlkopf nicht vorspringend. Ob hypoplastische oder ausgesprochen weibliche Kehlkopfentwickelung als körperliches Stigma degenerationis bei Männern zu betrachten sei, ist bisher allerdings nur Vermutung und bedarf weiterer Untersuchung. Man darf nicht vergessen, dass die Möglichkeit weiblicher Stimmbildung auch bei wohl ausgebildeter viriler Form vorliegt, besonders wenn eine dahin gerichtete, etwa gesangliche Ausbildung dazu kommt. Diese Kombination finden wir nicht ganz selten zu sehen Gelegenheit bei den sogenannten Damenkomikern; ein sehr prägnantes Beispiel untersuchte ich mit Herrn Dr. Moll zusammen. Der junge, körperlich vollkommen virile, aus Rumänien stammende Künstler hatte eine prachtvolle Sopranstimme zur Verfügung, um die ihn manche Kollegin beneiden könnte und die er mit dem Brustregisteransatz produzierte. Beim Sprechen klang sein Organ etwas schwach und hoch, aber durchaus der Lage und dem Timbre nach männlich, entsprechend der durchaus virilen Form und Grösse des Larynx. Auffällig war nur, dass der erwähnte Herr homosexuell war, und zwar handelte es sich höchst wahrscheinlich um eine originäre Form. Die gesamte Erscheinung und die Bewegungen waren ausgesprochen weiblich, wiewohl der Künstler offenbar bemüht war, sich männlich zu geben. Schon Sauvages[3]) wusste, dass gelegentlich ohne die Kastration die Knabenstimme erhalten bleiben könne, wenn man von Beginn des Stimmwechsels an fleissig das Singen übe, und zwar, wie er meint, weil die Stimmbänder durch diese Übung mehr und mehr gespannt werden in stärkerer

---

[1]) Un caso di voce eunucoide. Nota clinica (Arch. ital.).

[2]) Über die Geistesstörungen der Entarteten. (Dtsch. v. Möbius).

[3]) Vgl. J. Frank de vitiis vocis et loquelae. Üb. u. mit Anm. versehen von H. Gutzmann. Monatsschr. f. Sprachheilk. S. 280 281 Anm.

Art, als wenn sie in Ruhe blieben und nur um so viel durch die Spannung zur Tonerzeugung dienen, als sie an Dicke und Länge einbüssen.

Über die Kehlkopfverhältnisse bei Viragines und anderen an konträrer Sexualempfindung leidenden Frauen hatte ich Gelegenheit, einige Untersuchungen anzustellen, deren Ergebnis nicht uninteressant war. Es zeigte sich, dass in den Formen, wo auch die gewissenhaft aufgenommene Krankengeschichte mit voller Sicherheit eine originäre Entwickelung der pathologischen Sexualempfindung nachwies, Abweichungen am Larynx vorhanden waren. In vorsichtiger Berücksichtigung der vielfachen, nach beiden Seiten vorkommenden Übergänge habe ich nur sehr ausgesprochene Bildungsabweichungen verwertet. Breiter, grosser und grober Schildknorpel, geräumige Höhle mit groben Stimmbändern, männliche Form der Epiglottis, männliche Stimme, stark entwickeltes pomum adami. Immerhin sind auch hier noch weitere Untersuchungen nötig, da die originären Fälle sich begreiflicher Weise seltener zu solchen Untersuchungen finden und hergeben[1]).

Neben der allgemeinen Hypoplasie, die übrigens in vielen der Fällen auf anämisch-chlorotischer Basis beruht, steht die partielle. Sie betrifft bald einen, bald mehrere Knorpel. Am häufigsten den Schildknorpel; als partielle Hypoplasie ist auch das Bestehenbleiben der kindlichen Epiglottisform zu betrachten, wie es bei sonst normaler Entwickelung nicht selten vorkommt.

Ferner können senile Erscheinungen an den Stimmbändern und Kehlkopfknorpeln dem Eintritt der andern senilen Veränderungen vorangehen.

Eine normaliter im Alter eintretende Veränderung des Knorpelgerüstes ist die Ossifikation. Auf sie ist zum Teil die Altersveränderung der Stimme zurückzuführen. Es ist aber auch sonst wichtig, diese Bildungsveränderung und ihre Abweichungen zu kennen, so für alle von aussen das Kehlkopfluftrohr eröffnenden Operationen. Hüter[2]) und später Michael[3]) haben die Resektion der Trachea an Stelle der Tracheotomie empfohlen; der letztere glaubte, dass bei dem Versuche, die durch den einfachen Schnitt eröffneten Wundränder durch die Kanüle auseinander zu drängen, ein Reflexkrampf des Zwerchfells vermittels des Reizes auf die nervösen Endorgane der Trachealschleimhaut veranlasst würde. Die so erzeugte Dyspnoe führte in einem Falle zum Tode, in einem

---

[1]) Ein Teil dieser Untersuchungen ist gemeinsam mit Herrn Dr. Max Dessoir, der grössere Teil mit Herrn Dr. A. Moll zusammen ausgeführt worden.

[2]) Lehrbuch d. Chirurgie.

[3]) Ber. d. lar. Sektion X. int. med. Kongress.

zweiten schwand sie nach Entfernung der Kanüle. Ich selbst habe bei
dieser Gelegenheit erwähnt, dass die vorzeitige Erstarrung des Kehlkopfluftrohrs nicht selten als Teil- oder als Anfangserscheinung eines Marasmus senilis praecox schon lange vor dem sechzigsten Jahre, und zwar
in ganz erheblicher Ausdehnung von mir bei Sektionen gefunden ist
und man darf annehmen, dass in solchen Fällen mit den Abweichungen
im Zeitpunkt auch solche in der sonst bekannten Reihenfolge der Ossifikation vorhanden gewesen sein müssen. In diesem Punkt können wir
an die sehr sorgfältigen, auf ein grosses Sektionsmaterial gestützten Arbeiten Segonds[1]) erinnern, aus denen sich bemerkenswerte Aufschlüsse
ergeben. Es zeigte sich, dass zuerst der Ringknorpel ergriffen wird,
und zwar auch normaliter schon mit dem sechzigsten Jahre. Zunächst
werden die Insertionsstellen des Cricothyreoideus und des Posticus, dann
die Gelenkflächen betroffen, endlich ist der ganze Knorpel beteiligt, ausgenommen den unteren Rand der vorderen und den mittleren und unteren Teil der hinteren Fläche.

Es ergiebt sich aus diesen Beobachtungen, dass man bei isolierter
Ossifikation des Ringknorpels jedenfalls die Tracheotomie einer Cricotomie
wird vorziehen müssen. Indes wird man, so wie man sich mit diesen
Anomalieen näher beschäftigt, häufig auch schon die zweite Etappe der
senilen Veränderungen palpatorisch mehr oder weniger deutlich nachweisen können: das ist die Verschmelzung des Ringknorpels mit dem
ersten Trachealring. Auch nach Segond ist das die gewöhnliche Reihenfolge, dann erst folgt der Schildknorpel, an dem erst die unteren, dann
die oberen Hörner ergriffen werden, und erst wenn Schild- und Ringknorpel bereits kalufniert sind, beginnt der Prozess am Arytaenoidknorpel,
zuerst die Mitte der Basis, dann der Muskelfortsatz. Zwei Stellen, die
Spitze und die Region des Vokalfortsatzes, leisten den längsten Widerstand und wurden bis über das neunzigste Jahr intakt gefunden, während die Faserknorpel des Kehldeckels, die Santorinischen und Wris-
bergischen Knorpel niemals eine Veränderung zeigten.

Mit der Ossifikation geht der senile Gewebsschwund einher und beteiligt mit den Stimmbändern auch das Muskelgewebe der Spanner und
Adduktoren. Das Resultat dieser Verbindung ist die Erweiterung des
Lumens und die Erschwerung der Beweglichkeit[2]). Nach Rossbach
werden die Stimmbänder, während sie ihren scharfen Rand verlieren,
im Dickendurchmesser dünner.

---

[1]) Arch. gén. 1847. Ref. Canst. J.
[2]) Rossbach, l. c. S. 153.

Soweit rein anthropologische Verschiedenheiten ausgeschaltet werden können, sind für die Bildungsabweichungen der Nasenhöhle auch schon solche der äusseren Nase in gewissem Grade verwertbar. Hypoplasie und mangelhaftes Wachstum treffen wir bei den angeborenen Spaltbildungen des Gaumens, aber auch bei ausgedehnteren Synechieen, wo sich dieselben auch von der äusseren Apertur bis zu den Choanalrändern und in der Nasenrachenhöhle überhaupt vorfinden mögen. Voraussetzung ist nur, dass eine erheblichere Beeinträchtigung der Nasenatmung bewirkt wird. Derartige Formen mangelhafter Entwickelung werden wir später bei der Besprechung der krankhaften Vergrösserung der Rachenmandel und der Hyperplasie der Muscheln und ihrer Decken genauer kennen lernen. Schiefstellungen der Nase finden sich bei allen

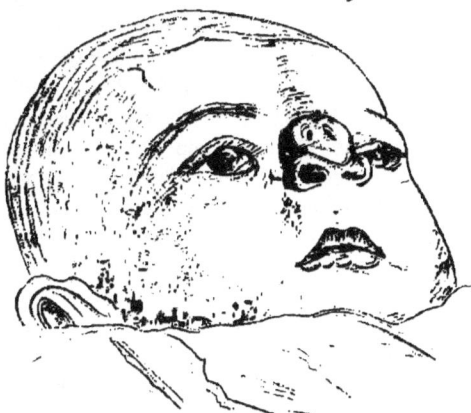

Fig. 2.
Frontale amniotische Einschnürung der Nase.
(Nach J. Wolff.)

beträchtlicheren Asymmetrieen des Gesichtsskeletts. Geringe Abweichungen sind bekanntlich fast immer vorhanden, und zwar öfter nach der rechten Seite. Das knöcherne Gerüst steht bei erheblicheren Abweichungen der äusseren Nase bald annähernd median, bald deviiert es nach der entgegengesetzten Seite. In wie weit derartige reine oder mehr skoliotische Deviationsformen als Ausdruck von Anomalieen der Entwickelung anzusehen sind, ist natürlich nur durch das Ergebnis der gesamten äusseren und inneren Untersuchung zu entscheiden. Auf den näheren Zusammenhang dieser Verhältnisse mit den Bedingungen und Störungen des Wachstums werden wir ebenfalls bei der genannten Gelegenheit ein-

gehen. Es soll aber bei dieser das gegenseitige Verhältnis der Entwicke-
lungsanomalieen in den verschiedenon Höhlen betreffenden Erörterung
darauf hingewiesen werden, dass diesen Formen von Schiefstand aus
physiologischen Ursachen ähnliche im Larynx an die Seite treten, ohne
dass aber auch hier das gegenseitige Verhältnis dieser Abweichungen
unter einander bisher Gegenstand der Untersuchung geworden ist.

Von eigentlichen Missbildungen der äusseren Nase kennen wir
Fälle von Aplasie, d. h. angeborenem Fehlen des Organs, und zwar neben
der reinen Arhinie auch solche mit Rüsselbildung, ferner angeborene
seitliche oder in der Mittellinie gelegene Spalten und endlich Doppelbildungen des Organs. Es giebt aber auch Missbildungen, die, durch
amniotische Einschnürungen entstanden, bald mehr, bald weniger den
Anschein einer Doppelbildung erwecken. Merkwürdig ist eine solche
von J. Wolff beschriebene Teilung der Nase in eine vordere und eine
hintere Hälfte. Wie man aus der Abbildung ersieht, ist die vordere
Hälfte nach der Einschnürung zugleich nach oben zurückgewichen. Die
Durchschneidungslinie war intrauterin vernarbt und vollkommen über-
häutet. Das Kind besass je zwei Nasenflügel an zwei etwa 1 cm von
einander entfernten Stellen, ebenso je ein Septum und je zwei Nasenlöcher. Die Nasenlöcher der hinteren unteren Hälfte waren in natürlicher Weise offen, die oberen dagegen endigten blind. Übrigens waren
bei dem Kinde noch anderweitige amniotische Einschnürungen — an
den Fingern und an den Zehen — vorhanden gewesen.

Spaltbildungen der äusseren Nase gehören zu den grössten Seltenheiten, es dürften kaum mehr als zehn Fälle in der gesamten Litteratur
existieren. Witzel, sowohl wie Trendelenburg haben die meist ausgebildeten Fälle beschrieben. In diesen fand sich die Nase in zwei isolierte Hälften geteilt, die in der Mittellinie dem Vomer entsprechend
vereinigt waren, im übrigen aber durch zwei cylinderförmige Knorpel
formiert waren, zwischen denen eine tiefe Furche bestand. Aus solchen
medialen Furchen hat Bramann die sehr seltenen Dermoide der Nase,
wie überhaupt die in der Mittellinie liegenden (Zungen- und Zungen-
beindermoide) erklärt. Die Nasendermoide speziell sowohl wie die angeborenen äusseren Medianfisteln der Nase führt er auf die Entwicklung des zweiten knorpligen Teiles der Nase aus den inneren Nasen-
fortsätzen zurück, wenn gelegentlich in der Tiefe der Nase, im Septum,
unter der Haut an einzelnen Stellen die einander entgegenwachsenden
Nasenhälften sich nicht vollkommen vereinigen und kleine Höhlungen
und Gänge zurückbleiben, ähnlich den an Kiemengängen bekannten.
Charakteristisch ist die Entleerung von Härchen aus den Fistelgängen,
der Nachweis eines Dermoidsackes durch die Sonde, sowie die verschie-

dene Füllung desselben, je nach dem Grade der Verlegung des Ganges. Die Operation geschieht nach den sonst üblichen chirurgischen Grundsätzen. Ragt der Sack weit in die Tiefe unter das Nasenbein, so wird die Exstirpation durch die einfache Auslöffelung ersetzt werden müssen; diese scheint indes auch für die Heilung günstige Chancen zu bieten. Zu den seltensten Befunden gehören angeborene Lücken in der knorpeligen Scheidewand. Hyrtl hat sie dreimal post mortem gesehen, ich besitze unter meinen Befunden nur einen einzigen mit einiger Sicherheit hierher zu rechnenden Fall eines kräftigen, gesunden erwachsenen Mannes. Der Kranke, bei dem ich die sehr grosse Öffnung im Knorpel zufällig entdeckte, erzählte mir, dass er als Schulkind wohl von seiner sonderbaren Nase gewusst und dass er seine Mitschüler öfter dadurch erschreckt habe, dass er Bänder oder Federn nach Art der Wilden durchzogen habe. Die Ränder der Öffnung waren nicht verdünnt, sondern abgerundet und von gesunder Schleimhaut überzogen.

Die als Hasenscharten bekannten angeborenen Lippenspalten — bekanntlich entstehen sie durch mangelnde Vereinigung eines seitlichen Wangenlappens mit dem medianen Stirnlappen — beteiligen in ihren höheren Graden leicht die Nasen- wie die Mundhöhle. Auf der einen Seite finden wir die Lippenspalte mit der apertura nasalis zu einer Öffnung verschmolzen. Sodann ist meist eine Alveolarspalte zwischen mittlerem und äusserem Schneidezahn derselben Seite vorhanden. Dagegen ist eine Fortpflanzung der Spaltenbildung durch den harten und weichen Gaumen — die sogenannte Wolfsrachenbildung — keineswegs dabei die Regel. Während die einseitigen Lippenspalten häufig leichtere und den leichtesten Grad der Spaltenbildung zeigen, ist bei den doppelseitigen eine höhere Ausbildung der Störung das gewöhnliche.

Spalten und Nasenöffnungen sind zu einem Loche verschmolzen, der Zwischenkiefer bleibt isoliert und ragt mehr oder weniger stark hervor, der untere Vomerrand, unverbunden mit den Gaumenplatten des Oberkiefers, sieht in die Mundhöhle.

Dagegen sind die angeborenen Spalten des harten und weichen Gaumens fast stets mit solchen der Lippen vergesellschaftet. Regelmässig ist auch bei Spaltung des harten Gaumens das Gaumensegel geteilt, während Spaltung des weichen Gaumens nicht selten für sich allein zur Beobachtung kommt. Die Velumspalte kann sehr verschiedene Ausdehnung haben und liegt stets in der Mittellinie. Nichtsdestoweniger kann die Uvula dabei als Anhang einer Hälfte angetroffen werden. Ziemlich häufig ist die Uvula allein geteilt (Uvula bifida).

Die Spalten des harten Gaumens gewähren ein verschiedenes Bild, abhängig von dem Verhalten des Vomers zu den proc. palatini des Oberkiefers. Bald finden wir ihn nur mit der einen Seite verbunden und dann meist nach der freien Seite konvex gestaltet, bald ist er nach beiden Seiten unverbunden und als freier Knochenfirst nach unten ragend zu sehen. In anderen Fällen ist eine einseitige Verbindung nur zum Teil, und zwar in der vorderen Partie zu stande gekommen, während nach hinten eine mehr oder weniger grosse Partie klaffend bleibt.

Seltener sind seitlich im Velum oder in den vorderen Gaumenbögen gelegene Längsspalten. Während einfache Furchen wiederholentlich auch von mir, und zwar immer im vorderen Bogen und doppelseitig gesehen worden sind, sind von ausgebildeten Seitenspalten kaum mehr als acht Fälle bisher beschrieben[1]). Sie betrafen mit wenigen Ausnahmen doppelseitige Spaltbildungen und waren einige Male mit mangelhafter Bildung oder gänzlichem Fehlen der Gaumenmandeln verknüpft. In einem Falle SCHAPRINGER's[2]) waren gleichzeitig Lippenfurchen vorhanden, die er mit Recht als Zeichen einer unausgebildeten oder intrauterin geheilten doppelseitigen Lippenspalte ansieht. In einem hübschen, von TOEPLITZ[3])

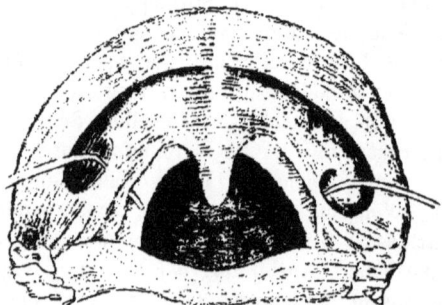

Fig. 3.
Angeborene doppelseitige Spaltbildung der vorderen Gaumenbögen.

genauer beschriebenen Falle waren die Ränder der Spalte 1½ cm lang und ½ cm breit, elliptisch, und endigten, wie die Abbildung zeigt, nach innen frei in die Mundhöhle, nach aussen blind in der Gegend der Mandeln, die aber vollständig fehlten. Unterhalb der rechten Öffnung deutlicher als unterhalb der linken, ca. 1 cm von ihrem unteren Rande, befand sich eine schwache Andeutung von Streifen, die jedoch strahligen Falten glichen und für Narben angesehen werden konnten. [Vgl. die Abbildung.]

[1]) LANGENBECK's Archiv 1888.
[2]) M. f. O. 1884. No. 11.
[3]) Z. f. O. XXIII. Bd.

Die in neuerer Zeit bekanntlich sehr vervollkommnete Technik der plastischen und Nahtmethoden gestattet, einem weit höheren Procentsatz die Wohlthat des Verschlusses selbst bei den hochgradigsten Spaltbildungen zu erweisen. Viel seltener als früher begegnen wir, besonders in grossen Städten, Trägern von künstlichen Deckmitteln (Obturatoren), seitdem die Therapie der auch nach gelungenem Verschlusse zurückbleibenden Sprachgebrechen von dem Ackerfelde der wandernden Sprachheil„künstler" in die gepflegte Bahn des Spracharztes einzulenken begann. Die Störungen des Schluckens und der Ernährung überhaupt sind beim Wolfsrachen nicht so erheblich und werden durch kompensative Hypertrophie der Zungenmuskulatur, sowie der in der hinteren Rachenwand verlaufenden Muskeln leidlich ausgeglichen. Immerhin sind die Gefahren für den kindlichen Organismus nicht zu unterschätzen, die weniger durch Regurgitation und Fehlschlucken, als vielmehr durch Stagnation und Zersetzung von Milchresten in den Buchten der Nasenhöhle entstehen[1]. Die allgemeine Ansicht, dass die Staphylorrhaphie und Uranoplastik besser nicht zu früh, meist nicht vor dem fünften bis sechsten Lebensjahre ausgeführt werden solle, darf man trotz einzelner wohlgelungener Frühoperationen noch heute unterschreiben, wenn es sich nicht um Kinder von wirklich kräftigem Ernährungszustande handelt. Hingegen darf der z. B. noch 1882 von HUETER vertretene Satz, dass die prothetische Ergänzung durch Obturatoren den funktionellen Ergebnissen der prothetischen Kunst überlegen sei, heute dahin korrigiert werden, dass die plastische Kunst des Chirurgen, mit der gymnastischen des Spracharztes vereint, meist den Obturator zu ersetzen im stande ist. Ferner, dass auch der Obturatorträger und der nicht oder erfolglos operierte Gaumenspälter oft erst durch die systematische Einübung des sprachheilkundigen Arztes in den Besitz einer verständlichen Sprache gelangt. Am leichtesten wird diese Aufgabe naturgemäss bei Frühoperierten zu erreichen sein, und von verschiedenen Seiten (Küster, TRENDELENBURG, J. WOLFF u. A.) sind Fälle beschrieben worden, wo das günstigste funktionelle Resultat die Herstellung der normalen Form begleitete. Auch DELORE[2] hebt die funktionell günstigen Erfolge unter solchen Umständen hervor und rät bei günstigen Ernährungsverhältnissen zur Frühoperation. In der Tat ist es alsdann möglich, dass die Dyslalia nasalis et palatina erst gar nicht zur Entwicklung kommt, wenn nämlich einige Aufmerksamkeit und Verständnis die Periode des ersten Sprechenlernens leitet. Viel schwieriger ist die Aufgabe des Sprach-

[1] Vgl. die Lehrbücher der Chirurgie.
[2] Lyon méd. Tome LXX.

arztes, wenn die Dyslalie ausgebildet ist. Oft vereinigt sich mit dem offenen Näseln (Rhinolalia aperta) eine fehlerhafte Artikulation. Es können eine mehr oder weniger grosse Zahl von Konsonanten fehlen. Gutzmann[1]) giebt an, und ich habe das auch bei mehreren meiner Patienten beobachten können, dass die wegen des offenen Gaumens unmögliche Artikulation bei p und t durch eine eigentümliche explosionsähnliche Unterbrechung des Luftstroms in den Stimmbändern ersetzt werden kann. Das klingt ungemein hässlich und kann dem Ungeübten zu Täuschungen Veranlassung geben. Auch beim k fand Gutzmann einen solchen „Kehlkopfdrucks", der hier noch mehr verdeckt werden kann, wenn die Kranken das k mit Zungengrund und hinterer Rachenwand bilden; manche setzen t und d für k und g ein. Die zu leistende Aufgabe ist nun einmal die Abstellung des Näselns, sodann bei erfolgreich Operierten die Einübung der Muskulatur des neuen Velums und der der hinteren Rachenwand. Indem ich bezüglich der Einzelheiten auf das erwähnte Buch H. Gutzmanns hinweise, möchte ich hier nur kurz hervorheben, welche Momente eine günstige Prognose betreffs der Sprachverbesserung gestatten. In erster Linie berechtigen dazu solche anatomischen Verhältnisse, die alsbald oder durch methodische Übung einen Verschluss zwischen Gaumensegel und hinterer Rachenwand ermöglichen. Ob Länge und Beweglichkeit des Velum oder kompensatorische Hyperplasie des Passavant'schen Wulstes dabei mehr mitwirken, kommt nicht in Betracht. Dagegen ist ein intaktes Gehör eine sehr wichtige Vorbedingung für das Gelingen. Daher wird die Prognose schlecht, je hochgradiger entzündliche Veränderungen im Nasenrachenraum gewirkt und Folgezustände in den Tuben und in der Trommelhöhle gesetzt haben. In manchen Fällen ist die vorübergehende Anwendung eines Obturators für den Sprachunterricht von Nutzen. Gutzmann verwendet alsdann einen Handobturator.

Angeborene Spaltbildungen der Epiglottis sind sehr seltene Befunde. Mackenzie sah eine solche bei einem Kinde mit Wolfsrachen. Nicht vollkommen zweifelfrei ist der von Schreiber beobachtete Fall[2]). Der Kehldeckel war bei einem jungen Manne deutlich in zwei Hälften geteilt, die bis zum Zungengrunde hinliefen, um sich erst dort in der Mitte zu vereinigen. Jede Hälfte war aber zu einem haselnussgrossen Tumor missbildet. Ulcerationen waren nicht vorhanden, doch ist nach des Autors eigener Meinung wegen dieses Befundes Lues nicht mit voller Sicherheit auszuschliessen gewesen.

---

[1]) Vorlesungen über die Störungen der Sprache und ihre Heilung.
[2]) Berl. kl. W. 1888. S. 694.

Neben dem vollständigen Fehlen der Gaumenmandeln, sowie deren verkümmerten Bildungen, Befunde, die schon gelegentlich der seitlichen Velumspalten erwähnt sind und die auch ohne sonstige Störungen beobachtet werden, verdient auch der angeborene Mangel der Uvula hervorgehoben zu werden. Ich selbst verfüge über einen hierher gehörigen **Fall** eines jungen Mädchens, das anamnestisch und bei der Untersuchung keinerlei krankhafte Erscheinungen aufwies. Die Stelle des Zäpfchens war von durchaus gesunder glatter, narbenfreier Schleimhaut überzogen und zeigte nur eine minimale Randerhebung. Der Defekt war zufällig schon in früher Kindheit entdeckt worden, ausser leichten Masern waren Erkrankungen nicht vorangegangen, bei denen die Halsorgane sich zu beteiligen pflegten. Sonstige Zeichen gehemmter Bildung bestanden nicht.—Angeborenen Mangel der pars suprahyoidea des Kehldeckels fand Luschka in einem Falle, dessen Abbildung hier wiedergegeben ist.

Von weiteren Spielarten dieses Gebietes nenne ich die abweichende Insertion der Uvula und die übermässige Bildung. Von der ersteren hat P. Heymann[1]) einen Fall beschrieben, bei dem das Gebilde nahezu median an der vorderen Fläche des Gaumensegels inserierte. — Die Hypermegalie der Uvula darf nicht mit den durch chronische Entzündungen oder durch die Zugwirkung von Neubildungen hervorgebrachten Verdickungen und Verlängerungen zusammengeworfen werden, wie dies in der reichlichen kasuistischen Litteratur vielfach geschehen ist.

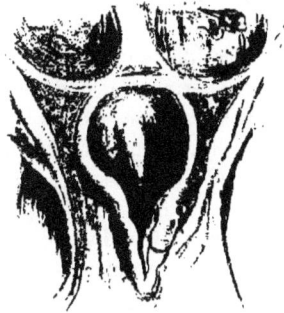

Fig. 1.
Angeborener Mangel der pars suprahyoidea des Kehldeckels.
(Nach Luschka.)

Beide Anomalieen bringen keine besonderen Störungen mit sich. Eher können Erschwerungen des Schluckaktes verbunden sein mit der Bildung überzähliger Tonsillen; diese sind in seltenen Fällen mit oder ohne Stil als pendelnde oder als fester aufsitzende Tumoren am Gaumen beobachtet. Ein Fall der letzteren Art von Claiborne[2]) war mit einer einseitigen angeborenen Spalte der anderen Seite kompliziert und ist bei der Besprechung dieser Spalten schon mit erwähnt. Interessant ist, dass

[1]) Verh. d. Berl. lor. Ges. 1892.
[2]) New-Y. Med. Rec. 1890. An hiatus in the anterior pillar of the fauces coupled with a supernumerary tonsil on the opposite side. Claiborne.

auch in einem Falle der ersten Art, den Retiii[1]) beschrieben hat, gleichzeitig eine angeborene Spalte, und zwar an der gleichnamigen Seite, vorhanden war. Die halb haselnussgrosse Tonsilla pendula ging hoch oben vom linken Arcus palato pharyngeus aus und reichte an einem langen Stil fast bis zum Epiglottisrande. Die Spalte begann dicht unter der Ansatzstelle des Stiles und verlief parallel dem freien Rande des linken hinteren Gaumenbogens in einer Länge von 1,5 cm nach unten. — Zu den grössten Seltenheiten dürfte eine abgeirrte Tonsille gehören, die der Spitze der Uvula aufsitzt. Eine solche beobachtete ich bei einem 13 jährigen kleinen, schmächtigen Knaben, der mit allen Zeichen langjährig bestehender Verlegung der Nasenatmung zu mir kam. Neben einer auffallend beträchtlichen Anfüllung des Nasenrachenraumes mit weichen adenoiden Wucherungen und sehr erheblicher Hyperplasie der Gaumentonsillen zeigte sich auf einer reichlich zu 4 cm Länge ausgezogenen blassen Uvula, deren untere Hälfte vom Zungenrücken verborgen war, eine haselnusskerngrosse, grosshöckrige, glatte, blasse Geschwulst, die zunächst an die auch angeboren vorkommenden Papillome des weichen Gaumens erinnerte. Die nähere Untersuchung ergab aber adenoides Gewebe[2]). Selten ist bei uns die angeborene Kleinheit des Gaumensegels, eine Hemmungsbildung, die sich auch funktionell durch ungenügenden Abschluss der Nasenhöhle beim Sprechen bemerkbar macht und bald mehr, bald weniger hohe Grade der Rhinolalia aperta bewirkt. Einen exquisiten Fall dieser von Lermoyez als Insufficienz des Gaumensegels bezeichneten Hypoplasie sah ich mit Sigmatismus lateralis nasalis kompliziert.

Durch näher oder entfernter von der Rachenkehlkopfhöhle liegende Bildungsabweichungen der knöchernen Wandungen können in verschiedenem Grade Störungen des Schluckens, aber auch der Atmung herbeigeführt werden. Die verhältnismässig häufigste harmloseste Abweichung ist Verknöcherung des lig. stylohyoideum: sie giebt ebenso wenig Anlass zu Eingriffen, wie ein abnorm weit nach hinten ragendes Septum narium. Es kann dies mehr oder weniger weit bis zur Halswirbelsäule ragen und den Anschein einer Zweiteilung des Nasenrachenraumes erwecken. Besonders lang entwickelte proc. styloidei sind auch als Ursache von Schluckstörungen gefunden worden. Bekanntlich sind sie nicht so selten

---

[1]) L. Retiii. Krkht. d. Nase. 1892. S. 283.
[2]) Anmerkung. Bei der Korrektur kann ich diesen vor 2½ Jahren geschriebenen Worten hinzufügen, dass M. Koux (Arch. f. Laryngologie Bd. 1, s. 102) bei der Untersuchung papillomähnlich aussehender Bildungen des rechten vorderen Gaumenbogens bei zwei verschiedenen Patienten dieselbe Beobachtung gemacht hat.

abnorm lang und ich habe mich öfters überzeugt, dass man sie durch das Gewebe der Gaumenmandeln hindurch als mehr oder weniger leicht federnde Gebilde palpieren kann, ohne dass irgend eine Beschwerde von ihnen ausgelöst wird. So habe ich bisher keine Veranlassung gehabt. einen Eingriff an diesem Gebilde vorzunehmen. Ich will aber nicht unerwähnt lassen, dass in Fällen, wo diese Hyperplasie des Griffelfortsatzes nachweislich Störungen des Schluckaktes verursachte, erfolgreich[1]) die submuköse Fraktur dieses Knochenstiftes und in einem anderen Falle, wo dies misslang, die Resektion[2]) von der Tonsille aus ausgeführt worden ist. Nach Incision in die Mandel konnte R. durch deren Substanz stumpf nach aussen hindurch präparierend das in das Tonsillargewebe hineinragende Stück entfernen. Viel erheblicher sind die Folgeerscheinungen, die durch Bildungsabweichungen der Wirbelsäule veranlasst werden. Schon verhältnismässig kleine, durchaus im Bereich des Physiologischen liegende Vorsprünge des Tuberculum atlantis oder der Crista epistophei können die hintere Rhinoskopie erschweren oder unmöglich machen. In manchen Fällen springen diese Prominenzen auffällig spitz nach vorn oben vor, und hie und da überragen sie das Velum um ein geringes nach unten. Zumeist sind sie von unveränderter glatter Schleimhaut überzogen; in einem Falle fühlte ich eine mehr verschiebliche und deutlich atrophische Schleimhautdecke über einem Fortsatz mit dornartiger Spitze — übrigens ohne irgend welche Störungen. Vielleicht gehört hierher auch der von Scheff[3]) als Retropharyngeal-Exostose beschriebene Fall, in dem sich ein knochenharter Tumor von 13 mm Breite, 2,5 cm Länge und 6 mm Höhe auf dem Körper des zweiten Halswirbels fand, der nach dem Schlunddach zu eine leichte Einkerbung zeigte und ohne besondere Abgrenzung in den Mutterknochen überging. Den grössten, von den beiden oberen Halswirbeln ausgehenden Vorsprung hat Zuckerkandl[4]) beschrieben und als physiologische Bildung erwiesen. Die Untersuchung des Präparats ergab eine excessive Vergrösserung des Tuberculum anterior atlantis und infolge davon ein starkes wulstartiges Vorspringen des Bändchens, das von jenem entspringend zur Basis der Cristo epistrophei hinzieht. Das Gebilde war unbeweglich und trat, nur von der hinteren Rachenwand, die sich leicht darüber verschieben liess, bedeckt, im Bereiche des Gaumensegels gegen das Cavum pharyngis hervor, und zwar teils über, teils

[1]) Weinlechner, Wiener med. Woch. 1882.
[2]) Berti, Int. klin. Rundschau 1888.
[3]) Allg. Wiener Med. Ztg. 1881.
[4]) Normale und pathol. Anat. d. Nasenh. u. s. w. II. Bd. 1872.

unter der Gaumenklappe liegend. Die Maasse betrugen 3 cm Länge, 14 mm Breite und 12 mm Tiefe. Drängte man das Gaumensegel empor, so zeigte sich das obere Ende zugespitzt und seitlich durch je eine 7 mm von der Mittellinie entfernte Rinne begrenzt. Die untere Hälfte liess bei genauerer Palpation eine gewisse Elastizität erkennen, ein Umstand, der dann durch die Beteiligung des erwähnten Ligamentes seine Erklärung fand.

Eine Verwechselung solcher Bildungsabweichungen mit Neubildungen könnte durch einen eifrigen Therapeuten verhängnisvoll werden.

Die Kyphosis und Kyphoscoliosis der unteren Abschnitte ist schon früh von kompensirender Lordosis des cervikalen Teiles der Wirbelsäule gefolgt. Dadurch kann ein bedeutendes Schluckhindernis gegeben werden; es kann zu einer wahren Compressionsstenose des unteren Pharynx- und oberen Ösophagusabschnittes kommen. Dabei sah SOMMER-BRODT[1]) in der äusseren Erscheinung das von W. ADAMS skizzirte Bild: Der Kopf wird rückwärts, das Gesicht direkt aufwärts getragen. Der Kehlkopf tritt hervor und es ist kaum möglich, die Dornfortsätze der Halswirbel auf der Rückseite des Halses zu fühlen. In dem Falle SOMMERBRODT's — das Hindernis entsprach der Höhe des dritten Halswirbels — konnte der Kranke lange Zeit nur flüssige Nahrung hinunterbringen, selbst breiige Speisen konnten nicht geschluckt werden. Laryngoskopisch zeigten sich die hinteren beiden Drittel der Stimmritze durch eine kreisbogenförmige Erhabenheit verdeckt, die sich bei der Berührung als nicht druckempfindlich und von harter Konsistenz erwies. Etwas anderes ist das Verhalten bei den Knickungen der Halswirbelsäule, die durch angeborne oder erworbene Defekte der Halswirbelbögen oder abnorme Synostosen entstehen. Von diesen nicht so seltenen Ursachen scheint der von P. HEYMANN aus STÖRKS Klinik[2]) beschriebene Fall der erste in vivo diagnostizierte zu sein. Das Hindernis war laryngoskopisch nachweisbar. Hinten fühlte man bei der Palpation eine Lücke über dem Dornfortsatz des vierten Halswirbels bis zum Epistropheus. Beim Vorwärtsneigen, mehr noch bei seitlicher Bewegung, zeigte sich dieselbe mit straffer Bandmasse gefüllt und an der entsprechenden Stelle vorn im Rachen die Prominenz. In einem zweiten an derselben Stelle erwähnten Falle sass das Hindernis in der Höhe des sechsten Halswirbels, es bestand Scoliose der oberen Brust- und Lendenwirbel mit Lordose der unteren Halswirbelsäule und der Kopf wurde permanent vornübergeneigt.

---

1) B. k. W. 75. S. 335.
2) B. k. W. 1877.

In einem später[1]) von demselben Autor veröffentlichten Falle von Lordosis der Halswirbelsäule war ebenfalls der Hals eigentümlich nach vorn gerichtet. Hinten war eine tiefe Einsenkung, der siebente Dornfortsatz papabel. Oberhalb eines zweiten, anderthalb cm höher gelegenen Dornfortsatzes erstreckte sich die Einsenkung bis zum Hinterhauptsbein hinauf. Die Kyphose der oberen Brustwirbel war ganz unbedeutend. Der Einblick in den hinteren Teil des Larynx wurde durch einen knochenharten, von glatter Schleimhaut überzogenen, rechts stärker prominierenden Tumor verlegt. Eine durch angeborene Wirbelbogendefekte gegebene Ursache, wie in dem ersten Falle, war nicht sicher nachweisbar; eher war an in frühester Kindheit abgelaufene rhachitische oder entzündliche Prozesse am Wirbelkörper zu denken.—Auch bei geringeren, an sich bedeutungslosen Graden der Lordose können gelegentlich beträchtlichere Stenosenerscheinungen eintreten: ˙ so bei höhersitzenden, durch Wirbelbogendefekte bedingten Verengerungen, durch Schwellung der bedeckenden Weichteile infolge von akuten Entzündungen, sodann aber auch durch Reizungen von . Seiten der das Hindernis berührenden Epiglottis. Dabei können besonders in der Rückenlage Anfälle von Atemnot zu stande kommen[2]).

Differentiell-diagnostisch würde die Unterscheidung von malignen Tumoren, von Hindernissen durch Strikturen und Divertikel zunächst in Frage kommen. In erster Beziehung ist schon der Befund an der Wirbelsäule, die ganze Krankengeschichte geeignet auf die richtige Fährte zu bringen. Schliesslich wird das Freibleiben der regionären Lymphdrüsen und ein während längerer Beobachtung unverändert erhaltenes Allgemeinbefinden entscheiden. Strikturen und Divertikel machen immer noch besondere Erscheinungen. Bei jenen je nach der Ursache allmähliche Zunahme der Erscheinungen, bei beiden Erbrechen und Rückfluss der genossenen Speisen. Endlich bei Tumoren der vorderen Ösophagealwand würde stetige Zunahme der laryngotrachealen Dyspnoe zu erwarten sein, während tracheoskopisch meist eine Vorwölbung der hinteren Trachealwand nachweisbar werden würde[3]). Zu einem therapeutischen Versuch in den geschilderten Fällen können die von HEYMANN erreichten Erfolge ermutigen: nämlich die Erzielung einer Streckung der Lordose durch einen geeigneten Verband (Pappkravatte), womit in den akuten Anfällen wenigstens ein sicherer Schutz gegenüber den Schwierigkeiten der Nahrungsaufnahme erreicht werden kann.

---

[1]) Verh. der med. Ges. 1890.
[2]) P. Heymann l. c.

Flatau, Nasen-, Rachen- und Kehlkopfkrankheiten.   2

Von angeborenen Tumoren waren schon die Papillome des Gaumens genannt worden. Verhältnismässig selten sind zumal grösser entwickelte Angiome. Wahrscheinlich gehören die schon 1795[1]) von Scarpa beschriebenen angeborenen Varikositäten des Rachens hierher. Kleine teleangiektaktische Bildungen kommen an der seitlichen hinteren Rachenwand hie und da zur Beobachtung. Kavernöse Angiome sind selten. Die bei weitem ausgebreitetste Entwicklung variköser Tumoren sah ich in einem von Paul Heymann neuerdings in der Berliner Laryngologischen Gesellschaft vorgestellten Falle. Es erstreckten sich die Neubildungen über die Schleimheit der rechten Wange und zwar von der Lippe an, verbreiteten sich dann über den Gaumen zum Kehldeckel und zur rechten aryepiglottischen Falte.

Zu den kongenitalen Bildungen gehören auch die Dermoide, die in seltenen Fällen am Zungengrunde gefunden worden sind[2]). Sie verdanken ihr Entstehen entweder Kiemenfisteln oder fehlerhaften Einstülpungen und Abschnürungen des äusseren Keimblattes in Verbindung

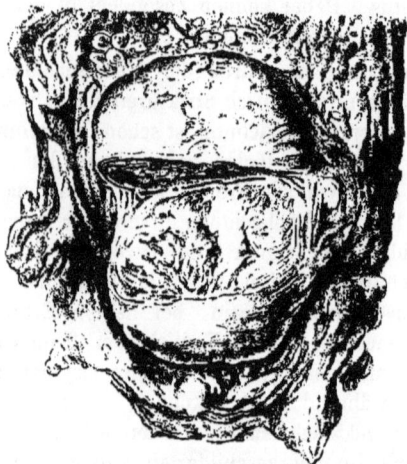

Fig 5.

Zufälliger Sektionsbefund bei einer an Altersschwäche verstorbenen Siechen. Mikroskopisch erweist sich die Geschwulst als aus ächtem Schilddrüsengewebe bestehend.

(Nach Kast und Rumpel.)

mit abnorm langem Offenbleiben des Ductus lingualis. Sind die Dermoide von fester Konsistenz, so können sie zur Verwechselung mit

[1]) Parmentier. Essai etc. Gaz. med. de Paris 1856.
[2]) A. Rosenberg. Die Geschw. d. Zungengrundes. S.-A. a. d. m. W. 1892.

malignen Tumoren des Zungengrundes Veranlassung geben. Rosenberg[1]) zitiert einen von Bernays bei einem 17 jährigen Mädchen beschriebenen Fall: es befand sich eine aus zwei ungleichen Teilen von
Hühnerei- bez. Kirschgrösse bestehende Geschwulst. Die obere Partie
des kleineren Abschnittes zeigte eine dem foramen coecum entsprechende
Grube, die grössere lag zwischen den Mm. genio-hyoglossi. Weniger
leicht werden die Dermoidcysten verkannt werden, indem aus ihrer
mehr elastischen glatten Oberfläche, ihrer oft fluktuierenden Beschaffenheit, endlich durch die Untersuchung ihres Inhaltes nach der Probeincision ihr Charakter alsbald erschlossen werden kann. Endlich sind
hier die accessorischen Schilddrüsen zu nennen, von denen die Abbildung ein exquisites Präparat wiedergiebt.

Es wurde als zufälliger Befund bei einer an Altersschwäche verstorbenen Frau gefunden: die mikroskopische Untersuchung ergab echtes
Schilddrüsengewebe. Diese anscheinend auffällige Heterotopie erklärt
sich aus der oft ziemlich weit und lange nachweisbaren Verbindung
zwischen dem Ductus lingualis und der Zungenbeinschilddrüsenregion,
wodurch für eine Zeit lang ein Ductus thyreolingualis gebildet wird.
Besteht diese Verbindung, die gewöhnlich den zweiten Monat nicht
überdauert, länger, so kann in den Gang gelangtes Schilddrüsengewebe
später — wenn der Gang geschlossen ist — zu einem selbständigen
Tumor werden. Die im Verlauf seines weiteren Wachstums auftretenden Störungen werden eben von diesem Wachstum, vielleicht von einer
späteren Erkrankung, sowie von der Tiefe abhängig sein, in der das
Thyreoidealgewebe entstanden ist. Immerhin ist in einigen bisher bekannt gewordenen Fällen die Exstirpation nötig gewesen und mit be-
friedigendem Erfolg ausgeführt worden.

Die Heterotopieen des Schilddrüsengewebes in der Luftröhre sind
sehr selten, aber von hervorragender praktischer Bedeutung. Man muss
unterscheiden zwischen von aussen in das Luftröhrenlumen hineinragen-
den und hineinwachsenden Schilddrüsenteilen und zwischen einfach abgeirrten Lappen. Es liegt auf der Hand, dass die erste Kategorie oft
erst auf Grund längerer Beobachtung und durch die später zu besprechenden diagnostischen Hilfsmittel von malignen Bildungen werden unterschieden werden können. Von der zweiten Art fand Heise[2]) nur drei
Beispiele von isolierten Schilddrüsentumoren innerhalb des Kehlkopfes
und der Luftröhre in den Jahren 1874—87. In einem später beob-

---

[1]) A. Rosenberg. Die Geschw. d. Zungengrundes. S.-A. a. d. m. W, 1892.
[2]) Bruns. Beitr. z. klin. Chir. III, 1. Heft.

achteten Falle Naratils[1]) zeigte sich die heterotopische Bildung noch durch knorplige Entartung kompliziert. Die Abweichung wurde bei der Laryngofissur des Kindes entdeckt, und stellte der Operation nicht geringe diagnostische und technische Schwierigkeiten entgegen. Das Gebilde, auf das der Operateur stiess, statt ins Cavum laryngis zu gelangen schien zu einer Art Stützpunkt für Kehlkopfmuskeln und Stimmbänder geworden zu sein.

Die Beseitigung der Tumoren kann gefordert werden durch die Verengerung des Luftrohres, die sie bedingen. Es kann sich kaum um ein anderes Vorgehen handeln, als um die Spaltung und Ausschälung.

Als Rückschlagsbildungen werden auch von allen Beobachtern die angeborenen Halsfisteln aufgefasst. Arndt[2]) glaubt, dass die medianen Halsfisteln immer unvollständig sind, das heisst nur furchenartige, kurze Hautfisteln darstellen, die er nach ihrer genetischen und anthropologischen Bedeutung als stigma degenerationis ansieht.

Sie nehmen nach ihm eine besondere Stellung ein und sind nicht — wie Luschka glaubte — Reste der ehemaligen Kommunikation zwischen äusserer und innerer Körperoberfläche. Sie liegen unter und in der Haut und in dem Falle Arndt's war der furchenartige Eingang auch von einer dünnen Epidermisschicht ausgekleidet.

Die lateralen Fisteln können vollständig sein und führen von der äusseren Haut nur auf die betreffenden Organe zu, um näher oder ferner davon blind zu endigen. Falls ein therapeutischer Eingriff in Betracht kommt — was der geringen Beschwerden wegen nicht allzuoft geschieht — kann man zuerst versuchen, durch Ätzung einen Verschluss der Fistel herbeizuführen; gelingt das nicht, so kann nur noch die Exstirpation des Fistelganges in Frage kommen. — Grösseres laryngologisches und praktisches Interesse beanspruchen die Luftsackbildungen. Bei diesen handelt es sich um die Ausstülpung der Schleimheit der grossen Luftwege. Sie zeigen einen innigeren Zusammenhang bald mit dem Kehlkopf, bald mit der Luftröhre und werden danach als Laryngocele beziehungsweise als Tracheocele bezeichnet. Nach Ledderhose[3]) waren bis 1885 nur sieben Luftsäcke als gelegentliche Leichenbefunde beschrieben, darunter vier doppelseitige. Alle waren eigentliche Laryngocelen und in den meisten Fällen handelte es sich um Verlängerungen, sack- oder taschenartige Vorstülpungen der Morgagnischen Ventrikel, die sich mehr oder weniger weit ausserhalb des Kehlkopfes erstreckten.

---

[1]) B. Kl. W. 1888. S. 598. Madelung. A. f. kl. Ch. XXIV Bd. 1. Heft.

[2]) Zur Lehre von der Fistula colli congenita. Berl. klin. Wochenschr. 88. S. 741.

[3]) Deutsche Zeitschrift f. Chirurgie. Bd. XXII.

Man hat nicht ohne Wahrscheinlichkeit diese Kehlsackbildungen als eine tierähnliche Bildung analog mit der pars superior des Gorillakehlkopfes aufgefasst. Bemerkenswert ist die Vermutung LEDDERHOSE'S, dass neben schwerer Arbeit und abnormer Grössenentwicklung eine ventilartige Einrichtung zum Zurückhalten der Luft zur Kehlsackbildung disponiert. Auch GRUBER[1]) war bei der anatomischen Untersuchung zu der Annahme einer aufsteigenden Klappe in dem intralaryngealen Abschnitte gekommen.

Es ist hier der Ort, auf die ausserordentlichen Bildungsverschiedenheiten einzugehen, die sich schon bei gelegentlicher Beobachtung und Sondierung am Lebenden, mehr aber bei der Betrachtung an der Leiche ergeben. Schon bei Untersuchungen am Kehlkopf Neugeborner fand ich auffallende Asymmetrie beider Seiten und bei Erwachsenen zeigen sich vollends die grössten Schwankungen. Bald Verkümmerung und abnorme Kleinheit, bald ein Heraufragen bis zur fossa glossoepiglottica. KRIEG bildet in seinem Atlas einen Fall ab, bei dem laryngoskopisch die Böden beider Ventrikel in grosser Ausdehnung zu sehen sind, Befunde, die übrigens auch einseitig öfter vorkommen. Hier aber zogen zwei aus der vorderen Hälfte der Ventrikelböden entspringende, hoch erhabene Leisten, von vorn hin spitz verlaufend, sich in der Mitte des inneren Stimmbandrandes verlierend und jeden Ventrikel in zwei Fächer teilend. Auch eine Tiefenentwicklung, wenigstens mit einem Teil des Buchtenraums, bis zum unteren Schildknorpelrande liegt noch in der Breite des Normalen. Übrigens hat B. FRÄNKEL neuerdings wegen des konstanten Befundes von adenoiden Geweben, zahlreichen echten Follikeln und traubenförmigen Drüsen den dem Ventrikel angefügten Buchtenraum (Appendix) den Tonsillarlacunen verglichen. Er fand unter den Follikeln auch die subepithelialen STÖHRS; die aus ihnen stattfindende Auswanderung von Leukocyten machte sich stellenweise sowohl im Epithel wie in der Höhle des Appendix bemerkbar[2]).

Die Durchtrittsstelle des nach oben verlängerten Ventrikelblindsackes lag bei den von L. zusammengestellten Fällen ausgebildeter Luftsäcke stets seitlich in der membrana thyreoidea. Von dem hinteren Abschnitt des M. thyreoideus bedeckt, drängten sich die Säcke regelmässig nach rückwärts von diesem Muskel und nach aussen vor. Was das Verhältnis der Kehlsäcke zum nervus laryngeus superior und zu den Gefässen anbelangt, die durch eine Lücke der membrana hyothyreoidea nach vorn

[1]) l. c. 217.
[2]) B. FRÄNKEL. Studien zur feineren Anatomie des Kehlkopfes. Bd. l., H. II. Arch. f. Laryngologie u. Rhinol.

und unten vom Nerven hindurchtreten, so lagen die Säcke immer nach
oben, aber gleichzeitig teils nach aussen teils nach innen von der Lücke.
In dem von L. beobachteten und beschriebenen Fall fand man bei der
Operation den Superior auf der oberen Wand des Sackes verlaufen, so
dass der Balg die Membran unter den Nerven und zwar wahrscheinlich zwischen Nerven und den Gefässen passiert haben musste. Diese
kamen nicht zu Gesicht und traten wahrscheinlich an der unteren Seite
des Sackes in die Kehlkopfhöhle ein.

Die allen Luftsäcken gemeinsamen Symptome für die äussere Untersuchung sind in erster Reihe die Bildung eines an Grösse wechselnden Tumors in der regio hyothyreoidea. Bei Tracheocele kann, wie es
scheint, auch bei einer einzigen Kommunikationsöffnung, die dann an der
hinteren Wand gelegen ist, eine doppelseitige Erhebung zu Stande
kommen[1]. Die Perkussion ergiebt bald mehr, bald weniger vollen
tympanitischen Schall. Volumsvermehrung wird bei jeder Vermehrung
des exspiratorischen Druckes zu Tage treten, beim Husten, Schlucken,
Pressen.

Die äussere Haut ist intakt. Durch Kompression ist der Inhalt oft
unter schwappendem, glucksendem Geräusch entleerbar und zwar um so
leichter, je grösser und günstiger die Kommunikationsöffnung ist und
vorausgesetzt, dass nicht die erwähnte ventilartige Einrichtung hindert.
Eine weitere Probe ist noch anzustellen, wenn es gelingt, die Stelle der
Kommunikationsöffnung zu komprimieren. Alsdann ist sowohl die Entleerung durch Kompression als die Volumsvermehrung durch Husten
u. s. w. nicht mehr ausführbar.

Übrigens scheinen die Kehlsäcke in den meisten Fällen zu gefahr-
drohenden Symptomen nicht zu führen. Lange Zeit besorgen die Kranken
wahrscheinlich selbst durch Kompression und häufige Entleerung eine
Art mechanischer Therapie[2]).

[1]) Paul Heymann, Tageblatt d. Naturforscher Vers. 1886.
[2]) Anmerkung. In dem schon erwähnten Falle Ledderhose's kam es zur Operation wegen heftiger Atembeschwerden: der Fall war aber — ein laryngologisches
Unikum — durch gleichzeitige Bildung einer intralaryngealen Luftcyste kompliziert.
Auch diese musste später wegen stenotischer Erscheinungen durch Laryngotomie
exstirpiert werden. Sie hatte einen breitbasigen, der rechten inneren Larynxwand
aufsitzenden glatten Tumor von Haselnussgrösse gebildet, der mit seiner oberen Wand
in das rechte ligamentum aryepiglotticum überging. Neben mechanischen Verhältnissen beschuldigt L. das häufig und lange Zeit von den Kranken geübte gewaltsame
Ausdrücken des äusseren Kehlsackes als Ursache für die Bildung der intralaryngealen
Cyste, weil dabei die Luft gerade gegen diejenige Stelle der Schleimhaut des ventri-
kulären Blindsackes getrieben würde, die sich zu der intralaryngealen Cyste vorwölbt.

Von den durch Bildungsanomalieen benachbarten Organen veranlassten Abweichungen wollen wir noch kurz der Vergrösserung der Thymusdrüse und sodann der Heterotopie des Schilddrüsengewebes gedenken, soweit diese im Innern des Kehlkopfluftrohrs sich manifestiert. P. GRAWITZ hat angenommen, dass Thymusvergrösserungen eine Ursache plötzlicher Todesfälle des Säuglingsalters bilden und zwar mechanisch durch Erzeugung von Tracheostenose, ein Zusammenhang, der schon von MORGAGNI, P. FRANK und Anderen und nach FRIEDREICH[1]) zuerst von FELIX PLATER angenommen worden war. Spätere Untersuchungen, besonders von PALTAUF haben aber die anatomischen Erfahrungen von HACHMANN, FRIEDLEBEN, SCHÜLER und anderen früheren Beobachtern bestätigend, zu einer anderen Anschauung geführt.

PALTAUF konnte nämlich bei hochgradiger Hyperplasie der Thymusdrüse keine Veränderungen der Luftröhre auffinden. Er sah aber gleichzeitig damit Vergrösserung der Lymphdrüsen, der Tonsillen und der Milz und nimmt somit die Thymusvergrösserung nur als eine Teilerscheinung einer allgemeinen Ernährungsstörung in Anspruch. Es handelt sich um eine Form pseudoleukämischer Anämie, während der Tod in diesen Fällen durch Paralyse des anomal ernährten Herzens erfolgte.

Ebensowenig hat sich die Lehre vom Asthma thymicum erhalten können. KOPP zufolge sollten dyspnoische Paroxysmen (Spasmus glottidis) durch Druck der vergrösserten Thymus auf den Vagus und Recurrens entstehen. Jedenfalls dürfte der Beweis davon noch zu erbringen sein, und·im Verhältnis zu den übrigen Ursachen des Spasmus glottidis infantilis[2]) die angenommene Nervenkompression durch eine vergrösserte Thymus nur zu den ganz ausnahmsweise vorkommenden zu rechnen sein.

Unter verschiedenen Umständen kann von den dem Kehlkopf und der Luftröhre benachbarten grösseren Gefässen her eine Pulsationsbewegung fortgepflanzt werden. Die Trachealpulsation wurde früher für eine pathognomonische Erscheinung bei Aneurysmen der Aorta gehalten, indess kommt sie auch sonst häufig, namentlich, wie LITTEN angiebt, bei Aorten-Insufficienzen vor. Sie wird, wie dies zuerst von OLIVER empfohlen ist, am besten bei hintenübergebeugtem Kopf des Kranken wahrgenommen, wenn man den Kehlkopf gleichzeitig anhebt und fixiert[3]). In dem von LITTEN beschriebenen Falle führt dieser Autor die Er-

---

[1]) FRIEDREICH, Krankheiten der Thymus. Spez. Path. u. Therap. S. 528.
[2]) S. Cap. VIII.
[3]) LITTEN, Verhdl. d. Vereins f. innere Medizin Nov. 93. Deutsch med. Wochenschr. 1893. S. 1224 1225.

scheinungen auf die mit der Sektion von ihm nachgewiesene ungewöhnliche Ausdehnung und Verlagerung des truncus anonymus zurück[1]). Die laryngoskopische Untersuchung war durch die starken herzsystolischen Bewegungen des Kehldeckels und der Arydenoidknorpel sehr erschwert. In einem von P. HEYMANN beschriebenen Falle bestanden nur laryngoskopisch wahrnehmbare Pulsationen der Trachealwand und des unteren Kehlkopfraumes.

LITTEN erwähnt noch als eine einmal beobachtete Ursache von Trachealpulsationen das congenitale Offenbleiben des Ductus arteriosus Bostalli.

Von den angeborenen Defekten, Spalten und Furchenbildungen der Nasenhöhlengebilde und ihrer Begrenzungen ist nur ein geringer Teil von rhinologischer Wichtigkeit. So die hin und wieder auch bei der vorderen Rhinoskopie sichtbaren sagittalen Furchenbildungen der mittleren Muschel. Wichtig und häufig von unmittelbarer praktischer Bedeutung sind die intranasalen Verwachsungen. Wir berücksichtigen hier die angeborenen Arten des Verschlusses. Es ist nicht ganz sicher, ob die verschiedenen kongenitalen Bildungen dieser Art als Rückschlagsbildungen und nicht vielmehr — wenigstens in einem Teil der Fälle — als Folgen intrauterin oder in früher Jugend abgelaufener Entzündungsvorgänge anzusehen sind. Ziemlich sicher für eine kongenitale Hemmungsbildung sprechen Atresieen an der vorderen und an der hinteren Apertur. Die ersteren entsprechen meist dem inneren Nasenloche und liegen als mehr oder weniger lange kutane oder membranöse Brücken an dessen vorderem Pole. Die letzteren können membranös oder durch knöchernes Gewebe verschlossen sein.

Die erstgenannte Form der angeborenen Atresie ist wohl öfter eine partielle als total, und meistens einseitig. Von totaler Atresie sind nur die Fälle von VOLTOLINI[2]) und von HOVORKA[3]) bekannt. Totale wie partielle Atresieen können gelegentlich symptomlos bestehen. Sie brauchen also nicht immer beseitigt zu werden. Ist die Nasenatmung erschwert, so ist aber der einfache Eingriff nicht durch eine Incision auszuführen; sondern es muss zur Verhütung von Wiederverwachsungen die Brücke exstirpiert werden. Bei einem kleinen sonst gesunden Knaben fand ich nach dem Ausschneiden einer solchen partiellen Atresie des rechten inneren Nasenloches noch eine zweite strangförmige Verwachsung der

---

[1]) Gelegentlich der Besprechung eines Falles von Aneurysma der pharyngea ascendeus, von dem noch später (Kap. VII) die Rede sein wird, hat B. FRÄNKEL auf die Verlagerung der Carotis aufmerksam gemacht.

[2]) Nasenkrankheiten.

[3]) Wiener klin. Wochenschrift. 92.

Untermuschel mit dem Septum. Die narbenfreie Beschaffenheit der
Schleimhaut, der Mangel eines ätiologischen Momentes und die Kombination mit der kutanen äusseren Atresie liessen mich auch die zweite

Fig. 6.
Einseitige Choanalatresie mit drei Öffnungen.
(Nach Zuckerkandl.)

Synechie als eine kongenitale Hemmungsbildung ·betrachten. Auffallend
war die beiderseits gleichmässige Kleinheit der äusseren Nase, neben
den sonstigen Erscheinungen der behinderten Nasenatmung.— Der angeborene Choanalverschluss kann ein- oder doppelseitig, vollständig oder
teilweise ausgebildet, aus knöchernem, knorpligem, fibrösem oder einer
Mischung aus diesen Geweben bestehen. Zuckerkandl.[1]) beschreibt den
Leichenbefund einer Choane mit drei Öffnungen. Die oberste bildete den Atemweg, die beiden anderen führten in den unteren
Nasengang. Unsere Abbildung vergegenwärtigt diese Verhältnisse sehr
klar im Choanenbilde. Ähnlich ist der Fall Onodi's[2]), in dem ein
zum Teil knöchernes, zum grösseren Teil knorpliges Diaphragma gefunden wurde. Weitere Beobachtungen scheinen meist knöcherne Atresieen
zu betreffen (J. Wolff, Schwendt, Zaufal, V. Lange, Suchannek, Schrötter,
B. Fränkel u. A.) Im eigentlichen Cavum finden sich — oft als gelegentliche Nebenbefunde — Synechieen an den verschiedensten Stellen:
zwischen Muscheln und Septum, zwischen der Untermuschel und dem
Nasenboden, zwischen mittlerer und unterer Muschel u. s. f. Bald bestehen sie aus dünnen Zügen fibrösen Gewebes und erscheinen oft nur
als „strangförmige membranöse Brücken"[3]) von weicher Konsistenz.
Oder sie sind von grösserer Ausdehnung als mehr oder weniger straffe
flächenhafte Synechie. In anderen Fällen ist Knochengewebe die Grundlage der Verbindung und man findet an den genannten Stellen grössere
oder kleinere Synostosen.

Angeborene partielle Atresieen und Membranbildungen im Kehlkopf
sind nicht so selten. Geringgradige hautähnliche Verbindungen oder

---

[1]) Normale pathol. Anotomie der Nasenhöhle. S. 97.

[2]) A. Onodi, Ein bes. kongenitaler Choanenverschluss. B. k. W. 1889. S. 712.

[3]) Zuckerkandl. l. c.

anscheinende Verwachsungen der Stimmbänder in einem kleinen Teil
des vorderen Winkels habe ich ohne besondere Störungen als gelegentliche Nebenbefunde erhoben und bei der Abwesenheit jeder Krankheits-
erscheinung als angeborene Synechie angesprochen. Schnitzler hat auf
das Vorkommen solcher Fälle 1881 hingewiesen. Die Erklärung davon
ist noch strittig. Als Hemmungsbildungen, verzögerte Differenzierung
hat man sie nicht deuten können, da eine interchordale Membran nicht
vorkommt. Die Voraussetzung einer intrauterinen Erkrankung ist eine
Vermutung. Sind grössere, die Hälfte bis zwei Dritteile der Chordae
vocales verlötende Membranen vorhanden, so treten mehr oder weniger
hochgradige Stimm- und Atemstörungen auf. So war in den Fällen von
de Blois und Poore[1]) eine die vorderen zwei Drittel einnehmende einfache Membran gefunden worden. Poore giebt an, dass bei seiner
Patientin, einem 16jährigen Mädchen, von frühester Kindheit an Anfälle von Atemnot bei geringen Anlässen eintraten; doch war keine
eigentliche Heiserkeit, sondern nur eine falsettähnliche Stimme dagewesen.

Ein Unikum ist der von Zurhelle[2]) berichtete Eall. Die Atresie
betraf den mittleren Kehlkopfraum. Bei einem 11jährigen Knaben
waren die vorderen zwei Drittel durch eine Membran von dem Aussehen der Taschenbänder verwachsen und unter dieser — den Stimmbändern aufliegend — war noch eine zweite Membran vorhanden, die
aus den Ventrikeln entspringend, die erste überragte. Der Knabe hatte
in den ersten Monaten seines Lebens nie geschrieen, lernte aber später
sprechen. Doch blieb zwischen den einzelnen, heiser gesprochenen
Worten stets eine pfeifende Inspiration auffällig. Beim Versuch hoch
zu intonieren, zog sich die obere Membran nach allen Seiten hinten zusammen, so dass man die wahren Stimmbänder vor den Giessbeckenknorpeln nur in einem ganz kleinen Raume sah.

Hier wie in den ersten Fällen handelt es sich um einfache Membranen, die der Spaltung keinen Widerstand entgegensetzten.

Dagegen wurde in einem von Seiffert und Hoffa[3]) beobachteten
Falle die Laryngofissur nötig. Es handelte sich um ein 16jähriges Mädchen, aus dessen Familie sich ein ebenso interessanter wie stringenter Beweis
für das Angeborensein ihrer Membranbildung beibringen lies. Es stellte
sich nämlich heraus, dass sowohl der Vater, wie noch zwei Schwestern
der Patientin kongenitale Membranen verschiedenen Grades besassen.
Nur ein Sohn hatte normalen Spiegelbefund geboten. Bei dem Mädchen

[1]) Transactions. Int. med. Cong. Lond. 81. Bd. III, S. 316.
[2]) Berl. kl. W. 1869.
[3]) D. med. W. 1888. S. 190.

hatten von den Stimmbändern nur die partes vocales normale Form und nur zwischen ihnen bestand eine Glottisspalte. Die partes fibrosae waren durch eine Membran vereinigt, die hinten etwas durchscheinend, und mit einer scharfen Conkavität versehen war. Der hintere Rand spannte sich bei tiefer Inspiration und faltete sich bei Phonationsversuchen. Bei kurzer stossweiser Inspiration kam ein Laut zustande, sonst nicht: während der ganzen Lebenszeit des Mädchens war ein Ton sonst nie gehört worden. Die Atemstörungen traten wie in POORE's Fall nur bei raschen Bewegungen auf. Bei dem Versuch der Discission erwies sich die Membran stärker als das kachirte Messer, welches abbrach. Es war als ob in schwieliges Gewebe geschnitten werden musste. Bei der nun ausgeführten Laryngofissur ergab sich, das die anscheinende Membran sich nach vorn verdickte und zwar so, dass sie gleich einem Vorhang schräg nach vorn und unten abfiel und etwa einen Finger breit unter den Stimmbändern an der vorderen Kehlkopfwand adhärierte. Es musste der ganze vordere untere Kehlkopfraum durch Scheere und Pincette freipräparirt werden. So gelang es, den Stimmbändern ihre Gestalt annähernd wieder zu verschaffen und durch geeignete Nachbehandlung normale Stimmbildung zu erzielen. Ähnlich ist die Geschichte eines von KRIEG[1]) publizierten Falles. Er betraf ein 19jähriges Fräulein. Sofort nach der Geburt war bemerkt, dass das Kind nur stimmlos weinte. Bis zum dritten Jahr alle paar Tage dyspnoetische Anfälle mit Cyanose: später seltener. P. blieb stimmlos, zeigte aber auch in der Ruhe leichten exspiratorischen, stärkeren inspiratorischen Stridor, leichte Ermüdung beim Gehen in der Ebene, sehr erschwertes Atmen beim Steigen. Bemerkenswert war das Hervorragen des vorderen Teiles des Ringknorpels über die Trachea und den Schildknorpel, der seinerseits schwach, kindlich, klein, besonders in dem Durchmesser von vorn nach hinten, und in der vorderen Kommissur sehr biegsam geblieben war.

Bei mittlerer Inspiration zeigte die Membran das in der beigegebenen Abbildung reproduzierte Bild. Die Stimmbänder deckend und ihnen locker aufliegend, traten mit der Tiefe der Inspiration und grösser werdenden Spannung zwei seitliche und ein hinterer Strang immer deutlicher und gleichzeitig schmäler hervor. Die Membran bildete aber nur die Decke einer voluminösen, subglottisch von vorn nach hinten verlaufenden, die Seitenwände des Kehlkopfes verbindenden Platte. K. sah nämlich unter dem hinteren Strang eine steil nach hinten unten abfallende Wand, die höher als ein cm bogig in die Seitenwände des Kehlkopfes überging und treppenartig gestaltet war. Oben und unten

[1]) Atlas der Kehlkopfkrankheiten. Stuttgart 92.

scharfrandig endigend, ergab die Sonde für beide Gebilde harte, fast
unnachgiebige Konsistenz. K. beschloss, die Diaphragmaplatte in der
Grenze der Glottis um- und auszuschneiden. Das gelang, es präsen-
tierten sich darauf die Stimmbänder, die Falten verschwanden. Es stellte

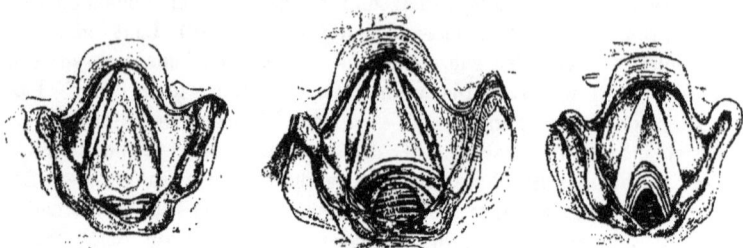

Fig. 7—9.
Angeborenes Diaphragma des Kehlkopfes.
(Nach KRIEG.)

sich klangvoller Husten und eine sehr laute, bassartige Stimme ein. Bei
den Versuchen, das Diaphragma selbst zu beseitigen, trat eine Schwellung
desselben ein, die Tracheotomie nötig machte. Spätere Bougiebehandlung
führte zuletzt doch zur Herstellung einer leidlichen Stimme.

ANTON[1]) hat ein kongenital vorgebildetes Bänderpaar zwischen den
Seitenrändern des Kehldeckels und den Santorinischen Knorpeln bei
einem 8jährigen Knaben gesehen. Sie lagen etwas über den aryepiglottischen Falten, waren rund gestaltet und symmetrisch.

Die Nasenhöhle ist im ganzen der Lieblingssitz von grösseren und
kleineren Abweichungen der Form, so dass man dreist behaupten kann
es sei — auch abgesehen von den Folgen der hier so häufigen Entzündungsprozesse — eine „normale" Nasenhöhle so selten wie etwa das
berühmte „normale Trommelfell".—Zunächst imponieren die grossen Verschiedenheiten der Weite, die nätürlich relativ zu der Grösse und dem
Alter des Untersuchten zu beurteilen ist.

Die für den Erwachsenen charakteristische Form wird erst zu Ende
des siebenten Lebensjahres erreicht; von dieser Zeit an findet normaler
Weise ein gleichmässiges Wachstum statt. Bei dem Säugling ist die
Nase unverhältnismässig enger gebaut und zeigt auch einen anderen
Typus[2]), indem der Kieferabschnitt mit dem unteren und mittleren
Nasengang nur angedeutet, aber noch nicht ausgebildet ist. Daher können

----

[1]) Prag. med. Woch. 1891.
[2]) DISSE, Ausbildung der Nasenhöhle nach der Geburt. Arch. f. Anat. und Physiol.
1889. Suppl.

schon geringe Anschwellungen der Bedeckung eine vollkommene Verlegung des nasalen Atmungsweges zur Folge haben.

Des weiteren ist die Weite der Höhle abhängig von der Gestalt
und Dicke des Septums, von der Gestalt und Grösse der Muscheln und
von der Dicke und dem Blutreichtum der Bedeckungen. Eine geringere
Rolle spielen Formveränderungen des Nasenbodens. Er zeigt sich nicht
immer in frontaler und sagittaler Richtung vertieft und nach vorn leicht
aufsteigend, sondern öfters mehr oder weniger abgeflacht, selbst nach
oben in das Lumen vorspringend. Es brauchen dabei sonstige Anomalien
nicht vorhanden zu sein, wenngleich — wie wir noch sehen werden —
diese Formveränderung ein diagnostisch nicht unwesentliches Symptom
für behinderte Nasenatmung bilden kann.

Die asymmetrischen, sowie die übermässigen und überzähligen Bildungen kommen für die ganze Höhle und ihre Anhänge ebenso für einzelne Teile in Betracht: teils in rein diagnostischer Beziehung, weil sie
zu Verwechslung mit erworbenen Formveränderungen Anlass geben
können, teils weil ihre Wirkung auf die Funktionen des Organs eine
rhinologische Behandlung erheischen kann. So ist der zwischen Untermuschel und Septum befindliche Luftraum und die Weite des unteren
Nasenganges überhaupt erheblichen Schwankungen unterworfen[1]). Jener
soll der gewöhnlichen Annahme zufolge, da wo der Rand des Muschel-
beines am weitesten nach innen vorspringt, noch 4—6 mm betragen.
Die Weite des unteren Nasenganges hängt mit von der Grösse des
Winkels ab, in dem die Muschel von der lateralen Wand abgeht. Mit
der Grösse des Winkels wächst das Lumen des Ganges, verkleinert sich
die Weite des Luftraumes. Ebenso schwankt die Grösse der fissura
olfactoria, deren durchschnittliche Breite auf 2 mm angegeben werden
kann. Eine nicht unwesentliche Rolle spielt hier der Grad der Krümmung
und Einrollung der mittleren Muschel. Nicht so selten ist ein typus
inversus mit median schauender konkaver Fläche. Eine Verengerung
der Riechspalte und des mittleren Nasenganges tritt ein, wenn die mittlere Muschel vergrössert und blasenartig aufgetrieben ist, in welchem
gar nicht seltenen Falle ihre sichtbare Partie als vergrösserte kugel-
förmige Prominenz erscheint. Hier wie dort zeigen sich indess die verschiedensten feineren und augenfälligeren Abweichungen, abhängig von
der Dicke und dem Füllungszustand der Bedeckungen und in noch
höherem Grade von der Bildung der Scheidewand.

Die Untersuchung der Bedeckungen muss eine besonders genaue
und wiederholte sein, da ihre Erscheinung, wo Schwellgewebe vorhan-

[1]) Vgl. FLATAU, Laryngoskopie und Rhinoskopie.

den ist, leicht wechselt. Neben dem Gehalt an organischer Muskulatur und elastischen Fasern[1]) im eigentlichen Balkengewebe finden
sich auch Schwellungen am Septum, die aus massenhaften Drüsenanhäufungen und reichlichen Venengeflechten bestehen und sich bei der
Sondierung als wegdrückbar erweisen. Doch scheint auch echtes Schwellgewebe am Septum vorzukommen, wie wenigstens aus einer Beobachtung
Suchanneks[2]) hervorgeht.

Das Septum ist verhältnismässig selten vollkommen median gestellt.
Die Ursache des überwiegenden Schiefstandes ist aller Wahrscheinlichkeit nach in den Wachstumsverhältnissen zu suchen, was indess sehr
früh oder intrauterin einwirkende traumatische oder pathologische Einflüsse, wie den rachitischen Prozess, nicht ausschliesst. Die ätiologischen
Bedingungen dieser Formabweichungen waren lange Gegenstand lebhafter Diskussion. Die einen suchten ausschliesslich traumatische Ursachen anzuschuldigen und Ziem machte auf die mögliche Beschränkung
eines Traumas auf das Septum cartilageneum aufmerksam, so dass dieses
aus seinem Falz heraus luxiert würde. Welcker[3]) meinte, dass der Druck
bei habituellem Schlafen auf einer Körperseite die Schiefnase bedinge.
Löwy[4]) fand, nachdem schon Fleischmann den hohen Gaumen bei rhachitischen Kindern beschrieben und auf diese Erkrankung zurückgeführt
hatte, bei einer Untersuchung dieser Verhältnisse auffallend oft mit
Septumdeviationen einhergehend starke Wölbung, Hochstand und Schmal-
heit des Gaumens und Hervorspringen des medialen Teils des Alveolarfortsatzes. Er glaubte, dass dabei kein ursächlicher Zusammenhang mit
adenoiden Vegetationen, sondern nur ein Nebeneinander beider Befunde
vorliege und versuchte ebenfalls dieses Verhältnis auf die rhachitische
Erkrankung zurückzuführen. Bresgen[5]) nimmt für die Knickungsform
der Deviation und die Verlagerung des unteren Randes traumatische
Ursachen an, während die weitaus grösste Zahl der mit Dorn- oder
Knollenbildung einhergehenden Formen nach ihm aus einer Verbindung
traumatischer und erblicher Einflüsse hervorgehen. Dabei kann das verschieden rasche Wachstum von Knorpel und Knochen in Frage kommen,
oder es kann die durch erbliche Anlagen beeinflusste Wachstumsrichtung
durch Fall und Schlag auf die Nase in erhöhter Weise zur Geltung
kommen[5]). Die knöchernen Teile des Septums, der Vomer und die

---

[1]) Herzfeld, Arch. f. mikr. Anat. XXXIV. 1889. Beitr. zur Anat. d. Schwellkörpers
der Nasenschleimhaut.
[2]) Suchannek, Beitr. z. Rhinopath. 1892. Corresp.-Bl. f. Schweizer Arzte. J. XXII.
[3] Welcker, Asymmetrie der Nase und des Nasenskeletts. Stuttgart 1882.
[4]) Berl. kl. W. 1886. (Aus B. Baginski's Klinik.)
[5]) Lehrbuch S. 149.

Lamina perpendicularis wachsen einander entgegen. Berühren sich ihre
Bänder schon, ehe ihr Wachstum vollendet ist, so kommt eine Verbiegung zustande; nur der hinterste Teil, der vom Vomer allein gebildet
wird, bleibt unbeteiligt, so dass eine asymmetrische Stellung der Choanen
zu den Seltenheiten gehört.

Derartige Fälle sind zuerst von HOFMANN[1] beschrieben worden. Auch
BRESGEN[2] erwähnt, im Bereich der Choanal-Öffnungen ein- oder
doppelseitige Fortsätze gesehen zu haben, wodurch Verengerungen bis
nahezu zur Verstopfung der Nasenhöhle bewirkt worden seien. — Die
Formabweichungen des Septums hängen ab von der Art seiner Deviation
und von der Ausbildung riffartiger, dorniger oder leistenförmiger Prominenzen. Entweder entspricht die Einsenkung der Naht zwischen
Pflugscharbein und Siebbeinplatte, oder sie liegt etwas höher bez. tiefer,
je nachdem der eine oder andere Knochen selbst betroffen wird.

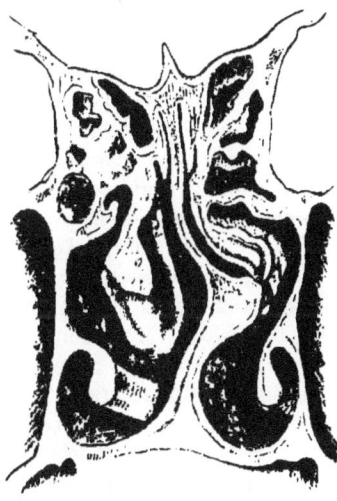

Fig. 10.
Frontalschnitt durch die Nasenhöhle mit einem mächtigen Hakenfortsatz der Nasenscheidewand.
(Nach ZUCKERKANDL.)

So kann der Vomer median stehen bleiben, während die vertikale
Siebbeinplatte allein nach der einen oder anderen Seite verbogen wird.

[1] A. f. Chir. 1888. Bd. 37. G. 2.
[2] Krankheits- und Behandlungslehre der Nasen-, Mund- und Rachenhöhle, sowie
des Kehlk. u. d. Luftröhre. 1891.

Wird der Vomer verbogen, so kann dies auf zweierlei Art geschehen.
Entweder kommt es auch hier zu einer einseitigen Knickung wie bei
der lamina perpendicularis, oder jede der beiden Knochenlamellen wird
für sich geknickt, so dass auf jeder Seite eine Riff- oder Leistenbildung
bewirkt wird.

Gleichzeitig damit wird häufig auch noch eine skoliotische Krümmung
des Vomer und des knorpligen Scheidewandteiles in der Richtung von
vorn nach hinten beobachtet.

Endlich kommt es auch vor, dass die Schiefrichtung der sich entgegenwachsenden Knochenplatten ein Aufeinandertreffen derselben überhaupt verhindert, so dass sie einander ausweichen und eine Strecke hindurch nebeneinander stehend einen von Weichteilen ausgefüllten Raum
zwischen sich lassen.

Der konvexen Seite, welche den Gipfel der Knickung enthält, entspricht im allgemeinen eine Konkavität auf der anderen, die gewöhnlich auch die weitere Nasenhöhle sein wird. Nach dieser wendet sich
mit der Spina nasalis anterior auch die äussere Nase (WELCKER).

Neben ihrer Beteiligung an den Knickungen des Septum osseum
weist die knorplige Scheidewand noch allerlei Varietäten in der Beschaffenheit ihrer Oberfläche auf, indem Prominenzen von riff- oder
leistenartiger Gestalt von ihr ausgehen und sich nach dem Vomer hin
erstrecken. Sie folgen nach MERKEL entweder seinem oberen Rande oder
lagern sich ihm bezw. seiner Knickungsstelle an.

In wieweit die Verengerung durch die konvexere Seite der Verbiegungen eine Vergrösserung der anderen zur Folge hat, hängt neben
dem Grade der Verbiegung natürlich noch von der Gestalt der übrigen
Wandteile ab: von der Grösse der Muscheln, der Entwicklung und
Ausbuchtung der äusseren Wand. Eine besondere Erwähnung verdienen noch die vom Septum osseum rechtwinklig abgehenden Fortsätze,
auf deren häufiges Vorkommen ZUCKERKANDL hingewiesen hat. Sie stellen
bald mehr hügelförmige Erhebungen von mehreren Millimetern Höhe
dar, bald wachsen sie zu mehr oder weniger spitzen, haken- oder dorn-
artigen Gebilden aus. Sie können beiderseitig vorkommen, entspringen
aber vielfach auf der konvexen Seite einer Verkrümmung. Damit ist
ihre verlegende Wirkung natürlich bedeutend erhöht. Diese soliden
spinösen Fortsätze bestehen bald nur aus Knorpelgewebe, bald sind sie
von knöchernen Lamellen umgeben, bald endlich enthalten sie nur
Knochensubstanz. Nach ZUCKERKANDL's Schilderung entwickelt sich der
Fortsatz aus den knorpligen Residuen in der knöchernen Scheidewand
und aus dieser selbst. „Gar nicht selten ist dieser Knorpel an einer
umschriebenen Stelle so verdickt, dass das Septum einen kartilaginösen

Höcker trägt. Diesen umwachsen als Deckknochen Knochenlamellen der Scheidewand, die an der Spitze sich aneinanderschliessen oder getrennt bleiben, und im letzteren Fall erscheint bei Ablösung der Schleimhaut der zwischen den Knochenlamellen eingeschaltete Knorpelrest. Oft verknöchert auch dieser, jetzt besteht der Fortsatz aus drei deutlich von einander geschiedenen Knochenstücken, oder die drei Anteile sind mit einander verschmolzen und man hat es blos mit einen soliden Fortsatz zu thun."

Die Deviationen, die spinösen und leistenförmigen Fortsätze äussern, abgesehen von der Verengerung des Luftraumes, den sie an sich zur Folge haben, weitere Wirkungen, wenn sie mit den gegenüberliegenden Teilen der Aussenwand in Verbindung treten. Dabei ist zu bemerken, dass nach ZUCKERKANDL[1]) die Deviation des Septums häufig mit den leistenartigen Verdickungen der knöchernen Scheidewand kombiniert auftritt, die von ihm wegen des hakenförmigen Auslaufens an einer Stelle als Hakenfortsatz, von WELCKER als Crista septi lateralis bezeichnet worden ist. Sie gehört stets dem Vomer an und zieht bei voller Ausbildung dem oberen verdickten Vomerrande folgend, und vorn an der Spina nasalis anterior beginnend, schräg nach hinten oben gegen das Rostrum sphenoidale empor. Das vordere Ende ragt frei in den unteren Nasengang hinein oder berührt fast den Nasenboden. Ist in solchen Fällen auch dieser verstrichen, oder etwas nach oben prominent, so kann es schwer oder unmöglich werden, zwischen crista und Boden vorn mit einer Sonde einzudringen. Die Länge der Crista kann der des Septums entsprechen; ich besitze mehrere derartige durch Resektion gewonnene Präparate. Ist sie nur vorn entwickelt, so findet sich nach Z. häufig auch auf der anderen Seite eine kurze Gegenleiste.

Dauernder Druck der Deviationen und der Fortsätze bewirken atrophische Zustände an den gedrückten Partieen. Im ersteren Fall ist gewöhnlich die mittlere Muschel betroffen. Im zweiten entstehen Druckfurchen und Einsenkungen, die bald die untere Muschel, bald die mittlere Muschel und die äussere Wand betreffen. Es kann zu vollkommener Usur und Bildung von Synechieen an den gedrückten Partieen kommen, während in anderen Fällen nur ein Schwund der Drüsen mit mehr oder weniger hochgradiger Verdünnung der Schleimhaut eintritt.

Die begleitende Schiefstellung der äusseren Nase ist bereits erwähnt. Vollkommen ausgebildete Asymmetrie der Gesichtshälften ist dagegen zumeist nicht das begleitende, sondern das ursächliche Moment, wenigstens für die Deviationen. Lang andauernde Behinderung der Nasenatmung

---

[1]) Normale u. path. An. d. Nasenhöhle. II. Bd. S. 13.

durch Deviationen, Auswüchse und Kombinationen beider bedingt, bringt
dieselben Folgezustände hervor, wie die aus anderen Ursachen entstandenen Vorlegungen des Nasen- oder Nasenrachenlumens. Das schmale,
hohe, spitzbogig statt kreisförmig gebaute Gaumengewölbe ist schon deshalb hier zu erwähnen, weil diese Anomalie, ebenso wie die Asymmetrie
der Gesichtshälften, in manchen Fällen Schlüsse zulassen auf gleichzeitige Bildungsabweichungen der Nebenhöhlen: z. B. gleichzeitige Asymmetrie der Kieferhöhlen, grössere oder geringere Entwickelung ihrer
Alveolar- oder Jugularbuchten. Nicht unwichtig ist die Entwickelung
der Siebbeinzellen; HARTMANN[1]) hat an Präparaten gezeigt, dass bei geringer Ausbildung der Siebbeinzellen die laterale Wand des Infundibulums
nur durch eine dünne Knochenplatte gebildet sein kann, welche die
natürliche Ausmündung der Highmorshöhle von der Orbita trennt. Es
wird sich danach jedenfalls empfehlen, mit der Eröffnung oder dem
Punktionsversuch der Kieferhöhle auf diesem Wege recht zurückhaltend
zu sein. Praktisch wichtig kann die Wahrscheinlichkeitsdiagnose einer
Verkümmerung des Antrum Highmori werden. Die Untersuchung der
Transparenz der Gesichtsknochen — ein diagnostisches Hilfsmittel, das
wir in der Pathologie der Nebenhöhlen kennen lernen werden, — ist
hier leider meist nicht imstande die Wahrscheinlichkeit zu stützen, da
auch die Krankheitszustände der Höhlen vielfach die Transparenz ändern
oder aufheben. Um so wichtiger ist die Berücksichtigung der Bildungsverschiedenheiten, die die äussere Untersuchung und die Rhinoskopie
erschliessen und die uns auf die Annahme einer Verengerung des
Antrums hinführen können. Die beiden Hauptmomente sind Annäherung
der Höhlenwände gegen einander und Obliteration der Buchten in der
Höhle, die dann durch feinzelliges, fetthaltiges Knochengewebe ausgefüllt werden. Von den von ZUCKERKANDL beobachteten Kombinationen
nenne ich:

a) Ausbauchung der inneren und Einsenkung der lateralen Kieferfläche;

b) Buchtung der äusseren Wand des mittleren Nasenganges, Einsenkung der lateralen Kieferfläche und weites Emporragen einer
   schmalen, aber hohen Zone von Knochensubstanz;

c) Buchtung der äusseren Wand des mittleren Nasenganges mit
   Verdickung der Kieferwände. Letztere ist als Entwickelungs-
   hemmung anzusehen, während die Hyperostose des Kiefers
   pathologischen Ursprungs ist.

[1]) Verhandl. der Berl. med. Ges. 1893.

Danach wären die Hauptanhaltspunkte für die Diagnose dieser Formen gegeben durch Einsenkung der äusseren Kieferfläche, Ausbauchung der äusseren Nasenwand. Verhältnismässig leicht ist die Erkenntnis einseitig ausgebildeter Formen, in denen die asymmetrische Gestaltung des Gesichtes sich als deutlicher Hinweis hinzugesellt.

Die Bildungsverschiedenheiten der Stirnhöhle sind ebenfalls recht erheblich. Das eigentliche cavum kann auf das os frontale beschränkt sein, es kann aber auch tiefer bis zur Insertion der mittleren Muschel herabreichen und in einem von HARTMANN untersuchten Präparate mündete die Stirnhöhle sogar frei hinter der Concha media in den äusseren Teil des mittleren Nasenganges. Die Form und Richtung des Ductus nasofrontalis hängt von der stärkeren oder schwächeren Entwickelung der Siebbeinzellen ab, die sich von vorn und von hinten, von aussen und von innen im unteren Teil der Stirnhöhle vorschieben. So kann die Bulla ethmoidalis zu einem so mächtigen Gebilde ausgewachsen sein, dass die mittlere Muschel zwischen ihr und dem Septum fast verschwindet. Sie kann von Ungeübten für die vorn blasig erweiterte Concha media gehalten werden, zumal wenn diese verkümmert und gegen das häufig nach der anderen Seite ausgewichene Septum angedrängt ist. Die Bulla kann lateral direkt von der Papierplatte des Siebbeins begrenzt werden, es können aber auch noch ein oder mehrere Siebbeinzellen dazwischen eingeschaltet sein. Endlich macht Z. auch noch auf eine Art kompensatorischen Verhältnisses zwischen Sinus maxillaris und den Siebbeinzellen aufmerksam. Die Kieferhöhle ist um so grösser, je weniger tief die Siebbeinzellen nach abwärts ragen.

Vollkommenes Fehlen ist bei der Kieferhöhle sehr selten, dagegen verhältnismässig häufig an den Keilbeinhöhlen beobachtet. Auch Fächerungen durch membranöse und knöcherne Wände und Spangen sind hier häufiger als im Antrum Highmori. Abnorme Grössenentwickelung der Hohlräume zeichnet beide Kavitäten aus, doch ist diese Anomalie bei der Keilbeinhöhle von grösserer praktischer Bedeutung wegen ihrer Lage. Sie bildet Buchten nicht nur in den benachbarten Teilen des Keilbeinkörpers, sondern gelegentlich[1]) bis in den Grundteil des Hinterhauptbeins hinein. Die nicht seltene Beteiligung des Siebbeinlabyrinthes neben dem Gaumenbein an der Bildung der vorderen Wand, erklärt für viele Fälle die leichte Übertragbarkeit von Krankheitszuständen von einer Höhle auf die andere. Es können Knochenplatten von den hinteren Siebbeinzellen sogar blasig von der Ebene der vorderen Keilbeinhöhlenwand in deren Lumen hineinragen.

---

[1]) VIRCHOW, Untersuchungen über die Entwickelung des Schädelgrundes. Berl. 1857.

Von den erwähnten Fächerungen hat Hartmann[1]) eine vollständige Zweiteilung der Kieferhöhle durch eine knöcherne Scheidewand beschrieben. Es bestand eine hintere und eine vordere Hälfte; die erstere mündete in den oberen, die letztere in den mittleren Nasengang. In einem anderen Falle fand er eine Teilung in drei Unterhöhlen, durch membranöse Scheidewände gebildet.

Asymmetrische Entwickelung der Kehlkopfhälften kann leicht Veranlassung zur Verwechselung mit pathologischen Zuständen geben. Schon Ségond[1]) kannte sie sehr wohl und auch als Folge davon die Schiefstellung der Stimmritze, wiewohl er diese Dinge physiologisch unrichtig deutete. Er glaubte nämlich, diese Anomalie sei die Ursache der Unfähigkeit, richtig empfundene Melodieen richtig nachzusingen. Auch Luschka kennt sie und Merkel giebt ebenfalls eine Beschreibung dieser atypischen Entwickelung und verlegt sie in die Periode der Pubertät. Schech ist durch seine Arbeiten über diesen Gegenstand[2]) zu dem Schlusse gekommen, dass der physiologische Schiefstand nicht auf der ungleichen Grössenentwickelung, sondern auf der ungleichen Vereinigung der Platten des Schildknorpels beruht. Sehr häufig ist besonders bei dem männlichen Kehlkopf die eine, zumeist die rechte Platte weiter vorgeschoben, verläuft steiler und weniger tief nach hinten als die entsprechende der anderen Seite. Diese Ungleichheit der Neigungswinkel bedingt, dass die Glottis — sonst ein gleichschenkliges Dreieck — diese ihre Gestalt einbüsst. Der der steileren Platte entsprechende Schenkel — d. h. also zumeist das rechte Stimmband — wird kürzer, das andere länger erscheinen. Nach Schech kann dabei das eine Stimmband länger, der eine Arytknorpel weiter nach hinten liegend erscheinen: es kann bei dieser physiologischen Skoliose zur Überkreuzung. der Arytknorpel kommen. Kehldeckel und Luftröhre bleiben unbeteiligt. — Abflachung einer Schildknorpelhälfte kann auch durch Atrophie oder Lähmung der äusseren Kehlkopfmuskeln vorgetäuscht werden. Ist gleichzeitig eine selbst geringe Asymmetrie der Knorpelhälften vorhanden, so ergiebt sich um so leichter die Möglichkeit einer Täuschung. Eine so bewirkte Abflachung fand sich in einem von Remak beobachteten[3]) Falle, wo eine Läsion des N. hypoglossus bez. der ansa hypoglossi angenommen werden musste, aus der die Mm. Mm. sternohyoideus, sternothyreoideus und omohyoideus versorgt werden.

---

[1]) Arch. gén. Ref. Canst. J. 1847. S. 238.
[2]) Studien über den Schiefstand des Kehlkopfs und der Glottis. Deutsche med. Wochenschrift. 1885. S. 269.
[3]) Berl. klin. Woch. 1888.

Eine andere Erscheinung, die hierbei vorkommt, kann ebenfalls krankhafte Zustände vortäuschen; nämlich das stärkere Hervortreten des Taschenbandes der Seite, wo die Schildknorpelplatte weiter nach innen steht. Schech führt dabei die Beobachtung Türck's an[1], wonach der vordere Teil des Taschenbandes so sehr nach innen gedrängt werden kann, dass ein Teil des Stimmbandes verdeckt wird. Stimmstörungen sind bei diesen Formen ausgeschlossen. Damit ist schon ein Unterschied gegeben von den Arten der Überkreuzung, die aus der vikariierenden Thätigkeit des gesunden für das andere, gelähmte Stimmband hervorgehen, wobei wir hier von den sonstigen laryngoskopischen Kriterien der Lähmung noch absehen. Es können aber Überkreuzungen auch auf dem Boden des chronischen Katarrhs entstehen, indem — wie P. Heymann annimmt[2]) — die arytaenoidei obliqui für die mechanisch behinderten transversi eintreten. Bei diesen Formen bildet sich die Bewegungsanomalie mit der Beseitigung des Katarrhs und des mechanischen Hindernisses zurück.

In wenigen Fällen ist die Nasen- und Rachenhöhle bisher von Bildungsabweichungen der Zähne betroffen worden. Indes ist es nicht unwichtig, an solche Vorkommnisse zu denken, um Verwechselungen mit Fremdkörpern und Nasensteinen zu vermeiden. Am merkwürdigsten klingt der Fall Thomsons[3]), von dem die Entfernung eines Zahnes und eines Stückes einer Zahnhöhle aus dem mittleren Nasengang berichtet wird, während später noch ein zweiter Zahn an derselben Stelle gefunden sein soll. E. Fletcher Ingals[4]) extrahierte einen Zahn vom Boden der linken Nasenhöhle in Chloroformnarkose. Schäffer[5]) konnte einen vollständig ausgebildeten Zahn von der Form eines Eckzahnes mit der Schlinge entfernen. Scheff[6]) beobachtete an einem macerierten Schädel, der noch mehrere Anomalieen der Zahnbildung aufwies, dass auf dem Wege des Canalis incisivus ein

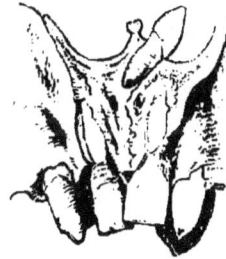

Fig. 11.
Zapfenzahn in der linken Nasenhöhle, nach Abtragung der facialen Platte des Zwischenkiefers.
(Nach Zuckerkandl.)

Zahn in die Nasenhöhle gewachsen war, und zwar merkwürdiger Weise der rechte Schneidezahn in die linke Höhle. Er nimmt an, dass der

[1] Klin. der Kehlkopfkrankh., S. 85.
[2] B. kl. W. 1882.
[3] Int. Centr.-Bl. VIII. Ref. aus Cincinnati Lancet Clinic.
[4] l. c. Bd. I.
[5] D. m. W. 1883.
[6] Österr. Ung. Vierteljahrsschr. f. Zahnheilkunde. Ref. J. C. Bd. VI.

Zahnkeim nicht normal gestellt — offenbar hatte eine Inversion stattgefunden — und später, als die übrigen Zähne zur Entwickelung gekommen war: sein natürlicher Platz war besetzt und so wuchs er mit
der Krone aufwärts in die Nasenhöhle.

Auch Zuckerkandl[1]) hält das Hineinwachsen von Schneidezahn-
kronen nur für möglich, wenn eine Lageveränderung des Zahnkeimes
in Gestalt einer förmlichen Rotation um 180° vorangegangen ist. In
einem sehr markanten, von ihm an der Leiche gefundenen Falle (vgl.
die Abbildung) dieser Art fand sich ein vollständig invertierter, 14 mm
langer Zapfenzahn, schräg in der Naht zwischen den beiden Oberkiefern
steckend. Auch hier war der verlagerte rudimentäre zentrale Schneidezahn der rechten Seite mit seiner Krone in die linke Nasenhöhle
hineingekommen. Übrigens zitiert Z. auch eine Beobachtung, die von
der Entfernung eines leicht beweglichen Eckzahnes aus der Nasenhöhle
handelt, während Z. selbst den bisher noch nicht beschriebenen Fund
eines in der Nasenhöhle steckenden Backzahnes gemacht hat.

Von ähnlichen, sehr seltenen heterogenen Bildungen des Gaumens
berichtet Magitot zwei bemerkenswerte Fälle[2]). Der erste betraf eine
74jährige, zahnlose Frau, bei der sich langsam eine harte, mandelgrosse
Geschwulst im Gaumensegel entwickelt hatte — zuletzt unter neuralgischen Schmerzen. Nach einiger Zeit brach von selbst ein Eckzahn
durch. In dem zweiten Falle war bei einem 30jährigen Manne rechts
von der Mittellinie des harten Gaumens ein harter Tumor entstanden;
gleich zu Anfang traten Neuralgieen, Lähmung des rechten M. rectus
externus auf. Ein Einschnitt entleerte Eiter aus einer Höhle, in der
sich ebenfalls ein Eckzahn befand.

Therapie.

Von den Leistungen der Therapie auf dem besprochenen Gebiete
beschäftigt uns hier nur das ins Bereich der Rhinolaryngologie Ge-
hörende, soweit sie nicht als kleine und selbstverständliche Eingriffe der
Besprechung unwert sind oder bereits im ersten Abschnitte Erwähnung
gefunden haben.

Die beschriebenen Formen in die Nasenhöhle oder in den Gaumen
abgeirrter Zähne sind, wenn dieselben lose sitzen, sehr leicht durch die
Extraktion mittels der Zahnzange oder sogar durch die Schlinge zu be-

---

[1]) Norm. u. path. Anatomie der Nasenhöhle VI. Bd. 1.
[2]) Über harte Geschwülste des Gaumens. Ges. f. Chir. zu Paris 1884. Vgl. J. C. Bd. I.

seitigen; in anderen Fällen müssen sie in Narkose durch Hammer und Meissel entfernt werden.

Grosse und ausgebreitete Varikositäten stellen der Therapie grosse Hindernisse entgegen. Indes wird man, wo nicht besondere Störungen durch dieselben veranlasst werden, von einem Eingriff ganz absehen können. Zur Verödung umschriebener Bildungen wird neben dem Paquelin die galvanokaustische und die elektrolytische Methode in Frage kommen. Ich muss gestehen, dass ich trotz des grösseren Zeitraumes und der manchmal nicht kleinen Zahl von Sitzungen der Elektrolyse für mehr versteckt liegende Orte in den Höhlen den Vorzug geben möchte wegen der verhältnismässig grossen Sicherheit vor Blutungen und Nachblutungen, die sie gewährt. Die Blutungen aus den Stichöffnungen werden mit Sicherheit beherrscht durch einmalige Stromwendung während der Sitzung. Eine Stromstärke von 10—15 M.-A., die für einige Minuten ohne Anästhetikum einwirken darf, wird für diese Zwecke genügen. Die Sitzungen können, wenn man allmählich einander benachbarte Territorien vornimmt, täglich angesetzt werden. Der Strom wird bipolar vermittels einer Platin-Iridium-Doppelnadel angewandt. An freier liegenden Partieen der Mundrachenhöhle ist die Verwendung des rotglühenden Brenners, des Paquelin oder des Galvanokauters angebracht. Dabei wird zweierlei von Wichtigkeit sein. Erstens, sich vor dem Eingriff klar zu machen, dass man je nach der Stelle die Wirkung der Narbenkontraktion zu berücksichtigen hat. Zweitens ist es zur Vermeidung von Nachblutungen nötig, alles zu vermeiden, was den Schorf vorzeitig lockert, und Maassregeln zu treffen, dass er nicht durch reflektorisch abgesonderte Speichelfluten weggeschwemmt werde. Man untersage Husten, Räuspern, Heben, sorge für Darmentleerung. Zur präventiven oder nachträglichen Trockenlegung der Mundhöhle sind, nach KÖBNERS geistreichem Vorschlage, Gaben von Extr. Bellad. 0,2, Aq. dest. 10,0 ein bis drei Mal 10—15 Tropfen zu empfehlen.

Die Beseitigung von Atresieen und Synechieen ist eine stets dankbare, oft aber technisch höchst schwierige Aufgabe. Trotzdem rate ich, sie überall zu beseitigen, wo sie eine Erschwerung der Respiration bedingen. Die Diagnose des Vorhandenseins, der Art und der Beschaffenheit einer Synechie wird sich ermöglichen lassen durch die Verbindung einer genauen Lokaluntersuchung mit exakter Aufnahme der Anamnese und des Allgemeinbefundes. Die Lokaluntersuchung wird um so mehr in einer Bestätigung der Inspektion durch die Sondierung, wo nötig nach Anwendung des Cocains, bestehen müssen, als nicht ganz selten eine besonders innige Berührung gegenüberliegender Flächen Ungeübten eine Verwachsung vortäuschen kann. Hie und da ist sogar die Anwendung sehr feiner Sonden oder solcher, die in eine sagittal gestellte Fläche auslaufen, zur Entscheidung notwendig. Sehr wichtig ist es, auf das Aussehen, Farbe und Konsistenz des die Synechie konstruierenden Gewebes, aber auch des umgebenden Bezirkes der Nasenhöhle zu achten besonders auf die Anzeichen noch bestehender Krankheitsprozesse, die Ulcerationen gesetzt haben, oder auf die Spuren schon abgelaufener, bei denen es zur Bildung von Narbengeweben gekommen ist, um angeborene von erworbenen Synechieen mit einer gewissen Wahrscheinlichkeit unterscheiden zu können. Ich glaube nicht, dass von den zahlreichen Vorschlägen diejenigen sich empfehlen, die nur eine einfache Trennung der Synechie bewirken (Synechotomie). Zumal wenn sie für den Praktiker immerhin kompliziertere Methoden darstellen (Ätzungen, Galvanokauterisation, Synechotomie mittels der kalten oder heissen Schlinge). Vielmehr soll die Behandlung der Synechieen womöglich durch eine einzeitig ausgeführte Entfernung der Narbenmasse (Synechektomie) geschehen. Kleinere Knochenbrücken müssen mit einer gutschneidenden Zange, wie solche von verschiedenen Seiten angegeben sind (B. Fränkel, Herzfeld, Flatau) von beiden Seiten her abgetragen werden. In anderen Fällen ist es besser, sie an der breiten Seite mittelst der Bosworth'schen Nasensäge durchzutrennen und sodann an der schmaleren Nahtstelle die Knochenzange einzusetzen, womit die Brücke vollends frei gemacht wird und herausgehoben werden kann. Handelt es sich um ausgedehntere knöcherne Synechieen, so ist nach meinen Erfahrungen die Operation oft für beide Teile leichter, wenn sie in zwei Zeiten ausgeführt wird. In der ersten Sitzung wird am besten die Synechie lateralwärts mit Hammer und Meissel oder vermittels der Nasensäge getrennt. Der Rest der überschüssigen Masse wird in ähnlicher Weise alsdann wie eine Spina septi einige Tage später ganz abgesetzt (vgl. S. 44).

Zur Erzielung der Lokalanästhesie genügt meist die Einpinselung einer 10—15%igen Lösung; sicherer ist die submuköse Injektion einiger Tropfen nach vorausgehender oberflächlicher Bestreichung des Operationsfeldes. Sehr störend ist die Blutung. In letzter Zeit habe ich mit Vorteil dagegen die Einlegung von Bäuschen verwandt, die nach Grünwald's[1] Vorschlag mit 15%iger Wasserstoffsuperoxydlösung getränkt waren. Eine relative Reinigung der Nasenhöhle vor dem Eingriff durch sorgsame Entfernung des angesammelten Sekretes ist zu empfehlen; zu diesem Zwecke bediene ich mich schon seit mehreren Jahren eines mit derselben Lösung beschickten Nasensprays.

---

[1] Grünwald, Lehre von den Naseneiterungen.

Ist die störende Knochenmasse entfernt, die Blutung gestillt, so empfiehlt es sich, die Wundfläche abzuschliessen. Das gelingt durch leichtes Bestreichen mit 5%iger Chromsäurelösung, mit Trichloressigsäure oder mit dem rotglühenden Galvanokauter. Es erhellt, dass diese wie alle etwa länger dauernden Eingriffe in der Nasenhöhle, erleichtert werden und sich ruhiger und genauer ausführen lassen, wenn das Nasenspekulum fixiert ist und der Operateur beide Hände frei hat.

Zur Technik der Fixation des Nasenspekulums möchte ich bemerken, dass alle sogenannten selbsthaltenden Vorrichtungen, welche ohne Hebung der Nasenspitze durch Federkraft wirken, wie z. B. das BOSWORTH'sche oder das sonst ausserordentlich zierliche JARVIS'sche sich nicht bewähren. Einmal geben sie durchaus nicht immer ein genügendes Gesichtsfeld, sodann halten sie nur, so lange sie trocken sind. Schon bei geringer Blutung oder Schleimsekretion während der Operation gleiten sie ab und können dann nicht einmal aufs neue eingelegt werden ohne eine erneute gründliche Abtrocknung. Ich darf daher, ohne den Verdacht zu fürchten, eigene Instrumente in den Vordergrund zu stellen, auf den, wie ich glaube, zweckmässigen Fixator hinweisen, den ich vor längerer Zeit angegeben habe[1]). Damit kann der VOLTOLINI'sche nach dem DUPLAY-CARRIÈRE'schen konstruierte Dilatator in jeder Richtung befestigt und auch leicht verstellt werden, wenn man ihn schräg oder — wie BRESGEN vorschlug — von oben nach unten aufspannt.

Auch bei fibrösen Synechieen gestaltet sich die Entfernung nach dieser bimanuellen Methode sehr einfach. Hat man im fixierten Spekulum das Operationsfeld gut eingestellt, so ist es ein Leichtes, die Narbenmasse mit einer passenden Schlusszange, etwa der CAUGHTRY'schen, zu fassen. Während die Linke den Griff derselben übernimmt, trennt die Rechte mit einem passenden Skalpell oder Nasenmesser die Synechie zuerst lateral und dann am Septum ab, so dass die Linke nun in der fixierenden Zange das excidierte Stück herausbefördern kann. Die Richtung der zu beiden Seiten trennenden Schnitte geschieht zweckmässig von unten nach oben, damit die Schnittrichtung nicht durch Blut verdeckt wird und durch das Auge kontrollierbar bleibt. Je dichter die Trennung am knöchernen Gewebe vorgenommen war, desto besser ist die Synechektomie ausgeführt, desto weniger wird es nötig, noch nachträglich Korrekturen durch Nachoperationen vorzunehmen. Ist der gewonnene Luftraum weit genug, so kann man wiederum die kleinen Wundflächen beiderseits durch leichtes Bestreichen mit Trichloressigsäure

---

[1]) Monatsschrift der ärztl. Polytechnik. Juni 1890.

decken. Damit soll immer nur ein Schutz gegen das Eindringen von Infektionskeimen gegeben werden, keineswegs aber eine besondere Ätzwirkung verbunden sein. In ähnlicher Weise kann auch hier der galvanokaustische Flachbrenner zur Herstellung eines oberflächlichen Deckschorfes verwandt werden. Nur wo gleichzeitig über die Grenzen der Synechie hinaus eine Vermehrung des Luftraumes der Nasenhöhle angestrebt werden soll, kommt eine weiter- und tiefergreifende Gewebsverschorfung durch den Galvanokauter in Betracht.

Sehr erleichtert wird die einseitige Ausschneidung und Entfernung von Synechieen — abgesehen von den knöchernen. durch die Anwendung meines nach Art der Doppelmesser konstruierten Instrumentes[1]). Zwei zweischneidige Klingen in einem Griff werden durch eine Stellschraube (a) in die passende Entfernung gebracht, während der Schieber (b) die Federung ausschaltet. Die Schnittführung geschieht möglichst von unten nach oben: das überschüssige Gewebe befindet sich zwischen den Klingen, die Nachbehandlung gestaltet sich wie oben beschrieben. Das zu erstrebende Ziel bei allen Synechieoperationen ist, ohne Tamponbehandlung auszukommen, damit das Organ nach dem Eingriffe längere Zeit (etwa 8 Tage) in Ruhe gelassen werden kann.

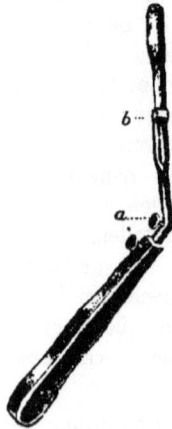

Fig. 12.
Doppelmesser zum Ausschneiden intranasaler Synechieen.
(Nach FLATAU.)

Bei der Atresie der Choanalöffnungen kann es sich, je nachdem sie eine teilweise oder totale ist, um die Vergrösserung einer vorhandenen oder um die Anlage einer neuen Öffnung handeln. Im allgemeinen würde ich, gleichviel ob ein membranöser oder ein knöcherner Verschluss vorliegt, die Anwendung schneidender Instrumente dem Galvanokauter vorziehen, da ich gerade beim Operieren an dieser Stelle dem erstgenannten Vorgehen die geringere örtliche und allgemeine Reaktion zuschreiben zu müssen glaube. Bei knöchernem Verschlusse wird zunächst durch den Troikart oder einen genügend langen Hohlmeissel das Diaphragma durchbohrt, worauf von der ersten Öffnung aus, so weit die Grösse der Muscheln und die Gestalt des Septums es gestatten, durch die schneidende Zange die Perforation vergrössert wird. Hierzu wird die REICHERT'sche Zange oder das GRÜNWALD'sche Instrument gute Dienste leisten. Liegt ein bereits durchlöchertes Diaphragma vor, so wird man

----

[1]) Verhandl. der Berl. lar. Gesellschaft 1892.

womöglich unter Benutzung der vorhandenen Öffnung oder mehrerer Öffnungen ebenso verfahren; bei membranösem Verschluss kann man versuchen, möglichst grosse Stücke mit einem geknöpften Nasenmesser, wie solche von KILLIAN und von mir angegeben sind, auszuschneiden. Das Einlegen von Röhren zur Verhütung des Wiederverwachsens muss immer nur der Notbehelf bleiben.

Auch im Kehlkopf ist das Ausschneiden, die Entfernung der sub- oder interchordalen Membranen der blossen Discission vorzuziehen. Diese wird nur bei enger Vereinigung der gegenüberliegenden Schleim- hautflächen ausreichen. Die Exstirpation kann durch die Umschneidung mit dem kachierten Lanzenmesser ausgeführt werden, wie es oben nach KRIEG beschrieben worden ist[1]). Man kann aber auch die Spaltung aus- führen und sodann die Superflua mit der schneidenden Zange oder der Schlinge entfernen. Von den dabei eintretenden Zwischenfällen und von den Schwierigkeiten, die durch eine den Anschein überschreitende Aus- dehnung und Härte der verbindenden Massen gegeben werden, wird man sich ebenfalls nach den ausführlichen Wiedergaben der Erfahrungen von SEIFERT und HOFFA, sowie von KRIEG ein Bild machen können.

Die souveräne Nachbehandlungsmethode zur Verhütung des Wieder- verwachsens ist die Bougiebehandlung. Man kann zweckmässig die SCHRÖTTER'schen Hartgummiröhren oder die von O. DWYER angegebenen Larynxtuben anwenden. Die Technik dieser Methoden ist im sechsten Kapitel besonders erörtert.

Zur Korrektion des deviierten Septums und zur Beseitigung seiner Auswüchse sind eine grosse Anzahl von Methoden angegeben: die einen ziehen die chirurgischen Behandlungsweisen allen anderen vor und da sind die Infraktion und die Resektion in verschiedenen Formen ausge- bildet worden. Andere — in erster Reihe BRESGEN — hegen die An- schauung, dass die Galvanokaustik alles Erforderliche leiste, während in letzter Zeit auch noch die elektrolytische Behandlung, eine wenn auch beschränkte Anwendung gefunden hat.

Bei stenosierenden oder irritierenden Auswüchsen genügt die ein- fache Resektion oder die galvanokaustische Verschorfung; ebenso ist ein komplizierteres Verfahren überflüssig, wenn leichtere Grade von Deviation damit verbunden sind. Indes darf man wohl behaupten, dass auch diese einfacheren Eingriffe eine Zeit lang übertrieben häufig, d. h. ohne An- zeige ausgeführt worden sind und auch heute noch eher eine Einschrän-

---

[1]) Vor kurzer Zeit ist von dem hiesigen Instrumentenmacher PFAU ein dreh- und fixierbares kachiertes Kehlkopfmesser konstruiert worden, das sich mir als sehr zweck- mässig erwiesen hat; es lehnt sich an ein TOBOLD'sches Modell an.

kung verdienen. — Bei grösseren Cristen und Spinen umschneide ich
in der Ebene der Absetzung die Gebilde mit einem kräftigen Messer,
so dass nur noch die knöchernen Teile zu durchsägen sind. Zur Verhütung einer Perforation bei gleichzeitiger Deviation muss die konkave
Seite genau kontroliert werden. Ist dort die Schleimhaut kegel- oder
trichterförmig eingezogen, so dass eine Durchbohrung des Septums an
dieser Stelle naheliegt, so präpariert man sie besser hinter einem Ver-
tikalschnitt nach hinten zu ab.

Das Umschneiden ist zu empfehlen, weil es glattere Wundränder
giebt, während beim einfachen Absägen besonders nach unten und hinten
leicht Schleimhautfetzen entstehen. Ausserdem ist es eine wertvolle und
lohnende Probe nach Art der Akupunktur; man weiss danach, wo und
wieviel Knochengewebe zu durchtrennen ist und kann manchmal statt
zu der Säge zur schneidenden Zange greifen. Hie und da ist auch mit
dem Umschneiden gleich das Absetzen zu vereinigen, wenn es sich nämlich um Ecchondrosen handelte. Die Nachbehandlung ist dieselbe wie
oben angegeben. Die Richtung der Säge muss etwas nach der Mittellinie gerichtet sein, ihre Handhabung leicht, ohne Druck. Die Beherrschung der Blutung durch die Anlage eines Deckschorfes ist zu empfehlen.
Ich lasse die Kranken nach dem Eingriff mehrere Tage im Bett bleiben
und in den ersten Stunden einen kleinen Eisbeutel auf die Nase legen.
Von einer Tamponade rate ich ab, ich habe sie seit Jahren bei den erwähnten Maassregeln gar nicht nötig gehabt.

Bei schwächlichen Kranken kommen als unblutige Methoden
die Galvanokaustik und die Elektrolyse in Betracht. Gegen diese
sprechen die grössere Anzahl der Sitzungen und die Unsicherheit des
Enderfolges — denn die Nadeln können nicht in das knöcherne Gewebe eingeführt werden und die Wirkung beschränkt sich auf Weichteile
und Knorpel — sodann die grossen Schwankungen der anwendbaren
Stromstärke und der Zeitdauer, die individuelle Reaktion ist ausserordentlich verschieden[1]) trotz submuköser Kokaininjektion. Immerhin
lässt sich für das Verfahren die geringe örtliche und allgemeine Reaktion
ins Feld führen, so dass die Methode bei messer- und brennerscheuen
Kranken und gegen mehr irritierende als stenosierende Wirkungen der
Septumauswüchse wohl verwandt zu werden verdient.

Die galvanokaustische Verschorfung kleinerer, besonders im frontalen Durchmesser nicht sehr entwickelter Auswüchse ist ein ganz be-
quemes und angenehmes Verfahren, wobei man sehr gut die Septum-
fläche nach Belieben modellieren kann. Bei sehr weit nach hinten

---

[1]) Verhandlungen der Berl. lar. Ges. 1892.

liegenden Cristen lässt sich aber schwer unter den riesigen schwarzen Schorfen das Operationsterrain erkennen und bei grossen Muscheln und frontal tiefen Gebilden sind Nebenverletzungen oft schwer zu vermeiden. Ferner sind selbst grosse Batterieen bei längerer Dauer der elektrokaustischen Sitzung nicht zuverlässig, so dass sich die Ausdehnung des Verfahrens von selbst begrenzt.

Dem Abfeilen der Cristen und Spinen durch Handfeilen, rotierende Messer, die von der zahnärztlichen Bohrmaschine getrieben werden (CLINTON, WAGNER, SANDMANN) kann ich keinen Vorzug zuerkennen. Zum Teil bekommt man schlechte rissige Wundflächen, vielfach sind sie wegen Mangel an Raum nicht verwendbar und endlich halte ich diese Methode bezüglich der Möglichkeit, Nebenverletzungen zu setzen, für die am wenigsten ungefährliche.

Was ist zu thun, wenn eine erheblichere Verdickung der Scheidewand nicht vorliegt, und die Verkrümmung selbst in einer ihrer verschiedenen Formen eine einseitige Stenose mit ihren Folgen verursacht. Denn auch hier werden nur diese, die Stimm-, Atem- und Sprachstörungen, die Sekretstauungen, die Herabsetzung der Geruchsfunktion u. s. w. einen Eingriff rechtfertigen und es ist danach zu verstehen, dass es sich um hochgradige Deviationen handeln wird und dass es nicht angängig ist, die Formveränderung des Septums allein zu berücksichtigen. Vielmehr sind die übrigen Faktoren, wie oben erklärt, auf das sorgsamste in Rechnung zu ziehen.

Von einigen der empfohlenen Methoden können wir absehen: so von der Lochkoupierung, die leider noch immer Anhänger findet, von der ROBERTSON'schen Nadelmethode, deren Wirkung sehr unsicher ist, und von allen Behandlungsformen, die eine äussere Entstellung bewirken. In Frage kommen die Infraktion mit Feststellung der Fragmente in der Medianebene und die Resektion. Das erste Verfahren ist von IURASZ besonders ausgebildet worden[1]). Er modifizierte die ADAMS'sche Zange sehr sinnreich in der Weise, dass das Instrument gleichzeitig Brechzange und Schienen darstellt. Jede Zangenhälfte wird für sich eingeführt. Hierauf erfolgt die Kompression, um das Septum in die Medianebene zu bringen. Die Platten bleiben nach Entfernung der Griffe drei Tage liegen, wobei kleinere Dekubitalgeschwüre nicht selten sind, auch wenn man die Schleimhaut durch vaselinegetränkte Jodolgaze schützt. Ich möchte wie RETHI empfehlen, auch vor der Infraktionsmethode erheblichere Auswüchse zu beseitigen, da hierdurch das neu gewonnene Septum an Dicke verliert und der erhaltene Luftraum vergrössert wird.

---

[1]) Berl. kl. W. 1882, No. IV.

Die Resultate sind erst zu beurteilen, wenn die entzündlichen Erscheinungen vorüber sind. Was die Resektionsmethode anlangt, so habe ich die von Krieg[1]) angegebene Operation öfters mit gutem Erfolge ausgeführt. Er empfahl die Cartilago quadrangularis auf der verengten Seite submuküs möglichst breit zu resecieren, nach Anlegung eines zungenförmigen Lappens mit nach hinten gerichteter Basis. In der grösseren Anzahl von Fällen habe ich mich mit der einfachen Absetzung des Superfluum begnügen können, nach dem, wie oben beschrieben, von der konkaven Seite her die Schleimhaut im Bereich des Operationsfeldes abgehoben war. Durch diese kleine Vorsichtsmassregel wird eine Perforation mit Sicherheit vermieden. Schech scheut dieselbe nicht und geht so vor, dass zuerst die Schleimhaut auf der Seite der Prominenz durch den Galvanokauter oder Chromsäure zerstört wird, worauf er den blossliegenden Knorpel mit dem geknöpften Messer durchschneidet, wo nötig mit der Schere nachhelfend. Ich halte es für besser, nicht zu perforieren.

Zur Verkleinerung hyperplastischer Muschelknochen oder blasig gebildeter stenosierender Muschelenden ist in beschränkter Weise die galvanokaustische Schlinge verwendbar, wo eben Teile zu entfernen sind, um die sie sich umlegen lässt. Die Operation in Narkose mit Incision eines Nasenflügels — wie sie Glasmacher[2]) wegen einer 22 mm langen und 18 mm breiten Knochenblasenbildung ausführte — dürfte sich fast immer vermeiden lassen. Das einfachste Verfahren erscheint mir die Resektion mit der schneidenden Zange zu sein; dabei ist die örtliche Reizung meist geringfügig. Lässt sich das Instrument nicht von der Seite anlegen, so wird eine im Centrum des Tumors durch den Galvanokauter angelegte Öffnung mit Vorteil benutzt, um von da aus die schneidende und gleichzeitig fassende Zange einwirken zu lassen.

[1]) Berl. kl. W. 1889, S. 699.
[2]) B. klin. W. 1884, S. 571.

Zweites Kapitel.

Verletzungen. Fremdkörper. Mykosen. Blutungen.

Allgemeine Übersicht.

Verletzungen der äusseren Nase kommen meist durch Fall oder Schlag auf das exponierte Organ zu stande, ferner durch Verwundung mit schneidenden Instrumenten und Waffen. Je nach der Schwere und Richtung des einwirkenden Moments kann die Nasenhöhle und mehr oder weniger auch ihre Nachbarschaft, eine der Nebenhöhlen, betroffen werden. Dieses finden wir meist bei Schussverletzungen, aber es sind auch Fälle von Verletzung durch Stich, ja selbst durch Einwirkung eines stumpfen Gegenstandes berichtet, in denen von der Höhle aus Nachbargebilde, das Siebbeinlabyrinth und sogar die Schädelhöhle (die mittlere Schädelgrube) verletzt wurden. Teile der Nasenhöhle oder ihrer Anhänge können, wo es sich um Stichverletzung handelt, auch von der Seite und aussen, zum Beispiel von der regio orbitalis her erreicht werden.

Sehr häufig sind Verletzungen durch in die Nase eingeführte Gegenstände. Schleimhautrisse und Blutungen werden erzeugt durch Bohren mit dem Finger, besonders leicht bei brüchiger, atrophischer oder geschwollener injicierter Schleimhaut, ferner durch ungeschicktes Einführen des Tubenkatheters oder von Instrumenten, durch harte, als Fremdkörper wirkende Sekretpfröpfe.

Selten sind im Gegensatze zu der äusseren Haut und der Mundhöhle Verbrennungen der Nasenhöhlenschleimhaut. Ich sah einmal eine solche zu Stande kommen durch die Anwendung einer zu heissen Spülflüssigkeit für die Nasendouche.

Die von aussen her bewirkten Verletzungen der Mund- und Nasenrachenhöhle haben im ganzen mehr Interesse für den Chirurgen. Für uns kommen in erster Reihe die Verbrennungen, Verbrühungen und

Anätzungen in Betracht, wie sie als Folge des Genusses heisser Nahrungsmittel oder ätzender Substanzen, oder bei Einatmung heisser Dämpfe zu stande kommen.

Verletzungen im Nasenrachenraum, besonders in den Recessus laterales können durch den abgeirrten Schnabel des Katheters oder durch ein falsch eingeführtes Tubenbougie erzeugt werden. Auch ungeschickte, forcierte Palpationsversuche können Schleimhautrisse an der Hinterwand, wie an der hinteren Fläche des Velum palatinum hervorbringen. Einrisse in die Schleimhaut neben der Uvula an der Hinterfläche des Velum palatinum können auch durch den Gaumenhaken veranlasst werden. Besonders wenn nach VOLTOLINI's Angabe dieses Instrument stark angezogen wird und das Gewebe rigide, geschwellt und durch stärkere, durch Stauung bedingte Gefässfüllung sukkulent ist. Bei einer solchen Verletzung sah WALB[1]) in einem Falle von Diphtheritis die Wunde ebenfalls von der Infektion ergriffen werden, was zu einem bleibenden Defekt Veranlassung gab.

Verletzungen des Kehlkopfes und der Trachea kommen zu stande entweder durch von aussen wirkende Gewalten, die Wunden, Quetschungen, Brüche der Teile oder Kombinationen dieser Folgen erzeugen, oder durch Einflüsse, die von der Höhle aus auf das Kehlkopfluftrohr ihre Wirkung äussern, sei es durch hohe Temperatur oder die chemischen Eigenschaften von Substanzen, die mit der Laryngotrachealschleimhaut in Berührung geraten. So durch eingeführte oder hineingeratene Gegenstände (Instrumente, Fremdkörper), so bei morschem, atrophischem oder entzündlich infiltriertem Gewebe der Schleimhaut und des Knorpelgerüstes allein schon durch den hohen oder erhöhten Exspirationsdruck beim Schreien oder Husten. Ferner durch den Druck eines mächtig anwachsenden Tumors oder die lebendige Kraft eines aneurysma. Verhältnismässig häufig bilden Mord- und Selbstmordversuche die Akte äusserer Gewalteinwirkung auf den Kehlkopf. In die erste Kategorie gehören die durch Würgattentate und Strangulation hervorgebrachten Insulte, in beide die Stich- und Schnittwunden.

Gewaltsame Kompression des Kehlkopfes wird um so leichter Frakturen zur Folge haben, je mehr die Elastizität des Knorpelgewebes gelitten hatte. Das hängt aber keineswegs von dem Lebensalter allein ab, sondern ebenso z. B. von der Art der Verletzung[2]), von der individuell so verschiedenen Winkelung der Schildknorpelhälften u. a. U. Ich möchte

---

[1] B. kl. W. 1882.
[2] SCHEIER. Über Kehlkopffrakturen. Deutsche med. Wochenschrift 1893.

bei dieser Gelegenheit darauf hinweisen, dass die oben[1]) angeführten Ergebnisse Segond's bezüglich der Reihenfolge der Ossifikation in den einzelnen Knorpeln sich auffallend deckt mit der Häufigkeitsskala, die von
den besten Autoren über die Brüche der verschiedenen Knorpel gefunden worden ist, wiewohl Patenko[2]) zu anderen Resultaten gekommen
ist. Diesem Zusammenhange entspricht das Überwiegen der Schildknorpelbrüche, während die Giessbeckenknorpel frei bleiben. Auf den Schildknorpel erst folgt der Ringknorpel und sodann die beide Knorpel gleichzeitig betreffende Fraktur. In dieser Beziehung werden wir nicht fehl
gehen, wenn wir als prädisponierendes Moment annehmen, dass beide
Knorpel bereits von der Ossifikation betroffen sind. In G. Fischer's
Statistik sind unter 105 Fällen von Kehlkopf- und Trachealknorpelbrüchen
11 auf den Ringknorpel allein beschränkt angegeben, 9 auf Ring- und
Schildknorpel allein, 2 auf Ringknorpel und Trachea, in allen übrigen
ist der Schildknorpel vorzugsweise oder mit anderen Knorpeln zusammen beteiligt[3]). Gottstein macht auf die durch Überfahrenwerden entstehenden, besonders schweren Kommunitivfrakturen aufmerksam.

Auch indirekt können Knorpelbrüche zu stande kommen, wenn die
mittelbar auf den Kehlkopf einwirkenden Gewalten eine genügend starke
Kompression oder Zerrung auf den Kehlkopf äussern. So namentlich
beim Sturz aus der Höhe, wenn der Auffall auf den Kopf erfolgt. Ferner hat Hofmann[4]) gezeigt, dass Brüche indirekt auch bewirkt werden
können bei Versuchen, den Vorderhals zu durchschneiden, und zwar
dann, wenn die Werkzeuge auf hochgradig ossifizierte Stellen eingesetzt
werden und besonders, wenn stumpfe oder plumpe Instrumente verwandt werden.

Was die Schusswunden anlangt, so schreibt man denen der Trachea
eine grössere Mortalität zu, als denen des Kehlkopfes. Übrigens sind
viele Schussverletzungen von sofortigem Tode gefolgt, so dass auch die
bisherigen Kriegsstatistiken kein sicheres Bild geben, da ja die auf dem
Kampfplatze Gebliebenen nicht mitgezählt werden können.

Wirkt[5]) der Druck — wie beim Erdrosseln — von beiden Seiten
her auf den Kehlkopf, so treten eher Längsfrakturen im Schildknorpel
auf. Wird der Ringknorpel allein oder mit betroffen, so kann er ent-

---

[1]) S. Kap. I, S. 5.
[2]) Vierteljahrsschrift f. gerichtliche Med. Bd. 129.
[3]) Vgl. jedoch Lane, A., Fractures of the hyoid bone and larynx. Brit. med Jur-
nal März 1885.
[4]) Zur Kenntnis der Entstehungsarten von Kehlkopffrakturen. Wien. m. Woch. 1886.
[5]) Gurlt, Knochenbrüche II.

weder eine doppelte seitliche oder eine einzelne vordere Fraktur erleiden. Wirkt der Druck in der Richtung von vorn nach hinten, wird also das Kehlkopfluftrohr gegen die Wirbelsäule gedrückt, so treten leicht kombinierte und unregelmässige Formen auf: Schrägfrakturen des Schildknorpels, Frakturen der oberen Hörner, Komminutivfrakturen im Ringknorpel, gleichzeitige Luxationen im Crikoarytaenoidgelenk, Zerreissungen der Membrana thyreoidea. Derartig schwere Verletzungen sind in einem von TREULICH beobachteten Falle[1]) in der Weise zu stande gekommen, dass ein 38jähriger Landbursche von einem Pferde mit den Zähnen an den Hals gefasst, gebissen, gehoben und stark geschüttelt wurde. Neben multiplen Ring- und Schildknorpelfrakturen war auch noch die Trachea schräg abgerissen und so weit gesunken, dass ein zolllanges Intervall zwischen Kehlkopf und ihr entstanden war.

In einem Falle SOKOLOWSKI's[2]) wurde einem Landmädchen durch die eigene, am Halse in einen Knoten gebundene Schürze, die von dem Triebrad einer Häckerlingmaschine gefasst wurde, der Schild- und der Ringknorpel frakturiert. Bei Geisteskranken sollen durch zu eng gezogene Zwangsjacken Kehlkopffrakturen bewirkt worden sein. Bei Bruchverletzungen durch Faustschlag von vorn her überwiegen auch nach SCHEIER's Leichenversuchen Schild- und Ringknorpelfrakturen, weil bei dieser Art der Einwirkung der Schildknorpelwinkel abgeflacht und gegen die Wirbelsäule gedrückt, der vordere Ringteil der Cartilago thyreoidea gleichzeitig nach innen eingeknickt wird[3]).

Die Schnittwunden bei Selbstmordversuchen werden meist in querer oder halbschräger Richtung durch den Larynx gelegt, seltener unterhalb der Ebene der Ringknorpel. Bevorzugt ist die membrana hyothyreoidea. Sie wird dann betroffen, wenn das auf den Adamsapfel aufgesetzte Messer abgleitet. Sodann ist bei derselben Art der Ausführung der Schildknorpel gefährdet und fast ebenso häufig ist die Luftröhre selbst betroffen.

Abgesehen von den Verletzungen des Nasen-, Rachen- und Larynxinneren durch hineingeratene Fremdkörper, die mit diesen gesondert besprochen werden, und zu denen auch die Verbrühungen und Anätzungen durch Flüssigkeiten gerechnet werden sollen, kennen wir Zerreissungen eines oder gar beider Stimmbänder durch forciertes Schreien, übermässiges Husten. Vielfach scheint es sich in den beschriebenen Fällen von Querrissen durch die ganze Dicke um krankhaft veränderte Gewebs-

---

[1]) Centralbl. f. Chirurgie No. 14. 1876.
[2]) Berl. kl. Woch. 1890.
[3]) SCHEIER. l. c. S. 797.

beschaffenheit gehandelt zu haben. Die verschiedenen dabei in Betracht kommenden Möglichkeiten sind schon besprochen worden.

Fremdkörper in den drei Höhlen und ihren Nebenhöhlen wirken einmal durch die Verlegung des Lumens, sodann durch die Folgeerscheinungen. die ihre Gegenwart an ihrem Lagerorte. für die Nachbarschaft und unter Umständen für den ganzen Organismus mit sich bringt. Sie gelangen hinein bald durch unglückliche Zufälle. z. B. beim Brechen oder Schlingen. bald bei Verwundungen. durch Hineinwerfen oder -fallen, bei Spielereien von Kindern, Manipulationen von Geisteskranken, übrigens auch als Folgen gewerblicher Tätigkeit. Gerade die letzte Art ist übrigens in allen drei Höhlensystemen bekannt, wenn auch im Larynx seltener. Sodann bilden eine stattliche Reihe die Fremdkörper, die als Folgen der ärztlichen Eingriffe teils durch, teils ohne Verschulden — des Patienten zurückbleiben.

Das am Orte produzierte Sekret, in gewisser Weise umgewandelt und zurückgehalten, kann ebenfalls als Fremdkörper wirken, oder den Kern hergeben. um den durch Abscheidung von Salzen allmählich grösser werdende, steinähnliche Bildungen entstehen. Für diese Dinge ist eine Nasenhöhle die Prädilektionsstelle. Wie das veränderte Sekret kann auch ein veritabler Fremdkörper als Kern dieser Bildungen fungieren. Endlich können auch pathologisch gelöste oder veränderte Organteile als Fremdkörper wirken.

Eine andere Art der Betrachtung teilt die Fremdkörper nach ihrer Beschaffenheit ein. Es giebt, ausser den die Hauptmenge bildenden anorganischen, eine Reihe von Fällen, in denen Teile von organischen Körpern, einzelne ganze Tiere in verschiedenen Entwickelungsstadien gefunden sind, andere, in denen pflanzliche Wesen in einer der Buchten vegetierten. Hiermit ist der Übergang gegeben zu den Epizooticen und Mykosen.

Verletzungen.

Befunde und Erscheinungen. Behandlung.

Die durch stumpfwirkende Gewalten, Fall und Schlag erzeugten Verletzungen bringen am häufigsten Frakturen der Nasenbeine. sowie der Nasenscheidewand zu stande. Erstere sind einseitig oder doppelseitig und aus den gewöhnlichen Erscheinungen, der Dislokation, dem Krepitationsgeräusch, dem Druckschmerz, der subkutanen und submukösen Blutung und Schwellung zu erkennen. Die Brüche des Septums können isoliert oder mit der Nasenbeinfraktur zusammen vorkommen. Sie bleiben — wie auch ROSENTHAL findet — nicht selten unerkannt und werden

4*

gelegentlich erst sehr viel später aus ihren Folgeerscheinungen in Verbindung mit der Anamnese erschlossen. In leichteren Fällen findet man
keine oder nur geringe Dislokationen bei der rhinoskopischen Untersuchung; statt dessen aber mehr oder weniger starke, weiche, schmerzhafte Schwellungen meist beiderseits von der wahrscheinlichen Bruchstelle.
Unter solchen Umständen bleibt es oft zweifelhaft, ob nicht nur eine
Infraktion vorliegt, besonders wenn nur ein einseitiger submuköser Blut-
erguss nachweisbar ist. Ist die Schleimhaut mit verletzt, was auch an
anderen, der Bruchstelle nicht entsprechenden Stellen, häufig über der
unteren Muschel, vorkommt, so pflegt auch bei geringen Einrissen die
Blutung sehr lebhaft zu sein. Nicht selten bleibt bei isolierter Septum-
fraktur das knöcherne Septum frei und es wird nur der knorpelige Teil
aus seinem Falz entfernt [ZIEM]. Hierbei kommt es — wie wir sahen
— leicht zu entstellenden Abweichungen der Nasenspitze oder zu einer
Einsenkung. Ein Kuriosum ist eine Verletzung und Dislokation der
knorpeligen Nase ohne Beschädigung des Knochens. HEIDENHAIN[1]) beschreibt einen derartigen Fall. Ein Student war bei einer Reitübung
mit dem Gesicht auf einen Balken der Umzäunung gefallen. Der knöcherne Teil war nicht gebrochen, dagegen war die grosse und stark
gebogene Nase um die Hälfte verkürzt, die Nasenlöcher sahen nach oben.
H. fasste das Septum fest mit Daumen und Zeigefinger und übte einen
schnellen und starken Zug an demselben aus; der ganze, nach innen
hinein luxierte knorpelige Teil der Nase kam nunmehr, dem Zuge folgend, heraus und ging mit einem fühlbaren Rucke wieder in seine
frühere normale Stellung zurück.

  Selbstverständlich kann, wenn die Vorbedingungen gegeben sind,
auch ein Nasentrauma von der ganzen Reihe der Wundinfektionskrank-
heiten gefolgt sein. Indes sind phlegmonöse und gangränöse Prozesse
in der Nasenhöhle auf dieser Basis selten, während bekanntlich kleine
Verletzungen der deckenden Haut- und Schleimhautschichten an den
äusseren Öffnungen häufig den Erysipelkokken Eingang gewähren.

  Eine nicht gerade häufige, aber schon lange bekannte Komplikation
bei allen Traumen, die das Septum treffen, ist abscedierende Perichondritis. In früheren Zeiten wurden Abscesse des Nasenseptums nicht
selten mit Polypen verwechselt, wie aus einer älteren Zusammenstellung
PHILIPP's[2]) hervorgeht. Die abscedierende Perichondritis ist aber nicht
zu verkennen und kann, wo die Diagnose zweifelhaft ist, leicht durch
eine Probeaspiration festgestellt werden. Ihre Behandlung unterscheidet

---

[1]) Berl. kl. W. No. 40. 1893.
[2]) Caust. Jahr. 1844, S. 227.

sich in nichts von der jedes anderen Abscesses: in den wenigen Fällen, die ich sah, erfolgte nach der Incision in wenigen Tagen vollständige Heilung. Wird sie aber verkannt und kommt bei längerem Zuwarten bis zur Spontanentleerung ein grösserer Verlust an Knorpelsubstanz durch eiterige Schmelzung zu Stande, so kann eine leichtere Einsenkung als dauernde, etwas entstellende Erinnerung zurückbleiben.

Die Folgen einer Verheilung mit Dislokation sind, von Entstellung abgesehen, in einer meist einseitigen Beeinträchtigung des Lumens der Nasenhöhle und damit ihrer Funktion als Atmungs- und Riechorgan zu suchen. Schon daraus ergiebt sich, dass es nicht angängig ist, sie — wie es häufig geschieht — unbehandelt zu lassen. Nach meinen Erfahrungen kann ich bestätigen, dass die Brüche des Septum osseum sich verhältnismässig gut einrichten lassen; bei schwereren Dislokationen kann man sich der ADAMS-JURASZ'schen Schienenzange bedienen. In leichteren Fällen genügt eine von einer Seite her wirkende Schiene, der man durch passende Biegung die korrigierende Druckwirkung geben muss. Dazu kann man sich Weissblechstücke passend schneiden und formen, umhüllt sie sorgfältig mit einigen Lagen Jodolgaze und taucht das Ganze in eine flüssige Salbenmischung. Auch Schienen aus Celluloid, deren Formung in warmem Wasser geschieht, werden gut vertragen. Die Einführung wird durch die Kornzange nach sorgfältiger Kokainisierung und unter genauer Kontrole des Auges am leichtesten und sichersten durch den fixierten Dilatator ausgeführt. Der Wechsel der Schienen braucht erst am dritten Tage nach der Einlegung stattzufinden. Die Resorption der submukösen Blutergüsse, die bei Brüchen, wie bei Infraktionen manchmal wochenlang dauert, wird durch den konstanten Druck sehr beschleunigt. In einem Falle, wo bei einem 12jährigen Knaben nach einem Faustschlag mit nachfolgendem Fall auf die Nase, noch drei Wochen später beiderseits grosse schwappende Hämatome ohne Dislokation im Septum osseum nachweisbar waren, die Atmungs- und Sprachstörungen bedingten, verwandte ich die galvanokaustische Furchung und benutzte so die kontrahierende Kraft der Brandwundennarben. Es wurde so eine rapide Resorption in wenig über acht Tagen herbeigeführt. Ich folgte dabei einer Idee VOLTOLINI's, der — wiewohl irrtümlich — glaubte durch diese Methode auch frische Dislokationen einrichten zu können. Seither habe ich mehrfach die sichere Wirkung der Methode auf die Resorption bestätigen können.

Hat man Ursache, eine Verletzung in einer der Nebenhöhlen anzunehmen, so muss von jeder reizenden Einwirkung auf die Schleimhaut abgesehen werden; ebenso muss von jeder Schienenbehandlung und den Dislokationsversuchen Abstand genommen werden. Die Nasenhöhle muss frei gehalten werden und jede Verlegung der Ausführungen der Nebenhöhlen ist zu vermeiden. Alle Eingriffe sind zu verschieben bis zur vollendeten Ausheilung der Nebenhöhlenverletzungen. Besonders sorgfältig wird in dieser Beziehung der Sinus frontalis berücksichtigt werden müssen wegen seiner innigen Beziehungen zur Schädelhöhle. Ist die äussere Haut unverletzt, die knöcherne Wand des Sinus frakturiert, so kann eine Luftinfiltration in das Bindegewebe zwischen Periost und Galea in Gestalt eines subkutanen Emphysems der Stirngegend zu stande kommen. Je vollkommener die Nasenhöhle dabei funktioniert, desto geringer wird die Gefahr einer Infektion von aussen her sein.

Noch wenig bekannt ist über den traumatischen Ursprung der Eiterungen der Highmorshöhle. Ein chronisches Empyem des Antrums nach einer Verletzung beobachtete GRÜNWALD[1]). Ein Pferdehufschlag hatte einen Mann ins Gesicht getroffen und die Kieferhöhle über dem zweiten Backzahne in der Gegend der fossa canina geöffnet. — Bei Verletzungen der Nebenhöhlen von aussen her kann natürlich wie in dem geschilderten Falle die Nasenhöhle selbst ganz unversehrt und unbeteiligt bleiben. MICHELSON[2]) beschrieb eine solche Verletzung des Siebbeinlabyrinthes durch einen, durch die linke innere Orbitalwand gelangten gelangten Bajonnetstich. Der Bulbus wie die Nasenbeine blieben frei. Beim Schnauben und bei dem VALSALVA'schen Versuche entstand ein subkutanes Emphysem der Lider, der Orbita und des unteren Teiles der linken Stirnhälfte[3]).

Handelt es sich um komplizierte Frakturen einer Sinuswand (Sinus frontalis, maxillaris), so wird eine Resektion derselben zur Herbeiführung

---

[1]) GRÜNWALD, Naseneiterungen. S. 77.

[2]) Berl. klin. W. 1870, S. 138.

[3]) Während der Correktur ersehe ich aus dem Bericht über die „erste Versammlung süddeutscher Laryngologen", dass BAUER einen Fall von traumatischem Empyem der Highmorshöhle bei einem 3jährigen Kinde beschrieben hat, der zur Heilung kam. Das Kind erlitt einen Fall auf die ausgezogene Schublade einer Kommode. Ein paar Tage darauf Anschwellung der rechten Oberkieferhöhlengegend; 8 Tage darnach Entleerung einer blutig-citerigen Flüssigkeit aus der rechten Nasenhöhle. Die Naseneiterung sistierte wieder, die entzündlichen Erscheinungen der Oberkiefergegend nahmen zu, es konnte sogar über der Fossa canina Fluktuation gefühlt werden, so dass die Operation von aussen projektiert wurde. In der Tat aber wurde die Eröffnung der Highmorshöhle vom unteren Nasengange vorgenommen, nachdem bei der Nasenuntersuchung sich Eiter im unteren Nasengange gefunden hatte. Die Höhle wurde ausgespült und tamponiert. — Schon einige Tage nach der Eröffnung waren die entzündlichen Erscheinungen aussen verschwunden. Der Tampon wurde anfangs täglich, später seltener gewechselt und stetig verkürzt. Nach etwa 14 Tagen war die Heilung vollständig.

der Heilung meist unumgänglich sein. Der Eingriff darf keinen Aufschub erdulden. wenn gleichzeitig Verletzungen in der Nasenhöhle oder auch nur eine starke entzündliche Schwellung der Schleimhaut vorhanden ist. Die Nachbehandlung geschieht nach den allgemeinen chirurgischen Regeln.

Auch die kleinen Schleimhautverletzungen, die als Ursache von Blutungen und als Folgen von kleinen Traumen, dem Arzte zu Gesicht kommen, dürfen nicht unbehandelt bleiben, da sie als Eingangspforten für Wundinfektionskeime dienen können. Die durch das Schluck-trauma verursachten seltenen, submukösen Extravasate — früher mit dem gefährlichen Namen Apoplexia uvulae[1]) ausgezeichnet — bieten keine Gefahr in dieser Beziehung. Handelt es sich um Wunden, so muss die Höhle gereinigt. die Blutung gestillt, die Wunde gedeckt werden. Oft erfüllt die Anwendung des Wasserstoffsuperoxyd-Sprays — in 15%iger Lösung — gleich die ersten beiden Zwecke zugleich. Diese Reinigungsmethode ist sicher und für die Nase unschädlicher, als die immer noch zu viel beliebten Spülungen. Sodann bildet man, wie es oben (Kap. I) beschrieben wurde, durch leichte Behandlung mit der Chromsäuresonde oder dem rotglühenden Flachbrenner einen Deckschorf. In ähnlicher Weise werden die kleineren Verletzungen im Nasenrachen und Kehlkopf behandelt, nur dass statt des Kauters hier eine Pinselung mit 1—2%iger Lösung von Argentum nitricum wegen der geringeren Neigung zu Blutungen genügt, und wegen der leichter möglichen und hier unangenehmeren Reizung durch die anderen Deckmittel im Ganzen vorzuziehen ist. Die Pinselung wird durch einen an die Schrauben-sonde befestigten Wattebausch ausgeführt — ein sehr einfacher, aber notwendiger Ersatz der früher viel gebräuchlichen Haarpinsel.

Die Verbrennungen und Verätzungen in der Nasen- und Rachenhöhle, soweit sie nicht zu ausgedehnten Gewebsverlusten führen. pflegen keine schweren lokalen Störungen hervorzurufen. Meist findet man die Schleimhaut von ihrem Epithel entblösst, stellenweise dunkel gerötet, seltener und bei tiefer greifender Einwirkung weissliche membranöse Auflagerungen oder flottierende Fetzen und Substanzverluste. Gewöhnlich handelt es sich um eine in vier bis acht Tagen ablaufende akute Ent-zündung der Schleimhaut, die mit oft hohem Fieber und mehr oder weniger reichlicher, anfangs purulenter Sekration einhergeht. In den Vordergrund der Erscheinungen treten die Schmerzen. Auch kurz nach dem von mir erwähnten Falle von Verbrennung der Nasenhöhlenschleimhaut traten heftige Schluckschmerzen auf. obgleich der Pharynx, wie der

—

[1]) SPENGLER. D. Klinik. 1851.

Nasenrachenraum frei von Entzündung geblieben waren. Wahrscheinlich handelte es sich hier, wie wir es später nach galvanokaustischen
Operationen kennen lernen werden, um die Anschwellung nasopharyn-
gealer oder tiefer Halslymphdrüsen. Während die Wunden selbst mit
einer gelblichen Eschara sich bedecken, entsteht in der nächsten Umgebung eine reaktive Schwellung von ödematöser Beschaffenheit. Je
nach der Ausdehnung, Lokalisaton der Verletzung, kann das Ödem der
Umgebung dem Kranken gefährlich werden. Aber auch die ausgedehnteren und tiefer greifenden Verbrennungen selbst können sofort
schwerere Beeinträchtigung der Ernährung bedingen und später durch
die narbigen Veränderungen zu den schlimmsten Formen von Nasen-
und Nasenrachenstenosen mit ihren Folgen für die Atmung und die
Ernährung führen.

Die umschriebenen leichteren Formen pflegen bald und ohne Störungen zu heilen. Eine lokale Behandlung der entzündlichen und
ödematösen Schwellungen ist dabei ebenfalls meist unnötig, wenn einige
Tage hindurch für Ruhe und passende flüssige Diät gesorgt wird. Schluckschmerzen, die die Ernährung beeinträchtigen, können durch Besprühung
der verletzten und geschwollenen Partieen mit Eiswasser, oder, wo das
nicht genügt, mit einer möglichst geringen Menge einer schwachen ge-
kühlten Kokainlösung (2 %) vor der Nahrungsaufnahme bekämpft werden. Palmer[1]) hat bei Kindern mit gutem Erfolg gegen die Schmerzen
Fütterung mit Leberthran und Kalkwasser zu gleichen Teilen angewandt.
Auch schwerere, frische Brandwunden dürfen nicht irritiert werden:
bildet sich ein die Atmung bedrohendes Ödem aus, so kann man zunächst von dreisten Skarifikationen Nutzen erwarten. Doch müssen die
Fälle sorgfältig überwacht werden, und fleissige Inspektion des Larynxeingangs muss den Verlauf kontroliren. Bei dem Eintritt stenotischer
Erscheinungen zögere man nicht, die Tracheotomie vorzunehmen. Nur
im Krankenhause, oder bei andauernder ärztlicher Überwachung ist der
Versuch einer Tubage[2]) gerechtfertigt. Die Gefahr der Verbrennung des
Larynx und selbst der Trachealwandungen ist besonders gross bei den durch
Inhalation bedingten Verbrühungen. Hier wie bei den Brandwunden
im Rachen und Nasenrachen wächst die Möglichkeit einer gefahr-
drohenden Stenose auch mit der Enge und Kleinheit des Raumes. Sie
ist also vermehrt im kindlichen Lebensalter.

Man findet auch im Larynx dunkle Rötung und sehr starke Schwellung
des Kehldeckels und des Introitus laryngis, so dass Einzelheiten in der

---

[1]) Int. Cent. II. S. 86.
[2]) S. Kap. VI.

2. Kapitel.]   Verbrennungen und Anätzungen.   57

Region des mittleren Raumes und subglottisch unerkennbar bleiben.
Auch nach günstigem Ablauf der oberflächlichen Entzündungserscheinungen ist eine komplizierende Perichondritis nicht ausgeschlossen. In
einem von Wagner[1]) berichteten Falle trat am 19. Tage nach der Verletzung, die durch Platzen eines Dampfrohrs herbeigeführt war, nachdem
die Schluckschmerzen, das Fieber und die örtliche Schwellung sich gelegt
und bei leidlichem Allgeinbefinden, ganz plötzlich Laryngostenose in
einem solchen Grade ein, dass die Tracheotomie nötig wurde. Am Tage
darauf ergab die Untersuchung Zunahme der Schwellung, weissliche
flottierende Massen zwischen den Stimmbändern, dünnflüssiges übelriechendes Sputum. Sechs Tage später erfolgte der Tod und es fanden
sich an der hinteren Wand zwei Eiterherde durch einen Fistelgang in
Kommunikation mit der Kehlkopfhöhle und symmetrisch gelegen. Es war
eine Vereiterung beider Giessbeckenringknorpelgelenke zu stande gekommen, die im Anfang latent neben der Verbrühung der oberflächlichen
Teile verlaufen war und erst so spät bei ihrem Durchbruch die Stenose
bewirkt hatte.

Die durch das begleitende Ödem besonders am Larynxeingang, in
dem oberen Kehlkopfraum und in der regio subglottica gesetzten
stenotischen Erscheinungen machen bei Larynxverbrennungen und -anätzungen oft die sofortige Tracheotomie notwendig. Gegen die durch
narbige Kontraktionen entstehenden Verengerungen ist eine frühzeitig
einsetzende, womöglich schon vorbeugend wirkende Bougiebehandlung
einzuleiten.

Die durch äussere Gewalteinwirkungen erzeugten Brüche des Laryngotrachealrohres äussern sich in sehr verschiedener Weise. Bald sind
es leichte Verletzungen, mit geringen Schmerzen und vorübergehender
Heiserkeit verbunden, die leicht unentdeckt bleiben und nur gelegentlich bei genauerer Palpation oder post mortem entdeckt werden. Besonders lange ist die Möglichkeit eines solchen latenten Verlaufes von
der Zungenbeinhornfraktur bekannt, wie aus der harmlosen Bezeichnung
der damit verbundenen Dislokation und Schluckschmerzen als Dysphagia
Valsalvae, zu Ehren des ersten Beobachters, hervorgeht. Arbuthnot Lane[2])
hat auch bezüglich der Schildknorpelbrüche wahrscheinlich gemacht, dass
sie unter weniger stürmischen Erscheinungen verlaufen und auch öfter
in Heilung enden als man bis dahin geglaubt[3]). Nach ihm erfolgt der
Schildknorpelbruch in der Regel an der Basis des oberen Hornes. — Die

---

[1]) Deutsch. med. W. 1880.
[2]) Int. Centr. 1. S. 105.
[3]) Vgl. Gurlt, Knochenbrüche II. Fischer, Dtsch. Chir. Lfg. 11.

abgebrochenen Teile erfahren eine bedeutende Verschiebung, sobald das
Perichondrium durchrissen ist. Nicht selten bleibt eine Konsolidation
der Fraktur aus und es kommt nur zu einer fibrösen Vereinigung. Aber
auch ein Ringknorpelbruch scheint gelegentlich trotz bedeutender Verschiebung der Fragmente einer solchen Spontanheilung zugänglich zu
sein. So fand Lane in einem Falle neben beiderseitiger Fraktur der
oberen Schildknorpelhörner den Ringknorpel vorn rechts frakturiert, mit
bedeutender Dislokation. Es war zur knöchernen Vereinigung gekommen,
doch waren vorn und linkerseits Fissuren nachweisbar.

Die am meisten ins Auge fallenden Symptome bei den schwereren
Bruchverletzungen sind die Störungen beim Sprechen und Atmen. Dyspnoe
bis zur Cyanose, Heiserkeit bis zur Aphonie, schmerzhaft-mühsame Hustenstösse, die ein blutiges Sputum entleeren, oft subkutanes Emphysem,
das sich in der Fläche weiter verbreiten kann. Im weiteren Verlauf
kann es zur Ausscheidung nekrotisch gewordener Knorpelstücke kommen,
in welchem Falle das Sputum purulent und übelriechend wird.

Die Palpation ergiebt Knistern oder Krepitation, das Vorhandensein
einer Abflachung oder sonstigen Dislokation und abnorme Beweglichkeit;
sie liefert jedoch nicht immer deutliche Resultate.

Die laryngoskopische Untersuchung ist nicht immer erfolgreich, leicht
ist durch Schwellung, besonders der Taschenbänder und der subglottischen
Region und durch Blutextravasate der Ort der Dislokation dem Blick
entzogen. In einem Falle von medianer Längsfraktur sah Mackenzie[1]
nur eine starke Rötung und Schwellung des Kehldeckels; Schrötter[2]
sah zwei Tage nach dem Trauma ein dunkles Extravasat, das rechts
von der Vallecula dem freien Kehldeckelrand entlang auf das Ligamentum
aryepiglotticum und den Giessbeckenknorpel überging, im Kehlkopf zog
es sich vom Kehldeckel durch die rechte Seite der hinteren Wand bis
zu der linken Seitenwand herüber. Gleichzeitig allgemeine Schwellung
der Stimmbänder und des Kehlkopfeinganges, der stark verengert war.
Sokolowski[3] fand in seinem oben erwähnten Falle einen Tag nach der
Verletzung die Epiglottis unbedeutend geschwellt, dagegen unter ihr in
der Tiefe zwei dicke gerötete Wülste, welche den oberen Rändern des
Schildknorpels entsprachen, und das Kehlkopfinnere vollständig aus-
füllten: er hielt sie für die oberen Fragmente des gebrochenen und in
das Innere gedrängten Schildknorpels.

---

[1] S. 513. Krkht. d. Halses.
[2] Laryngol. Mitteilungen.
[3] Ein Fall von Kehlkopffraktur mit günstigem Ausgang. 1890. Berl. kl. W. S. 911.

Was die Behandlung anlangt, so ist es, wo stärkere Dyspnoe oder gar Cyanose vorliegt, angezeigt, die Tracheotomie sofort auszuführen. Aber auch bei den mit geringgradigen Symptomen verbundenen Fällen wird sie bei stärkerer Dislokation indiziert sein, während man bei den erwähnten leichteren Fällen den Versuch eines exspektativen Verhaltens unter Anordnung absoluter Ruhe und Anlegung eines den Kopf fixierenden Verbandes wohl wagen darf. Auch Trachealfrakturen scheinen unter solchen Bedingungen heilen zu können[1]. Man wird sich um so eher zum Zuwarten entschliessen, wenn die palpatorische und laryngoskopische Untersuchung die Art der Verletzung als eine leichtere erscheinen lässt, etwa als einfachen oberen Hornbruch am Schildknorpel. Ist der Körper selbst oder der Ringknorpel gebrochen oder bleibt die spezielle Diagnose unklar, so ist ein Aufschieben der Tracheotomie gefährlich. Ist eine erhebliche Dislokation, Hautemphysem und Schluckschmerz in solchen Fällen vorhanden, so kann sich das Zuwarten bis zum Eintritt der Dyspnoe oder Cyanose schwer rächen. Es sind mehrere Fälle ähnlich dem von CLARAC[2] berichteten bekannt geworden, wo am vierten Tage erst die Atemnot eintrat und der Kranke während der nun erst vorgenommenen Tracheotomie zu Grunde ging. Entschliesst man sich zu einem derartigen abwartenden Verfahren, so ist das nur gerechtfertigt, wo genügende ärztliche Aufsicht jedem Zwischenfalle begegnen kann. Für die Notwendigkeit dieser Einschränkung spricht auch der Umstand, dass in DURHAM's Zusammenstellung von 16 Heilungen in 69 gesammelten Fällen 9 tracheotomierte zu finden sind, während die LANE'schen Befunde vom Seziertisch ihrer Natur nach — wie SEMON hervorhebt — zunächst keinen erheblichen Einfluss auf die klinische Würdigung äussern können.— Ist die Tracheotomie ausgeführt, so ist der Versuch einer Reposition zu machen. Ich würde die die von THOST[3] angegebenen mit der Kanüle von der Tracheotomiewunde aus einlegbaren Metallbougies zur Erhaltung in der Lage verwenden. Die Reposition selbst kann manuell oder instrumentell mit Hilfe eines dicken Katheters ausgeführt werden, zu welchem Zweck oft erst die Durchschneidung der Membrana thyreoidea vorgenommen werden muss. Oft wird die sofortige Einlegung einer Schornsteinkanüle oder das THOST'sche Verfahren sich anschliessen müssen, um die gewonnene Lage zu erhalten. Indes muss über die Einzelheiten der Fall selbst entscheiden. In einigen Fällen ist die gleichzeitige Einlegung von Tuben von oben her versucht worden. Doch ist mir über

---

[1] Int. Cent. IV. S. 177.
[2] Gaz. des Hôp. Annal. de mal. de l'oreille etc. 91. Nr. 2.
[3] Naturforscher-Versammlung 1891.

den Erfolg der dauernden Tubage zur Reposition oder zum Ersatz der Tracheotomie in Frakturfällen nichts bekannt geworden. Von anderer Seite sind die Einlegung von sterilisierten Tampons oder Schwämmen, oder die Anwendung des Kolpeurynters zur Erhaltung der Stellung vorgeschlagen.

Bei den Verwundungen des Larynx kann es zwar in besonders günstigen Umständen vorkommen, dass ohne weitere Kunsthilfe eine Heilung zu stande kommt. Liegen die Wunden so, dass das ergossene Blut wohl entleert werden kann, also eine Erstickungsgefahr nicht eintritt, und dient etwa die Knorpelwunde gleichzeitig dem Eintritt der respiratorischen Luft[1]) — ähnlich wie eine tracheotomische Öffnung, so sind diese Bedingungen vorhanden. Solche Heilungen kennen wir bei Schussverletzungen, sogar mit seitlichem Einschuss und Durchbohrung beider Schildknorpelplatten.

Die Schnittverletzungen — fast ausnahmslos in selbstmörderischer Absicht ausgeführt — sind von sehr verschiedener Tiefe. Bald oberflächliche, einzelne Einschnitte in die Membrana hyothyreoidea oder den Schildknorpel, die Membr. cricothyreoidea oder die Trachea. Bald sind mehrfache Schnitte bis zur Abtrennung einzelner Fragmente[2]) und von einer Tiefe geführt, dass der oesophagus und sogar die Carotis externa verletzt wurden.

Bei den Verletzungen durch Stich tritt besonders leicht die Luftinfiltration im subkutanen Bindegewebe ein, weil dabei ganz gewöhnlich die Hautwunde und die Wunde des Luftrohrs sich nicht decken. Selten nimmt das subkutane Emphysem, dessen übrigens schon bei den Larynxfrakturen gedacht werden musste, so erhebliche Dimensionen an, dass Erstickungsgefahr sich zu der meist lebhaften und schmerzenden Spannung gesellt.

In diesen, wie in allen Verwundungsfällen, ist die prophylaktische Tracheotomie unterhalb der Stelle des Traumas das sicherste Schutzmittel, mag man sich hinterher zu einer Nahtversorgung der Verletzung entschliessen oder nicht. In vielen Fällen ist die Naht entbehrlich und einer Dislokation oder Granulationsstenose wird man durch passende Lagerung und Fixation des Kopfes, sowie durch zeitige Einlegung von Bougies oder Tuben vorbeugen können[3]). Immerhin wird sich hie und da die Anlegung einer exakten partiellen Naht mit Freilassung eines Wundwinkels als zweckmässig erweisen. Von chirurgischer Seite[4]) wird

[1]) HÜTER, Grundriss der Chir. S. 258.
[2]) WOLF, Thyreotomie wegen Larynxverschluss nach Verletzung. Berl. kl. Woch. 1885.
[3]) Über die Technik vgl. Kap. VI.
[4]) Vgl. HÜTER, l. c. S. 259.

empfohlen, das Knorpelgewebe selbst frei zu lassen und nur durch Cat-
gutnähte der Schleimhaut und Seidennaht der äusseren Bedeckung zu
bewirken, dass die Knorpelwundflächen zwischen beiden Nahtreihen
genau aufeinander befestigt werden. Ist im Augenblick die Tracheotomie nicht ausführbar, oder nötigt eine stürmische Blutung zur sofor-
tigen Beherrschung dieser, so versäume man nicht, sich der Lagerung am
hängenden Kopf zu bedienen. In der Not und Eile, unter der solche
Eingriffe zu machen sind, beugt man so am besten der Erstickungsgefahr vor und kann sich bequem und in guter Beleuchtung und Nähe
mit der Wunde beschäftigen und die Blutung stillen.

Von den Folgezuständen steht natürlich die septische Infektion
in erster Reihe, sodann ist die perichondritis verhängnisvoll für die
Funktion. Sie kann in Nekrose ausgehen und es kommt dann zur Ausstossung abgestorbener Knorpelstückchen. Bilden sich Abscesse, so können
Eitersenkungen das Leben bedrohen. Sonst ist- die Prognose weniger
ungünstig, und zwar sowohl quoad vitam, wie für die Stimme, deren
Bildung durch die Verschiebung und membranartige Narbenbildung
dauernde Behinderung erfahren kann. Ebenso für die Atmung, die durch
Verengerung, Fistelbildung oder teilweise Obli-
teration des Kehlkopfluftrohres erschwert bleibt.
Von den sonstigen Ursachen des erschwerten
oder unmöglichen Dekanülements und dauernder funktioneller Störungen sind die durch Verletzung der Kehlkopfnerven bewirkten zu nennen. Die Symptomatologie dieser Veränderungen
— mögen sie durch das Trauma selbst oder
durch dessen Folgen — Druck von Extravasaten, Narbenmassen u. dgl. — hervorgebracht
sein, weicht wenig oder gar nicht von den entsprechenden, sonst durch Nervenerkrankungen
bedingten Motilitätsstörungen ab. Es kann
daher über diesen Punkt auf Kap. VIII verwiesen werden.

Fig. 13.
Lippenformige Fistel der Trachea
und des Oesophagus.
(Nach HUETER.)

In jedem Fall von Verwundung ist zu beachten, dass neben der
ersten noch anderartige Verletzungen vorkommen können. Bei den
Schussverletzungen ist das natürlich: wir haben aber gesehen, dass bei
ungeschickten oder unzureichenden Schnittversuchen auch leicht Frakturen zu stande kommen. Ferner ist eine gleichzeitige Verletzung des
oesophagus — bei der selbstverständlich die Ernährung durch die
Schlundsonde zu erfolgen hat — eine keineswegs zu unterschätzende
Komplikation, einmal wegen der bekannten Gefahr der Aspirations-

pneumonie. besonders wenn durch das Trauma eine Kommunikation
zwischen Luft- und Speiseröhre gesetzt ist. Ferner wegen der möglichen
Fistelbildung, wenn die durchschnittenen Teile der Luftröhre auseinander weichen und die Speiseröhrenschleimhaut an die äussere Haut heran-
und durch die Vernarbung herausgezogen werden. Hüter[1]) hat in einem
solchen Fall (s. d. Abbildung) durch eine plastische Operation und Doppel-
naht die Fisteln geschlossen.

Ohne äussere Einwirkung beobachtete Verletzungen im Kehlkopf
sind nicht häufig. Vielfach finden sie ihre Erklärung durch die verminderte Resistenz des Gewebes. Nach einer galvanokaustischen Operation wurde in einem von Fritsch berichteten Falle[2]) eine Anätzung
der entzündlich infiltrierten Stimmbänder durch den stark sauren Magen-
saft während des Brechaktes beobachtet, wodurch beträchtliche Ulcerationen zu Stande kamen. Nach Behandlung mit Argentum nitricum sah
Schäffer[2]) bei einem Sänger, der gegen das Verbot aufgetreten war.
einen queren, die Hälfte des rechten Stimmbandes einnehmenden Riss,
so glattrandig, wie wenn man eine straffe Sehne mit einem scharfen
Messer eingeschnitten hatte. — Rupturen oberflächlicher kleiner Gefässe
kommen etwas häufiger nach schweren Hustenattacken zu stande und
können bei unterlassener Untersuchung mit Lungenblutungen verwechselt
werden. Mehrere derartige Fälle habe ich bei Erwachsenen beobachtet,
deren Kinder Keuchhusten hatten und die selbst wahrscheinlich an
leichteren Formen dieser Infektionskrankheiten litten. Einer dieser Fälle
liess an einer Stelle der vorderen Wand direkt den Austritt des Blutes
beobachten, während gleichzeitig ein die ganze Länge des linken Stimmbandes einnehmendes submuköses Extravasat entstanden war, dessen
Resorption etwa 4 Wochen dauerte. Bei einem 44jährigen Phtisiker
sah Dibb[3]) eine Ruptur des rechten Ligamentum thyreohyoideum während
eines heftigen Hustenanfalls auftreten: man fühlte das Zungenbeinhorn
deutlich unter der Haut mobil. das Zungenbein war nach links gezogen,
die Deglutition bedeutend erschwert. — Krampfhusten und übermässig
langes Schreien wird auch für derartige Verletzungen des kindlichen
Alters angeschuldigt. So sah Bredschneider[4]) aus solchem Grunde eine
Ruptur unterhalb des Trachealknorpels bei einem 1³/₄jährigen an chronischem Bronchokatarrh leidenden Knaben eintreten, gefolgt von einer
beträchtlichen, über Hals und Brust ausgebreiteten subkutanen Luft-

---

[1]) D. m. W. 1881.
[2]) D. m. W. 1875. S. 102.
[3]) Des maladies de l'os hyoide. Arch. gén. Nov. 62.
[4]) Casper's Wochenschr. 1842. Nro. 28.

infiltration. BEIGEL sah eine Verletzung an den Stimmbändern, die — im frühesten Kindesalter infolge übermässig vielen Schreiens zu stande gekommen — ein Unikum darstellt. Der Fall kam nämlich erst im 24. Lebensjahre zur Untersuchung, weil Atembeschwerden eintraten. Ausser seit der in der ersten Kindheit bestehenden Heiserkeit waren keine Krankheitserscheinungen vorgekommen. B. fand eine Abreissung beider Stimmbänder von ihrer Insertion und gleichzeitig einen Querriss durch durch das hintere Drittel des linken Stimmbandes. Nur diese Partie hatte ein stimmbandähnliches Aussehen und bewegte sich in- und exspiratorisch hin und her. Im übrigen waren beide Stimmbänder zu einer fleischartigen Masse umgewandelt und einander anliegend. Hinten, wo die Loslösung von der Insertion stattgefunden hatte, konnte man ein segelartiges Hin- und Herflottieren beobachten, wodurch eine Rinne gebildet und die von dem Querriss bewirkte Öffnung etwas vergrössert wurde. Grade dieser Einriss hat die sonst unvermeidliche Laryngostenose verhindert und die sonst sichere Erstickung vermieden.—Auf das Konto der durch die Hand des Arztes gesetzten Verletzungen ist die interessante Beobachtung LANDGRAFS[1]) zu setzen. In einem Falle von Stimmbandcarcinom war durch die Laryngofissur das rechte Stimmband entfernt worden. Bei einer sieben Monate später angestellten Untersuchung zeigten sich zwei höckrige Hervorragungen an der Unterfläche des linken Stimmbandes. Das Mikroskop ergab aber nur fibröses Gewebe, reich durchsetzt mit elastischen Fasern und bedeckt mit einer zarten Epithelschicht. L. kommt zu dem Schlusse, dass der links unter das Stimmband eingesetzte Haken einen Riss in das Stimmbandgewebe gemacht habe, der nicht glatt, sondern unter Höckerbildung verteilt sei.

Fremdkörper. Mykosen.

Die Folgen eingedrungener Fremdkörper sind von ihrer Lage, Gestalt, Beschaffenheit und Grösse, sowie von der Gestalt und Wertigkeit der Höhle, in der sie Eingang fanden, abhängig. Ferner offenbar von der Art des Eintritts, der Schnelligkeit, Intensität oder Richtung ihres Weges oder Fluges. Hat der Fremdkörper eine Verletzung erzeugt, so kann diese alle die eben besprochenen Folgen nach sich ziehen. Eine grosse Reihe von Fällen gehen mit ganz unerheblichen Folgeerscheinungen einher, ja, die Fremdkörper können latent bleiben und werden nur ganz zufällig gefunden, Hierher gehören die Jahre lang in einer Nasenhöhle

[1]) Berl. Kl. W. 91. S. 11.

schlummernden Knöpfe, die gelegentlich in einem Sinus pyriformis ent-
deckten Münzen, der berühmte Hammelhalswirbel[1]), der nach einjährigem
Aufenthalt im Kehlkopf durch „Aushusten" entfernt wurde. DESSAULT
entdeckte einen Kirschkern, der zwei Jahre lang in einem Ventrikel
des Larynx gesteckt hatte. TOBOLD ist es passiert, dass er wegen eines
angeblich verschluckten Knochenstückchens konsultiert wurde — und
eine Stecknadel in der Epiglottis fand. Aber auch in der Gegend der
Bifurkation und in den Bronchien können ausnahmsweis günstige Lagerungen eine derartige Latenz hervorbringen oder wenigstens nur in bestimmten Körperlagen Behinderungen der Atmung verursachen. So in
LOUIS's Fall, wo eine Münze zwei Jahre in dieser Gegend verblieb und
nur in horizontaler Stellung Beschwerden machte; und nach HEYFELDER's
bekanntem Bericht beherbergte ein Mann gar zwölf Jahre das Rudiment
einer Thonpfeife in seiner Luftröhre.

Nicht selten werden Fremdkörper, besonders im Nasenrachenraum
und im Kehlkopf von den Patienten mit Sicherheit angenommen, ohne
dass sie vorhanden sind. Nur einmal gab mir ein junger Mann an,
in der rechten Nasenhöhle einen Fremdkörper zu fühlen, der — ein
Schuhknopf — von einem Spielkameraden eingeführt, seit seiner Kna-
benzeit von ihm gefühlt würde. Die Nase war vollkommen frei und
die etwa 15 Jahre lang bestehende Parästhesie verlor sich alsbald nach
der Untersuchung. Sie war also ausschliesslich durch die Vorstellung
bedingt. Oft werden von neurasthenischen und hysterischen Personen
parästhetische und neuralgische Symptome auf vermutete Fremdkörper
bezogen und hier ist eine psychische Behandlung allerdings nicht so
leicht von Erfolg gekrönt. Vielfach sind pathologische Zustände an den
Tonsillen, Vergrösserungen der Zungenbalgdrüsen, reflexneurotische Erscheinungen von der Nase her u. dgl. im Spiel, die als durch einen
Fremdkörper bewirkt gedeutet werden. In anderen Fällen handelt es
sich um kürzer oder länger dauernde Nachempfindungen eines wirklich
vorhanden gewesenen, aber längst spontan entfernten Fremdkörpers, ähnlich wie in dem eben skizzierten Falle.

Mehrere Male sind, wo besondere Veränderungen der Konsistenz
oder Lage durch die Eigenart des eingedrungenen Fremdkörpers veranlasst wurden, cerebrale Erscheinungen berichtet. So in einem Falle von
HAMBURGER[2]), wo sie mit einem Schlage verschwanden, als der Fremdkörper — eine grüne Erbse, die bis zu Bohnengrösse gequollen war —
aus der Trachea entleert war. HARTMANN[3]) sah epileptiforme Krämpfe

---

[1]) Med. Times and Gazette 1870.
[2]) Berl. kl. W. 1873.
[3]) 61. Naturf.-Vers.

und psychische Störungen bei einem 13jährigen Mädchen, dem häufig zahlreiche Oxyuren aus der Nase abgingen. Mit deren Beseitigung verschwanden auch die centralen Reizerscheinungen. Castelli[1]) berichtet hochgradige nervöse Aufregung und zeitweise Sprachlosigkeit in einem Falle, wo einige Exemplare einer Scolopenderart in die Nase gelangt waren. Auch hier schwanden diese Symptome mit der Entleerung.

Umgekehrt kommt es aber auch vor, dass Reflexneurosen, hysterische Zustände angenommen werden, wo thatsächlich kleinere, leicht übersehbare, undeutlich lokalisierte Fremdkörper eingedrungen sind, etwa in die tonsillären Lakunen oder in die Valleculae. Neben kindlichen und kindischen Spielereien, von denen das Mundfangen besonders zu nennen ist, möchte ich auf eine Klasse von Unglücksfällen durch Fremdkörper hinweisen, die dem Säuglingsalter eigentümlich sind. Ich beobachtete mehrmals lebensgefährliche Erstickungsanfälle und zwei Mal plötzlichen Tod durch Asphyxie infolge von Eindringen eines Gummisaugpfropfens in den Rachen: grobe Nachlässigkeit und Ignoranz giebt — und zwar nicht nur in den unteren Klassen — dem jungen Kinde als Beruhigungsmittel den Gummibeutel, unten durch einen undurchbohrten Kork „geschützt", in den Mund. Die Folge ist Heransaugen dieses dehnbaren Fremdkörpers und Asphyxie durch Verlegung des Larynxeingangs. In einem solchen Falle fand ich bei dem bereits toten Kinde die Mundöffnung durch die untere Fläche des Korkstöpsels verschlossen und den ganzen übrigen Fremdkörper in die Mundrachenhöhle bis über den Introitus laryngis gelangt!

Pulverförmige Bestandtteile findet man in der Nasenhöhle und zwar am Septum und am vorderen Teile der mittleren Muschel bei Schnupfern, Maurern, Kohlenträgern, Fabrikarbeitern. Betz[2]) sah als häufigen Befund bei Cementarbeitern Konkremente von wechselnder Grösse, aber charakteristischer Form, schalenförmig einen Abdruck der Mittelmuschel darstellend und mit einem pyramidenförmigen Fortsatz in den oberen Nasengang reichend. Auch im Rachen und gelegentlich im Larynx und der Trachea finden sich solche Zeichen der Gewohnheit und des Berufs. Sommerbrodt fand[3]) bei einer Tucharbeiterin den Kehldeckel, Introitus und die vordere Trachealwand bis zum vierten Knorpelring von einer festhaftenden, schwärzlich schleimigen Masse bedeckt. Die Massen fanden sich in ähnlicher Art bei einigen Kolleginnen dieser Kranken und bestanden zum Teil aus Beimengungen zerzupfter Tuchfasern.

[1]) Int. C. II. S. 50.
[2]) Verhandl. d. Ges. deutsch. Naturf. u. Ärzte (65. Vers.) II. S. 276.
[3]) Berl. kl. W. 1870.

In der Nasenhöhle treffen wir Papierschnitzel, Pfröpfe, Perlen, Knöpfe, auch Teile von Nahrungsmitteln, ferner vergessene Teile von Tampons aus Gaze oder Watte und Teile von Geschossen oder Stichwaffen. Seltener sind pflanzliche oder tierische Organismen gefunden worden. Speiseteile und lebende Darmbewohner können auch von den Choanen her in die Nase gelangen. Hie und da können gelockerte Rhinolithen in den Kehlkopf oder die Luftröhre hineinfallen oder aspiriert werden. Auch die Kasinstik der Fremdkörper in den Nebenhöhlen beginnt sich zu entwickeln, seitdem deren Krankheitszustände mehr in den Bereich der ärztlichen Betrachtung gezogen ist. Und hier scheint in der That die Durchleuchtung als diagnostisches Hilfsmittel mit verwendbar werden zu können[1]), um nach dem Ablauf der entzündlichen Erscheinungen und dem Aufhören der Sekretion die Lage eines Fremdkörpers zu bestimmen. In dieser Beziehung wird sich betreffs der Kieferhöhle seltener ein Zweifel erheben. Wertvoller wird die Möglichkeit sein, etwa bezüglich eines steckengebliebenen Geschosses die Stirnhöhle vermittels der Durchleuchtung ausschliessen zu können. Damit würde die Sicherheit steigen, seine Lage in der Keilbeinhöhle oder im Siebbein anzunehmen. Übrigens scheinen Kugeln in den Nebenhöhlen reaktionslos einheilen zu können, wie einige neuere Beobachtungen[2]) lehren und auch schon ein aus dem Jahre 1849 stammender Sektionsbefund VIVIERS[3]) annehmen lässt. Er fand eine Pistolenkugel dicht vor dem Eingang in die Keilbeinhöhle in der knöchernen Wand durch eine harte kreideartige Masse festgelötet ohne irgend welche sonstige Abweichungen. ZIEM berichtet von einem abgebrochenen Kanülenstück, das in einem operativ vom processus alveolaris zum Antrum Highmori angelegten Kanal stecken geblieben war und den Kanal ausfüllte. Die Entfernung war sehr schwierig und gelang durch einen abgebogenen Stahldraht, der zwischen Kanüle und Kanalöffnung eingebracht wurde. Ich habe einen Fall von Fremdkörper in einer Keilbeinhöhle gesehen, die wegen chronischen Empyems breit eröffnet und mit Jodoformgaze tamponiert worden war. Der Kranke blieb eigenmächtig aus der Behandlung fort, glaubte sich, da die Eiterung sistierte, geheilt und kam erst nach etwa fünf Monaten wieder. So lange hatte die Gaze in seiner Higmorshöhle gelegen und zwar ohne irgend welche Allgemeinerscheinungen zu machen: nur in den letzten Wochen sei ein stärkerer Kopfdruck bemerkbar gewesen. Die örtlichen Folgen waren eine Infektion der vorher intakten mittleren

---

[1]) Vergl. d. Vfs. Laryngoskopie u. Rhinoskopie.
[2]) Verh. der Berl. lar. Gesellschaft.
[3]) Gaz. des Hôp. Nr. 62. 1849.

und vorderen Siebbeinzellen[1]), während in der Höhle selbst keine weiteren
Erscheinungen nachweisbar waren, und hier in kurzer Zeit vollkommene
Heilung eintrat. Offenbar war hier mehr an eine Propagation der un-
geheilt gebliebenen eitrigen Entzündung zu denken, als an eine eigentlich schädigende Wirkung des Fremdkörpers als solchen. Der wirkte
nur durch Erschwerung des Sekretabflusses, von dem er einen Teil an-
säugte und zur Zersetzung kommen lies, ohne dass hier wie sonst die
Wandungen des Antrums sich einer Resorption günstig zeigten. Man
wird hiernach im ganzen ein energisches operatives Vorgehen bei
Fremdkörpern in den Nebenhöhlen nicht für notwendig erachten können
und umsomehr zum Zuwarten sich entschliessen können, wenn die Beschaffenheit des Fremdkörpers eine reaktionslose Einheilung wahrscheinlich macht. Dagegen ist sofortiges, wo nötig operatives Einschreiten
erforderlich, wenn es mit dem Eindringen des Fremdkörpers zur Eiterung gekommen ist. Absonderlich ist bezüglich der Ätiologie ein hierher gehörender Fall, der von Betz beschrieben ist, und einen Fremdkörper an der Keilbeinhöhle betrifft.

Ein Offizier war wegen fötider Naseneiterung in Behandlung gekommen. Die Diagnose konnte zunächst nur auf Empyem des linken
Antrum sphenoidale gestellt werden. Erst 10 Tage nach der Eröffnung
der Höhle wurde in der Tiefe derselben ein 2 cm langer dünner Stroh-
halm gefunden und extrahiert. Heilung nach längerer Trockenbehand-
lung mit Jodoformeinblasungen.

Mutmasslich war der Fremdkörper beim Reiten in sagittaler Richtung direkt durch das Ostium sphenoidale eingedrungen, da Patient sich
erinnerte, etwa eine Woche vor Eintritt seines „Schnupfens“, während
eines scharfen Rittes von einem heftigen, aber bald vorübergegangenen
Niesskrampf befallen worden zu sein.

Der Grad der Stenose, den die Fremdkörper in der Nasenhöhle verursachen, hängt neben der natürlichen Weite der Höhle von der Lage
und von der Beschaffenheit der Eindringlinge ab, besonders von ihrer
grösseren oder geringeren Quellbarkeit. Bleibt das Corpus in der Nase,
so ist noch die Möglichkeit der Inkrustation, der Rhinolithenbildung,
als ein die Verlegung vermehrendes Moment zu beachten. Das Eindringen des Fremdkörpers oder seine beim Verweilen veranlassten Veränderungen in der Lage und Konsistenz können durch Verletzungen der
Schleimhaut alle jene weiteren Folgezustände bewirken, die wir bei
den Verletzungen besprochen haben. Weitere Ursachen zu Traumen

[1]) In der Folge wurden auch noch die Stirn- und die Keilbeinhöhle derselben Seite
ergriffen.

5*

durch Fremdkörper geben aber die mangelhaften oder unglücklichen Versuche zur Extraktion mittelbar und die zerstörende Thätigkeit lebender Insassen unmittelbar. Akute, sodann chronische eitrige Entzündungen, phlegmonöse Prozesse. Gangrän sind als mittelbare oder unmittelbare Folgen beobachtet worden.

In den Nasenrachenraum können Fremdkörper von der Nase aus oder durch Erbrechen vom Magen aus hingelangen. Seltener finden sie von der Mundöffnung aus Gelegenheit, dorthin zu kommen. So in dem von PELTESOHN[1]) berichteten Fall, wo das Mundstück einer Kindertrompete im Nasenrachenraum eingekeilt gefunden wurde, oder in der Beobachtung B. FRÄNKELS[1]), der bei der Operation adenoider Vegetationen den Ring einer LANGE'schen Kürette brechen und den Bügel längere Zeit in einer der Seitenbuchten verweilen sah. Dagegen gelangen die Fremdkörper des Rachens nur ausnahmsweise von der Nase oder vom Ösophagus her hinein, vom Munde der Regel nach durch den Schluckakt; seltener durch Hineinfallen, -werfen oder -fliegen. Prädisponierend wirken Schluckstörungen wie bei Gaumenmuskellähmung, bei hochgradiger Atrophie und Insufficienz der Rachenmuskulatur, wie sie schon bei langdauernden Katarrhen vorkommt, ferner bei hyp- und anästhetischen Zuständen der Rachenschleimhaut. Lieblingsstellen sind im Mundteil die Mandeln, der Zungengrund und die Gaumenbögen, im Kehlteile die Valleculae und besonders die Sinus pyriformes. Selten ist die Stenose — durch die Grösse oder die Art der Fixation des Fremdkörpers bedingt — so erheblich, dass Suffokationsgefahr eintritt und die sofortige Ösophagotomie indiziert ist. Öfters bewirken Fremdkörper des Rachens Gefahren für die Atmung durch Veränderung ihrer Lage, oder durch Andrücken des Kehldeckels gegen den Larynxeingang. Die weiteren gewöhnlichen Erscheinungen sind Schmerzen, die nicht selten bei eingekeilten oder eingespiessten spitzen Körpern nach dem Ohre ausstrahlen und beim Schlucken und Sprechen stärker werden. Ist ein Trauma mit dem Eintritt oder dem Verweilen des Fremdkörpers verbunden, so treten mehr oder weniger ausgedehnte Entzündungen auf, begleitet von ödematösen, die Suffokationsgefahr noch vermehrenden Anschwellungen der Umgebung. Natürlich sind hier Wundinfektionen wegen der Gefahr der Eitersenkungen, tötlicher Blutungen durch die Nähe grosser Gefässtämme von noch schlimmerer Bedeutung wie in der Nasenhöhle. In den Kehlkopf und die Luftröhre kommen Fremdkörper ebenfalls zumeist vom Munde aus durch Aspiration, wenn der reflektorische Hustenstoss ausbleibt oder zu spät eintritt. Unter den-

[1]) Verh. d. Berl. lar. Ges. 1873.

selben Umständen können auch Fremdkörper vom Magen her beim Erbrechen ihren Weg finden, wie wir es von der Chloroformierung her
kennen, es kann der Zungengrund oder der Kehldeckel als Fremdkörper
wirken, es kann auch ein Fremdkörper vom Nasenrachenraum aus in
die Glottis fallen, wie es TRAUTMANN von einer abgeschnittenen LUSCHKA-
schen Tonsille sah, und einmal ist auch eine gelockerte und schliesslich gelöste verkäste Bronchialdrüse als Fremdkörper vom Bronchial-
baum aus nach oben gelangt. Neben der durch die Grösse und Lage
gesetzten Verlegung der Lumens, die die sofortige Tracheotomie nötig
machen kann, kann aber bei kleineren Fremdkörpern, die in oder unter
die Larynxschleimhaut geraten sind, durch spastischen Verschluss der
Stimmritze Asphyxie entstehen, indem anfallsweise mit grosser Angst
verbundene Suffokationszustände auftreten. Sind die Körper spitz, so
dass sie die Schleimhaut beim Eindringen verletzen, so bestehen oft
unerträgliche Schmerzen. Sehr gewöhnlich — auch ohne Einkeilung —
ist Schluck- und Hustenreiz, mehr oder weniger hochgradige Heiserkeit
bis zur völligen Aphonie. Diese Erscheinung findet ihre Ursachen entweder in der Behinderung der phonatorischen Bewegung, die der Fremdkörper durch seine Lage setzt, in einer durch ihn veranlassten Verletzung,
oder in begleitenden entzündlichen Folgezuständen. Auch der Verlauf
ist nicht unwesentlich von der Lage beeinflusst. Liegt keine Einkeilung
vor, so werden eine Reihe von Erscheinungen dauernd. So die Atemnot und die immer wiederkehrenden Hustenanfälle. Durch diese kann
z. B. ein in die Trachea gelangter Körper alsdann bei jedem Hustenstoss
gegen die Glottis gehoben werden. Durch den Reiz wird diese aber
geschlossen und so ersteht eine Art Circulus vitiosus, der die spontane
Elimination des Eindringlings unmöglich macht.

Sehr erschwert, wenn nicht unmöglich gemacht, wird die Diagnose
eines Fremdkörpers für das Auge und das Tastgefühl, wenn es sich um
kleine, vollkommen unter die Schleimhaut gespiesste Gegenstände handelt,
oder wenn das Corpus durch entzündliche Schwellung und Granulationsbildung in der Umgebung eingehüllt ist. Auch kann es sich ereignen,
dass ein Fremdkörper durch Granulationsbildung vom Haftorte gelöst,
aber nicht ausgestossen wird, und sich auf die Wanderung begiebt.
HOFMANN[1]) beobachtete einen Fall von wanderndem Fremdkörper im
Halse. Es war eine Haftzeit von nicht weniger als neun Monaten vorangegangen, worauf der Körper zwischen Haut und vorderem Schildknorpelrande anlangte. Bei mangelnder Anamnese hätten die Erscheinungen leicht eine Perichondritis oder Halswirbelkaries vortäuschen

---

hönnen. In die Luftröhre und die grossen Bronchien sind mehrere Male
Stücke von Tracheotomiekanülen hinuntergefallen, wenn es sich um
dauernde Kanülenträger handelte und Mangel an Vorsicht oder Aufsicht
die allmähliche Verdünnung des Metalls oder den Bruch des Hart-
gummis nicht beachtete. Silber scheuert sich in etwa zwei Jahren durch;
man muss die betreffenden Kranken anweisen, diesen Punkt zu beachten.
Ein beachtenswertes Kontingent stellen Zahnprothesen unter den in der
pars laryngea des Pharynx und im Larynxeingang gefundenen Fremdkörpern. Das erste Gebiss aus dem Kehlkopf dürfte wohl ÖRTEL[1])
extrahiert haben.

Pröpfe aus eingedicktem Sekret können eine sehr harte Konsistenz
besitzen und wirken wie Fremdkörper. In der Nase, im Nasenrachenraum, im Tonsillargewebe, im Larynx und in der Trachea kann man
sehen, dass Sekretmassen in solchen Fällen sehr lange haften bleiben
und ähnliche Erscheinungen der Verengerung und Reizung hervorrufen
wie Fremdkörper. In der Nasenhöhle, in den tonsillären Lakunen lagern
sich bei genügend langer Haftdauer um derartige Sekretpfröpfe herum,
wie um eingedrungene und verweilende Fremdkörper, Schichten, aus
kohlensaurem und phosphorsaurem Kalk bestehend und organische
Beimengungen einschliessend. in wechselnden Massen an. So entsteht
eine andere Gruppe der Rhinolithen, denen sich im Rachen die als
Tonsillarsteine bekannten Konkretionen anreihen. Die Rhinolithen, in
denen mehrfach Traubenkerne, Metallknöpfe, Papierstücke und dergleichen
noch nachweisbar sind, können so erhebliche Dimensionen annehmen,
dass ihre Entfernung ohne Verkleinerung per vias naturales unmöglich
wird. VERNEUIL hat schon 1859 eine Art Lithotripter für solche Zwecke
empfohlen[2]). Sind Granulationen vorhanden, so kann nur die Sonde
den Stein entdecken. Verwechselungen mit Sequestern sind nicht ganz
ausgeschlossen. Auch Rhinolithen machen chronische, eitrige Entzündungen mit höchst übelriechendem Sekret. In einem sehr exquisiten
Falle dieser Art, den ich vor kurzem sah, bestand neben diesen Erscheinungen absolute doppelseite Nasenstenose. Beide Seiten vollkommen
mit Granulationen und Polypen wie ausgestopft. Links wurde ein sieben
Centimeter langer, oblonger Rhinolith entfernt.

Kleine Tonsillarsteine entgehen, wie die eingedickten lakunären
Sekretpfröpfe, ungemein häufig der ärztlichen Erkenntnis, besonders wenn,
wie so häufig, Schwellungen des umgebenden Gewebes sie verdecken.
Legt man sie frei, so ist man oft erstaunt, sie in verhältnismässig grossen

[1]) B. kl. W. 67. 18. März.
[2]) Canst. Jahresb. 1859.

Höhlen zu finden, — durch deren gründliche Entleerung und wohl-
bewirkte Heilung eine grosse Anzahl von vagen — oft schon fälschlich
als nasale Reflexneurosen behandelten — Parästhesieen alsbald gänzlich und schleunig zu verschwinden pflegen. —

Wenn wir erwägen, dass eine zahlreiche Flora von Bakterien schon
die gesunden Mund-, Nasen- und Rachenhöhlen bewohnt, so kann es
nicht wunder nehmen, dass bei Erkrankungen mit fötiden Ausscheidungen,
und überall wo Sekret stagniert oder in den Pfröpfen und flächenhaft
anlagernden Borken haften bleibt, noch zahlreichere Ansiedelungen pflanz-
licher Lebeweisen gefunden worden sind.

Als gutartige Mykosen sind am Pharynx, an den Gaumenmandeln,
der Zungentonsille, sowie am Zungengrunde mehrfach — und zwar zuerst
von B. Fränkel — Affektionen beschrieben worden, in denen es sich um
mehr oder weniger ausgebreitete Auflagerungen grauweisser oder grau-
gelber, weicher oder hornähnlicher, stiel- oder stachelförmiger Knötchen
und Prominenzen handelte, ohne reaktive Entzündungserscheinungen
zwischen den Einzelherden und in sehr obstinater Weise wiederkehrend.
Die histologische Untersuchung ergab als Bestandteile neben epithelialen
Bestandteilen Konvolute von Bakterien, wie Pilzfäden von Leptothrix
(Heryng), des Bacillus fasciculatus (E. Fränkel), Mikrokokken und Stäbchen
(B. Fränkel, B. Baginsky).

Nach Jacobson[1]) befällt die Phycosis leptothricia gewöhnlich den
Rachen, seltener den Schlund und in den seltensten Fällen die Luftröhre. Sie nistet in den Mündungen und den Höhlen der Balgdrüsen
wie auch in den Ausführungsgängen der traubenförmigen Drüsen. Am
häufigsten — wohl stets — werden die Gaumenmandeln ergriffen, in
fast der Hälfte der zusammengestellten Fälle war die Zungenwurzel
beteiligt. Die Massen sind mürbe oder elastisch, multipel oder einzeln
und können der Lage der Lakunen entsprechen. Sie sind schwer entfernbar, bilden sich schnell und hartnäckig wieder, ohne dass allgemeine
oder erhebliche örtliche Störungen bemerkbar werden. Darin liegt der
klinische Unterschied von der Angina lacunaris. Verwechselung mit
Diphteritis könnte nur bei begleitenden Entzündungszuständen der Schleimhaut vorkommen.

Der erste, der das Wachstum und die Fruchtentwickelung eines
Hyphomyceten in der Nase nachwies, war Schubert[2]). Weitere Beobachtungen von Siebenmann[3]), die den Nasenrachenraum, und von Zarniko[4]).

[1]) Jacobson, Algosis faucium leptothricia. (Volkmann's Sammlung.)
[2]) Berl. kl. W. 1889.
[3]) D. m. W. 1891. Nr. 44.
[4]) Mon. f. Ohrenheilkunde. 1889. Nr. 1. S. 73.

die die Kieferhöhle betreffen, fordern die Rhinologen auf, auch da die
botanische Untersuchung des Sekretes vornehmen zu lassen, wo die Erscheinungen nach der Entfernung der Massen zurückgehen, wenn nämlich
durch das graugrüne schmierigbröckliche Aussehen, und durch den wider-
lichen, von dem der Ozäna verschiedenen Geruch der Verdacht erweckt wird,
dass Pilzrasen vorliegen. Es sind Aspergillus fumigatus und nidulans,
sowie Mucor corymbifer gefunden worden. Schubert konnte in einem
seiner Fälle eine bei Wirbeltieren überhaupt noch nicht gefundene Art,
Isaria Bassania, mit grosser Wahrscheinlichkeit nachweisen. Er nimmt
an, dass die Fadenpilze saprophytisch, nicht als Parasiten in der Nasenhöhle wachsen, weil nirgends Pilzmassen in das lebende Gewebe, nicht
einmal in das Epithel, hineingewuchert sein konnten, nirgends wunde
Stellen an der Schleimhaut gefunden wurden und nach einmaliger Entfernung kein neues Wachstum eintrat.

Eine Beobachtung über Aspergillusmykose der Trachea ist von
Hertrich veröffentlicht worden. Ungeheure, das Kehlkopfluftrohr fast völlig
verschliessende Pilzmassen fand Hindenlang[1]) in einem Falle auf der
Bäumler'schen Klinik in Freiburg. Es wurde meist Pleospora herbarum
gefunden, grosse Massen brauner Fadenstücke mit Scheidewänden, zahlreiche, meist gefächerte Konidien. Es blieb indes zweifelhaft, ob hier
eine Pleosporamykosis vorlag und nicht vielmehr eine Aspiration und
Ablagerung massenhafter Pilzbestandteile.

Von tierischen Wesen treffen wir einige Rundwürmerarten in der
Nasen- und Rachenhöhle; gelegentlich gelangen sie auch in den Kehlkopf und in die Luftröhre. Eines Falles von Oxyuris vermicularis der
Nase haben wir oben gedacht. Einen der ersten Fälle von Laryngostenose durch Askaris lumbricoides berichtet Oppolzer[1]). Der Wurm
war beim Erbrechen in den Pharynx gelangt, hatte dort das Zäpfchen
umschlungen und war in den Kehlkopfeingang gekommen, die heftigsten
Erstickungsanfälle hervorrufend. Die Tracheotomie wurde nichtsdestoweniger verweigert, nach einigen Stunden trat der Tod ein. Von anderen Askariden wäre noch Askaris mystax zu nennen, ein bei Hunden
und Katzen sehr häufig parasitär lebender Rundwurm. Er ist einige
Male beim Menschen durch Aushusten entleert worden. Braun[2]) weist
darauf hin, dass dieser beim Menschen nur selten gefundene Wurm
wegen seiner Dünne leicht durch den Ösophagus in den Kehlkopf gelangen könne. Von den Anneliden kann sich gelegentlich einmal ein
Exemplar von Hirudo medicinalis bei unvorsichtiger Handhabung in die

---

[1]) Prager Vierteljahresschr. 1844. I. Q.
[2]) Braun, Die tierischen Parasiten.

Nase verirren. In den Kehlkopf, oder den Kehlkopfteil des Rachens kommen sie wohl nur mit einem Trunk hinein. Von Insekten bilden gelegentliche Befunde irgend eine Käferart, oder eine Schabe, oder die Bettwanze. Dagegen zeigen einige Dipterenarten eine gefährliche Neigung zu Ansiedelungen in der menschlichen Nasenhöhle und den Nebenhöhlen. Die Larven der Lucilia hominivorax s. Musca anthropophaga, einer süd-amerikanischen Fliegenart, siedeln sich nicht nur in der Nasen- und Stirnhöhle in ungeheuren Mengen an, sondern[1]) oft gehen sie noch weiter an den Gaumen, den Rachen, selbst bis in den Kehlkopf, überall die schwersten Zerstörungen hervorrufend. Von unseren Fliegenarten ist bekannt, dass ihre Eier oder Larven in Wunden und Hautrissen in der Nähe von Körperöffnungen mit Vorliebe abgelegt werden, wo diese der Sitz übelriechender Ausflüsse sind. Sie können indes auch mit schlechtem Fleisch, fauligem Käse und dergl. in den Magen gelangen, von wo sie durch Erbrechen entleert werden. In einem Falle SENATOR's[2]) wurde neben dieser Art der Entleerung auch ein Hervorkriechen der Larven aus dem Munde beobachtet. Ferner wurden die Larven zu ver-schiedenen Zeiten ausgespieen oder mit dem Finger herausgeholt. Die-selben Umstände der Entleerung sind übrigens von Oxyuris vermicularis bekannt[2]). Eine Magenausspülung kann wegen der Haftorgane der Dipterenlarven übrigens ergebnislos sein. In SENATOR's, sowie in einem von LUBLINSKI[3]) beobachteten Falle, wo die Larven aber nur durch Erbrechen entleert wurden, handelte es sich um Musca domestica. Andere haben Anthomyia canicularis im Erbrochenen gefunden. BRAUN giebt an, dass die kegelförmigen Larven unserer Muska-Arten auch in der Nasenhöhle vorkommen und zu schweren Störungen führen können, von denen er Blutungen, Eiterungen, Schwindel, Schmerzen und Fiebererscheinungen anführt.

Therapie.

Die Dringlichkeit eines therapeutischen Eingriffes, um einen Fremd-körper zu entfernen, ist von den Erscheinungen abhängig, die er hervor-ruft. Selbstverständlich ist, dass die Elimination vieler Fremdkörper von den Patienten selbst unternommen wird, teils unwillkürlich durch die natürlichen Reflexe, teils bewusst durch vermehrte Anspannung dieser natürlichen Hilfskräfte, des Niesens, Schnäuzens, Würgens oder Hustens. Von ärztlicher Seite kann diese „Naturheilmethode" bisweilen unterstützt und von den ihr innewohnenden Gefahren befreit werden. So ist bei

---

[2]) Berl. kl. Woch. 90. S. 141. Üb. lebende Fliegenlarven im Magen.

frischen Fällen von Fremdkörpern in der Trachea oder selbst in einem Bronchus die Methode der Inversion empfohlen werden. Es kommt dabei darauf an, dass der Kopf mit dem Oberkörper recht tief gelagert wird, wobei von einigen die Rückenlage bevorzugt wird, um die Stimmritzenbasis nach unten zu bringen. Mit Recht hat man nun bei dieser Methode die Befürchtung gehegt, dass, wenn mit einem Hustenstoss der Fremdkörper gelockert und nach oben gegen die Stimmritze geworfen wird, die Gefahr des Laryngospasmus und damit der Asphyxie erst recht heraufbeschworen wird. Schaltet man aber diesen Reflex — wie es mit Glück z. B. von FEILCHENFELD[1]) neuerdings geschah — durch Anwendung des Kokains aus, so wird man sich dieser Methode vielfach mit Erfolg und ohne Gefahr bedienen können. Für die Nase hat man die Kraft des Exspirationsstroms auf die befallene Seite zu beschränken empfohlen, indem man die Bewegung des Schnäuzens bei zugehaltener freier Seite ausführen lässt oder einen Luftstrom von ebendaher mit dem Ballon für die Luftdouche nach POLITZER durchtreibt. Das Verfahren ist bisweilen von Erfolg gekrönt und jedenfalls unschädlicher als die forcierten Durchspülungen mit Spritze oder Douche, von denen ich um so mehr abrate, je grösser die durch den Fremdkörper bewirkte Verlegung ist. Schädlich wirken die Wasserspülungen durch die Bedrohung des Mittelohres, ferner wenn der eingedrungene Fremdkörper quellbar ist.

Die Entfernung der Fremdkörper aus der Nasenhöhle ist im Allgemeinen leicht, abgesehen von den Fällen, die ganz kleine Kinder betreffen. Da erschwert die Enge der Höhle und die Unruhe oder Ungeberdigkeit der Kranken die nötigen Manipulationen ohne Zuhilfenahme der Narkose ganz erheblich, selbst wenn man sich der Kokainanästhesie bedient. Diese darf übrigens, wie bekannt, im kindlichen Alter nur mit grosser Vorsicht und mit den kleinstmöglichen Mengen verwandt werden. Ist der Körper beweglich, so dürfen orientierende Sondierungen nur mit Zurückhaltung und von leichter Hand ausgeführt werden, um den Körper weder nach hinten zu treiben noch einzukeilen. Mir sind nicht selten Kinder zugebracht worden, bei denen nach dem Zugeständnis des behandelnden Arztes erst durch Sondierungs- oder Extraktionsversuche der vorher bewegliche Körper ungemein fest, und zwar dicht vor dem vorderen Ende der mittleren Muschel zur Einkeilung gebracht worden war. Man muss sehen mit einer abgebogenen Sonde oder einem stumpfen Löffelchen um den Körper herumzukommen und lässt dabei den Kranken mit etwas gebeugtem Kopfe sitzen. Sehr

[1]) Verh. d. m. Ges. 1893.

zweckmässig erwies sich mir öfters, für runde Körper im Bereich des unteren Nasenganges, der von HERZFELD angegebene Tubenkatheter, den man — im fixierten Spiegel — bequem in einiger Entfernung von dem Fremdkörper und bis hinter ihn gestreckt einführt. Durch Herausziehen des Mandrins krümmt sich der Schnabelteil nach unten und beim Herausziehen führt das Instrument den Fremdkörper leicht vor sich her ins Freie. Bei fixirten Körpern versucht man sie mit denselben Hilfsmitteln zunächst durch hebelnde Bewegungen zu lockern. Handelt es sich um weiche Körper, so muss man sie häufig stückweise entfernen, was natürlich ohne Verletzung der Schleimhaut vor sich gehen soll, um so eher, je mehr eine Zersetzung der Bestandteile vorliegt oder wahrscheinlich ist. Eine stumpfe Kornzange oder Kürette mit Nasenkrümmung ist dabei ein schätzenswertes Hilfsinstrument, doch gilt die Regel, dass man soviel als möglich mit dem unschädlichsten Extraktor, der abgebogenen Nasensonde, zu erreichen bestrebt sein soll. Sehr schwierig war mir mehrfach die Entfernung von anderer Seite applizierter Wattetampons, deren Herausnahme dann wegen enormer rhinitischer Schwellungen nicht mehr möglich gewesen war und die — zerfallen, erweicht und faulig riechend — sich von keinem anderen Instrument fassen liessen, ohne sofort zu reissen.

Nicht eingekeilte und nicht scharfe Fremdkörper aus dem Nasenrachenraum lassen sich oft digital entfernen und gleichzeitig so weit nach vorn bringen, dass sie weder verschluckt noch aspiriert werden können. Zur instrumentellen Entfernung kann ich am meisten die BLOCH'sche Nasenrachenzange, für kleinere Objekte die GOTTSTEIN'sche Röhrenzange für den Nasenrachenraum empfehlen. Steckengebliebene Teile von Choanaltampons, nach hinten abgegangene Nasentampons oder Schienenteile können bei einigermaassen günstigen räumlichen Verhältnissen mit einer spitzen, langen Nasenkornzange von der Nasenhöhle aus gefasst und herausgeholt werden. Recht schwierig ist dagegen die Entfernung der glücklicher Weise seltenen eingekeilten und scharfen oder spitzen Fremdkörper des Nasenrachenraums. Zunächst ist eine genaue Orientierung mittels Spiegel und Sonde erforderlich. In weniger dringenden Fällen wird die gerade für Eingriff im Nasenrachenraum so notwendige Einübung des Patienten vorangehen dürfen und man wird dann vielfach bei Erwachsenen den selbsthaltenden Gaumenhaken nach HOFFMANN oder BARTH vorteilhaft finden. Alsdann erfolgt die Lockerung mittels der Nasenrachensonde, oder der angelegten Nachenrachenzange, und zwar unter Leitung des Spiegels, wo dieselbe nicht durch genaue Abtastung und vorheriges Studium des Operationsfeldes durch das Gefühl ersetzt werden kann.

Kleine im Mundteil des Rachens gelegene Fremdkörper sind, wenn sie in die Schleimhaut hineingespiesst oder in den Lakunen der Tonsillen versteckt sind, oft nur für den palpierenden Finger erkennbar. Dann kann man sie mit einem kleinen Löffel aus den Mandeln herausholen. Unter die Schleimhaut des Zungengrundes gespiesste Gräten konnte ich oft durch geeigneten Druck wieder an einer Seite sichtbar machen und mit einer Schlund- oder einfachen Kornzange herausziehen. Im Kehlkopfteil, wo grosse Fremdkörper sehr alarmierende Erscheinungen durch Andrücken der Epiglottis auf die Stimmritze hervorrufen, ist oft der Finger das beste Extraktionsinstrument. Gelingt die Extraktion per vias naturales nicht, und ist der Larynxeingang blokirt, so tritt die Tracheotomie in ihre Rechte. — Nicht leicht ist die Diagnose von kleinen in den pharyngolaryngealen Buchten verborgenen Fremdkörpern. Sie erfordert oft langdauernde Untersuchung mit dem Kehlkopfspiegel und der Sonde, wobei die Tiefe des Sinus von dem übermässig secernierten Speichel durch Austupfen befreit werden muss, um den Fremdkörper sichtbar zu machen. Auch hier ist die GOTTSTEIN'sche Röhrenzange sehr brauchbar; nur glattwandige, leicht ausweichende Körper fasst die FAUVEL'sche mit einem Verschluss versehene Zange besser.

Bei Fremdkörpern im Kehlkopf, oder in der Luftröhre halte man sich bei andauernder erheblicherer Atemnot nicht zu lange mit Inversionsversuchen auf. Die immer noch beliebten Brechmittel sind vollends nutzlos. Ist schleunige Freimachung der Atmung erforderlich, so muss alsbald tracheotomiert werden, wodurch in manchen Fällen die spontane Entfernung durch Aushusten befördert und erleichtert wird. — Ist der Verdacht vorhanden, dass ein Fremdkörper in den Luftwegen vorhanden sei, so muss auch bei dem Nachlass, ja selbst bei der Abwesenheit dyspnoischer Erscheinungen eine genaue Beaufsichtigung und laryngoskopische Untersuchung stattfinden. Günstig in den Morgagnischen Taschen oder in dem subglottischen Raume verlagerte Körper können solche Latenz bewirken, während doch die Möglichkeit einer Veränderung ihrer Position die schleunige Entfernung zur Pflicht macht. Die Lage eines Fremdkörpers in einem Bronchus ist durch die physikalische Untersuchung der beiden Thoraxseiten festzustellen. Der Schall auf der abgesperrten Seite wird gedämpfter und höher, das Atemgeräusch schwächer, ebenso der Pectoralfremitus. In diesem Fall ist wiederum die prophylaktische Tracheotomie am Platz, um entweder die spontane Aushustung ohne Berührung der Glottis zu erreichen, oder eine instrumentelle Entfernung durch die tracheotomische Öffnung zu ermöglichen. Aber auch wenn die endolaryngeale Extraktion von Fremdkörpern aus der Kehlkopfhöhle sich als unmöglich erwies. kann nach der Tracheotomie, während die Luftröhre durch die Kanüle geschützt ist, der Larynx durch die Thyreotomie eröffnet und von den ungebetenen Gästen befreit werden.

Der Versuch, von der Tracheotomiewunde aus Fremdkörper aus der Larynxhöhle ohne Eröffnung derselben nach oben zu schieben, kann sich böse rächen, indem der Körper leicht in die Trachea fallen kann.

Der Versuch der endolaryngealen oder endotrachealen Entfernung kann durch die Röhrenzange, durch die Kehlkopfpinzette, hie und da auch durch die Schlinge, und zwar unter Kokainanästhesie, ausgeführt worden. STÖRK und auch SCHRÖTTER haben empfohlen, Kinder anzuchloroformieren, zur Ermöglichung und Erleichterung endolaryngealer Extraktionen.

Bei den Schimmelmykosen hat sich bisher die sorgsame und gründliche Entfernung der Rasen als ausreichend erwiesen. Gegen die von Spaltpilzen hervorgerufene Pharyngomycosis benigna ist der Galvanokauter empfohlen worden. Er darf natürlich nur zart — zur Zerstörung der Auflagerungen, nicht der Schleimhaut — angewendet werden, wird aber bei der Wirkungslosigkeit aller sonstigen Agentien kaum durch ein anderes Mittel ersetzt werden können. Askariden werden nach einigen Chloroforminhalationen leicht entfernt werden können. In dem von HARTMANN beschriebenen Falle von Oxyuren in der Nase sind Sublimatausspülungen (1 p. m.) erfolgreich gewesen. Bei der Dipterenkrankheit (Myiosis) sind Terpentininhalationen und Bestreichungen mit Perubalsam zur Abtötung empfohlen; danach soll die Entfernung stets gelingen.

Blutungen.

Abgesehen von den durch Verletzungen und Verwundungen entstehenden Blutungen haben wir noch eine andere Reihe von Möglichkeiten zu unterscheiden, unter denen Blutungen aus den ersten Atemwegen zu Tage treten oder bei der Untersuchung als muköse oder submuköse Extravasate gefunden werden.

Jeder Arzt weiss, wie wichtig unter Umständen die Feststellung einer solchen, oft kleinen und versteckten Blutungsquelle ist, namentlich wenn es sich darum handelt, die differentielle Diagnose von pulmonaler Hämoptoe zu stellen. Es ist daher wohl berechtigt, dieser allerdings nur symptomatischen Erscheinung im Zusammenhange zu gedenken.

Zunächst kommen alle diejenigen Blutungen in Betracht, zu denen die Vorbedingungen dadurch gegeben sind, dass das Schleimhautgewebe durch irgend welche Umstände zu oberflächlichen Kontinuitätstrennungen besonders neigt, indem es in seiner Resistenz vermindert ist. So also, dass Einflüsse, die sonst durch den Turgor und die Elasticität der Mukosa wirkungslos gemacht worden wären, jetzt schon als Traumen wirken.

Wird durch irgend eine Ursache eine chronische Rhinitis unterhalten, so finden wir oft die Schleimhaut so stark geschwollen und dabei in den obersten Schichten verdünnt, dass bei der leisesten Berührung ganz abundante Blutungen erzeugt werden können. Durch chronisch katarrhalische in Verbindung mit traumatischen Einflüssen (Fingerbohren), finden wir den Überzug des Septum cartilagineum — einer Prädilektionsstelle für rätselhaftes, von selbst auftretendes Nasenbluten — ebenfalls im Zustande von Reizung und Verdünnung.

Ebenso häufig besteht ein kleiner Epithelverlust, eine Schrunde, hier und da auch ein tieferer Substanzverlust, der, vom Schorf bedeckt, leicht der Untersuchung entgeht, durch dieselben Ursachen und kann nun, von der schützenden Decke entblösst, eine lebhafte Blutung unterhalten. Hier und da sieht man in der Umgebung des Defektes aber auch nach dessen Heilung noch fortbestehende kleine Granulationen, die übrigens gelegentlich auch grössere Dimensionen annehmen können. Indes darf man wohl annehmen, dass auch diese kleinen Stücke von Granulationsgewebe oft genug abgetrennt werden, wenn die Kranken versuchen, die an der Nasenscheidewand haftenden, Trockenheit und Atembehinderung verursachenden Borken zu entfernen.

Natürlich kann gelegentlich überall, wo es zur Entwickelung von Granulationsgeweben gekommen ist, etwa durch die Sonde und dergleichen, eine lebhaftere, manchmal sogar eine enorm schwere Blutung hervorgerufen werden. Besonders neigen — und das ist für die Nase nicht genügend hervorgehoben worden — die in der Umgebung umschriebener Herderkrankungen an den knöchernen Wandungen der Nasenhöhle oder der Nebenhöhle wuchernden Granulationen dazu. So erinnere ich mich eines jungen Mannes, der mir wegen einer ganz erschreckenden, durch eine einmalige Sondenberührung in der Gegend des unteren Nasenganges hervorgerufenen Blutung zugeführt wurde.

Unter grossen Mühen gelang es, eine Menge von Granulationen als Quelle derselben zu erkennen, die am anderen Rande und der weiteren Fläche der mittleren Muschel um eine linsengrosse kariöse Stelle herum sassen. Erst nach Auslöffelung des Herdes und gründlicher Auskratzung stand die Blutung, und die lange verlegt gewesene Nasenatmung war wieder hergestellt.

Blutungen aus kleinen traumatischen Anlässen, wie sie für die vordere Nasenhöhle beschrieben sind, werden gemeinhin für den Nasenrachen als selten angegeben. Dem ist jedoch nicht so. Die Ursache aller kleinen Nasenrachenblutungen ist häufig in kleinen und angetrockneten Sekretmassen zu finden. Es ist aber wichtig, auch diese Quelle zu kennen und zu finden, weil gerade diese, durch gelegentliches Aufziehen veranlasste Entleerung bei den Kranken, und manchmal auch bei Ärzten, ungerechtfertigten Verdacht auf Lungenblutungen hervorrufen.

Im Mundrachenraum, besonders an der Zungenbasis und in den tonsillären Krypten wird ein geringes, kleine Blutung machendes Trauma meistens durch kleine spitzige Fremdkörper während des Schluckaktes veranlasst. Sehr häufig findet man ganz unvermutet solch kleine Gäste, wie Kümmelkörner, Grätenstückchen und dergleichen, die, lange übersehen, durch Blutungen und Paräthesie die Kranken peinigen.

Eine Blutung aus dem Kehlkopfe und der Luftröhre durch aufgetrocknete Schleimmassen habe ich wiederholt nachweisen können. Besonders möchte ich einen Fall anführen, wo durch den Druck eines etwa linsengrossen Stückchens aufgetrockneten Sekretes an der vorderen Trachealwand, in der Höhe des dritten Trachealringes, eine blutende Erosion entstanden war. Der Patient, ein kräftiger junger Mann aus gesunder Familie, hatte lange an Bronchialkatarrhen gelitten, und bereits war ihm, da der Husten nicht aufhörte und Abmagerung eingetreten war, angesichts dieser Blutungen eine klimatische Kur im Süden in Aussicht gestellt. Nach der Entfernung dieses Fremdkörpers, der aus dem Inneren gekommen war, verschwanden alle Beschwerden mit einem Schlage. SOMMERBRODT[1]) beschrieb eine submuköse kirschkerngrosse Blutung der regio interarytaenoidea, welche einen Fremdkörper vortäuschte und auch ähnliche Beschwerden machte. Sie sass zwischen der Mitte der hinteren Larynxwand und der Pharynx-Schleimhaut, und er erklärte sie durch eine Quetschung dieser Partie durch einen harten Bissen.

Neben der durch langdauernde und häufig rezidivierende Katarrhe bedingten Veränderung der Schleimhaut, sind als prädisponierende Ursache für solche, durch gelegentliche Traumen bedingte Blutungen, Veränderungen und Anomalieen des Gefässsystems zu nennen. Sie können sich mit den Veränderungen der Schleimhaut kombinieren, umsomehr, wenn eine einzige Hauptursache beiden zu Grunde liegt. Hierher gehören die durch Herz-, Nieren-, Lebererkrankungen, sowie durch atheromatöse Degeneration veranlassten peripheren Stauungserscheinungen, in deren Verfolg es zu dauernden Erweiterungen und Überfüllungen der Venen kommt und vollkommene Varicen entstehen. Sie wurden für den Pharynx schon 1795 von SCARPA beschrieben.

[1]) Berl. klin. Woch. 1878.

Man sieht neben den Stauungsphänomenen an der äusseren Haut alsdann die Schleimhaut über den Muscheln an beiden Seiten und auch
sehr oft am Septum bläulichrot gewulstet und prall gefüllt und
gespannt, in variabler Zahl und Dicke erscheinen sie im Nasen- und
Mundrachenraum und selbst an der Schleimhaut des Kehlkopfeinganges.
Zu den selteneren Quellen schwerer Blutungen gehören Aneurysmen an
den Arterienverzweigungen des Gaumens, wie sie wohl zuerst von
DELABARRE beobachtet worden sind.

Schwere, ja manchmal unstillbare, zu Schwächezuständen und selbst
zum Tode führende Blutungen sind nach kleineren operativen Eingriffen, wie nach der Tonsillotomie, nach Absetzung von Spinen des
Septums u. dgl. beobachtet worden. Die Ursache davon war entweder
abweichender Verlauf von Arterienzweigen, die bei der Operation verletzt wurden, oder eine Verletzung von, dem Operationsgebiet benachbarten Gefässen, varikös erweiterten Venen, oder aber es handelte sich
um Personen, die an Hämophilie litten. Jeder Rhinologe wird sich wohl
banger Stunden, Tage und Nächte erinnern, die im Kampfe mit solchen
Blutungen um so peinlicher zugebracht werden müssen, wenn bereits
grosse Schwäche den Kranken an Haus und Bett fesseln, und unge-
nügendes Instrumentarium, Hilfspersonal und Beleuchtung die Behandlung ins Unendliche erschweren.

Der sekundär aus den ersten Atemwegen veranlassten Blutungen
durch destruierende Prozesse in ihren Wandungen oder in der Nachbarschaft, wenn sie die Gefässstämme erreichen, oder durch den Durchbruch von Aneurysmen nach vollendeter Usur der trennenden Wände
sei hier nur in aller Kürze gedacht.

Dagegen müssen hier noch die sogenannten symptomatischen und
vikariierenden Blutungen genannt werden.

Die an Stelle der menstrualen eintretende nasale Blutung ist jedenfalls eine sehr merkwürdige Erscheinung, die noch keineswegs erklärt
ist und sicherlich weiterer genauerer Beobachtung bedürftig ist. Wie
die Kasuistik lehrt, kann gelegentlich auch die vikariierende Nasenblutung
von uteriner Blutung gefolgt sein. Umgekehrt kann aber auch hier, wie
bei anderen Ersatzblutungen die Nasenblutung erst der menstrualen folgen. Bedenken wir nun, dass die in ganz ähnlicher Weise beobachtete
vikariierende Magenblutung, nach GERHARDT und Anderen, doch als Zeichen einer Magenerkrankung angesehen werden muss, so werden wir
ohne weiteres auf die Vermutung geführt, dass es sich mit den nasalen
und laryngealen Blutungen ganz ebenso verhalten wird. Jedenfalls sind
solche Fälle nur mit grosser Vorsicht und bei genauer Kentnis des Zustandes der ersten Atemwege sowohl, wie der Sexualorgane und des

gesamten Zustandes, besonders auch mit Rücksicht auf das Nervensystem und unter sorgfältigem Ausschluss jedes dabei leichter wirksamen, autosuggestiven Einflusses zu verwerten.

Auch die initialen Blutungen bei akuten Infektionskrankheiten, Masern, Scharlach, Diphtheritis, Pocken, Röteln und akutem Gelenkrheumatismus, werden uns erklärlicher, wenn wir an die für alle diese Krankheiten konstatierte initiale Rhinitis denken. Die damit verbundene Schwellung und Auflockerung der Schleimhaut ruft Sensationen hervor, und dann genügt eine leise traumatische Einwirkung von aussen oder selbst die Bewegung des Niesens, Schneuzens oder heftigeres Husten, um Kontinuitätstrennungen hervorzurufen.

Zu scheiden sind davon die im weiteren Verlaufe sich einstellenden Blutungen, die — meist in umschriebener Form in das Gewebe der mukosa oder submukosa sich ergiessend — durch die Teilnahme der ersten Atemwege an den charakteristischen Exanthemen oder Exsudationen veranlasst werden. Unter anderen Umständen kommen aber Blutungen im Verlaufe akuter Infektionskrankheit als Folge einer Blutdissolution und allgemeiner Kachexie zustande, so zum Beispiel bei den Pocken.

Bei einer anderen Infektionskrankheit, dem Keuchhusten, sind die beobachteten Blutungen offenbar traumatischer Natur und stellen sich den konjunktivalen und cerebralen, bei dieser Krankheit vorkommenden Hämorrhagieen an die Seite.

Als Folge von Blutdissolution sind die bei Intoxikationen, zum Beispiel bei chronischem Merkurialismus beobachteten Blutungen anzusehen. Schon nach Schmierkuren sind derartige Erscheinungen berichtet. So sah PFEUFFER[1]) ein Extravasat unter der Kehlkopfschleimhaut des rechten Ventrikels und in der Trachea. In dieselbe Kategorie gehören auch die oft recht abundanten Blutungen und Extravasate, die im Gefolge der Leukämie, bei perniciöser Anämie, im Skorbut und beim morbus maculosus Werlhoffii beobachtet werden. JURASZ[2]) sah bei Peliosis rheumatica am linken Taschenbande eine linsengrosse Ecchymose, gleichzeitig mit solchen der Mund- und Gaumenschleimhaut und sodann ein submuköses Extravasat des linken Stimmbandes, das sich in den Ventrikel hinein erstreckte.

Symptome und Therapie.

Blutungen geringen Grades aus den ersten Atemwegen bedürfen meist keiner direkten Behandlung. Sie machen nur geringe Beschwer-

[1]) HENLE's Zeitschr., II. 3, Lg. 1. Vgl. Canst. J. 45, S. 331.
[2]) Berl. klin. Woch. 1878.

den und pflegen alsbald von selbst zu stehen, wenn nur die Schädlichkeiten vermieden werden, die sie unterhalten. Bei Nasen- und Rachen-
blutungen muss alles Aufziehen, Schneuzen und Schnauben unterlassen
werden. Der Kranke nimmt am besten dauernde Ruhelage ein, oder
sitzende Stellung mit mässig nach hinten geneigtem Kopfe. Ebenso bei
laryngealen oder Trachealblutungen, die nach dem Sitz mit mehr oder
weniger bedeutender Heiserkeit, Fremdkörpergefühl, Kitzeln u. s. w. verbunden sind. Nach Möglichkeit ist der Hustenreiz und das Räuspern
zu unterdrücken. Sodann lässt man die Kälte von aussen einwirken.
durch Überschläge, Eisblasen, indem man Eis schlucken lässt u. s. f. In
anderen Fällen ist weniger Gewicht auf die Behandlung der einzelnen,
an sich nicht bedeutungsvollen Blutungen zu legen, als vielmehr auf
die Behandlung des kausalen Leidens, das sie hervorruft. Damit wird
gleich vorbeugend gewirkt, gegen die mehr zu fürchtenden häufigen
Wiederholungen des Blutverlustes. Der einmalige wäre gleichgiltig, erst
die sich immer steigernde Häufigkeit und die Summation der Wirkungen
führen oft zu schweren und dauernden Schwächezuständen.

    In den folgenden Gruppen finden wir Fälle, in denen sogar die
örtliche Behandlung der Blutungen geradezu kontraindiziert ist, so lange
sie nicht durch ihre Stärke verderblich werden. Das sind die durch
Herz-, Nieren-, Leber- und Gefässkrankheiten verursachten Blutungen. So
wenig man in solchen Fällen zu einer örtlichen kaustischen Behandlung
der Stauungs- und Schwellungserscheinungen der Schleimhaut greifen
darf, — man würde in ein Danaidenfass schöpfen, selbst wenn das Grundleiden den Eingriff gestattete — so wenig wird man sich ohne Not zu
einem örtlichen Eingriff gegen diese Art der Blutungen entschliessen.
durch die vielleicht in manchen Fällen eine ganz wohltätige Depletion
überfüllter Gefässe bewirkt wird. Hier ist die Behandlung des Grundleidens, soweit sie in unseren Kräften steht, alles. — Das gleiche gilt
natürlich mutatis mutandis von den im Gefolge von akuten Infektions-
und konstitutionellen Krankheiten sich einstellenden Hämorrhagien, sowie
von den sogenannten Blutkrankheiten.

    Anders liegen die Dinge, wenn eine örtliche Ursache für die Blu-
tungen aufzufinden ist. Dann ist ohne Zögern gegen einen ursächlichen
chronischen Katarrh, gegen Hyperplasieen des adenoiden Gewebes, wo
immer im Kreise des Rachenringes sie sich finden, ausgiebig und energisch vorzugehen, um die katarrhalische Schwellung, Stauung und Verdichtung zu beseitigen, um Erosionen und Ulcerationen zur Verheilung
zu bringen, Granulationen durch sorgfältige Abtragung und Auskratzung zu
entfernen. ihre etwa in einer Herderkrankung gelegene Ursache zu beseitigen.

Was die durch Verletzung bewirkte Blutung anlangt, so kann auch in den Fällen, wo das Blut nicht zum Austritt gekommen ist, unter Umständen eine Beseitigung des Hämatoms wünschenswert werden, so z. B. in der Nasenhöhle, am Septum. Hier ereignet es sich nicht selten, dass die Resorption ungebührlich lange zögert, selbst bei Kindern, so dass die Wiederherstellung der gestörten Nasenatmung notwendig wird. Wie wir gesehen haben, ist es nicht notwendig, in solchen Fällen sogleich zur Entleerung durch Incision zu schreiten. Die Applikation einiger Furchen mit dem spitzen Galvanokauter über dem Umfang der Geschwulst erweist sich von schneller Wirkung. Durch den gleichmässigen, durch Zusammenziehung der Brandnarben erzeugten Druck, wird in wenigen, höchstens acht Tagen die Blutung vollkommen aufgesogen. Sollte einmal die Wirkung dieses Verfahrens versagen, so würde man allerdings zur Entleerung schreiten müssen. Selbstverständlich und unerlässlich ist der Eingriff, sowie Abscessbildung anzunehmen ist. In zweifelhaften Fällen entscheidet eine Probepunktion. Im Larynx würde die Entleerung eines Hämatoms, wie sie z. B. von SOMMERBRODT bei einer hämorrhagischen Infiltration der plica aryepiglottica bei Variola vera ausgeführt wurde, in Frage kommen, wenn durch die Grösse des submukösen Blutergusses Erschwerung der Atmung bewirkt würde.

Bei stärkeren, eine Behandlung erfordernden Blutungen der Nasenhöhle, des Nasen- und Mundrachenraumes ist von innerlichen Gaben blutstillender Mittel nicht viel zu hoffen. Nur bei laryngo-trachealen wird sich hier und da die Darreichung eines Narkotikums (Codein, Morphium) zur Herabsetzung des Hustenreizes empfehlen, der die Blutung aufs neue anzufachen pflegt. Im übrigen haben wir nach chirurgischen Grundsätzen zu verfahren, das heisst überall nach der Quelle der Blutung zu fahnden und sie, wo es geht, durch Kompression oder durch lokale Anwendung eines Styptikums zu stillen.

Die Kompression findet in der Nasen- und Rachenhöhle Anwendung, und wird nach Ermittelung der blutenden Stelle, womöglich unter Leitung des Auges durch passende Kompressoren ausgeübt. Ich stelle sie in der Weise dar, dass an einem passend gebogenen Metallstiel Flöckchen von geeigneter Gestalt und Grösse aufgedreht werden, diese umgebe ich dann mit einem Stückchen Gummipapier. In den meisten Fällen genügt das Aufdrücken eines so gebildeten Kompressors, auf die blutende Stelle während einiger Minuten, um die Blutung zum Stehen zu bringen. Mit blossen Wattebäuschchen erreicht man das keineswegs, da sie das Sekret und das Blut aufsaugen, und wenn sie durchtränkt sind, keinerlei Druckwirkung mehr haben.

Vorn unten am Septum kann man den blossen Gummipapier-Watte-
bausch gegen die Nasenscheidewand drücken, oder von dem Kranken
drücken lassen, oder man lässt die Nasenflügel gegen das Septum drücken,
wie schon vor langer Zeit REINER empfahl. Bei längerer Dauer der
Blutung kann man durch eine passende, auf beiden Seiten wirkende
Klammer fixieren. Auf der gesunden Seite muss natürlich die Schleimhaut durch Umwickelung des Instrumentes mit einem Gummiring oder
Wattebausch vor dem Druck geschützt werden. Sehr praktisch ist eine
derartige Vorrichtung bei doppelseitigen Blutungen aus der Scheidewand-
schleimhaut. Ich verwende jetzt eine längere Klammer aus Holz zu
diesem Zweck, ähnlich der amerikanischen Klammer, die in der photo-
graphischen Technik beim Kopieren zum Festhalten des Positivpapiers
auf den Platten gebraucht wird, nur dass man die Enden passend schneiden und die meist zu starke Druckwirkung durch Lockerung der vorhandenen Feder vermindert. Ferner bildet das FRÄNKEL'sche Nasenspekulum, dessen Fenster ich anders biegen und mit Watte und Gummipapier bewickeln lasse, ein vorzügliches Nasenscheidewand-Kompres-
sorium. Jedenfalls verdienen diese oder ähnliche Vorrichtungen zur
örtlich beschränkten Kompression für die vordere Nasenhöhle bei weitem
den Vorzug vor der noch viel zu viel geübten Tamponade der Höhle.

Für die Rachenhöhle sind Kompressoren für die Gegend der Mandeln angegeben worden zur Stillung von Hämorrhagieen nach der Tonsillotomie.

In zweiter Linie stehen die Styptika. Diese dürfen nur unter Leitung des Auges angewandt werden. Ich finde wie HEYMANN[1]), dass der
galvanokaustische Brenner durchaus kein absolut zuverlässiges Styptikum
ist, und dass in vielen Fällen chemische Agentien, wie rauchende Sal-
petersäure, argentum nitricum, Trichloressigsäure und auch Chromsäure
den Vorzug verdienen. Gerade bei den Blutungen aus dem vorderen
unteren Theil der Nasenscheidewand kann man in dieser Beziehung
leicht vergleichende Studien anstellen, die die Wahrheit dieses Satzes
erhärten werden.

Im Kehlkopfe ist die Kompression natürlich nicht angängig und da
ist die Anwendung chemischer Mittel besonders am Platze. Ich verwende da meist eine Lösung von argentum nitricum von höchstens 5%
mit dem besten Erfolge.

Die Tamponade der Nasenhöhle wird als vordere, hintere und kombinierte unterschieden. Sie ist weder ein gleichgültiges, noch ein absolut verlässliches Mittel. KIESSELBACH[1]) verlor einen Patienten an Nasen-

1) Berl. klin. Wochenschr., H. 61.

blutung, trotz der Tamponade. Der Kranke wollte lieber sterben. als die Tamponade länger ertragen. Ich habe nach kombinierter Tamponade lang andauernde Gemütsdepression, einmal wahre Melancholie beobachtet, Erscheinungen, für die allerdings auch die Anämie mit verantwortlich zu machen war. Vielleicht ist aber auch die durch die Nasentamponade bewirkte Überfüllung der Lymphbahnen und des Subarachnoidealraumes als Ursache cerebraler Ernährungsstörungen anzusehen, in deren Gefolge sich die psychischen Störungen entwickelten.

Danach wird man die Tamponade nur im Notfalle anwenden, und das gilt besonders von der kombinierten. Was das Material anbetrifft, so werden in neuerer Zeit wieder häufiger die sogenannten Rhineurynter verwandt. Zuerst meines Wissens von DUDAY[2]) in der einfachen Gestalt einer Blase aus vulkanisiertem Kautschuk. Später wurde das Instrument von KÜCHENMEISTER (1871) vervollkommnet. Es besteht aus einer Kautschukröhre mit einem Embolus und distaler Blase, die mit Luft, oder, wenn man die Druckwirkungen mit der styptischen und der der Kälte kombinieren will, mit Eiswasser gefüllt wird. Sind diese Apparate in geeigneter Weise hergestellt, so sind sie ebenso für die vordere, wie für die hintere Tamponade bequem, sauber und leicht zu benutzen. Nur kommt es bei Blutungen bekanntlich häufig darauf an, ohne Apparate oder Hilfsinstrumente improvisierend vorzugehen. Da muss man zu Watte- oder Gazetampons greifen, die mit einer Zange oder dem Finger in den Nasenrachenraum, mit einer Sonde in die vordere Nasenhöhle geschoben werden müssen. Man schärft dem Kranken auf das dringendste ein, dass der Tampon nicht lange liegen bleiben darf und entferne ihn sobald als möglich, doch sorgsam rhinoskopisch kontrolierend, dass nichts zurückbleibt. Schliesslich darf nicht vergessen werden, dass die Tamponade, mag sie nun ausgeführt werden wie sie wolle, nur ein Provisorium in der Therapie bildet, vor dessen Wiederholung eine kausale und gründliche Behandlung den Patienten womöglich zu schützen hat.

---

[1]) Berl. klin. Wochenschr. 1884, S. 376.
[2]) Gaz. med. de Lyon No. 7.

Drittes Kapitel.

Beteiligung der ersten Atemwege bei akuten Infktionskrankheiten.

Influenza.

Bekanntlich kann jeder Teil des Respirationstraktus für sich allein bei der Influenza erkranken, ohne dass andere Abschnitte ergriffen werden. Wolf[1]) versucht das durch die Annahme zu erklären, dass nicht der Katarrh der Atemwege das Primäre sei, sondern das infizierte Blut, das an den widerstandslosesten Particen seine Wirkung entfaltet. Pfeiffer[2]) konnte im Blute von Grippekranken den Bacillus nicht auffinden, dagegen in dem Auswurf der Atmungsorgane, am leichtesten in den eiterigen Teilen im Inneren des Auswurfballens und in den tieferen Particen häufig in Reinkulturen. Während die schweren Erscheinungen im Zentralnervensystem durch die Resorption von Stoffwechselprodukten zu entstehen scheinen, die sich durch die Einwirkung der Bacillen bilden, ist die Übertragung in der Regel an die frischen, feuchten Sekrete der Nasen- und der tracheobronchialen Schleimhaut geknüpft.

Schon im Beginne der Erkrankung können erhebliche Veränderungen in den ersten Atemwegen eintreten. Lebhafte tiefrote, manchmal bläulichrote Schwellung der Nasenrachenschleimhaut, hie und da mit perversen Geruchsempfindungen[3]), häufig mässige Nasenblutungen, in manchen Fällen besonders bei Phtisikern sehr heftige und gefahrdrohende Hämorrhagieen. Gleich im Anfang kann ein Fortschreiten der Nasenentzündung auf die Nebenhöhlen beobachtet werden, ich habe das in mehreren Fällen von einem Tage zum anderen für die Kieferhöhle, in einem

---

[1]) Die Influenza-Epidemie 1889—1892, S. 98.
[2]) Zeitschr. f. Hygiene 1893.
[3]) Oxom. Ges. d. Ärzte in Budapest. Febr. 1890.

Falle für die Stirnhöhle nachweisen können. WEICHSELBAUM glaubt, dass dabei Pneumonie- und Eiterkokkeninfektionen vorliegen. Ich bin überzeugt, dass viele dieser Nebenhöhlenerkrankungen bei Influenza der ärztlichen Beobachtung entgehen, weil die Symptome, Schmerzen im Kopfe und eiterige oder schleimigeiterige Absonderung, durch die Erkrankung der Nasenhöhlen- und der Rachenschleimhaut klinisch maskiert werden, wofern die rhinoskopische Untersuchung unterlassen wird. Aus dem Übersehen der akuten, im Beginn und Verlauf der Influenza eintretenden Nebenhöhlenerkrankungen erklärt sich zum Teil die beträchtliche Zunahme der chronischen Nebenhöhlenaffektionen, die nach den letztjährigen Influenzaepidemieen als Nachkrankheiten zur Beobachtung gekommen sind. Sie haben vielfach zu den furchtbarsten und langwierigsten Eiterungsprozessen der Nasenanhänge geführt. EWALD[1]) hat ein Highmorshöhlenempyem mit eiteriger Meningitis um die Gefässscheiden und tötlichem Ausgang beschrieben.

Während die Veränderungen der Nasenhöhle meist im Vordergrunde stehen und die Schwellung der Schleimhaut, die Verlegung der Nasenatmung, die Eingenommenheit des Kopfes, der bei Beteiligung der Nebenhöhlen besonders lebhafte Schmerz in der seitlichen Nasen-, Stirn- oder Scheitelgegend insgesamt nicht wenig zur Vermehrung gerade der lästigsten Krankheitssymptome beitragen, ist das Verhalten des Rachens, des Kehlkopfes und der Luftröhre sehr grossen Schwankungen während einer Epidemie unterworfen. Man findet oft gar keine oder nur ganz geringe Veränderungen, Schwellungen der Gaumenbögen, der Gaumentonsillen, im Kehlkopfe geringe Anschwellungen der Taschenbänder oder der Interarytänoidealschleimhaut, während sehr lebhafte Schmerzen beim Schlucken, höchst lästige Empfindungen im Schlunde, Fremdkörpergefühl, Jucken und Stechen und andauernder beängstigender Hustenreiz in den Erscheinungen vorwiegen, ohne mit dem Befund auch nur annähernd im Einklang zu stehen. Besonders erstaunlich war mir in mehreren Fällen der anfallsweise krampfhaft und dabei trocken und ohne Auswurf auftretende Husten, der den Kranken besonders in der Nacht zu quälen und des Schlafes zu berauben pflegt. Es war mir von Interesse, in der erwähnten Arbeit WOLF's den Hinweis zu finden, dass keuchhustenähnliche Anfälle bei früheren Epidemieen mehrfach beschrieben und sogar Verwechselungen mit Keuchhustenepidemieen vorgekommen sind. Entweder liegt hier eine analoge Wirkung seitens der Bacillen oder ihrer Produkte auf das Hustenzentrum vor, wie es ROSSBACH für

---

[1]) EWALD. Deutsche med. W. 1870, No. 4.

Pertussis erwies[1]), oder die Erregung geht von der gleichzeitig befallenen Nasenschleimhaut aus. Im Einklang mit diesem Missverhältnis zwischen dem objektiven Befund und den Reizerscheinungen steht auch, dass von Anderen deutlichere Veränderungen im Larynx und der Trachea gefunden worden sind, die nicht selten ohne erhebliche Symptome verliefen. So die hämorrhagische Form der Laryngitis (LEICHTENSTERN, LUBLINSKI, P. HEYMANN, B. FRÄNKEL), ferner Katarrhe mit Beteiligung der subglottischen oder mit stärkeren Anschwellungen der Interarytänoidealschleimhaut und dem Ausdruck von Parese der Verengerer der Glottis. B. FRÄNKEL[2]) sah mehrfach weisse Stellen im mittleren und vorderen Drittel der Stimmbänder. deren Untersuchung im Sonnenlicht keine Niveaudifferenz von der Umgebung ergab. Sie blieben zwei bis drei Wochen bestehen. zeigten dann eine Hofbildung und epithelialen Substanzverlust. Er hielt sie für fibrinöse Infiltrationen. Schwerere Kehlkopferkrankungen sind — zum Unterschied von den Komplikationen in den Lungen — selten. Flache Geschwürsbildungen (LE NOIR, BATZ) sind noch am häufigsten berichtet worden, meist von der vorderen Hälfte der Stimmbänder oder der hinteren Larynxwand mit unregelmässigen Kontouren und weisslichem, später grünlichem Exsudat, und sehr günstiger Heilungstendenz. In zwei bis drei Wochen reinigten sich die Ulcerationen und es blieb nur längere Zeit noch eine diffuse Rötung zurück. Sehr selten scheint Ödem oder Abscessbildung zu sein. doch sind einige Male Tracheotomieen notwendig geworden. So in SCHÄFFER's[3]) Fall, in dem sich in beiden Taschenbändern Abscesse gebildet hatten. Es trat völlige Heilung ein.

Die Eigentümlichkeit der Influenza, bestimmte Bezirke des Respirationstraktus bald gesondert, bald vereint zu befallen, erklärt manche Verschiedenheit der Befunde. So den Umstand, dass einige Beobachter in der überwiegenden Mehrzahl ihrer Fälle die Nase frei fanden. Vielfach handelte es sich, wie es scheint, dabei um Fälle aus Krankenhäusern, die spät oder wegen schwerer Lungenkomplikationen eingeliefert wurden, und bei denen die Affektion der ersten Atemwege vielleicht bereits abgelaufen war.

Von den Nachkrankheiten ist der Nebenhöhlenerkrankungen schon gedacht worden. Finden die akuten, mit der fieberhaften Periode beginnenden Nebenhöhlenkatarrhe und -eiterungen keine Beachtung, so gehen sie in einem Teil der Fälle in die chronischen Formen über. Über

[1]) Berl. kl. W. 1880. Vgl.
[2]) Verh. d. Berl. lar. Ges. 1890.
[3]) D. m. Wochenschr. 1890, No. 10.

die Pathologie und Behandlung dieser wird in dem vierten Kapitel
gehandelt werden. Von Nachkrankheiten des Rachens ist von Interesse eine Beobachtung JOACHIM's[1]), der bei einer 36jährigen Frau
14 Tage nach dem Überstehen der Grippe eine Gaumensegellähmung
fand. Lähmungszustände im Larynx sind etwas häufiger; sie werden
von Einigen auf den Druck geschwollener Bronchialdrüsen auf den Rekurrens zurückgeführt[2]), und es muss sich dann um hypokinetische Befunde handeln, die nach der Eigenart der wirkenden Druckursache und
nach der Periode der Beobachtung wechseln. Wir werden also bei
unvollständigen oder allmählich sich entwickelnden Lähmungen, der von
SEMON und ROSENBACH erwiesenen verschiedenen Vulnerabilität der Rekurrensfasern zufolge, zunächst eine Erkrankung der die Abduktoren
innervierenden Fasern zu erwarten haben. Durch den Ausfall der Wirkung der M. cricoarytaenoideus posticus einer oder beider Seiten kann
eine ein- oder doppelseitige Medianstellung bedingt werden. In einem
Falle der letzteren Art, den DREYFUSS[3]) aus der amerikanischen Litteratur
zitiert, kam es zur Tracheotomie. In späteren Stadien oder bei kompleter
Lähmung kommt es zu der sogenannten Kadaverposition. So in dem
Falle KRAKAUER's[3]). Bei der Rückbildung tritt zuerst eine Restitution der
Schliesser und zuletzt erst der Öffner ein, so dass also aus der Kadaverstellung zunächst wieder eine Medianstellung wird und dann erst die
normale Beweglichkeit wieder zum Vorschein kommt.

Bei neuropathisch belasteten Personen, hysterischen und neurasthenischen Kranken sehen wir gerade nach der Influenza und gleich im
Beginne der Rekonvalescenz eine Reihe von Neurosen eintreten, die
sich durch eine gewisse Hartnäckigkeit und dabei bald durch eine grosse
Unregelmässigkeit, bald durch eine scheinbare Gesetzmässigkeit im Verlaufe auszeichnen. Eine Reihe meiner eigenen Fälle waren typische
nasale Reflexneurosen. Ich finde von Erscheinungen derselben vorzugsweise Schwindel, supra- und infraorbitale Neuralgieen und Kopfschmerzen
in der Scheitelgegend notiert. In mehreren Fällen hatte die Art des
Eintritts zu Verwechselungen mit Malarianeuralgieen geführt. Im Kehlkopf handelt es sich in analogen Fällen meist um hysterische Lähmungen
der Adduktorengruppe. Doch kommen auch, wenngleich selten, ähnliche, wie nach Diphtherie durch das Krankheitsgift direkt veranlasste
Lähmungen vor, bei denen wir eine toxische Neuritis als Ursache vermuten dürfen. In dem Falle KRAKAUER's[4]) bildete sich die nach

---

[1]) Verein f. innere Medicin. Berl. 1889.
[2]) Verh. d. Berl. lar. Ges. 1890, S. 50.
[3]) Verh. d. Berl. lar. Ges. 1890, S. 50.
[4]) Int. Cent. f. L. VI.

Influenza aufgetretene einseitige Rekurrensparalyse in der Folge wieder zurück. — LAEHR[1]) sah eine Paralyse beider Abduktoren mit folgendem Befund: die Stimmbänder standen bei ruhiger Respiration beiderseits etwas medianwärts von der Gleichgewichtsstellung, erschienen gleich hoch und lang, zeigten bei tiefer Inspiration nicht die geringste Auswärtsbewegung, schienen aber dabei etwas nach unten gezogen zu werden." Die Phonation war ungestört, die Spannung der Stimmbänder normal, die Stimme klar, vielleicht etwas rauh.

Therapie.

Die Erwägung, dass die Erkrankung eines Abschnittes der ersten Atemwege durch die der anderen Partieen maskiert werden kann und die Erfahrung, dass eine Reihe von Nachkrankheiten nichts anderes sind als Komplikationen oder Propagationen von Krankheitszuständen der fieberhaften Periode, muss zu einer sorgsamen rhinoskopischen und laryngoskopischen Kontrole der Influenzakranken auffordern, soweit es das Allgemeinbefinden der Patienten gestattet. Diese Kontrole steht an Wichtigkeit der physikalischen Untersuchung der Brustorgane keineswegs nach und muss mit ihr Hand in Hand gehen.

Häufig ist ein lokales Eingreifen unnötig und bei dem Krampfhusten auch zwecklos. In diesen Fällen ist viel eher vom Chinin innerlich und von der stabilen Durchleitung eines konstanten Stromes[2]) Erfolg zu erwarten.

Der Nasenkatarrh im akuten Stadium darf nur indifferent behandelt werden, jede Reizung ist zu vermeiden. Ich habe Aussprühungen von 10%iger Wasserstoffsuperoxydlösung und Einpulverungen von Dermatol mit Vorteil angewandt. Prophylaktisch halte ich eine sorgfältige Toilette der Mundhöhle durch regelmässige Ausspülungen nach jeder Nahrungsaufnahme und peinliche Reinigung der Zähne vom Beginn der Erkrankung an für ausserordentlich wertvoll.

Die Behandlung der Nebenhöhlenerkrankungen wird von der Genauigkeit ihrer Diagnose und dem Allgemeinbefinden des Kranken abhängen. In manchen Fällen wird man sich hiernach auch bei festgestellter Höhleneiterung zunächst zu einem mehr abwartenden Verfahren, Ausspülungen durch die natürlichen Zugänge entschliessen müssen und ein etwa nötiges energischeres, operatives Vorgehen bis zu einer späteren Zeit verschieben, wo der Kräftezustand des Patienten es gestattet. Ein

---

[1]) Deutsche med. W. 1893, S. 1114.
[2]) Vgl. ROSSBACH. Berl. kl. W. 1880.

derartiges Zuwarten wird sich bei mehr serösem oder schleimigem Charakter des Nebenhöhlensekretes noch mehr empfehlen und selbst belohnen. — Die Behandlung der Lähmungen nach Influenza fällt mit der sonst üblichen Therapie dieser Störungen zusammen. Roborantien, besonders Eisenmanganat und Chininpräparate haben sich mir bei schleppender Rekonvalescenz von grossem Nutzen erwiesen.

Typhus abdominalis.

Die Meinungen der Autoren neigen überwiegend dahin, dass der Grad der Beteiligung der ersten Atemwege bei dem Typhus nicht abhängig sei von Schwere der Erkrankung; vielmehr muss man annehmen, dass einer Epidemie eigene, besondere, ihrer Natur nach allerdings unbekannte Umstände zu Grunde liegen, die das eine Mal nur ausnahmsweise, das andere Mal in der überwiegenden Mehrzahl der Fälle schwere Mit- oder Nacherkrankungen der Halsorgane bedingen.

Im ganzen darf man annehmen, dass zumal die leichteren Affektionen dieser Art häufiger sind, als sie gefunden wurden und noch werden. Vielfache Sektionsbefunde am Larynx ohne vorausgegangene klinische sprechen dafür, dass die Krankheitserscheinungen verdeckt werden oder verhältnissmässig sehr wenig hervortreten. Ferner ist die grosse Schwierigkeit einer laryngoskopischen Untersuchung bei hochfiebernden oder sehr schwachen Kranken ein erklärendes Moment für die der Beobachtung entgehenden Fälle. Auffallend wenig wird die Nasenschleimhaut betroffen. Schnupfen gehört bei Typhus zu den Ausnahmsfällen. Nur von Blutungen wird wiederholentlich berichtet. STRÜMPELL sah unstillbare Nasenblutung in der Abstossungsperiode auftreten.

Nicht selten finden wir, besonders in der französischen Litteratur, Befunde an der Rachenschleimhaut erwähnt, die bereits im Beginn der ersten Woche und schon während der Inkubationszeit auftreten sollen und denen von Einigen sogar in Zeiten von Typhusepidemieen ein pathognomonischer Wert zugeschrieben wird. Es handelt sich um einen meist schwach ausgebildeten reifähnlichen, durchscheinenden Belag, der die Region der Tonsillen einnimmt und nur geringe oder gar keine Lokalerscheinungen hervorruft. In anderen Fällen tritt ein mehr erhabener weissgelber Belag fleckweise auf den Mandeln auf. Im weiteren Verlaufe tritt bei dieser Form eine flache Geschwürsbildung ein, der dann die Heilung folgt. Man pflegt diese Entzündungsform als Pharyngotyphus zu bezeichnen: der Nachweis von Typhusbacillen in den aufgelagerten Massen ist bisher selten geschehen. Von manchen Seiten wird die Prognose solcher Fälle für sehr ungünstig gehalten, doch wird erst

weitere Beobachtung die an sehr wenig Fällen gemachte Erfahrung bestätigen müssen. BELDE[1]) hält Rachenerkrankungen für recht häufig und
giebt zu, dass die leichteren Affektionen (hyperämische Formen, akute
Katarrhe, follikuläre Tonsillitiden) häufiger im Anfangs- und im Rekon-
valescenzstadium, die schwereren (kroupöse, diphtheritische[2]), ulcerative
Formen) mehr im Höhestadium der Erkrankung vorkommen. Die Prognose dieser ist eine äusserst ungünstige. Zu erwähnen ist, dass das
Erscheinen von Soor hier wie bei allen fiebernden Schwachkranken ebenfalls
mali ominis ist. Es ist klar, dass diese Dinge leicht übersehen oder verwechselt werden können. Ich habe in einer nicht ganz geringen Anzahl
von Typhusfällen, die ich im Laufe der Jahre gesehen und darauf hin
kontroliert habe, übrigens niemals im Rachen etwas anderes gesehen, als
hie und da den Zustand einer einfachen Anschwellung an den Tonsillen
und den Gaumenbögen. Derartige Typhusanginen können, wenn gleichzeitig Hauterytheme vorhanden sind, eine Skarlatina vortäuschen.

Seit BOUILLAUD's Fall, dem erstbeschriebenen von Perichondritis
laryngea im Abdominaltyphus[3]) aus dem Jahre 1825 hat sich die Aufmerksamkeit schon in der vorlaryngoskopischen Zeit in hohem Maasse
auf die Beteiligung des Kehlkopfes gerichtet und in der Auffassung der
verschiedenen Krankheitsformen allmählich bis zu der Annahme eines
Laryngotyphus verdichtet. Damit war nach dem Vorgange ROKITANSKI's
die Vorstellung einer dem Darmprozesse analogen Erkrankung gewon-
nen, die nur unter verschiedenen Formen erscheint. Der neueren Erkenntnis in der laryngoskopischen Zeit verdankt die Pathologie und
Therapie bedeutsame Fortschritte.

Nach LÜNING's Ermittelungen sind etwa in einem Zehntel der Sektionen schwere Erkrankungen der Kehlkopfhöhle gefunden, und der
Autor stützt sich in seiner ausgezeichneten Arbeit auf 200 meist aus
der Litteratur gesammelte klinische Beobachtungen mit einer Reihe von
Leichenbefunden. Ziemlich deutlich trat dabei hervor, dass hohe Typhus-
mortalität und das Vorkommen schwerer Larynxstenosen zeitlich zusammenfallen.

Der Verlauf ist bald fast symptomlos und es tritt Rückkehr zur
Norm oder Heilung mit leichter Defektbildung ein. Bald bei besonderer

[1]) GUSTAV BELDE. Über Pharynxerkrankungen beim Abdominaltyphus. Diss. inaug.
Berl. 1889.
[2]) Diese Bezeichnung ist hier natürlich nur im pathologisch-anatomischen Sinne
zu fassen.
[3]) ALBERS, Pathologie und Therapie der Kehlkopfkrankheiten. Leipzig 1829.

Schwere oder Ausdehnung der lokalen Erkrankung — Ödem, Phlegmone, Perichondritis. Knorpel-Nekrose, Kroup — treten stürmisch die Erscheinungen der akuten Laryngostenose auf und können selbst bei günstigem Verlauf ihre Spuren für die ganze Folgezeit merk- und unverwischbar zurücklassen.

Ein kleiner Bruchteil, nur 1%, wird durch „diphtheritische" Komplikationen gebildet. Es ist noch ungewiss, ob es sich hier um eine kombinierte Infektion handelt oder eine spezifische, dem Typhus eigentümliche Form von Epithelialnekrose, gemischt mit faserstoffiger Exsudation[1]). Soviel aber ist sicher, dass diese glücklicher Weise seltene Erkrankung auffallend oft in der zweiten Woche, selten später, beobachtet wird, und dass sie prognostisch den schwersten Diphtheriefällen oder dem descendierenden Kroup gleichsteht. Die mehr kleienartigen Belege beginnen im Rachen oder in der Nase, und können sich in den Kehlkopf, in die Luftröhre und bis zu den feinsten Bronchiolen fortpflanzen. Ulcerationen können sich damit kombinieren, selten oder nie Perichondritis. Die leichteste Form, in der der Kehlkopf mit ergriffen wird, ist, wie beim Pharynx, die der einfachen arteriellen Hyperämie ohne Hypersekretion; dabei kommt es in der Folge zu einer Abstossung des Epithels in Gestalt eines kleienförmigen Belages auf dem Kehldeckel und den aryepiglottischen Falten. Diese zwischen Ende der ersten und zum Anfang der zweiten Woche auftretenden Erscheinungen haben ausser mässigen Schluckbeschwerden keine oder nur geringe örtliche Folgen, während[2]) andererseits sogar erhebliche Schmerzen und Beschwerden beim Schlucken ohne örtlichen Befund vorkommen. Der Prozess geht alsbald in Heilung über oder — vermutlich bei beträchtlicherer Prostration — kommt es zur Bildung gelber Flecken, in denen sich der Staphylokokkus pyogenes aureus Rosenb. oder flavus finden, Zustände, die wir mit EPPINGER als mykotische Epithelialnekrose bezeichnen können.

Das Ödem ist fast stets eine Begleit- oder Folgeerscheinung von destruktiven Veränderungen der Gewebe; es kann ein- oder doppelseitig, umschrieben oder diffus auftreten. Meist auf die aryepiglottischen Falten und die Epiglottis beschränkt, oder wenigstens hier zuerst nachweisbar, kann es die Schleimhaut über den Arytknorpeln, die hintere Larynxwand einnehmen, sodann die Taschenbänder und die Ventrikelschleimhaut, und heruntersteigend sogar die wahren Stimmbänder mitsamt ihrer unteren Fläche befallen.

---

[1]) Handb. der spec. pathol. Anatomie. Wien 1842, Bd. II (auch zitiert bei LÖNING, Laryngostenosen im Abdominaltyphus, Bd. XXX. A. f. Chirurgie).

[2]) LANDGRAF, Verh. d. Berl. lar. Ges. März 1887.

Schleimhautabscesse können multipel auftreten und sind dann vielleicht follikulären Ursprungs, oder sie sind aus einer phlegmonösen Infiltration hervorgegangen. Wir können Abscesse mit und solche ohne nachweisbaren Ausgang vom Knorpel unterscheiden.

Ulcerationen an sich sind prognostisch nicht so ganz ungünstig; sie sind der Ausdruck bereits zerfallener typhöser Infiltrationen des adenoiden Gewebes, analog dem Prozess am Darm; sie sitzen an der Epiglottis und im hinteren Teile der Stimmbänder, selten intratracheal. Bei Geschwüren und Abscessen perichondralen Ursprunges kann es zur Entblössung des Knorpels kommen, jedoch ohne Destruktion seines Gewebes. Dabei sitzen die Geschwüre und die Fistelöffnungen meist nahe der hinteren Kehlkopfwand, in der Region des hinteren Drittels der Stimmbänder oder an den processus vocales selbst.

Was die Perichondritis bei Typhus abdomimalis anlangt, so ist die gewöhnliche Zeit ihres Eintrittes die Rekonvalescenzperiode. Es ist danach wahrscheinlich, dass in all diesen Fällen das Perichondrium von schon vorhandenen Typhus- oder Dekubitalgeschwüren im Rachen oder im Kehlkopf her infiziert wird. Immerhin bleibt die Möglichkeit einer primären Typhusperichondritis — wie auch LÜNING (l. c.) annimmt — bestehen. B. FRÄNKEL[1]) stützt sich auf die Verschiedenheit des Sitzes der frühen Perichondritiden und der Rekonvalescenzformen, die sich manchmal erst entwickeln, wenn die Patienten schon auf sind. Er meint, dass die letzteren an der hinteren Fläche der Cartilago cricoidea entstehen und zumeist dekubitalen Charakters seien. Indes scheint die pathologisch-anatomische Ursache noch fraglich, und es können wohl auch mehrere der angeschuldigten Schädlichkeiten, die Drucknekrose, das diphtheritische Geschwür, das Eindringen der pathogenen Mikroorganismen, gelegentlich zusammenwirken.

Von den Knorpeln wird weitaus am häufigsten der Ringknorpel infolge der Perichondritis nekrotisch. Die Nekrose kann die Platte allein oder den ganzen Knorpel betreffen. Er liegt dann isoliert in einer Abscesshöhle oder es fehlen einzelne Knorpelbezirke. In der Platte kommt es zu Perforationen und Dehiscenzen, in anderen Fällen wurde der Knorpel von Niederschlägen von Kalksalzen umgeben gefunden. Die Gelenke zwischen dem unteren Schildknorpelhorn und dem Ringknorpel können vereitern, knöchern oder fibrös ankylosieren.

Nächst häufig erliegt der Arytknorpel der Nekrose. Da er zeitlich früher ergriffen wird und häufig seine Erkrankung in den ersten Typhuswochen unbemerkt verläuft, so kann man mit LÜNING wohl die Annahme

[1]) Diskussion. Ges. d. Charité-Ärzte 1887.

teilen, dass die Perichondritis cricoidea erst eine Folge der arytaenoidea ist, zumal wenn man die Häufigkeit typhöser Larynxgeschwüre an den Stimmfortsätzen berücksichtigt.

Weniger häufig[1]) unterliegt der Faserknorpel des Kehldeckels einer ausgedehnteren Zerstörung ulcerativer Natur; wie es scheint, kommen Nekrosen, Exfoliationen von Knorpelteilen oder Bildung von Abscessen dabei nicht vor. Doch kann ähnlich wie bei Syphilis der Kehldeckel bis auf einen kleinen Rest verloren gehen. Im Gegensatze zu den oft unerträglichen Schlingbeschwerden Tuberkulöser bei kleinen Geschwüren dieses Organs, sind — wie Lüning hervorhebt — bei der typhösen Zerstörung keine oder nur geringe Schluckschmerzen vorhanden; eine Verknöcherung, wie bei anderen Knorpeln, findet nicht statt.

Führt die Perichondritis arytaenoidea zur Perforation, so ist die Gegend der hinteren Insertion der Stimmbänder meist ihr Sitz. In anderen Fällen kommt es zu Senkungen gegen die Trachea, zu tracheoösophagealen Fistelbildungen, oder zu einer mehr oder weniger ausgedehnten Unterminierung des Ringknorpels.

Seltenere Komplikationen — meist der Rekonvalescenzperiode angehörig — sind Lähmungen der Kehlkopfmuskulatur. In diesen Fällen wird man entweder auf die Annahme einer myopathischen Lähmung geführt, oder es handelt sich um die Folgen eines auf den Rekurrens einwirkenden Druckes. Die Lähmung im Kehlkopfe kann auch mit einer solchen der Pharynxmuskulatur verbunden sein; in seltenen Fällen tritt diese allein auf, meist nicht vor der zweiten Hälfte des Krankheitsverlaufes, öfters viel später. Löri[2]) sah sie einmal in der sechsten Woche der Erkrankung. Die dabei auftretenden Sprach- und Schluckstörungen erinnern sehr lebhaft an die postdiphtheritischen Lähmungen und lassen die Vermutung zu, dass es sich vielfach in diesen Krankengeschichten um übersehene abgelaufene diphtheritische Prozesse gehandelt habe. Das bestätigt auch die Angabe Löri's, wonach ziemlich gleichzeitig damit auch die Muskulatur des Herzens erkranken kann, Fälle, in denen dann der Puls bei jeder Inspiration schwächer wird oder aussetzt. Auch Lähmungen des Sphincter ani, sowie der Sphincter oder des Detrusor vesicae sind nach diesem Autor beobachtet worden.

Symptomatologie und Behandlung.

Die ätiologische Betrachtung lässt es bisher noch unentschieden, ob es sich in allen Fällen um eine direkt durch das Typhusvirus bedingte

---

[1]) Vgl. Lüning's oben zitierte Arbeit.

[2]) Löri. Die durch anderweitige Erkrankung bedingten Veränderungen des Kehlkopfs und der Luftröhre. S. 151.

Veränderung handelt. Die Gleichheit der Prädilektionsstellen, die Entdeckung eines organischen Giftträgers legt eine Analogie mit der Tuberkulose sehr nahe. Überdies hat Bayer[1]) für die seltenen initialen Fälle den typischen Typhusbacillus nachgewiesen. Dass die, einen Typhus einleitenden Halssymptome nicht immer zu einer schlechten Prognose berechtigen, ist unzweifelhaft; sicher werden leichtere Formen vielfach übersehen und heilen spontan.

Die traumatische Theorie der Ulcerationen im Larynx hat dabei immer noch ihre Berechtigung, wenn wir bedenken, dass oft wiederholte leichte Insulte eine katarrhalisch veränderte Schleimhaut der Aufnahme von Infektionskeimen leichter zugänglich zu machen pflegen.

Nicht nur oberflächliche Läsionen können symptomlos verlaufen oder durch andere Symptome maskiert werden. Selbst schwere Perichondritiden können, durch Sopor und Prostration verdeckt, der Erkennung entgehen, wenn sie meist auch durch ziemlich stürmisches Einsetzen der Laryngotrachealstenose sich kundgeben: Stridor, während scheinbar günstiger Rekonvalescenz auftretend, hie und da selbst ausser Bett befindliche Patienten noch befallend, mit hochgradigem Angstgefühl, inspiratorischen Einziehungen beginnend, Atemnot bis zur Cyanose sich steigernd, machen baldige Hülfe nötig, soll nicht Tod durch Asphyxie erfolgen. Nach der Tracheotomie treten andere Erscheinungen in den Vordergrund, die von der Schwere des Prozesses abhängen[2]). Eiterige Sekretion, Expektoration von Knorpelfragmenten, erneute tracheale Stenose, durch ödematöse Schwellungen oder Abscesse, seltener durch phlegmonöse Entzündungen veranlasst — und schliesslich hohes Fieber bedrohen den Befallenen und führen den tötlichen Ausgang herbei.

Wegen der tiefen Lage der erkrankten Teile bei allen ulcerösen, ödematösen und perichondritischen Prozessen, und der oft hochgradigen Schwäche und Unbehülflichkeiten der Kranken ist die laryngoskopische Untersuchung meistens sehr erschwert und, wenn sie gelingt, wenig ergiebig. Die Gleichheit der Initialsymptome bei den perichondritischen und den diphtheritischen Komplikationen erschweren die differentielle Diagnose, wenn nicht Rachenbeläge die Vermutung einer laryngotrachealen Diphtherie nahelegen. In Lüning's, 18 Fälle von laryngoskopischen Befunden zusammenfassender Darstellung sind in der Mehrzahl der Beobachtungen (acht Mal) Geschwüre an den Stimmbändern, in der Umgebung des Stimmfortsatzes und an dem Übergang zu der hinteren Larynxwand angegeben, drei Mal waren nur Schwellungen und Wulstungen

[1]) Société belge de lar. et d'ot. Vgl. Revue de lar. 1892, No. 14.
[2]) Lüning, l. c. u. S. 893.

der vorderen Fläche der hinteren Larynxwand sichtbar. Zweimal wurden
eiterige Beläge der Stimmbänder, einmal ein Abscess über einem rechten
Stimmbande, und einmal eine wulstförmige subglottische Schwellung gesehen. Ausserdem fanden sich in allen Fällen Rötung und Schwellung
oder Ödem einzelner Bezirke, so am Kehldeckel, an der hinteren Wand,
über den SANTORINI'schen und den Aryt-Knorpeln mit den genannten
Erscheinungen kombiniert vor[1]), so dass die Einsicht in das Larynx-
innere mehr oder weniger behindert wurde. Häufig war die Beweglichkeit eines oder beider Stimmbänder und Arytknorpel verringert. „als
Ausdruck teils der Schleimhautinfiltration, die die Exkursion hinderte,
bald der Durchtränkung und Subparese der Kehlkopfmuskulatur, bald
tieferer Erkrankungen der Knorpel, vielleicht auch des Cricoarytaenoidgelenkes".

Die Prognose der pharyngolaryngealen Typhusprozesse ist danach vorsichtig zu stellen; die Beobachter sind noch voller' Widersprüche in Bezug
auf ihr Verhältnis zu der Intensität, der Grundkrankheit. Während
LÖRI[1]) glaubt, dass bei den leichteren Formen des Typhus die lokalen
Erkrankungen der Halsorgane seltener sind und auch meist leichter verlaufen, halten andere[2]) die Grade nicht für abhängig von der Intensität
des Typhus. Jedenfalls ist, wie wir sahen, die laryngoskopische Bestimmung der Intensität des örtlichen Prozesses eine so wenig sichere,
dass alle Reserve in der Stellung der Vorhersage gerechtfertigt ist.
Sicher ist, dass auch tiefer greifende Ulcerationen unter indifferenter
Behandlung oder der örtlichen Anwendung von Adstringentien heilen
können, wenn die Leitung der Behandlung auf die Erhaltung und Kräftigung des Allgemeinbefindens gerichtet ist. Auch Ödeme können sich
alsdann ohne weitere Eingriffe zurückbilden. Hält man mit LENING
daran fest, dass die Mehrzahl der hier in Betracht kommenden Ödeme
entzündlich-kollaterale sind, so wird man den vielfach empfohlenen
Skarifikationen — so wirksam sie sonst sein können — beim Typhus
keine tiefere Bedeutung zuschreiben können. Vielmehr hängt der weitere Verlauf durchaus von der Grundursache ab und der Erfolg ist ein
vorübergehender, die Wirkung eine nur palliative. Von Bougierungs-
und Tubageversuchen muss bei der Unsicherheit über den zu Grunde
liegenden Prozess durchaus abgeraten werden.

Die Therapie der diphtherischen Komplikationen weicht von der
sonst üblichen Behandlungsweise dieser Krankheit nicht ab. Was die

---

[1]) LÖRI. Die durch anderweitige Erkrankungen bedingten Veränderungen des Kehlkopfs und der Luftröhre, S. 149.
[2]) Vgl. auch LANDGRAF. Verh. der Berl. lar. Ges. März 1889.

Lähmungen anlangt, so ist nicht nur die Extensität derselben, sondern auch der Zeitpunkt ihres Eintrittes für die Auffassung ihrer Bedeutung zu berücksichtigen. Die Erfahrung lehrt, dass ihre Prognose um so günstiger wird, je später sie auftreten: vielleicht hängt dieser Umstand nur von der grösseren Resistenz ab, die in der späteren Rekonvalescenzperiode erreicht zu werden pflegt.

Was die Therapie der Lähmungen anlangt, so ist die Wirksamkeit des Strychnins, in innerlichen Gaben oder submukös gereicht, hier ebenso schwer zu beurteilen, wie bei den postdiphtheritischen Lähmungen. Hier wie dort tritt nicht selten in kurzer Zeit spontane Regeneration ein, und so können wir in der Kritik der Wirksamkeit unserer Medikationen nicht zurückhaltend genug sein. Ferrum, kräftigende Diät, vorsichtige Massage, aktive und passive Gymnastik durch geeignete Sprachübungen und lokale Faradisation scheinen die passendsten und wirksamsten Heilfaktoren zu bilden.

Ein ziemlich trübes Bild gewährt bisher noch die Behandlung der Typhusperichondritis. Hier sind spontane Heilungen selten, und noch seltener scheint eine von selbst sich einstellende Entleerung von Sequestern per vias naturales die Eröffnung der Luftwege von aussen her überflüssig zu machen. Eine kausale örtliche Behandlung giebt es nicht, wir sind auf die Eröffnung von Abscessen und auf die Tracheotomie angewiesen. Diese Operation muss überall ausgeführt werden, wo der Prozess durch Verlegung der Luftwege den Erstickungstod herbeiführen würde; selbst bei der die Aussichten so sehr erschwerenden Komplikation mit Diphtheritis. Nur so sind Heilungschancen, die dann etwa 50% betragen, überhaupt vorhanden.

Auch bei günstiger vitaler, ist die funktionelle Prognose sehr ungünstig. Zerstörungen der Ringknorpelplatte bewirken sekundäre Dislokationen eines oder beider Arytknorpel. Verlieren sie durch Verlust ihrer Basis oder Zerstörung des Cricoarytaenoidgelenkes das Gleichgewicht, so wird das Dekanülement erschwert oder unmöglich, je nach dem Grade der Verengerung, die sich herausbildet, wenn etwa beide Arytknorpel nach vorn übersinken oder nur einer nach vorn und der andere nach hinten abweicht, wobei sie sich mitunter mit den Spitzen kreuzen. Des weiteren entstehen dann abnorme Fixationen, Verziehungen und Verlötungen der Schleimhaut der hinteren Larynxwand, narbige und osteale Synechieen. So resultiert eine mehr oder minder grosse Unbeweglichkeit der Stimmbänder und Verengerung der Stimmritze, während intrachordale Synechieen beim Typhus nicht vorzukommen scheinen. — Die Therapie der Strikturen ist in Kap. VI behandelt.

Von hohem Wert, und einer erhöhten Beachtung seitens der Ärzte dringend bedürftig scheint mir die prophylaktische Tätigkeit des Pflegepersonals im Beginn und während des Verlaufes der Krankheit, beziehentlich einer geregelten und sorgfältig durchgeführten Mund- und Zahnpflege. Wieviel hierin gefehlt wird, weiss jeder Praktiker[1]) und am besten der Zahnarzt — und der Laryngologe.

Diphtheritis.

Die von Löffler gefundenen Stäbchen, eine durch kolbenförmige Endanschwellungen und Körnchenbildungen charakterisierte Bakterienart, sind die spezifischen Krankheitserreger der Diphtherie. Ihre Aufnahme wird erleichtert durch Reizzustände der Schleimhaut, wie sie unter dem Einfluss atmosphärischer Verhältnisse leicht einzutreten pflegen, ferner wie bei allen Infektionskrankheiten durch Anhäufung und Konzentration des Virus an bestimmten Orten und zu bestimmten Zeiten. Das jugendliche und Kindesalter disponiert am meisten und für die schwersten Erkrankungen; etwas weniger das erste und zweite Lebensjahr als die folgenden. Dass einzelne erwachsene Personen unter der Infektion sehr günstigen Bedingungen gar nicht oder nur leicht ergriffen werden, hängt wahrscheinlich von dem Grade der Immunität ab, den sie durch ein früheres Überstehen der Krankheit erlangt haben. Wiederholte Erkrankung an Diphtheritis halte ich für eine Seltenheit und glaube, dass vielfach derartige Angaben durch Verwechselung mit Rezidiven oder mit anderen Prozessen, wie Scharlachnekrose, Angina lacunaris, Pharynxmykosen veranlasst worden sind. Auf der anderen Seite wissen wir, dass Diphtheritis der Nasenhöhle und des Nasenrachenraums, sowie leichtere Formen der Pharynxdiphtheritis nicht selten der ärztlichen Beachtung entgehen. Dafür kann ich aus meiner Erfahrung das unerwartete Auftreten postdiphtheritischer Paresen, ferner die zufällige Entdeckung postdiphtheritischer narbiger Synechieen in der Nasenhöhle anführen.

Weiterer Untersuchungen bedarf noch die Frage des sogenannten Pseudodiphtheriebacillus. Es ist noch zweifelhaft, ob es sich dabei um einen abgeschwächten Zustand der Löffler'schen Bacillen handelt[2]) oder um eine durch konstante kulturelle Verschiedenheiten charakterisierte von ihnen verschiedene Art. Nun langt die Färbungsmethode zur Kennzeichnung dieser Gebilde nicht aus; von Tierversuchen zum Erweise

---

[1]) Thost. Berl. kl. W. 1889.
[2]) C. Fränkel, B. k. W. März 1893. Eschericht, l. c. Juni 1893.

ihrer Virulenz müssen wir für gewöhnliche Verhältnisse aber absehen. Die einfache mikroskopische Diagnose auf den blossen Umstand hin zu machen, dass die „echten" Diphtheriebacillen in Haufen, der B. pseudodiphthericus vereinzelt vorkomme, scheint mir für das erste noch nicht gestattet. Einmal berichten zuverlässige Beobachter, dass ihnen manchmal erst am dritten Tage der Bacillennachweis geglückt sei und dann scheint mir die prognostische Bedeutung des blossen mikroskopischen Befundes noch viel zu fraglicher Natur, um etwa für therapeutische Maassregeln ihn zur Richtschnur machen zu wollen. Wenn ich ein aufmerksam abwartendes Verfahren diesen Forschungen gegenüber im Augenblick für den Arzt noch für ausreichend halte, so muss die Würdigung der klinischen und pathologisch-anatomischen Betrachtung um so mehr in den Vordergrund treten.

VIRCHOW[1]) warnt davor, angesichts der ätiologischen Einheit diese Differenzen zu vergessen. Behalten wir den anatomischen Begriff der Diphtheritis als eines mortifizierenden Prozesses bei, so wird man in der That der nunmehr für die Bakteriologie entstehenden etymologischen Schwierigkeit durch Aufstellung eines anderen Namens für den Pilz zu begegnen haben. Der mortifizierende Prozess, wie er z. B. die Tonsillen, die hintere und die seitliche Pharynxwand, die obere und untere Fläche des Velum palatinum, die Uvula und das Laryngotrachealrohr befallen kann, setzt pseudomembranöse Exfoliationen, die nichts anderes sind als die oberflächlichen Schleimhautteile selbst, zu nekrotischen Fetzen geworden. Unter diesen sitzt notwendig immer ein Substanzverlust.

Davon soll die fibrinöse Entzündung streng geschieden werden, gleichviel ob sie isoliert oder, wie so häufig, gleichzeitig mit diphtheritischen Zuständen vorkommt. Die Pharynxdiphtheritis macht gewöhnlich keine fibrinöse Exsudation, doch sind schwerere Fälle von mit Diphtheritis kombinierter wie für sich bestehender Pharyngitis exsudativa fibrinosa — wiewohl letztere selten — von VIRCHOW anerkannt. Für den Kroup würde sich neben dem diphtheritischen und dem fibrinösen Kroup sogar die Möglichkeit eines katarrhalischen ergeben, dessen Pseudomembran durch zähschleimig eitrige Absonderung ohne Fibrin gebildet würde. Dass tracheale Pseudomembranen aus Fibrin durch chemische Einwirkungen erzeugt werden können, ist schon lange bekannt. So wenig man übrigens gegen die pathologisch-anatomische Sichtung sagen kann, so sehr ist zu wünschen, dass darüber die klinische Forschung an der Hand des weiteren Ausbaues der Ätiologie nicht vernachlässigt werde. Es ist ein Verdienst HENOCH's, diesen Standpunkt gewahrt haben.

---

[1]) B. k. W. 1885 u. Verh. d. m. Ges. 1893.

STEINER und ZIEMSSEN gingen lange, bevor man an den Nachweis einer
ätiologischen Einheit denken konnte, davon aus, dass beide Formen[1])
oft genug an einem Individuum neben oder nach einander vorkommen,
dass nicht selten bei exquisiter Rachendiphtherie reiner Larynxkroup
gefunden wird und dass im Larynx selbst Übergänge zwischen beiden
Formen vorkommen. Somit folgerten sie, „dass beide nur Abarten und
Gradunterschiede eines und desselben Prozesses sind." HENOCH seinerseits[2]) hob hervor, dass die sogenannte Scharlachdiphtheritis, für die wir
den von ihm vorgeschlagenen Namen Scharlachnekrose annehmen wollen,
trotz örtlich gleichen Verlaufes klinische Besonderheiten von der Diphtheritis zeigt: wir sehen keine postdiphtheritischen Lähmungen, wir
finden nicht das Übergreifen auf das Larynxgebiet. So schloss er, dass
dieser Prozess ätiologisch getrennt sein müsse von der spezifischen
Diphtheritis. Die bakteriologische Forschung unserer Tage scheint dem
scharfsichtigen Kliniker Recht zu geben, die überwiegende Mehrzahl der
bisher untersuchten Fälle von wahrer Scharlachnekrose hat keine LÖFFLER-
schen Bacillen ergeben. Aus diesen Betrachtungen erhellt wohl, wie
wichtig für die Schätzung der prognostischen Bedeutung des Bacillen-
befundes für den Befallenen die Untersuchung der nicht so seltenen
gutartigen fibrinösen Pharyngitiden und Rhinitiden sein wird.

Seit langem bekannt ist das häufige Missverhältnis zwischen den
lokalen und den allgemeinen Infektionserscheinungen. Viele, besonders
ältere Beobachter sind von dieser Thatsache, ebenso wie von dem
rapiden Verlauf bösartiger Fälle ausgegangen, um für eine Reihe eine
allgemeine Infektion als das primäre, und die örtlichen Erscheinungen
als für den Verlauf der Infektion ziemlich gleichgültige Folgezustände
anzusprechen. In eine neue Phase ist diese Betrachtung in unseren
Tagen gerückt, da auf die Bedeutung einer gleichzeitigen, oder mehr
oder weniger früh nachfolgenden Streptokokkeninfektion hingewiesen
wird, die von infizierten Wohnräumen, Krankenhäusern[3]), aber auch
von Heerden in der Nasen-, Mund- oder Rachenhöhle[4]) des Erkrankten
ihren Ausgang nehmen kann. Doch will ich nicht unterlassen, auf
ÖRTEL's Anschauungen hinzuweisen, der nach den Bildungs- und Wachstumsverhältnissen zwei verschiedene Arten der Entstehung diphtherischer
Membranen annimmt.

Bei beiden finden sich im Beginne auf der Schleimhaut der Mandeln oder — seltener — in den angrenzenden Partieen stecknadel- bis

[1]) ZIEMSSEN-STEINER, Kroup in Z.'s Handbuch d. spec. P. u. Th. 1879.
[2]) Lehrb. d. Kinderkrankht. S. 609. II. Aufl.
[3]) BEHRING, D. m. W. S. 544.
[4]) MILLER, Die Mikroorganismen d. Mundes. S. 347. II. Aufl.

linsengrosse, oder etwas grössere weisslichgraue oder gelblichgraue Auflagerungen. Bei der einen Art erheben sie sich von Anfang an über
dem Epithel, dem sie aufgelagert sind, und dieses selbst wird erst im
weiteren Verlauf schichtenweise in den Prozess[1]) hineingezogen. Auch
später — nachdem die Gebilde sich vergrössert haben und zu einer,
mehr oder weniger grosse Bezirke bedeckenden Membran zusammen-
geflossen sind, können sie ohne Verletzung der Schleimhaut abgehoben
werden: nur das Epithel ist zu Grunde gegangen.

Bei der zweiten Bildungsart hingegen ist „ein grosser Schleimhaut-
bezirk, der infizierten Seite entsprechend, bis zur Uvala oder diese
selbst umfassend, in den Prozess hineingezogen: dunkelrot, gelockert,
geschwellt, ödematös." Während die Oberfläche hier noch intakt bleibt, beginnen „in der Tiefe der durchscheinenden Schleimhaut erst nur schwach
angedeutete weisslichgraue Trübungen, welche sich ohne Abgrenzung
in die ödematöse, gelbliche, sulzig erscheinende Umgebung auflösen.
Die Trübungen der Tiefe vergrössern sich nun rasch, gewinnen immer
mehr an Ausdehnung und Verdichtung. Die Transparenz der Schleimhaut verliert sich mehr und mehr, sie wird gleichfalls opak, man kann
die obersten Schichten nicht mehr erkennen, da auch das Epithel die
grauweissliche Färbung annimmt. Auch jetzt kann man noch häufig
kein Hervortreten dieser Stellen aus dem Niveau der übrigen Schleimhaut, selbst nicht mit der Lupe, nachweisen. Nun aber ändert sich rasch
das Bild. Schon nach ein Paar Stunden erheben sich die grauweissen
opaken Stellen über die Schleimhautfläche, gewinnen an Mächtigkeit,
und über Nacht kann der ganze weiche Gaumen mitsamt der Uvula
von einer ein Paar Millimeter dicken grauweisslichen oder auf grosse
Strecken erst noch gelblichen, speckig erscheinenden Pseudomembran
bedeckt sein, die sich aber rasch trübt, ein grauweissliches, schmutzig-
graues Aussehen erhält und stellenweise mit braunroten Flecken infolge
von kapillären Blutungen durchsetzt wird."

Das garnicht genug hervorzuhebende, weil praktisch sehr wichtige
Missverhältnis zwischen örtlicher und allgemeiner Erkrankung bei den
diphtheritischen Infektionen, hat natürlich wie bei allen anderen Infektions-
krankheiten auch andere Gründe als das Eindringen eines bestimmten
Quantums des Giftes, oder des von den Giftträgern produzierten besonderen
Enzyms (KOLISKO, PALTAUF). Hierher gehören alle Umstände, die die

---

[1]) ÖRTEL, Über die Bedeutung der diphtherischen Membranen mit Bezug auf die
Therapie.

Resistenz vermindern: zartes Alter, durchgemachte Krankheiten, besonders konstitutioneller Natur. Die Lebenswichtigkeit des befallenen Organs hinwiederum kann das umgekehrte Verhältnis bedingen, dass eine rein örtlich gebliebene, oder nur zu geringen Allgemeinerscheinungen führende Diphtherie-Infektion ungünstig auslaufe. Hierher gehören Kehlkopf- und Luftröhrendiphtheritis. — Was das gegenseitige Verhältnis anlangt, so befällt Diptheritis primär am häufigsten den Rachen, wie allgemein bekannt. Seltener ist ein primäres Befallenwerden des Nasenrachenraums, doch halte ich es für fraglich, ob die Prognose in diesen Fällen wirklich schwerer zu stellen ist. Ich habe schon erwähnt, dass die Zahl der diagnostizierten Fälle von Nasenrachendiphtheritis unendlich viel geringer ist, als die der vorkommenden.

Eine durchaus gutartige Krankheit ist die fibrinöse Rhinitis, von der ich 6 Fälle beobachtet habe. In keinem waren fieberhafte und — von der Verlegung der Nasenatmung abgesehen — überhaupt andere Störungen des Befindens vorhanden als sie einem gewöhnlichen akuten Katarrh zukommen. In dreien meiner Fälle war die Affektion einseitig, nur einer betraf eine erwachsene Patientin. Sonderbarerweise ist diese klinisch so scharf charakterisierte Erkrankung einige Male neben Diphtheritis in derselben Familie vorgekommen und von Einigen ist der unzweifelhafte Befund von zum Teil lange auf der Schleimhaut haftenden Diphtheritisbacillen erhoben worden. Sollte man diese Bacillen öfters als stille Gäste auf kranker oder gar auf gesunder Schleimhaut finden, so würde ihre klinische Bedeutung doch stark leiden.

Sicher gestellt ist der, wenngleich seltene Beginn der Erkrankung im Kehlkopf, im subglottischen Raume oder in der Luftröhre. Allerdings muss zugegeben werden, dass vielfach Verwechselungen möglich sind, zwischen primären und solchen sekundären Hoerden, bei denen der primäre der benachbarten Höhle übersehen wurde, oder nur von kurzer Dauer und geringer Intensität gewesen war: besonders leicht ist dies möglich bei einem Primärheerd im Nasenrachenraum, wegen der oft schwierigen und noch wenig allgemein verbreiteten Technik der Untersuchung. Aber auch in der Nasenhöhle sind die Anfänge des Prozesses häufig übersehen worden, wie aus den oben angegebenen Nachbefunden hervorgeht. Die häufigste Richtung, in der der Prozess sich von einer Höhle auf die andere fortpflanzt, ist vom Nasenrachen und Rachen aus, die Richtung nach abwärts. Zweimal konnte ich mit Sicherheit beobachten, dass der im Nasenrachenraum lokalisierte Krankheitsprozess fast gleichzeitig auf die Vordernasenhöhle, auf die Tuben und das Mittelohr und nach unten auf das Kehlkopfluftrohr sich fortpflanzte.

Verlauf und Therapie.

Bei den meisten Erkrankungen ist die Diagnose leicht aus den klinischen und örtlichen Symptomen zu stellen, doch darf nicht unerwähnt bleiben, dass in einer freilich nicht grossen Zahl von Fällen Verwechselungen selbst mit Zuhilfenahme der bakteriologischen Untersuchungsmethode möglich sind. So mit rein fibrinösen Entzündungsprozessen, sowie mit Mischformen und lakunärer Angina dann, wenn die Untersuchung auf Diphtheritisbacillen negativ ausfällt, in welchem Falle, wie meistens bei negativem Ausfall der bakterioskopischen Proben noch nicht geschlossen werden darf, dass sie überhaupt nicht vorliege. Auch Ritter[1]) giebt noch neuerdings zu, dass, wiewohl in jedem einzelnen Falle echter Diphtherie der KLEBS-LÖFFLER'sche Bacillus nachgewiesen wurde, zeitweilige Fehluntersuchungen möglich seien, da sich die oberen bacillenhaltigen Schichten der Membranen leicht abstossen. Die vom Beginne der Erkrankung bis zum Auffinden der Infektionsträger angegebenen Zeiten schwanken sehr beträchtlich (von einigen Stunden bis zu drei und vier Tagen). Es liegt auf der Hand, dass der Praktiker leicht durch allzu grosse Berücksichtigung dieser Seiten der Diagnostik dazu geführt werden kann, kostbare Zeit zu verlieren. Da ich selbst jede eingreifende, die Körperkräfte erschütternde Behandlung der Diphtheritis für verboten halte, so halte ich vom praktischen Gesichtspunkte aus den Ausweg für gestattet, jede aus klinischen und epidemiologischen Gründen diphtheritisverdächtige Erkrankung von vornherein zu isolieren. Der Verlauf muss sich naturgemäss verschieden gestalten, wenn wir zunächst die aus den örtlichen Erscheinungen hervorgehende Krankheitssymptome in den Bereich der Betrachtungen ziehen. Wird die Nase primär befallen, so ist Verlegung der Nasenatmung die erste Folge. Ist der Nasenrachenraum der erste Heerd, so treten zu der Verlegung der Nasenatmung mehr oder minder lebhafte Schmerzen beim Schlingen auf, die in die Ohren ausstrahlen und von schmerzhaftem Druckgefühl auf den Schädel und in der Hinterhauptgegend begleitet sind. Ist der Rachen zuerst ergriffen, so sind in einer Reihe von Fällen, die je nach dem Beginn ein- oder doppelseitig auftretenden Schluckschmerzen gering; entweder, weil der örtliche Heerd von geringer Ausdehnung ist, oder weil die örtlichen Erscheinungen vor den allgemeinen zurücktreten. In anderen Fällen ist das jugendliche Alter der Kranken, die ihre Beschwerden nicht äussern, oder anderweitig verraten können, der Grund,

---

[1]) J. RITTER, Ätiologie u. Behdlg. d. Diphtherie. Verh. d. 65. Vers. d. Nat. u. Ärzte.

weshalb ohne örtliche Untersuchung, das Vorhandensein diphtheritischer Beläge bei ungenügender Aufmerksamkeit leicht entgehen kann. Sind nur Kehlkopf und Luftröhre ergriffen, entweder, weil hier der Prozess begann, oder die ersten Herde in Nase oder Rachen beim Beginn der Beobachtung bereits verschwunden sind, so hängt die Möglichkeit der Diagnose von verschiedenen Umständen ab. Die allgemein laryngo-stenotischen Erscheinungen werden in Zeiten von Diphtheritis-Epidemieen alsbald den Verdacht auf Larynx-Diphtheritis erwecken müssen. Trifft diese Voraussetzung nicht zu, so sind wir auf die laryngoskopische Untersuchung allein angewiesen. Die Allgemeinerscheinungen, mit denen die Krankheit einsetzt, die Kopfschmerzen, die Prostration, das Fieber, haben ohne die örtlichen nichts besonders Charakteristisches. Bei kleinen Kindern setzt die Erkrankung gelegentlich mit Krämpfen ein. Dass die Inkubationsdauer in ziemlich weiten Grenzen schwankend berichtet wird, zwischen zwei und fünf Tagen, hängt wohl mit den mehr-fach angedeuteten Möglichkeiten zusammen. Primärheerde an versteckten oder im gewöhnlichen Lauf der Untersuchung immer noch nicht ge-nügend beachteten Orten zu übersehen.

Von Wichtigkeit für diese Frage ist eine neuerdings von E. MEYER[1]) gemachte Beobachtung: „Am 6. Februar 1894 fand in einem Berliner Hotel eine Gesellschaft von 28 Personen statt. Am 9. erkrankten acht davon und zwar drei an Diphtheritis, fünf an Angina lacunaris. Von den ersten starb eine 40jährige Dame am vierten Tage, eine andere, 36jährige, am zehnten Tage, ein Herr genas. — Bei einer der „Anginen" konnte M. aus dem Sekret der 18jährigen Patientin den LÖFFLER'schen Bacillus rein züchten. Drei Tage später erkrankte der 13jährige Bruder des Mädchens an typischer Angina — das Sekret zeigte LÖFFLER'sche Bacillen und Staphylokokken. Weitere drei Tage später erkrankte der Neben- und der Vordermann dieses Kindes in der Schule — der Knabe hatte am ersten Erkrankungstage noch die Schule besucht. Ausser der regelmässig hier nachzuweisenden Inkubationsdauer von dreimal vier-undzwanzig Stunden ist hier mit sehr grosser Deutlichkeit der Fall zu kon-statieren, dass die Angina lacunaris auf einer Diphtherieinfektion beruhen kann." — Die durch Verbrennungen, Anätzungen oder durch chemische Einwirkungen erzeugten fibrinösen Beläge werden auch, abgesehen von dem negativen Bacillenbefund, nicht leicht verkannt werden. Dagegen ist daran zu erinnern, dass die im Verlauf akuter Infektionskrankheiten vorkommenden exsudativen Entzündungen in den ersten Atemwegen — seien sie nun primäre oder sekundäre Infektionen — durch weitere

---

[1]) Verhandl. der Berl. lar. Gesellschaft. Febr. 1894.

Infektion mit dem Diphtheriebacillus kompliziert werden können. Das ist z. B. von der Angina scarlatinosa nachgewiesen[1]).

Es kann nicht genug darauf hingewiesen werden, in allen Fällen, die einigermaassen einer Lokaluntersuchung zugänglich sind, diese nicht zu unterlassen. Daran kann durchaus nichts der Umstand ändern, dass die Wertschätzung der laryngoskopischen Untersuchung durch mehrere Momente eine Einschränkung erfahren muss. Ältere Beobachter glaubten, dass Kroup und Diphtheritis im Larynx gewöhnlich von den Taschen oder von der Kommissur unterhalb der Stimmbänder ausginge (v. BRUNS). Doch darf man nicht vergessen, dass es auch einen Trachealkroup giebt, von dessen Vorhandensein selbst die unter günstigen Umständen angestellten Untersuchungen mittels des Kehlkopfspiegels nichts zu verraten brauchten. B. BAGINSKY[2]) zeigte, dass durch die plötzliche Entzündung, verbunden mit der hochgradigen Schleimhautschwellung und Membranbildung im Larynx, eine Änderung des Respirationstypus eintreten kann. Die Inspiration wird tiefer und häufiger, die Spannungsverhältnisse der oberhalb und unterhalb der Glottis befindlichen Luftsäule werden andere, die Stimmbänder durch Aspiration nunmehr genähert und der Lufteintritt noch mehr behindert. In dem von ihm beschriebenen Falle eines 4½jährigen Knaben fand er keine Beläge, im Rachen die aryepiglottischen Falten infiltriert, die Taschenbänder geschwollen, blutrot, sukkulent und nur stellenweis von der gelblichweissgrauen Membran bedeckt, keine Membranen auf den Stimmbändern: „diese liegen an der vorderen und hinteren Kommissur und lassen bei der Inspiration nur ein kleines Loch zwischen sich. Die Aryknorpel machen keine Bewegung, sondern stehen fest aneinander gedrängt"[3]).

Die Lösung von Kroup- und Diphtheritis-Membranen im Kehlkopf ist schon vor längerer Zeit laryngoskopisch beobachtet worden. So hatte GOTTSTEIN 1867[4]) Kroup-Membranen an der vorderen Fläche der hinteren Larynxwand und an den aryepiglottischen Falten konstatiert, wobei die Stimmbänder unsichtbar, die Taschenbänder und die Sinus bedeckt waren; die Glottis anscheinend verkleinert. Nach einer starken Ätzung mit Höllenstein wurde ein handtellergrosses Stück einer Membran ausgehustet, die in Kalkwasser löslich war. Die Schleimhaut erwies sich als intakt. Es liegt auf der Hand, dass eine so glänzende Gelegenheit,

[1]) Vergl. Verhandl. der Berl. med. Ges. 1892, ferner Verh. der 65. Vers. deutscher Nat. u. Ärzte. Sektion f. Kinderheilkunde.
[2]) Verhandlung der Berl. laryngologischen Gesellschaft. 1892.
[3]) L. c.
[4]) Berl. kl. W. 1867. S. 329.

die Art und Ausbreitung des Prozesses zu beurteilen, für den Kehlkopf
sich nicht oft ereignen wird. Das Bild selbst wird natürlich nach der
Tiefe und nach der Ausbreitung des Prozesses in der Fläche ein verschiedenes sein müssen, doch stimmt die Angabe der meisten Autoren
mit dem überein, was ich selbst mehrfach sehen konnte. Entweder
trifft man das oben von G. skizzierte Bild mit geringen Abweichungen
wieder, oder die der Besichtigung zugänglichen Teile des Kehlkopfes sind
frei, während die tieferen, primär oder nach dem Abheilen höher gelegenen
Heerde sekundär ergriffen zu sein scheinen. Seltener wird man ein Aufsteigen der Erkrankung aus der Gegend der Trachea oder der Bronchien
nach oben beobachten können. Einmal weil es seltener stattfindet, und
dann, weil man gewöhnlich schon vor der Möglichkeit es zu beobachten
durch die stenotischen Erscheinungen zum Eingriff gezwungen wird.
Je nachdem ein Aufsteigen oder Absteigen des Prozesses stattfindet, wird
sich die Reihenfolge der phonatorischen und der respiratorischen Veränderungen ändern müssen. Der Husten und die Veränderungen seines
Klanges sind ein sehr unsicheres Zeichen, das gelegentlich in der That
vollkommen fehlen kann[1]).

Der Auswurf von Membranstücken und Fetzen kann spontan erfolgen, wie man in manchen Fällen auch hin- und herschwankende Partieen des Exsudates oder nekrotischer Fetzen laryngoskopisch sehen kann.
In anderen Fällen haften die Gebilde unglaublich lange an einzelnen
Partieen des Kehlkopfes, während die sonstigen örtlichen und allgemeinen Erscheinungen längst abgelaufen sind. So sah GERHARDT[2]) 33 Tage
nach dem Beginn einer Rachendiphtheritis noch fortbestehende diphthe-
rische Plaques in den sinus pyriformes in Gestalt eines linsengrossen,
den tiefsten Teil der Buchten einnehmenden Exsudates. Beide Momente
brauchen auf den Gang der Erkrankung keinen Einfluss auszuüben.
Wir wissen von unserer Erfahrung bei der Tracheotomie und von der
Rachendiphtherie, wie wenig die künstliche oder spontane Lösung der
Membranen mit der Heilung zu thun zu haben braucht, wie schnell
Rezidive eintreten und wie oft hintereinander sich die Membranbildung
erneuern kann. — Man hat öfters von einer chronischen oder pro-
longierten[3]) Form der Diphtherie gesprochen. WALB hebt die besondere
Empfänglichkeit für Diphtheritis bei solchen Personen hervor, die an
konstitutionellen Erkrankungen leiden. Er glaubt, dass die Diphtherie-
Infektion einen schleppenden Verlauf zeigt in allen Fällen, die den
Nasenrachenraum befallen.

---

[1]) GOTTSTEIN, Lehrbuch.
[2]) Berl. kl. Wochenschr. 1869. S. 15.
[3]) JACUBOWITSCH, Ans. f. Kinderheilk. N. I. 1888.

Wir müssen aber immer dabei auseinanderhalten, dass es sich entweder um ein abnorm langes Haften der Membranen, oder um eine besonders schnelle und häufige Erneuerung handeln kann. Gerade die
letztere Erscheinung wird durch Löffler's[1]) wichtige Untersuchung ver-
ständlicher. Er fand noch drei Wochen nach der Infektion und dem
anscheinenden Ablauf der örtlichen Erscheinungen die Diphtheriebacillen
in der Mund- und Rachenhöhle in infektionstüchtigem Zustande. Unter
diesen Umständen wird, wie bei der primären Membranbildung das Erscheinen des Exsudates durch geringe Läsionen der immer noch gereizten
Schleimhaut begünstigt werden müssen. Übrigens werden nicht so selten
auch durch eine ungeeignete lokale Therapie, insbesondere durch Ablösungs-
versuche geringe, aber unter Umständen bedeutsame Läsionen der Schleimhaut bewirkt. Hennig[2]), der an 7 Fällen an Kindern zwischen drei
und sieben Jahren ein Fortbestehen der Membranbildung im Zeitraum
von drei Wochen bis zu 54 Tagen sah, nahm eine Reinfektion an, die
durch ungünstige räumliche Verhältnisse der Erkrankten bewirkt würde.

In günstig verlaufenden Fällen tritt die Reinigung der befallenen
Stellen oft sehr schnell, nach wenigen Tagen, ein, die Beläge selbst
pflegen dann ihre ockergelbe Farbe zu behalten. Die Rötung und Auflockerung der Schleimhaut, sowie eine vermehrte Sekretion zäher Schleimmassen, besteht aber meist noch längere Zeit. Haften sie länger, so
werden sie oft missfarbig, übelriechend, grauschwarz. Die umliegen-
den Schleimhautpartieen sind dunkel blutrot gefärbt, stark geschwollen,
ebenso die regionären Lymphdrüsen, die einer mehr oder weniger ausgebreiteten bretthaften Infiltration verfallen können. In diesen Fällen
verzögert sich der Verlauf um viele Wochen. Ich habe selbst einen
elf Wochen dauernden Fall dieser Art gesehen, dessen Gesamtdauer mit
allen Nachkrankheiten fast $3/4$ Jahr in Anspruch nahm. Alsdann verfallen auch einzelne Gewebsstücke der Nekrose und wenn die Heilung
eingetreten ist, sind die so bewirkten Substanzverluste für immer verblei-
bende Zeichen der überwundenen schweren Diphtherie. Sie begleiten den
Befallenen durchs Leben und geben später nicht selten zu falschen Vermutungen Anlass. Hierher gehören besonders die Substanzverluste der
Uvula, die schon oft Erwachsene in den falschen Verdacht durch-
gemachter Lues gebracht haben. In allen Fällen kann es, trotz im Anfang anscheinend günstigen Verlaufs, zu dem Ausbruch allgemeiner
schwerer Intoxikationserscheinungen kommen, in deren Verlauf meistens
der Tod durch Herzparalyse eintritt. In den infiltrierten Lymphdrüsen

1) Berl. kl. W. 1885. 1890.
2) Berl. kl. W. 1888.

kommt es zu Eiterungen, Eitersenkungen. Pneumonien, Pleuritiden, infektiöse Endokarditis sind nicht seltene Komplikationen, während auch bei geringerer Verlegung der Luftröhre und des Kehlkopfes, ebenso aber auch bei hochgradigen, die Atmung erschwerenden Infiltrationen im Rachen allein Lungenemphysem und -atelektase hinzutreten können.

Nachkrankheiten.

Als Nachkrankheiten der Diphtheritis kommen insbesondere zwei Gruppen in Betracht. Die eine bildet die postdiphtheritische Lähmung, die andere entsteht durch Residuen des diphtheritischen Lokalprozesses, oder als Folgen operativer Eingriffe. Hier sei nur erwähnt, dass in der Luftröhre die ulcerative Narbenstenose und auch die Granulationsstenose nach der Tracheotomie beobachtet werden. Die chirurgische Behandlung dieser gehört nicht in unseren Rahmen. Die endolaryngeale und -tracheale Behandlung jener weicht von derjenigen anderer Narbenstenosen nicht ab und wird später[1]) im Zusammenhange besprochen werden.

In der Nasenhöhle und im Rachen kommen vorzugsweise Synechieen als Folgen der Ulcerativprozesse zu stande. Allerdings sind, wie schon eben angedeutet, auch manche dieser Überbleibsel auf Rechnung unzweckmässiger therapeutischer Eingriffe zu setzen, also als traumatisch bedingt anzusehen. Von den postdiphtheritischen Lähmungen hat man seit langem vermutet, dass die ihnen zu Grunde liegenden Veränderungen in den peripheren Nerven degenerativer Natur durch Intoxikation mit den Stoffwechselprodukten der Diphtheriebacillen zu Stande kommen. Diese Vermutung ist durch experimentell-pathologische Versuche, bei denen künstlich[2]) Lähmungen erzeugt werden konnten, bestätigt worden. Man kann also an der Auffassung dieser Prozesse als einer infektiösen multipeln Neuritis festhalten. Es können schwere Diphtheritisinfektionen ohne, und leichte Fälle mit nachfolgenden Lähmungen auftreten. Es ist schon erwähnt, dass manchmal erst aus der Lähmung und ihren Symptomen auf eine vorausgegangene Diphtheritis geschlossen werden kann. Daraus erhellt die von GERHARDT[3]) betonte diagnostische Wichtigkeit der postdiphtherischen Lähmungen.

Man kann die meist frühzeitiger eintretenden auf die oberen Luftwege und den Bewegungs- und Akkomodationsapparat des Auges be-

[1]) Vgl. Kap. VI.

[2]) Roux und Yersin. Ann. de l'institut Pasteur. Juin 1889. Hansemann. Virch. Arch., Bd. 115.

[3]) Laryngoskopie und Diagnostik. 1885. Berl. kl. W.

schränkten Formen von den später sich einstellenden seltenen, den Rumpf und die Extremitäten betreffenden Lähmungen unterscheiden. Die ersteren sind prognostisch günstiger, wofern sie nicht durch Beteiligung der Herznerven kompliziert werden. — Die Lähmungen in den oberen Luftwegen, beginnen verschieden früh nach dem Ablauf der akuten Erscheinungen, einige Tage bis einige Wochen. Gewöhnlich ist der weiche Gaumen betroffen und zwar gleichzeitig sowohl von einer Sensibilitäts- wie Motilitätsstörung. Der Abschluss des Rachens von der Nasenhöhle ist je nach dem Grade der Lähmung erschwert oder unmöglich. Der Nachweis der Entartungsreaktion gelingt nicht immer. Die natürlichen Folgen sind Hinausfliessen geschluckter Flüssigkeiten aus der Nase und die als offenes Näseln bekannten Sprachstörungen. Demnächst in der Reihe der Häufigkeit sind Akkomodationsparesen, Augenmuskellähmungen, etwas seltener Lähmungen der Speiseröhrenmuskulatur. Sie können die Gaumen- und Rachenlähmung überdauern[1]). Alsdann findet das Herausfliessen der Speisen in charakteristischer Weise erst einige Zeit nach dem Schlucken statt. Noch weniger häufig ist das Gebiet des laryngus superior beteiligt. Alsdann wird auch die Schleimhaut des Kehlkopfeingangs anästhetisch und der Ausfall der hier sonst ausgelösten Hustenreflexe bedingt dann die schwere Gefahr der Schluckpneumonie. Auch Stimmbandlähmungen kommen vor, wenn der nervus recurrens mit beteiligt oder später ergriffen wird, und zwar ein- oder doppelseitig, mit oder ohne Beteiligung der Rachenschleimhaut. Semon[2]) beobachtete eine doppelseitige, fast komplete Rekurrenslähmung nach Rachendiphtheritis. In diesem Falle war der Rachen unbeteiligt. S. war geneigt, die Lähmung als Reflexparalyse aufzufassen.

Die Tendenz des Überganges der Lähmungserscheinungen auf den Rumpf und die Extremitäten macht sich schon frühzeitig[3]) durch das Schwinden des Kniephänomens bemerkbar. Bei weiterer Ausdehnung bilden die Krankheitserscheinungen ein der Tabes ähnliches Bild, indem zu den Bewegungs- und Sensibilitätsstörungen solche der Koordination hinzutreten, während die Hautreflexe gesteigert sind.

Therapie.

Vorbeugende Maassnahmen, wenngleich sie von geringer Bedeutung für unsere Heilwirkungen im Einzelfalle sind, sind nach zwei Rich-

---

[1]) Calm, Berl. klin. Wochenschr. 1883. Aus Kussmaul's Klinik „Über eine besondere Form allgemeiner Atrophie nach Diphtheritis wahrscheinlich nervöser Natur.
[2]) Berl. klin. Wochenschr. 1883.
[3]) Oppenheim, Lehrbuch der Nervenkrankheiten.

tungen hin gegenüber der Diptheritis nicht ausser Acht zu lassen.
Das eine ist die Anwendung hygienischer Maassnahmen zum Schutz der
Gesunden, wenn die Diagnose in einem Falle gestellt ist, oder wenn
Diphtheritis epidemisch herrscht. Über diesen Punkt ist für Ärzte nichts
Neues zu sagen, es genügt dieser Hinweis[1]. Das andere ist die persön-
liche Prophylaxe. Das ist eine Angelegenheit, die der Aufmerksamkeit
besonders seitens der Familienärzte noch sehr bedürftig ist. Dazu gehört nicht nur das Freihalten der ersten Atemwege, sondern auch die
Pflege der Zähne und der Mundhöhle, auf die besonders nach MILLER's
Untersuchungen die Aufmerksamkeit nicht genug hingelenkt werden
kann. Bei Patienten aus sogenannten guten Familien und Ständen bekommt man oft genug schaudererregende Dinge zu sehen, als ob es
noch keine Dentistik gäbe.

Die Geschichte der medikamentösen Behandlung der Diphtheritis
bietet ein recht unerquickliches Bild. Es ist schwer, aus dem Wust
mangelhafter Kasuistik die wenigen Körner des Erhaltenswerten zu sondern. So lange die ätiologische Therapie das Laboratorium noch nicht
verlassen hat, waren wir auf den Weg der Empirie angewiesen. Ich habe
jede reizende Lokalbehandlung aufgegeben. Vertrauen verdient die 1870
von LETZERICH empfohlene diaphoretische Behandlung[2]. Ich lasse zwei
bis dreimal in 24 Stunden PRIESSNITZ'sche Einwickelungen des ganzen
Körpers von zwei bis drei Stunden vornehmen. Bei gleichzeitiger Sorge
für gute Ernährung und Darreichung von Reizmitteln ist mir ein Kollaps
dabei nie begegnet. Entschliesst man sich besonders bei älteren Kindern zu einer Lokalbehandlung, so verwende man nur unschädliche
Applikationsmethoden, Einblasungen von Salicylaten, Abspülung mit
schwachen Sublimatlösungen (höchstens 1 zu 1000) in wässriger und
aromatischer Lösung. Spülungen oder Gurgelungen mit dieser Lösung
hat auch LÖFFLER zur Prophylaxe in Zeiten von Epidemieen empfohlen.
Was die immer noch beliebteste Anwendung des Kalkwassers anbelangt,
so hat HARNACK[3] gezeigt, dass bei Inhalationen das Kalkwasser durch
die Kohlensäure der Exspirationsluft verändert wird und als Kreide in
den Kehlkopf gelangt, wodurch jede Wirksamkeit des Präparates aufgehoben wird. Die aus diesem Grund gegebene Empfehlung H.'s[4], den
RICHARDSON'schen Zerstäuber mit einem längeren Ansatzrohr für den

---

[1] Über den Wert des BEHRING'schen Mittels zur Immunisierung wird erst die Zukunft ein Urteil gestatten.

[2] Berl. kl. Wochenschr. 1870. S. 187.

[3] Berl. klin. Wochenschr. 1888. Das Kalkwasser, eine pharmakologisch-thera-
peutische Skizze.

[4] L. c. 1889. S. 134.

Kehlkopf zu versehen und bei tiefer Inspiration zu zerstäuben, möchte ich nicht unterschreiben. Erstens wegen der Gefahr, infektiöses Material hinunter zu senden, dann weil bei kleinen und ungeduldigen Patienten die Manipulation mehr erregt, als nützt. Für alle Fälle, empfehle ich von Anfang an die innerlichen Gaben von Hydrargyrum bicyanatum (0,01—0,02/200) von der ich stündlich bei Kindern thee- bis kaffeelöffelweise reichen lasse, bei Erwachsenen dieselbe Lösung esslöffelweise. Die Behandlung der durch die Kehlkopfdiphtheritis bedingten Erschwerung der Atmung kann auch heute nur durch die Tracheotomie geschehen. Der Intubation, welche von einigen Seiten mit einer gewissen Begeisterung als Ersatzmittel des Luftröhrenschnittes empfohlen worden ist, kann ich diese Berechtigung nicht zugestehen. Vorteile in der Behandlung bietet sie nicht, die Nachbehandlung muss eine ebenso sorgfältige sein, und die notwendige, wohl nur in einem Krankenhause mögliche Aufsicht der Intubierten, ist eine noch schwerere Aufgabe, als die Wartung eines tracheotomierten Kindes. Dagegen kann der der Intubation gemachte Vorwurf, dass man mit ihr im Dunklen arbeite, durch nichts entkräftet werden, und eine einzige Beobachtung von tötlichem Ausgange durch Verstopfung der Intubationsröhre mit Membranfetzen genügt meines Erachtens, um den Wert der Intubation für das hier zu besprechende Gebiet sehr einzuschränken. Dabei lasse ich die Gefahr der Druckgangraen, des Verschluckens und die immerhin für die Mehrzahl der Ärzte schwer zu erlernende Technik noch ganz bei Seite. Die Berechtigung der Intubationsmethode in der Diphtheritistherapie werde ich danach, zur provisorischen Anwendung und im Beginn der laryngostenotischen Erscheinungen, auf diejenigen Fälle beschränken, in denen eine Orientierung durch die Laryngoskopie noch in Aussicht steht. Zweitens würde ich sie zulassen mit derselben Berechtigung, die ich dem Katheterismus der Luftröhre zugestehe, um im Moment der Gefahr der Asphyxie zu begegnen, wenn aus irgend welchen Gründen die Tracheotomie nicht sofort ausgeführt werden kann, also nur als eine, die Tracheotomie nur vorbereitenden, versuchsweise auszuführenden Eingriff. —

Neuerdings hat Löffler eine Mischung von 60 Teilen Alkohol, 36 Teilen Toluol und 4 Teilen Liquor ferri sesquichlorati — mit einem Zusatz von Menthol — empfohlen und zwar zur örtlichen Anwendung, die an den erkrankten Stellen 3—4stündlich mittels durchtränkter Wattebäusche geschehen soll. — Ich hatte selbst bisher noch nicht Gelegenheit, Erfahrungen über dieses Mittel zu gewinnen, jedoch glaube ich, bei dem Vetrauen, das dieser Forscher verdient und den günstigen Resultaten, die der Autor selbst berichtet, die Methode nicht unerwähnt lassen zu dürfen.

Die in unseren Tagen von BEHRING inaugurierte Antitoxinbehandlung der Diphtheritis steht ebenso wie die prophylaktische Immunisierung Gesunder gegen Diphtheritis noch im Stadium des Versuches. Ob damit die neue Ära der kausalen Therapie beginnt, muss die Zukunft lehren. Das Verfahren beruht auf der Einverleibung von Blutserum von Tieren, die allmählich diphtherieimmun gemacht worden sind, und zwar durch Einführung von Diphtheriegift in steigenden Dosen. Ich selber hatte bisher noch wenig Gelegenheit, von dem BEHRING'schen Präparat Gebrauch zu machen. Jedoch will ich nicht unerwähnt lassen, dass in einigen klinisch als schwere und progrediente imponierenden Fällen ein auffällig günstiger Einfluss durch die Injektion des Mittels geäussert zu werden schien. Es wurde das stärkere Präparat am dritten bez. vierten Erkrankungstage injiziert. Ein Schaden ist bisher nicht beobachtet worden und die bisherigen Ergebnisse der Krankenhausstatistiken lassen Gutes erhoffen. Die Ärzte werden aber bei ihren Versuchen gut thun, zu bedenken, dass das Antitoxin spezifisch, d. h. nur gegen das Diphtheritis virus wirken kann, nicht aber gegen die begleitende oder sekundäre Infektion, von der oben die Rede war.

Zur Behandlung diphtheriekranker Menschen werden gegenwärtig von den Höchster Farbwerken drei verschiedene Präparate ausgegeben. Das erste enthält etwas mehr als 600 Antitoxin-Normaleinheiten nach BEHRING-EHRLICH'scher Berechnung. Das zweite Präparat enthält in konzentrierterer Form ca. 1000 Antitoxineinheiten und das dritte 1500 Antitoxineinheiten.

Nach den bisherigen Beobachtungen soll man in der übergrossen Mehrzahl der Diphtheriefälle mit 600 Normaleinheiten vollkommen ausreichen. Für Kinder unter zehn Jahren, bei denen die Diphtherieerkrankung nicht über den zweiten bis dritten Krankheitstag hinaus ist, soll fast durchweg schon diese Dosis genügen, um das Fortschreiten des Krankheitsprozesses zu verhindern und die Genesung herbeizuführen. Bei Erwachsenen und bei weit vorgeschrittenen oder sehr schweren Diphtheriefällen kleinerer Kinder muss die Einspritzung der einfachen Dosis wiederholt werden, oder es muss eines von den stärker konzentrierten Präparaten genommen werden.

Zur prophylaktischen Behandlung soll schon der vierte Teil der einfachen Heildosis (= 150 Normaleinheiten) genügen (BEHRING).

Von dem Eintreten eines kritischen Abfalls der Fieber- und der spezifischen Krankheitserscheinungen habe ich mich in den von mir beobachteten, mit BEHRING's Mittel behandelten Fällen überzeugt.

Masern.

Die Beteiligung der ersten Atemwege bei der Masernerkrankung findet zu verschiedenen Zeiten des Prozesses und in verschiedenen Formen statt. Der gewöhnlichen Annahme zufolge kommen neben den andern Initialerscheinungen, typische gleichmässige Schleimhautschwellungen der Nasenhöhle vor, verbunden mit wässriger Hypersekretion und Neigung zu Blutungen. Dieser sehr gewöhnliche initiale Nasenkatarrh kann sich auch zugleich in dem Rachen und Kehlkopf ausbreiten. Dann treten mehr oder weniger lebhafte Schluckschmerzen auf. Ich sah während einer kleinen Masernepidemie fast sämtliche Fälle mit dieser Masernangina verlaufen. Es treten dabei verschieden starke Schwellungen der regionären Lymphdrüsen auf. Der Husten ist von rauh heiserem, oder mehr bellendem Klang. Später machen diese Initialerscheinungen anderen Platz, die schon mehr an das Hautexanthem erinnern. Der Sitz der Schleimhautflecken ist besonders am Gaumen und an den Arkaden; weniger ausgesprochen, und überhaupt nicht immer zu finden, sind sie an der hinteren Rachenwand und im Larynx. Während die Inkubationserscheinungen gewöhnlich nur eine gleichmässige und ausgebreitete Rötung und Schwellung bieten, kann in der Initialperiode eine fleckweise Rötung entstehen, welche in der Folge einer mehr oder weniger dichten Entwickelung von gries- bis mohnkorngrossen Papeln Platz macht (Löri). Die diagnostische Bedeutung dieser Schleimhautflecken ist eine beschränkte, denn sie kommen auch bei andern Exanthemen in ganz ähnlicher Entwickelung auf der Schleimhaut vor. Ferner können sie bei den Masern auch fehlen, und in anderen Fällen erscheinen sie auch schon in dem Inkubationsstadium. Ich habe sie in mehreren Fällen vor dem Ausbruche des Hautexanthems beobachten können. In diesen Fällen werden sie diagnostisch verwertet werden können, wenn eine Masernepidemie herrscht. Löri glaubt, dass auch im Gebiet des weichen Gaumens die fleckige, an der hinteren Rachenwand und den Mandeln häufiger sich ausbreitende Schleimhautrötung vorkäme, während im Kehlkopfluftröhrengebiet beide Formen gleich oft beobachtet wurden.

Gerhardt[1]) sah, die älteren Angaben von Billiet und Barthez bestätigend, fleckige Rötung, zum Teil mit punktförmigen Exsudaten, zum Teil mit hyperämischen Stellen und dazwischen vorspringenden weissen Punkten, aus denen sich gegen Ende des Prozesses ein Tröpfchen Flüssigkeit ausdrücken liess. Auch im Kehlkopf zeigte sich die Rötung in

---

¹) Cas. Mitt. Jen. Zt. f. M. III.

Gestalt weiss getüpfelter, umschriebener Hyperämieen mit Neigung zu späterer Erosion und Ulceration an der vorderen Fläche der hinteren Larynxwand.

Diese primäre, wahrscheinlich durch Inhalation des Maserngiftes bedingte Infektion der Schleimhaut verläuft wie ein einfacher Katarrh. Nur eine stärkere Beteiligung des Kehlkopfs kann durch Schwellungszustände an der hinteren Wand zu Atemnot führen und die Prognose trüben. Bei gewöhnlichem Verlauf tritt unter reichlicherer Schleimsekretion in verschieden langer Zeit eine Abschwellung und Abblassung der Schleimhaut und Rückkehr zur Norm ein.

Länger dauernde Störungen werden zunächst veranlasst durch sekundäre Infektion. Hierher gehören grangränöse Prozesse, wie sie auch nach Typhus und Pocken beobachtet sind. Ausserdem kann durch die Masernerkrankung ein schon vorhandener Krankheitsherd zur Ausbreitung gebracht werden. Hier sind die 'nach den Masern so oft beobachteten Verschlimmerungen tuberkulöser Prozesse zu nennen. In anderen Fällen mag es sich um eine gesteigerte Disposition zur Aufnahme eines Krankheitsgiftes handeln, ähnlich wie beim Keuchhusten und der Influenza. Drittens darf der Hinweis nicht unterbleiben, dass gerade nach den Masern Vergrösserungen der Rachentonsille bestehen bleiben, von denen die höchsten Grade verlegter Nasenatmungen mit ihren Folgezuständen auszugehen pflegen.

Die Anschwellungen der Kehlkopfschleimhaut können, je jünger und zarter die befallenen Kinder sind, um so eher zu hochgradiger Kehlkopfstenose führen und die Tracheotomie notwendig machen. Das gilt von der Bildung follikulärer Geschwüre an der vorderen Fläche der hinteren Kehlkopfwand, wie sie zuerst von GERHARDT[1]), später vielfach von andern Autoren beschrieben worden sind.

Es muss dahingestellt bleiben, ob nicht eine Reihe dieser Fälle tuberkulöser Natur gewesen sind. Über die differentielle Diagnose zwischen entzündlichen und kroupös-diphtheritischen Stenosen im Gefolge der Masern muss auf die im vorangehenden Abschnitt gegebenen Erörterungen hingewiesen werden. Gerade nach Masern kommt es nach STRÜMPELL mit Vorliebe zu Larynxkroup, ohne dass die Rachenorgane befallen werden. — In einem Falle beobachtete ich bei einem 8jährigen Mädchen Kieferhöhlen- und Siebbeinzellen-Empyem der linken Seite. Dasselbe entstand meines Erachtens nicht durch Fortleitung von der Nase aus, sondern primär mit der Morbilleninfektion und konnte erst

---

[1]) l. c.

S*

innerhalb eines Jahres, trotz energischer operativer Behandlung, zur Ausheilung gebracht werden.

Therapie.

Die örtliche Behandlung ist, soweit sie nicht nach dem Vorangehenden eine chirurgische sein muss, meistens überflüssig. Zu empfehlen ist eine genaue Beobachtung in der ersten Zeit der Konvalescenz, mit besonderer Rücksicht auf das adenoide Gewebe des Rachenringes, die Nasennebenhöhlen und das Gehörorgan.

Scharlach.

Im Vordergrund des Interesses steht für uns die Beteiligung des Rachens beim Scharlach. Die Erkrankungen des Kehlkopfes entstehen meist erst durch Fortleitung oder durch sekundäre Infektion. Die der Nasenhöhle sind meistens von geringer Intensität, wenn nicht kroupöse oder diphtheritische Rhinitiden das Bild komplizieren. In manchen Epidemieen ist im Gegensatz zu diesen allgemeinen Erfahrungen eine ausgedehntere und hervorragend häufige Beteiligung des Kehlkopfes beobachtet worden.

Die skarlatinöse Angina catarrhalis braucht sich weder in ihrem Aussehen, noch durch die Stärke der äusseren Lymphdrüsenschwellung von einer gewöhnlichen zu unterscheiden. Dann führt das charakteristische Aussehen der Zungenschleimhaut, in Verbindung mit den klinischen Allgemeinerscheinungen auf die richtige Fährte. Während in diesen Fällen nur eine einfache Rötung und Schwellung der Schleimhaut und der Follikel zu sehen ist, finden wir in anderen die lakunäre Tonsillitis oder starke parenchymatöse Schwellung des ganzen adenoiden Ringes oder einzelner Teile desselben. Ich konnte mich davon überzeugen, dass die Rachenerscheinungen der ersten Art gewöhnlich dem Exanthem vorangehen. Sicher ist auch, dass sie manchmal schon verschwunden sind, wenn das Hautexanthem ausbricht, während sie es in anderen Fällen längere Zeit überdauern können.

Seltener als die diffuse ist eine dem Befunde bei Masern sehr ähnliche fleckige Rötung. Löri beobachtete rote Punkte, die sich auf den Flecken bilden, in einigen Stunden Linsengrösse erreichen, zu Knötchenbildung führen und dann im Verlauf von 24 Stunden eitrig zerfallen.

Die nekrotische Scharlachangina erscheint selten mit eigenen initialen Symptomen, meist schliesst sie sich an eine der ersterwähnten Formen an, aus denen sie 3—4 Tage später hervorgeht. Während die diffuse wie die fleckige Rötung wahrscheinlich durch das Scharlachgift selbst bedingt werden, sind die lakunären, sowie die nekrotischen Entzündungsformen als sekundäre Infektionen anzusehen. Von der wahren Diphtheritis unterscheidet sich die Scharlachnekrose des Rachens klinisch durch das Fehlen der Lähmungen, sowie durch die geringe Tendenz, auf den Kehlkopf überzugreifen. Diphtheritis als sekundäre Infektion kommt gelegentlich auch vor, dies ist aber ein seltenes Ereignis.

Die Scharlachnekrose ist eine mit Recht gefürchtete Komplikation. Geht sie in Heilung über, so kann das unter Defektbildung geschehen, wobei nach STRÜMPELL auch gefahrdrohende Blutungen durch Gefässarrosion zu stande kommen. LÖRI hält die parenchymatöse Schleimhautblutung für ein schlechtes Zeichen, was ich nach meiner Beobachtung nicht bestätigen kann. Hauptsächlich bedroht die Scharlachnekrose das Leben durch die ihr leicht folgende pyämische Allgemeininfektion, die zur Herzparalyse führt.

Mit der initialen diffusen Rötung im Rachen, geht eine solche im Kehlkopf, im Nasenrachenraum und in der Nasenhöhle oft gleichzeitig einher, ohne dass sie lebhaftere Symptome machen. Der Ablauf der Scharlachrhinitis und -rhinopharyngitis muss sorgfältig mit Rücksicht auf die Fortleitung in die Nachbarschaft beobachtet werden. Das Gehörorgan und die Nasennebenhöhlen stehen auch hier in erster Reihe.

Die Schwellung der Halslymphdrüsen, sowie der cervicalen Drüsen entspricht nicht immer dem Grade und der Tiefe der Schleimhautaffektionen. Charakteristisch ist die Neigung zur Abscessbildung. Vereitern die tiefen Cervicaldrüsen, was infolge ihrer anatomischen Beziehungen auch durch Fortleitung von Infektionsmaterial von der Nasenhöhle geschehen kann, so kommt es zur Eiterung im submukösen retropharyngealen Bindegewebe. Es entsteht ein Retropharyngeal-abscess, eine nicht ganz seltene Scharlachkomplikation, die im Anfang ihrer Entwickelung leicht übersehen werden kann. Ihre Symptome, die Exacerbation des Fiebers, Steifigkeit im Hals und Nacken, Schluckbeschwerden sind manchmal nicht sehr deutlich ausgeprägt. LEWANDOWSKY[1]) sah sie bei einem sieben- und bei einem zwölfmonatlichen Kinde. Wie in den Fällen dieses Autors sieht man nicht selten einen mehr subakuten Verlauf. Der Sitz kann verschieden hoch und mehr seitlich sein. Es sind auch multiple, retropharyngeale Abscesse beschrieben. Interessant und mit meinen Injektionsversuchen übereinstimmend war mir die Vermutung L's, dass eine heftige eitrige Rhinitis die Hauptursache dieser Vereiterung sei, was nach ihm und BOKAI[a]) um so wahrscheinlicher ist, als sie bei genuiner Rachendiphtherie nicht vorzukommen scheinen.

[1]) Berl. klin. Woch. 1882.
[2]) Jahrb. f. Kinderheilkunde N. F. Bd. VI. X.

Endlich gehört der Scharlach, wie Typhus, Pocken, Erysipel, auch
zu den Infektionskrankheiten, die zu laryngealer Perichondritis führen
können, von deren Symptomatologie und Therapie in dem Kapitel über
Typhus gehandelt ist.

Therapie.

Hier wie bei allen akuten Infektionskrankheiten ist nicht nur vom
Beginn der Krankheit an, sondern schon in gesunden Tagen eine prophylaktische Behandlung der Mundhöhle und der Zähne, sowie aller die
Nasenatmung verlegenden Ursachen zu betonen. Die leichten Formen
bedürfen keiner besonderen oder von denen der einfachen katarrhalischen
Entzündungen abweichenden örtlichen Behandlung. In allen Fällen gebe
ich innerlich Natrium benzoicum in hohen Dosen und zwar in wässriger
Lösung mit Zusatz von Succus liquiritiae in stündlichen Gaben. (Sol.
natr. benz. 3.0—8.0/185.0 Succ. liquir. ad 200.0 1—2 stündl. theelöffel-
bis kaffelöffelweise). In den schwereren und durch sekundäre Infektion bewirkten Formen lasse ich in ebenfalls stündlichen Gaben
das bei der Diphtherie empfohlene Hydrargycum bicyanatum (0.01 bis
0.03 : 200) reichen. Die allgemein eccitierende Behandlung ist selbstverständlich, besteht aber nicht in der laxen und zwecklosen Verordnung
von Alkoholicis sondern in der Anordnung einer richtigen Diät. Örtlich
rate ich jedes eingreifende Verfahren ebenso wie bei der wahren Diphtheritis zu unterlassen. Ich empfehle zur Gurgelung bez. Besprühung
5—20 °/₀ ige Wasserstoffsuperoxydlösung.

Von den Bestäubungen mit Zuckerstaub, die schon einmal 1881
nach Diphtheritis von LOREY[1]) und in neuerer Zeit aufs Neue auch
gegen die nekrotische Form der Scharlachangina empfohlen ist, habe ich
weder auf die Rachen- noch auf die Nasenschleimhaut eine deutliche
Einwirkung beobachten können. Dass die ungeheure und täglich sich
mehrende Zahl von Empfehlungen erfolgreicher Heilmittel hier wie dort
meist auf Selbsttäuschung der Autoren beruhen, bedarf kaum der Erwähnung.

Rotlauf. Erysipelas.

Noch immer sind die klinischen, sowie die ätiologischen Beziehungen
des Rotlaufs zu der phlegmonösen Entzündung nicht genügend geklärt.
Aus klinischen Gründen empfiehlt sich die getrennte Behandlung der
Krankheitsbilder, allerdings unter Betonung ihres gegenseitigen Konnexes.
— Das organisierte Gift des Erysipels, der von FEHLEISEN gefundene
Rotlaufkokkus, kann an irgend einer Stelle der Haut Eingang finden,

---

[1]) Deutsche med. W. J. 1881.

und von da aus, entweder kontinuirlich oder zwischenliegende Partieen
überspringend, sich auf die benachbarten Schleimhäute verpflanzen. Ein
ander Mal ist der Weg der umgekehrte, indem von einem Nasen-,
Rachen- oder Kehlkopferysipel der Prozess auf die Haut übergeleitet
wird und das Hauterysipel sekundär entsteht. Leitungskanäle bilden der
Thränennasengang, die eustachische Röhre, die äusseren Aperturen der
Nase, die Mundlippenschleimhaut, der äussere Gehörgang. Vermehrt
wird die Disposition zur Überleitung von den Höhlen nach aussen und
umgekehrt, sowie die Neigung öfters befallen zu werden durch alle
Momente, welche eine grössere Brüchigkeit und Gelegenheit zu leichten
oberflächlichen Kontinuitätstrennungen ergeben. Daher die alte Beobachtung, dass Personen mit chronischen Nasen-, Rachen- und Kehlkopf-
katarrhen ebenso häufig von Erysipelen befallen werden, wie etwa
mit chronischen Ulcerationen an der Haut, mit Eczemen behaftete
Kranke. Wir wissen, dass grosse Reihen von chronischen katarrhalischen
Rhinitiden am Naseneingang, vorzugsweise aber am knorpligen Septum
Excoriationen bilden. Wir wissen ferner, dass in ähnlicher Weise an
der Schleimhaut des Nasenrachens durch fest haftende zähe Sekretmassen
im Pharynx bei chronischen Schwellungszuständen und verminderter
Resistenz der Schleimhaut, beim Schluckakt und besonders leicht durch
die traumatische Einwirkung von Fremdkörpern kleine Gewebstrennungen
hervorgerufen werden. Ferner muss darauf hingewiesen werden, dass
die Jahrzehnte lang übersehene, erst in neuester Zeit klinisch erkannte Reihe der verschiedenen Nebenhöhlen-Erkrankungen sicherlich
geeignet ist, mit dem unaufhörlich in die Nasenhöhle entleerten eitrigen
Sekret, gelegentlich auch das organisierte Virus des Erysipels nach der
Nasenhöhle und nach aussen hin weiter fortzupflanzen, wie wir es von
den Erregern der phlegmonösen Entzündungen schon lange wissen.

Von den verschiedenen Formen, die wir auf der Haut sehen, ist
die vesikulöse Form, wenn auch in abgeschwächter Form, auf der Rachenschleimhaut ebenfalls beobachtet worden. In der Nasenhöhle selber sieht
man dann die Schleimhaut intensiv gerötet, besonders über der Nasenscheidewand geschwollen, gespannt entweder in mehr ausgebreiteter
oder in umschriebener Weise. Seltener sind grössere Strecken mit
Blasen bedeckt. Im Rachen und im Kehlkopf ist oft nur das Bild
einer einfachen katarrhalischen Entzündung vorhanden. Höchstens durch
eine auffallend starke Rötung ist sie bei geringer Schwellung und Sekretion von den einfachen Formen zu unterscheiden. Bei einigermaassen
schwereren Formen fehlt selten das Ödem. Es tritt zumeist und zuerst
an der Uvula und in dem ihr benachbarten Gebiet des weichen Gaumens
auf. Ich kann aber die Angabe Bresgen's bestätigen, dass es keines-

wegs eine dem Erysipelas eigentümliche Erscheinung ist. Löri betont. dass die vom Kehlkopferysipel befallenen Kranken mehr über Trockenheit infolge der Sekretionsverminderung als über Schluckbeschwerden zu klagen pflegen. Er sah ödematöse Schwellungen am häufigsten am Kehldeckel und den aryepiglottischen Falten, seltener hinten und an den Taschenbändern, und am seltensten an den Stimmbändern. Blasenbildungen sah er nur beim Pharynxerysipel, am häufigsten am Velum, dann an der Uvula und an den Arkaden. Bei ihrem Platzen kommt es zur Entleerung gelblicher bis gelblichroter seröser Flüssigkeit, nur äusserst selten zur Bildung von Ulcerationen.

Die Frage des primären Beginnes von Rotlauf im Nasenrachen ist noch so gut wie garnicht studiert. Ich habe keine eigenen Beobachtungen, halte aber das Vorkommen für sehr wahrscheinlich. Zum wenigsten erscheint ein mit der vorderen Nasenhöhle gleichzeitiges Ergriffensein des Nasenrachenraumes von vornherein sehr möglich.

Der Verlauf des Nasenerysipels ist im allgemeinen günstig. wenn nicht die tieferen Gewebsschichten ergriffen werden und sekundäre phlegmonöse Entzündungen am Septum, an den Muscheln und im retropharyngealen Bindegewebe auftreten. Als schwere Komplikation ist die gefahrdrohende Meningitis, durch Fortleitung längs der Lymph- und Blutwege, und sodann die Propagation in die Nachbarschaft durch den Rachen und Kehlkopf in die Lunge zu nennen. Es wird eine nach unseren jetzigen Kenntnissen vielleicht bald zu lösende Frage sein, ob die sogenannte Pneumonia migrans, wie schon FRIEDREICH vermutete, auf Infektion mit Erysipelkokken beruhe.

Von ganz besonderer Wichtigkeit ist die Bedeutung des Erysipels für die Ätiologie der Nebenhöhlenerkrankungen. GRÜNWALD[1]) sah bei einer Patientin ein doppelseitiges Siebbeinempyem nach einem sieben Monate zuvor aufgetretenen Erysipel, das, vom Hinterhaupt ausgehend. nach vorn zu den Augen und zuletzt in die Nasenhöhle gedrungen war. Ein anderes Mal wechselten Rezidive eines Kieferhöhlenempyems und Gesichtserysipels mehrmals hintereinander derart ab, dass nicht entschieden werden konnte, welche die Primäraffektion war. Bei späteren Rezidiven nahm das Erysipel den Weg von der Kieferhöhle aus direkt durch die Knochen und Weichteile der Wange hindurch auf die Haut. GRÜNWALD hält es für wahrscheinlich, dass alle die Fälle der Litteratur, in denen Empyem mit Erysipel berichtet werden, nicht auf sekundäre Aufnahme der Streptokokken zurückzuführen seien, sondern dass die letzteren die eigentlichen Erreger der Empyeme, beziehungsweise der

---

¹) Lehre von den Naseneiterungen.

Rezidive darstellten. Ich verfüge aus dem letzten Jahre nur über zwei
Fälle, bei denen gleichzeitig das eine Mal linksseitiges Kieferhöhlen-
empyem, das andere Mal doppelseitiges Siebbeinhöhlenempyem mit gleichzeitigem Gesichtserysipel beobachtet wurde. In diesen Fällen wurde
eine dem Rotlauf vorangehende Eiterung der Nasenhöhle in Abrede
gestellt.

Im Pharynx ist das Zusammentreffen von einfachen lakunären Anginen mit Hauterysipel schon seit langer Zeit bekannt, und hier, wie
für die Nasenhöhle, sind die Beziehungen des Schleimhauterysipels zur
phlegmonösen Entzündung Gegenstand vielfacher Erörterungen gewesen.
Nicht selten mögen diagnostische Irrthümer dabei untergelaufen sein.
Verwechselung mit Scharlachangina, mit Fremdkörperentzündung und
dergleichen. Die bakteriologische Untersuchung ist nur im positiven Fall entscheidend und verwertbar. Im übrigen ist diagnostisch zu verwerten
das gleichzeitige Vorkommen von Erysipelepidemieen, sowie das gleichzeitige oder spätere Auftreten von Gesichtserysipel. Bei dem Umstand,
dass ätiologische Faktoren und die diagnostisch klinischen versagen können, empfiehlt es sich, das Krankheitsbild der primären, akuten, infektiösen Phlegmone des Pharynx beizubehalten, zumal da wir nicht vergessen dürfen, dass auch hier die gleiche organische Ursache örtlich
verschiedene Prozesse und Wirkungen hervorrufen kann.

Die septischen erysipelatös-phlegmonösen Prozesse im Pharynx[1]
haben ebenfalls einen zwiefach verschiedenen klinischen Verlauf[2].
Erstens können die Kokken vom Pharynx und den Choanen nach aussen
wandern, es kommt zum Kopferysipel und allgemeiner Pyosepthämie,
während der Kehlkopf intakt bleibt. Zweitens: die Kokken gehen nach
dem Larynx, es kommt zum Glöttisödem und es tritt der Tod ein durch
Vaguslähmung oder Kehlkopfstenose. Einen Fall der ersten Art hat
Samter beschrieben, Fälle der zweiten Art sind von Senator, Landgraf,
Hager publiciert worden. In Hager's Falle kam es trotz Metastasen in
der Pleura, Milzschwellung und Gelenkentzündung zur Resorption und
Heilung, während sich sonst der Prozess durch foudroyanten Verlauf
und schnellen Eintritt des Exitus hervorhebt. In beiden Formen gemeinsam findet sich purulente Infiltration des peripharyngealen Bindegewebes, die mit dem Retropharyngealabscess nichts zu thun hat (Samter).

Was das Erysipel des Kehlkopfes angeht, so nimmt Massei, der
diese Frage an der Hand eines grösseren Materiales besonders studiert

[1] Senator. Berl. klin. Wochenschr. 1888.
[2] Samter. Berl. klin. Wochenschr. 1891.

hat, an, dass das Pharynxerysipel nie mit einem Erysipel des Kehlkopfes
kompliziert auftritt, während beim primären Larynxrotlauf der Rachen
verschont bleiben kann[1]). — Lüri sah einmal erst zwei Tage nach dem
Auftreten des Kehlkopferysipels das Erysipel im Rachen erscheinen·
Man unterscheidet klinisch zwei Formen des Kehlkopferysipels, eine, in
welcher die örtlichen Beschwerden vorherrschen, und eine zweite, in der
die allgemeine Infektionserscheinungen im Vordergrunde stehen. Danach
sei auch die Prognose verschieden zu stellen.

Maassgebend für die Diagnose sei erstens die nie fehlende heftige
Schwellung der Epiglottis, die auch schwere Dysphagie bewirkt, dann
das hohe Fieber und der wandelnde Charakter der Schwellung. Das
laryngeale Erysipel tritt sowohl sporadisch, als auch in engeren Grenzen
epidemisch auf. MASSEI betont, dass eine Reihe der als „akutes Glottis-
ödem" beschriebenen Fälle nichts anderes als Kehlkopferysipel seien.
Von dem Grade und dem Sitz der Schwellung hängt der Grad der
Atem-, Stimm- und Schluckbeschwerden ab. Heiserkeit kann fehlen,
dagegen ist Druckempfindlichkeit, die bei erhöhtem Druck sich steigert,
gewöhnlich.

Therapie.

In der Behandlung des Erysipels der oberen Atemwege sind wir
Mangels einer kausalen in ähnlicher Lage, wie bei der Diphtheritis. Wir
sind auf die symptomatische Behandlung, allgemeine Kräftigung durch
geeignete diätetische und stimulierende Maassnahmen angewiesen. Von
örtlichen Behandlungsversuchen habe ich eine sichtbare Einwirkung
weder von den Einreibungen mit Oleum terebinthini, noch von den subkutanen Karbolinjektionen gesehen. Beim Larynxerysipel empfahl MASSEI
die Applikation eines ½°/₀igen Sublimatsprays. Innerlich sind Chinin,
Antipyrin, Salicylpräparate, sowie das benzoesaure Natron empfohlen.

Abscessbildungen, sekundäre Phlegmone erfordern frühzeitige Eröffnung, ödematöse Kehlkopfstenose machen eventuell die Tracheotomie
nötig.

Varicellen.

In manchen Fällen sind die Nase, der Rachen und die Kehlkopfhöhle
vollkommen frei, in anderen findet man verschiedene, meist aber leichte
Grade einfachen Katarrhs, in anderen entwickeln sich deutliche Bläschen
auf der Schleimhaut des Rachens. Ich kann nicht bestätigen, dass es
sich dabei um eine besonders seltene Erscheinung handle. Wiederholt

---

[1]) MASSEI: Erysipel des Pharynx und des Larynx, vergleiche Wiener med. Wochenschrift. 1891.

habe ich sie in grösserer Zahl, zu sechs bis acht Stück, in der Mundrachenhöhle verteilt gesehen, und zwar derart, dass die meisten am harten
Gaumen sassen, und die Zahl von dort nach dem Velum und der vorderen Arkade hin abnahm. Nach einigen Tagen waren sie spurlos verschwunden. nur in einem Falle sah ich ein leichtes Ödem der Uvula.
Eine Behandlung ist unnötig.

Rubeola.

Auch bei den Röteln können die ersten Atemwege von dem charakteristischen Exanthem vollkommen frei bleiben oder von einem einfachen
Katarrh mässigen Grades befallen werden. Häufiger jedoch habe ich,
ebenso wie Lörj, fleckweise Hyperämie auftreten sehen. In meinen Notizen finde ich sie nur im Rachen, und zwar am harten und weichen
Gaumen, und an den Arkaden angegeben. Die Nasenhöhle und der
Nasenrachen blieb in meinen Fällen frei. Einen Kehlkopfbefund konnte
ich nicht erlangen.

Variola.

Die bei den Pocken auftretenden Erkrankungen der ersten Atemwege lassen sich in drei Gruppen ordnen:

1) die gleichzeitig mit dem Initialexanthem auftretenden Erscheinungen,

2) die Erkrankungen, welche das Stadium eruptionis begleiten.

3) Komplikationen und Nachkrankheiten.

Als initiale Erscheinungen sind rein hyperämische, einfach katarrhalische Schwellungen in Nase, Nasenrachen, Rachen. Kehlkopf und Luftröhre beschrieben. Es liegt in der Natur der Sache, dass nur von
wenigen und neueren Beobachtern auf die Natur der begleitenden Rhinitis und Laryngitis geachtet wurde, während fast alle von der initialen
Angina sprechen, die bald als einfach katarrhalische, bald als parenchymatöse Tonsillitis beschrieben wird.

Diese Zustände scheinen meistens leicht zu verlaufen. nur selten
treten schon in diesem Stadium glanduläre und periglanduläre Eiterungen
(retropharyngeale Abscesse) auf. Im Stadium eruptionis können ebenso
wie die Mundhöhle und die Zunge, auch die Rachen-, Nasen-, Kehlkopf-
und Luftröhrenschleimhaut bis zu den Bronchien zweiter Ordnung von
der pustulösen oder pseudopustulösen Entzündungsform befallen werden.
Über die Natur der Gebilde auf der Schleimhaut gehen die Ansichten
noch auseinander. Von Einigen wird die Pockenpustelnatur bezweifelt.
So äussert sich Virchow[1]): „die alten Beobachter glaubten, es gäbe eine
pustulöse Tracheitis bei Pocken. Eine Pustel kann sich überhaupt nie-

[1]) Berl. klin. Woch. 1885.

mals in der Trachea bilden, weil deren epitheliale Einrichtungen nicht
dazu geeignet sind. Das epithelähnliche Aussehen wird durch gelbe,
kuppelförmig gewölbte Anschwellungen hervorgerufen. Das ist eine
dicke, epithelartige Masse, welche wegwischbar ist. Aber darunter befindet sich ein diphtheritischer Punkt, der nachher ulceriert und dann
Geschwüre liefert." VIRCHOW führt diese Entzündungsform der Trachea
als Beispiel an für eine diphtheritische Entzündung ohne Bildung einer
fibrinösen Pseudomembran. Immerhin wird man in Anbetracht der
meist gleichzeitigen Bildung dieser Pseudopusteln mit der Eruption der
Hautpocken nicht fehl gehen, wenn man sie klinisch als Analoga derselben betrachtet. Man muss erwägen, wie schnell durch die rapide
Maceration ihrer Oberfläche und die Neigung zur Konfluenz ihr Aussehen verändert wird.

Wahrscheinlich, wenn auch noch nicht ganz sicher gestellt, ist die
pustulöse Rhinitis, bei der es durch die schnelle Konfluenz zur Erzeugung
von stenosierenden Pseudomembranen kommt. Die ursprünglichen,
pustelähnlichen Gebilde der Schleimhaut sind erheblich kleiner als die
Hautpocken und trocknen infolge der schnellen Maceration auch schnell
ein. Am zweiten, bis längstens am dritten Tage sind sie nach LÖRI
daher auch schon zusammengefallen, leicht abstreifbar, manchmal schon
in eine weissliche, breiähnliche, an der Stelle lose haftende Membrane
umgewandelt. In einigen Fällen besteht durch längere Zeit ein seich-
terer oder tieferer Substanzverlust fort.

Von den Komplikationen sind in erster Reihe wieder zu nennen
die submukösen Entzündungen und Phlegmonen. Einige Male sind retropharyngeale Abscesse beobachtet worden. (LÖRI, NEUREUTER.) GOTTSTEIN
macht darauf aufmerksam, dass subepithelial oder tiefer liegende kleinere
Abscesse mit Pusteln verwechselt werden können. — Beiden gemeinsam sind Blutungen und die Neigung zu geschwürigem Zerfall mit folgender Perichondritis und Ödem.

Blutungen können schon im Initialstadium bei schlecht genährten,
konstitutionell kranken, wenig resistenten Personen auftreten. (Purpura
variolosa.) Die Prognose dieser Blutungen ist natürlich eine absolut
ungünstige, und sie können, wie auf der Haut und aus der Darm-
schleimhaut, so auch aus der Mund-, Rachen- und Nasenhöhlenschleimhaut erfolgen. Ferner können sie im initialen, wie im Eruptionsstadium
aus den submukösen Eiterungsherden stammen, wenn Gefässwände arrodiert werden. In dem oben erwähnten, auch von LÖRI zitierten Falle
NEUREUTER's folgte einem retropharyngealen Abscess eine Arrosion der
Carotis mit tötlicher Nachblutung. Sodann entstehen mit den Blutungen
aus den Pockenpusteln der Haut (Variola hämorrhagica) auch Extra-

vasate in die Schleimhaut oder in die Schleimhautpusteln. (Variola
hämorrhagica pustulosa.) Nach LöRI kommen sie in allen Teilen der
Respirationswege, jedoch am häufigsten in den Sinus pyriformes zu
stande. Die grössten, die er sah, füllten nicht nur den einen Sinus vollständig aus, sondern erzeugten ein Überragen des gleichseitigen Ligamentum aryepiglotticum so weit über die Mittellinie, dass das Stimmband
der kranken Seite nur bei schiefer Spiegelstellung gesehen werden konnte.
In den Fällen von BROGOS[1]) war die blutige Infiltration einer Plica ary-
epiglottis von hochgradigem Larynxödem begleitet, das den Tod herbei-
führte. — Dringt die variolöse Ulceration oder Infiltration bis zum Knorpelgewebe des Kehlkopfes, so entsteht die Perichondritis variolosa. Sie
kann an jeder Stelle zur Ausbildung gelangen, und je nach Sitz und
Intensität die vitale, beziehentlich die Prognose bezüglich der Funktion
sehr verschieden gestalten. Übrigens ist bezüglich der Symptomatologie
der perichondritischen und der pseudodiphtheritischen Komplikationen,
sowie des begleitenden Kehlkopfödems in dem Abschnitt über Typhus
nachzulesen, da Verlauf und Behandlung dieser Komplikationen von den
dort beschriebenen nicht abweichen. Vorübergehende oder dauernde
Beweglichkeitsbeschränkungen der Stimmbänder, die während des Verlaufs oder nach Ablauf des fieberhaften Stadiums gefunden worden sind,
vervollständigen die grosse Ähnlichkeit der laryngealen Komplikationen
mit den beim Abdominal-Typhus beschriebenen. Was die dauernden
Zustände betrifft, die den Ausdruck einseitiger Adduktoren-Paralyse
boten[2]), so hat die Vermutung GOTTSTEIN's, dass es sich in solchen Fällen
um Ankylose des Cricoaryelenks gehandelt haben möge, viel Wahrscheinlichkeit für sich[3]). Die vorübergehende Paralyse oder Parese
einzelner Muskeln pflegt man auf die ödematöse Durchtränkung derselben zurückzuführen. In zwei Fällen beobachtete LöRI nach Variola
eine auf das vordere Drittteil beschränkte Stimmbandverwachsung. — Die
zurückbleibenden Verwachsungen müssen endolaryngeal durch Trennung
mit nachfolgender Bougiebehandlung beseitigt werden.

Therapie.

Eine spezielle Therapie, von der bekannten prophylaktischen abgesehen, kennen wir nicht. Die symptomatische unterscheidet sich nicht
von der bei den Typhuskomplikationen besprochenen. Zu versuchen

[1]) Zitiert b. SOMMERBRODT. Berl. klin. W. 1878.
[2]) MACKENZIE, Kehlkopfkrankheiten.
[3]) GOTTSTEIN's Lehrbuch S. 285.

wäre eine antiseptisch und zu gleicher Zeit adstringierende Lokalbehand:
lung der Schleimhautpusteln mit dem Wasserstoffsuperoxydspray und
folgender Insufflation von Borsäure oder Dermatol, so weit die Affektionen einer örtlichen Einwirkung überhaupt zugänglich erscheinen.
Löri schlägt, wenn die Pusteln im Larynx am freien Rande der Stimmbänder sitzen und Suffokationserscheinungen machen, die Öffnung der
Pusteln vor und empfiehlt, wenn nach einem Zerfall der Gebilde Ulcerationen zurückbleiben, örtliche Nachbehandlung mit Adstringentien.

Keuchhusten.

Über die Beteiligung der Nase und des Rachens bei dieser Infektionskrankheit besitzen wir nur sehr spärliche Daten. Vielfach ist
gleichzeitig mit der Konjunktivitis eine initiale akute Rhinitis beobachtet
worden, sowie später im bereits vorgeschrittenen katarrhalischen und im
Stadium convulsivum diffuse Rötungen und Schwellung der Rachen- und
Nasenrachenschleimhaut.

Recht widersprechend sind die Nachrichten der Autoren über die
die Krankheit begleitenden Veränderungen des Kehlkopfes und der Luftröhre. Eine Reihe von Beobachtern bestätigen die Forschungen Rossbach's[1]
so noch neuerdings Ritter[2]. Danach wären in der überwiegenden
Mehrzahl der Fälle der Kehlkopf und die Luftröhre zunächst frei von
deutlichen entzündlich-katarrhalischen Veränderungen, erst in der Folge
könnte ein ganz leichter Katarrh gefunden werden. Daneben sah Ritter,
der Angabe Rossbach's entsprechend, stets „das unterste Drittel der
Luftröhre im Zustande starker Entzündungen, und bei zwei Kindern.
die in Folge vorausgegangener Spezialbehandlung an anderen Leiden
sehr dankbare Objekte für die Spiegeluntersuchung waren, deutlich gross-
blasige Schleimmassen aus der Tiefe heraufsteigen." Dieser Befund
veranlasste ihn auch bei seinen bakteriologisch-ätiologischen Studien,
von denen noch die Rede sein wird, dem Bronchialsekret besondere
Aufmerksamkeit zuzuwenden.

Von einer Reihe anderer, als deren Repräsentanten ich wegen
seines grösseren Untersuchungsmaterials Löri anführe, wurden Veränderungen häufiger im Kehlkopf und den oberen Teilen der Luftröhre
gefunden. So fand Löri, dass Larynxkatarrhe nur selten, Pharynx-
katarrhe öfters fehlten, ja dass eine wenn auch teilweise Beteiligung
des Rachens oder Kehlkopfs dem Auftreten der Krankheit bereits vor-

[1] Verh. d. Berl. med. Ges. 1892.
[2] Berl. klin. Wochenschr. 1880.

angingen. Der Verlauf der örtlichen Erscheinungen war dem der pertussis nicht synchron, selten liess sich konstatieren, dass sie verschwanden und wiederkehrten. Als Prädilektionsstelle im Kehlkopf bezeichnet er die vordere Fläche der hinteren Wand, und zwar häufiger unter, als über den Stimmbändern.

Ich selbst konnte in einer Reihe von Fällen die ersten Atmungswege untersuchen; bei diesen war ich allerdings nicht in der Lage, den unteren Teil der Trachea zu Gesicht zu bekommen. Ich will aus meiner kleinen Untersuchungsreihe hier nur hervorheben, was ich für wesentlich halte, um die zum Teil widersprechenden Befunde zu erklären.

Ich fand nämlich, dass vor dem Beginn des Stadium spasmodicum die Veränderungen, abgesehen von einer gelegentlichen Rhinitis initialis, sehr gering waren, erst mit dem Beginn der charakteristischen Anfälle und zunehmender Reizung und Reizbarkeit der Halsorgane sah ich in einigen wenigen Fällen Auflockerungs- und Schwellungszustände am introitus laryngis, aber auch an den Seiten der hinteren Pharynxwand. Man wird wohl nicht fehl gehen, einen Teil der berichteten Veränderungen als einfach mechanische Folgen starker und gehäufter Krampfhustenanfälle anzusehen, so wie man etwa das in der Folge auftretende Geschwür am Zungenbändchen und die Blutungen in die Schleimhaut der Konjunktiva anzusehen gewohnt ist.

Schwerere Komplikationen von Seiten des Kehlkopfs, wie Ödem, Perichondritis, kroupös-diphtheritische Entzündungen sind selten. Geschwüre sah Löri etwas öfter, doch wären sie klein gewesen und rasch geheilt. Eine Ausnahme machten nur die der Phthisis verdächtigen Fälle. Was die klinischen Beziehungen zwischen Keuchhusten und Tuberkulose betrifft, so verdient die Annahme, welche wir in dem Abschnitt „Masern" anführten, auch hier die meiste Beachtung. Auch hier handelt es sich nicht so sehr um eine durch die Krankheit verminderte Resistenz und gesteigerte Disposition zur Erkrankung an Tuberkulose, als vielmehr um eine Steigerung schon vorher mehr oder weniger latent bestehender Veränderungen. Als Ausdruck derselben werden dann verkäste Bronchial- und Trachealdrüsen und käsige Herde in den Lungen selbst neben den tuberkulösen Veränderungen im Kehlkopf gefunden. Weniger klar sind die Beziehungen zwischen Keuchhusten und Masern selbst; vielleicht wird die weitere Beobachtung lehren, dass die Neigung masernkranker Kinder, am Keuchhusten zu erkranken und umgekehrt, nichts für die Masern allein spezifisches ist, wie vielfach angenommen wird. Dafür ist die Beobachtung Ritter's[1]) von grossem Interesse: In

---

[1]) l. c. S. 215.

einer Familie erkrankte ein Kind gleichzeitig an Scharlach und Keuchhusten, das zweite später nur am Keuchhusten, das dritte wiederum.
allein am Scharlach. Und von den auf demselben Flur wohnenden
Nachbarkindern bekommt das eine etwa 8 Tage später Keuchhusten, das
andere Scharlach.

Nachdem in den letzten zwei Dezennien eine ziemlich grosse Reihe
von Forschern dem vermuteten organischen Virus des Keuchhustens auf
vielfachen Wegen und Irrwegen nachgeforscht hatten, gelang es Ritter,
aus dem Keuchhustenauswurf das linsenförmige Bronchialsekret abzutrennen.
Schon in der ersten Aussaat dieser linsenförmigen Teile fand er häufig
fast nur Kulturen eines diplococcus, den er als Erreger der Erkrankung
ansieht. Bei den Kulturübertragungen charakterisieren sich seine Ko-
lonieen als sehr feine, völlig umschriebene und isolierte opaliszierende
mattgraue schon dem Aussehen nach sehr feste, kohärente, rundliche
Körperchen.

Die von Rossbach aufgestellten Vermutungen haben noch nichts an
Wahrscheinlichkeit verloren. Er hielt es für wahrscheinlich, dass in
Folge des spezifischen Virus das Hustenzentrum mehr erregbar oder
besser leitend geworden wäre, so dass selbst eine leichtere Reizung durch
den Schleim auf die sensiblen Fasern des laryngeus superior ausreicht,
um reflektorisch die Anfälle hervorzurufen. Für die abnorm leichte
Leitung spricht meines Erachtens auch die Möglichkeit, die Anfälle durch
Reizung hervorzurufen, ferner das Auftreten bei Gemütserregung und
endlich die oft gemachte Beobachtung, dass durch Imitation (psychische
Infektion) eine Übertragung der Anfälle von einem auf ein oder mehrere
andere an Keuchhusten leidende Kinder möglich ist. — Blutungen können
schon gleichzeitig mit dem initialen Schnupfen aus der Nasenschleimhaut
erfolgen, eine Erscheinung, die wir nun schon vielfach und im Beginn
der verschiedensten akuten Infektionskrankheiten kennen gelernt haben.

Davon zu unterscheiden sind die im spasmodischen Stadium auftretenden Blutungen. Treten sie bei Erwachsenen auf, bei denen das
im Kindesalter meist so scharfe typische Bild des Keuchhustens mehr
undeutlich und verwischt auftritt, so können, wie ich das mehrfach beobachtete, die Blutungen eine beginnende Phthise vortäuschen. Die
Extravasate sind allerdings in den meisten Fällen auch nach meinen
Erfahrungen ganz klein, so dass sie manchmal schwer sichtbar sind,
meist. wie ich Löri bestätigen kann, nicht · über linsengross. Ich sah
jedoch auch grössere und erwähnte schon einen Fall, in dem die ganze
Masse eines Stimmbandes und zum Teil die subglottische Region von
dem Blutaustritt betroffen war. In diesem Fall waren kleinere Blut-
mengen schon vorher nach aussen getreten, später hörte das auf. nur

Stimmlosigkeit und eine mässige Dyspnoe in Verbindung mit Anfällen quälend trocknen und langdauernden Hustens beunruhigten den Kranken.

Therapie.

Eine kausale Therapie besitzen wir nicht. Von inneren Mitteln verdienen diejenigen, welche die Reflexerregbarkeit des Rückenmarks herabsetzen, am meisten Vertrauen. So das Chinin, so die von ROSSBACH empfohlene stabile Durchleitung eines stärkeren konstanten Stromes. Die schon 1868 von BINZ eingeführte Chininbehandlung des Keuchhustens ist noch neuerdings von UNGAR[1]) und wieder von BARON[2]) warm empfohlen worden. Die Einzeldosis beträgt 0.01 pro Monat und 0.1 pro Jahr dreimal täglich. Mehr als dreimal täglich 0.4 ist nach BARON auch für ältere als vierjährige Kinder nicht notwendig. Bei einer kleinen Anzahl der Kinder tritt eine günstige Wirkung schon am zweiten oder dritten Tage ein. Sie wird modifiziert, wenn erheblichere Quanten des Mittels erbrochen werden und hängt in gewisser Weise auch vom Stadium der Erkrankung ab. Doch soll vom 5. bis 6. Tage an mit ziemlicher Sicherheit auf eine Besserung der Anfallszahl und Stärke zu rechnen sein. Gutes habe ich sonst nur vom Bromoform, seltener vom Antipyrin gesehen. Von lokaler Behandlung erwarte ich etwas durch die Wegschaffung sonst nicht leicht von Kindern entleerten Infektionsmaterials. Darauf dürften, wie auch BRESGEN hervorhebt, die günstigen Erfolge aller der verschiedenen empfohlenen Einblasungen und Ausspülungen zurückzuführen sein. Ich bin nicht im Stande, irgend ein Mittel oder eine Methode hierfür besonders zu empfehlen, wiewohl ich viel im Vertrauen auf die Angabe der Autoren erprobt habe. Was hier zu erwarten ist, wird eine symptomatische, der gewöhnlichen Katarrhform angepasste Therapie wohl leisten.

Der akute Gelenkrheumatismus.

Die Nasen- und die Rachenhöhle wird nur in mässigem Grade und nicht in besonders charakteristischer Weise während des Gelenkrheumatismus betroffen. Wir unterscheiden zunächst die in der prodomalen Periode vor dem Beginn der Gelenksymptome auftretenden Entzündungserscheinungen, die sich als eine leichte Angina mit oder ohne eine Laryngitis mässiger Stärke einstellen. Vielfach verschwinden sie sofort mit dem Eintritt der Synovitis. Es ist nicht zu verkennen, dass während des

---

[1]) Deutsche med. Woch. 1891.
[2]) Berl. klin. Woch. 1893.

fieberhaften Stadiums die ersten Atemwege eine ganz besondere Neigung zu katarrhalischen Erkrankungen mit schleppendem Verlauf zeigen.
Daher die von Alters her als nötig erkannte Maassregel, in dieser Zeit
die Kranken ganz besonders vor Durchkühlung zu schützen.

Unter dieser Gruppe stellen sich neben mehr oder weniger schweren
Katarrhen des Kehlkopfs und der Luftröhre sowie der Nasenhöhle hier
und da auch Entzündungen des submukösen Gewebes ein. Einige
Male sind auch Erkrankungen beobachtet worden, bei denen perichondritische Symptome unverkennbar waren, während allerdings die als
rheumatisch gedeuteten Entzündungen im Krikoarygelenk oder Kriko-
thyreoidealgelenk, wie auch Löri angiebt, noch zweifelhaft sind. Selig-
sohn[1]) sah im Verlauf des Gelenkrheumatismus akute Laryngitis mit
Erstickungsanfällen, Druckempfindlichkeit und Auftreibung, besonders an
der rechten Schildknorpelhälfte mit starkem, laryngealem Schluckschmerz.
Auch ohne perichondritische Erscheinungen soll, wenn der Kehlkopf
von akuten Katarrhen ergriffen wird, eine Neigung zu einseitiger oder
wenigstens auf einen umschriebenen Abschnitt beschränkter Erkrankung
des Kehlkopfes mit heftigem Schluckschmerz, Druckempfindlichkeit und
leichtem Ödem bestehen. Zu den selteneren Vorkommnissen gehört eine
wohl als Metastase aufzufassende Perichondritis des Nasenseptums mit
Ausgang in Eiterung bez. mit Hinterlassung einer Perforation.

In vielen Schriften wird auch sonst noch von rheumatischen Hals-
entzündungen gesprochen. Die Berechtigung zu dieser Ausdrucksweise
kann weniger in für Rheumatismus charakteristischen, objektiv wahrnehmbaren Veränderungen gefunden werden, als in einigen angeblichen
Eigentümlichkeiten des Verlaufs, der besonders Analogien mit dem des
Gelenkrheumatismus bieten soll. Hierzu gehört die durch ein- oder
mehrmaliges Überstehen bewirkte Neigung zu immer leichterer und
häufigerer Erkrankung, sodann das mitunter beobachtete, sehr plötzliche,
in wenigen Stunden sich vollziehende Auftreten und Verschwinden der
örtlichen entzündlichen, sowie der allgemeinen, fieberhaften Erscheinungen.
Indess wird man gut thun, diesen Namen, der doch keine oder unklare
Begriffe deckt, nicht so leicht anzunehmen. Sehr oft kann man beobachten, dass diese Disposition zu rheumatischen Rhinitiden und Anginen
nach gründlicher Beseitigung der in den Zähnen oder in den Tonsillen
versteckten Heerde spurlos verschwindet. Auch in den Nasennebenhöhlen versteckte Heerde sind nicht selten die Ursache immer wieder
auftretender Rhinitiden und Anginen. — Es ist aber nicht unmöglich, dass
eine Reihe von „rheumatischen" Gelenkentzündungen, die nach schweren

---

[1]) Berl. klin. Wochenschr. 1867. S. 238.

Anginen beobachtet worden sind, metastatische Manifestationen derselben Infektion darstellen, die die Angina hervorbrachte. Für diese Auffassung würden in erster Linie die mit Eiterungen verbundenen tonsillären Entzündungsprozesse zu verwerten sein[1]).

Die Behandlung der eben skizzierten, vielleicht dem akuten Gelenkrheumatismus eigentümlichen Krankheitsprozesse deckt sich vollkommen mit den idiopathischen.

---

[1]) Vgl. Roos, Berl. klin. Wochenschr. 94. S. 602. Über rheumathische Angina.

Viertes Kapitel.

Akute Entzündungen.

Allgemeine Übersicht.

Die Entzündungsformen mit vermehrter und veränderter Sekretion bei freier Schleimhaut sind am häufigsten in der Nasenhöhle selbst, demnächst im Nasen- und Mundrachenraum und dann im Kehlkopf und in der Luftröhre. Die Nase ist der klassische Ort des Katarrhs, diese die am häufigsten davon ergriffene Schleimhaut des Körpers. Von der Nase und dem Nasenrachen aus finden dann Fortleitungen der Prozesse nach dem Thränennasengang, nach der eustachischen Röhre, nach dem Mundrachenraum, dem Kehlkopf und der Luftröhre statt.

In anderen Fällen ist der Pharynx oder der Kehlkopf primär ergriffen und es findet, wiewohl seltener, eine Fortleitung in umgekehrter Richtung statt. Sehr verschieden gestaltet sich die Beteiligung des adenoiden Gewebsringes bei der akuten Entzündung.

Bald tritt sie ähnlich den sekundären Lymphdrüsenerkrankungen bei Hautentzündungen im Verhältnis zu der geringen und schnell verschwindenden Primärentzündung eines Schleimhautbezirks so sehr in den Vordergrund, dass diese der Beobachtung entgehen kann.

Bald wieder sind sie wenig oder gar nicht beteiligt, so dass in ihnen sich abspielende Folgezustände erst bei einer sehr häufigen Wiederholung der betreffenden Schleimhautprozesse zu Tage tritt.

In den meisten Fällen sind von der akuten Entzündung nur die oberflächlichen Schleimhautschichten betroffen, verhältnismässig selten sind submuköse Formen, Entzündungen des Perichondriums und der Knorpel, Entzündungen der Periostes und Ostitis.

Sehr verschieden ist der Grad der Ausbreitung. Neben diffusen den grössten Teil der Auskleidung einnehmenden Katarrhen finden wir

auch umschriebene heerdweise Erkrankungen in jeder der Höhlen. Gerade
diese umschriebenen Formen finden sich um so eher, je häufiger akute
Katarrhe vorhanden gewesen sind und ihre Spuren zurückgelassen haben,
wie wir es bei der Genese des chronischen Katarrhs kennen lernen
werden. Wie auch sonst überall die klinischen Betrachtungen bestätigen,
haben wir auch hier die Exacerbationen des chronischen Katarrhs zu
berücksichtigen. Ihre hauptsächlichsten Merkmale sind schnelleres,
häufigeres, leichteres Auftreten, Verschwimmen der sonst bei der akuten
Entzündung scharf ausgeprägten Symptome, und gelegentlich ein auffallend schnellerer Nachlass.

So sehr man in neuerer Zeit geneigt ist, das bakteriologische Moment
in der Ätiologie der akuten Entzündung hervortreten zu lassen, so
wertvoll die Einzelbefunde, welche wir über diesen Gegenstand besitzen,
sein mögen, und so vielfach wir in dieser Rubrik Prozesse zu besprechen
haben, die nicht anders denn als Infektionskrankheiten aufgefasst werden
können, so kann doch die Betrachtung der Ursache, nicht über den
allbekannten Einfluss der Durchkühlungen oder Erkältungen hinweg-
sehen.

ROSENTHAL hat nachgewiesen, dass wenn der erhitzte Körper mit
seinen enorm erweiterten Oberflächengefässen plötzlich der Kälte ausgesetzt wird, nicht nur sofort eine beträchtliche Wärmemenge entzogen
wird, sondern das plötzlich abgekühlte Blut, in die innern Organe ge-
langend, sich stärker abkühlt als es ohne vorangegangene Erhitzung
geschehen sein würde. Erklärlich wird die nach mehrmaligem Befallenwerden gesteigerte Disposition zu akuten Erkrankungen durch die Annahme einer andauernden Verminderung des Hauttonus. Dafür spricht
auch die Betrachtung der von ROSENTHAL angeführten GEIGEL'schen Statistik
über die Kindersterblichkeit in Würzburg. Sie wirft ein Licht auf die
„Verwöhnung", die andauernde Verminderung der Hautgefässtonus. Es
zeigte sich sich ein ganz erhebliches Überwiegen von Todesfällen im
ersten Lebensjahre an Krankheiten der Respirationsorgane bei den ehe-
lich geborenen Kindern und zwar gerade im März, April, Mai, also den
Monaten des schnelleren Temperaturwechsels, während andauernde ge-
mässigte Kälte sich weit weniger empfindlich erwies.

Nächst den Erkältungskatarrhen stehen die im Verlauf oder Beginn
akuter Infektionskrankheiten auftretenden akuten Entzündungen, sei es,
dass es sich um primäre, demselben Krankheitsgift zuzuschreibende oder
um sekundäre Prozesse handelt. Sodann ist bei gewissen, in physiologischer Breite liegenden Übergangszuständen des Organismus eine
leichtere Empfänglichkeit der akuten Entzündung in den oberen Luftwegen unverkennbar. Hierher gehört der Einfluss der Schwangerschaft,

der Menstruation, der Dentition, sowie des Stimmwechsels. Dann sind
von Bedeutung die in der Nachbarschaft der Nasen-, Rachen- und Kehlkopfhöhle sich abspielenden enzündlichen Prozesse. Ein prägnantes
Beispiel dafür bilden Retentionszustände an den sublingualen und submaxillaren Drüsen, mit oder ohne nachweisbare Steinbildung. In einer
ganzen Reihe von Fällen beobachtete ich gleichzeitig mit dem Verschluss
der Drüsenausführungsgänge und mit der folgenden Entzündung in der
Umgebung der Drüsen am Mundboden akute Pharyngitiden und Laryn-
gitiden. Allgemeine Schwächezustände, konstitutionelle Krankheiten, gewisse Intoxikationen (Blei, Quecksilber. Tabak und Alkohol), das ganze
Heer der zu Stauung in den Venen des Kopfes und Halses führenden
Krankheitsprozesse, das so allgemeine Übel der chronischen Obstruktion
sind mehr oder minder wohl beglaubigte Ursachen, die auf Grund der von
ihnen hervorgerufenen chronischen Veränderungen besonders leicht zu
deren akuter Exacerbation führen.

Akute Entzündungen folgen dann auf traumatische Einflüsse, nicht
nur abhängig von dem Grade des Traumas, sondern vielleicht noch mehr
von der damit gegebenen Gelegenheit zum Eindringen von Infektions-
trägern. Der Folgen eingedrungener Fremdkörper, der Ätzungen und
Verbrennungen ist bereits gedacht worden. Aber auch einer Reihe
chemischer Irritamente, der Einatmung heisser Salzsäure oder Ammoniak-
dämpfe folgen akute Entzündungen. In andern Fällen wirken organische
Substanzen bei gewissen Personen als ein sehr starkes Irritament, während
sie bei andern ohne jeden Einfluss eingeatmet werden können. So ist
es in den Offizinen der Apotheker bekannt, dass beim Pulvern von
Ipekakuanha einzelne Individuen mit einer Schnelligkeit an heftiger
akuter Rhinitis erkranken, die an eine Idiosynkrasie denken lässt. Ähnliches ist vom Zerstäuben des Tabaks und vom Pfeffer bekannt. Indess
ist nicht auszuschliessen, dass diese besondere Disposition durch schon
bestehende chronisch katarrhalische Veränderungen ausgelöst, wo nicht
hervorgerufen wird. Hierher gehört besonders eine die Schwellkörper
der Nase betreffende chronische Hyperplasie. Ganz ähnlich liegen die
Verhältnisse bei dem besonders oft in England und Nordamerika beobachteten Heufieber, das mit Recht auf die Inhalation des Blütenstaubes
gewisser Gramineen und Blumen zurückgeführt wird. wobei aber —
wie wir noch sehen werden — auch nervöse Veränderungen als be-
günstigende Ursache angenommen werden müssen. Zu den durch Traumen
veranlassten akuten Entzündungen gehören auch die durch therapeutische
Eingriffe hervorgerufenen: sei es, dass Messer, Zange, Küretten. galvanokaustische oder elektrolytische Operationen, oder eine die Schleimhaut
reizende medikamentöse Substanz sie hervorruft.

Eine besondere Neigung zur Erkrankung kann auch durch den Beruf hervorgerufen werden. Wir sehen, dass Personen, die in überhitzten Räumen (Fabriksälen), in sehr trockner, mit Staub vermischter Luft zu arbeiten gezwungen sind, oft und leicht an Nasen- und Rachen- und in der Folge auch an Kehlkopf- und Bronchialkatarrhen leiden. Ferner ist es bekannt, dass alle Personen, welche in Folge ihres Berufes zu besonderen Leistungen des Phonationsapparates genötigt sind, wie Sänger, Prediger, Lehrer, Militärs, eine Disposition zur akuten Entzündung zeigen. Freilich handelt es sich hier, und das muss für alle diese Fälle gleich betont werden, oft um einen verminderten Schutz der Halsorgane durch schon bestehende Erkrankungen der Nasen- und Nasenrachenhöhle. Damit verbindet sich nicht selten eine gesteigerte Inanspruchnahme des Kehlkopfes (Überwindung der Hindernisse durch erhöhten Expirationsdruck, Durchschreien), die durch fehlerhafte Ausbildung und üble Angewöhnung veranlasst wird.

Die akute Rhinitis.

Die akute Rhinitis kann schon einige Tage vor ihrem deutlichen Ausbruch mehr oder weniger klare Vorboten voransenden. Manchmal wird sie allein durch einen 12—48 Stunden dauernden bohrenden Schmerz in der Nasenwurzel und in der Stirngegend eingeleitet. Allmählich folgt eine Reihe von Sensationen in der Nasenhöhle selber, Trockenheit, Stechen und Jucken, sodann unter Fieberbewegung allgemeines Unbehagen, Abgeschlagenheit, Ziehen und Kreuzschmerzen. Unter weiterer Ausbreitung des Kopfschmerzes stellt sich gleichzeitig, abhängig von dem Grade der Verschwellung der Schleimhaut, Verstopfungsgefühl ein mit Vermehrung und Veränderung der Sekretion. So sehr wie der Gesamtverlauf sind auch die Einzelerscheinungen den verschiedensten Schwankungen unterworfen, bald tritt das eine, bald das andere Symptom mehr in den Vordergrund und so wechseln die Klagen des Befallenen über die massenhafte, die äusseren Aperturen erodierende Sekretion, den Niessreiz, die Verlegung des nasalen Atmungsweges mit ihren Folgezuständen, den drückenden und stechenden Schmerz im Kopf, und so fort. Nicht immer vermindern sich diese Erscheinungen nach drei bis vier Tagen, um allmählich ganz aufzuhören. In manchen Fällen tritt allerdings ein ziemlich plötzlicher Nachlass ein. Die Sekretion, die bis dahin sehr reichlich und wässerig war, versiegt und wird wasserärmer. In andern Fällen aber folgt bei einem scheinbaren Nachlass eine erneute Attacke, oder es bleibt ein auffallend reichlicher wässeriger Ausfluss länger bestehen. Unter Umständen — in freilich seltenen und auch noch

nicht ganz geklärten Fällen — ist dann eine solche Hydrorrhoea nasalis
den Kranken lange treu geblieben. Lichtwitz[1]) sah Fälle, in denen
die Erscheinungen 12, beziehungsweise 29 Jahre lang bestehen blieben,
örtliche und nervöse Störungen und in dem einen Falle auch Stirn- und
Schläfenschmerzen verursacht hatten. Es erwiesen sich bei Beiden
schliesslich die Stirnhöhlen erkrankt, so dass jedenfalls der Hinweis, bei
konstant bleibender Hydrorrhea nasalis an die Nebenhöhlen zu denken
beachtenswert genug erscheint. —

Wie wir selbst beim chronischen Katarrh ganz gewöhnlich feststellen können, dass in der horizontalen Lage wegen der stärkeren
Füllung der corpora cavernosa, besonders an dem hinteren Muschelende
der nasale Atmungsweg mehr verlegt ist als über Tage, so tritt bei der
akuten Rhinitis diese Erscheinung noch mehr und unangenehmer in den
Vordergrund, indem die am Tage schon für die Kranken sehr peinliche
Verlegung am Abend zu einer fast vollkommenen Obstruktion führt, die
den Schlaf sehr behindert. Auch das schon beim chronischen Katarrh
zu konstatierende Abwechseln in der Durchgängigkeit beider Seiten ist
bei der akuten Rhinitis sehr deutlich zu beobachten. Hand in Hand
mit der Verlegung und der Rhinorrhoe geht eine mehr oder weniger
lang dauernde Herabsetzung und selbst gänzliche Aufhebung der Geruchs-
und Geschmackswahrnehmung.

Eines besonderen Hinweises bedarf die akute Rhinitis des frühen
Kindesalters. Hier können schon die durch Erschwerung des Saugens
bewirkten Ernährungsstörungen verhängnisvoll werden. Ausserdem sind
davon unabhängig asphyktische Erscheinungen, Orthopnoe, beobachtet.
Bouchut führte sie auf Aspiration der Zunge zurück, was aber an Henoch[2])
für sehr selten erklärt. Henoch sah beim Anlegen den Stickhusten-
paroxysmen ähnliche Anfälle, eine inspiratorische Dyspnoe mit pfeifen-
dem Geräusch, das aber in der Nasenhöhle zu stande kommt. Im Liegen
vermehrt sich mit der nasalen Schwellung auch die nasale Dyspnoe.

Sind schon gehäufte Rhinitiden vorangegangen oder bleibt der Befallene dauernd den Schädlichkeiten ausgesetzt, welche den Prozess hervorrufen oder unterhalten, so kann die Rückbildung sehr verzögert werden und nach wochenlanger Dauer können chronische Veränderungen
bestehen bleiben.

Aus klinischen und histologischen Forschungen wissen wir, dass
die Nasenhöhle nicht immer diffus, sondern häufig auch heerdweise, über
den unteren Muscheln, am Septum, im Bezirk des unteren und mittleren

---

[1]) Beitrag zum Studium der Hydrorrhoea nasalis. Prager med. Wochenschr. 1893.
[2]) Henoch, Über Coryza neonatorum. Berl. klin. Wochenschr. 1881.

Nasengangs, an einzelnen Partieen der mittleren Muschel befallen werden kann.

Die in das Auge fallende Veränderungen der Sekretion sind gewöhnlich derart, dass im Anfang ein mehr wässriges und dünnflüssiges, allmählich mit dem Ablauf des Prozesses ein mehr schleimiges und wasserärmeres Sekret produziert wird.

Eine besonders zu besprechende Affektion ist die akut auftretende rein eitrige Rhinitis.

Selbstverständlich müssen Fremdkörper, Konkretionen, Knochenerkrankungen und besonders Nebenhöhlenleiden dabei ausgeschlossen werden können. Die häufigste Ursache der akuten Naseneiterung ist unstreitig die Gonorrhoë, doch sehen wir (wie das vorhergehende Kapitel lehrte) eine grosse Reihe der akuten Exantheme und Infektionskrankheiten mit akut verlaufenden Naseneiterungen diffuser Art einhergehen.

Die auf gonorrhoischer Infektion beruhende Rhinitis akuta verdankt ihr Entstehen hier und da der bereits während des Geburtsaktes stattfindenden Berührung der kindlichen Nasenschleimhaut mit dem mütterlichen Vaginal-Sekret, eine in der Form ganz ähnlich sich abspielende Infektion, wie wir sie von der Blennorrhoe der Augen her kennen.

Auf der Basis konstitutioneller Krankheiten, besonders der Skrophulose sehen wir Übergang in Eiterung leichter und häufiger sich entwickeln, im Anschluss an eine der akuten katarrhalischen Entzündungen, wie sie durch die oben aufgezählten Ursachen veranlasst werden können.

Die Gesamtheit der Symptome pflegt im allgemeinen bei der akuten Naseneiterung stürmischer einzusetzen und abzulaufen, als bei der einfachen Entzündung. Wir finden deutliche und höhere Fieberbewegungen, Prostration, schmerzhafte und lästige Sensationen am Naseneingang, Erosionen, nicht selten Herpes. Einen Hauptgegenstand der Klagen bilden die meist in der Stirn, aber auch in der Hinterkopfgegend lokalisierten, oft äusserst heftigen Kopfschmerzen. Eine sicher öfter eintretende als zu beobachtende Komplikation der akuten einfachen, mehr noch der eiterigen Nasenentzündung besteht in ihrer Propagation auf die benachbarten Organe. Wir sehen hier von der Fortpflanzung des Prozesses auf die eustachische Röhre und durch sie auf das Mittelohr ab, erwähnen auch nur kurz die Fortpflanzung auf die Conjunctiva durch den Thränennasengang. Unsere besondere Beachtung verdient der durch mehrfache interessante Arbeiten bereits pathologisch-anatomisch nachgewiesene[1]) Übergang auf die Nasennebenhöhlen. In manchen

----

[1]) Schuannek. Weitere Mitteilungen über die akute Rhinitis. Mon. f. Ohrenh. April 1893.

Fällen weisen schon die klinischen Erscheinungen auf diesen in der Mehrzahl der diffusen akuten Entzündungen stattfindenden Übergang hin: so der dumpfe Stirn- oder Hinterkopfschmerz, manchmal ein ausgesprochenes Gefühl von Eingenommenheit und Verschwellung in der Kieferhöhlengegend. Vielfach finden wir aber, auch wo diese Erscheinungen fortbleiben, ganz objektive Nachweise bei der rhinoskopischen Untersuchung.

Man sieht dann nach vollständiger Entfernung des angesammelten Sekrets, und ganz besonders deutlich, wenn die geschwollene Schleimhaut für den Augenblick durch Cocain zur Entleerung gebracht ist, schleimiges oder schleimig-eiteriges Sekret aus der Gegend der Ausführungsgänge der Nasenhöhlen hervorkommen.

Mitunter gelingt es, die Nebenhöhlen für den Moment durch das Politzer'sche Verfahren freizumachen. Dann verschwinden sogleich die Schmerzen und Eingenommenheit des Kopfes und man kann die Sekretmassen alsbald in der Nasenhöhle finden. Bei weniger flüssiger Konsistenz können diese Massen Ausgüsse der Ausführungsgänge bilden: öfter sieht man das allerdings bei chronischen Fällen.

Suchannek[4]) fand in den mildesten Formen folgende Sektionsergebnisse. Ein wässeriges Aussehen der Mukosa, wenig schleimiges oder schleimig-eiteriges Sekret. Die Schleimhaut der Nebenhöhlen war dann normal oder nur wenig gedunsen. Indes erschien bei mikroskopischer Betrachtung sowohl die regio olfactoria als respiratoria hyperämisch. Das Epithel war mehrfach gelockert und an gewissen Stellen auf Kosten der Riechzellkernzone niedriger geworden.

Bei einigermaassen stärkeren Entzündungsprozessen scheint jedoch die Beteiligung der Nebenhöhlenschleimhaut, auch durch die pathologisch-anatomischen Ergebnisse, sich als regelmässige Erscheinung herauszustellen. So fand S. bei einem $2^3/_4$jährigen Mädchen eine diffus rotgefärbte Mukosa der Nasenhöhle, reichlichen Schleimeiter produzierend, und starke Hyperämie sämtlicher Nebenhöhlen, auch der Keilbeinkörper, sehr blutreiche Diploë, die Kieferhöhlenschleimhaut ödematös.

Aus diesen und ähnlichen Befunden, besonders aus den klinischen Ergebnissen, kann man den Schluss ziehen, dass die Nebenhöhlenschleimhaut in sehr vielen Fällen akuter Rhinitis beteiligt ist. In der weitaus grössten Zahl von Fällen bilden sich aber die in den Nebenhöhlen abspielenden Katarrhe von selbst vollkommen mit oder noch vor dem Katarrh der eigentlichen Nasenhöhle zurück. Daraus folgt, dass Sektionsergebnisse negativer Natur — mögen sie auch eine noch so grosse Zahl

---

[1]) l. c.

von Leichen mit unbekannter Krankengeschichte umfassen — für diese
Verhältnisse schwer oder gar nicht verwertbar sind, auch nicht, wenn
chronische Erkrankungen in der Nähe der Nebenhöhlen ohne Veränderungen in diesen in einem gewissen Prozentsatz gefunden werden.

Manchmal sind aber Hindernisse vorhanden, welche eine spontane Rückbildung erschweren.   Diese sind schon in dem Bau der Nasenhöhle und
in ihrem individuell so enorm schwankenden Beziehungen zu den Neben-
höhlenausführungsgängen gegeben.   Liegen sie für den Sekretabfluss
ungünstig und vereinigen sie sich mit einigermaassen lebhafter Schwellung der Nasenhöhlenschleimhaut in der Umgebung der Mündung und
Ausführungsgänge, so staut sich das Sekret in den Nebenhöhlen. Unter
solchen Umständen kommt es dort zur Sekretanhäufung.   Es giebt eine
Reihe von hierher gehörigen Fällen aus der vorrhinoskopischen Zeit, in
denen das Erstaunen der Beobachter durch die nach zufälliger Überwindung der Hindernisse zu Tage tretenden grossen Massen von wässeriger Flüssigkeit erregt worden ist. Auch bei eiteriger Entzündung in
den Nebenhöhlen tritt nicht selten eine gänzliche und spontane Rückbildung des Prozesses ein, wie man das gelegentlich ganz direkt durch
die Rhinoskopie und bei der Kieferhöhle, manchmal auch bei der Stirnhöhle mit Zuhilfenahme der Durchleuchtungsmethode beobachten kann.

In diesen günstigen Fällen überzeugt man sich, dass manchmal
ziemlich plötzlich und bald nach der Anschwellung der Nasenhöhlenschleimhaut, die vorher beobachtete Nebenhöhlensekretion aufhört, und
dass gleichzeitig damit die vorher opak oder weniger durchsichtig gebliebenen Stellen, welche der Stirn- und der Kieferhöhle entsprachen,
sich bei der Wiederholung der Gesichtsknochendurchleuchtung auf-
hellen.

Die Prüfung der Transparenz ist in ihrer Bedeutung für die Erkrankung der Stirn-, Kiefer- und Siebbeinhöhlen in neuerer Zeit vielfach
diskutiert worden. — Die erste Verwendung dieser in der Chirurgie
schon lange üblichen Methode geschah für die Diagnostik von Erkrankungen des Rachens und Kehlkopfes von CZERMAK. Das Hauptver-
dienst, sie für die Erkrankungen der Nasennebenhöhlen entwickelt zu
haben, gebührt VOHSEN und HERYNG. Sie bildet, worin man sie nicht
weidlich überschätzt und die anderen Untersuchungswege vernachlässigt,
ein beachtenswertes Hilfsmittel unserer Erkenntnis, besonders für die
Kieferhöhlen und — wenngleich schon in viel geringerem Grade — für
die Stirnhöhlen.

Hier, wie für die Diagnostik der chronischen und akuten Nebenhöhleneiterungen, für deren Erkennung die Durchleuchtung ebenfalls von
hohem Wert ist, will ich gleich auf einige Mängel der Methode hin-

weisen. Das eine ist die Unsicherheit vergleichender, an mehreren Tagen hintereinander wiederholter Prüfungen, welche durch die Verschiedenheit der verwandten Lichtintensität hervorgerufen werden. Sodann sind die vielfachen Anomalieen in dem Aufbau, die von Zuckerkandl eingehend erörterten Asymmetrieen in der Bildung der Kieferhöhlen, ganz besonders aber in der Anordnung der Stirnhöhlen zu nennen. Endlich ist zu bedenken[1]), dass die Verdunkelung nicht nur bei Ansammlung von Eiter, sondern unter allen den Umständen eintritt, welche sonst die frühere Transparenz vermindern oder aufheben können. Hierher gehört nicht nur die Geschwulstbildung, sondern es können das auch ohne Flüssigkeitsansammlung einhergehende Verdickungen der Wandbekleidungen bewirken.

Alle diese Dinge müssen berücksichtigt werden, alle diese Möglichkeiten erwogen werden. Daraus ergiebt sich wohl zur Genüge, wie wichtig es ist, die anderen Methoden neben der Durchleuchtung zu berücksichtigen.

Die Durchleuchtung wird im Dunkelzimmer ausgeführt. Für die Kiefer-, wie für die Stirnhöhlen kann man das gleiche, ursprünglich von Heryng angegebene Instrument benutzen. Dabei ist die Lampe mit

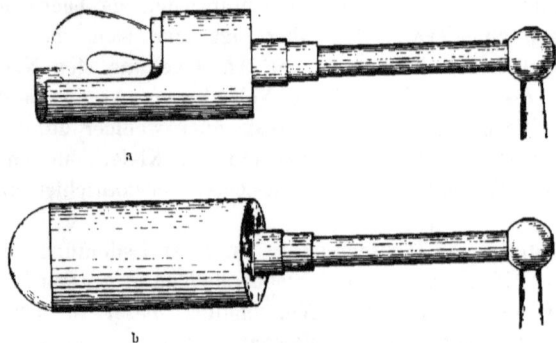

Fig. 14—15.

einem Griff rechtwinklig verbunden. Der Stromapparat enthält einen Rheostaten und die etwa 8 Volt gebende Glühlampe wird für die Durchleuchtung der Kieferhöhle mit der Metallhülse (a), für die Durchleuchtung der Stirnhöhle mit einer anderen, vorn eine Linse tragenden Kappe (b) oder einem passendem Stück schwarzen Kautschukschlauches über-

[1]) Vgl. Heryng. Verh. d. 10. int. med. Congr. Bd. IV, S. 39.

zogen. Im ersten Falle wird die Lampe in die Mundhöhle gebracht und
gegen den harten Gaumen, für die Stirnhöhle vom inneren Augenwinkel
her gegen die Grenzen des margo supraorbitalis an den Nasenbeinen
angesetzt.

Bei der Vergleichung der beiderseitigen Transparentfiguren ist natürlich die Voraussetzung, dass die andere Seite gesund ist. Auf geringe
Abwägung der Ausbreitung und Stärke ist nicht viel zu geben, besonders nicht, wenn die anderen Methoden der Untersuchungen negativ
ausgefallen sind. Wie VOHSEN angegeben hat[1]), bleibt die Pupille, welche
man bei dünnen Gesichtsknochen und längerer Kieferhöhle rot hervor-
leuchten sieht, bei erkrankter Oberkieferhöhle dunkel. Der letzthin gemachte Versuch, über diese Angaben hinaus der Durchleuchtung der
Pupille eine besondere Bedeutung zu vindizieren, ist misslungen. Ebensowenig kann ich RUAULT zugeben, dass die Erkrankung des Siebbeins
bestimmte Veränderungen der Durchleuchtungsfigur hervorzubringen im
stande sind.

Ist ein Übergreifen der akuten Entzündungen auf eine oder mehrere Nebenhöhlen erfolgt, so sind — besonders bei der eiterigen Rhinitis
— die Symptome nicht selten die einer schweren Erkrankung. Neben
hohem Fieber und schwerer Prostration, quälendem Kopfschmerz und
-druck sind mehr oder weniger deutliche und schmerzhafte Neuralgieen
im Gebiet des supraorbitalis eine häufige, Kranke ungemein peinigende
Erscheinung.

Sind die Abflussverhältnisse ungünstig, greift der Prozess weiter in
die Tiefe oder geht er auf andere Nebenhöhlen über, so werden eine
Reihe der Erscheinungen chronisch. Die Kopfschmerzen verschwinden
ganz oder fast ganz, um nur gelegentlich heftiger, zum Teil unter dem
Bilde von Neuralgieen wiederzukehren. ·Dagegen bleibt eine Benommen-
heit des ganzen Kopfes meistens fortbestehen.

Freilich gewöhnen sich die Kranken vielfach daran oder erleichtern
sich auch den Zustand durch allerhand Palliativmittel örtlicher und
medikamentöser Natur. In sehr vielen Fällen sieht man, dass es alsdann zu einer wirklichen und dauernden Abschwellung nicht kommt.
Die Nasenschleimhaut bleibt dunkelrot, erscheint matt und leicht ge-
körnt, und es kommt dann zu der Entwickelung der so häufigen und so
oft durch Jahr und Jahrzehnte unerkannt bleibenden chronischen Nebenhöhlenerkrankungen mit ihren tiefgreifenden und weitreichenden Zerstörungen, die wir bei der Besprechung der chronischen Affektionen dieser
Art näher kennen lernen werden.

[1]) l. c. S. 34.

Der akute Retronasalkatarrh.

Der akute Retronasalkatarrh tritt meistens gleichzeitig oder in der Folge einer akuten Rhinitis auf. Als Primärerkrankung ist er häufiger im Anschluss an bereits bestehende, chronisch entzündliche Zustände der Schleimhaut oder des adenoiden Gewebes. Im übrigen teilt er mit der akuten Rhinitis die meisten ätiologischen Faktoren, so das Auftreten nach Erkältungen, bei Intoxikationen, bei akuten Infektionskrankheiten und Exanthemen, die grosse Neigung zu wiederholtem Auftreten, u. s. f. Mit den Erkrankungen des Mundrachenraumes ist ihm gemeinsam das bald diffuse, bald nur bezirksweise Auftreten der akuten Entzündung, das Hervortreten der Erkrankungen bald mehr in der Schleimhaut selbst, bald mehr in dem Gebiete des adenoiden Gewandes. Was seine Bedeutung für das Allgemeinbefinden anlangt, so sehen wir auch hier das schon oft betonte Missverhältnis zwischen den örtlichen und den Allgemeinerscheinungen sehr deutlich hervortreten, so dass auch hier viele Krankheitsbilder zu der Annahme ursächlicher infektiöser Momente führen. Eine besondere Gefahr dieser Erkrankungen liegt in der Fortleitung auf die Nachbarschaft. Sehr häufig ist die Fortleitung auf den Mundrachenraum und Kehlkopf, und von besonderer Bedeutung ist die Fortleitung auf die eustachische Röhre und den Gehörapparat überhaupt.

Es ist mit Sicherheit anzunehmen, dass der akute Retronasalkatarrh viel häufiger auftritt, als er erkannt wird. In einer sehr grossen Reihe von Fällen finden wir den Mundrachenraum vollkommen frei, und wenn die subjektiven Erscheinungen der akuten Rhinitis lebhaft entwickelt sind, so kann ohne eine postrhinoskopische Untersuchung die im Retronasalraum sitzende Entzündung übersehen werden. Auf der anderen Seite führen eine Reihe von immer wiederkehrenden Klagen den Beobachter sehr leicht auf die Vermutung eines hier lokalisierten Prozesses. Hierher gehören sehr lebhafte Schluckschmerzen, welche mit in die Ohrgegend ausstrahlenden, stechenden oder bohrenden Schmerzen verbunden sind. Manchmal werden die so ausgelösten Schmerzen beim Schlucken auch als dumpfe, in die Gegend des Hinterkopfes verlegte Sensationen bezeichnet. Sehr gewöhnlich, aber nicht regulär, fand auch ich, worauf SCHADEWALDT besonders aufmerksam gemacht hat, dass die seitliche Halsgegend in der Höhe des Kehlkopfes der Ort war, nach welchem die Sensation verlegt wurde, und zwar werden, wie SCHADEWALDT gefunden hat, die Seiten dabei immer rechts, das heisst der affizierten Seite im Retronasalraum entsprechend angegeben.

Die allgemeinen Erscheinungen, der Grad und Verlauf des Fiebers, die Abgeschlagenheit, das Schwächegefühl und die, durch die Verlegung der Nasalatmung bedingte Folgeerscheinungen, sind dieselben wie bei der akuten Rhinitis.

Dass der Prozess von der vorderen Nasenhöhle sehr leicht in der Richtung nach unten fortgepflanzt wird, ist durch die innige Nachbarschaft und die sehr leicht sich ergebende Ansammlung des Nasenhöhlensekrets im Retronasalraum zu erklären. Besonders während der Nacht trocknet es dort ein und stagniert um so leichter, wenn bereits durch vorangegangenen chronischen Katarrh und Entzündungen der Rachenmandel die Schleimhaut verändert ist, und das von der Vordernasenhöhle hergenommene, zu dem an Ort und Stelle gebildeten Sekret sich hinzugesellt und die Verlegung des Raumes und die Reizung der Wandungen vermehrt.

Ist vorzugsweise die Schleimhaut ergriffen, so sehen wir je nach der Ausbreitung im postrhinoskopischen Bilde nach der Entfernung des Sekrets einen mehr oder weniger grossen Bezirk dunkel gerötet und geschwollen, hier und da, wo das Sekret länger anhaftet, kleine Sugillationen. Die Untersuchung wird erleichtert, wenn nur eine Hälfte des Nasenrachenraumes ergriffen ist, weil dann die Farbenunterschiede scharf und deutlich hervortreten. Nicht selten kann man in der Folge direkt beobachten, dass mit dem Nachlass der Schwellungen auf der einen Seite alsdann der Prozess auf der anderen Seite beginnt.

Zu den durch Verlegung der Nasenatmung bedingten Beschwerden, der Trockenheit und dem veranlassten Hustenreiz, ohne dass im Rachen oder Kehlkopfe sich eine Ursache dafür findet, treten die durch die Verstopfungen der Nasen- und Nasenrachenhöhle bedingten Veränderungen der Sprache ein, wobei bald mehr der Charakter einer Rhinolalia clausa, bald das durch die vermehrte Resonanz der Vordernasenhöhle bedingte Nasaltimbre in den Vordergrund tritt.

Nicht immer verläuft der akute Retronasalkatarrh, wie meistens angegeben wird, in wenigen Tagen oder in einer Woche; recht häufig sieht man den Verlauf der Erkrankung bis zu zwei Wochen und länger sich hinziehen, zumal wenn die eine Seite nach der anderen befallen wird und wenn eine begleitende oder schon vorher entwickelte Rhinitis mit der Rückbildung zögert.

Nicht selten sehen wir in solchen Fällen eine mangelhafte Rückbildung der Erscheinungen. Es verbleiben chronische Schwellungszustände und Hypersekretion, während, wenn eine Verbreitung auf die eustachische Röhre stattgefunden hat, sehr lang dauernde und schwer zu beseitigende Schwellungszustände dieses Organs zur Beobachtung kommen.

Die akute Pharyngitis.

Die akute Pharyngitis als Krankheit sui generis ist — jedenfalls weil sie bequemer zu sehen und zu beobachten ist, als die Erkrankung der Nasen- und Nasenrachenhöhle — etwas zu sehr in der Beschreibung bevorzugt worden. Sie ist jedenfalls primär lange nicht so häufig, als sie sekundär durch Fortleitungen von oben her entsteht oder durch chronische Erkrankungszustände in der Nachbarschaft, wie an den Zähnen und in der Mundschleimhaut, ferner durch chronische Erkrankungen an dem im Mundrachenraum liegenden Teil des adenoiden Gewebsringes veranlasst oder immer wieder aufs neue angefacht wird. Konstitutionelle, klimatische und thermische Einflüsse sind gewiss nicht zu unterschätzen. Von ganz besonderer Wichtigkeit für die „Disposition" sind aber wenigstens nach meiner Erfahrung Hindernisse in der nasalen Atmung.

Kinder mit adenoiden Vegetationen, Erwachsene mit chronischen Rhinitiden und sonstigen, die Nasen- oder Nasenrachenhöhle stenosierenden Erkrankungsformen werden die Neigung zu wiederholten Erkrankungen an akuter Pharyngitis nicht eher los, als bis die Nasenatmung wiederhergestellt ist. Alsdann verschwindet oft mit einem Schlage die „rheumatische", „skrophulöse" und „gichtische" Disposition, denen wir den künstlichen Aufbau so vieler überflüssiger, ja unwahrer Krankheitsbilder verdanken.

Eine Reihe der durch mechanische akute Reizung wirkenden Ursachen würde ihre schädlichen Wirkungen ebenfalls gar nicht oder nicht so bald und intensiv entfalten, wenn der nasale Atmungsweg frei wäre. Hierher gehören besonders die durch ständigen Aufenthalt in heissen, staubigen und trockenen Räumen erzeugten häufigen akuten Pharyngitiden, sowie die bei gewissen Arbeitszweigen, wie bei Maurern, Tucharbeitern, häufige Disposition zur Erkrankung an akuter Pharyngitis.

Von anorganischen Substanzen, die bei innerlichem Gebrauche erfahrungsgemäss Pharyngitiden erzeugen, sind Quecksilber, Antimon und Arsenik, hauptsächlich aber Jodpräparate zu nennen, und zwar ist das Jodkalium schädlicher, als das Jodnatrium und das Jodrubidium; von organischen das Strychnin und das Atropin. Auch der chronische Alkoholgenuss erhöht die Disposition zur akuten Pharyngitis umsomehr, als er meist chronische Veränderungen erzeugt, die desto leichter sich mit der örtlichen Reizung durch konzentrierte Spirituosen vereinigen, um eine akute Exacerbation des Zustandes hervorzurufen. Ferner ist zu nennen der Missbrauch des Tabaks, mag er nun im Rauch aspiriert oder beim Kauen mit dem Speichel, beim Husten mit dem nach hinten fliessenden Nasensekret imprägniert und mit verschluckt werden.

Eine besondere Stelle behaupten, wie wir gesehen haben, die Pharynxerkrankungen bei akuten Infektionskrankheiten.

Auch hier können wir mehr diffuse, den grösseren Teil der Pharynxschleimhaut einnehmende oder umschriebene Entzündungsformen unterscheiden, die einen kleineren Bezirk, bald der hinteren Rachenwand, bald der Gaumenbögen, bald der uvulären oder der anderen Teile des Velums befallen. Dabei ist die Schleimhaut in den verschiedensten Graden und Ausbreitungen geschwellt und gerötet, und bei intensiveren Prozessen sieht man nicht so selten ein die ganze Uvula und einen Teil des Velums einnehmendes Ödem, kenntlich durch die Volumszunahme und die eigene hellere Färbung und grössere Transparenz. Die Betrachtung mit dem Kehlkopfspiegel lehrt, dass ohne sonstige, auf den Kehlkopf hinweisende Erscheinungen auch die aryepiglottische Falte und die Gegend über den Aryknorpeln von leichteren Graden des Ödems ergriffen sein kann.

Eigen ist der umschriebenen Form der akuten Pharyngitis — analog mit den gleichen Erkrankungen des Nasenrachenraumes — die Neigung, von der einen, zuerst befallenen Seite auf die andere hinüberzukriechen. Im übrigen hängt das Aussehen der akuten entzündeten Schleimhaut von vielen Einzelheiten der Bildung ab, dem Reichtum an Gefässen, der Anhäufung von Follikeln und sonstigen, durch vorangegangene Schädlichkeiten und bestehende chronische Erkrankungen bedingten Veränderungen. In den seltensten Fällen sehen wir ja die akute Pharyngitis an einer vorher normalen Schleimhaut sich abspielen. Es ist natürlich, dass die akuten Entzündungserscheinungen und die Intensität der Schwellungen verschieden sein müssen, wenn es sich um eine verdickte, mit massenhaften Follikeln besetzte Schleimhaut mit gleichfalls verdicktem adenoiden Gewebe handelt, als wenn diese Vorbedingungen fehlen. Es ist nicht angezeigt, aus den sich so ergebenden Bildern mit mehr oder weniger körnigem Aussehen der geschwollenen Schleimhaut oder mehr oder weniger in die Augen fallenden Schwellungen der follikulären und der Drüsenanhäufungen besondere Formen zu konstruieren.

Sehr verschieden gestaltet sich bei den akuten Rhinitiden und Pharyngitiden die Beteiligung des adenoiden Gewebes, der Zungen-, Rachen- und Gaumenmandeln. Sie erscheinen manchmal wenig oder gar nicht beteiligt, während sie in anderen Fällen das Hauptsächlichste des Krankheitsbefundes darstellen.

Schon beim akuten Retronasalkatarrh können wir beobachten, dass in einer Reihe von Fällen (besonders lässt sich dies unter günstigen

Umständen bei Patienten jugendlichen Alters sehen) das Gewebe der Rachenmandel besonders stark beteiligt ist. Dabei sind nicht selten von vornherein oder ein wenig später dieselben Zustände an den Gaumen-mandeln und an der Zungentonsille zu finden. Es lässt sich daraus schliessen, dass bei einer grossen Reihe von Fällen, die als Gaumen-mandelentzündung figurieren, diese bei der gewöhnlichen Inspektion sichtbare Erkrankung nur einen Teil der Gesamterkrankung darstellt, und dass auch hier vielleicht ein Herabsteigen der akuten Entzündung von der Nasen- und Nasenrachenhöhle zum Mundrachenraum und Kehl-kopf stattfindet. Sehr viel seltener ist die umgekehrte Reihenfolge.

Ist das adenoide Gewebe in einigermaassen stärkerem Grade an dem Entzündungsprozess beteiligt, so sieht man die entzündeten Teile im Zustande der parenchymatösen Schwellung dunkel gerötet und meist sehr deutlich vergrössert. Darüber kann natürlich auch wieder eine Ver-gleichung beider Seiten einen annähernden Aufschluss geben, wenn man nicht schon den Zustand vor der Erkrankung gekannt hat. —

Die sonstigen örtlichen und allgemeinen Störungen bei der akuten Pharyngitis, das Schluckweh, die Trockenheit, das Ausstrahlen des Schmer-zes in die Ohrengegend, der quälende Hustenreiz, die Drüsenschwellung, die Sprachstörungen, das Fieber sind allgemein bekannt und weichen von den bei dem akuten Retronasalkatarrh beschriebenen nicht sehr ab. Hervorzuheben ist, dass die unmittelbare Nachbarschaft des Kehlkopf-einganges gelegentlich die sonst unbedenklichen Erscheinungen der Er-krankung steigern können, wenn das dort etablierte Ödem grössere Aus-breitungen erlangt. Alsdann kann es, besonders bei jugendlichen Individuen, gelegentlich zu Erscheinungen von Laryngostenose kommen. Ich verfüge über eine Reihe solcher Beobachtungen, indessen ohne schwerere Grade der Atemnot.

Die akute Laryngitis und Tracheitis.

Die akute Laryngitis wird sehr oft durch Fortpflanzung eines Katarrhs von oben, seltener von unten her hervorgerufen. Primäres und all-einiges Auftreten der akuten Laryngitis sehen wir unter besonderen, ihre Entwicklung begünstigenden Bedingungen. So bei Personen, die an chronischer Laryngitis leiden, ferner überall da, wo Beruf und Beschäf-tigung eine besonders starke Inanspruchnahme des Organs bedingen: bei Predigern, Sängern, Militärs u. dgl. Sodann ist die Disposition zu akuten katarrhalischen Erkrankungen des Kehlkopfes und der Luftröhre aus demselben Grunde, die wir bei der Besprechung der akuten Pharyn-gitis kennen gelernt haben, gesteigert, wenn dauernd Störungen in der

nasalen Atmung vorhanden sind. Gesellt sich zu diesen Umständen noch
notgedrungener oder freiwilliger Aufenthalt in heissen, dunstigen, rau-
chigen, staubigen Räumen, Gebrauch von Alkohol und Tabak, chronische
Obstruktion des Darmes und sonst unzweckmässiges hygienisches Verhalten, so steigert sich die Häufigkeit und Leichtigkeit der Erkrankungen
ganz erstaunlich.

Bei solchen Personen sehen wir dann bei jedem Witterungswechsel,
bei den geringsten äusseren Einflüssen akute Laryngitis auftreten oder
die vorhandene chronische exacerbieren.

Die akute Laryngitis simplex kann in ganz umschriebener Form
auftreten. Wir finden bald nur eine Seite ergriffen, bald beide. Im
letzteren Falle kann aber die eine ungleich mehr wie die andere ergriffen sein. Besonders fällt das ins Auge, wenn die Taschenbänder,
die Stimmbänder oder die regio subglottica befallen sind. In anderen
Fällen ist die Entzündung nur auf die regio arytaenoidea oder nur auf
den Kehldeckel beschränkt, oder es sind einzelne dieser Bezirke kombiniert ergriffen. Bei der diffusen Form findet man die Rötung und
Schwellung über die gesamte Schleimhaut verbreitet. Oberflächliche
Erosionen kommen besonders an der hinteren Larynxwand, aber auch
auf den Stimmbändern zu stande, und zwar wohl noch häufiger, als sie
entdeckt werden. Ohne Zuhilfenahme des Sonnen- oder des diffusen
Tageslichtes können sie nämlich leicht übersehen werden; übrigens heilen
sie meist schnell von selbst, und nur bei weiterer Einwirkung von
Reizungen oder Traumen kommt es zu Substanzverlusten oder Einrissen
der Mukosa. Die Erosionen fallen nach gründlicher Beseitigung des
etwa anhaftenden Sekretes als opakere, etwas vertiefte Stellen ins Auge,
die oft einen leichten gelbgrauen oder grauroten Schleier zu tragen
scheinen. — Gottstein macht mit Recht darauf aufmerksam, dass der Grad
der Schwellung und die Gefässfüllung einander nicht immer zu entsprechen
brauchen. Die Schwellung selbst ist manchmal durch die blose Inspektion nicht vollkommen zu beurteilen, besonders an Teilen, die auch sonst
individuell wechselnde Grössenverhältnisse bieten, wie bei den Taschenbändern. Die Stimmbänder erscheinen bei beträchtlicheren Graden als
tiefrote Wülste, der sonst scharfe freie Rand ist mehr gerundet. Die
Beweglichkeit der Stimmbänder ist alsdann gehindert, indem unter solchen Verhältnissen die thyreoarytaenoidei interni ihre Wirkung nicht
entfalten können. Es entsteht bei der Adduktion ein elliptischer Spalt
zwischen den Stimmbändern. Ist die regio interarytaenoidea geschwollen,
so wird der vollkommene Schluss im kartilaginösen Teile der Stimmritze
behindert. Begünstigt werden derartige Adduktionsschwierigkeiten durch
Ablagerungen fest anhaftenden Sekrets, sowie auch durch Anschwellungen

in der regio subglottica. Diese treten manchmal nur einseitig auf und können sehr verschiedene Ausdehnung erlangen.

Je trockener und fester haftend das Sekret ist, desto grössere Hindernisse kann es an den genannten Orten der Stimmbildung bereiten; in solchen Fällen finden wir dann nicht selten vollkommene Aphonie, wo sich nach der Entfernung des Sekretes die Schwellung als eine nur geringe erweist. Nach meiner Erfahrung sind das meist die mit der Bildung borkigen Sekretes einhergehenden Formen (Laryngitis sicca) akuter Exacerbationen chronischer Laryngitis.

Die Störungen der Funktion sind nach Sitz und Ausbreitung der Laryngitis sehr verschieden. Von der vollkommenen Unmöglichkeit, klingende Stimme zu bilden, bis zu der leichten Heiserkeit und der völlig ungestörten Stimmbildung kommen alle Nüancen vor. Die sonstigen Klagen sind meistens Rauhigkeit, ein „rohes", wundes Gefühl im Kehlkopf, das sich bei Sprachversuchen und beim Husten steigert, Trockenheit, Fremdkörpergefühl, Schluck- und Hustenreiz. Dauernde Schmerzen werden selten und nur mehr bei besonders intensiven Entzündungsformen angegeben. Die Sekretion ist in der ersten Zeit spärlich, später wird sie reichlicher und dünnflüssiger; ausgenommen ist die oben erwähnte Laryngitis sicca, bei der die Eintrocknung des Sekretes ziemlich lange beobachtet wird.

Mit oder ohne gleichzeitige akute oder chronische Rachenkrankheiten kommt es nämlich in diesen Fällen gleich im Beginn einer akuten Laryngitis (öfter allerdings bei Exacerbationen einer chronischen katarrhalischen Erkrankung) zu der Bildung eines weniger reichlichen, aber sehr wasserarmen und tapetengleich fest haftenden Sekrets. Diese Massen wirken als Fremdkörper und können hochgradige Einengungen des Atmungsrohres, sowie hochgradige Stimmstörungen, oft völlige Aphonie herbeiführen. Gottstein äussert die Ansicht, dass diese Form (Laryngitis sicca) die eigentliche Ursache von Schleimhautblutungen sei, die vielfach als besondere Erkrankungsformen (Laryngitis haemorrhagica) beschrieben worden sind. Indes ist es wahrscheinlicher, dass auch andere Ursachen, ausser Druckwirkungen der Borken, diese Wirkung hervorbringen. Wahrscheinlich ist, dass eine durch den Katarrh oder die Summation vielfacher, vorangegangener Katarrhe entstandene Veränderung in der Beschaffenheit der Gefässwände zu Blutungen führt, wenn vermehrter Seitendruck auf sie einwirkt[1]). Anstrengung der Stimme durch Husten, Schreien, Erbrechen während der Schwangerschaft[2]) und, bei

[1]) Rethi. Die Laryngitis haemorrhagica. Wien 1889.
[2]) B. Fränkel. Berl. kl. Wochenschr. 1873.

venöser Stauung, auch noch geringere Veranlassungen genügen dann
schon, um eine Blutung herbeizuführen. Ob es dabei zum Blutaustritt
auf die freie Fläche kommt, oder bei der Bildung von Ecchymosen und
Extravasaten sein Bewenden hat, ist für den Begriff der Laryngitis
haemorrhagica nicht wesentlich.

In diesem Falle sieht man, wie schon v. Bruns[1]) beschrieb, manchmal recht zahlreiche, manchmal isolierte Flecken von Sandkorn- bis
Linsengrösse. Die Schleimhaut darüber ist ganz glatt und eben, oder
in Form eines kleinen Hügelchens emporgehoben. Die Farbe wechselt
vom lebhaftesten Hellrot bis zum tiefen Braun- oder Blaurot und
Schwarzblau, je nach der Quelle der Blutungen und der Zeitdauer seit
ihrer Entstehung. Im ersten Falle breitet sich das Blut meist in Form
einer dünnen Schicht auf der Oberfläche aus und klebt nach der Gerin-
nung fest darauf an, um später durch Husten ausgeworfen zu werden.

Gelingt bei einer akuten Tracheitis, mag dieselbe nun der Kehl-
kopfentzündung vorangehen oder sie begleiten, oder mag sie selbständig
verlaufen, die Erhebung eines tracheoskopischen Befundes, so zeigt sich an
dem der Besichtigung zugänglichen Teile die Schleimhaut dunkel, manchmal — vielleicht nur wegen der grösseren Entfernung und stärkeren
Lichtzerstreuung — etwas livide gerötet, geschwollen und stellenweise
von Sekret überlagert. Natürlich ist zu bedenken, dass unter Umständen
auch dann reichliche Sekretmassen ziemlich lange an der Trachea
stagnieren können, wenn sie aus den tiefer liegenden Abschnitten des
Bronchialraumes oder von dem Lungengewebe herstammen. Ich habe
einen Patienten mit Lungengangrän beobachtet, bei dem die Massen
wochenlang verweilt hatten und Erscheinungen von Tracheostenose hervorgerufen hatten.

Das von der Trachealschleimhaut gebildete Sekret nimmt bei gewissen Formen ebenfalls sehr leicht, ähnlich wie bei der Laryngitis sicca,
mit der die entsprechenden Formen der Tracheitis stets kombiniert auftritt, eine zähe und trockene Beschaffenheit an. Alsdann können kleine
Sekretmengen lange an der Schleimhautfläche haften bleiben und zu
langdauernden Hustenanfällen Veranlassung geben. Diese Attacken bleiben
oft sehr lange unerklärt, bis nach wochenlangem Bestehen nach einem
besonders heftigen Hustenanfall der Übelthäter herausgeschleudert wird
und der schon verdächtig gewordene Katarrh plötzlich verschwindet.

Nicht selten kommt es dabei zu minimalen Blutungen, die natürlich
ganz harmloser Natur sind. —

¹) Laryngoskopie, S. 127, auch zitiert von B. Fränkel l. c.

Bei geeignetem Verhalten ist die Prognose der einfachen akuten Laryngitis und Trachea günstig. In wenigen Tagen wird die Lösung des Sekrets eine leichtere, die anfangs spärlichen Schleimmassen werden reichlicher und lockerer, und bald tritt eine vollkommene Restitution ein. Bei unzweckmässigem Verhalten oder wenn die Affektion durch Rhinitis, Pharyngitis oder schleppende Bronchitis unterhalten wird, zieht sich der Verlauf aber sehr in die Länge, und es kann auch durch Übergang auf das submuköse Gewebe plötzlich Verschlimmerung eintreten. In anderen Fällen bleiben nach lange dauernden, häufig und schnell hinter einander sich abspielenden Attacken Residuen zurück und die Krankheit geht in das Bild des chronischen Kehlkopf- und Luftröhrenkatarrhs über.

Unter den akuten Entzündungen im Gebiete des Nasen- und Mundrachenraumes erfordern eine gesonderte Besprechung die akuten

Erkrankungen des adenoiden Gewebes.

Wenn auch die Gaumenmandeln vielleicht am häufigsten erkranken, so kommen doch die verschiedenen zu besprechenden Formen auch an anderen Abschnitten des Gewebsringes oft genug vor, um unsere Aufmerksamkeit in Anspruch zu nehmen, zumal sie — wenigstens im Nasenrachenabschnitt — sehr häufig übersehen werden.

Nicht so selten ist der Ring in seiner ganzen Ausdehnung der Sitz des entzündlichen Prozesses, in anderen Fällen finden wir zuerst die Rachenmandel und dann die Gaumenmandeln ergriffen. Verhältnismässig am seltensten erkrankt die Zungentonsille. Eine ziemlich gewöhnliche Reihenfolge ist derart gegeben, dass einzelne Abschnitte der lymphatischen Gewebe des Nasenrachenraumes zuerst erkranken, z. B. in den Seitenteilen, worauf der Prozess die entsprechende Gaumenmandel einnimmt. In der Folge kann dann die andere Seite in derselben Weise ergriffen werden, oder es erkrankt daselbst die Gaumenmandel allein.

In den einfachsten Formen finden wir nur Zustände parenchymatöser Schwellungen; der entzündete Abschnitt erscheint vergrössert, dunkel gerötet, es treten manchmal unter erheblich gesteigerter Temperatur meist leichte Schwellungen der regionären Lymphdrüsen auf, es stellen sich die entsprechenden Schluck-, Sprach- und Atembeschwerden ein in verschiedener Kombination und Stärke, je nach dem Sitz und der Intensität des Prozesses. Nach einem oder einigen Tagen tritt vollkommene Restitution ein, und zwar — wenn Kunsthilfe den Verlauf nicht abkürzt — meist in lytischer Form.

Bei manchen Personen finden wir die parenchymatöse Tonsillitis sehr häufig auftreten, oft so, dass der über Wochen sich hinziehende Verlauf der kommenden und gehenden Entzündung den Anschein einer chronisch oder wenigstens chronisch rezidivierenden Erkrankung erweckt. In diesen Fällen ist es von grosser Wichtigkeit, nach einem in der Nachbarschaft der befallenen Organe versteckten, ursächlichen Krankheitsheerde zu suchen, der bald in der Mundhöhle, bald in den Tonsillen selbst gefunden werden kann und lange Zeit der Beobachtung zu entgehen pflegt.

Von schwereren, deutlicher an die bei akuten Infektionskrankheiten auftretenden Symptome erinnernde Erscheinungen pflegt die Tonsillitis lacunaris begleitet zu sein. Den örtlichen Erscheinungen können während einiger Tage ziemlich unbestimmte allgemeine vorangehen, Abgeschlagenheit und eine oft sehr starke Prostration, Milztumor und Schüttelfröste[1]. B. Fränkel hat[1]) in seiner Schilderung dieser Affektion darauf aufmerksam gemacht, dass nicht selten fälschlich die beschuldigte „Erkältung" mit dem erst viel später nach der Infektion auftretenden Schüttelfrost verwechselt wird, während in der That die Erkrankung 3—4 Tage latent bleiben kann. Charakteristisch ist für die Diagnose die bei der Untersuchung sichtbare Ansammlung schleimig-eiteriger Sekretpfröpfe in der entzündeten Schleimhaut der Krypten. Sie können aus ihnen herabhängen, ja manchmal schon sehr früh konfluieren und sich in der Form von membranähnlichen Anhäufungen darstellen. Die Festigkeit dieser Masse ist eine verschiedengradrige, sie können Fibrin enthalten und lassen die Schleimhaut unter sich vollkommen intakt, man findet in ihnen nur epitheliale Zellen. Das differentiell diagnostische und pathologische Verhältnis dieser Erkrankungen zur Diphtheritis ist bereits besprochen worden. Hier will ich nur noch auf die ebenfalls von B. Fränkel hervorgehobenen Begleiterscheinungen und Folgen hinweisen, die sich bei Diphtheritis nicht, wohl aber bei der angina lacunaris vorfinden. Es ist das einmal der Herpes labialis und zweitens die Entzündung des peritonsillären Gewebes, die öfter freilich nach dem Verlauf, als während des Bestandes der lakunären Angina beobachtet wird. Bei der Stellung der Prognose, die im allgemeinen günstig ist, ist an die Möglichkeit eines Überganges der lakunären Angina in Diphtheritis zu denken; ferner muss an die Beobachtung E. Meyer's erinnert werden, wonach eine Diphtheritis sogar unter dem Bilde einer lakunären Angina verlaufen kann.

Ausser unter den geschilderten Infektions- und Erkältungseinflüssen tritt die angina lacunaris in einer Reihe von Fällen im Anschluss an

----

[1]) Berl. klin. Woch. 1886.

Nasenoperationen auf, besonders nach galvanokaustisch vollzogenen. Während meist die Gaumentonsillen von dieser Erkrankung betroffen werden, ist unter den lakunären Entzündungsformen nach Nasenoperationen auch eine solche der Rachentonsille beschrieben worden[1]). Diese Entzündungen pflegen am zweiten bis vierten Tage, seltener später aufzutreten. Ich habe sie aber schon am fünften und sechsten, einmal am neunten Tage nach dem Eingriffe gesehen.

Submuköse Prozesse.

Nicht immer verlaufen die geschilderten akuten Entzündungsprozesse in dieser günstigen Form. Schon die alten Beobachter wussten, dass anscheinend harmlose und oberflächlich verlaufende Katarrhe sich alsbald als schwere Infektionen entpuppen und mit tief in das Gewebe eingreifenden Entzündungen einhergehen können. Auch die Beziehungen der submukösen und perichondritischen Entzündungen zum Erysipel sind seit langer Zeit Gegenstand einer Erörterung gewesen, ohne dass eine klinisch scharfe Abgrenzung zwischen den erysipelatösen, den phlegmonösen und dem unter dem Bilde einer einfachen oder submukösen Entzündung verlaufenen Prozessen sich ergeben hätte.

Neben der Ausbreitung in die Tiefe und dem darauf folgenden, zur Eiterung führenden phlegmonösen Prozess sind die Fortpflanzungen auf die Nachbarschaft von Bedeutung, da sie lebenswichtige Organe betreffen können. So wissen wir seit lange, dass der akuten Rhinitis bei besonders intensivem Verlaufe neben schweren Erkrankungen der eigentlichen Nasenebenbhöhlen auch Zerstörung des orbitalen und des Stirnhöhlendaches mit folgender Meningitis sich anreihen kann.

Wichtige Sektionsbefunde über diese Beziehungen finden wir allerdings erst in neuerer Zeit. Schäffer[2]) beschrieb einen von ihm beobachteten Fall, in dem nach akutem Schnupfen eine Schwellung am rechten Auge mit schleimig-eiterigem, übelriechendem Ausfluss aus der Nase eintrat. Alsdann trat der Tod unter Erscheinungen von Meningitis ein und bei der Sektion fand sich neben einem wallnussgrossen Eiterherd in den Siebbeinzellen der erkrankten Seite eine kariöse Zerstörung des Orbitaldaches.

Auch ein bald darauf von Hartmann[3]) beschriebener Fall von Orbitalabscess bei akutem Schnupfen endete letal. Der strikte Beweis für die Entstehung derart umfangreicher und intensiver Erkrankungen aus

---

[1]) Berl. klin. Wochenschr.. S. 360, 1890. (Treitel.)
[2]) Prager med. Wochenschr. 1883, No. 20.
[3]) Berl. klin. Wochenschr. 1884, S. 326.

der akuten Rhinitis muss allerdings erst dadurch erbracht werden, dass es gelingt, die Vermutungen eines schon vor der akuten Erkrankung vorhanden gewesenen Nasennebenhöhlenleidens auszuschliessen. An dieser Schwierigkeit oder Unmöglichkeit kranken die wenigen von den bekannt gewordenen Beobachtungen dieser Kategorieen.

Die akute Entzündung des Septums.

Die ziemlich seltenen akuten Entzündungen des Septums sind meistens Phlegmonen mit Eiterung und Gewebsnekrose. Charakteristisch gegenüber dem Erysipel ist der lokale Charakter der Erscheinungen und ihr Verschwinden mit der lokalchirurgischen Behandlung[1]. Ich stimme nach dem, was ich gesehen habe, mit KUTTNER vollkommen darin überein, dass die bisher übliche Bezeichnung der Erkrankung als akute Perichondritis der Nasenscheidewand aufzugeben ist, da die übrigen Gewebsschichten ebenso beteiligt sind.   Der Befund ist gewöhnlich der, dass auf beiden Seiten vom Septum ausgehende, bald mehr pralle, bald schlaffere, kugelige Wulste erscheinen, während dumpfe Schmerzen in der Nasenwurzel und in den Zahnreihen sich zu den quälenden Erscheinungen der Nasenverlegung hinzugesellen.   JURASZ[2]) fand in einem Falle bei der vorgenommenen Probepunktion statt des vermuteten Eiters eine wasserklare seröse Flüssigkeit; mit Hilfe der Sonde, die er durch die Stichöffnung einführte, konnte er feststellen, dass beiderseits der Scheidewandknorpel in der ganzen Ausdehnung der Tumoren entblösst war, und dass sich die Flüssigkeit zwischen Knorpel und Perichondrium befand. Ferner konstatierte er an einer Stelle, etwa in der Mitte der Knorpelplatte, mittels der Sonde eine Perforation, durch welche beide Tumoren miteinander kommunizierten.   Ich habe den Befund JURASZ' deshalb hier nach seinem Bericht genauer wiedergegeben, weil er, abgesehen von der Verschiedenheit der Sekrete, genau mit dem übereinstimmt, was ich bei eiteriger Septumentzündung gesehen habe.   Vielleicht ist es nicht ohne Interesse, daran zu erinnern, dass man in früheren Zeiten es für notwendig hielt, vor Verwechselung der Nasenscheidewandabscesse mit dem Polyp zu warnen[3]).   Das wird heute nicht notwendig sein.   Vor Verwechselung mit Hämatomen schützt das einfache Mittel der Probepunktion.

Umschriebene, leicht rezidivierende Hautentzündungen an den Haarbälgen (Follikulitis), mehrfache Furunkel, sowie phlegmonöse Entzün-

---

[1]) KUTTNER. Die sogenannte akute und idiopathische Perichondritis der Nasenscheidewand. (Arch. f. Laryng. u. Rhin. II. Bd. II. 1.

[2]) Deutsche med. Wochenschr. 1884, S. 810.

[3]) Vgl. z. B. PHILIPP in Canst. Jahr. 1844.

dungen kommen häufig am Naseneingange vor. Es kann von einer
Follikulitis durch Berührung und Abkratzung der Decke eine weiter-
gehende Infektion erzeugt werden. Da diese indes in ihrem Verlaufe
von den auf der Hautdecke sich abspielenden bekannten Erscheinungen
nicht abweichen, sollen sie hier nur kurz erwähnt werden.

Der Verlauf der Perichondritis septi mit Eiterungen kann durch
geeignete chirurgische Behandlung sehr abgekürzt werden. Geschieht
das nicht, so kann sich .das Leiden durch eine bis drei Wochen lang
hinziehen, ehe eine spontane Entleerung des Abscesses die Selbstheilung
einleitet. Es ist selbstverständlich, dass dabei grössere Partieen des
Knorpels zur Einschmelzung oder nekrotisch gewordene Stücke zur Abstossung kommen können, und viel eher eine Heilung mit Defekt am
Septum oder gar unter Bildung einer Sattelnase eintreten kann, als bei
frühzeitiger Eröffnung.

Die Differentialdiagnose zwischen der akuten Entzündung des Septums
mit Eiterung und bereits vereitertem Hämatomen des Septums wird sich
in späteren Stadien nicht immer stellen lassen. Auch der Nachweis
einer Fraktur oder Infraktion am Septum ist dann oft nicht mehr zu
führen und man ist auf die anamnestischen Angaben angewiesen.

Submuköse Prozesse im Nasen- und Mundrachenraum.

Eiterungen im submukösen Gewebe der hinteren Rachenwand sind
im kindlichen Alter meistens auf Vereiterungen der HENLE'schen retropharyngealen Lymphdrüsen zurückzuführen. Da diese nur selten länger
persistieren als bis zum 4.—5. Lebensjahre, wenn nicht, der gewöhnlichen Annahme, zufolge konstitutionelle Anomalieen, wie Skrophulose,
Rhachitis oder Syphilis hereditaria zu frühen Vergrösserungen und Erkrankungen geführt haben, so begreift sich leicht, dass die Mehrzahl der
zur Beobachtung kommenden akuten Eiterungen dieses Ursprunges im
frühesten Kindesalter gesehen werden. Es ist sehr wahrscheinlich,
dass in benachbarten Bezirken der äusseren Haut am Kopf und Gesicht oder in den naheliegenden Schleimhautgebieten der Nasen- und
Nasenrachenhöhle das Virus zunächst Eingang findet, um dann durch die
Lymphgefässbahn weiter geschleppt zu werden, und die Ursachen zu einer
akuten Entzündung der retropharyngealen Lymphdrüsen zu bilden.
Hierher gehören als primäre Erkrankungen, das Erysipel, Kopfekzeme,
akute Entzündungen des Mittelohres, akute eitrige Rhinitiden, unter denen
die durch Gonorrhoe entstandenen ein Hauptkontingent stellen mögen,
akute Infektionskrankheiten des Kindesalters, wie Scharlach und Diphtheritis, und durch Fremdkörper in den benachbarten Schleimhauthöhlen

verursachte Entzündungen. Gegen die seit HENOCH oft geäusserte Auffassung des retropharyngealen Abscesses, als eines durch Reizungszustände in der Mundhöhle, besonders beim Zahnen erzeugten Drüsenabscesses, muss man einwenden, dass allerdings[1]) die retropharyngealen Lymphdrüsen mit denen der vorderen Mundhöhle nicht in direkter Beziehung stehen, und[2]) dass, wenigstens bei Tierversuchen, ihre Injektion gut von den nasalen Lymphgefässen aus gelingt. SCHECH hebt hervor, dass schlecht genährte, mit Kopfekzemen behaftete Kinder mit Vorliebe ergriffen werden; doch sieht man auch ohne das retropharyngeale Abscesse bei 2—3 jährigen sonst anscheinend ganz gesunden Kindern nicht so selten.

Einer anderen Klasse von Eiterungen gehören die als Folge von Erkrankungen der Halswirbelsäule (Spondylitis cervicalis) zu stande kommenden Senkungsabscesse an. Sie werden unschwer durch das leichter der Erkennung zugängliche Grundleiden, den langsameren Verlauf, und das Auftreten in späterem Alter als solche identifiziert, und von der uns hier wesentlich interessierenden Lymphadenitis acuta retropharyngealis unterschieden werden können. —

Die Symptome sind zunächst Erschwerung des Schluckens und bald, wenn die Schwellung wächst, auch der Atmung. Die Kinder kommen sehr schnell durch das meist hohe Fieber und durch die Erschwerung der Ernährung und Respiration herunter. Sehr früh stellt sich auch eine Steifigkeit des Halses ein, die Kinder halten den Kopf ziemlich unbeweglich und etwas nach vorn geneigt, im Gegensatz zu der Kopfhaltung bei spondylitischen Abscessen, wo er eher nach hinten gebeugt gehalten wird. Bei der Untersuchung, die durch die Palpation gestützt werden muss, und die manchmal nur in Narkose ordentlich gelingt, sieht man, nach dem Stadium und dem Grade der bewirkten Abhebungen der Schleimhaut, einen verschieden grossen mehr oder weniger prallen Tumor, über dem, wie ich mich einige Male überzeugen konnte[3]), die Schleimhaut, abgesehen von dieser Ortsveränderung und dem Fluktuationsgefühl, unverändert erscheinen kann. Nimmt die Schwellung noch weiter zu, so wird, während Velum und Tonsillen vorgedrängt werden, die Atemnot um so grösser, je weiter der Abscess nach unten ragt, und je mehr es zu Ödem in seiner Umgebung kommt. Zu den selteneren Erscheinungen gehört Facialislähmung, die durch Druck auf das die Austrittsstelle der Gesichtsnerven, das foramen stylomastoideum, um-

[1]) GERHARDT, Verhandl. d. Berl. med. Ges. H. II. p. 168.
[2] FLATAU, Verhandl. der Berl. Laryng. Ges. Bd. 1.
[3]) Vergl. SCHECH's Lehrbuch. S. 119.

gebende Bindegewebe zurückgeführt wird. Gefahrvoll ist die spontane
Entleerung. Durch Herabfliessen der eitrigen Sekretmassen in den
Bronchialraum kann sofortige Erstickung eintreten. Davon hat schon
OPPOLZER mehrere Beispiele beobachtet.

HENOCH[1]) hat darauf aufmerksam gemacht, dass die ursprünglich
auf das retropharyngeale Bindegewebe beschränkte Eiterung sich auch
seitlich weiter ausdehnen und zwischen den Muskeln hindurchdringend,
äusserlich am Halse zum Vorschein kommen kann. Einmal hat er
Durchbruch in den Pharynx beobachtet. Fliesst in solchen Fällen der
Eiter durch die Rupturstellen in den Schlund ab, so kommt es garnicht
zu einer Tumorbildung und die Diagnose kann sehr erschwert werden[2]).
In zwei Fällen fand H. das höchst seltene Ereignis eines Durchbruchs
in das Ohr. Von der schlimmsten Bedeutung sind Senkungen des Eiters
in das Mediastinum. — Für die differentielle Diagnose kommen solide
Tumoren der Gegend in Betracht. Es ist danach von Wichtigkeit, die
nötigenfalls in der Narkose vorzunehmende Palpation nicht zu unterlassen und in zweifelhaften Fällen lieber zur Probepunktion zu greifen,
um sich nicht folgenschweren Verwechselungen mit Hämatomen, einem
retropharyngealen Lipom oder gar mit einer retropharyngealen Struma
auszusetzen.

Die Prognose ist meist eine zweifelhafte, schon weil wir gewöhnlich nur Vermutungen über die eigentlichen Ursachen der Veränderungen aufstellen können. Sie wird verschlimmert durch späte Erkennung und lange Dauer des Prozesses bis zur Entleerung. Verdächtig ist das Auftreten baldiger Rezidive nach breiter Incision und anscheinend
glatter Heilung. In zwei derartigen Fällen sah ich trotz erneuter
ausgiebiger Incision schnellen exitus eintreten. SCHRAKAMP[3]) fand als
Ursache eines nach der Incision recidivierenden Retropharyngealabscesses,
der zur Tracheotomie geführt hatte, in der Höhe des zweiten bis dritten
Halswirbels zwei mit tuberkulösen Abscessmembranen ausgekleidete
Höhlen mit käsigem Inhalt.

Über das Verhältnis zur akuten infektiösen Phlegmone des Pharynx
ist bereits in dem Abschnitt über Erysipelas gehandelt worden.

Im Mundrachenraum wird eine grössere Reihe der berichteten submukösen und phlegmonösen Erkrankungen auf Erysipelas zurückgeführt.
Ob immer mit Recht, muss aber dahingestellt bleiben, denn auch nach
einem Erysipel kann eine gewöhnliche Streptokokkeninfektion sich ent-

---

[1]) HENOCH, Kinderkrankheiten. S. 136.
[2]) Fall von TAGLER, LANCET 1876 II zitiert von HENOCH, Kdkht. S. 133.
[3]) Berl. klin. Wochenschr. 1887.

wickeln. Ich möchte, als charakteristisch für diesen Zusammenhang, an einen bereits 1867 von HETSINGER beschriebenen Fall von „ödematöser Pharyngitis" erinnern, der im Anschluss an einen Zahnabscess bei einem an habituellem Erysipel leidenden Patienten aufgetreten war. H. fand dabei die Uvula bis auf zwei Fingerdicke angeschwollen, so dass bei dem Kranken Brechbewegungen entstanden. Die ohne vorangegangenen Erysipel auftretenden Anginen zeigen ja allerdings fast nie derartig hochgradige Ödeme doch ist es hier wie überall mit den Diagnosen nach dem System post ergo propter eine gewagte Sache und der angenommene Zusammenhang bleibt zweifelhaft, wenn nicht die Symptome der erysipelatösen Allgemeininfektion ausgesprochen sind.

Übrigens treten stärkere Ödeme auch auf, wenn es in einer kleinen tieferen Stelle innerhalb des adenoiden Gewebes zu einer Abscedierung kommt, ein nicht grade sehr häufiges Ereignis. Vor einigen Wochen konsultierte mich ein junger Mann, der wegen heftiger in den Abendstunden exacerbirender Schluckschmerzen von verschiedenen Seiten ohne Erfolg mit Pinselung, ja von einem Arzte in mehr energischer als passender Weise durch galvanokaustische Furchung — der Nasenschleimhaut behandelt worden war. Die Ursache der Schluckschmerzen war aber nichts anderes als ein in der rechten Gaumentonsille gelegener Abscess, der über einen Monat bestanden haben musste. Der Kranke war während der Zeit erheblich heruntergekommen. Ich sah bei der Untersuchung mit elektrischem Licht die wenig aus den Arkaden hervorragende Mandel in ihrem oberen Drittel dunkelgrau durchscheinen, so dass ich zuerst an einen in der Tiefe liegenden Tonsillarstein dachte. Gleichzeitig bestand eine tüchtige ödematöse Schwellung des Velums besonders stark an der betreffenden Seite und des Zäpfchens, das bis auf Kleinfingerdicke aufgequollen war. Eine Probepunktion ergab flüssigen Eiter, nach dessen Entleerung durch breite Imision sämtliche Störungen verschwanden. Ein Fremdkörper war in der Abscesshöhle nicht nachweisbar.

Peritonsillitis.

Bei einer Reihe von Fällen einfacher Pharyngitis mit Beteiligung der Gaumenmandeln kann man feststellen, wenn man Gelegenheit hat, dieselben Kranken bei mehrfachen Attacken zu beobachten, dass eine Neigung zum Übergreifen der Entzündung auf das Peritonsillargewebe besteht. Man findet dann bei der Untersuchung den entsprechenden Teil des Velums und des Arkaden sehr lebhaft scharlachrot gefärbt, geschwollen und prominent; die Schmerzen sind beim Schlucken alsdann sehr heftig und strahlen sehr gewöhnlich in das Ohr und die Hinterkopfgegend aus.

Unter Umständen bildet sich, ohne dass eine Eiterung eintritt, der Prozess in einigen Tagen zurück. Selbst nach 8—10 tägiger Dauer sah ich nicht selten einen allmählichen Nachlass ohne Abscedierung sich vollziehen. Die heftigen Schluckschmerzen bringen die Kranken sehr bald in ihrem Ernährungszustande zurück und die durch die begleitenden entzündlichen Infiltrationen der Gaumenmuskeln (levator veli palatini, azygos uvulae) und die durch die Schwellung veranlasste Verlegung des Nasenrachenraumes bedingen ziemlich regelmässige Sprach- und Bewegungsstörungen. Es tritt Rhinolalia clausa ein, und die Abduktion des Unterkiefers wird schmerzhaft. Alle Qualen der Verlegung der nasalen Atmungswege gesellen sich zu den übrigen peinigenden Symptomen. Leichtere Grade von Ödem des Zapfens oder der Gaumenbogen findet man fast regelmässig bei der Peritonsillitis. Die Angabe ROSENBERGS, wonach in einigen Fällen das Ödem den Kehlkopf und zwar die Aryknorpel erreichte, kann ich bestätigen. Ich habe glasige Schwellungen über dem Aryknorpel und ein ziemlich starkes Ödem des aryepiglottischen Falten mehrfach gesehen; besondere Erscheinungen seitens des Larynx waren dabei in meinen Fällen nicht vorhanden. Dabei sind ziemlich regelmässig schmerzhafte Anschwellungen der Unterkieferdrüsen vorhanden.

Geht die Peritonsillitis in Eiterung über, so wird die Prominenz immer grösser, sämtliche Erscheinungen nehmen immer mehr zu, die Schmerzen werden klopfend und bald lässt sich an einer Stelle Fluktuation nachweisen, wenngleich dieser Nachweis manchmal schon früh durch die nur in geringen Maasse mögliche Mundöffnung sehr erschwert werden kann. Das mehrfach beschriebene endliche Durchscheinen des Eiters als weissgraue opake Stelle habe ich fast nie zu sehen bekommen, weil unsere Fälle alle schon früh incidiert werden. Das Abwarten der spontanen Entleerung ist aus dem bei dem retropharyngealen Abscess angegebenen Grunde durchaus zu widerraten. Man darf nicht vergessen, dass, wie schon der Londe'sche von WENDT[1]) zitierte Fall lehrt, Verzögerungen der Eröffnung zu Eitersenkungen in die Brusthöhle mit tötlichen Ausgang führen könne. Diese Möglichkeit allein müsste messerscheuen Patienten und Ärzten genügen, um die Chancen einer zu frühen und diejenigen einer aus „äusseren Gründen" verzögerten Incision gegen einander richtig abzuwägen. Bei hohem Druck, schwieriger Entleerung, tiefem Sitz und langer Dauer der Erkrankungen kann es aber auch zur Arrosion grösserer oder kleinerer Gefässstämme kommen[2]). Es ist eine sehr unangenehme Überraschung,

---

¹) WENDT, Krkht. d. Nasenrachenhöhle u. d. Rachens S. 288.
²) BOEGEHOLD, Berl. Klin. Wochsch. 1880, No. 33.

bei der Incision profuse arterielle Blutungen zu bekommen, wie mir das gelegentlich bei spät überwiesenen Kranken auch passiert ist, so dass ich allerdings raten möchte, unter den angedeuteten Verhältnissen eine Probe-punktion zu machen. Alsdann wird wenigstens alles zur Blutstillung notwendige hergerichtet werden können. — Die Rachenphlegmone kann mit einer phlegmonösen Entzündung des Nasenrachenraumes verbunden sein (SCHECH, GRÜNWALD). GRÜNWALD macht darauf aufmerksam, dass in solchen Fällen ein ausschliesslich retronasaler Durchbruch des Eiters mit Entleerung aus der Nasenhöhle stattfinden kann. Er beschreibt aber[1]) auch ausdrücklich die für sich bestehenden isolierten Nasenrachen-phlegmonen, die begreiflicherweise leichter geeignet sind, der Be-obachtung zu entgehen.

In der That sind diese Formen vorher nicht gewürdigt worden. So erwähnt z. B. WENDT nur die traumatischen Nasenrachenphlegmonen. Bei der Seltenheit derartiger reiner Beobachtungen sei auf die Wichtigkeit der Nasenrachenexploration in allen Fällen unklarer septhämischer und pyämischer Erscheinungen hingewiesen, wenn auch weniger deutliche durch Fieber und allgemeine Prostration maskierte lokalisierte Symptome scheinbar wenig dazu einladen.

Laryngitis submucosa.

Auch im Kehlkopf kann der entzündliche Prozess, mag er diffus oder umschrieben auftreten, sich in die Tiefe ausbreiten, indem er ent-weder nur das submuköse Gewebe beteiligt oder aber auch zu einer Perichondritis führt. In beiden Fällen kann der Prozess zu einer Eiterung führen oder ohne eine solche eine Rückbildung erfahren. Auf die grosse Schwierigkeit, besonders die umschriebenen Prozesse dieser Art von den durch Fremdkörper veranlassten Entzündungen zu unterscheiden, ist von mehreren Seiten, so von JÜRGENSMEYER und von LANDGRAF hinge-wiesen worden. Auch über die Tiefe, bis zu der der entzündliche Prozess vorgedrungen ist, kann oft nur die Beobachtung, nicht die einmalige laryn-goskopische Untersuchung einen Aufschluss geben. — In beiden Fällen ist eine sehr schmerzhafte, mehr oder weniger massige Schwellung der ent-zündeten Teile vorhanden. Ist z. B., wie das nicht selten vorkommt, die Epiglottis allein befallen, so ist es aus dem Bilde allein nicht möglich eine phleg-monöse, das Perichondrium beteiligende, im späteren Verlauf zu nekro-tischem Zerfall und Eiterung führenden Entzündung von einer blossen Infiltration des submukösen Gewebes zu unterscheiden, die sich ohne

---

¹) S. 22. l. c.

weiteres wieder zurückbildet. Auch hier können die Beziehungen zum
Erysipel Schwierigkeiten machen. Die von JÜRGENSMEYER[1]) angegebenen
differentiell diagnostischen Momente können in einzelnen Fällen gewiss
wertvoll sein, doch sind sie weder im Einzelnen noch in ihrer Gemein-
samkeit sicher. Er hebt besonders hervor, dass beim Erysipel fast
regulär hohes Fieber, ein oberflächlicher Verlauf des Prozesses, ein
Überspringen auf nähere oder entferntere Gegenden, mit hochgradiger
Dysphagie, Dyspnoe und Heiserkeit, jedoch kein Übergang in Eiterung
beobachtet sei. Bei der submukösen Laryngitis sei der Verlauf fast
fieberlos, die Beschwerden relativ gering und der Prozess auf den befallenen Teil beschränkt.

Prädilektionsstellen für eine erheblichere, durch submuköse Infiltration
bedingte Schwellung sind naturgemäss diejenigen Stellen, bei denen die
Zwischenkittung des submukösen Gewebes eine weniger feste ist, also
die regio subglottica und die aryepiglottischen Falten. DEHIO hat durch
Injektionsversuche am Leichenkehlkopf die subchordale Schleimhaut prall
anfüllen können; die entstehenden Wülste waren von der eigentlichen
Randzone des Stimmbandes durch einen kleinen Längsfalz getrennt, entsprechend der hier festeren Anheftung der Submukosa. Danach dürften
die besonders lockeren, verschieblichen und lückenreichen Anordnungen des
Bindegewebes in dieser Gegend als Ursache der sich hier mit Vorliebe
lokalisierenden entzündlichen Infiltrationen betrachten.

Submuköse Infiltrationen des Kehldeckels sind schon vor Einführung
der Laryngoskopie bekannt gewesen. Die massige Schwellung dieses
Organs konnte man sich damals, also bevor VOLTOLINI, den öfters nach
ihm benannten „Handgriff" wieder zu Ehren brachte[2]), offenbar in viel
gewohnterer Weise direkt zu Gesicht bringen als jetzt. Indess ist zu
erwägen, ob es sich dabei nicht vielfach um spezifische Perichondritis
des Kehldeckels gehandelt haben mag; die mehrfach berichteten thera-
peuthischen Erfolge des Quecksilbers bei diesen „akuten Epiglottitiden"
scheinen mir dafür zu sprechen[3]).

Ist die regio subglottica Sitz der submukösen Laryngitis, in welchen
Fällen meistens auch eine Tracheitis stärkeren Grades mit entzündlicher
Infiltration des submukösen Gewebes vorhanden ist, so können durch
die entzündete subglottische Schleimhaut und die infiltrierten submukösen
Gewebe unterhalb der Stimmbänder ein- oder doppelseitig vorspringende

---

[1]) Berl. klin. Wochenschr. 1889.
[2]) Dieser manchmal auch heute noch nützliche Handgriff besteht in gleichzeitiger
tiefer Depression der Zungenbasis und manueller Hebung des Larynx.
[3]) Windsor, Case of acute epigl. British med. fourn. 30. Jan. 1864.

Wülste erzeugt werden, die je nach dem Grade der Anschwellung und dem Lumen des Kehlkopfluftrohrs, laryngostenotische Erscheinungen verschiedener Intensität bedingen können.

Am gefahrvollsten ist in dieser Beziehung die laryngitis hypoglottica des kindlichen Alters; sie wird bekanntlich auch als Pseudokroup bezeichnet[1]). Der dieser Erkrankung eigene charakteristische, bellende Husten wurde zuerst von Störk mit den entzündlichen Schwellungen der subglottischen Gegend in Verbindung gebracht. Was die Entstehung anlangt, so kann ich die Annahme Fischer's[2]), dass sie auf dem Boden einer Tracheitis entstehe, und dass im ganzen der Prozess in der Richtung von unten nach oben abläuft, nach meinen Beobachtungen wenigstens für eine Reihe von Fällen bestätigen. Einmal konnte ich in einem der laryngoskopischen Untersuchung und Beobachtung gut zugänglichen Falle bei einem $3^1/_2$ jährigen Kinde, das unter den Erscheinungen von Bronchitis und Tracheitis erkrankt war, genau verfolgen, dass, während die Affektion des subglottischen Raumes bereits in Abnahme begriffen war, hinterher noch ein Übergreifen des Entzündungsprozesses auf den mittleren und oberen Kehlkopfraum stattfand. In anderen Fällen zeigt sich allerdings die laryngitis hypoglottica von Anfang an als Teilerscheinung einer mehr diffusen Laryngitis und Tracheitis einzustellen und bei günstigem Verlauf gleichzeitig mit ihr zurückzubilden.

Für die Diagnose besteht eine gewisse Schwierigkeit darin, dass im Anfang die Untersuchung und die klinischen Erscheinungen von denen einer gewöhnlichen mukösen Laryngitis wenig oder gar nicht abweichen. Es sind genau dieselben oben beschriebenen funktionellen Störungen vorhanden und erst etwas später mit dem Auftreten einer subglottischen Schwellung treten laryngostenotische Erscheinungen hinzu. Bei der Laryngitis submucosa der Kinder ist das plötzliche Eintreten und Wiederverschwinden der Dyspnoe und des bellenden Hustens charakteristisch. Heiserkeit ist aber, wie Demio[3]) hervorhebt, kein konstantes Symptom, da der freie Stimmbandrand und die regio arytaenoidea intakt sein kann. Erst beim Husten, wo durch die mächtige und schnelle Exspiration die inneren, unteren Stimmbandflächen auf die subchordalen Wülste gepresst werden und diese mit dem als Ganzes schwingenden Stimmbande in innige Berührung treten, tritt der bellende Ton ein. Bei der Laryngitis

---

[1]) Ziemssen Handbuch IV. 79 p. 209. Rauchfuss in Gerhard's Handb. d. Kinderkr. III. Bd. II. Hälfte.

[2]) Berl. Klin. Wochenschr. 1884. S. 799.

[3]) Jahrb. f. Kinderheilk. Neue Folge. Über die klinische Bedeutung der akuten entzündlichen, subchordalen Schwellung für die Entstehung des bellenden Hustens in der Laryngitis der Kinder.

hypoglottica der Erwachsenen ist, wenn nicht ein schweres Grundleiden
vorliegt, oft ein langsamer Verlauf, besonders auch ein ganz allmählicher
Nachlass der Schwellungen zu beobachten; wahrscheinlich um so eher,
wenn sich der Prozess im Anschluss an bestehende chronisch-katarrhalische
Veränderungen eingestellt hat.

Befund und Verlauf.

Vielfach ist für die Laryngitis submucosa eine besondere Ursache,
abgesehen von den die gewöhnlichen Katarrhe bewirkenden Schädlichkeiten nicht aufzufinden. Sodann giebt es Fälle, in denen Vernachlässigung
eines schon bestehenden Katarrhs, die besondere Anstrengung der Stimme
durch heftiges Schreien in Verbindung mit sonstigen Excessen beschuldigt
werden. Endlich können mechanische Schädlichkeiten, Einatmung
heisser Luft, eingedrungene Fremdkörper die Erkrankungen herbeiführen.
Sicher ist, dass konstitutionelle Erkrankungen, obenan Tuberkulose und
Syphilis, zu tiefer greifenden Entzündungsprozessen mit Übergang in
Eiterung prädisponieren.

Eine besonders mächtige Steigerung können die laryngostenotischen
Symptome in den seltenen Fällen erfahren, wo es zur Abscessbildung
kommt. Das gilt besonders von den an den Stimmbändern, in der regio
interarytaenoidea, an den Taschenbändern und den in den aryepiglottischen
Falten sitzenden Abscessen.

GOTTSTEINS[1]) diesem Gegenstand gewidmeter Arbeit entnehme sich
die Angabe, dass MORGAGNI zuerst diese Krankheit als Sektionsbefund
beschrieben hat. Er selber gehört mit SCHROETTER, LEWIN, TÜRCK und TOBOLD

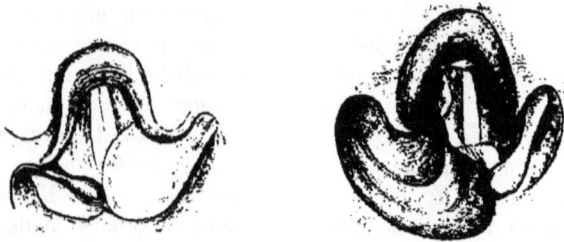

Fig. 16. u. 17.
Kehlkopfabscesse. (Nach KRIEG.)

zu den ersten, die Kehlkopfabscesse laryngoskopisch beobachtet. und
endolaryngeal behandelt haben.

---

[1]) Über Kehlkopfabscesse. Berl. klin. Wochensch. 1866. No. 44.

In geringerem Grade als die an den genannten Stellen sitzenden Abscesse geben die an dem Kehldeckel, besonders die an dem Kehldeckelrande sitzenden, Anlass zu stärkeren stenotischen Erscheinungen[1]). Wie wir es bei der Besprechung der submukösen Rhinitis septi und bei der Besprechung der Epiglottitis gesehen haben, ist auch an den übrigen Stellen, wo sich in umschriebener Weise eine entzündliche submuköse Infiltration des Kehlkopfes etabliert hat, von vornherein nicht immer zu bestimmen, ob eine Perichondritis gleichzeitig besteht oder nicht. Die differentielle Diagnose beider Erkrankungen wird nicht selten durch mehr oder weniger hochgradiges konsekutives Ödem, das bei beiden vorkommen kann, geradezu unmöglich gemacht. Ist man im Zweifel, ob eine bestehende Schwellung abscedierte, so möchte ich empfehlen, dem Rate GOTTSTEINS folgend mit einer kleinen Kehlkopflanzette eine Probepunktion zu machen und auch hier nicht zu warten, bis der gelblich durchscheinende Eiter die laryngoskopische Diagnose sichert.

Die Prognose der akuten submukösen Laryngitis ist zweifelhaft zu stellen. Die Hauptgefahr ist die der Asphyxie. Ist Abscessbildung eingetreten, so kommt hinzu die Gefahr der spontanen Entleerung des Eiters in die Luftröhre. Auch bei günstigem Verlauf können lange Zeit bestehende, selbst irreparable Störungen zurückbleiben, die wir bei der Schilderung der chronischen submukösen Laryngitis kennen lernen werden. Eine weitere Trübung erfährt die Prognose wenn der Prozess, sich auf das Perichondrium fortpflanzend, zur Perichondritis führt.

Perichondritis laryngea acuta.

Wir haben die Form der akuten Perichondritis, wie sie im Anschluss an akute Infektionskrankheiten auftreten, in dem vom Abdominaltyphus handelnden Abschnitt besprochen und später an den entsprechenden Stellen die von diesen metastatischen Formen in dem Verlauf wenig abweichenden Perichondritiden erwähnt, wie sie durch direkte Fortpflanzung in den Halsorganen sich lokalisierender infektiöser Prozesse auf die Knorpelhaut und Substanz zu Stande kommen. Davon werden wir auch noch bei der Abhandlung der Kehlkopfsyphilis, bei der Tuberkulose und dem Lupus, und beim Carcinom zu sprechen haben.

Die Existenz einer „idiopathischen" Perichondritis ist lange und eifrig diskutiert worden. Indess wird man gut thun, sich zu erinnern, dass es hier ähnlich bezüglich der Ätiologie liegt wie bei den submukösen und den Entzündungen überhaupt. Es giebt ein Reihe von Fällen, in denen

---

[1]) TOBOLD. Berl. kl. W. 1864. No. 4. GOTTSTEIN l. c. S. 117. II. Aufl.

wir gar nichts über die ursächlichen Verhältnisse zu eruieren vermögen
und mehr sagt jene Bezeichnung uns auch nicht. Ferner ergiebt sich
bei der Durchsicht der Litteratur, dass die Fälle von genuiner Perichondritis immer mehr in den Berichten abnehmen und solchen Platz machen,
bei denen sich ein näherer oder entfernterer Primärheerd nachweisen lässt.

Auch traumatische Einflüsse können, wie wir gesehen haben, zur
Knorpelhautentzündung führen. Hierher gehören auch die von GERHARDT[1])
beschriebenen Fälle von dekubitaler Perichondritis, die er einmal bei
einer Caries der Halswirbelsäule und einmal bei einem Carcinom der
Halswirbel beobachtete. In dieselbe Kategorie gehört auch der oft zitierte
Fall von ZIEMSSEN, der durch häufiges Einführen eines Speiseröhrenbougies
eine Entzündung der Ringknorpelhaut entstehen sah und auf die Möglichkeit des Entstehens einer derartigen, zwischen den dekubitalen und
traumatischen Perichondritiden stehenden Entzündung durch den
Schluckakt hinweist, wenn es sich um ältere Personen mit unelastischen,
verknöcherten Knorpeln handelt.

Die Schwierigkeit der Diagnose, so lange eine Abscedierung und
spontane oder künstliche Entleerung des Eiters nicht eingetreten ist,
wird allseitig zugegeben.

Durch die Abscessöffnung hindurch gelingt es mit der Kehlkopfsonde eher, freiliegende Knorpelteile oder etwa an der Egiglottis nach der
Ausstossung oder Einschmelzung einer Partie einen Defekt zu konstatieren.
Auch sind Fälle beschrieben, wo vom Giessbeckenknorpel nach der Eröffnung des Abscesses die Spitze des nekrotischen Knorpels sichtbar geworden war.

Durch die Bildung und Ansammlung des Eiters wird das Perichondrium von dem Knorpel abgehoben und das Knorpelgewebe in verschiedener Weite der Ernährung beraubt. Es kann dann ein mehr oder
weniger grosser Bezirk eines Knorpels nekrotisch werden. Der Arytknorpel kann in toto zur Auslösung kommen und wird nicht so selten
durch Aushusten entfernt; die an seiner Stelle alsdann bestehende kleine
Höhle schliesst sich, wenn es zur Heilung kommt, allmählich durch
Granulationsbildung.

In der Folge kann, wenn eine narbige Einziehung der Gegend erfolgt, neben völliger Unbeweglichkeit des betreffenden Stimmbandes eine
Vertiefung der Gegend des SANTORINI'schen Knorpels bei der Untersuchung
zu Tage treten. Doch ist dies keineswegs konstant.

[1]) Verhandlg. der Gesellsch. der Charité-Ärzte.

Was die Beteiligung der einzelnen Knorpel anlangt, so kann auch ich die allgemeine, zuerst wohl von Türck[1]) gemachte Angabe bestätigen, dass am häufigsten die Giessbeckenknorpel ergriffen werden. Überwiegend oft handelt es sich um die durch sekundäre Tuberkulose, durch Fortschreiten von Stimmbandulcerationen von der Schleimhaut auf den Knorpel bewirkte Perichondritis. Indes scheinen in anderen Fällen auch Perichondritiden, gerade des Arytaenoidknorpels, auch auf anderer Basis unter wenig charakteristischen Erscheinungen einzusetzen und zu verlaufen. Sie treten unter dem Bilde eines Katarrhs ein, es kommt nicht zur Eiterung, sondern zur Bildung eines Exsudates, und nicht so selten weist erst später eine resultierende chronische Ankylose im Cricoarytänoidgelenk darauf hin, dass der Prozess viel weiter in die Tiefe gegriffen hat, als die klinischen oft gar nicht zur laryngoskopischen Prüfung gelangenden Erscheinungen vermuten lassen.

Das ereignet sich, wie wir gesehen haben, im Anschluss an Infektionskrankheiten und akute Exantheme (Masern, Pocken, Diphterie) oder nach einer sklerosierenden Perichondritis arytaenoidea syphilitica[2]). Aber auch ohne dass derartige Erkrankungen voranzugehen brauchen, finden wir diese Folgezustände nach primären, in der Umgebung des Cricoarytaenoidgelenkes oder in diesem selber sich abspielenden, vielleicht von der Oberfläche in die Tiefe fortgepflanzten entzündlichen Prozessen. Ob sie in Beziehung zu den rheumatischen Prozessen stehen, mit denen man sie in Verbindung gebracht hat, ist meines Erachtens zweifelhaft. Dagegen ist zu bedenken, dass es in manchen Fällen, wie wir es von den Luftröhrenknorpeln seit längerer Zeit wissen, zu einer Resorption des Exsudates mit zurückbleibenden Bindegewebsverdickungen und Knorpelwucherung kommen kann, wie wir sie ähnlich in warzenförmiger und dentritischer Form an der Innenseite der bronchialen Knorpelringe nach bronchitischen und bronchopneumonischen[3]) Erkrankungen finden. — Gottstein[4]) weist darauf hin, dass durch die besonders früh und leicht der Verknöcherung unterliegenden Spitzen der processus vocales die dicht darüberliegende mucosa verletzt und zum Eingangsort für Mikroorganismen werden könnte.

In den abgelaufenen Fällen wird, wenn keine Schwellungszustände an der Basis der Arytknorpel oder das Vorhandensein von Narben an

---

[1] Allg. Wiener Ztg. 61. No. 50. Perich. laryngea.

[2]) Gerhardt l. c.

[3]) Gerhardt Casuist Mitth. Jen. med. Zt. f. M. Über zeitweises Vorkommen von Knorpelwucherungen im Kehl- und Luftrohr. Mittel. Rocketansky's-Biersers vgl, Gaust. Jahresb. 1862. 129.

[4]) Dtsche. Klinik 1851.

anderen Stellen in Verbindung mit der Anamnese die Diagnose der Ankylosierung des Crico-arytaenoidgelenkes stützen, die Entscheidung zwischen dieser Affektion und einseitiger Postikus-Lähmungen zweifelhaft
bleiben. Landgraf[1]) machte in einem solchen Falle zuerst einen Be-
wegungsversuch mittels der Kehlkopfsonde, der negativ ausfiel, und
dann zu therapeutischen Zwecken Mobilisationsversuche mittels einer
ausgegossenen mit Gummiüberzügen versehenen Mackenzie'schen Zange.
Unter erheblicher Reaktion wurde aber nur eine geringe, vielleicht durch
Jodkaligabe mit veranlasste Beweglichkeit erzielt. In einem zweiten
Falle blieben zwei Monate fortgesetzte Versuche resultatlos.

Die Ausstossung eines nekrotisch gewordenen Giessbeckenknorpels
kann unter Umständen in überraschend leichter Weise vor sich gehen.
Niemeyer[2]) berichtet von einem solchen Fall, in dem gleichzeitig Perichondritis arytaenoidea und cricoidea bestand und nach dem Aushusten
der linken Giessbeckenknorpel eine allerdings nur vorübergehende Verminderung der Laryngostenose eintrat. Gottstein[3]) sah einen Kranken, bei
dem sich aus einer syphilitischen Ulceration der pars interarytaenoidea
eine Perichondritis entwickelte, die mit der Ausstossung des rechten
Giesskannenknorpels endete. Die Ausstossung des Knorpels über-
raschten den Kranken, der seine anstrengende Berufsthätigkeit nicht
aufgegeben hatte, auf der Strasse und verursachten ihm so wenig Beschwerden, dass er nicht einmal ärztliche Hilfe aufsuchte. Einen Monat
später fand G. die Ulceration vernarbt, den rechten Santorini'schen
Knorpel tiefer stehend, als den linken, rechts Unbeweglichkeit des rechten
Stimmbandes und vollkommene Aphonie.

Die Laryngitis cricoidea ist ebenfalls meist sekundär und gewöhnlich nur die Platte betreffend; sie erscheint oft als Fortsetzung einer
schon bestehenden Perichondritis arytaenoidea. Sie ist nach Türck viel
seltener als die Entzündung der Giesskannenknorpel. Lewin[4]) rechnet
indes für die syphilitische Perichondritis 25—30 % auf die cricoidea
und 10—12 % auf die noch die übrigen Knorpel.

Die Gefahr dieser Affektion beruht in erster Linie auf der unter
Umständen sehr hochgradigen, zur Verengung des Atmungsrohr führenden
Schwellung; sodann aber darin, dass die Funktion der Stimmbander-
weiterer (Mm. cricoarytaenoides postici) beeinträchtigt oder gänzlich behindert und eine Stellungsveränderung der Arytknorpel bewirkt werden

---

[1]) l. c.
[2]) Dtsche Klinik 1851.
[3]) l. c.
[4]) Ges. der Charité-Ärzte v. 20./1. 87.

kann. Geht eine genügend grosse Partie des Knorpels der Platte zu
Grunde, so werden die Giessbeckenknorpel nach vorn gezogen, das
Stimmband bleibt in der Medianlinie stehen und wenn die Veränderung
auf beiden Seiten vor sich geht, kommt es zu asphyktischen Anfällen
höchsten Grades.

Die Schildknorpelperichondritis wird, je nachdem die Anschwellung
mehr nach aussen oder nach der Larynxhöhle zu sich ausbreitet, als
eine Perichondritis thyreoidea externa und interna unterschieden. Kommt
es zur Abscedierung, so kann die Entleerung des Eiters nach aussen
oder nach innen erfolgen.

Die Perichondritis trachealis ist wohl immer eine Fortsetzung der
geschilderten Prozesse und führt zu meist partieller Nekrose eines oder
mehrerer Knorpelringe.

Symptome und Befund.

Die in ihrer Konstanz und Verwertbarkeit verschiedenen laryngoskopischen Erscheinungen werden gestützt durch das Vorhandensein sehr starker
Schmerzen, nicht nur beim Schlucken, sondern, namentlich bei Ring- und
Schildknorpelentzündung, auch bei der äusseren Untersuchung. Die Schluckschmerzen sind in fast demselben Grade bei Perichondritis arytaenoidea
und sogar bei der auf den Kehldeckel beschränkten Knorpelentzündung
vorhanden. Bei isolierter Arytaenoidknorpelentzündung wird manchmal
beim Anlauten hoher Töne die Schmerzempfindung besonders stark hervorgerufen. Laryngoskopisch ist eine geschwulstartige, dunkelrote schmerzhafte Prominenz über den Arytknorpeln mit verschiedengradigem Ödem
in der Umgebung zu sehen. Bei Ringknorpelentzündung geht die Verschwellung meist auf die aryepiglottischen Falten, die hintere Kehlkopfwand und auf die subglottische Gegend über, während sie sich nach aussen
an den Flächen der sinus pyriformes markiert. Die starke Schwellung
der Seitenwände, unverhältnismässig starke Dyspnoe, die herabgesetz-
ten, manchmal aufgehobenen Stimmbandbewegungen, endlich das hohe
Fieber sind Erscheinungen, die in ihrer Gesamtheit die Diagnose der
Perichondritis wahrscheinlich machen, wenngleich immer bei noch ge-
schlossenem Abscess Zweifel übrig bleiben. Die bei Schildknorpelentzündung eintretende Schwellung zeigt sich bald mehr bei der äusseren
Untersuchung, bald mehr bei der Spiegelung als eine in der vorderen
Kommissur und zwischen und unter den Stimmbändern prominierende
Schwellung.

Von den primären Entzündungen in und am Cricoarytaenoidgelenk hat GRÜNWALD[1]) eine Reihe von Beobachtungen gesammelt. Er fand in den reinen Fällen folgenden Symptomenkomplex:

1) Ein eigentümliches unbehagliches Gefühl beim Schlucken, ein- oder doppelseitig, das in den Kieferwinkel oder in das Zungenbein oder in die Mandel verlegt wurde.

2) Dasselbe Gefühl konnte durch Druck auf die Gegend des Cricoarygelenkes der betreffenden Seite ausgelöst werden, wobei eine leichte öfter fühl- als hörbare Krepitation an dieser Stelle entstand.

3) Verstärkung bezw. erst Auftreten des Gefühls in der Rückenlage, besonders bei gleichzeitigem Schlucken.

4) Einwärtsbewegung des betreffenden Aryknorpels im Bilde bei Druck von aussen.

5) Umschriebene Empfindlichkeit der Gelenkgegend bei Berührung mit der Sonde vom Ösophagus her.

Man sieht, dass danach leicht einmal eine Synnovitis oder Periarthritis cricoarytaenoidea als Parästhesie oder dgl. passieren kann, während auf der anderen Seite GRÜNWALD mit Recht davor warnt, die Symptome in die Kranken hineinzusuggerieren.

Im Ganzen werden die gegebenen Hinweise genügen, um die Prognose der Perichondritis als eine zweifelhafte hinzustellen, selbst wenn man von der immer zu berücksichtigenden Vorhersage des Grundleidens zunächst absieht. Die Perichondritis ist immer eine die Atmung und die Stimmfunktion, die Knorpelnekrose und Vereiterung stets eine das Leben bedrohende Erkrankung. Auch wo diese Gefahren glücklich überwunden sind, bleiben oft genug sehr schwer zu beseitigende, ja irreparable Verengerungen des Kehlkopflumens und dauernde Beeinträchtigungen der Stimme zurück.

Oedema laryngis.

Das Kehlkopfödem haben wir schon als eine sekundäre oder begleitende Erscheinung bei den akuten Entzündungen analog dem, bei den akuten Erkrankungen des Rachens, am Gaumensegel und an der Uvula zustande kommenden kennen gelernt. Wir haben ferner gesehen, dass gerade die tiefer greifenden und die durch Infektion oder Intoxikation entstehenden Entzündungsprozesse, so das Erysipelas, die Perichondritis, als Teilerscheinung das akute Ödem nachweisen lassen. In diesem Falle

---

[1]) Berl. kl. Wochensch. 1892.

ist der Sitz der serösen Durchtränkung die Umgebung des von der Entzündung ergriffenen Bezirks und es kann nach den gegenseitigen Beziehungen
der entzündlichen und der serösen Infiltration die Diagnose des Grundleidens sehr erschwert werden. GOTTSTEIN hält es für zweifelhaft, ob bei
dem zu akuten Exanthemen und Infektionskrankheiten sich hinzuge-
sellenden Ödem stets eine selbständige Lokalisation des Krankheitsprozesses im Kehlkopfe vorliegt und nicht vielleicht eine Verschleppung
der Infektionserreger durch die Gefässbahn. · Zu den hauptsächlichsten
lokalen, entzündlichen Ursachen des Ödems gehören neben den traumatisch, durch Fremdkörper, durch operative Eingriffe, durch Verbrühung
und Ätzung bewirkten Entzündungen auch alle im adenoiden Gewebe
und in den submukösen Schichten verlaufenden entzündlichen Prozesse,
mögen sie mit oder ohne Eiterung verlaufen, sodann parotitische und sub-
maxillare Drüsenabscesse. PELTESOHN[1]) fand in den Sektionsprotokollen
des Berliner Pathologischen Instituts auch einen Fall von Lyssa mit
Larynxödem. Ein aus angioneurotischen Ursachen entstehendes Kehlkopfödem, das dem Hautödem entweder folgt oder ihm vorangeht, hat
STRÜBING[2]) beschrieben. Es ist nach ihm charakterisiert durch den fieber-
freien und fliegenden Verlauf der Erscheinungen, die schon nach einigen
Stunden des Bestehens vollkommen nachlassen können. Und wahrscheinlich verbindet sich, um es zu erzeugen, eine Steigerung der Erregbarkeit der Vasodilatatoren mit einer Vermehrung der Durchlässigkeit
der Gefässwandungen. Ähnlich waren Form und Verlauf der bei Jod-
kaliumgebrauch nicht so ganz selten, bei einzelnen Personen sogar mit
einer gewissen Konstanz auftretenden Ödeme der Larynxschleimhaut.
Jodkalium-Ödem kann so rapid und hochgradig auftreten, dass nur durch
die Tracheotomie der drohende Erstickungstod abgewendet werden kann.
Die Regel sind indes glücklicherweise leichtere Grade von Ödem und
vorübergehende mässige Dyspnoe. P.[3]) zieht zur Erklärung des Jod-
ödems die von BÖHM[4]) ermittelte Thatsache heran, dass die weitaus
grösste Menge des eingeführten Jodkaliums den Organismus im Harn
als jodwasserstoffsaures Salz in 24 Stunden verlässt. Darnach könnte
beim Passieren der Jodsalze durch die Nieren eine entzündliche Reizung
der Nierenepithelien und eine plötzliche Insufficenz des Nierengewebes
eintreten, die die Neigung des Organismus zur Ödembildung an expo-
nierten Körperteilen, wie an den Augenlidern und dem Kehlkopfeingang
erklären, zumal wenn man die gleichzeitigen entzündlichen Reizungen

[1]) Z. f. kl. M., IX. Bd., V. Heft.
[2]) Berl. klin. W. 1889, S. 931.
[3]) l. c.
[4]) IREMOSEN's Handbuch.

der Schleimhaut des Rachens und Kehlkopfes durch die bekannten Ausscheidungen freien Jods im Speichel und Schleim bedenkt.

Von dem entzündlichen Ödem zu trennen sind die als Teilerscheinungen
eines allgemeinen Hydrops oder als reine Stauungserscheinungen zustande
kommenden Ödeme des Kehlkopfes. Sie finden sich bei chronischen
Herz- und Lungenkrankheiten, bei Nierenkrankheiten, bei allen kachek-
tischen Zuständen besonders der Malariakachexie und bei der amyloiden
Degeneration, ferner bei Neubildungen, Schilddrüsen- und Lymphdrüsen-
tumoren des Halses, bei mediastinalen Tumoren und Bronchialdrüsen-
schwellungen, kurz unter allen Umständen, bei denen der Rückfluss aus
den Kopf- und Halsvenen von irgendwo eine Behinderung erfährt.

Bei Erkrankungen des Nierenparenchyms ist das Ödem des Kehlkopfeinganges von einer gewissen diagnostischen Bedeutung geworden,
indem wiederholentlich von laryngologischer Seite erst dadurch auf ein
anderes Leiden aufmerksam gemacht worden ist. So WALDENBURG[1]), so
de BARY[2]), der eine akute Nephritis nach Scharlach sich durch akutes
Kehlkopfödem anzeigen sah und dieser Beobachtung noch vier andere
anschloss, so auch SEIFFERT[3]), der bei Bleischrumpfniere ein ganz erhebliches Ödem des Kehlkopfeinganges sah. B. FRÄNKEL.[4]) sah einen Fall
von akutem Larynxödem bei Nierenschrumpfung ohne anasarca und ohne
im Leben erkennbare, vorherige Kehlkopferkrankungen. Indes fand
VIRCHOW bei der mikroskopischen Untersuchung dieses Falles an der
Schleimhaut der Arytknorpel und in den Wülsten der aryepiglottischen
Falten eine sehr beträchtliche Rundzellenwucherung in der Submukosa.
Der Fall mahnt zu einer gewissen Vorsicht in der Deutung gleichzeitiger
Befunde dieser Art; VIRCHOW nimmt übrigens für die meisten, ganz
akuten Larynxödemfälle die Ätiologie des Erysipels in Anspruch.

Symptome und Verlauf.

Leichtere Grade von entzündlichen Ödemen können ganz symptomlos
verlaufen und werden oft nur zufällig entdeckt. Steigt die ödematöse
Schwellung dann an, so tritt, wenn die Verengerung des Lumens die freie
Atmung nicht mehr zulässt, nicht selten eine so rapide Steigerung der
laryngealen Dyspnoe ein, dass ohne Kunsthilfe der Tod durch Erstickung
erfolgt.

---

[1]) Allg. med. Zeitung 1865.
[2]) Arch. f. Kinderheilk. 1886, zitiert v. A. BAGINSKI in d. Verh. d. Berl. med. Gesellschaft 1889.
[3]) Berl. kl. W. 1884, S. 557.
[4]) Berl. kl. W. 1887. Verh. d. Berl. med. Gesellschaft.

Gerade wenn Fremdkörper eingedrungen sind, muss man sich diese Gefahr immer vor Augen halten. ' v. ZIEMSSEN[1]) sah in einem Falle 15 Minuten nach dem Eindringen eines Holzsplitters in den sinus pyriformis bei einem kräftigen Menschen ein sehr schweres Ödem mit höchster Dyspnoe und stürmischem Verlauf eintreten.

Im übrigen sind die Erscheinungen, so lange keine Respirationsstörungen merkbar sind, nicht charakteristisch; sie bestehen im wesentlichen in Fremdkörpergefühl, Schluckschmerzen, gelegentlichem Verschlucken, wenn der Verschluss des Kehldeckels erschwert oder aufgehoben ist und klossiger Sprache. Sind die aryepiglottischen Falten gleich anfangs infiltriert, so ist die Dyspnoe zunächst bei der Inspiration merkbar, weil[2]) die Falten bei der Einatmung durch den äusseren Luftdruck gegeneinander und gegen die Taschenbänder gepresst werden.

Erst später wird die laryngeale Stenose vollkommen. Übrigens hängt das Eintreten dieser höheren Grade von ´Atemnot mit davon ab, inwiefern die ursächlichen entzündlichen Veränderungen und sonstigen Erkrankungen des Kehlkopfes oder der Nachbarschaft die Atemwege einengen. Je weniger die anfänglichen Erscheinungen für sich die Erkennung der ödematösen Schwellungen gestatten, um so wichtiger ist die frühzeitige laryngoskopische Untersuchung, zumal wenn bei den genannten Erscheinungen der Rachen frei ist.

In manchen Fällen kann man sich das Ödem der Epiglottis direkt zu Gesicht bringen, wenn man den VOLTOLINI'schen Handgriff anwendet, oder auch schon allein durch energisches Herabdrücken der Zungenbasis.

Auch ist es möglich, sich durch Palpation von dem Verhalten des Kehldeckels, eines Teils der aryepiglottischen Falten und der Oberfläche der Schleimhaut der Arytknorpel zu unterrichten. Im übrigen giebt aber nur die Spiegeluntersuchung einen genaueren Überblick über den Grad, die Ausbreitung und den Fortschritt der serösen Infiltration, wenn auch allerdings durch die ödematöse Verschwellung der Epiglottis und der aryepiglottischen Falten der Einblick oft beschränkt werden kann.

Überall, wo die laxere Befestigung des submukösen Gewebes die seröse Durchtränkung gestattet hat, sehen wir die Kontur verändert und eine wulst- oder sackartige, wie aufgeblasen erscheinende, meist grüngelblichen, seltener einen rosafarbenen Schimmer zeigende, blasse, etwas transparente Prominenz. Die beigefügten Abbildungen zeigen verschiedene Grade und Lokalisationen des Larynxödems an den zumeist betroffenen Stellen, den aryepiglottischen Falten und der Epiglottis. Sel-

---

[1]) Vgl. GOTTSTEIN. Kehlkopfkrankheiten.
[2]) l. c.

toner werden die Taschenbänder und am allerseltensten die Stimmbänder betroffen.   Ausser dem von Risch beschriebenen und viel zitierten Fall von Ödem beider Stimmbänder finde ich bei Krieg einen Fall von ebenfalls an beiden Stimmbändern ausgebildetem Ödem, das nach zu starker Einpinselung mit Höllensteinlösung eingetreten war.   Gottstein, der mehrere Male ein einseitiges Stimmbandödem gesehen hat, vergleicht das Aussehen eines so affizierten Stimmbandes mit dem eines länglichen kleinen Schleimpolypen.   Vielleicht erklärt sich die Seltenheit aus Hajeks[1]) Forschungen, wonach ein Ödem der regio subglottica zwischen Schleimhaut und Muskulatur nur bis zum Stimmbandrande vordringen kann, während die Anschwellung eines Stimmbandes bei Ödem durch

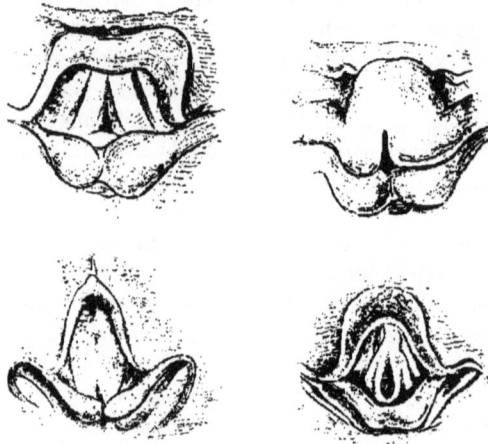

Fig. 18-21.
Abbildungen verschiedener Grade und Lokalisationen von Larynxödem nach Burow, Krieg
und eigenen Beobachtungen.

Durchtränkung des intermuskulären fibrillären Gewebes zustande kommt. Was das Ödem der Epiglottis anlangt, so hat Hajek[1]) gefunden, dass neben dem Grade der serösen Durchtränkung die Form des Kehldeckels für die Prognose der Störungen berücksichtigt werden muss: bei der embryonalen Form des Organs können durch Ventilwirkung leichter Störungen der Inspiration zustande kommen, als bei der normalen.   Desselben Autors wichtige anatomische Untersuchungen belehren uns, dass ein Kehldeckel-

[1]) v. Langenbeck's Archiv, 42. Bd., H. 1.   M. Hajek.   Anat. Untersuch. über das Larynxödem.

Ödem der Vorderfläche sich nicht über den freien Rand des Organs in das Larynxlumen fortpflanzen kann. Wird ein Ödem des Pharynx auf die aryepiglottischen Falten geleitet, so geschieht dies von der hinteren seitlichen Pharynxwand, nicht vom Kehldeckel her[1]).

Therapie.

Insofern die Behandlung häufig wiederkehrender Attacken akuter Katarrhe oft die Beseitigung eines näher oder ferner liegenden Primärherdes oder die Bekämpfung zugrunde liegender allgemeiner Schwächezustände oder die Behandlung eines Grundleidens erfordert, kann man von einer prophylaktischen Behandlung der Entzündungen sprechen. In der That bildet, wie schon hervorgehoben, eine sorgfältige Therapie der angedeuteten Zustände, die Bekämpfung chlorotisch-anämischer, gelegentlich auch rheumatischer Leiden, sowie eine exakte, nach allgemein hygienischen Prinzipien geleitete Anregung und Erhaltung des Hautgefässtonus, die Beseitigung einer Hyperhidrosis pedum, die Verhütung und richtige Behandlung einer Zahnkaries, die Freilegung der nasalen Atmungswege und die Behandlung chronisch-katarrhalischer Zustände in der von akuten Anfällen freien Zeit — eine Reihe von ebenso wichtigen, als dankbaren, leider aber häufig nicht genügend gewürdigten Aufgaben. In dieser Beziehung sind die notwendigen Hinweise schon bei den einzelnen Abschnitten gegeben. Allerdings leuchtet aus jener allgemeinen Übersicht ein, dass, insofern die hygienischen Schädlichkeiten mit sozialen Übelständen zusammenfallen, unsere Heilversuche gegenwärtig noch auf einem ziemlich bescheidenen Niveau stehen bleiben müssen.

Was die Behandlung des eingetretenen örtlichen Leidens betrifft, so gilt, wie bei allen akuten Schleimhautentzündungen, die Regel, jede Reizung in dem ersten akuten Stadium der entzündlichen Schwellung zu vermeiden. Die bei vielen Ärzten beliebten sogenannten Coupir- und Riechmittel bei akuter Rhinitis, die mit der Regelmässigkeit der Seeschlangenanekdoten von einem Lehrbuch in das andere überzugehen pflegen, sollten endlich in der Theorie und in der Praxis über Bord geworfen werden.

Von noch grösserem direkten Schaden ist die seit der Aufnahme des Cocains vielfach zu therapeutischen Zwecken verordnete wiederholte Cocaininstillation. Der für den Augenblick bewirkten Abschwellung folgt nämlich, wie die direkte Beobachtung lehrt, eine um so länger

[1]) l. c.

dauernde und stärkere Erschlaffung, die schon manchen Kranken zu immer häufigerer Anwendung des Mittels und in der Folge, wie ich selbst mehrfach beobachtet habe, zu einer wahren Kokainomanie geführt hat.

Je mehr wir uns in dem ersten Stadium örtlicher Eingriffe zu enthalten haben, um so wichtiger ist eine von Anfang an, womöglich schon in dem Vorstadium, anzuwendende energische Diaphorese. Sie ist nach zwei Richtungen hin von Wichtigkeit, einmal dadurch, dass sie durch die vermehrten Gefässfüllungen an der Peripherie und die starke allgemeine Transpiration eine Entlastung und eine direkt zu beobachtende Abschwellung der entzündeten Partieen einleitet. Zweitens, weil diese Methode den Kranken zu einer länger dauernden Bettruhe nötigt und ihn vor jenen verderblichen Folgen der Verschleppung einer heftigen Rhinopharyngitis beschützt, die durch die allgemein übliche Art, diese Erkrankung nicht ernst zu nehmen, oft erst hervorgerufen werden. Man muss aber eine ordentliche Einpackung mindestens um Hals und Thorax vornehmen lassen. Sind in der ersten Zeit die Fieberbewegungen und besonders die Stirnkopfschmerzen sehr stark, so kann diese diaphoretische Therapie in ganz zweckmässiger Weise noch durch innerliche Gaben von Salol 0.3—0.5 als Einzelgabe in dreistündigen Dosen unterstützt werden. Erst nach einigen Tagen, wenn die Sekretion stärker und schleimig geworden ist, kann man bei zögernder Rückbildung der Schwellungen zu einer örtlichen Behandlung übergehen.

Die örtliche Behandlung ist um so weniger dann zu entbehren, wenn die akuten Entzündungen auf dem Boden schon bestehender chronischer Veränderungen aufgetreten sind und sodann, wenn Anzeichen eines Überganges auf die Nasennebenhöhlen bestehen. Wir haben gesehen, dass unter Umständen schon durch die Beseitigung von Schwellungen, die die Ausführungsgänge der Nebenhöhlen verlegen, der spontane Ablauf dieser Komplikationen in Heilung bewirkt werden kann. Sodann ist von einer gewissen Wichtigkeit die baldige Freimachung der nasalen Atmung im frühen Kindesalter, wo, wie wir gesehen haben, schwere Ernährungs- und Atmungsstörungen schon früh eintreten können. BOUCHUT[1]) behandelte die kindliche nasale, durch akute Koryza bedingte Atemstenose mechanisch durch Einlegung von Metallröhrchen und sah danach Appetit und Saugen wiederkehren. Ich halte eine derartige mechanische Therapie nach meinen eigenen therapeutischen Versuchen auch für das spätere Alter für aussichtsvoll, nur dass man auf beide Nasenhöhlen gleichzeitig einwirken muss. Es ist nicht nötig, Röhren

[1]) Archiv gén. de méd. 1856.

anzuwenden, da man doch nur einen Teil des unteren Nasenganges verdeckt. Auch nach dem Einlegen solider, am besten aus Hartgummi,
Schildpatt, Knochen oder Celluloid gearbeiteter Bolzen sieht man sofort
eine Verbesserung der Atmung folgen.

Geht man zur Anwendung von Adstringentien über, so genügt vielfach schon die Einpinselung einer 1—2%igen Höllensteinlösung, die in
der Nasenhöhle unter Leitung des Spiegels zu erfolgen hat. Nur sehr
selten wird sie nicht vertragen. In diesem Falle rate ich zu einer Anwendung einer schwachen, etwa 5%igen Mentholöllösung, die indes
dem Argentum an Wirksamkeit bezüglich der Depletion etwas nachsteht.

Bei allen erheblicheren Schwellungen möchte ich auch hier noch-
mals eine Warnung vor den immer noch zuviel angewandten Ausspülungen wiederholen.

Die Beobachtung lehrt, dass eine frische, durch Fortpflanzung entstandene Nebenhöhleneiterung in 8—14 Tagen nach ihrer Manifestation
sich von selbst zurückbilden kann, ein Prozess, der nach meiner Beobachtung nur wenig durch Ausspülungsversuche von den natürlichen
Öffnungen aus unterstützt wird, viel mehr dagegen durch möglichst vollkommene Freilegung der Umgebung dieser Einführungsgänge. Bleibt
die Eiterung über die erwähnte Zeit hinaus fortbestehen, so ist eine
spontane Ausheilung sehr unwahrscheinlich und so wird meist die Eröffnung und Freilegung des Krankheitsheerdes nicht umgangen werden
können. Im allgemeinen muss um so früher zu der Eröffnung der Nebenhöhlen geschritten werden, wenn eine Retention des Sekrets vorhanden
und seine eiterige Beschaffenheit erkannt ist. Über die Eröffnungs- und
Punktionsmethoden der Nebenhöhlen wird im nächsten Abschnitt gehandelt werden.

Was hier über die Behandlung der akuten katarrhalischen Rhinitis
ausgeführt ist, gilt mutatis mutandis auch von den akuten Retronasal-
katarrhen, der akuten Pharyngitis, Laryngitis und Tracheitis, sowie von
der Kombination dieser Zustände.

Sieht man sich zu einer lokalen Behandlung im Retronasalraum
veranlasst, so kann dieselbe mit dem Nasenrachenpinsel ausgeführt werden, indem man mit einem Gaumenhäkchen das Velum leicht anzieht.
Alsdann ist eine gleichzeitige Einführung des Nasenrachenspiegels nicht
notwendig, dagegen müssen alle örtlichen Behandlungsversuche im Kehlkopfe selbstverständlich unter Leitung des Rachenspiegels ausgeführt
werden. In erster Reihe steht hier die Instillation leichter Adstringentien und Alterantien, um die zögernde Resorption anzuregen.
Dazu rechne ich wiederum eine leichte Mentholösung und eine schwache
bis 3%ige sol. argenti nitrici.

Handelt es sich dagegen darum, durch leicht antrocknendes spär-
liches Sekret hervorgerufene Beschwerden und womöglich die Erzeugung
und Ansammlung eines solchen Sekrets zu beseitigen, so ist von diesen
Mitteln eine Besserung nicht zu erwarten. In solchen Fällen ist die
Anwendung eines schwachen Jodpräparates meist von schnellem Erfolg
begleitet, besonders wenn die Entfernung und Ablösung des anhaftenden
Sekretes vor der Applikation des Jods durch Anwendung einer
10—20%igen Wasserstoffsuperoxydlösung in Form eines Sprays oder
durch Instillation dieser Lösung in den Kehlkopf erreicht wurde. Es
genügt, wenn das Jod in Form der Jodtinktur (ein Teil auf 4—5 Teile
Wasser) aufgepinselt, oder in den Kehlkopf eingeträufelt wird.

In allen Fällen, wo Rachen und Nasenrachenraum besonders befallen ist, ist die Anwendung ausgiebiger Gurgelungen, soweit sie einen
in seinem Allgemeinbefinden gestörten Kranken nicht angreifen, ganz
zweckmässig, um, wie schon TRÖLTSCH hervorgehoben hat, durch die dabei
erzeugten Gaumenmuskelbewegungen die Resorption von entzündlichen
Exsudaten zu beschleunigen. Es kann eine solche Resorption durch
schonende Anwendung der Halsmassage — in erster Reihe durch von
aussen applizierte KELLGREEN'sche Vibrationen — von berufener und ge-
schickter Hand eine ganz wesentliche Unterstützung finden.

Bei allen submukösen Entzündungsprozessen ist von vornherein die
Anwendung eines energischen antiphlogistischen Verfahrens zu versuchen. Hierher gehört die äussere Anwendung der Kälte in den bekannten Formen, und, wenn nicht ein vorhandenes Grundleiden dagegen
spricht, die Anwendung von Blutentziehungen von aussen her.

Überhaupt wird man schon bei den akuten Entzündungen des Kehlkopfes zweckmässig von seiner oberflächlichen Lage unter der Haut für
die Therapie Nutzen ziehen können. Die äussere Anwendung von Derivantien und Resorbentien in Gestalt von Pflastern und Vereibungen hat
oft eine ganz beträchtliche Wirksamkeit und ist jedenfalls viel weniger
schädlich, als eine verfrühte endolaryngeale Therapie.

Die akute Perichondritis des Naseptums erfordert eine möglichst
frühzeitige und ausgiebige Spaltung der Schleimhaut in der Richtung
von oben nach unten. Sie soll nur auf einer Seite ausgeführt werden,
und wenn das in genügender Weise ausgeführt und der Eiter durch den
Strahl eines mit Borsäurelösung gefüllten Irrigators herausgespült ist,
vollzieht sich die Heilung meist in überraschend kurzer Zeit auch ohne
Einlegung von Jodoformgazestreifen.

Bei der Spaltung eines Retropharyngealabscesses soll der Kopf des
Kindes nach vorn geneigt werden. Man muss sich bemühen, durch die
digitale Untersuchung den Sitz der Fluktuation vorher festzustellen.

Bei dem hinteren Gaumenbogen muss man wegen der Nähe der carotis interna vorsichtig sein. Man geht durch den Rand des Gaumenbogens von vorn nach hinten und erweitert den Schnitt gegen die Mitte der Wirbelsäule zu. Das Messer darf nicht zur Seite gerichtet werden.

Die tonsillären und peritonsillären Abscesse sind nach den gewöhnlichen Regeln zu incidieren. Ich empfehle die Schnittrichtung von unten aussen nach oben innen, um trotz des hinaus- und herabfliessenden Eiters genau zu sehen, wo man den Schnitt verrichtet. Die „coupirende" Behandlung mit Guajac finde ich zuerst bei Morris[1]) angegeben, nachdem das Präparat schon vorher (1844) in Pulverform von Bell[2]) bei Halsbräune empfohlen worden ist. Ich habe nie etwas davon gesehen; gegen die von Manchen supponierte Wirksamkeit ist zu erinnern, dass submuköse peritonsilläre Entzündungen sich auch spontan, ohne in Eiterung überzugehen, zurückbilden können.

Die einfache Tonsillitis weicht gewöhnlich bald einer diaphoretischen Behandlung. Bei Angina lacunaris empfiehlt sich neben dem Salol auch das 1881 von B. Fränkel empfohlene Chinin in Gaben von 0,25 dreimal täglich. Andere rühmen auch bei dieser Erkrankung die Resina Guajaci zweistündlich in Pastillenform und in einer Dosis von 0,2.

Bei den submukösen Formen der Laryngitis ist noch mehr als bei der einfachen, auf die Vermeidung jeder Reizung des erkrankten Organs zu achten. Dazu gehört das Schweigegebot, Verbot des Aufenthaltes in schlecht gelüfteten, überhitzten, rauchenden Räumen. Wo irgend möglich, Anordnung der Bettruhe. Bei starkem Hustenreiz und Kitzel sind in der ersten Zeit Narcotica nicht zu entbehren. Zu diesem Zwecke kann ich am meisten das Codein empfehlen.

Einen örtlichen Eingriff empfiehlt Gottstein für diejenigen Fälle, in denen von Anfang an ein paretischer Zustand der Stimmbandmuskeln vorhanden ist, der nur aus der Schwellung allein nicht erklärbar erscheint. Er empfiehlt dazu einen Reiz auf die Schleimhaut durch Einblasen eines Pulvers von alumen mit sacharum a/a oder eine einmalige Argentumpinselung; G. zieht dieses Verfahren der Elektrisation oder Sonderreizung vor. Ich möchte in solchen Fällen vor jeder sonstigen Lokalbehandlung nicht die Kehlkopfmassage und die Olliver'schen Kompressionen entbehren. — Ein früheres örtliches Eingreifen erfordert auch die Laryngitis hypoglottica acuta. Wenn energische Hautableitungen mittels Sinapismen oder heisser Schwämme erfolglos sind, gehe man alsbald zu einer Instillation von Eucalyptol mit Menthol aa 5—15 auf Ol.

[1]) London and Edinb. monthly journal of med. science. Nov. 1844.
[2]) Canst. Jahrb. 1865, S. 55.

oliv. 100 über. Das wird ausgezeichnet auch bei kleinen Kindern vertragen und wirkt oft überraschend günstig. Bei grösseren Kindern oder erwachsenen Kranken kann man eine stärkere argentum nitricum-Lösung versuchen (4—8%).

Die Behandlung der laryngealen Perichondritis wird vielfach mit der ihr zu Grunde liegenden Ursache zusammenfallen. Lokal kann es sich zunächst nur um die Anwendung der antiphlogistica, der Kälte von aussen und innen, Blutentziehungen etc. handeln. Bei drohender Asphyxie ist die Tracheotomie indiciert. Über die Behandlung resultierender Verengerungen vergleiche man das sechste Kapitel.

Das Ödem im Larynx und im Pharynx, wenn es durch venöse Stauungen bewirkt wird oder als Teilerscheinung eines allgemeinen Hydrops auftritt, fällt ebenfalls mit der Beseitigung der komprimierenden Ursachen oder der Behandlung eines Lungen- oder Herzleidens zusammen. Nur in dem ersten Falle ist von Derivantien auf die Haut und Ableitung auf den Darm etwas zu erwarten.

Bei dem entzündlichen Ödem ist von Anfang an eine kräftige Antiphlogose und die Applikation von Skarifikationen in das serös infiltrierte Gewebe anzuwenden. An der Epiglottis kann man diese oft bei direkter Beleuchtung mit einem gewöhnlichen Messer vollziehen, wenn man das Organ mittels energischer Depression der Zunge oder durch Anwendung des VOLTOLINI'schen Handgriffes sich zu Gesicht bringt. An den anderen Stellen des Kehlkopfes muss man natürlich ein Kehlkopfmesser, das kachiert sein kann, unter Leitung des Kehlkopfspiegels zu diesem Zwecke verwenden. Dasselbe Instrument dient zur Eröffnung von Abscessen, wobei man die Schnittöffnung nicht zu klein anlegen muss.

Wünscht man die Diagnose derselben durch eine Probepunktion zu sichern, so nimmt man dazu zweckmässig das von HERYNG für submuköse Injektionen im Kehlkopfe angegebene Instrument und aspiriert damit den Inhalt des Tumors nach dem Einstich.

Selbstverständlich ist beim Ödem sowohl, wie bei der Abscessbildung in einer Reihe von Fällen bei stürmischer Entwickelung der Erscheinungen und drohender Asphyxie die Tracheotomie nicht zu umgehen. Zu Versuchen mit der Intubationsmethode würde ich trotz einzelner, nicht ungünstiger Berichte um so weniger raten, je mehr die Gefahr vorliegt, dass ein bereits bestehendes, beziehungsweise ansteigendes Ödem zu einem Verschluss der oberen oder unteren Tubenöffnung führen könnte.

Ist nach Ablauf des Prozesses eine einseitige Ankylose im Cricoarydenoidgelenk zurückgeblieben, so enthält man sich jeder dilatierenden Manipulation.

Pemphigus.

Der Pemphigus vulgaris kann, wie wir es von der Augen-, Lippen-
und Gaumenschleimhaut wissen, auch in der Nase, im Rachen, im Kehlkopfe und in der Luftröhre sich ausbreiten. Wie bei vielen anderen
Blasen bildenden Haut- und Schleimhautkrankheiten kann das Stadium
der Blasenbildung auf der Schleimhaut auch beim Pemphigus der Beobachtung leicht entgehen, indem die zarte Decke sehr schnell zum

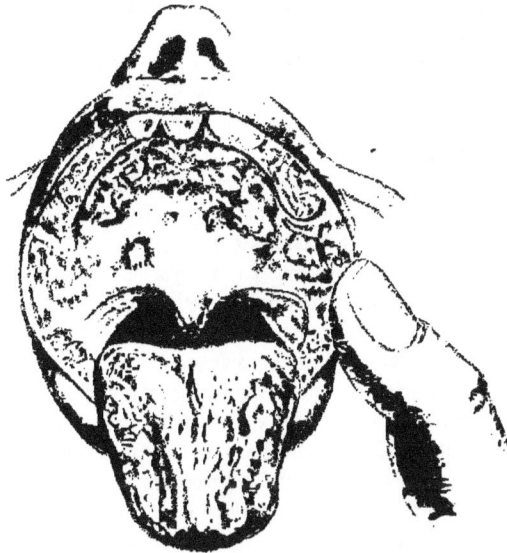

Fig. 22.
Pemphygus vegetans. (Nach KOEBNER.)

Bersten kommt und nur noch die zurückbleibenden, mit eiterigem Sekret
und den Trümmern der epithelialen Decke belegten, scheibenförmigen
Erosionen zurückbleiben. Erschwert wird die Diagnose, wenn die
Hautaffektion nicht mit dem Schleimhautpemphigus gleichzeitig auftritt.
Alsdann ist[1]), da die linsen- bis pfenniggrossen oder auch noch grösseren
Auflagerungen aus dem verdichteten und abgehobenen Epithel grosse
Ähnlichkeit mit dem Aussehen diphtheritischer Membranen haben können,
zu beachten, dass beim Pemphigus jede Temperatursteigerung während

---

[1]) MANDELSTAMM. Berl. klin. W. 1891. Zur Kasuistik und Diagnose d. Pemphigus
d. Mund- u. Rachenschlh. etc.

12*

der Eruption fehlt. Ferner ist die Resistenz gegen jede Behandlung
und die gelegentliche, sehr lange Dauer des Prozesses zu verwerten.
Im übrigen können die Membranen entweder längere Zeit haften bleiben
und konfluieren, oder ziemlich schnell und spurlos verschwinden.
KOEBNER[1]) weist auf den häufigen Beginn des Pemphigus vulgaris auf
der Schleimhaut der oberen Luftwege hin und besonders auf die Möglichkeit eines dort ausschliesslich lokalisierten Ausbruches einige Monate
bis drei Jahre vor dem ersten Auftreten auf der Haut.

Dasselbe gilt nach KOEBNER von der prognostisch schlimmen Form
des Pemphigus vegetans, von dem wir eine Abbildung nach einer Beobachtung dieses Autors reproduzieren.

Anlass zu Verwechselungen[2]) bietet der Pemphigus in erster Linie
mit Syphilis (plaques muqueuses). Dies Schicksal teilt er noch mit anderen Phlyctänulosen, von denen der Herpes in der chronisch recidivierenden Form und der der Herpes iris[3]) in Betracht kommt. Ferner die
Aphten, insofern sie Syphilisrezidive vortäuschen können und die Mund-
seuche (SIEGEL) oder Stomatitis epizootica (KOEBNER). Hierbei sind die
häufigen Petechien an den Extremitäten und auch etwaige Leberschwel-
lungen differentiell diagnostisch zu verwerten. Sodann die impetigo
herpetiformis, deren bis linsengrosse Pusteln gelegentlich auch auf der
Mund-, Rachen- und Ösophagusschleimhaut erscheinen können und einige
in Bläschenform vorkommende Arzneiexantheme (Antipyrin, Chinin, Jodkalium). Die unterscheidenden Merkmale gegenüber den syphilitischen
Affektionen sind folgende[2]): Der oberflächliche Sitz unter der Epidermis
oder innerhalb des Epithels, Mangel der Narben, die ebenso wie Pigment-
flecke nur ganz vereinzelt gefunden werden, der häufige Wechsel des
Sitzes bei einer oder mehreren Ausbrüchen, sodann der Mangel poly-
morpher Bildungen auf der Haut, der akute Verlauf der Lokalaffektion
und das Fehlen der Lymphdrüsenschwellung.

Gestützt wird die Diagnose, wenn es gelingt, das Entstehen oder
Bersten der Blase zu beobachten. Diese sitzen entweder auf einer stark
infiltrierten Schleimhaut, und alsdann kann schon früh eine auch nach
der Abstossung der Decke bleibende Verlegung innerhalb der ersten
Atmungswege eintreten, die je nach der Lokalisation bald nur lästig,
bald aber geradezu verhängnissvoll werden kann. Ferner handelt es sich
nicht selten dabei um eine leicht Verwachsungen herbeiführende, weil an
der Oberfläche wunde Schleimhaut, in deren Grunde es gelegentlich
zur Granulationswucherung kommt.

---

[1]) Deutsches Archiv f. klinische Medizin 1894.
[2]) Wir folgen hier grossenteils der zitierten KOEBNER'schen Arbeit.
[3]) S. d. Abschnitt über Herpes.

LANDGRAF[1]) beobachtete in einem sehr ausgebreiteten Falle von Pemphigus, der die Augenbindehaut, die Nasenrachen-, die Kehlkopfhöhle und die Luftröhre ergriffen hatte. in der Nasenhöhle eine erbsengrosse Perforation des knorpeligen Septums mit leicht ulcerierten Rändern und eine kariöse Erkrankung der unteren Muschel, im Rachen strangförmige Verwachsungen zwischen Gaumenbogen und hinterer Rachenwand. Unter den weissen, leicht abwischbaren Auflagerungen fand sich die Schleimhaut gerötet und leicht blutend. Während die Auflagerungen sich immer wieder abstiessen und erneuerten, entstanden immer neue Stellen. womit der Prozess immer mehr in die Tiefe drang. Es kam im Kehlkopfe zur Verwachsung an der vorderen Kommissur, es entstand eine Verdickung des Kehldeckels und eine Verengerung des Kehlkopflumens.

Die Therapie schien diesem Leiden gegenüber bisher vollkommen machtlos. KOEBNER fand indes beim vegetans energische und frühzeitige chirurgische Entfernung der Wucherungen mit folgender Thermokauterisation wirksam, und zwar unter Betupfung der kleinsten Recidive mit Jodtinktur. In einem anderen Falle, wo diese Therapie versagte, erfand er Jodtrichlorid (1⁰/₀₀ Lösung) als das wirksamste Ersatzmittel.

Erythema exsudativum multiforme.

Die meistens gleichzeitig mit der Hautaffektion auftretenden Erythem-Efflorescenzen der Schleimhaut können die Mund- und Rachenhöhle sowie den Kehlkopf einnehmen. Es bilden sich Knötchen, die alsbald geschwürig werden. Mit jedem neuen Schube sind schwere Fiebererscheinungen und allgemeine Prostration verbunden.

Die an der Hautdecke charakteristische symmetrische Anordnung scheint an der Schleimhaut weniger ausgesprochen zu sein. Zwischen den einzelnen Schuben kann ein gänzlich freies Intervall liegen[2]). Auch bei günstigem Verlauf kann der Prozess sich mehrere Monate hinziehen. In einem von SCHOETZ[3]) beschriebenen Falle vergingen nicht weniger als 8 Monate bis zur Heilung. Er fand neben hämorrhagischen Formen der Knötchenbildung auch andere, bald einen einfachen roten Fleck. bald eine Papel, bald eine miliare Blase, letztere immer nur in wenigen Exemplaren und mitunter auf einem blauroten Knötchen aufsitzend. Die Ulcerationen entstanden jedoch immer nur aus dem Zerfall der knötchenfömigen Infiltrate und verliefen in den tieferen Schichten der Schleim-

---

[1]) Berl. kl. W. 1891, S. 13.
[2]) SCHOETZ, Erythema exsudativum u. s. w. Verh. d. Berl. laryng. Gesellsch. B. I. S. 17.
[3]) l. c.

haut selbst, ohne über die Submukosa hinauszudringen. Die Heilung erfolgte ohne Narbenbildung.

Die Prognose dieses Leidens ist zweifelhaft, da nicht selten schwere innere Erkrankungen (Pneumonie, Pleuritiden) das Hautleiden komplizieren. Die Therapie ist machtlos, das einzige Mittel, das in den Fällen von Schoetz Erfolg zu haben schien, war arsenige Säure.

Herpes.

Herpes kann ein- oder doppelseitig und mit oder ohne äusseren Herpes auftreten.

Lublinski[1]) glaubt, dass zweierlei Arten von Herpeseruptionen der äusseren Luftwege unterschieden werden müssen. Die eine tritt anstatt oder in Verbindung mit Herpes zoster auf, wobei alsdann neben neuralgischen Schmerzen und Hyperästhesie der Haut und Schleimhaut keine Lymphdrüsenschwellung und nur ganz ausnahmsweise ein doppelseitiges Auftreten zu erwarten wäre. Die andere häufigere fällt nur gelegentlich und mit anderen Arten des Herpes (H. facialis, progenitalis) zusammen.

Der Herpes des Pharynx findet sich meistens auf dem Velum. Rosenberg[2]) sah ihn einmal auf der nasalen Fläche desselben. Er kann auch die hintere Rachenwand, die Tonsillen, die Uvula, den Zungengrund, den Gaumen und den Kehlkopfeingang einnehmen. Die charakteristischen Bläschen können nach ihrem oft sehr schnellen Zerfall leicht konfluieren, ihre ursprüngliche Gröfse weit überschreiten, so dass man neben winzigen Flächengeschwürchen auch ziemlich grosse, in der Mundhöhle ausnahmsweise bis zu 1 cm Durchmesser[3]) erreichende beobachten kann. Die meisten Fälle heilen von selbst in wenigen Tagen; andere ziehen sich unter Schüben neuer Eruptionen wochenlang hin. In dem von mir berichteten Falle recidivierte ein Mundhöhlenherpes 16 Jahre lang.

Während bei Aphten in der Regel weisse speckige, über die Umgebung ragende und allmählich durch Abstossung zur Heilung gelangende Flecke zur Erscheinung kommen, deren erster Beginn keineswegs Blasen, sondern mehr solide, keine oder nur wenig Flüssigkeit enthaltende Gebilde darstellt, so ist beim Herpes der Vorgang umgekehrt. Die Bläscheneruption ist von ziemlich reaktionslosem Zerfall, gewöhnlich unter Zusammenfluss mehrerer Blasen gefolgt und eine Infiltration tritt garnicht oder doch erst sehr viel später ein, während im weiteren Verlauf des Heilungs-

---

[1]) Verh. d. Berl. laryng. Gesellsch. II. S. 4.
[2]) Krankheiten der Mundhöhle, des Rachens u. s. w. S. 111.
[3]) Flatau. Chron. rezidiv. Herpes der Mundhöhle. Verh. d. Berl. laryng. Gesellschaft.

prozesses der Anfangs rötliche glatte Geschwürsgrund eine dünne weis-
graue Decke erhält.

Fig. 23.
Herpes des Pharynx und des Larynx.   (Nach KRIEG.)

Die Behandlung hat die zu Grunde liegende Erkrankung des Ver-
dauungsapparates oder Menstruationsstörungen ins Auge zu fassen
Symptomatisch sind Bepinselung der ulcerierten Stellen mit 3—5%igem
Mentholöl und Gurgelungen mit einem schwachen kalten Dekokt fol. salv.
anzuwenden.

Urticaria.

Die akute Urticaria der Haut kann mit Quaddeln auf der Nasen-,
Rachen-, Kehlkopftracheal- und Bronchialschleimhaut begleitet sein. Ist
die Schleimhauteruption eine erhebliche, so kann es, wenn sie die Luftröhre und die Bronchien beteiligt, zu Anfällen von Dyspnoe kommen.
In einem Fall, den ich vor kurzem beobachtete, wurde gleich bei dem
Auftreten der wenigen, an dem Velum, den Gaumenbögen und auf der
Zunge sitzenden Quaddeln neben geringen Schlingschmerzen eine eigentümliche als schmerzhaftes Jucken bezeichnete Sensation angegeben, die
erst nach 24 Stunden wieder nachliess. Löri[1]) hat auch bei chronisch
verlaufender Urticaria das Vorkommen von Quaddeln im Rachen, im
Kehlkopf und in der Trachea gesehen.

¹) l. c.

Therapeutisch sind Einpinselungen der befallenen Stellen mit schwacher Kampher- oder Mentholöllösung von Nutzen. (2—4%.)

Ekzem.

Von den mit Gesichts- und Kopfekzem verbundenen oder ausschliesslich an der Nasenöffnung lokalisierten chronischen Ekzemen sind die des Kindesalters von einer gewissen Bedeutung, weil sie gewöhnlich durch den Reiz eines pathologischen Nasensekrets unterhalten, in dem nässenden Stadium oft durch Verlegung der äusseren Apertur von dem hinteren Teile ihrer Umwandung her zur Unterdrückung der Nasenatmung führen. Bei Erwachsenen kombiniert sich ein hier lokalisiertes Ekzem gern mit Akne und Folliculitis vibrissarum.

Die Behandlung ist von der sonst üblichen Ekzembehandlung nicht abweichend. Natürlich ist die Beseitigung von Nasenhöhlenerkrankungen, die ein reizendes pathologisches Sekret produzieren, das erste Erfordernis.

Fünftes Kapitel.

Die chronischen Entzündungen.

Allgemeine Ätiologie und Symptomatologie.

Vernachlässigung oder Häufung akuter Katarrhe ist eine sehr gewöhnliche Ursache des Überganges in den chronischen Entzündungszustand. Daneben wirken alle jene Schädlichkeiten, deren wir bei der Besprechung der Ätiologie der akuten Katarrhe gedachten, wenn sie fortdauernd einwirken, als begleitende, den Prozess bald unterhaltende, bald verschlimmernde Momente: mangelhafte Hautpflege, eine verweichlichende, sitzende, mit geringer Muskelbewegung verbundene Lebensweise; dann die Zustände chronischer Obstipation und Plethora, durch den Beruf veranlasster Aufenthalt in übel ventilierten, überhitzten, mit Staubpartikeln angefüllten Räumen, der Gebrauch von Alkohol und Taback. Ebenso sind auch hier alle Organerkrankungen in der näheren und weiteren Umgebung zu nennen, die zu einem dauernden Zustand von Stauung in den Schleimhautvenen führen. Nach einer Reihe von akuten Infektionskrankheiten, der Diphtheritis, den akuten Exanthemen des Kindesalters, dem typhus abdominalis, sieht man chronische Katarrhe in den ersten Atmungswegen folgen. Endlich antwortet auch nicht so selten die Schleimhaut auf eine über ihre Oberfläche sich ergiessende, aus der Nachbarschaft stammende Eiterung durch chronische Katarrhe. Als Paradigma dafür nenne ich die Formen chronischer Rhinitis, die durch Nebenhöhleneiterungen unterhalten werden. Werden diese übersehen oder verkannt, dann wird nur der Folgezustand das Objekt einer oft eifrigen, aber ziemlich aussichtslosen Symptom-Behandlung.

In nicht wenigen Fällen findet man die Nasen- und die Rachenhöhle, sowie den Kehlkopf und die Luftröhre gleichzeitig und in derselben Art von chronischen katarrhalischen Veränderungen ergriffen.

Bei eingehender Beobachtung, besonders auch bei genauer Aufnahme
der Krankheitsgeschichte kann man indes für die Mehrzahl der Fälle
unschwer feststellen, dass jenes Herabsteigen des Prozesses von oben
nach unten, dessen wir bei den akuten Entzündungen gedachten, sich
auch hier wiederfindet. In der That spielen alle die Veränderungen,
die zu chronischen Verlegungen des nasalen Atmungsweges führen, eine
ganz hervorragende Rolle in der Ätiologie der chronischen Pharyngitis
und Laryngitis, der Tracheitis und Bronchitis, und unter den entschieden
in der Minorität befindlichen Fällen, wo sich der Prozess nur in dem
Kehlkopf, an der Luftröhre und noch weiter herunter nachweisen lässt,
ist sicher noch eine ganze Reihe, in denen aus besonderen Gründen der
Prozess dort eben fortdauert, nachdem er in den oberen Abschnitten,
von wo er ausging und veranlasst war, zurückgegangen ist. Solche
Gründe pflegen durch besondere Anstrengung des Stimmorgans gegeben
zu sein, zu denen mancher Beruf nötigt. oder die aus Unachtsamkeit
erfolgte, ehe eine akute oder subakute Laryngitis abgelaufen ist; oder
es ist zu umschriebenen, durch die Katarrhe hervorgerufenen Verdickungen der Rachen- oder Kehlkopfschleimhaut selbst gekommen, die
einen dauernden Reizzustand unterhalten.

Schon bei der Besprechung der Erscheinungen des akuten Katarrhes
haben wir gesehen, dass der Versuch einer Bestimmung des Krankheits-
sitzes aus den subjektiven Erscheinungen eine durchaus unsichere Sache
ist. In noch erhöhtem Grade gilt das von den chronischen Entzündungen.
Eine genaue Untersuchung, oft erst eine länger dauernde Beobachtung
und Würdigung des gesamten Zustandes der Kranken ist im stande,
die Bedeutung der örtlichen Abweichung und den Zusammenhang
zwischen ihnen und den im Vordergrunde der Klagen stehenden
Symptomen erkennen zu lassen. Vor jedem therapeutischen Eingriff hat
man sich zu vergegenwärtigen, dass, ein so dankbares Gebiet der ärztlichen
Thätigkeit uns vielfach hier entgegentritt, auf der anderen Seite durch
eine dem Anfänger leicht gefährliche und verführerische Geschäftigkeit
des Handelns und durch unbedachte. manchmal schwer eingreifende
örtliche Therapie dem Kranken unfehlbar Schaden gebracht wird. Es
werden deshalb die oben gegebenen allgemeinen und die bei den einzelnen Formen noch zu gebenden speziellen Anhaltspunkte ebenso beachtet werden müssen. wie die Erfordernisse der oft recht schwierigen
Untersuchungs- und Behandlungstechnik. Auch ein wohl angebrachter
und richtig indizierter therapeutischer Eingriff kann statt des gehofften
und versprochenen baldigen Erfolges bei mangelhafter Ausführung und
Leitung der besonderen und allgemeinen Behandlung und Nachbehandlung den Kranken statt vorwärts zurückbringen. Es sind das

Umstände, die, besonders als die galvanokaustischen, nur dem Anschein nach bequemen Behandlungsmethoden für unser Gebiet erschlossen wurden, eine Periode des Misskredits brachten, deren Nachwehen noch zu überwinden sind.

Der chronische Nasenkatarrh.

Befund und Symptome.

Die einfache chronische Entzündung der Nasenhöhlenschleimhaut kann durch ein oder mehrere der genannten Momente hervorgerufen, aber auch noch durch besondere in der Umgebung, besonders im Nasen-, rachenraum gelegene oder durch den besonderen Bau ihrer Wandungen und des Septums gegebene örtliche Ursachen unterhalten werden. Das allgemeine Charakteristikum ist in den leichteren Graden eine wechselnde Rötung und geringe Schwellung der Schleimhaut, in mässigen eine Verdickung in ihren verschiedenen Schichten. Schliesslich kommt es zu stärkeren Verdickungen der Schleimhaut, die unter Umständen enorme Dimensionen erreichen. Es handelt sich — ich kann nach meinen eigenen Untersuchungen darin die Angaben anderer Autoren bestätigen — dabei gewöhnlich um deutlich nachweisbare Zunahme des Bindegewebes. Manchmal sind aber die oberen Schichten weniger von der Verdickung betroffen und es tritt eine gleichmässige Zunahme des kavernösen Gewebes sogar mit stellenweiser auffälliger Dünne der oberflächlichen Schichten des Schleimhautüberzuges hervor. Die Veränderungen können in mehr diffuser oder mehr umschriebener Weise zu Tage treten. Besonders bevorzugt sind das vordere, dann das hintere Ende der unteren, in zweiter Linie die entsprechenden Partieen an der mittleren Muschel, und sodann einzelne Bezirke der Auskleidung des knorpeligen, seltener des knöchernen Septums und die vorderen Teile des Nasenbodens. Je nachdem mehr die oberflächlichen Schleimhautschichten oder mehr das kavernöse Gewebe Sitz der Verdickung sind, fühlt man, wenn man die an den betreffenden Stellen sich präsentierenden sackigen und von der knöchernen Unterlage mehr oder weniger prall abstehenden Wülste mit einer feinen stumpfen Zange in eine Falte fasst, entweder einen resistenten, wenig veränderlichen, auf mehr als das Doppelte des Normalen verdickten oder einen wenig oder garnicht verdickten, nicht selten geradezu verdünnt erscheinenden Überzug. In diesem Falle macht der übrige Teil der Hervorragung bei der Palpation einen schlaffen Eindruck, wenn man in die weiche, wenig elastische, oft wie teigig sich anfühlende Masse eindrückt. Und nicht selten sieht man während der Untersuchung die ganze Prominenz spurlos verschwinden, und nur eine ganz dünne

den oberen Schleimhautschichten entsprechende Decke liegt knapp der
knöchernen Unterlage des Muschelknochens an. Ich habe diese Verhältnisse lange Zeit hindurch durch sorgsame Untersuchungen an Lebenden
geprüft, und ich glaube, dass man dabei mehr von diesen, immerhin
feinen Unterschieden sehen kann, als am Leichenpräparat. Ich muss danach an der auch von HACK scharf betonten Scheidung zwischen dem
vorwiegenden Befallensein der Schwellorgane mit wenig veränderter
Schleimhaut und der Verdickung der oberen Schleimhautschichten festhalten. BRESGEN hält chronische Rhinitis stets für vorhanden, sobald
die Schleimhaut auch nur stellenweise weiche teigige Schwellungen zeigt,
die dem ausgebildeten Schwellgewebe eigentümlich sind, da in normalen
Nasen seiner Ansicht nach die Schleimhaut mit dem unentwickelten Schwellgewebe dem Gerüst fest aufliegen müsse. ZUCKERKANDL fand indes auf der
unteren, am Rande der mittleren und an den hinteren Enden aller drei
Muscheln zwischen Kapillaren und Venen, einen dichten Gefässplexus
venöser Natur eingeschaltet. Derselbe scheidet sich ähnlich wie beim

Fig. 24.
Druckatrophie der Nasenschleimhaut. (Nach ZUCKERKANDL.)

Corpus cavernosum penis in ein oberflächliches engmaschiges Rindennetz
und eine tiefe Schicht mit weiten Lakunen, welche, getrennt durch ein
Balkennetz mit reichlichem elastischen Gewebe von einer Muskelschicht
rings umgeben sind. Der Befund wurde durch Untersuchungen an Neugeborenen bestätigt.

Dass man in einzelnen Fällen ein Nebeneinander, sowie Combinationen
dieser Zustände vorfindet, erhöht natürlich die Schwierigkeit der Orientierung. In vorgeschrittenen Fällen chronischer hyperplastischer Rhinitis
kommt es an umschriebenen Stellen zu einer Abhebung des Wulstes
und besonders an der unteren Muschel zu einer Senkung desselben auf
den Nasenboden. Die weitere Gestaltung solcher umschriebenen „polypoiden Hyperplasieen" hängt nun auch noch von der durch den Bau gegebenen Möglichkeit zu räumlicher Ausdehnung ab. So sieht man die
an der unteren Muschel lokalisierten, wenn sie das vordere Ende be-

treffen, nach vorn und zur Seite hervorspringen. Sitzen sie am unteren
Rande, so verstecken sie sich zwischen unterer Muschel und Nasenboden, wenn nämlich der Platz es gestattet, und zwar so sehr, dass oft
erst die Sonde sie hervorholt und entdeckt. Die Hyperplasieen des
hinteren unteren Muschelendes können sehr erhebliche Dimensionen annehmen und sich nach hinten, aussen und unten zu mehr oder weniger
grossen Tumoren ausdehnen, die, durch die hintere Rhinoskopie untersucht, einen mehr oder weniger grossen Teil der betreffenden Choanal-
öffnungen, ja die ganzen ausfüllen und überragen können. Sie bieten
bald mehr ein gleichmässig glattes, bald ein unebenes körniges, warziges
Aussehen dar. Die Farbe ist meist blutrot. Die umschriebenen Schleimhautverdickungen des Septums finde ich am häufigsten gegenüber dem
vorderen Ende der mittleren Muschel, dann
in den unteren Teilen der knorpeligen, sehr
selten an den übrigen Particen. Durch die
dauernde Berührung chronisch verdickter
Stellen des Muschelüberzugs mit den gegenüberliegenden Teilen des Septums, zumal
grätenförmiger Fortsätze desselben, werden
nicht selten Druckfurchen erzeugt, denen
entsprechend eine Art Usur der Schleimhaut gefunden wird.

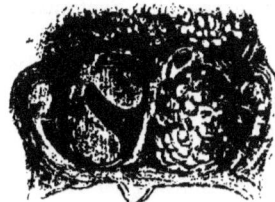

Fig. 25.
Warzige Verdickung des l. hinteren Endes
der unteren Muschel; adenoide Vegotationen.
(Skizze nach eigener Beobachtung,
17 jähriges Mädchen.)

Wir haben eine Zeichnung Zuckerkandl's
wiedergegeben, in der eine solche druckatrophische Stelle abgebildet ist.

Ähnliche Schwellungen finden sich bei einfacher chronischer Rhinitis
hyperplastica auch an dem vorderen und an dem hinteren Ende der
mittleren Muschel. Hier wie an der lateralen Nasenwand zeigt sich bei
einigermaassen starker Schwellung durch die Form der Gebilde die
Regel bestätigt, dass sie nach der Maassgabe des ihnen zur Verfügung
stehenden Platzes ihre Gestalt einrichten. Sie neigen hier mehr dazu,
eine hahnenkammförmige Gestalt anzunehmen. In anderen Fällen sieht
man sie von der vorderen Fläche des vorderen Muschelendes von der
Oberfläche herabhängen, von anderen Gebilden durch die der Muschelschleimhaut gleiche Farbe und Konsistenz wohl unterschieden. Am
ehesten findet man das bei grossen und kugelig gestalteten vorderen
Mittelmuschelenden. Auch am Septum kommt, wie Schmanneck[1]) gefunden
hat, jenes Schwellgewebe vor.

Die eben skizzierten Verhältnisse erweisen wohl zur Genüge, dass
die Gestaltung und Beschaffenheit der Bedeckungen der Nasenhöhle

---

[1]) Corresp. Bl. für Schweizer Ärzte 1892. XXII. Jahrgang.

einer besonders genauen und wiederholten Untersuchung und Beobachtung
bedarf. Man wird zu erwägen haben, wie leicht das Bild bei ein und
derselben Person wechselt. Man muss ferner bedenken, dass schon unter
normalen Verhältnissen die Dicke der Schleimhaut über der unteren Muschel
zwischen 2 und 4 Millimetern schwanken kann. Ferner können pathologische Verdickungen leicht verwechselt werden mit dem Bilde, das bei
gewissen Verbildungen der Muschelbeine entstehen kann, so bei Incisuren-
bildungen, die vertikal verlaufen und mehr oder weniger seichte Formen-
bildungen in der Schleimhaut erwirken. Zu verwerten ist für die Unterscheidung, dass die Umgebung druckatrophischer Stellen sehr gewöhnlich
bei chronischer Rhinitis stärkere, besonders hinter der Druckstelle durch
die venöse Stauung entwickelte Schwellungen zeigt. Die Angabe
mehrerer Beobachter, dass auch die tieferen Gewebe, die Knorpel und
Knochen des Septums, das knöcherne Gewebe, besonders der beiden
unteren Muscheln, gelegentlich Vergrösserungen unterliege, kann ich
durchaus bestätigen. Vielleicht handelt es sich hier meistens um Residuen von akuten submukösen Entzündungsprozessen. GOTTSTEIN[1]) ist der
Ansicht, dass die Nasenscheidewand der Sitz einer chronischen, ungemein
schleichend verlaufenden Perichondritis sein könnte, die zur Hypertrophie
führt und sich bei der Sondierung durch ihre Härten als eine vom Knorpel
ausgehende Schwellung charakterisiert, auch fasst er manche Hyperostose
als Folge einer derartigen Perichondritis und Periostitis chronica septi auf.

Jedenfalls erhellt daraus die Richtigkeit der Beobachtung, dass auch
eine von den tieferen Geweben ausgehende Hyperplasie, bei der die
Schleimhautbedeckung wenig verändert ist, sich herausbilden kann. Es
ist natürlich, dass hier noch dauerndere Zustände der Verengerungen
mit all ihren Folgen geschaffen werden mussten, als wenn es sich nur
um die Weichteile allein handelt.

Ergiebt die Untersuchung, dass die Ursache einer Verengerung in
diesen liegt, so ist nach den oben gegebenen Auseinandersetzungen festzustellen, in wie weit durch die Dauer des Zustandes die Schleimhaut
selbst betroffen ist. Die weitere allgemeine Untersuchung hat das Vorhandensein von Allgemeinleiden, Erkrankungen des Cirkulationsapparates,
der Lunge, Nieren, Leber etc. festzustellen oder auszuschliessen. Die
weitere lokale Untersuchung kann sich in den Fällen, wo nach der
Inspektion und Sondenuntersuchung der Befund noch zweifelhaft bleibt,
der anämisierenden und das Schwellgewebe retrahierenden Wirkung des
Kokains bedienen, um den Entscheid zu erleichtern, wieviel von einer
Schwellung auf Rechnung der venösen Stauungen, verbunden mit ab-

---

[1]) Berl. kl. W. 1881.

norm leichter Schwellbarkeit, wieviel auf Rechnung der Verdickung der Mukosa selbst zu setzen ist. Ausserdem ist die Kokainisierung der Schleimhaut ein zweckmässiges Mittel, um die Untersuchung durch Hinwegräumung der aus Weichteilschwellung bestehenden Hindernisse für die Besichtigung zu vervollständigen. Ich habe bei einer früheren Gelegenheit[1]) die Bitte ausgesprochen, mit der Kokainisierung im Allgemeinen zurückhaltend und vorsichtig zu sein. Für diagnostische Zwecke soll man sich auf die zu verengernden Stellen beschränken und mit der möglichst geringen Menge auszukommen suchen. Für diese Zwecke genügen wenige Tropfen einer 10%igen Lösung. Es ist besser, mit dem Wattepinsel als mit einem Spray zu kokainisieren. Ferner empfiehlt es sich, die erforderliche Menge aus einem dunkeln Tropfglase direkt auf den Pinsel zu giessen.

Die Schleimsekretion braucht nicht erheblich vermehrt zu sein. Vielfach wird eher über ein Gefühl von Trockenheit bei verstopfter Nase geklagt, eine Vereinigung von Symptomen, die meist von den Patienten mit dem Namen Stockschnupfen belegt wird. Nicht selten wird übrigens eine thatsächliche Hypersekretion dadurch maskiert, dass die Massen wegen stärkerer Verlegung der Vordernasenhöhle oder zäher und klumpiger Beschaffenheit schwer nach vorn entleert werden können. Es ist kein gutes Zeichen für einen Untersucher, wenn er zur Entfernung der Massen aus der Vordernasenhöhle sofort zur Spritze oder dem Nasenirrigator greift; vielmehr soll das leicht und schonend, womöglich ohne die Schleimhaut zu berühren, jedenfalls ohne dass Blutungen erzeugt werden, mit einer grazilen Nasenzange mit stumpfen Branchen geschehen. Manchmal gelingt es auch, mit einem feinen Wattepinsel das Sekret über den Nasenboden nach aussen und vorn auszuwischen; in den choanalen Partieen der Nasen oder in den retronasalen Räumen stagnierendes Sekret hat oft einen leicht fauligen Geruch, der sich der Ausatmungsluft mitteilt.

Es ist durchaus notwendig, in jedem Fall von Nasenerkrankungen auch die Untersuchung des Nasenrachenraumes nicht zu versäumen. In einer Reihe von Fällen findet man dort gleich die Begründung für die bei der vorderen Rhinoskopie gefundenen Abweichungen, und eine Unterlassung dieser Vervollständigung kann sich schwer rächen.

Betrachten wir zunächst die Mechanik der durch die hyperplastische Rhinitis bedingten Erscheinungen, so steht in erster Linie die Verlegung der nasalen Atmung. Man hat[2]) versucht, besonders einseitige Stenose

---

¹) FLATAU, Laryngoskopie und Rhinoskopie, Seite 29.
²) ZHAARDEMAAKER in B. FRÄNKELS Archiv Bd. H. 2.

durch die Veränderungen des Atembeschlages darzustellen, der bei der Exspiration durch die Nase auf einer polierten Fläche entsteht. Da aber Hindernisse bei der Exspiration verhältnissmässig leicht überwunden werden, die bei der Atmung bereits peinliche Symptome verursachen, so glaube ich immer, dass die Inspektion und die Prüfung durch das Gehör bei abwechselnder Einatmung durch die eine und die andere Seite mehr leisten. Handelt es sich um solche stenosierende Hindernisse, die ihr Volum ändern, so wächst und fällt die Erschwerung der nasalen Atmung mit ihrer Füllung und Entleerung. Ist eine abnorme Füll- und Schwellbarkeit des kavernösen Gewebes die Ursache, so kann die vorher durchgängige Nase in einem Augenblick auf irgend einen Reiz hin wie durch ein Ventil abgesperrt werden. Diese Reize äussern sich individuell sehr verschieden; was bei dem Einen die Kälte bewirkt, bewirkt bei dem Andern die warme Aussentemperatur. dem Einen ist die trockene, einem Andern die feuchte Luft angenehmer. Manche reagieren in lebhafter Weise auf jeden Temperaturwechsel und auf eine Reihe von für andere ganz unmerkbaren Reizen, Erscheinungen, die uns in dem Abschnitt von den nasalen Reflexneurosen noch beschäftigen werden, und zum Teil den im vorigen Kapitel geschilderten Idiosynkrasieen entsprechen. Sind umschriebene, besonders bewegliche Schleimhauthyperplasieen vorhanden, so ist die Körperhaltung von Einfluss. Bei einzelnen Personen ist während des Tages keine Empfindung von nasaler Atemnot vorhanden, ausser beim Arbeiten mit vornübergebogenem Kopf. Solche Patienten geben an, dass sie z. B. während des Sitzens von Zeit zu Zeit den Kopf hintenüber legen müssen, um die Nase wieder frei zu bekommen. Bei anderen wird die Verlegung nur in liegender Stellung merkbar und führt unter Umständen zu einer totalen Aufhebung der Nasenatmung während der ganzen Nacht. Die Folgen der chronischen Verlegung der Nasenatmung, die in dem folgenden Abschnitt zusammenhängend dargestellt sind, werden um so lebhafter empfunden, wenn die oben angedeuteten Sekretansammlungen in dem Nasenrachenraum und der hinteren Nasenhöhle sich zu den durch die Schwellung bewirkten Verlegungen komplizierend hinzugesellen. In demselben Maasse ist dann die Fortpflanzung des Prozesses auf den Thränennasengang, den Mundrachenraum und Kehlkopf, sowie auf das Gehörorgan zu fürchten. Die Herabsetzung der Geruchs- und Geschmacksempfindungen sind eine häufige, von der Lokalisation und der Dauer des Prozesses abhängige Erscheinung[1]).

---

[1]) Anmerkung. In wie weit man berechtigt ist, aus dem Nachweis einer Hyposmie diagnostische Rückschlüsse zu machen, kann erst verständlich werden, wenn die verschiedenen Möglichkeiten, wie jene zu stande kommt, unterschieden werden können. Daher ist diese Frage im Zusammenhang an einer besonderen Stelle [Cap. VIII.] behandelt worden.

Die Veränderung des Sprechtimbres wird natürlich um so eher empfunden, als die Träger gezwungen sind von ihrem Sprechorgan Gebrauch zu machen. Musikalische Personen bemerken schon bei verhältnissmässig geringen Graden die durch die Verlegung des Resonanzraumes bewirkten Veränderungen im Klange. Sie geben dann an, dass die Stimme zwar nicht verstopft oder näselnd klinge, dass aber das Metall fehle, Sprödigkeit und Brüchigkeit im Klange sich eingestellt habe, und dass auch leichter, besonders in hohen Lagen, ein Ermüdungsgefühl in den Halsorganen sich bemerkbar mache. Bei Andern merkt erst spät die Umgebung die durch die vermehrte Resonanz in der vorderen Nasenhöhle oder durch die Verlegung in den hinteren Partieen bewirkte krankhafte Veränderung.

Eine Reihe weiterer Erscheinungen, die die chronische Rhinitis sehr gewöhnlich begleiten, pflegt bei höheren Graden umschriebener Hyperplasieen einzutreten, wenn Hindernisse in der Entleerung der Lymphgefässe oder der Venen entstehen. Ich glaube, dass die Kommunikation der nasalen Lymphgefässe mit dem Subarachnoidealraum von grosser Bedeutung ist für die Erklärung einer Reihe von Erscheinungen, die mit den Reflexneurosen zusammengebracht zu werden pflegen, während sie durch die statischen Veränderungen allein sehr wohl begreiflich erscheinen. Es bilden sich Stauungen in den erweiterten Venen der Nase und des Nasenrachens aus, Störungen im cerebralen Blut- und Lymphwechsel, die besonders am Morgen schwere Symptome von Kopfdruck und Schmerz zu verursachen pflegen. Dann entstehen Kopfschmerzen in der Stirn-, Scheitel- und Hinterhauptgegend oder Kopfdruck, Eingenommenheit besonders in der vorderen Kopfgegend, und Schwindelgefühl. Bei längerer Dauer und Nichtbeachtung dieser Erscheinungen kommt es vielfach zu einer Herabsetzung der Willensthätigkeit, besonders bei geistig arbeitenden Personen. Unlust und Unfähigkeit zur Aufnahme und Fortführung derselben Thätigkeit, die sonst leicht von statten zu gehen pflegen, verbindet sich mit einer dem Träger merkbaren Schwäche des Gedächtnisses und zunehmender allgemeiner Reizbarkeit zu einem Gesamtbilde, dem in den besseren Kreisen vergebens durch die üblichen Erholungsreisen mit dauerndem Erfolg entgegenzuwirken versucht wird.

Ist die Lokalisation der Schwellung eine derartige, dass die Ausführungsgänge der Nasennebenhöhlen und der Thränennasengang verlegt wird, so entstehen wiederum, schon wenn die Verlegung eine zeitweise ist, in erster Reihe Kopfschmerzen, die in ihrer Art wenig charakteristisches zeigen. Auf die Verlegung der Kieferhöhle wird häufig durch Schmerzen in der regio supraorbitalis, seltener durch Schmerzen in der Kieferhöhlengegend reagiert. Die Verlegung der Stirnhöhle charakteri-

siert sich noch am ehesten durch reinen Stirn- und Vorderkopf-
schmerz.

Auch sonst treffen wir sehr häufig bei der Angabe der subjektiven
Symptome auf die Folgen der mangelhaften Lokalisation, indem besonders bei einseitiger Verengerung Parästhesieen in der entsprechenden
seitlichen Halsgegend oder auch in der Mitte als juckendes, brennendes
oder Fremdkörpergefühl geschildert werden. Andere empfinden ganz
deutlich die Verlegung der Nase, wenn das Hindernis kein konstantes
ist und bemühen sich durch sehr häufige, aber vergebliche Schnäuzbe-
wegungen den Kanal frei zu machen. Dadurch entsteht ein Fehlerkreis;
denn je stärker und öfter dabei exspiratorische Bewegungen unter hohem
Druck ausgeführt werden, desto mehr wächst die venöse Stauung, und
bei geschwollener und lockerer Schleimhaut kommt es dabei auch zu
Einrissen und Blutungen. Einrisse können aber auch, wenn Brennen
und Jucken an den Aperturen die Erkrankung begleitet, mechanisch
durch den Finger oder Instrumente bewirkt werden. Wir haben gesehen,
dass unter verschiedenen Bedingungen recht schwer stillbare und schliesslich zu Schwächezuständen führende Blutungen, zumeist aus erweiterten
Gefässen des Septuns, aber auch vom Nasenboden und der Muschelschleimhaut her zu stande kommen können. Blutungen sind eine sehr
häufige Begleiterscheinung der chronischen hyperplastischen Rhinitis.

Der chronische Nasenrachen- und Rachenkatarrh.

Der chronische Nasenrachenkatarrh ist bei Erwachsenen gewöhnlich
eine Folgeerscheinung des chronischen Katarrhs der Vordernasenhöhle.
Sodann entsteht er im Gefolge von Erkrankungen des Nasenrachenteiles
des adenoiden Gewebsringes. Diese Wirkung scheint mir ebenso häufig
vorzukommen, wie die nach langem Bestande von Hyperplasieen des
adenoiden Gewebes im Nasenrachen sich einstellende Erweiterung der
Vordernasenhöhle mit Verkümmerung der Muscheln und ihres Überzuges,
die man als Inaktivitätsatrophie aufgefasst hat[1]). Sehr gewöhnlich sind
mit den hypertrophischen Nasenrachenkatarrhen auch Veränderungen
derselben Art im Mundrachenraum verbunden. Wir besprechen daher
diese Veränderungen gleichzeitig an• dieser Stelle.

Das Verhältnis zwischen den Erkrankungen der Mucosa und des
adenoiden Gewebes variiert in derselben Weise, wie wir es bei den
akuten Entzündungsprozessen besprochen haben. Es kann daher für
diese Beziehungen auf die dort gegebenen Ausführungen verwiesen

---

[1]) B. Fränkel, Adenoide Veget. in Eulenburgs Realencyklopädie.

werden. Wir können nach dem Sitz der verdickten Particen eine chronische Salpingitis unterscheiden, wenn die Schleimhaut der Tubenwulste und der Falten hauptsächlich betroffen ist: in anderen Fällen sind die ROSENMÜLLER'schen Gruben Sitz der prägnantesten Veränderungen. Allgemein findet man die betroffenen Partieen verdickt, sukkulent, von mehr oder weniger zähem Sekret bedeckt, nach dessen Entfernung sich flache Erosionen zeigen. Oft ist das Sekret selbst, wenn es festsass, an seiner Haftstelle mit Cruormengen bezogen.

Ist der Mundrachenraum beteiligt oder selbständig ergriffen, so sehen wir grössere oder kleinere Abschnitte von der Gewebsverdickung betroffen. Am leichtesten sind die chronischen Entzündungen am Velum und der Uvula zu erkennen. Das Velum ist mehr oder weniger verdickt, schwer beweglich, die Uvula vergrössert, etwas starr, die Farbe wechselt von mässiger Rötung, auf der erweiterte Gefässe sichtbar werden, bis zu einer lividen Verfärbung.

Die auf der plica salpingopharyngea lokalisierte Hyperplasie bildet einen meist auf beiden Seiten an der hinteren Wand hervortretenden Wulst hinter der hinteren Arkade. SCHECH[1]) vergleicht das Aussehen dieser Wülste treffend einem mit vielen Trachomkörnern besetzten konjunktivalen Wulst. Ein andermal ist das Aussehen mehr glatt. Die Längsausdehnung nach oben und unten ist bei diesen Gebilden eine sehr verschiedene, ebenso wechselt ihre Grösse in sehr weiten Grenzen; um wieder eine Angabe SCHECHS zu gebrauchen, von der Dicke eines Bleistiftes bis zu der eines Fingers.

Neben diesen Veränderungen, oder auch ohne sie, findet man in der Nachbarschaft freier Stellen der Rachenschleimhaut umschriebene, stecknadelkopf- bis linsengrosse, selten grössere Körnungen (Granula). die nach SAALFELD's Untersuchungen aus Anhäufungen lymphatischen Gewebes um den erweiterten Ausführungsgang einer Schleimdrüse bestehen. Es können auch mehrere dieser Körner, auf deren Kuppe man oft ganz deutlich die Mündung des Drüsenausführungsganges als kleine Öffnung sehen kann, dicht zusammenliegen, als ob sie ineinander übergegangen wären. Die Beziehungen der durch den chronischen Katarrh hervorgerufenen Erscheinungen zu den Zuständen des adenoiden Gewebes sind gerade im Nasenrachenraum von hervorragender Bedeutung, weil hier ein sehr grosser Teil des vorhandenen Raumes von dem adenoiden Gewebe eingenommen sein kann und eine Verlegung der Höhle bis zu einem solchen Grade eintritt, dass Störungen der Sprache und in der Folge der Atmungen sehr bald bewirkt werden können. Ausserdem

---

[1]) Krankht. d. Mundhöhle, des Rachens und der Nase. 1888. S. 127.

13*

kommt es in manchen Fällen in den natürlichen Buchten des Gewebes, besonders in dem sogenannten recessus medius der mittleren Furche der Rachentonsille zur Stagnation des dort oder in der Umgebung gebildeten Sekrets. Besonders ist das der Fall, wenn es in den vorderen Teilen dieses Ganges zu teilweisen Verschliessungen der Höhlung gekommen ist[1]).— Prozesse, die nach Schwabach[2]) der eigentliche Grund zu der Annahme der Bursa pharyngea gewesen sind. Von diesen oder anderen pathologischen und keineswegs konstanten Hohlräumen kann es zur Absonderung von bald flüssigen, bald leicht eintrocknenden, schalenbildenden Sekretmassen kommen, die sich dann weiter über die Fläche ausdehnen und ziemlich weit in die Nachbarschaft verschleppen können. In anderen Fällen handelt es sich um die Lakunen des adenoiden Gewebes[3]) oder um einzelnene abscedierte und konfluierte Lymphfollikel. Von ähnlichen Zuständen, die bei atrophischen Rhinitiden und Rhinipharyngitiden vorkommen, unterscheiden sich diese Bilder dadurch, dass hier nach der Entfernung des Sekretes, die ebene, verdünnte, blasse Schleimhaut sichtbar wird. Ein besonderes Gewicht ist aber auf die Ähnlichkeit der Bilder zu legen, welche bei Erkrankungen der Nasennebenhöhlen durch gelegentliche Ablagerung oder Eindickung der zum Abfluss kommenden Eitermengen zu stande kommen. Besonders sind hier Erkrankungen der hinteren Siebbeinzellen und der Keilbeinhöhle zu nennen. Man darf nie vergessen, dass es die Aufgabe des Untersuchers ist, zu bestimmen, ob das Sekret an der Stelle, wo es gesehen wurde, auch produciert ist, oder ob es aus der Nachbarschaft hintransportiert worden ist. Neben der Bildung von Hohlräumen sind nach meinen Erfahrungen, — ich kann darin die Befunde Thornwaldt's durchaus unterschreiben — strangförmige Bildungen, Synechieen, besonders in der Rosenmüller'schen Grube nicht selten. Ich habe in einer nicht geringen Zahl von Fällen sie postrhinoskopisch und palpatorisch feststellen können und gerade durch die Behandlung dieser oft unbeachtet gebliebenen Zustände, lange bestehende Krankheiterscheinungen, wie Ohrensausen und -Schmerzen beseitigen können, die zu einer vorher erfolglosen Behandlung des Gehörorgans von otiatrischer Seite geführt hatten.

Auch in den Lakunen der Gaumentonsille, seltener in denen der Zungentonsille findet man in der Form von oft überraschend grossen Pfröpfen abgelagertes eingedicktes Sekret. Dadurch wird ein dauernder

---

[1]) Chiari. Über die Erkrankungen der sogenannten bursa pharyngea. Wiener med. Wochenschr. 1891. 40.

[2]) Berl. klin. Wochenschr. 1886. S. 803/804.

[3]) Thornwaldt. Über chronische Retronasalkatarrhe.

Reizzustand unterhalten. Wir werden sehen, dass es gelegentlich durch Ablagerung von Kalksalzen auch zu Konkrementbildungen innerhalb des adenoiden Gewebes kommt. Solche sind am häufigsten in den Gaumentonsillen, aber auch schon in der Rachen- und in der Zungentonsille beschrieben worden.

Die stagnierenden Sekretpfröpfe entgehen oft lange der Entdeckung, weil von ihnen nur wenig, manchmal bei gewöhnlicher Inspektion garnichts sichtbar sein kann. Sie können in dem zwischen den Nischen versteckten Teil der Gaumentonsillen liegen und erst bei genauer Sondierung zu Tage treten.

So kann es — wie wir schon wissen — auch mit den Tonsillarabscessen gehen, besonders wenn sie klein sind und nicht deutlich durch die Oberfläche hindurchscheinen. Während sie in dem Nasenrachenraum meist aus vereiterten Follikeln hervorgehen, ist an den Gaumentonsillen — wie wir gesehen haben — öfter ein beim Schlucken in die Tonsillarsubstanz eingespiesster kleiner Fremdkörper die Ursache der Eiterungen.

Specielle Symptomatologie.

Neben den durch die Verlegung der Nasenatmung und die Störungen der Sprache verursachten Krankheitserscheinungen, die noch im Zusammenhang behandelt werden, wird eine Menge von Beschwerden durch die Hypersekretion hervorgerufen. Die Ansammlung im Nasenrachenraum ruft das lästige Gefühl eines Fremdkörpers hervor, und je stärker die Massen eintrocknen und anhaften, desto aussichtsloser und widerlicher wird der Kampf, den die Patienten alle Morgen durch lang dauerndes Würgen, Husten und Krächzen mit diesen Produkten zu führen gezwungen sind. Ein fader, pappiger Geschmack setzt den Appetit herab. Viele nehmen, wenn die vordere Nasenhöhle frei ist, den Geruch des stagnierenden Sekrets selbst wahr. Daneben pflegen Reizzustände im Gehörorgan, überwiegend oft Ohrensausen, zeitweise stechende Schmerzen im Mittelohr einherzugehen. In einer enorm grossen Anzahl von Fällen pflegen in gefährlich schleichender Weise chronische, die Gehörfunktion bedrohende Katarrhe der Tuben und der Trommelhöhle von hier ihren Beginn zu nehmen. Bei längerer Dauer der Erkrankungen und bei neurasthenischen und hysterischen Personen tritt fast immer eine Depression im Gemütsleben hinzu, hypochondrische und melancholische Anwandlungen lassen die Kranken ihr Leiden im trübsten Lichte erblicken, und sie beginnen alle möglichen Erscheinungen auf ihr Leiden zu beziehen.

Selten empfinden die Kranken den Sitz der Störung richtig, manche klagen über Verstopfung „im Kopf", oder zwischen Nase und Hals. Die meisten geben aber als Sitz ihrer krankhaften Empfindungen den Hals selbst an. Doch sind alle diese Angaben keineswegs in irgend einer Weise charakteristisch für Nasenrachenerkrankungen. Genau dieselben Sensationen: das Fremdkörpergefühl, das Leerschlucken, die Schmerzen während und nach dem Geniessen fester Speisen, das Ausstrahlen derselben nach dem Ohre u. s. w. finden sich bei Erkrankungen der Rachenschleimhaut oder irgend eines Bezirkes des lymphatischen Rachenringes.

Hyperplasie der Zungentonsille.

Was die Hyperplasie der Zungenbalgdrüsen anlangt, so hat SWAIN[1]) darauf hingewiesen, dass sie alle Teile betreffen kann und durch chronische Entzündungsprozesse hervorgerufen wird. SEIFFERT beobachtete häufiges Leerschlingen in Fällen, wo die Hyperplasie der Zungentonsille als eine Reihe von rundlichen Erhabenheiten den Kehldeckel überragten, wobei die runden, spaltförmigen oder andere, eckig erweiterte Mündungen der hyperplastischen Balgdrüsen gut zu sehen sind. SCHAEDE[2]) empfiehlt wie KERSTING die Untersuchung bei hervorgestreckter Zunge auszuführen, und nimmt, wie SWAIN, Hyperplasie an, sowie der Kehldeckel überlagert wird und die glossoepiglottischen Gruben davon ausgefüllt werden.

Es zeigt sich, dass das Verhältnis zwischen der Grösse der pathologischen Veränderungen und den Beschwerden durchaus kein bestimmtes ist. Es kommen natürlich, wie bei den anderen Partieen des Rachenringes, auch Hyperplasieen vor, bei denen geringe oder gar keine Beschwerden vorhanden sind. In extremen Fällen sind schwere Atemstörungen, ja einmal Tod durch Asphyxie beobachtet worden[3]).

Ich kann bestätigen, dass jedenfalls der Kontakt zwischen der oralen Kehldeckelfläche und der Zungentonsillarhyperplasie nicht die alleinige Ursache der Beschwerden zu sein braucht. Viel eher werden sie veranlasst durch die bei längerer Dauer der Hyperplasie sich herausstellenden Veränderungen der Konsistenz, eine Verdickung und Verbreiterung, die besonders bei Sängern und Sängerinnen zur Erschwerung

[1]) D. A. f. klin. Med. 1886. 18.
[2]) Berl. kl. Wochenschr. S. 325. J. 1891.
[3]) Der auch von SCHAEDE zitierte Fall FALKENHEIM's (Berl. Klin. 1889, in dem Tod durch Dyspnoe bei einem 2 jährigen Kinde eintrat, indem der ganze lymphatische Rachenring und besonders die Zungentonsille die Atmung verlegte.

feinerer Bewegung der Zunge wie des Kehldeckels, und zum Auftreten
eines oft unerträglichen, die Ausübung des künstlerischen Berufes in
Frage stellenden Druckgefühls bei höheren Tönen führt. Eine Bevorzugung des weiblichen Geschlechtes finde auch ich nach meinen Notizen
nicht.

Die Hyperplasie der Zungentonsille kommt selten als isolierte Erkrankung vor, meistens ist sie mit Veränderungen der anderen Teile
des lymphatischen Rachenringes oder mit Pharyngitis oder mit Retronasalkatarrh zusammen vorhanden. Um so wichtiger ist es, die betreffenden
Fälle genau durch Sondierung und Palpation zu untersuchen und längere Zeit zu beobachten. Nicht selten ist bei persistierenden Sensationen
die Kokainprobe diagnostisch gut zu verwerten. Im allgemeinen kann
die nachfolgende Bemerkung nicht genug zur Beachtung empfohlen
werden.

Ob die in die Kehlkopf- oder in die seitliche Halsgegend verlegten
Parästhesieen von einer Nasenrachenaffektion, von einer im Gebiet des
lymphatischen Rachenringes versteckten Erkrankung, in einem Heerde in
den Gaumentonsillarnischen oder einer chronischen Entzündung der
Zungentonsille abhängen, kann überhaupt nur durch eine sorgsame Untersuchung, nicht aber durch die subjektiven Erscheinungen herausgefunden
werden. Natürlich wächst die Schwierigkeit, wenn mehrere solcher Erkrankungen kombiniert vorkommen. Alsdann wird man mit der Beseitigung der schwersten Veränderungen zu beginnen haben.

Die Hyperplasie der Gaumentonsillen wird als die am leichtesten
zugängliche und am längsten und allgemeinsten bekannte Veränderung
dieser Art gewöhnlich zuerst Gegenstand der ärztlichen Behandlung
in Gestalt der Abtragung. Die Berechtigung dieses Vorgehens kann
ich nur in Fällen ganz hochgradiger Atmung, Sprache und Schluckakt erschwerender Vergrösserungen anerkennen. Im übrigen muss
ich betonen, dass Hyperplasieen der Gaumentonsillen in den seltensten Fällen ohne gleichzeitige stenosierende Hyperplasie des
adenoiden Gewebes im Nasenrachen gefunden werden, und zwar ist
dieser Zusammenhang um so deutlicher, je jünger die betreffenden
Patienten sind. Später wird dieses Verhältnis durch die regressive
Metamorphose des hyperplastischen Nasenrachenringteiles weniger deutlich, bleibt aber in einer Reihe von Fällen immer noch wohl erkennbar.
Ausserdem kann ich die wiederholentlich, wenn ich nicht irre besonders
von Bresgen gemachte Beobachtung vollauf bestätigen, dass vergrösserte
Gaumentonsillen nach der Freilegung des Nasenrachenraumes sich spontan
verkleinern können.

Hyperplasie der Rachentonsille.

(Adenoide Vegetationen.)

Die Hyperplasie der Rachentonsille kommt zwar vorwiegend im kindlichen Alter vor, sie ist aber auch, und zwar nicht so selten wie gewöhnlich angenommen wird. eine Krankheit des reiferen Alters, und wird selbst gelegentlich noch im Greisenalter beobachtet. Ätiologisch stossen wir auf eine Gruppe von Fällen, bei denen entzündliche Erkrankungen der Nasen-, Nasenrachen- und Rachenschleimhaut die Vergrösserungen der Rachenmandel hervorrufen. Unter ihnen ist die oft übersehene lakunäre Entzündung der Rachenmandel besonders zu nennen. In einer zweiten Gruppe von Fällen sehen wir die Vergrösserungen mit den akuten Infektionskrankheiten, besonders mit den Exanthemen des Kindesalters sich ausbilden und nach deren Ablauf zurückbleiben. In einer weiteren Reihe sind wir nicht im stande, entzündliche Einflüsse nachzuweisen, und dann sind hereditäre Gründe oder ein Zusammenhang mit einem konstitutionellen Leiden angenommen worden. Übrigens sind wir vor einer Beobachtung des Falles, und besonders der Wirkung unserer Behandlung, manchmal nur auf unsicher gestützte Vermutungen angewiesen, die der weitere Verlauf nicht immer bestätigt. Es ist sicher, dass Hyperplasieen der Rachentonsille schon im sehr frühem Kindesalter (bei halbjährigen Kindern) beobachtet werden, in Fällen, wo mit ziemlicher Sicherheit aus der Vorgeschichte das Fehlen jedes akuten Entzündungsprozesses nachgewiesen werden kann, und in diesem Alter können doch die Erscheinungen auch vorübergehend verlegter Nasenatmungen nicht übersehen werden. Es liegt daher die Annahme nahe, dass abnorm grosse Rachentonsillen auch angeboren sein können. Erwiesen ist auch, dass nicht selten mehrere Familienmitglieder an dieser Krankheit leiden. Wenn man erwägt, wie häufig man in gewissen Familien andere katarrhalische Affektionen. z. B. Erkrankungen des Ohres auf ein und derselben Seite findet, so gewinnt die Annahme hereditärer Einflüsse für manche Fälle dieser Kategorie an Sicherheit, wenn auch nicht geläugnet werden kann, dass sich hier und da auch ohne diese Ursache und gleichzeitig, ohne dass Entzündungen da wären, das Leiden entwickeln kann. Ich habe bei einer früheren Gelegenheit für solche Fälle auf einen Zusammenhang mit Rhachitis hingewiesen. Es ist ja bekannt, dass leichtere Erscheinungen dieser Krankheit ungemein oft auch in besseren Familien durch falsche Ernährung veranlasst und lange übersehen werden. Es ist mir von Interesse gewesen, zu finden, dass

Bresgen schon vor längerer Zeit[1]) die Ansicht geäussert hat, dass un-
hygienisches Verhalten in Bezug auf die Ernährung sehr wohl zu der
Ausbildung der Hyperplasie mitwirken könnte.

Fig. 26.
Achtjähriges Mädchen mit massenhaften adenoiden Vegetationen. Skrophulöser Habitus.
Verlegung der Nasenatmung nur während der Nacht.

Fig. 27.
Feste Hyperplasie der Rachentonsille. Hoher Gaumen, andauernde Mundatmung.

[1]) 1884. Grundzüge einer Pathologie und Therapie der Nasen-, Mund-, Rachen- und
Kehlkopfkrankheiten.

Konstitutionelle Leiden der Ascendenz werden von mehreren Seiten als prädisponierende Momente für die Erkrankungen der Kinder bezeichnet. Indes ist es noch keineswegs sicher, dass hier eine Wirksamkeit des tuberkulösen oder syphilitischen Giftes vorliegt und nicht viel mehr eine Verbindung allgemeiner Schwächezustände mit einer Neigung zum frühzeitigen und häufigen Befallenwerden von akuten Katarrhen. Diese Kombination entfaltet ja auch sonst ganz ähnliche Wirkungen. Das skrophulöse Aussehen ist vielfach nicht die Ursache, sondern die Folge der adenoiden Vegetationen und der durch ihre frühzeitige Entwickelung und ihren Längenbestand hervorgerufenen weiteren entzündlichen Erkrankungen der Nachbarschaft. Indessen haben einzelne Forscher einen umgekehrten Zusammenhang annehmen zu müssen geglaubt, und Trautmann führt wenigstens eine bestimmte Form, die weichen Hyperplasieen, mit Bestimmtheit auf die Skrophulose zurück.

Die mehrfach diskutierten klimatischen Ursachen sind noch wenig erklärt. Bis jetzt hat sich fast überall gezeigt, dass mit der Zunahme der Kenntnis des Leidens und mit der Verallgemeinerung der Untersuchungsmethoden auch die vorher spärlichen Statistiken anwuchsen.

Symptome.

Schon bei der äusseren Untersuchung treten eine Reihe von Erscheinungen als Folge der behinderten Nasenatmung auf. Sie können mehr oder minder ausgeprägt sein und brauchen nicht immer deutlich zu sein. Selbst das Fehlen dieser Zeichen gestattet also nicht, die Diagnose adenoide Vegetationen auszuschliessen und darf nicht verleiten, im gegebenen Falle von einer inneren Untersuchung abzusehen.

Wird die Nasenatmung insufficent, so kann der Schluss der Mundhöhle nicht mehr aufrecht erhalten werden. Wird die Stenose eine so hochgradige, dass der Mund dauernd geöffnet bleibt, so kommen bei längerer Dauer der Störungen Veränderungen in dem Tonus der Kaumuskeln zu stande, da sie durch das nunmehr überwiegende Herabziehen des Unterkiefers anhaltend gedehnt werden. Demnächst werden die Nasolabialfalten verstrichen, infolge davon bekommt der Ausdruck des Gesichts etwas blödes, unentschlossenes. Später fällt mit dem Ausfall der Geruchsfunktion auch das Spiel der Alarknorpel fort, und die diese Bewegung sonst ausführenden Muskeln verfallen der Inaktivitätsatrophie. Durch den Schwund der Mm. levatores alae nasi et labii sup. und der depressores alae nasi und des septum mobile wird das spitze, magere Aussehen der Nase mitbedingt, das uns bei vielen kranken Kindern auffällt, und das im Verein mit den gedehnten Gesichtsmuskeln, den Mm. zygomatici, levatores anguli et orbicularis oris, noch den weiteren Eindruck des Unbeweglichen, Starren auf solchen Gesichtern hervorruft. So ergiebt sich für die äussere Untersuchung in vorgeschrittenen Fällen eine teilweise Aufhebung, jedenfalls aber eine Trägheit und Reduktion der mimischen Bewegungen. Andauernde oder nur morgens störende Trockenheit der Mundhöhle, anhaltendes Durstgefühl, Herabsetzung des Geschmacks oder bei stärkerer und stagnierender Sekretion auch die andauernde Empfindung eines unangenehmen Geschmacks sind gewöhnliche, von den Kranken wahrgenommene Erscheinungen.

Die der Umgebung auffallenden Erscheinungen beziehen sich in erster Linie auf das Schnarchen und den unruhigen Schlaf; beides sind allerdings Folgen der Verlegung der Nasenatmung. Im Schlaf sinkt mit dem abducierten Unterkiefer der Zungengrund mit dem Kehldeckel nach hinten unten und verursacht ein den tiefen Schlaf immer aufs neue unterbrechendes Atemhindernis[1]), das zu vorübergehenden Laryngostenosen führt und ängstlich schreckhafte Traumbilder erzeugt, aus denen nicht selten die Kranken mit einem Angstschrei erwachen. Manchmal klagen die Kinder besonders am Morgen über Schläfen- und Stirnkopfschmerzen, die auch in die Schädelgegend ausstrahlen. Das sind entweder durch Störungen der Blut- und Lymphcirkulation bedingte Erscheinungen oder gelegentlich auch nur von der Schläfengegend herkommende Schmerzen in den gedehnten Muskelgruppen.

BLOCH[2]), der auf diese Erscheinung besonders hingewiesen hat, macht darauf aufmerksam, dass auch diese Muskelschmerzen manchmal fälschlich für reflektorische gehalten worden sind.

Auf die erstgenannten Ursachen dagegen sind eine Reihe von Hemmungserscheinungen der geistigen Thätigkeiten zurückzuführen. Dieser Zusammenhang ist an meinem Krankenmateriale, wo die Erscheinungen überhaupt hervortraten, sehr charakteristisch, indem er mit den adenoiden Vegetationen auftrat und mit deren Beseitigung verschwand.

Auch die von GUYE[3]) angegebenen Erscheinungen, die Unfähigkeit, die Aufmerksamkeit zu konzentrieren (Aprosexia nasalis) und zwar für alle Fälle, in denen eine zur Erklärung etwa in Betracht kommende Schwerhörigkeit durchaus nicht bestand, gehören hierher. Im übrigen wird meist angegeben, dass die früher fleissigen und eifrigen Kinder, seitdem der Stockschnupfen bestehe, in der Schule nicht mehr mitkommen und ein fahriges, zerstreutes, schlaffes Wesen zeigen, das ihnen vorher fremd

---

[1]) EULENBURG's Real Encyclopaedie. Adenoide Vegetationen v. B. FRÄNKEL.
[2]) Pathol. u. Therapie d. Mundatmung.
[3]) 61. Naturforscherversammlung.

war. Des weiteren bringt der Ausfall oder die Insufficienz der Nase als filtrierenden, vorwärmenden und imbibierenden Organs Reizungen, akute und schliesslich chronisch-katarrhalische Veränderungen in den unterhalb des Hindernisses gelegenen Abschnitten zu stande, von denen die chronische Pharyngitis mit Hyperplasie der Gaumentonsille und chronische Kehlkopftracheal- und Bronchialkatarrhe die häufigsten sind, während die chronischen Tuben- und Mittelohrkatarrhe mit ihren Folgen die bedrohlichsten Folgeerscheinungen bilden. Eine meines Wissens von rhinologischer Seite noch nicht betonte Ausfallserscheinung betrifft die Aufhebung oder Verminderung der Saugwirkung, wie sie normaler Weise vermöge der inspiratorischen Luftdruckschwankung innerhalb der Nasenhöhle auch auf den Thränennasengang ausgeübt wird. Unter solchen Umständen kommt es zu Erschwerungen der Thränenableitung, so dass auch, abgesehen von der Möglichkeit direkter Propagation katarrhalischer Zustände, konjunktivale Störungen, selbst vollkommene konjunktivale Asthenopie durch Verlegung der Nasenatmung bedingt und unterhalten werden können.

Sehr gewöhnlich giebt auch schon die Umgebung der Kranken die Veränderungen der Sprache an, es sind die schon mehrfach erwähnten bekannten Erscheinungen der Rhinolalia clausa, wie sie bei einem Verschluss zwischen Nasen und Rachenhöhle, welcher Art er auch sei, zu Stande kommen muss. Wir hören sie bei Verwachsungen zwischen Velum und hinterer Rachenwand, bei Verlegung des Nasenrachenraums durch Geschwulste, Sekretmassen, Blutgerinnsel, Fremdkörper, bei der Tamponade u. s. w. Alsdann ist die Sprache nicht näselnd, sondern durch den Mangel der nasalen Resonanz matt und klanglos.

M und N klingen wie B und D.

Wie alle, die Phonation oder die Artikulation erschwerenden peripherischen Veränderungen vermehrt auch die Ausbildung einer hyperplastischen Rachentonsille die Möglichkeit des Eintritts des Stotterns.[1]) Daraus erklärt sich der hohe Prozentsatz der an adenoiden Vegetationen leidenden Stotterer. Mit Recht werden dabei auch Hyperplasieen geringeren Grades berücksichtigt, da die Phonation beim Auftreten eines den Nasenrachenraum verlegenden Hindernisses schon früher zu leiden beginnt, als die Respiration. Dagegen stimme ich mit GUTZMANN durchaus in der Anschauung überein, dass die adenoiden Vegetationen an sich nicht imstande sind, Stottern hervorzurufen und dass mit ihrer Exstirpation die Sprachstörung keineswegs ohne weiteres verschwindet.

---

[1]) GUTZMANN. Vorlesungen über die Störungen der Sprache.

Gegen die erste Annahme spricht die wohl erwiesene Möglichkeit, die Sprachstörungen zu heilen, auch ohne die adenoiden Vegetationen zu operieren. Dass mit der Operation der Wucherung aber die sprachgymnastische Behandlung oft mit einem gewaltigen Rucke vorwärts rückt, beweist noch nichts für die zweite Annahme. Es ist nach meinen Erfahrungen sicher, dass neben der Hebung der geistigen Fähigkeiten, neben der Beseitigung der Schwerhörigkeit und der Aprosexie ein, schon durch die Operation selbst wirkender psychischer Effekt mithilft, der aber, wie ich schon vor längerer Zeit bei einem erwachsenen Stotterer gesehen habe, wenn keine besondere sprachärztliche Beaufsichtigung des Falles folgt, alsbald spurlos verschwinden kann.

Von grossem Interesse ist die Frage des Zusammenhanges einer anderen, unter den Ärzten noch sehr wenig bekannten Sprachstörung mit adenoiden Vegetationen. Es giebt eine nicht kleine Reihe von Fällen, in denen Kinder so gut wie gar nicht sprechen lernen, und sogar in die Gefahr kommen, für schwerhörig, ja für taubstumm, wenigstens aber schwachsinnig erklärt zu werden, während ihnen nur die Sprache, keineswegs aber das Sprachverständnis fehlt. Manchmal ist es bei der ersten Untersuchung in der That nicht leicht, zu entscheiden, ob hier Kombinationen mit geringeren Graden des Schwachsinns vorliegen. Soviel ist aber sicher, dass auch bei dieser keineswegs erklärten Anomalie Hyperplasieen der Rachentonsille sehr häufig sind. G.[1]) hat im Verlauf des letzten Jahres unter 34 Fällen von Stummheit ohne Taubheit 20 Mal diese Erscheinungen zusammen gefunden. Darunter waren aber noch Fälle, in denen die Untersuchung nicht ausgeführt werden konnte, weil die ängstlichen Eltern das nicht gestatten wollten. In 10 Fällen waren geistige Defekte vorhanden, durch die die Stummheit hervorgerufen war. Ich selbst besitze Notizen über 4 Fälle, in denen stets eine beträchtliche Hyperplasie der Rachentonsille vorhanden war. Auch hier giebt — ich kann darin G.'s Erfahrungen auch nach meinem kleinen Material beipflichten — die Entfernung der Rachenmandel eine günstige Prognose, wenn keine intellektuelle Defekte und Abnormitäten vorliegen. Es ist mir G.'s Vermutung sehr wahrscheinlich, dass es sich um eine durch Störungen der Lymphgefässverbindung zum Gehirn bedingte Stauung als Ursache der mangelnden Nervenerregung vom Klangzentrum aus zu dem motorischen Sprachzentrum handeln möge.

Schon lange vor der näheren Kenntnis der speziellen Ursache hatte man die Beobachtungen gemacht, dass Veränderungen in der Gestalt des Gaumens bei chronischen Rachenkrankheiten auffallend

---

[1]) l. c. S. 219/220.

häufig vorkämen. Schon im Jahre 1843 finde ich in der Reihe dieser Symptome neben der Verkürzung der Oberlippe die starke Aushöhlung des Gaumens genannt[1]). Wir wissen jetzt, dass die Gestaltsveränderung des Gaumens eine freilich sehr charakteristische, aber doch nur eine Teilerscheinung einer das ganze Gesichtskelett betreffenden Wachstumsstörung ist. Die Nase und die Oberlippe rücken mehr als sonst von den Seiten her zusammen, so dass die Zähne nicht mehr genügend Platz nebeneinander finden, und alle möglichen Unregelmässigkeiten der Zahnstellung, besonders aber die Stellung vor, statt neben einander, an Vorder- und Schneidezähnen die Folge sind, während die sonst kugelige Höhlung des harten Gaumens eine abnorm hohe schmale, spitzbogige Gestaltung aufweist. Auch Störungen im Wachstum des Brustkorbes sind schon lange bekannt[2]). In ausgeprägten Fällen findet man den Brustkorb auffallend klein entwickelt und flach, in der gesamten Form dem paralytischen Thorax ähnlich.

Diagnose. Der vordere grössere Teil der Rachentonsille besteht nach TRAUTMANN[3]) gewöhnlich aus sagittalen Leisten, die sich in leichten nach aussen konvexen und nach hinten konvergierenden Bögen vereinigen. Der hintere Teil setzt sich aus weniger starken Leisten zusammen, welche auf jeder Seite meist drei, am Vereinigungspunkt der sagittalen beginnend sehr abgeflacht in frontaler Richtung zu den ROSENMÜLLER'schen Gruben ziehen. Bei allgemeiner einfacher Hyperplasie der Rachentonsille sieht man nicht selten einfache Vergrösserungen dieser Bilder. Später entstehen erhebliche Veränderungen der Modellierung, indem während der häufigen akuten Entzündungen des Gebildis durch Eiterung in den Follikeln oder fettige Degeneration stellenweise regressive Metamorphosen des Gewebes — und partielle Verkleinerungen der Tonsille veranlasst werden, so dass mehr kamm- und zapfenförmige Bildungen entstehen[4]). Auch der frontale Wulst in den, wie TRAUTMANN beschreibt, die sagittalen Leisten vorn, hinter dem oberen Choanalrande zusammenfliessen, sieht man oft gut ausgebildet.

Sind die Nasengänge weit, so kann man die hyperplastische Rachentonsille von vorn sehen und mit der Sonde betasten. Ich finde aber nicht, dass weite Nasengänge und eine durch Inaktivität atrophische Nasenmuschelschleimhaut eine reguläre Erscheinung bei adenoiden Vegetationen ist. Ich muss sagen, dass ich viel öfter enge Nasengänge und

---

[1]) MORITY, Les amygdales. Diss. 1858.
[2]) MORITY l. c.
[3]) TRAUTMANN, Anatomische, historische und klinische Studien über die Hyperplasie der Rachentonsille.
[4]) l. c.

besonders durch eine prall gefüllte und livide Nasenhöhlenschleimhaut verengte Nasenhöhlen zu sehen bekomme als erweiterte. So gewinnt die Untersuchung von hinten her an Bedeutung. Ich versuche bei allen Kindern die hintere Rhinoskopie. Bei einiger Geduld wird man sehr oft belohnt, wo man es zuerst nicht erwartete. Das ist zum Teil aus den pathologischen Verhältnissen heraus zu erklären. Eine grosse Distance zwischen der hinteren Pharynxwand und dem Gaumensegel ist ein erleichterndes Moment für das Gelingen der hinteren Rhinoskopie. und diese Bedingung wird leichter erfüllt, indem stärkere Wucherungen die Hebung des Gaumensegels verhindern[1]). Nicht selten ist das Bild durch einen glasigen zähen Schleimpfropf verhüllt; man bläst ihn entweder durch einen POLITZER'schen Ballon aus oder wischt ihn mit einem Wattetupfer oder Nasenrachenpinsel weg, der hinter das Velum hinaufgeführt wird. Ein wichtiges Zeichen giebt die hintere Rhinoskopie beziehentlich des Verhältnisses der hyperplastischen Tonsille zu dem oberen Choanalrand. Ist dieser von dem adenoiden Gewebe versteckt, so handelt es sich stets um hyperplastische Rachentonsillen. Der umgekehrte Schluss ist dagegen nicht zutreffend.

Die taktile Untersuchung durch die Nasenrachensonde und, wo irgend angängig, durch den palpierenden Finger halte ich für die wichtigste Untersuchungsmethode. Sie kann bei genügender Einübung leicht und schonend an Kindern wie an Erwachsen ausgeübt werden und ist als Ergänzung und Ersatz der Inspektion von unersetzlichem Wert. Sie giebt uns endgiltigen Aufschluss über die Konsistenz der Hyperplasie. Ist das Gewebe weich und gefässreich, was sich durch eine dunklere Färbung kennzeichnen kann, so wird das oft zu einer erheblich stärkeren Raumverlegung Anlass geben, als es im Augenblick der Untersuchung den Anschein hat. Fortgesetzte durch Palpation gestützte Untersuchungen haben auch mir die bestimmte Überzeugung gebracht, dass die Gegend der seitlichen Recesse und des Tubenwulstes gar nicht so selten adenoide Vegetationen aufweisen können. Ich habe ebenfalls, den Angaben B. FRÄNKEL's entsprechend, Fälle gesehen, in denen nach der Operation, der Rachentonsille Vegetationen gerade an den genannten Orten übrig blieben und ich bilde den Fall eines 40jährigen Patienten hier ab, der seit der Kindheit an Insufficenz der Nasenatmung mit Rhinolalia clausa und chronischem Pharynx und Kehlkopfkatarrh leidet und bei dem, wie das Bild lehrt, Hyperplasieen des adenoiden Gewebes sich hauptsächlich in den seitlichen Partieen besonders in den ROSENMÜLLER'schen Gruben finden, während die LUSCHKA'sche Mandel erheblich weniger betroffen ist, ohne dass je ein

---

[1]) B. FRÄNKEL l. c. S. 8.

operativer Eingriff bei ihm gemacht worden ist. Der Grund der verlegten Nasenatmung war bei ihm nicht entdeckt worden. — Ich möchte endlich
auch hier die Frage aufwerfen, in wie weit an die Möglichkeit zu denken ist, dass
adenoide Vegetationen entweder maligne werden oder mit malignen Bildungen
verwechselt werden können, weil sie in ihren klinischen Verhältnissen, zunächst keine Verschiedenheit von adenoiden Vegetationen darbieten. Ich
finde nur einen Fall dieser Art in der älteren Litteratur, der für diese Möglichkeiten Anhaltspunkte giebt. Delie[1]) erzählt die Geschichte eines 13jährigen

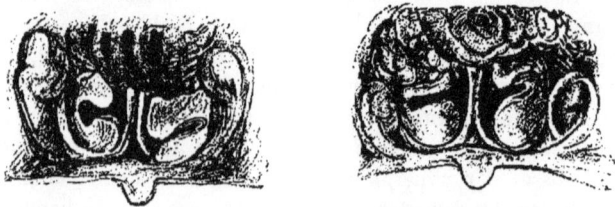

Fig. 28—29.
Hyperplasie des adenoiden Gewebes im Nasenrachen.

Knaben, der nach wiederholter Entfernung der Wucherungen aus dem
Nasenrachenraum massenhafte Rezidive mit Blutungen und Drüsenschwellungen bekam. 1½ Jahr später plötzlicher Tod. Erst ganz zum
Schluss konnte durch die mikroskopische Untersuchung ein Rundzellensarkom festgestellt werden. Seither sind eine ganze Reihe ähnlicher
Befunde erhoben worden, über die in dem Kapitel Neubildungen weiteres berichtet ist.

Hyperplasie der Gaumentonsillen.

Wir haben schon gesehen, dass mit geringen Entzündungserscheinungen seitens der Schleimhaut beträchtliche Vergrösserungen des ganzen
lymphatischen Gewebsringes vorbunden sein können, und dass gerade die
Kombination von Hyperplasie der Rachenmandel und der Gaumenmandeln
eine sehr gewöhnliche ist. Bei der lymphatischen Leukämie schliessen
sich diese Gebilde gern der Hyperplasie der andern Lymphdrüsen an.
In einem nur die rechte Gaumentonsille betreffenden Fall dieser Art
konnte ich bestätigen, dass die der leukaemia lymphatica zuzurechnende
Form der Hyperplasie ein anderes Aussehen hat als die gewöhnliche. Es
fand sich ein Tumor von der Grösse eines kleinen Apfels bei einem Manne
in den 40iger Jahren von auffallend heller Färbung und derber Konsistenz.

---

¹) Vég. adén. du phar. nasal. récid. sarcom 1891 Revue de laryngose.

BRESGEN nimmt auch für die Hyperplasie der Gaumenmandeln eine angeborene Form an.

Die spezielle Ätiologie der erworbenen Formen weicht kaum von der der Hyperplasie der Rachenmandel ab und auch die Symptome beziehen sich meist auf Störungen der Nasenatmung. Die Sprache bekommt einen klossigen Beiklang und in der Folge treten die Folgen dauernder Mundatmung in Gestalt chronischer Pharyngitis und Laryngitis mit derselben Sicherheit und Dauerhaftigkeit auf, wie wir es oben beschrieben haben. Zu beachten sind, da das Velum bis zur Unbeweglichkeit in seinen Bewegungen gehemmt werden kann, auch die Störungen des Phonationsaktes, der gewöhnlich bei den bald mit Bindegewebsverdickungen verbundenen harten Hyperplasieen vorhanden ist, sodann die sehr häufige Fortpflanzung des Katarrhs auf das Mittelohr. Das übermässige Wachstum betrifft bald nur einen Teil der Mandel, bald findet es nach allen Richtungen zugleich statt und dann sehen die vergrösserten Mandeln allmählich immer mehr in den mittleren Teil des Mundrachenraumes hinein, bis bei doppelseitiger stärkerer Ausbildung des Leidens die inneren Flächen an einander anliegen und es nur bei starker Depression der Zunge gelingt, die untere Circumferenz der Tumoren zu sehen. Man kann sich denken, zu welchem Zustande derartige Vergrösserungen der Gaumen und Rachenmandeln bei erneuter akuter Entzündung oder gar bei Erkrankungen an Diphtheritis führen. Durch das Emporsteigen nach oben werden die entsprechenden Teile der Arkaden und des Velums nach oben und vorn gedrängt. Durch das Wachstum nach vorn und nach hinten werden die Gaumenbogen auseinandergeschoben und vielfach, wenn sie so fixiert sind, dass ein weiteres Ausweichen nicht möglich ist, findet man die arcus palatoglossi durch Druckschwund zu einer ganz dünnen durchscheinenden Platte verbreitert, die sich nur schwierig durch das Auge abgrenzen lässt. Diese durch ihre Grösse auffallenden Formen sind gewöhnlich von weniger fester Konsistenz, als die tiefer in den Nischen steckenden derberen und die vorderen Gaumenbögen nur wenig überragenden Verdickungen des Tonsillargewebes.

Laryngitis und Tracheitis chronica.

Auch chronische Laryngitis und Tracheitis catarrhalis kommt öfter als Folgezustand chronischer Erkrankungen in den darüber gelegenen Abschnitten der ersten Atemwege vor, denn als selbständiges Leiden oder als Folgezustand unterhalb gelegener Primärkrankheiten. Am ehesten ist dies der Fall, wo sie durch einen chronischen Prozess in den Lungen oder in den unteren Abschnitten des Brochialbaums unterhalten wird.

Es ergiebt sich daraus die Regel, die Untersuchung der Respirationsorgane mit der der oberen Atemwege bei diesem Leiden stets Hand in
Hand gehen zu lassen. Sodann beachte man die Erkrankungen bei
Personen, deren Beruf eine besondere Anstrengung des Kehlkopfes mit
sich bringt, oder bei denen ungeeignetes Verhalten die akuten Entzündungen des Kehlkopfes und der Luftröhre zu einer chronischen übergehen liess. Der Grad der Beschwerden hängt nicht selten mit von den
Anforderungen ab, die die Kranken an ihr Phonationsorgan stellen.
Subjektive Erscheinungen, die bei dem Einen gar keine Beachtung finden
würden, sind z. B. bei Sängern, Schauspielern, Predigern u. s. w. die
Ursache schwerer Störungen und Befürchtungen. Natürlich spielt die
individuelle Empfindlichkeit ebenfalls eine grosse Rolle. Im übrigen
sind die Hypersekretion und die Beeinträchtigung der Stimme die hauptsächlichsten Gegenstände der Klagen. Die gewöhnlichsten Sensationen sind
Druck, Fremdkörpergefühl, Kitzeln und Hustenreiz. Manchmal wird ein
wirkliches Gefühl von Jucken ganz ähnlich dem Hauptjucken als besonders unerträgliches und zum Räuspern und Husten reizendes Symptom angegeben. Die durch die Vermehrung der Sekretion hervorgerufenen Beschwerden sind manchmal nur auf einzelnen Tageszeiten beschränkt und verhältnismässig gering; ein andermal, besonders bei
zähem, leicht anhaftendem Sekret, giebt sie die Ursache zu schweren und
lange dauernden Hustenattacken, durch die in immer weiter wirkendem
Fehlerzirkel wiederum erhebliche Reizzustände der Schleimhaut bewirkt
werden. Die Beeinträchtigung der Stimme ist objektiv manchmal fast
gar nicht wahrzunehmen, so lange gesprochen wird. Dann kann sie
nur beim Singen oder erst nach einiger Anstrengung merkbar werden, indem sonst leicht ansprechende hohe Töne nur schwierig oder unrein gesungen
werden, oder ein lebhaftes Ermattungsgefühl die weiteren sprachlichen
oder gesanglichen Leistungen unmöglich macht. In anderen Fällen ist schon
bei gewöhnlicher Sprache Heiserkeit in verschiedenen Graden vorhanden,
von der leicht belegten Stimme bis zu der dem Strohbass ähnlichen vox
rauca, oder es kann, dauernd oder vorübergehend, gar nur noch in
Flüsterstimme gesprochen werden. Inwiefern die Stimmstörung von
dem Grad und Sitz an irgend einer Stelle besonders starker oder infolge
ihres Sitzes die Phonation störender Verdickungen beruht, muss nun
die laryngoskopische Untersuchung feststellen. Dabei ist ebenso, wie wir
es bei den akuten Katarrhen gesehen haben, wohl zu beachten, dass auch
durch die Anhäufung festen und zähen Sekretes manchmal alarmirende,
aber schnell vorübergehende und darum leicht zu übersehende Bewegungsstörungen vorkommen können, die mit den Verdickungen der
Larynxschleimhaut nichts zu thun haben. Endlich darf nicht vergessen

werden, dass in die Larynxgegend verlegte Sensationen der Ausdruck
von höher gelegenen Veränderungen sein können, so dass nur die Berücksichtigung des gesamten Untersuchungsbefundes in den oberen
Atmungswegen zu einem sicheren Schlusse berechtigt. Der laryngoskopische und tracheoskopische Befund steht auch bei dem chronischen
Katarrh oft nicht im Einklang mit dem Grade der Störungen, die er
erzeugt. Oft finden wir fast alle sichtbaren Teile der Kehlkopfschleimhaut verändert, ohne dass erhebliche Klagen geäussert werden, ohne dass
mehr als eine leichte Trübung des Stimmklanges vorliegt. In andern
Fällen bewirken ganz geringe Veränderungen hochgradige Stimmstörungen und Reizerscheinungen, ohne dass wir diese Differenz durch
den Ort der Störungen erklären können. Diese schon vom akuten
Katarrh her uns bekannten Absonderlichkeiten müssen aber dem Untersucher bekannt sein. Sie finden vielfach ihre Erklärungen dadurch,
dass die Reaktion, welche durch örtliche Störungen in unserem Gebiet
hervorgerufen wird, genau ebenso verschieden ist nach der Eigenart
des Individuums, wie wir es von den gewöhnlichsten physiologischen
Reizen her wissen. In den leichteren Fällen sind die laryngoskopisch
wahrnehmbaren Veränderungen beschränkt auf geringere Grade der
Schleimhautschwellung, so dass es schwer ist, zu entscheiden, ob an
irgend einer Stelle eine Verdickung der Schleimhaut überhaupt zu
Stande gekommen ist.

Es ist zweckmässig mehr umschriebene und mehr diffuse Formen
zu unterscheiden, schon weil hier von dem Ort der Erkrankungen für
die Funktion und Behandlung viel abhängt.

Sind die Stimmbänder beteiligt, so ist ihr sehnig glänzendes Weiss
mehr oder weniger verändert, die Schärfe der Kontour am freien Rande
weniger deutlich, besonders in den hinteren Teilen, die Farbe ist ein
trübes Grau oder eine verschieden starke Rötung auf diesem Farben-
grunde. Manchmal finden sich besonders bei akuten Exacerbationen
Übergänge zu den Bildern der akuten und subakuten Katarrhe. Die
Veränderungen finden sich nach meinen Erfahrungen ein- oder doppelseitig, ohne dass man berechtigt ist, aus der Einseitigkeit einen sicheren oder
auch nur wahrscheinlichen Schluss auf eine konstitutionelle Erkrankung
zu ziehen. Ich habe solche einseitige Stimmbandkatarrhe sehr oft zurückgehen sehen und in jahrelanger Beobachtung der Kranken ihre
gänzliche Intaktheit feststellen können.

Dass der Beginn einer tieferen Erkrankung eines syphilitischen oder
tuberkulösen Prozesses ähnliche Bilder geben kann, will ich damit nicht
in Abrede stellen. Hervorragende Beobachter geben an[1]), dass einseitige

---

[1]) M. Schmidt, Krankheit d. oberen Luftwege S. 176.

Stimmbandrötungen lange Zeit die einzigen Erscheinungen eines beginnenden Karcinoms sein können. Hier tritt uns — und wir werden das bei andern Gelegenheiten zu erörtern haben — eben eine Grenze dessen entgegen, was die Untersuchung mit dem Auge leisten kann, und wir bedürfen der Ergänzung durch die Gesamtheit der andern, besonders der allgemeinen Untersuchungsmethoden. In zweifelhaft bleibenden Fällen entscheidet eben die längere Beobachtung. Jedenfalls thut der Untersucher gut daran, seinen Verdacht nicht sofort den Kranken mitzuteilen.

Im allgemeinen pflegen die Taschenbänder, die regio subglottica, die aryepiglottischen Falten und die Interarytänoidschleimhaut eher und dauernder befallen zu werden als die straffer befestigte Schleimhaut der Stimmbänder oder des Kehldeckels. Das hängt wieder mit der Entwicklung des submukösen Bindegewebes und der mehr oder minder festen Anheftung der Schleimhaut an ihre Unterlage zusammen.

Die Trübung, die graue und rotgraue Verfärbung ist an den Stimmbändern selbst auch nicht immer in dem ganzen Bereich ihrer sichtbaren Oberfläche ausgesprochen, sondern nur an einzelnen Stellen, bald nur an der vorderen Kommissur, bald — und das ist das häufigere — im Knorpelteile. Die Schwellung kann auch in die regio subglottica sich hinüberstrecken, manchmal besteht sie hier allein und ist an den Stimmbändern selbst entweder bereits zurückgegangen oder gar nicht einmal vorhanden gewesen. Eine Lieblingsstelle umschriebener chronischer Schwellungen der Schleimhaut ist die Interarytänoidgegend. Wir finden hier wegen des grossen Reichtums an acinösen Drüsen und wegen des Mangels an elastischen Fasern eine ausgesprochene Disposition zu Lockerungen und Faltenbildungen. Diese können den vollkommenen Schluss der Stimmbänder verhindern. Durch die grössere Verletzlichkeit der Schleimhaut können oberflächliche Einrisse (Fissuren) im sinus interarytänoideus zu stande kommen. — Die Taschenbänder können im Ganzen oder zu einem Teil vergrössert sein. Sind die Vergrösserungen umschrieben, so sieht man Teile des Taschenbandes nach oben oder gegen das Stimmband zu, gewöhnlich in der Grösse einer Linse oder eines Johannisbrodkorns prominieren. Nicht immer ist es dabei durch den Anblick ohne weiteres möglich, zu entscheiden, ob es sich um das Taschenband selbst oder um das handelt, was man als prolabierte Schwellungen der Schleimhaut des MORGAGNI'schen Ventrikels bezeichnet hat[1]. Das Kriterium dieser in ihrer Entstehung lange unsicher gebliebenen Art von Schwellungen sollte nach einigen in einer Furche

---

[1] Die erste Beobachtung am Lebenden stammt von ELSBERG.

zwischen Taschenband und Prominenz zu suchen sein. Das Zeichen ist
aber nicht sicher, denn die Furche kann verstreichen. Bei starker Re-
laxation der Ventrikelschleimhaut soll es zu einem wahren tumorartigen
Vorfall von Teilen der Ventrikelauskleidung kommen. Sie werden
noch am ehesten zu diagnostizieren sein, wenn sie während unserer Beobachtung entstehen und vergehen, etwa beim Pressen oder starken
Hustenstössen (vorübergehender Vorfall). Ist der Vorfall ein dauernder,
so kann die Sonde den Thatbestand feststellen oder Zweifel über die
Natur der Prominenz heben.   Auch dieses Zeichen ist nicht sicher, weil,
wie ich einen solchen Fall am Präparat beobachtet habe, das vorgefallene
Stück durch Stauung und Fortdauer der chronischen Entzündung sich
so weit vergrössern kann, dass es nicht mehr zurückzubringen ist. Das
betreffende Präparat zeigte nur eine einfache Verdickung sämtlicher
Gewebsschichten, keine Verdoppelung im Sinne einer Invagination. In
diesem Falle wurde die Abtragung durch die galvanokaustische Schlinge notwendig. In anderen Fällen kann die Zange genügen. B. FRÄNKEL[1])
bezweifelt neuerdings aus anatomischen Gründen die Möglichkeit einer
Umstülpung der Ventrikularschleimhaut überhaupt; die vom Lebenden
gewonnenen Stücke ergaben auch ihm, wie den früheren Beobachtern,
nur den Befund von Schleimhaut mit verdicktem subepithelialen Gewebe
mit verschieden mächtigen Einstreuungen lymphoider Streifen, Follikel
und Schleimdrüsen, so dass das Ganze als ein Stück bald der lateralen
Ventrikelwand, bald der oberen Stimmbandfläche oder des Taschenbandes
angesprochen werden konnte.

In dem einzigen ihm zugegangenen Leichenpräparat mit reponier-
baren Wülsten, konnte er konstatieren, dass es sich um eine Hyperplasie
des Bindegewebes an der lateralen Ventrikelwand und der oberen Stimmbandfläche handelte. Diese bildete einen von Epithel überzogenen, sich
aus der Ventrikelöffnung vorschiebenden Wulst.

Er kommt zu dem Schluss, dass das, was gewöhnlich als Prolapsus
ventriculi zusammengefasst ist, entweder eine Chorditis vocalis superior
oder eine Laryngitis lateralis hyperplastica oder eine Chorditis ventricu-
laris inferior hyperplastica oder eine Kombination dieser Zustände darstellt.

Am seltensten ist der Kehldeckel an den einfachen chronischen
Katarrhen beteiligt, eher sieht man Verdickungen [2]) und Starrheit dieses
Organs sich mit den chronischen Entzündungsformen verbinden, die bei
Trinkern in erster Linie zur Beobachtung kommen und uns noch be-
schäftigen werden.

---

[1]) Archiv f. Laryngologie. Bd. 1. H. 3.
[2]) Vgl. den Abschnitt Pachydermie, ferner GOTTSTEIN Lehrb. S. 119.

Respirationsbeschwerden finden wir selten bei den einfachen oder mit mässiger Verdickung verbundenen Katarrhen des Kehlkopfes. Meist werden sie durch Sekretansammlungen und Ablagerungen, also erst mittelbar bedingt. Oft vereinigt sich mit den durch die Verlegung des Kehlkopftracheallumens bedingten Atembeschwerden bei stärkeren Bewegungen die oben beschriebene Reihe von Störungen der Stimmfunktion. Diese als Heiserkeit in verschiedenen Graden bis zum völligen Verlust der tönenden Stimme beim Sprechen können dann vorübergehend auftreten und mit der Entfernung der angesammelten oder abgelagerten Sekrete verschwinden. Mitunter treffen wir dieselben, durch den Reiz der Absonderung hervorgerufenen paretischen Zustände[1]), wie wir sie bei den akuten Katarrhen kennen gelernt haben. Wir sehen z. B., dass eine kleine Sekretborke in der subglottischen Region anhaftet und sehen gleichzeitig, dass die Adduktionsbewegung bald mehr, bald weniger gehemmt ist. Ist das Sekretstückchen entfernt, so ist die Bewegung wieder in vollem Maasse vorhanden. Bestehen diese mechanisch bedingten Bewegungshemmungen aber längere Zeit fort, so können auch länger dauernde Paresen zur Entwickelung kommen, die vermutlich durch Inaktivitätsatrophie der einen oder der anderen Muskelgruppe zu erklären sind. So bleibt manchmal eine Parese der Stimmbandspanner zurück oder der Glottisschluss bleibt erschwert. In beiden Fällen bleibt auch nach gelungener Beseitigung des Katarrhs und der Schwellungen eine Funktionsstörung, Aphonie oder Heiserkeit übrig, die einer besonderen gymnastischen Behandlung unterworfen werden muss.

Besonders hochgradige laryngo- und tracheostenotische Erscheinungen werden in seltenen Fällen dadurch veranlasst, dass aus den tieferen Teilen des Respirationstraktus stammende grosse Sekretmassen sich unterhalb der Stimmbänder und in der Luftröhre ansammeln, mit dem dort erzeugten zähen Sekret zu einer festhaftenden Füllmasse sich verbinden und lange Zeit stagnieren können. So konnte ich periodisch auftretende und chronisch rezidivierende hochgradige Dyspnoe aus dieser Ursache bei einem jungen Mann beobachten, bei dem eine Influenzapneumonie in einen Lungenabscess übergegangen war und der erst einige Jahre später an den Folgen dieser Erkrankung zu Grunde ging. Wenn dieser Zustand erreicht war, sah man unterhalb der Stimmbänder anscheinend das ganze Kehlkopflumen von grauschwarzem Sekret ausgefüllt, dessen Entfernung grosse Schwierigkeiten machte.

Bei den die Stimmbänder selbst beteiligenden chronischen Katarrhen kommt es hier und da zu knötchenförmigen Bindegewebsanhäufungen

---

[1]) GERHARDT. Würzb. med. Zeitschr. III. 1.

auf den Stimmbändern (Chorditis tuberosa Türck's); sehr viel seltener ist
die Bildung grosser und über weite Strecken der Stimmbandschleimhaut
ausgedehnter Knoten, die Türck als Trachom beschrieben hat. Mir ist
ein derartiger Fall bisher noch nicht zu Gesicht gekommen. Dagegen
sehen wir öfter dem Bilde bei der Chorditis tuberosa entsprechende
Knötchen bei Schulkindern mit adenoiden Vegetationen. Rosenberg[1])
sah sie verhältnismässig oft bei Skrophulose. Ich glaube nach meinen
Fällen nicht, dass hier ein Zusammenhang angenommen werden darf.

Erosionen sind nur mehr bei akuten Exacerbationen chronischer
Katarrhe und dann in ähnlicher Weise wie beim akuten Katarrh zu
beobachten.

Laryngitis submucosa chronica.

Wenngleich auch an anderen Stellen als der regio subglottica chronische Verdickungen des submukösen Gewebes vorkommen, so ist doch
die chronische entzündliche Infiltration unter den Stimmbändern die
praktisch wichtigste und auch die am längsten bekannte Form. Ferner
ist es kaum möglich, aus den älteren Publikationen jetzt noch die Fälle
abzusondern, die heut als zur Gruppe des Rhinoskleroms, der Syphilis
oder der Tuberkulose gehörig betrachtet werden würden. Gottstein
glaubt, dass die von ihm bei Trinkern gesehenen Verdickungen der
Epiglottis, deren wir bereits gedachten, ebenfalls zu den chronischen
submukösen Entzündungen gehören. Die chronische Verdickung der
subglottischen Schleimhaut und des submukösen Gewebes macht schon
früh Phonationsstörungen. Auch wenn die Stimmbänder selbst keine Veränderung in ihrem Aussehen zeigen, wird ihre Schwingungsfähigkeit
gehemmt, da bei ihrer Aktion auch die unter ihnen liegenden Schwellungen einander genähert werden müssen. Laryngoskopisch erscheinen besonders bei symmetrischer Entwicklung die Infiltrationen wie Duplika-
turen der Stimmbänder, um so mehr als ihre Oberfläche meist glatt ist,
und die Farbe kein besonders dunkles Rot zu haben pflegt. Ihre
Konsistenz erweist die Kehlkopfsonde als eine ziemlich derbe. Die
schwerste Folge dieser Erkrankungen ist die laryngeale Stenose. Sie
tritt in allen Graden dabei auf, und zwar abhängig von zwei Faktoren.
Einmal von dem Grade der Verengerung des Kehlkopflumens selbst.
Ist sie sehr gross oder sind die Verengerungen durch Schwellung an
der hinteren Wand oder unter der vorderen Kommissur kompliziert, so
kommt es früh zu der höchsten Atemnot, die alsbald die Tracheotomie
erfordert. Zweitens kann aber auch ohne diese Komplikation und bei

---

[1]) Lehrbuch S. 225.

mässiger Entwicklung der subchordalen Infiltration die Stenose eine hochgradige sein, wenn durch die Ausbreitung der entzündlichen Infiltration eine Hemmung der Stimmbandbewegung bewirkt und dabei besonders die Abduktion der Stimmbänder aufgehoben wird. Ich habe einen solchen Fall längere Zeit beobachten können, bei dem es allmählich zu einer immer stärkeren Beschränkung der Stimmbandbewegungen kam, so dass schliesslich beide während der Atmung ziemlich nahe der Mittellinie fixiert blieben und nur noch bei dem Versuch der Phonation sich näherten, ohne dass es indess zu einem Schluss der Stimmritze kam. Es zeigten beide Stimmbänder während der Atmung eine Aushöhlung des freien Randes, die jedoch bei dem Phonationsversuch nicht ausgeglichen wurden; auch hier war der Schluss behindert, vielleicht durch die an der vorderen Fläche der hinteren Larynxwand nachweisbare, wenngleich geringe Schwellung. Eine Zeit lang konnte die Erscheinung objektiv und subjektiv durch systematische Intubation so weit gebessert werden, dass die Tracheotomie vermieden werden konnte. Einige Wochen später erhielt ich indes die Nachricht, dass die ausserhalb wohnende Kranke, trotz der Fortsetzung dieser Behandlung, während eines plötzlichen hochgradigen Suffokationsanfalls tracheotomiert werden musste. 3 Monate später konnte ich bei der Kranken, die die Kanüle noch trug, feststellen, dass die subglottische Schwellung gegen ihre anfängliche mässige Grösse eher abgenommen hatte. Die Bewegungsbeschränkung der Stimmbänder war aber unverändert geblieben und an eine Einführung der Kanüle war nicht zu denken.

GOTTSTEIN[1]) beschreibt einen Fall, bei dem das rechte Stimmband in der Medianlinie feststand, das linke blieb auch bei tiefer Inspiration in der Kadaverstellung mit Exkavation des freien Randes. Bei der Phonation näherte es sich der Mittellinie, jedoch ohne dass die Exkavation vollständig schwand. Nun konnte G. feststellen, dass das Verhalten der Stimmbänder noch nach 2 Jahren dasselbe geblieben war, trotzdem sich die subchordalen Schwellungen nach einjährigem Bestand fast ganz zurückgebildet hatten. Danach ist G's Annahme sehr wahrscheinlich, dass es sich bei diesen Bewegungsstörungen um Folgen von Veränderungen der Muskulatur handelt, die durch den entzündlichen Prozess hervorgerufen waren.

Pachydermia laryngis.

Es ist sicher, dass die jetzt von uns als Pachydermia laryngis (VIRCHOW) bezeichnete Affektion schon vor den 80er Jahren von den

---

[1]) Lehrbuch S. 160.

Laryngologen beobachtet worden ist. Doch verdanken wir ihre nähere klinische und pathologisch anatomische Kenntnis Virchow's Anregung. Wir unterscheiden zwei Hauptformen, eine cirkumskripte oder warzige Form (P. verrucosa) und eine mehr diffuse, glatte (P. diffusa). Die Veränderungen liegen hauptsächlich im Epithel und sind bei der verrukösen Form nach Virchow auf einzelne kleine Strecken beschränkt. Die verrucae sitzen im vorderen Larynxabschnitt, in der vorderen Kommissur, den mittleren und vorderen Abschnitten der Stimmbänder. selten an der laryngealen Fläche des Kehldeckels[1]). Die einzelne Prominenz besteht vorwiegend aus Epithel, dessen hyperplastische Wucherung das primäre darstellt. Erst in der Folge treten eine oder einige Papillen mit oder ohne Gefäss in dieselben hinein. Bei der diffusen geraden Form spielen sich nach Virchow auch noch Veränderungen im eigentlichen Bezirk des oberflächlichen Bindegewebes ab. Nach seiner maassgebend gewordenen Beschreibung findet man bei dieser Form an den hinteren Enden des Stimmbandes, wo der lang vorgestreckte processus vocalis des Giessbeckenknorpels sich dicht unter der Schleimhaut befindet, an der Stelle, wo er von dem Knorpel abgeht, meist symmetrisch auf beiden Seiten eine längsovale wulstförmige Anschwellung, häufig 5—8 mm lang und 3—4 mm breit, welche in der Regel etwas schief von hinten und oben, nach vorn und unten gerichtet ist, so dass ihr vorderes Ende unter dem Rande des Stimmbandes liegt. In der Mitte dieses Wulstes hatte Virchow regelmässig die von späteren Beobachtern an Lebenden bestätigten flachen Vertiefungen (Gruben, Taschen, Dellen) gefunden, die er seinerseits als eine centrale Haftstelle bezeichnete, von wo die Schleimhaut wegen der dichteren Anhaftung an dem Knorpel sich nicht erheben könne. Ich möchte mit B. Fränkel annehmen, dass die Dellen durch den Druck entstehen, welche die einander gegenüberliegenden Stellen bei der Phonation ausüben. Er macht darauf aufmerksam, dass bei doppelseitiger Wulstbildung die Dellen nicht einander gegenüberliegen, sondern

Fig. 30.

Wulstförmige pachydermische Anschwellung am hinteren Ende des l. Stimmbandes.
(Nach Virchow.)

wie die Zähne eines Zahnrades in einander greifen. Ich habe in den Fällen, wo doppelseitige Wulstbildung mit Pachydermie der hinteren

---

[1]) Flatau, Pachydermie du larynx avec participation de l'epiglottis. Revue int. de Rhin. 1893.

Wand bestand und der Glottisschluss verhindert wurde, regelmässig das
Fehlen der Delle gesehen. Andere haben das Entstehen der Delle unter
ihren Augen beobachten können. Nach Virchow sind die schalenförmi-
gen Wülste in ihrer ganzen Ausdehnung von epidermoidal gewordenen
Epithelverdickungen bekleidet, welche lauter niedrige mit reichlichen
Epithelwucherungen bekleidete Papillen enthalten. Hier und da sind
sie mit Auswüchsen und Falten im sinus interarytänoideus verbunden
die zu Rhagaden in die Schleimhaut Veranlassung geben.

Neuere Untersuchungen wie die Sturmann's[1]) haben ergeben, dass
histologisch zwischen beiden Formen, abgesehen von Verschiedenheiten
des Grades der Entwickelung, vollkommene Übereinstimmung bestand.
Kuttner[2]) hob besonders die Vielgestaltigkeit des Pachydermieprozesses
hervor, für den weder die Exkrescenzen[3]) noch der schalenförmige Wulst
das hauptsächlichste seien, sondern der epidermoidale Charakter, den das
Epithel annimmt und dem sich das subepitheliale Bindegewebe entsprechend anpasst. Geschwürsbildungen auf dem pachydermischen Grunde
sind Seltenheiten und haben jedenfalls — wie auch Kuttner[3]) feststellt
— mit dem pachydermischen Vorgange nichts zu thun. Sind mit Ulcerationen verbundene Erkrankungen vorhanden, so kommen sie als ein
zweites hinzu, das allerdings an klinischer Dignität wohl stets vor dem
pachydermischen Prozess rangieren wird.

Ätiologisch sind bei der Pachydermie alle jene Momente anzuschuldigen, die wir als Ursache der chronischen Laryngitis kennen gelernt haben. An die chronische einfache Laryngitis selbst, besonders
wenn sie durch immer neue oder sich immer neu wiederholende Reizungen, wie durch den Missbrauch von Alkohol, des Tabaks und Überanstrengungen der Stimme unterhalten wird. Die Bevorzugung des männlichen Geschlechtes, der Erwachsenen und gewisser Berufsarten erklärt
sich danach von selbst. Was den viel diskutierten Zusammenhang der
Pachydermie mit Tuberkulose betrifft, so scheint es sich meistens nur
um tuberkulöse Erkrankungen zu handeln, die sich an eine schon länger
vorhandene Pachydermie anschlossen, wobei ein mittelbarer Zusammenhang allerdings durch die verminderte Resistenz der durch chronische
Katarrhe und die Pachydermie bewirkten Veränderungen gegeben sein
mag. In zweiter Linie stehen die Formen, bei denen durch die mit der
Pachydermie zu stande kommenden Rhagaden das Eindringen des tuberkulösen virus direkt vermittelt wird.

---

[1]) Klinische Geschichte der Pachydermia laryngis S. 14.
[2]) Kuttner, B. kl. W. 1890. S. 818.
[3]) Derselbe, Arch. f. path. Anat. 1892. Bd. 130.

Der Anschauung von M. Schmidt, dass die Pachydermia fast immer ein Produkt der nasopharyngitis sicca ist, kann ich nach meinen Beobachtungen nicht beistimmen.

Diagnose.

Laryngoskopisch sind eine grosse Reihe von Fällen leicht nach den gegebenen Bildern zu erkennen. Sieht man bei sonst vorhandenen Zeichen chronischen Katarrhs auf einer oder beiden Seiten den charakteristischen, gewöhnlich grauweiss bis mattrosa gefärbten Wulst und dann noch die Delle, so ist die Erkennung nicht schwierig.

Fig. 31.
Pachydermia laryngis.
(Präparat von dem in Fig. 32 abgebildeten Falle.)

Schwieriger schon ist die Deutung der viel selteneren, im vorderen
Teil der Stimmbänder gelegenen pachydermischen Wucherungen, in denen
hier und da Verwechselungen vorkommen können und gewöhnlich erst
„die histologische Untersuchung zur Entscheidung notwendig werden dürfte.
Ebenso kann die Erkrankung einer Pachydermie der hinteren Wand
schwer werden, wenn die Aryknorpel frei sind oder nur geringe Schwellung tragen, und wenn es daselbst
zu zackigen Bildungen gekommen ist,
die von einem dünnen Sekret bedeckt
sind oder es in den zwischen ihnen liegenden Furchen enthalten. Hier gehört
zur Entscheidung, ob man es mit einer
tuberkulösen Infiltration oder einer Ulceration zu thun hat, eine sehr sorgsame
Entfernung der Sekretmassen, die freilich
nicht immer in einer Sitzung möglich ist,
oft erst eine Beobachtung von mehreren
Tagen und in zweifelhaften Fällen die
Mikroskopierung eines excidierten Stückes.

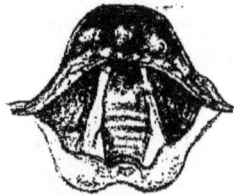

Fig. 32.
Pachydermia laryngis mit Beteiligung des
Kehldeckels.

Eine erschwerte Beweglichkeit eines Stimmbandes wird sich am
ehesten bei einseitiger oder ungleichmässiger Affektion einer Seite aus-
prägen. Ich habe diese von B. Fränkel beschriebene Erscheinung bisher
nicht beobachtet. Dass die Ansichten über die Häufigkeit von Ulcerationen bei Pachydermia noch geteilt sind, liegt vielleicht an der Verschiedenheit des Materials. Das Krankenhaus- und besonders das
Leichenmaterial zeigt sie, wegen der häufigeren Komplikationen, in
zu grosser Zahl, das poliklinische in geringerer, als es der mittleren
Häufigkeit entsprechen dürfte. Ich verfüge über einen Fall von Pachydermie aus meiner poliklinischen Beobachtung, der längere Zeit ziemlich unverändert bestand und einen sonst gesunden jungen Menschen
betraf. Eines Tages bekam er im Anschluss an eine Influenza an beiden
pachydermischen Wülsten einen missfarbigen Belag, nach dessen Abstossung auf beiden Seiten ein Substanzverlust zu sehen war, der in
14 Tagen unter Menthol-Behandlung anstandslos verheilte. Die Untersuchung des Sekretes auf Tuberkelbacillen fiel negativ aus.

Die Stimmstörung hängt von dem Sitze und der Beschaffenheit der
pachydermischen Wucherungen ab. Ist sie doppelseitig und ist durch
die Dellenbildung das Hindernis der Adduktion ausgeglichen, so ist oft
eine leidliche Stimme vorhanden. Verhindert dagegen gleichzeitige Pachydermie der hinteren Wand den Glottisschluss, so ist jeder Grad der

Heiserkeit möglich. Die übrigen Erscheinungen sind die des chronischen Larynxkatarrhs.

Bei der histologischen Untersuchung ist genau auf die Schnittrichtung zu achten; bei schräger Schnittrichtung bekommt man leicht Balkennetze und in einzelnen Schnitten sogar von der Epitheldecke abgetrennte, scheinbar im Bindegewebe liegende epitheliale Zapfen. Es empfiehlt sich, in wichtigen Fällen das ganze Objekt in Serienschnitte zu zerlegen, um derartige zweifelhafte Befunde erklären zu können. Die verhornte Schicht, die polygonalen, nach innen polyedrisch gestellten, epithelen Zellen, die folgende subepitheliale und die Bindegewebsschicht mit ihren Gefässen, hier und da eine Stelle, die eine entzündliche Infiltration neben den Gefässen aufweist, werden aus den beigegebenen Abbildungen nach eigenen Präparaten verdeutlicht werden.

Therapie.

Aus den in der allgemeinen Symptomatologie gegebenen Ausführungen geht mit Sicherheit hervor, dass eine allgemeine, besonders prophylaktische Behandlung die örtliche zu ergänzen hat. Nicht selten kann sie sie vollkommen ersetzen.

Wie man einen Plethoriker, wie man einen mageren Hämorrhoidarier dabei anzufassen hat, inwiefern die Grundsätze einer systematischen Hautpflege individuell durchzuführen sind, bedarf nach den beim akuten Katarrhe gemachten Ausführungen hier nur einer Andeutung. Ebenso ist die Berücksichtigung von Erkrankungen der tieferen Abschnitte des Respirationstraktus, von Erkrankungen des Cirkulationsapparates, von Leber- oder Nierenleiden für die Entscheidung der Frage, ob eine örtliche Therapie überhaupt einzuleiten ist, von der grössten Wichtigkeit. In den leichteren Fällen von chronischen Nasen- oder Nasenrachenkatarrhen, bei denen es weder zu erheblichen Schleimhautschwellungen, noch zu einer beschwerenden Stenose der Nasenhöhle gekommen ist, versuche man zuerst, durch Bekämpfung einer etwa vorhandenen Hypersekretion und Anwendung leichter Alterantien oder Adstringentien die Schleimhaut „umzustimmen".

Für den Nasen- und Nasenrachenraum verwende ich zur Befreiung vom Sekret ausschliesslich den kalten Spray, doch gewöhnlich von vorn her durch die Nasenöffnung. Seltener wird es nötig, ihn, mit einem Nasenrachenansatz versehen, hinter dem Gaumensegel einwirken zu lassen. Physiologische Kochsalz- oder eine schwache Borsäurelösung genügen für diesen Zweck. Ist irgendwo schwerer haftendes oder eingedicktes Sekret da, so verwende ich Wasserstoffsuperoxydlösung in 5—15%iger

Verdünnung. In derselben Weise kann man auf die Rachen-, Kehlkopf- und Luftröhrenschleimhaut reinigend einwirken, indem für den letztgenannten Raum ein nach unten passend abgebogener (ein Kehlkopfansatz) an dem Sprayapparat befestigt wird. Für die Rachenschleimhaut genügen oft einfache Gurgelungen. Die etwa noch zurückbleibenden Reste werden, wo es angeht, aus der Nasen- und Nasenrachenhöhle mit einem Tupfer herausgeholt; nur im Notfalle und mit den bekannten Vorsichtsmaassregeln bediene man sich der Ausspülungen. Manchmal kann es auch notwendig werden, kleine festhaftende, sonst nicht hinauszubekommende Borken nach vorheriger Kokainisierung aus dem Kehlkopfe, ja aus der Luftröhre mit einem Tupfer hinauszubringen; man stösst hier und da auf Fälle, in denen die sorgsame, mitunter gar nicht leichte Entfernung kleiner versteckter Sekretmengen ein therapeutisches Agens für sich darstellt.

Die Anwendungsform für leichtere Adstringentien kann die in Pulvern oder in Lösung sein. Jene kommen in der Nase als Schnupfpulver zum Aufziehen in Anwendung, in den anderen Abschnitten werden sie durch einen Pulverbläser eingeblasen. Man macht in dieser Weise manchmal mit Vorteil vom Dermatol Gebrauch. Alle anderen Schnupfpulver habe ich aufgegeben, weil ich gelegentlich üble Reizwirkungen, nie aber eine Besserung des Katarrhs davon sah. Die Dermatoleinstäubung wende ich indes auch in der Nasenhöhle lieber mit dem Insufflator unter Leitung des Auges an, als dass ich es aufschnupfen lasse. Von anderer Seite wird auch von Ätzmitteln, besonders vom Argentum nitricum mit Talcum (1—3%), eine ziemlich ausgedehnte Anwendung gemacht, und zwar in der Nasen- und Nasenrachenhöhle, wie für den Kehlkopf.

Im allgemeinen sind aber gerade für Ätzmittel die Applikationsweisen vorzuziehen, mit denen eine genauere Dosierung und Lokalisation erreicht werden kann.

Es sind daher für die Nase in den Rachen- und Nasenrachenraum Pinselungen am zweckmässigsten; nur so gelingt es, in der Nasenhöhle mit Sicherheit eine Schädigung des Riechepithels zu vermeiden. Wir verwenden dazu schwache Argentumnitricumlösung (1—2%), ferner Chlorzinkglycerinlösungen ¼—1% und als Alterans schwache Mentholeucalyptollösungen, z. B.

Menthol 2,0
Eucalyptol 2,0
Ol. Olivar ad 100.

Im Kehlkopfe bewährt sich zunächst als ein der Pinselung vorangehendes milderes Verfahren die Einträuflung mit der Kehlkopfspritze, durch die sich, indem man mit $^1/_4$ Spritze beginnt und allmählich mit der Quantität und Konzentration der Lösung nach Bedürfnis ansteigt, die Möglichkeit einer genauen Dosierung in schonender Weise ergiebt. Als Regel gilt zwischen den einzelnen lokalen Einwirkungen genügend Zeit zu lassen, um die Reaktion ablaufen zu lassen und die Wirkung zu beobachten. Oft empfiehlt sich ein Abwechseln zwischen Adstringans und Alterans.

Eine zweite Gruppe von Alterantien, die seit langer Zeit[1]) geschätzt werden, bilden die Jodpräparate. An Stelle der vielbenutzten MANDL'schen Lösung

Kal. jod. 1,0—3,0
Jodi pur. 0,25—1,0
Glycerini 20,0,

zu der SCHECH statt des Zusatzes von Karbolsäure einige Tropfen Ol. menth. pip. zufügte, verwenden wir einfache Verdünnungen der offizinellen Jodtinktur in Glycerin (1 : 4 bis 1 : 1). Diese halten sich sehr gut und sind wirksamer. Dieselben Lösungen eignen sich auch zur Instillation in den Kehlkopf. Indes mus dabei mit schwachen Lösungen und der Einträufelung nur weniger Tropfen begonnen werden. In hartnäckigen Fällen kann man eine einfache Methode der Joddampfinhalation mit grossem Vorteil zur Unterstützung und Beschleunigung der Behandlung anwenden. Man kann die Joddämpfe aus einer mit Jodtinktur gefüllten Flasche durch die Handwärme[2]) oder durch Einsetzen der Flasche in ein Gefäss mit warmem Wasser zur Entwickelung bringen und sie durch ein passend gekrümmtes Glasrohr in die Nase oder in den Rachen einleiten.

Dieses einfache Verfahren koupiert besonders gut die subakuten Exacerbationen chronischer Rhinitis in einigen Sitzungen von 3—5 Minuten Dauer. Wo die Gelegenheit sich bietet, möchte ich auch raten, die von MOSLER[3]) mit Recht warm empfohlene Seewassergargarismen (1—3 Esslöffel voll einer 20—25%igen Seewasserlösung auf ein Glas Wasser) gebrauchen zu lassen. Vom Tannin, das meines Erachtens weit über Verdienst beliebt ist, habe ich nie einen Erfolg gesehen; noch eher von Liq. ferrisesquichlor. (2—5%iger Glycerinlösung), das sich beim chronischen Retronasalkatarrh bewährte.

Die Heilung chronischer Schwellungszustände stärkeren Grades macht gewöhnlich ein energischeres Vorgehen nötig, um in erster Linie eine

---

[1]) Vgl. VOGLER. D. Klinik, No. 16, 1863.
[2]) Es ist schon 1865 von LUC empfohlen: Gaz. med. ital. 1865, No. 32 „delle inalazioni di jodio nella coriza".
[3]) Berl. klin. Wochenschrift 1879.

Beseitigung durch Zerstörung des Überschüssigen vermittels der Ätzmittel (arg. nitr., acid. chrom., acid. trichloraceticum) oder vermittels des galvanokaustischen Brenners zu bewirken.

Zuvor müssen indes einige Behandlungsmethoden erwähnt werden, die einer mehr konservativen Richtung entsprechen. Hierher gehört in erster Linie das für die Nase, den Nasen- und Mundrachenraum besonders in Betracht kommende Verfahren der Massage. Die Schleimhautmassage ist von verschiedenen Seiten (MICHELE, BRAUNE, HERZFELD, LAKER) angewandt worden und von mir in Gestalt der manuellen Massage der Schleimhaut lange behufs Nachprüfung versucht worden. Ich habe wohl konstatieren können, dass ohne Kokain durch die streichenden Bewegungen sowohl, wie durch die Vibration mittels des Wattetupfers in der Nasenhöhle der Schwellkörper eine Zeit lang zur Entleerung gebracht werden kann. So ist das von BRAUNE angegebene Verfahren mir in den Fällen, wo es vertragen wird, ein wertvolles diagnostisches Hilfsmittel geworden, um die Dickenverhältnisse der oberen Schleimhautschichten zu ermitteln.

Wir werden der Massagebehandlung der Nasen- und Rachenschleimhaut und ihres diagnostischen und therapeutischen Wertes indes noch bei einer anderen Gelegenheit[1]) dankbarer zu erwähnen Gelegenheit haben. Was die Verwendung der Elektrolyse anlangt, so ist nicht zu leugnen, dass die Methode, trotz der stattlichen Reihe älterer und neuerer Forscher, die sich mit dem Gegenstande beschäftigt haben (BRUNS, VOLTOLINI, LUSTGARTEN, GÄRTNER, MICHEL, SCHÄFFER, KAFEMANN, GRÄUPNER, KUTTNER u. A.), sich bisher nicht recht hat einbürgern können. Ob die vermeintliche Umständlichkeit des Verfahrens daran die Hauptschuld trägt oder der Umstand, dass die Methode, wie auch KUTTNER hervorhebt, ohne genügende Kritik für die verschiedensten Affektionen empfohlen wurden, ist schwer zu entscheiden.

In der Therapie des chronischen Schwellungskatarrhes hat sie, wie ich vor einiger Zeit nach vielfachen Versuchen entwickelt habe[2]), ein dankbares Gebiet der Anwendung in allen Fällen, wo die peripheren Schichten der Mukose wenig verdickt sind und wo es darauf ankommt, die Oberfläche zu schonen.

Man hat für diese anatomisch und klinisch von uns ausführlich besprochenen Fälle schon erkannt, dass die Anwendung von Ätzmitteln

[1]) Nervenerkraukungen.
[2]) Th. S. FLATAU. Elektrolyt. Behandlung d. Schwellungskatarrhs der Nase. Verh. d. 64. Versammlung deutscher Nat. u. Ärzte.

von der Fläche her schädlich wirke. Sie kann zu fortschreitenden Atrophieen der Schleimhaut in der Nachbarschaft Veranlassung geben und neben irreparabeln xerotischen Zuständen zu Herabsetzung, ja zum Verlust des Geruchsinnes Veranlassung geben. Aus einer anfangs nur respiratorischen Anosmie kann dann infolge der übermässigen Erweiterung der Nasenhöhle und der Vernichtung acinösen und muciparen Drüsenmaterials eine anosmia gustatoria entstehen.

Die Technik des Verfahrens, bei dem man am besten bipolar vorgeht und in einer Sitzung zum Ziel kommen soll, ist folgende. Das Terrain wird oberflächlich mit Kokain bepinselt und hierauf durch eine submuköse Kokaininjektion anästhetisch gemacht. Zu dieser submukösen Injektion reicht die Pravazspritze, mit einer längeren Nadel versehen, aus. Als eine vollkommen harmlose und sehr wirksame Flüssigkeit verwende ich eine frische 3%ige Kokainlösung mit einer 1%igen Karbollösung 1 : 1 gemischt. Wenige Tropfen genügen. Die Einsenkung der Doppelnadel muss alsbald nach der Injektion erfolgen, weil sonst der Überzug sich infolge der Retraktion und Entleerung des Schwellgewebes straffer anlegt. Dadurch wird die Einführung erschwert und auch die Nadel kann bei Bewegung des Kopfes leicht wieder ausfahren. Das Instrument muss absolut ruhig in der Stellung verbleiben. Ich empfehle, es mit einer Hand im festgestellten Nasenspiegel zu fixieren. Ein gut gearbeiteter, mit zahlreichen Kontakten versehener Rheostat ermöglicht ein langsames Einschleichen, sowie die genaue Kontrole der verwandten Stromstärke. Ein besonderer Griff ist unnötig, wenn man den Unterbrechungshebel eines einfachen Scuech'schen Kautergriffes durch eine Bandbefestigung zu dauerndem Kontakt bringt. Es empfiehlt sich das, um der Ermüdung der Hand vorzubeugen, die ein einige Minuten auszuübender Druck stets hervorbringt. Bei einer Stromstärke von höchstens 10 M.-A. bei 4—5 Minuten Dauer ist man sicher, eine volle andauernde Wirkung erreicht zu haben. Bei unruhiger Haltung der Nadel oder unvollkommener Isolation stellen sich leicht tropfende, aber lang dauernde Blutungen ein, ebenso wenn, während der Strom kreist, das Instrument, wie es Ungeübte thun, zu sehr nach hinten gedrängt wird. Bei glatter Ausführung sieht man nach dem Ausschleichen nach vorsichtiger Entfernung des Instrumentes die den beiden Stichstellen entsprechenden linsengrossen Schorfe deutlich verschieden gefärbt: der eine schmutziggrau, der andere ein lebhaftes Weissgelb zeigend. Reaktive Erscheinungen habe ich, ausser geringer Schwellung und schnell vorübergehender seröser Hypersekretion, nicht gesehen, wiewohl der grösste Teil der elektrolytisch behandelten Patienten ihre Beschäftigung fortsetzten. Bei späterer Revision erkennt man die Stichstellen an dem Operations-

gebiet lange Zeit an einer geringen Verziehung, während dahinter die
Schleimhaut vollkommen glatt dem Knochen anliegt.

Ich kann die Elektrolyse nicht empfehlen, wo ein einfacher und
einmaliger chirurgischer Eingriff eine cirkumskripte Gewebsverdickung
beseitigt und wo die Schonung der Oberfläche nicht im Vordergrunde
steht. Ferner, wo die Anzahl der notwendigen Sitzungen schon als Zeit-
opfer das zu erzielende Resultat unverhältnissmässig übersteigt.

Von der Verwendung starker Argentum nitricum-Lösungen (10—20%)
in der Nase zur Beseitigung der diffusen Schwellung und Verdickung
des Schleimhautüberzuges kann ich nur abraten. Die Reaktion ist
manchmal enorm und der Erfolg unsicher.

Besser wirksam ist die Chromsäure, deren Anwendung nach Vogler's
Empfehlung[1]) wieder vergessen wurde, bis Heryng[2]) riet, ihre Applikation durch Anschmelzung der Kristalle an eine dicke Silbersonde
genau zu lokalisieren. So sehr ich der Anwendung der Chromsäure zur
Zerstörung von cirkumskripten Verdickungen, wie vergrösserter Rachen-
follikel oder kleinerer Knorpelwülste am Nasenseptum oder zur Zerstörung von Tonsillarresten und dergleichen empfehlen kann, so glaube
ich doch, dass die Chromsäuretherapie bei den diffusen Verdickungen
der Muschelschleimhaut der Galvanokaustik nachsteht, weil man ihre
Wirkung weniger linear und in die Tiefe hinein dirigieren kann und
eher Schleimhaut und Drüsenmaterial überflüssiger Weise zerstören kann.
Noch weniger energisch ist die Tiefenwirkung der Trichloressigsäure[3]).

So bleibt der Galvanokauter als bestes, unübertroffenes Zerstörungs-
und Heilmittel übrig. Wir verdanken die Einführung dieser Methode
in die Therapie der Nasenkrankheiten Michel. Ihre Verwendung
gestattet es, die verdickte und abgehobene Schleimhaut möglichst wieder
ihrer Unterlage zu nähern, vorausgesetzt, dass durch passende Anlegung
der Brandnarben dieser Endzweck gleich angestrebt wurde.

Die richtige, feine und zweckmässige Führung des Kauters ist durchaus keine leichte Aufgabe; es gehört viel technische Übung und dann
gute anatomische Kenntnis dazu, die richtige Mitte zwischen dem Zuviel
und Zuwenig einzuhalten. Als Hauptregel ist zu beachten:

1) Man vermeide, wo es irgend möglich ist, in derselben Sitzung
galvanokaustisch und sonst chirurgisch in demselben Terrain zu operieren. Es giebt nur wenig Fälle, in denen man ohne Nachteil eine
Ausnahme davon walten lassen darf.

---

[1]) l. c.
[2]) Berl. klin. Wochenschrift 1884. Verh. d. int. med. Congr.
[3]) Ehrmann. Münch. med. Wochenschr. 1890.

2) Wo gegenüberliegende Wände nahe zusammenstossen, soll der Kauter nur im dringendsten Notfall angewandt werden. Dagegen sind stenosierende Spinen und Cristen, wo irgend angängig, vorher zu entfernen.

3) Der Kauter muss ruhig geführt und rotglühend erhalten werden. Es ist zweckmässig, ihn der Muscheloberfläche entsprechend etwas abzubiegen.

In den meisten Fällen kommt die sogenannte Furchung mit dem Spitzbrenner in Anwendung, und zwar in der sagittalen Richtung von hinten nach vorn. Voran geht die Kokainisierung des Operationsgebietes, die am sichersten durch Bepinselung ausgeführt wird und nicht durch den weniger gut zu lokalisierenden Spray. Nur bei sehr ängstlichen Patienten, oder solchen mit sehr empfindlicher Schleimhaut, kann man der Pinselung eine leichte Besprühung vorangehen lassen. Hat man sich überzeugt, dass die Anästhesie erreicht ist, so werden am besten erst die untersten Furchen gelegt und dann in Abständen von 3—6 mm von einander die weiteren nächst höheren. Man muss sich über die Lage der hinteren Muschelenden durch Blick und Sonde gut orientieren, um keine Nebenverletzung der Nasenrachenschleimhaut oder womöglich bei hinten weiten Nasengängen an den Tuben zu machen. Man muss das Instrument mit leichtem, aber nicht zu oberflächlichem Zuge, bis dicht an den Muschelknochen einsinkend, gleichmässig nach vorn und bis zu dem vorderen Ende hinziehen. Für besondere Zwecke und zur Furchung einer diffusen Schwellung am vorderen Ende der mittleren Muschel sind von oben nach unten gerichtete Spitzbrennerenden zweckmässig. Ein etwaiges Anbacken des Brenners an einer Stelle wird nicht etwa durch Abreissen, das Blutung verursacht, korrigiert. Die Ablösung gelingt am besten, wenn man den Brenner einen Augenblick erkalten und dann, während man ihn eben aufs Neue erglühen lässt, leicht abhebt.

Von den Abarten der Galvanokaustik nenne ich die submuköse Galvanokauterisation. Hierbei wird der rotglühende Spitzbrenner unter die Schleimhaut geschoben und ebenso nach kurzer Einwirkung in verschiedener Höhenlage wieder entfernt. Das Verfahren soll die oberflächlichen Schleimhautschichten schonen, ist aber unsicher, da diese sehr oft von unten mit angesengt werden. Auch kommt es leichter, als bei der Furchung zu Blutungen. Werden auf kleinem Terrain mehrere derartige Einstiche verteilt, so wird das als Stichelung bezeichnet. Wo es auf die meist damit eintretenden oberflächlichen Verschorfungen eines kleineren Bezirks ankommt, mag sie angewandt werden.

Ich empfehle, vor jeder Galvanokauterisation nach sorgsamer Entfernung des Sekretes und Kokainisierung eine gründliche Bespülung der

15*

Nasenhöhle mit dem Wasserstoffsuperoxydspray vorzunehmen. Ist die
Operation glatt und ohne Blutung verlaufen, so insuffliere ich auf die
Brandlinien etwas Dermatol, Europhen oder Jodol. Ich stelle alle drei Präparate bezüglich der Reizlosigkeit gleich hoch, vielleicht verdient das Dermatol den Vorzug wegen seiner Billigkeit. Bei genauer Beobachtung
dieser Vorsichtsmaassregeln pflegt eine lebhaftere Reaktion nicht einzutreten, eine meist mässige Hypersekretion von wässeriger Beschaffenheit,
leichtes Brennen, etwas Kopfschmerz und eine leichte Eingenommenheit
des Kopfes ist alles.

In den letzten Jahren habe ich von einer örtlichen Nachbehandlung
in den ersten 8 Tagen vollkommen abgesehen, aber den Kranken empfohlen, sich 3—5 Tage ruhig im Bett zu halten. In den ersten Stunden
nach der Operation lasse ich fleissig kalte Umschläge auf die Nasen-
gegend machen. Auf den Vorschlag Bresgen's habe ich seit einem Jahre
das Methylenblau zur Nachbehandlung verwandt, allerdings ohne mein Prin-
zip aufzugeben, indem ich es nur einmal unmittelbar nach der Operation auf-
trug, weil ich eben jede Berührung der Wunde in den nächsten Tagen nach
dem Brennen für eine Störung der Wundheilung halte. Ich habe den Eindruck, als ob die gewöhnliche reaktive, örtliche Schwellung dadurch vermindert wird. Die Auftragung geschieht durch leichtes Betupfen mit einem dünnen, fein gepulverten, in den Farbstoff getauchten Wattepinsel. Einlegen von
Gazestreifen ist durchaus zu widerrathen; heftiges Schneutzen muss un-
tersagt werden. Treten Störungen der Wundheilung ein, so kann die
erste Etappe der Wundinfektion als schwere Angina follicularis mit
hohen abendlichen Fieberstörungen ablaufen. Gleichzeitig damit können
derartige entzündliche Schwellungen neben den Brandlinien in der Nasenhöhlenschleimhaut auftreten, dass der Erfolg der ganzen Operation
wenn nicht ganz illusorisch gemacht, so doch wenigstens vermindert und
sehr verzögert wird. In einigen Fällen hat man schwere allgemeine
Sepsis und tödlichen Ausgang eintreten sehen; indes steht es für einige
der vorliegenden spärlichen Beobachtungen dieser Art nicht fest, ob
nicht tiefere Erkrankungen latent neben der Schleimhauterkrankung vorhanden waren, die erst gelegentlich der durch die Operation herbeige-
führten Hyperämie und Schwellung den Tod herbeiführten. So konnte
Heryng[1]) in einem Falle, wo nach einer galvanokaustischen Nasen-
operation der Tod eingetreten war, durch die Autopsie nachweisen, dass
eine latente Leptomeningitis tuberculosa bestanden hatte.

Zu den glücklicherweise seltenen Folgen gehören akute eitrige Oti-
tiden, die dann allerdings in den schwersten Formen auftreten können.

---

[1]) Int. Zentralbl. für Laryng. 1892, S. 550.

Bei regulärem Wundverlauf lasse ich erst nach 8 Tagen die Kranken sich wieder vorstellen; auch jetzt soll der meist wenig voluminöse Ätzschorf möglichst nicht berührt werden. Ich lasse nur Besprühungen mit dem Wasserstoffsuperoxydspray machen, wodurch die spontane Abstossung befördert wird. Die völlige Heilung der Brandfurchen dauert $2^1/_2$—4 Wochen.

Umschriebene lappige Schwellungen lassen sich am besten mit der schneidenden kalten Schlinge entfernen. Die an den vorderen Enden, sowie die seitlich und unten der Muschelschleimhaut aufsitzenden machen keine Schwierigkeiten. Etwas grössere Anforderungen an die Technik des Operateurs stellen — zumal bei engem Nasengange — die an den hinteren unteren Muschelenden sitzenden Schwellungen. RETH hat einen seitlich durch ein Gelenk in Winkelstellung zu bringenden Schlingführer für diesen Zweck angegeben. Dasselbe kann man in einfacher Weise dadurch erreichen, dass man der Drahtschlinge die entsprechende Abbiegung durch einen Knick giebt und sie dann vor der Einführung ein wenig über diesen Knick hinaus wieder in das Führungsrohr zurückzieht. Erst kurz vor der Umlegung über den Tumor lässt man durch die entsprechende Bewegung des Schlittens die Schlinge wieder hinausgleiten, wobei sie, da die Krümmung ihr verbleibt, sich um die Schwellung leicht herumführen lässt. Manchmal ereignet es sich, dass man die Schlinge zu kurz umgelegt, aber schon so fest zugezogen hat, dass sie nicht mehr ohne Weiteres entfernbar wird. Um doch einzeitig die Operation zu vollenden, lasse ich den Operateur in solchen Fällen die Schlinge in die linke Hand nehmen und nur als fassendes Instrument benutzen. Alsdann wird der Tumor im festgestellten Nasenspiegel mit einem passenden Nasenmesser, wie solche von mir und anderen Autoren in verschiedenen Formen angegeben sind, in der gewünschten Distanz von der Schlinge und möglichst nahe am Knochen in der Richtung von unten nach oben abgeschnitten. Eine Nachhilfe beim Umlegen der Schlinge durch den in den Nasenrachenraum geführten Finger finde ich für diese Operation nicht nötig, so sehr ich für Tumoren der Hinternasengegend dieses von HOFMANN empfohlene bimanuelle Vorgehen sonst empfehlen kann.

Ich habe bisher die Blutung nach der Amputation der hinteren Muschelenden stets, ohne zur Nasentamponade greifen zu müssen, zu beherrschen vermocht. Verbot des Schnaubens, absolute Ruhelage mit mässig zurückgeneigtem Kopf, in hartnäckigen Fällen ein direkt an die Wundfläche gelegtes, mit Gummipapier umhülltes Stückchen Eis genügen mir stets. Zum Schutz vor Nachblutungen bediene ich mich, sowie die den Eingriffen folgende, oft auffallend geringe Blutung steht, der Vor-

sichtsmaassregel, die Wundfläche durch einen oberflächlichen Ätzschorf
zu decken, indem ich leicht mit der Chromsäuresonde darüberfahre.
Einige Autoren bevorzugen für diese Operationen die warme Schlinge,
offenbar in der Voraussetzung, sich damit gegen die Blutung zu schützen.
Ich finde indes, dass dieser Schutz in der Wirklichkeit kein sicherer
ist, und bevorzuge die kalte Schlinge und das Messer.

Von mehreren Beobachtern ist darauf hingewiesen worden, dass
auch nach korrekter Freilegung der Nasenhöhle durch Beseitigung aller
stenosierenden Schwellungen und Auswüchse noch ein Hindernis übrig
bleibe, wenn nämlich die Nasenflügel, dem Einatmungsluftstrom folgend,
gegen die Nasenscheidewand zu sich bewegen.

Die ersten Beobachtungen über diesen Gegenstand rühren von
TRAUBE und von B. FRÄNKEL[1]) her. Es handelte sich um schwere Erkrankungen (Pneumonie, Paralysis ascendens, Meningitis), bei denen die
mangelhafte Wirkung der Heber der Nasenflügel als Zeichen beginnen-
der Lähmung des respiratorischen Nervensystems gedeutet wurde. Bei
rein örtlichen Erkrankungen ohne Beteiligung der Centren oder des
Facialis kommen als Ursache für das inspiratorische Anklappen der Nasenflügel hypoplastische Bildungen oder Defekte und sodann die reinen
Atrophieen des Knorpelgerüstes in Frage, die wir als Folgezustände bei
lang bestehender Verlegung der Nasenatmung bereits kennen gelernt
haben. SCHMIDTHUISEN empfahl als mechanisches Mittel[2]) die Einlegung
eines Knöpfchens mit doppelter Platte. Indes scheint mir die von FELD-
BAUSCH auf Veranlassung M. SCHMIDT's[3]) angegebene Vorrichtung zweckmässiger, weil die Folgen eines dauernden Druckes gegen das Septum
vermieden werden und der Träger nicht der Gefahr einer Verletzung
und Blutung bei zufälligen Traumen und Lageveränderungen ausgesetzt
ist. Die Knöpfchen des Instrumentes verschwinden beim Einlegen vorn
in der Nasenspitze, die Gangeln der schlittenähnlichen Vorrichtung besorgen die Abduktion, und nur der Bügel des „Nasenöffners" guckt
nach aussen.

Wiewohl die Behandlung des chronischen Katarrhs der Nasenrachenschleimhaut mit der des chronischen Katarrhs der Vordernasenhöhle zusammenfällt, muss doch auf einige in diesem Raum öfter auszuführende
therapeutische Eingriffe besonders eingegangen werden. Das eine ist die
bei Erwachsenen mitunter notwendige Behandlung von Resten adenoiden

---

[1]) B. FRÄNKEL. Krankheiten der Nase. ZIEMSSEN. Handbuch d. Krankheiten des
Respirationsapparates, S. 116/117.
[2]) Verh. d. Ges. dtsch. Naturforscher u. Ärzte 1891.
[3]) Verh. d. Berl. laryngolog. Gesellschaft 1892.

Gewebes, sei es, dass sie als solche Stenosen machen, entzündliche Erscheinungen unterhalten, oder indem sie durch sinuöse oder strangförmige Bildungen Anlass zu Sekretstagnation geben.

Die einfache Entfernung von adenoiden Gewebsresten geschieht in ähnlicher Weise, wie dies bei der Besprechung der Operation der hyperplastischen Rachentonsille sogleich erläutert werden wird. Die Trennung von buchtenbildenden Strängen in den seitlichen Recessen geschieht am einfachsten mit dem Finger. Die Entfernung in den Buchten stagnierender Pfröpfe erfolgt mittels des kleinen Nasenrachenlöffels, wie solche von LUBLINSKI, KAFEMANN und Anderen angegeben sind. Zur Verhütung der Wiederbildung werden die seitlichen oder der mittleren Recessus ausgekratzt und mit der Chromsäuresonde nachgeätzt. Nur die letztgenannten Eingriffe geschehen zweckmässiger unter Leitung des Rhinoskops. Wenn man sich etwas schnell dabei bewegt und der Patient gut eingeübt ist, ist die Einlegung eines Gaumenhakens, mag er ein gewöhnlicher oder ein am Patienten zu fixierender, sich selbst haltender sein, überflüssig.

In derselben Weise hat man vorzugehen, wenn in den Lakunen der Gaumentonsillen oder in der Zungentonsille eingedickte Sekretpfröpfe vorhanden sind. Sind sinuöse Taschen gebildet, so empfiehlt sich durch Incisionen oder besser durch Abtragung der äusseren Wand der Höhlung dieselbe freizulegen und so die Heilung zu beschleunigen. Zur Ätzung der wulstförmigen Hyperplasieen der plica salpingopharyngea, sowie zur Beseitigung einzelner oder aggregierter Granulia ziehe ich die reaktionsloser wirkende Chromsäure der Galvanokauterisation vor.

Exstirpation der adenoiden Vegetationen des Nasenrachens.

Es ist noch nicht lange her, dass diese einfache Operation, die heut Gemeingut der Ärzte ist oder es wenigstens sein sollte, in die rhinologische Therapie eingeführt worden ist. Noch 1877 äusserte sich STÖRK: „Von einem Operieren dieser Wucherungen habe ich bis jetzt wenig Erfolg gesehen; sie entwickeln sich vom 5.—15. Lebensjahre, werden in der Regel von den Ärzten wenig beachtet und sind dann bleibend fürs ganze Leben u. s. w."

Was die Technik der Entfernung anlangt, so ist es natürlich, dass bei einer Operation, die heutzutage von jedem halbwegs beschäftigten Rhinologen in tausenden von Fällen ausgeführt wird, jeder seine eigene sich zurecht macht und unzählige „beste" existieren.

Eine wichtige Vorfrage ist die, ob man mit Narkose operieren soll oder nicht. Ich wende sie ungern und dann eher zur Beruhigung einer ängstlichen

Umgebung an, als weil ich glaube, dass es im Interesse der kleinen Patienten liege, einen so kurz dauernden Eingriff durch die bei jeder Narkose vorhandene Gefahr seitens des Anästhetikums zu komplizieren. Einer vollständigen Chloroformnarkose mit Operation am hängenden Kopf ziehe ich die unvollständige, nur bis zur Aufhebung des Willens gehende vor, das Anchloroformieren mit Operation in sitzender Stellung des Patienten. Damit konkurriert in neuerer Zeit erfolgreich die Bromäthylnarkose. Ein besonderes Gewicht lege ich auf genaue Orientierung durch Palpation, auch nach jeder gelungenen Spiegeluntersuchung. Die Operation unter Leitung des Spiegels zu unternehmen, halte ich auch bei Erwachsenen für überflüssig, bei Kindern für unmöglich.

Wenn ich die Exstirpation mittels des Gottstein'schen Ringmessers für die souveräne Methode hatte, so ist für mich ein Hauptgrund für diese Ansicht der grosse Vorteil, dass man mit diesem Instrument stets fühlen kann wo man ist, und dass Nebenverletzungen damit unmöglich sind. Damit soll natürlich der Wert andrer Instrumente, wie der Schech'schen oder Jurasz'schen Zange, die eine grosse Zahl von Verehrern haben, in keiner Weise herabgesetzt werden. Man kann, ohne Gaumenhaken zu benutzen, mit dem Gottstein'schen Messer gleich bis zum obern Choanalrand hinaufgehen, drückt die Masse der hyperplastischen Tonsille in den Ring und schneidet sie kräftig, der hinteren Cavumwand folgend, möglichst dicht an der Unterlage ab.

Auf die vorherige Palpation lege ich auch deshalb ein besonderes Gewicht, weil ich etwa seitlich vorhandene Wucherungen gleich bei dieser Untersuchung mit dem Finger löse und so weit in die Mitte dränge, dass sie mit dem Ringmesser gefasst werden können. Das ist ein sehr leichter, fast schmerzloser Eingriff, der die nachfolgende Exstirpation meist in einem Zuge gelingen lässt. Immerhin ist es sicher, dem Rate B. Fränkel's zu folgen und nach dem ersten Schnitt nicht gleich das Ringmesser zu entfernen, sondern noch vorher für jede Seite einen schneidenden Zug anzuschliessen.

Der einzige Nachteil des Gottstein'schen Messers ist, dass nicht selten ein Teil der Exstirpierten oder auch das Ganze verloren geht, indem es beim Entfernen des Messers von diesem abgleitet und verschluckt wird. Ein Auffallen auf den Kehlkopf habe ich nicht beobachtet. Manchmal kommt das Messer leer heraus und das exstirpierte Stück fiel in die Choanalöffnung. Dann entleert es sich meist leicht durch eine eine Schneuzbewegung nach aussen. In zweifelhaften Fällen ist nach der Operation eine Kontrolluntersuchung mit dem (desinfizierten) Finger vorzunehmen. Sind noch erhebliche Reste stehen geblieben, so werden sie am besten gleich mit dem Trautmann'schen Löffel abgeholt.

Die Blutung ist um so weniger stark, je vollkommener die Exstirpation ausgefallen ist. Äusserst selten sind nach 4—5 tägigem Stillstand
auftretende Nachblutungen, die dann aber sehr bedrohlich sein können
und in einem meiner Fälle die Tamponade des Nasenrachenraums nötig
machten.

Eine eigentliche Nachbehandlung halte ich für überflüssig. Zweckmässig ist es, die Kinder in den ersten Tagen auf kalte, mehr flüssige
Diät zu setzen.

Recidive sind im Ganzen selten. Nur wenige Fälle erweisen sich
hartnäckig und bedürfen mehrfacher Operationen nach kurzem freien
Intervall. Eher erlebt man, dass nach jahrelangem Freibleiben der Nasenrachen wieder verlegt wird, wobei allerdings eine erneute Einwirkung
derselben Schädlichkeiten, die das erste Mal zu der Erkrankung führten,
die Ursache abgeben kann.

Die Regulierung der Nasenatmung erfolgt nicht immer sofort mit
der Freimachung der Nasenrachenhöhle. Oft ist eine längerdauernde
gymnastische Übung mit Verschliessung des Mundes notwendig, um die
langjährige Gewohnheit aufzuheben. In andern Fällen ist noch eine gesonderte Behandlung eines persistierenden Katarrhs der Nasenschleimhaut erforderlich, oder es müssen widerstandslose Nasenflügel instrumentell
vom inspiratorischen Aufklappen zurückgehalten werden.

Behandlung hyperplastischer Gaumen- und Zungentonsillen.

Es giebt kaum eine Methode der Geschwulstexstirpation, die nicht
an den Gaumentonsillen probiert und zu ihrer Beseitigung empfohlen
worden wäre. Man hat sogar die antike Methode der Evulsion mit dem
Finger, seit sie von LARGHI[1]) wieder ausgegraben wurde, von Zeit zu
Zeit aufs Neue angeraten, man hat chemische Mittel zur Resolution und
als Ätzmittel, ferner die Glühhitze mit dem Flachbrenner oder als Igni-
punktur angewandt, man hat zur kalten und zur warmen Schlinge gegriffen und dann wieder zur einfachen Entfernung mit dem geknöpften
Messer zurückgegriffen.

Natürlich ist nicht in allen Fällen die Abtragung vergrösserter Gaumentonsillen nötwendig, sondern nur unter bestimmten Indikationen, so wenn
sie die Gaumenmuskelbewegungen beim Sprechen hemmen, oder wenn
sie der Sitz chronischer oder oft rezidivirender Entzündungsprozesse
sind. Die einfachste und sicherste Methode der Abtragung sichert das-

---

[1] Larghi, Gazz. med. ital. Prov. Sarde 1861. No. 53. Estrazione delle tonsille per
mezzo dell'indice.

Tonsillotom. Es gestattet gleichzeitig, die hyperplastische Mandel zu fassen, sie vorzuziehen und durch Zurückziehen eines ringförmigen oder Vorbewegen eines guillotineartigen Messers abzutragen. Welches Tonsillotom benutzt wird, ob das Fahnenstock'sche, das Mackenzie'sche oder Lucae'sche Instrument, scheint mir belanglos zu sein.

Kokainanästhesie ist überflüssig. Man hüte sich, Teile des vorderen Gaumenbogens mitzufassen und sorge dafür, auch die untere Partie der vergrösserten Mandel in den Ring zu bekommen. Es ist zweckmässig, entweder verschiedene Grössen des Tonsillotoms oder wenigstens auswechselbare Ringmesser zu besitzen, um für verschieden starke Vergrösserungen gut passende Instrumente auswählen zu können. Am leichtesten gestaltet sich die Anwendung dieser Instrumente bei den kugeligen, gleichmässig nach der Rachenhöhle zu vorspringenden Formen. Bei mehr in der Nische gebliebenen oder in der vertikalen Richtung vergrösserten Gaumenmandeln ist eine mehr präparatorische Abtragung mit einer langen und passend gekrümmten Schere oder mit einem langen geknöpften Messer am Platze. Dabei wird die Abtragung durch ein sanftes Vorziehen des Tonsillargewebes mittels eines scharfen Häkchens oder einer genügend langen Péan'schen Klemme erleichtert. In diesem Fall kann auch die Zerstörung durch Chromsäure oder durch den flachen Galvanokauter Platz greifen. B. Fränkel empfahl zur Ätzung hypertropischer Gaumenmandeln bereits 1872 die Chromsäure. Er brachte die Krystalle selbst auf das zu zerstörende Gewebe. Besser ist wohl die Anschmelzung an die Silbersonde. Zur Entfernung kleinerer Partieen verdickten Gewebes von der hinteren Wand oder tiefsitzender fibröser Tonsillarstücke aus den Nischen bediene ich mich seit sehr langer Zeit mit Vorteil einer Doppelcurette, ganz ähnlich den Kehlkopfdoppelcuretten nach Krause und Heryng, nur dass sie grade gebaut sind. Andere haben, wie ich neueren Berichten entnehme, schneidende Zangen dazu benutzt (Herzfeld, Hartmann).

Wievohl ich selbst eine erhebliche Blutung nach der Abtragung der Gaumentonsillen durch das Messer nicht gesehen habe, muss ich erwähnen, dass schwere, selbst tödliche arterielle Nachblutungen von mehreren Seiten veröffentlicht worden sind. Wahrscheinlich hat es sich dabei nicht um Verletzung der Carotis interna selbst gehandelt, die dann eine ganz beträchtliche Vorlagerung gehabt haben müsste, sondern um abnorm verlaufende oder wegen perivaskulärer Bindegewebsverdickung inkontraktil gewordene Tonsilaräste. Es scheint, dass gerade nach solchen Erlebnissen die betroffenen Autoren die Tonsillotomie ganz aufzugeben geneigt sind und nur noch mit dem Kauter oder der galvanokaustischen Schlinge operieren. Sollte eine starke Blutung eintreten, so ist, wenn Eiswassergargarismen sie nicht zum Stillstand bringen, sofort eine digitale Kompression der Wundfläche während mehrerer Minuten auszuführen. Ein Finger kommt auf die Wundfläche, die andere Hand drückt von aussen her gegen dieselbe Stelle. Ist die Quelle der Blutung erreichbar, so kann man eine Gefässklemme anlegen.

Die Heilung erfolgt regelmässig in einigen Tagen ohne jede Störung. Selbstverständlich ist, dass während dieser Zeit nur flüssige und kühle Nahrung gestattet wird.

Der Versuch einer medikamentösen Behandlung durch Bepinselungen mit Jodpräparaten oder durch die zuerst von JACUBOWITZ empfohlene submuköse Injektion verdünnter Jodtinktur haben sich in meinen Fällen als erfolglos erwiesen.

Die Behandlung der vergrösserten Zungentonsille geschieht bei grösseren Hyperplasieen am einfachsten durch die schneidende Zange oder die warme Schlinge; bei kleineren isolierteren, nur einzelne Balgdrüsen betreffenden Hyperplasieen genügt die Ätzung mit Chromsäure oder mit dem Galvanokauter.

Auch im Kehlkopf reicht in vielen Fällen die Anwendung der beschriebenen Flächenmethoden in der Behandlung des chronischen Katarrhs allein nicht aus. Sehr gewöhnlich ist es zu umschriebenen stärkeren Verdickungen der Schleimhaut gekommen, die um so eher eine energische örtliche Behandlung erfordern, als ihr Sitz geeignet ist, die Aktion der Stimmbänder zu beeinträchtigen. Am häufigsten sind die besprochenen Verdickungen der Hinterwand, oder die der subglottischen Schleimhaut oder die der Taschenbänder Ursache solcher dauernder Störungen.

Einigermaassen hervorragende Schwellungen der Hinterwand können mit einer einfachen Curette, die aber gut schneiden muss, weggeschnitten werden. Nicht ganz sichere Hände mögen aber lieber eine möglichst gracile frontal schneidende Zange dazu benutzen, da diese eher vor Nebenverletzungen schützt. Die OERTEL'sche oder die neuerdings von M. SCHMIDT angegebene sind dazu recht wohl geeignete Instrumente. Der Kehlkopf wird natürlich dazu kokainisiert, indem erst einige Tropfen einer 10%igen Lösung instilliert werden und alsdann mit dem Wattepinsel die zu operierenden Stellen gehörig nachgepinselt werden. Subglottische Schwellungen betupfe ich mit dem kuppelförmigen Galvanokauter oder lieber noch mit der Chromsäuresonde. Ich finde, dass Chromsäureätzungen an umschriebenen Stellen im Kehlkopf durchaus gut vertragen werden. Nur muss man sich hüten, zur Berührung kommende

Schleimhaut erscheinen. Doch ist wohl zu beachten, dass man durch
ein trockenes Aussehen der Schleimhaut allein sich nicht verführen lassen
soll, die Diagnose auf Atrophie zu stellen. Besonders im Rachen sehen
wir sehr häufig bei vorübergehend verlegter Nasenatmung die Schleimhaut des Pharynx durch die austrocknende Wirkung der Atmungsluft
vollkommen matt, wie angestrichen erscheinen, ohne dass Atrophie vorliegt, ja ohne dass Erscheinungen von Pharyngitis vorhanden zu sein
brauchen.

Im weiteren Fortgang des atrophischen Prozesses in der Nasenhöhlenschleimhaut können auch die tieferen Gewebe beteiligt werden.
Man trifft Verkleinerungen der Muscheln bis zu solchem Grade, dass
man Mühe hat, die Spuren an der unteren Muschel überhaupt zu sehen.
Ebenso wird die mittlere Muschel beteiligt. Die Nasenhöhle wird dann
enorm weit, so dass ein grosser Teil der hinteren Pharynxwand und die
Mündung der Tuben, die obere Muschel und die sonst schwerer sichtbaren Ausführungsöffnungen der Nasennebenhöhlen, wie die der Keilbeinhöhle bequem sichtbar werden.

Je schwerer aus solchen Nasen das spärliche Sekret entleert werden
kann — und dazu scheint eine meist in ihnen vorhandene Hypästhesie
begünstigend mitzuwirken — je früher kommt es zur Krustenbildung
und diese Krusten wirken durch den Druck, den sie ausüben, wiederum
befördernd auf den Schwund der Gewebe und die Übererweiterung der
Höhle.

Man hat Entzündungen mit Krustenbildungen als Rhinitis, Pharyngitis bez. Laryngitis sicca bezeichnet, und wir kennen schon GOTTSTEIN's
Ansicht, dass eigentlich die Laryngitis sicca und die Laryngitis hämorrhagica zusammenfallen.

Was den Zusammenhang mit den atrophischen Katarrhen anlangt,
so haben wir gesehen, dass die Bildung trockenen, borkigen und krusten-
förmigen Sekrets in den oberen Atemwegen auch bei den gewöhnlichen
und den hypertrophischen Katarrhen vorkommen kann. Man müsste
also, um die Benennung zu vervollständigen, immer, wo die Entscheidung möglich ist, sich der Ausdrücke Rhinitis atrophica bez. hyper-
trophica sicca u. s. w. bedienen.

Zur Feststellung des zu Grunde liegenden Leidens ist immer die
sorgfältige Entfernung des Sekrets nach den angegebenen Regeln notwendig, dann erst kann der Zustand der Schleimhaut festgestellt und
eine Verwechselung mit den mannigfachen anderen Zuständen vermieden
werden, die ebenfalls zu der Ansammlung und Austrocknung des Sekrets führen.

Die Behandlung muss neben der des zu Grunde liegenden allgemeinen Leidens besonders die Vermeidung jeder Reizung im Auge haben. Katarrhe mit Atrophie können durch Ätzung oder gar Galvanokauterisation nur verschlimmert werden. Dagegen ist besonders im Anfang eine vorsichtige Massage der Schleimhaut von ausgezeichneter Wirkung und sollte innerhalb der Nasenhöhle, sowie in der Nasenrachen- und Mundrachenhöhle nicht unversucht gelassen werden. — Es liegt in der Natur des Leidens, dass hier wie anderswo eine vollkommene Restitution um so seltener eintritt, je weiter die Atrophie vorgeschritten ist. Um so wichtiger ist es, in der angedeuteten Richtung vorgehend, dem weiteren Fortgang des Prozesses möglichst frühzeitig entgegenzutreten und zu retten, was noch zu erhalten ist.

Die Entfernung des Sekretes geschieht wiederum durch Besprühung mit dem Wasserstoffsuperoxydspray oder auch durch Lösungen von kohlensaurem Natron oder durch Inhalation von schwacher Kochsalzlösung. Weitere Mittel zur Anregung sind kalte Wasserbesprühungen für die Nasenschleimhaut, fleissige kalte Gurgelungen für die Mundrachenhöhle und medikamentös für dieses Gebiet Einpinselungen von schwach konzentrierten Jodpräparaten.

Tra. Jodi. 1,0 Glycerini, Aqu. comm. a/a 5,0.

Für den Kehlkopf empfiehlt sich die Einträuflung dieser Lösung. Unterstützend wirkt die Elektrisation der Schleimhaut. Als Elektrode für die Nasenhöhle benutze ich einen feuchten Wattetupfer, der der Reihe nach an die untere Muschel, den Nasenboden, sowie überhaupt an die erreichbaren atrophischen Stellen angelegt wird. Die Isolierung des Drahtes kann man sich leicht selbst durch Überfirnissen besorgen; für den Kehlkopf sind besondere Elektroden angegeben. Ganz schwache konstante Ströme, die Anode auf die Schleimhaut, wirken am besten. Alternativen sind besser zu vermeiden.

Ozaena.

Wir kommen jetzt zu einer Erkrankung, die immer noch eine der rätselhaftesten unseres Gebietes ist. Das hervorstechendste ihrer Erscheinung ist Bildung eines sich in Krusten und Borkenform niederschlagenden Sekretes von charakteristischem, schauderhaftem Geruch. Dieser teilt sich, ohne dass er dem Patienten wahrnehmbar zu sein braucht, den Exhalationen des Trägers mit und macht ihn zu einer unerträglichen Pein für die Umgebung. Ausgeschlossen sind von den Krankheitsbegriffen der Ozaena durchaus die eigentlichen Knochenerkrankungen und alle sonstigen ulcerativen Prozesse, sowie die Erkrankung der Nasennebenhöhlen.

In der überwiegenden Mehrzahl der reinen Ozaenafälle finden wir
die Nasenhöhle betroffen. Weniger häufig ist dasselbe Bild im Nasenrachenraum zu sehen und am seltensten ist der Kehlkopf und die Luftröhre ergriffen, ein Fall, der wohl nie ohne gleichzeitige und primäre
Erkrankung der Nase eintritt.

In der Nase und auch im Nasenrachenraum ist ein gewöhnlicher
Befund die auffallende Erweiterung der Höhlen. Sie geschieht in der
Nasenhöhle nicht nur auf Kosten der Schleimhaut, vielmehr nehmen,
wie bei der einfachen atrophischen Rhinitis, auch die Wandungen, besonders die Nasenmuscheln und die äussere Wand, an der Atrophie Teil;
im Nasenrachenraum fällt besonders die Atrophie der Tubenwülste ins
Auge. Indes ist in manchen Fällen die Atrophie nur eine stellenweise
und die Schleimhaut zeigt am Septum, über der mittleren Muschel und
sogar an der unteren ganz deutliche Verdickungen. Manchmal ist das
vordere Ende der mittleren Muschel, und zwar sowohl der Überzug, als
der Muschelknochen atrophisch, das hintere Drittel jedoch deutlich von
normaler Grösse und die Schleimhaut darüber erheblich verdickt. Ähnliche Befunde sieht man an der mittleren Muschel. Sie kann alsdann
am vorderen Ende eine ziemlich beträchtliche Verdickung zeigen, während sie andererseits — wenn sie ebenfalls von der Atrophie ergriffen
ist — bis zu einem solchen Grade verkleinert werden kann, dass sie
eine ganz schmale und dünne Leiste bildet. GOTTSTEIN[1]) wies darauf
hin, dass die Stellen, wo die Sekretborken sitzen, hauptsächlich Sitz
der Atrophie sind.

Die Schwierigkeit in der Auffassung des Krankenbildes der Ozaena
beruht darauf, dass auch, nachdem man sich entschlossen hatte, alle
ulcerativen Prozesse und die gelegentlich zu ähnlichen Bildern führenden Heerderkrankungen der Nasenhöhle, sowie die Erkrankungen der
Nebenhöhlen und die des adenoiden Gewebes im Nasenrachenraum auszuschliessen, nicht ein einziges von den scheinbar diesen Krankheits-
begriff zusammensetzenden Symptomen sich als sicher zu erweisen scheint.

Die Atrophie selbst, so wahrscheinlich sie als Endresultat eines
katarrhalischen, mit Schleimhautverdickungen einhergehenden Prozesses
anzusehen ist, ist doch sicherlich nicht genügend, um die Erscheinung
zu erklären, da ja dieselbe höheren Graden der Atrophie ohne Bildung
des Ozaenasekrets möglich sind.

Des weiteren ist aber die Spezifität dieses Sekrets selbst noch bis
in die neueste Zeit hinein in Frage gestellt worden.

---

[1]) Berl. kl. W. 1878, Über Ozaena und eine einfache Behandlungsmethode derselben.

Schon Michel[1]) glaubte, dass das Ozaenasekret gar nicht von der Nasenschleimhaut selbst erzeugt würde, sondern „hauptsächlich auf einer chronischen eitrigen Entzündung der Nebenhöhlen beruhe".

Ich bin gewiss, dass Michel vielfach in der That Nebenhöhlenempyeme gesehen hat, weil er[2]) mehrfach angiebt, schon im flüssigen Zustande des Eiters sei der üble Geruch vorhanden gewesen und in der Folge sei nur durch die ungenügende Entleerung und Stagnation die Ansammlung und Eindickung des Sekretes zu stande gekommen. Wir wissen jetzt, besonders durch die Beobachtung von Gottstein[3]), dass erstens in der That das Sekret sich auf der Schleimhaut bilden kann und sodann, dass es in diesem Zustande nach der Absonderung geruchlos ist. In neuester Zeit hat Grünwald[4]) über eine Reihe von Fällen berichtet, in denen sich ein kausaler Zusammenhang zwischen dem Symptomkomplex der Ozaena und Heerderkrankungen nachweisen liess; mehrere Fälle von Nebenhöhlenempyem, besonders aber einige, in denen sich adenoide Vegetationen und hypertrophische Mandeln als ursächliche Momente herausstellten.

G., der allerdings den Nachweis einer genuinen Atrophie der Nase als Ursache stinkender Borkenbildung bisher für nicht erbracht hält, möchte daher den Namen Ozaena am liebsten überhaupt beseitigt oder wenigstens durch den Zusatz kryptogene Ozaena für diese Fälle präzisiert sehen, deren Ursache für uns bisher nicht klarzustellen ist.

So sehr ich G.'s Beobachtungen nach meinen eigenen Erfahrungen unterschreibe und ihm besonders bestätigen kann, dass durch Nebenhöhlenerkrankungen, sowie durch umschriebene Erkrankungen des adenoiden Gewebes im Nasenrachen in der That eine Borkenbildung bewirkt werden kann, die rhinoskopisch von der bei „genuiner Ozaena" schwer oder gar nicht unterscheidbar ist, so kann ich doch den Begriff einer genuinen Ozaena nicht aufgeben und befinde mich dabei im Einklang mit einer Reihe neuerer Sektionsergebnisse.

Über das gegenseitige Verhältnis von Schleimhautatrophie und Sekretbildung wissen wir bisher nichts sicheres, das geht schon aus der Betrachtung der hierher gehörigen Theoriceen hervor, von denen wir übrigens eine ausführliche Darstellung zu geben, für unsere Zwecke für ein unfruchtbares Unternehmen halten. Fast jeder Rhinologe hat seine Ozaenatheorie. Über das angezogene Verhältnis gebe ich nur kurz an,

---

[1]) Die Krankheiten der Nasenhöhle. Berlin 1876.
[2]) l. c. S. 37.
[3]) l. c.
[4]) Weitere Beiträge zur Ozaenafrage. Münch. med. W. 1893.

dass eine Gruppe von Autoren die der Atrophie und den Verlust an
Drüsenmaterial folgende Eintrocknung des Sekrets als das primäre Moment ansahen, wodurch die Zersetzung erst ermöglicht wurde. Andere
halten wieder den durch das in harten Krusten angehäufte Sekret geübten dauernden Druck für eine Ursache der Atrophie. Auch die bakteriologischen Erforschungen haben zu einem völlig einwandsfreien
Ozaenabacillus nicht geführt. Hajek[1]) fand zwar einen kurzen, gern
paarweis auftretenden Bacillus, der einen widrig süssen Odeur bildet,
schwere Entzündungen und Nekrose bedingt und zudem vielleicht die
grüne Färbung des Nasenschleims hervorruft. Er nennt ihn Bacillus
foetidus ozaenae und giebt ihn als den, den Sekretgeruch bedingenden
Mikroorganismus an. Indes giebt er selbst zu, dass noch andere Bak-
terieen bei der Erzeugung des charakteristischen Fötors mitwirken mögen.

Der Versuch die genuine Ozaena auf eine Dyskrasie zurückzuführen,
wie die Tuberkulose (Skrophulose) oder die Syphilis, ist jedenfalls als
ein misslungener anzusehen, denn die Ozaena kommt bei sonst ganz gesunden Personen vor und die Anämie und Chlorose, die Verdauungs-
beschwerden und die nervösen Reizungserscheinungen (Hypochondrie),
die bei längerem Bestande des Leidens beobachtet worden, sind in
einem grossen Teil der Fälle weit eher als Begleit- oder Folgeerscheinungen anzusehen, denn als ursächliche Momente aufzufassen.

Von einigen Autoren wird als häufige Erscheinung eine bestimmte
Gestaltsveränderung der äusseren Nase angegeben. Nach meinen Er-
fahrungen kommt die kleine und platte Nase mit verhältnismässig weiten
Nasenlöchern und etwas erhobener Spitze eben so oft mit als ohne
Ozaena vor und bei sehr vielen ausgeprägten Ozaena-Fällen ist sie durch-
aus nicht vorhanden.

Hopmann[2]) ist besonders auf Grund von Messungen des Tiefen-
durchmessers der Nasenscheidewand beziehungsweise des Nasenrachenraums, wobei er das Septum bei einer Ozaena in der Regel von vorn
nach hinten erheblich gegen das normale Maass verkürzt fand, zu
der Annahme gekommen[3]), dass Muschelschwund und Septumkürze als
Ausdruck der Degeneration der ganzen inneren, nicht selten zugleich
der äusseren Nase an erster Stelle auf eine und dieselbe Ursache zurückzuführen sei, nämlich auf einen hereditären, in der Anlage bereits angeborenen Hemmungsprozess, auf eine Entwickelungsstörung.

[1]) Berl. kl. W. 1888.
[2]) Arch. f. Laryngologie I.
[3]) Ozaena genuine 1894. Münch. med. Wochenschrift.

SCHUCHARDT[1]) verwertet für seine Theorie der Ozaenaätiologie die bei diesem Leiden regelmässige, bei einfacher Atrophie aber fehlende Umwandlung des Cylinderepithels in Pflasterepithel. Die Ursache des Geruchs läge hier wie überall, wo eine Epidermisation eines Schleimhautepithels einträte, an der fauligen Zersetzung der Eleidinschicht.

Die als Fortpflanzung der Ozaena nasalis beschriebenen Prozesse im Nasenrachenraum bieten ganz ähnliche Charaktere in der Borkenbildung und Atrophie, und sind besonders störend, weil von der Choanal- und der Retronasalgegend her die angesammelten Borken am leichtesten durch Verschlucken entfernt werden können und so Anlass zu Magenbeschwerden geben. Im Kehlkopf und in der Luftröhre handelt es sich bei weiterem Herunterrücken der Erkrankungen zuerst um meist hartnäckige Exacerbationen schon lang bestehender einfacher chronischer Katarrhe, bei denen aber das Sekret auffällig lange an der Schleimhaut haftet und sehr trocken ist. (Laryngitis sicca.) Ausserordentlich selten ist hier die Bildung stinkender Borken. Trockenheit und später Atrophie der Mundrachenschleimhaut gehört zu den gewöhnlichsten Folgeerscheinungen der Ozaena nasalis.

Symptome und Befund.

Die subjektiven Erscheinungen sind hiernach von der Lokalisation und Ausdehnung des Prozesses abhängig und bestehen in der Nasenhöhle in den durch die Sekretansammlung bedingten Verlegungen der Nase. Sehr leicht kommt es bei unbedeutenden Einwirkungen auf die Schleimhaut des Septums zu Rissen und Blutungen. Das Geruchsvermögen ist meist stark eingeschränkt, oft vollkommen verloren gegangen. In anderen, freilich selteneren Fällen setzen uns allerdings die noch erhaltenen Reste desselben in Erstaunen, indem massenhafte Ablagerungen in der Nähe der Riechspalte das nicht vermuten liessen.

In einigen Fällen ist auch von mir das Auftreten von Geruchshallucinationen beobachtet. In einem Falle sind im Anschluss an solche Erscheinungen Verrücktheit mit dem Charakter der Verfolgungswahnideen und Besessenheit beschrieben worden. Sehr häufig sind Fälle von hypochondrischer Verstimmung und Melancholie, doch diese Gemütsdepressionen gehen wohl daraus hervor, dass die Kranken wegen der pestilenzialischen Atmosphäre, die sie um sich verbreiten, von ihrer Umgebung gemieden zu werden pflegen.

Das weibliche Geschlecht stellt ein besonders starkes Kontingent zu zu den Ozaenakranken. Das Leiden findet sich vorzugsweise in der

---

[1]) SCHUCHARDT, Ozaena. VOLKMANN's Sammlung.

armen Bevölkerung. Als eine Krankheit des Entwickelungsalters vermag
ich sie keinesfalls anzusehen. Wir sehen eine erhebliche Zahl von
Kindern zwischen dem 4.—6. Lebensjahre in unserer Klinik.

STOERK[1]) hat besonders in Galizien, Polen, der Walachei und Bess-
arabien eine Anzahl von Fällen „Chronischer Blennorrhoe der Nasen-,
Kehlkopf- und Luftröhrenschleimhaut beobachtet, für die er folgende
Symptome anführt.

„Im ersten Stadium ist eine reichliche Absonderung eines etwas
eitrigen, grünlichgelben Schleims vorhanden. Sie kann Jahrelang bestehen, ohne Knochen oder Knorpel zu zerstören oder eine Verengerung
der Nase herbeizuführen.

Später wird die Rachenschleimhaut wie die der Nase ergriffen und mit
Eiter bedeckt. Auch hier bringt die Eiterung keine grosse Reaktion in
der Schleimhaut hervor. Wie die der Nase grünlichgelb verfärbt, blass
und wenig sukkulent erscheint, so ist auch die des Rachens blass und
mager. Die Sekrete ziehen sich von den Choanen an die Rachenwand,
von da zur regio arytaenoidea und schieben sich von hier aus nach
innen gegen die Stimmbänder und zum Ventriculus morgagni gegen den
vorderen Winkel. Hier kommt es früh zu einer Erosion und zur Verschmelzung der Stimmbänder. In schwereren Fällen schreitet die Verdickung fort als eine stetig sich entwickelnde, von vorn nach rückwärts
an den Kanten der Stimmbänder fortschreitende Wucherung, welche die
Dicke der Stimmbänder einnimmt. Wenn die Glottis nun auf eine
kleine halbmondförmige Lücke reduziert ist, treten hochgradigste Heiserkeit und Atemnot auf. Schliesslich wird die Trachea mitergriffen, zuerst die vordere Wand, dann die anderen. Im Gefolge der Bindegewebs-
wucherungen wird entweder das Lumen der Luftröhre im ganzen verengt
oder es bilden sich Stränge und diaphragmaartige Membranen. Auch
die Luftröhrenknorpel verschmelzen mit einander und ossificieren zum
Teil, bis sich zuletzt ein förmliches Knochenstratum gebildet hat, welches
die Innenwand der Luftröhre gleichsam auspanzert."

In neuerer Zeit ist besonders nach den Untersuchungen LEMCKE's[2])
bestätigt worden, was schon lange von verschiedenen Seiten vorahnend
ausgesprochen war, dass es sich, wie die Beschreibung selbst lehren
konnte, nicht um eine katarrhalische Entzündung handeln könne. LEMCKE
tritt für die Identität der STOERCK'schen Blennorrhoe mit dem Sklerom

[1]) Verhandl. d. Ges. deut. Nat. und Ärzte 1874 (pag. 210). Wiener med. Wochenschr. 1874 (104) und Laryngol. u. Rhinoskopie S. 161.
[2]) 1893. No. 3. D. m. W. über chronische Blennorrhoe der oberen Luftwege,
sogenannte STOERK'sche Blennorrhoe u. ihre Beziehungen zum Respiratorum.

ein. In dem einen der von ihm beobachteten Fälle konnten in der That aus dem Sekret Rhinosklerombazillen gezüchtet werden[1]).

Prognose. Die Prognose der Ozaena als einer das Leben nicht bedrohenden Krankheit ist quoad vitam günstig. Was die Heilung anbelangt, ist sie um so zweifelhafter, je länger der Prozess besteht und je weiter er sich ausgedehnt hat. Hier ist eine dauernde Beeinflussung so weit, dass die Erscheinungen ohne weitere Behandlung zum Aufhören gebracht werden, nur in einzelnen Fällen erreichbar. In weniger lange bestehenden Fällen, in denen an nicht so ausgedehnten Bezirken die Borkenbildung vor sich geht und in den selteneren einseitig ausgebildeten Fällen genuiner Ozaena gelingt das schon häufiger.

Die Diagnose ist natürlich nur möglich, wenn nach sorgsamer Entfernung der Sekretmassen nicht nur die Schleimhaut einer Okularinspektion unterzogen wird, sondern auch durch das ganze Rüstzeug einer eingehenden Untersuchung der Wände und der Nebenhöhlen durch die Sondierung und alle Hilfsmethoden Heerderkrankungen in der Nasenhöhle und durch die genaue Spiegelung und die palpatorische Untersuchung des Nasenrachenraums Erkrankungen auch in dieser Höhle ausgeschlossen werden können.

Therapie.

Die Entfernung der Sekrete ist die erste Aufgabe. Sie ist in leichten Fällen allein schon im Stande, einen wenn auch nicht immer dauernden Nachlass der Erscheinungen zu bewirken. Das ist mit eine Ursache, weshalb so viele Medikamente als unfehlbar wirkende Mittel angegeben sind, die, von anderer Seite an irgend einem hartnäckigen alten Falle versucht, sich als wirkungslos erwiesen haben.

Lässt man bei doppelseitig ziemlich gleicher Entwickelung der Erscheinungen auf der einen Seite eine medikamentöse Therapie Platz greifen, während man auf der anderen nur für sorgfältige Entfernung der Borken mittels eines Tupfers mit irgend einer indifferenten Salbe sorgt, so zeigt sich der Nachlass ebenso auf der einen wie auf der anderen Seite.

Das sehr dringend empfohlene Verfahren der intranasalen Massage hat sich in meiner Klinik als durchaus nicht wirkungsvoller erwiesen, wie jene indifferente Behandlung. Vibrationen sowie die Effleurage wurden monatelang von geübter Hand, zum Teil auch als medikamentöse Massage fortgesetzt, ohne mehr als vorübergehend zu wirken. In vorgeschrittenen Fällen versagte die Methode gänzlich.

---

[1]) S. Cap. VI. (Sklerom).

Irrigationen können nur als präparatorische, nicht aber als therapeutische Maassregeln angesehen werden. Massige, festhaftende Borken sind durch langdauernde Flüssigkeitsdurchleitungen viel weniger sicher entfernbar, als durch den Salbentupfer oder eine schlanke stumpfe Nasenzange. Diese muss aber von sanfter Hand geleitet sein und darf keine Blutung verursachen — und die atrophische Nasenschleimhaut blutet sehr leicht.

Ich empfehle auch hier den Wasserstoffsuperoxydspray zur Verflüssigung der Oberfläche der harten Krusten, dann folgen sie sehr leicht dem Tupfer oder einer ganz leichten Ausspülung durch die Nasenspritze.

Zur Verhütung der Eintrocknung des sich immer neu bildenden Ozaenasekrets besitzen wir noch kein besseres Mittel als die von GOTTSTEIN eingeführte „Tamponade." Sie bedeutet nicht die Ausstopfung der Nasenhöhle, sondern die Einlegung eines lockeren Wattezapfens, dessen leicht reizende Wirkungen sowohl flüssige Sekretion hervorruft, als auch durch seine sekretaufsaugende Wirkung die Eintrocknung verhütet. Bei doppelseitiger Erkrankung kann der Streifen von dem Kranken selbst abwechselnd den einen Tag in die eine, den andern in die andere Höhle eingelegt werden. Die Einführung geschieht m. E. besser mit der schmalen Nasenzange oder einer langen Knieepinzette, als durch die Schraube.

In besonders hartnäckigen Fällen ist mir ein allerdings etwas technisches Geschick erforderndes Verfahren von hohem Nutzen gewesen. Ich darf es daher hier kurz erwähnen[1]) und für diejenigen Fälle empfehlen, wo eine Lokalisation auf die Borken produzierenden Stellen möglich ist.

Nach der Besprühung folgt eine ausgiebige Jodolinsufflation, die nach BRESGEN das beste Mittel ist, um eine reizbare Schleimhaut etwas abzustumpfen und für das Weitere vorzubereiten.

Sodann folgt eine Modifikation der Tamponade, die ich als Wandtamponade bezeichnet habe.

Streifen von anfänglich 10, später 20%iger Gaze werden unmittelbar vor dem Gebrauch durch eine flüssige Vaselinlanolin-Mischung gezogen, die zur Erhaltung dieser Konsistenz mit paraffinum liquidum gemischt ist. Es bildet sich so ein Verbandmaterial, das sich mit einer platten Sonde sehr leicht an die Wände heran oder in die Fugen zwischen diesen und die Mittelmuschel hinein anbringen lässt. Die so hergestellte Tapete kann man durch Betupfen der Ränder mit einem Tropfen Kollodium noch befestigen. Der Atmungsweg wird da-

---

[1]) Th. S. FLATAU, Wiener med. Wochenschr. 1892.

bei nicht versperrt. Je nach der Energie der eintretenden Sekretver-
flüssigung bleibt die Tapete in der Lage belassen. Wird die Sekretion
so stark oder ist sie noch zähe, dass die Höhle sich verlegt, so entfernt
der Kranke den Tampon mit einem Zuge; in andern Fällen bleibt alles
bis zum nächsten Tage liegen. Die Erneuerung geschieht 4—6 Wochen
lang täglich, die Vergrösserung der Intervalle ergiebt sich von selbst.

Die Therapie der Ozaena nasopharyngea und laryngotrachealis
fällt mit der der einfachen atrophischen Entzündung zusammen.

Chronische Entzündungen der Nebenhöhlen.

Allgemeine Ätiologie und Einteilung.

Die wichtigsten Aufklärungen über die Ätiologie und Pathologie
der chronischen Nebenhöhlenerkrankungen verdanken wir der neuesten
Zeit. Eine hervorragende Rolle unter den ursächlichen Erkrankungen
hat dabei die Influenza gespielt. Während Masern, Typhus und Blattern
verhältnismässig selten zur Beobachtung chronischer Nebenhöhleneiterungen Anlass gaben, haben die wiederholten Influenzaepidemieen dem
Rhinologen vielfach Gelegenheit verschafft, sie zu sehen und die lokalen
und allgemeinen Folgezustände chronischer Nebenhöhlenaffektionen zu
studieren. Eine besondere Stellung in ätiologischer Beziehung schienen
eine Zeit lang die Kieferhöhlen einzunehmen, indem in der ersten Zeit,
da man den Nebenhöhlenaffektionen überhaupt Aufmerksamkeit zu zeigen
begann, sie den am leichtesten erkennbaren, und so auch den am häufigsten
erkannten Teil dieses Gebietes darstellten. Damals trat die Auffassung
eines besonders häufigen Ursprungs der Kieferhöhlenempyeme aus dentalen Ursachen in den Vordergrund und es wurde eine periodontitis
oder alveoläre periostitis als der regelmässige Ausgangspunkt der chronischen Antrum-Affektion angesehen. Man nahm sogar eine solche
Dauerhaftigkeit dieses Faktors an, dass man sich scheute, ihn aufzugeben, wo bereits alle Zähne verloren gegangen waren und Atrophie
des Alveolarfortsatzes eingetreten war. Erst in neuerer Zeit ist die Bedeutung der übrigen ätiologischen Faktoren richtig erkannt worden.

Unter diesen ist vielleicht das seltenste die traumatische Entstehung.
Ich habe in einer recht reichlichen Kasuistik von Nebenhöhlenerkrankungen niemals eine traumatische Ursache nachweisen können. GRÜN-
WALD[1]) erwähnt einen derartigen Fall; einem Manne, den ein Pferdehufschlag ins Gesicht getroffen hatte, war die Kieferhöhle über dem
zweiten Backzahn in der Gegend der fossa canina eröffnet worden.

---

[1]) l. c. S. 77.

Stellen gleichzeitig zu ätzen, um nicht Synechieen zu bekommen. Genau in derselben Weise behandle ich isolierte Schwellungen der Taschenbänder. Tumorartige Hervorragungen derart — auch die der Ventrikelschleimhaut — empfehle ich, wo es geht, nur mit der galvanokaustischen Schlinge zu entfernen. Oft gelingt es ja allerdings auch mit der schneidenden Zange; man ist aber dessen bei langem Bestand und starker Bindegewebsentwickelung nicht immer sicher und kann durchaus nicht immer durch die Sondenuntersuchung feststellen, bis zu welcher Verdickung und Härte durch Zunahme des submukösen Bindegewebes solche alten katarrhalischen Schwellungen gediehen sind. Es ist mir passiert, dass ich in einem solchen Falle weder mit der schneidenden Zange noch mit der kalten Schlinge das Gewebe durchschneiden konnte und erst die Glühschlinge führte mich zum Ziel.

Nach allen Eingriffen dieser Art ist eine mehrtägige Schonung des Kehlkopfes, strengste Durchführung des Schweigegebotes, wo nötig die Darreichung eines Narkotikums zur Herabsetzung des Hustenreizes anzuordnen.

Lästige Schleimansammlungen bekämpft man durch den kalten Wasserstoffsuperoxydspray. Bei lebhafteren Schluckschmerzen lässt man kühle Flüssigkeiten trinken und Eispillen schlucken. —

In der Behandlung der Pachydermie hat man in erster Linie den Missbrauch der Alkoholika, des Nikotins und der Stimme zu untersagen. Die von E. Meyer aus B. Fränkel's Klinik empfohlene Darreichung von Jodkali in kleinen Gaben hat mir keine objektive Besserung ergeben, wenigstens habe ich ohne dasselbe, wenn der begleitende Larynxkatarrh in gewöhnlicher Weise behandelt und die nötige Schonung innegehalten wurde, die gleiche Besserung eintreten sehen. Grössere Epithelialwucherungen, die stenotische Erscheinungen und Beweglichkeitsbeschränkungen der Stimmbänder hervorrufen, müssen entfernt werden. Von ihrer Lage und ihrem Verhältnis zur Umgebung wird es abhängen, ob man sie wie zumeist mit der schneidenden Zange, mit der Schlinge oder mit dem Kehlkopfmesser abtragen wird. In der Nachbehandlung nach der Exstirpation und auch zur sonstigen Lokalbehandlung hat sich mir am meisten das Chlorzink in 2%iger Glyzerinlösung bewährt. Auch von argentum nitricum (in 8–9%), das auch Rosenberg lobt, habe ich günstige Erfolge gesehen.

In letzter Zeit habe ich mit bemerkenswertem Erfolge besonders ausgeprägte Fälle mit pachydermischen Veränderungen an der Hinterwand und an dem processus vocalis mit intermittierenden Einlegungen einer O'Dwyer'schen Tube behandelt. Mit einer leichten Reiz- und Druckwirkung vereinigt sich hier eine günstige Beeinflussung der Be-

weglichkeit der Stimmbänder zu einem oft auffällig schnellen Erfolge.
Das Verfahren ist von MASSEI empfohlen und ich kann mich seinen
günstigen Berichten nur anschliessen.

Atrophie.

Unter Umständen, die uns nur teilweise bekannt sind, entwickelt
sich eine Atrophie der Schleimhaut im Gefolge des chronischen Katarrhs.
Davon zu scheiden sind diejenigen Fälle, in denen, ohne dass Entzündungen vorangehen, die Schleimhaut der ersten Atemwege eine ausgesprochen hypoplastische Beschaffenheit zeigen.

Hier handelt es sich um eine Teilerscheinung von solchen Allge-
meinzuständen, die die Ernährung der Gewebe überhaupt herabsetzen, in
erster Linie um Chlorose.

Für das kindliche Alter finde ich, dass lang bestehende Rachitis
nicht selten die gleiche Wirkung äussert.

Man findet alsdann die Schleimhaut nicht nur auffallend blass, sondern auch dünn. In der Nasenhöhle sieht man die Schleimhaut über
der unteren Muschel blassrosa bis graulichrot, im Rachen tritt oft eine
weissliche Verfärbung besonders an dem Gaumenbogen hervor, im Kehlkopf sieht man, wenn die Anämie sich mit Atrophie gepaart hat, oft
infolge der Hypoplasie der Taschenbandschleimhaut die Eingänge in die
Ventrikel in unregelmässiger Weise stark erweitert.

Tritt die Bildung atrophischer Schleimhaut im Gefolge von Katarrhen
ein, so kann man in einer Reihe von Fällen ebenfalls Grundkrankheiten
dabei beobachten, die allgemein die Ernährung der Gewebe herabsetzen.
In anderen Fällen fehlen sie. Alsdann sind die meist sehr lange Dauer
des bestehenden Katarrhs oder besondere mit der Entzündung einhergehende Veränderungen als Ursache der Atrophie anzunehmen.

Auf die nicht selten zu beobachtenden Übergangszustände, die
gerade einen derartigen Zusammenhang wahrscheinlich machen und
einen Übergang der Atrophie aus dem chronischen Katarrh mit Gewebsverdickung beweisen, haben wir bereits hingewiesen. Wir haben gesehen, dass die Gewebsverdickung oft nur an einem einzelnen kleinen
Distrikte zu beobachten ist. Wir können hinzufügen, dass entweder die
dazwischen liegenden Partieen atrophisch werden können, oder dass die
Atrophie nur auf einer Seite zur Entwickelung gekommen ist, während die
andre noch das gewöhnliche Bild des Katarrhs bildet. Je mehr mit dem
Fortschreiten der Atrophie auch acinöse und mucipare Drüsen atrophieren
oder ganz verloren gehen, desto trockner wird die sonst glänzende

Stränge oder Erweichungscysten zurück. Während bei Entzündungen leichteren Grades sich die verdickte Schleimhaut leicht vom Knochen ablösen lässt, gelingt das bei heftigeren Periostitiden oder Ostitiden nicht. Daher darf auch eine derartige innige Verwachsung normal dicker Schleimhaut mit der Knochenwand als sicheres Zeichen eines hervorgerufenen Entzündungsprozesses betrachtet werden.

Bei länger dauernder Stagnation eitrigen Sekretes kommt es früh zur Fäulnis unter Entwickelung eines aashaften Geruches des Eiters; manchmal entsteht eine Eindickung der Massen, die eine dickflüssige oder borkige Konsistenz annehmen können.

Mutatis mutandis ergeben sich ähnliche Zustände bei chronischen entzündlichen Erkrankungen der Keilbeinhöhle. Schon bei akuten und subakuten Keilbeinhöhleneiterungen findet man die Spalten zwischen mittlerer Muschel und Nasenseptum verstrichen als Ausdruck der durch das Nachgeben der vorderen Keilbeinsinuswand bewirkten Auftreibung nach vorne. Auch bei chronischen Fällen ist dieses Zeichen, wenn auch nicht konstant, vorhanden. Dieselben Veränderungen betreffen die Schleimhaut. Hier wie dort ist das Empyem bei längerem Bestande mit Karies der Höhlenwand vergesellschaftet oder es kommt zur Nekrose umschriebener Stellen der Knochenwandungen. In einem meiner Fälle führte ein schräger Fistelgang von der rechten Keilbeinhöhle in die linke Nasenhöhle. Hier wie bei der Kieferhöhle, und zwar nach meinen Erfahrungen bei der Keilbeinhöhle weit leichter, kommt es durch Stagnation zur Eindickung und Bildung übelriechender Sekretborken, die alsbald die Nasenhöhle oder die retronasalen Räume austapezieren.

Das Siebbein kann in den verschiedensten Ausdehnungen und Tiefen erkranken; dass auch die Siebbeinzellen ein verschlossenes Empyem enthalten können, ist in voller Schärfe zuerst von GRUENWALD gezeigt worden. Ich verfüge nur über eine dem letzten Jahre entstammende Beobachtung dieser Art. GRUENWALD hält es für das Siebbeinhöhlen-Empyem ebenso wie für die Kieferhöhlen, für wahrscheinlich, dass die geschlossenen Empyeme mit Erweiterung der Wände auf Cystenbildung beruhen. Mit Recht hebt er jedoch hervor, dass vielfach eine blosse Schleimansammlung in blasigen Hohlräumen des Siebbeins als Empyem beschrieben ist. Dass Übergänge zwischen den verschiedenen Formen möglich sind, zumal wenn es im Verlauf der Krankheit zum Durchbruch des Empyems nach der Nasenhöhle oder in die Nachbarschaft kommt, ist leicht einzusehen. Bei dem Durchbruch nach aussen können die Empyeme den Weg in die Orbita nehmen, und es sind bereits eine ganze Menge von orbitalen Abscessen mit Exophtalmus oder Abscedierung am inneren oberen oder unteren Augenwinkel

mit mehr oder weniger Sicherheit auf Siebbeinempyeme zurückgeführt
werden. Sicher ist, dass frühe Erkennung des Prozesses und Sorge
für endonasale Eiterentleerung diesem übelen Ausgang vorbeugen kann.
Vermöge der ganzen Anordnung des Siebbeins ist es verständlich, dass
das chronische Siebbeinempyem besonders geeignet ist, der Propagation
in die anderen Nebenhöhlen Vorschub zu leisten, und ferner, dass es
dort leichter als in den anderen zur Vereiterung einzelner Bezirke
der zarten Knochenlamellen dieses Gebildes kommen kann. Ich glaube,
dass auch hier die klinische Beobachtung der rein pathologisch-anatomischen Betrachtung überlegen ist. Es erscheint mir zweckmässig,
die klassische Beschreibung GRUENWALDS, eines Autors, dem wir für die
Lehre von den Naseneiterungen viel zu verdanken haben, in Kürze
hierherzusetzen[1]. „Mitunter ist so viel Eiter vorhanden, dass es
ganz unmöglich ist, zu eruieren, woher er kommt, da er beim Ab-
tupfen unaufhörlich nachquillt. In solchen Fällen pflegt auch die
Wucherung der Schleimhaut in Form von Polypen und flächenhaften
ödematösen Degenerationen derart massenhaft zu sein, dass eine Orientierung
absolut unmöglich ist. Hat man sie entfernt, so bietet sich gewöhnlich
ein Bild furchtbarer Zerstörung dar. Der Knochen der mittleren
Muschel, vielfach blasig aufgetrieben, morsch zerfallen, lässt überall wie
aus einem Schwamm rahmigen oder blutigen Eiter vorquellen. Hier
sieht man dabei Buchten im Knochen, in die mitunter unvermutet
kleinere oder grössere Polypen vorquellen. Dort ist der Zugang nach
anderen Partien durch derbe Weichteilpolster verlegt." In anderen
Fällen ist freilich aus dem blossen Anblick wenig oder gar nichts zu
erschliessen, es bedarf, wie wir gleich sehen werden, der genauesten
palpatorischen, das heisst Sondenuntersuchung.

Die chronische Entzündung der Stirnbeinhöhle zeigt nur in so fern
eine Abweichung von den anderen Nebenhöhlen, als, so lange die Ausführungsgänge nicht verlegt sind, eine eigentliche Anfüllung der Höhlen
mit Sekret gar nicht oder nur in sehr geringem Grade zu stande
kommen kann. Deshalb ist hier noch am ehesten eine spontane Ausheilung möglich. Daher finden sich auch isolierte Stirnbeinhöhlen-
empyeme bei weitem seltener, als Beteiligung der Sinus bei kombinierten
Nasennebenhöhlen-Eiterungen. Anders, wenn durch Verschwellung der
Ausführungsgänge Stagnation im akuten Stadium eingetreten war und
tiefergreifende Veränderungen der Schleimhaut oder der knöchernen
Wandungen die Erkrankung unterhalten. Kommt es nicht zum Durch-

---

[1] Das Studium des mehrfach citierten Originals kann ich meinen Lesern auf
das angelegentlichste empfehlen.

bruch in die Nachbarschaft und damit zur Entdeckung der eigentlichen
Quelle solcher Abscedierung, so kann ganz ähnlich wie wir es bei den
Siebbeinzellen gesehen haben, die Affektion lange bestehen bleiben.
In solchen Fällen können Wandteile, besonders solche der unteren
Wand kariös werden, wodurch der Höhlenraum vergrössert und ent-
weder eine Erweiterung der Ausführungsgänge[1]) oder eine fistulöse
Bildung geschaffen werden kann. Das sind die Fälle, in denen ein
Zugang von der Nasenhöhle durch Sonden und Instrumente ermög-
licht wird.

Symptome und Verlauf.

Der grösste Teil der chronischen Nebenhöhlenerkrankungen kommt
erst verhältnismässig spät zur Erkennung. Die Ursache davon liegt
nicht bloss an der Schwierigkeit der Diagnose, zu deren Überwindung
ein wohlgeschulter und geduldiger Untersucher nicht selten mehr Auf-
wand von Zeit und Arbeitskraft gebraucht, als bei irgend einer sonstigen
Erkrankung dieses Gebiets. Sicher ist auch die Vieldeutigkeit, die in
den weitesten Grenzen wechselnde Schwere der Krankheitserscheinungen
und ihre zeitweise anscheinend spontane Verminderung bis zum un-
merklichen ein wesentlicher Grund der langen Verschleppungen und
Verkennungen. Die schweren und fühlbaren Erscheinungen des akuten
Stadiums, die bis zum Unerträglichen peinigende Eingenommenheit des
Kopfes, die Schmerzen in der Stirn-, Vorderhaupt-, Scheitel- und Nacken-
gegend, bald bohrend und stechend, bald einem Ringe oder Bande
gleich einschnürend, lassen zunächst nach, wenn die Zugänge abschwellen, und an einen gewissen Grad von Eingenommenheit oder
Unfreiheit des Kopfes scheint bald eine Art Gewöhnung einzutreten,
die mir besonders bei Menschen der körperlich arbeitenden Klassen auffällig gewesen ist. Ist eine langdauernde Nebenhöhleneiterung mit wechselnden Retentionszuständen endlich operativ zur Heilung gekommen, so
pflegen solche Patienten anzugeben, dass sie sich „wie neu geboren"
fühlen, dass sie jetzt erst wissen, „wie frei man sich im Kopf fühlen
kann." Auch die Umgebung pflegt dann zu bemerken, dass mit dem
Verschwinden des Kopfdruckes eine Veränderung der Stimmung zum
besseren bemerklich geworden sei. Stimmungsveränderungen sind übrigens ein viel konstanteres Symptom als die Schmerzen und die Eingenommenheit des Kopfes. Die meisten meiner Kranken zeigen eine Depression des Gemüts, tiefe Niedergeschlagenheit und dabei eine erhöhte

[1]) Vgl. GRUENWALD l. c. S, 154.

Reizbarkeit gegenüber minderwertigen Anlässen, gleichzeitig Neigung zu jähem Auffahren und jähzornigen Entladungen.

Die Depression kann, wie mehrfach übereinstimmend berichtet wird, und wie ich auch in einigen Fällen beobachtet habe, zum taedium vitae mit Selbstmordideen anwachsen, deren Ausführung dann oft nur eine Frage der Zeit und Gelegenheit ist.

Sehr viele Kranke haben keine Ahnung von dem Sitz ihres Leidens. An eine gelegentliche starke Sekretion sind sie einmal gewöhnt und legen, wie es von den Erscheinungen der Nasenhöhle ja üblich und bekannt genug ist, noch keinerlei Gewicht darauf. Die Unterscheidung zwischen der sonstigen schleimigen und ihrer mehr oder weniger eitrigen Sekretion geht ihnen vollends ab. Bei Andern besteht allerdings diese Erkenntnis, aber gerade die Furcht vor einem tieferen unheilbaren Leiden, meist der Gedanke an Krebs, hält sie ab, sich an den Arzt zu wenden, dessen Ausspruch sie voll Befürchtung entgegensehen. Gestützt wird diese Befürchtung, wenn das Sekret, wie so häufig, irgendwo stagniert, und die Kranken noch die genügende Schärfe des Geruchsinnes besitzen, um die sich dokumentierende Zersetzung der Massen wahrzunehmen. In einigen Fällen findet man, dass nur für den Kranken eine Geruchswahrnehmung übler Art vorhanden ist, eine Art Geruchsillusion, eine Paraesthaesia olfactoria, offenbar bewirkt durch die von dem unaufhörlich rinnenden Eiter veranlasste Irritation des Riechepithels.

Die Schwellung des respiratorischen Schleimhautteiles bedingt vielfach eine Anosmia oder Hyposmia respiratoria, deren Effekte sich mit der Reizung des olfaktorischen Teiles summieren können.

Die von ZIEM[1]) hervorgehobenen Erscheinungen der Gesichtsfeldeinschränkung sind auch später von KILIAN[2]) für diagnostisch bedeutungsvoll angesehen worden und sollen nicht nur bei den Affektionen der Keilbeinhöhle, sondern auch bei denen des Antrum bedingt werden können. ZIEM[1]) hält eine Reflexwirkung auf die Vasomotoren der Chorioidea und der Corpus ciliare durch die geschwollene Kieferschleimhaut für möglich. Sodann weist er auch auf die durch die Nasenstenose veranlasste Lymph- und Blutstauung hin. In dieser Beziehung seien die Verbindungen zwischen der vena opthalmica inferior und der vena infraorbitalis von Bedeutung, welche einen Teil der Kieferhöhlenvenen sammeln, und womit eine Fortleitung der Anschwellung der Kieferhöhlenschleimhaut in das orbitale Gebiet zu stande käme. Bisher konnte ich, ebenso wie GRÜNWALD, MORITZ SCHMIDT und andere, diese Erscheinungen nicht bestätigen. Wie diese

[1]) Monatsschrift f. Ohrenheilkunde 1887, 10. April.
[2]) Berl. klin. Wochenschrift S. 747. 1888.

Autoren habe ich ebenfalls konjunktivale Asthenopie gesehen und habe
sie auf direkte Fortpflanzung der Reizung von der Nasenschleimhaut
aus bezogen.

Diese selbst reagiert in verschiedener Form, wie wir schon gesehen
haben, auf die Reizung, welche die Eitersekretion mit sich bringt. Hierher gehören diffuse oder umschriebene, oft ödematöse Schwellungen, in
deren Lokalisation ich aber nichts gerade charakteristisches für die einzelnen Formen finden kann. Ferner Blutungen, die aus der verminderten Resistenz der Schleimhaut gegen die leichtesten traumatischen
Einflüsse entstehen und sehr gewöhnlich durch Ablösung angetrockneter
Sekretmassen zu stande kommen. Daneben ist der Befund von Schleimpolypen eine so häufige Erscheinung bei Nebenhöhleneiterungen, dass
die Mahnung Gruenwalds, in jedem derartigen Falle bei der Untersuchung diesem Zusammenhang Rechnung zu tragen, durchaus Beherzi-
gung verdient.

Als eine Frage, die noch der Beachtung bedarf, will ich die von
Grünwald hervorgehobene Möglichkeit von Beziehungen anführen
zwischen dem Empyem der Keilbeinhöhle mit Erkrankung des Ganglion
sphenopalatinum und der progressiven Hemiatrophia facialis. Grünwald
hat zweimal beim Empyem der Keilbeinhöhle Symptome von Seiten
dieses Nervenknotens gesehen. „Das eine Mal trat nach Exstirpation
der erkrankten Knochenpartie und im Verlauf der Heilung ein Gefühl
von Pelzigsein im Gesicht auf und die Sensibilitätsprüfung ergab eine Herabsetzung des Empfindungsvermögens vom oberen Augenlid bis zur Oberlippe der entsprechenden Seite; die Störung blieb dauernd. Das andere
Mal konnte er nach Blosslegung der vorderen Keilbeinhöhlenwand
durch Berührung ihrer äusseren unteren Partie lebhafte Schmerzen
in der Stirngegend, am Auge und in den Zähnen derselben Seite pro-
vozieren." Übrigens hat, wie seiner Zeit Gruenwald, auch neuerdings
Knapp[1]) wieder Beobachtungen über Sieb- und Keilbeinhöhleneiterungen in
ihrem Zusammenhange mit Erkrankungen des Auges gebracht. Nach
ihm muss stets an Keilbeinhöhlenerkrankung gedacht werden, wenn
Exophtalmus in akuter Weise entstanden ist und mit Schwellung der
Conjunctiva und Sehstörung einhergeht. Lange Zeit könne das Auge
frei bleiben, aber plötzlich gelangt einmal Eiter an die Spitze der
Orbitalpyramide, das Exsudat und die damit entstehende ödematöse
Schwellung und Entzündung führt durch Druck auf den nervus opticus
vor dessen Eintritt ins Foramen zur neuritis optica, zu retinalen Blutungen
und Thrombose. Das sind jene eben so seltenen wie tragischen Fälle

[1] Zeitschrift für Ohrenheilkunde. Juli 94.

plötzlicher und durch den Übergang in Opticusatrophie unheilbarer Erblindungen.

Nasennebenhöhleneiterungen können zwar, ohne gerade schwere Erscheinungen zu bedingen, durch das ganze Leben bestehen. Sollte man indes im Hinblick darauf eine „günstige Prognose" der Nebenhöhlenerkrankungen überhaupt aufbauen, so wäre das ein ziemlich gefährlicher Irrtum. Hier wie bei den chronischen Eiterungen des Mittelohres ist der Träger andauernd von den Gefahren bedroht, die durch eine Fortpflanzung der Prozesse in die Nachbarschaft entstehen.

Infraorbitale Abscesse werden durch Kieferhöhlenerkrankungen bewirkt [1], wenn ein Durchbruch des infraorbital gelegenen Teiles des Oberkiefers zu Stande kommt.

Frontale Abscesse gehören dem Gebiete der Stirnhöhleneiterungen an, doch kann der Eiter auch den Weg nach der Orbita selbst einschlagen.

Siebbeineiterungen neigen, wie wir gesehen haben, zur Propagation in die genannten Höhlen, so in die Keilbeinhöhlen oder in die Kieferhöhle, doch können auch sie orbitale Abscesse zur Folge haben. Neben diesen ziemlich seltenen Eiterungen in die Nachbarschaft nenne ich den Durchbruch der Kieferhöhlenabscesse in die Nasenhöhle mit Fistel- oder Defektbildung in der lateralen Nasenwand [2] und das sehr seltene von GRUENWALD [3] beobachtete Ereignis eines Durchbruchs der Kieferhöhleneiterungen in die Mundhöhle. In diesem Falle war ausser einer Zerstörung der äusseren und der oberen Kieferhöhlenwand auch eine solche des processus palatinus und alveolaris im Bereiche des Antrum zu Stande gekommen, so dass nur die Schleimhaut dasselbe von der Mundhöhle trennte.

Die gefährlichste Fortpflanzung ist begreiflicherweise die auf die Schädelbasis. Von den hier zu Stande kommenden, wohl stets tödlich endenden Folgezuständen, der Sinusthrombose und der Meningitis haben wir hier die Folge spontanen Durchbruchs nach der Schädelhöhle zu stande kommenden Erkrankungen zu besprechen; wir müssen aber dabei auch der nach, beziehungsweise infolge von endonasalen Operationen auftretenden Folgeerkrankungen gedenken. Das ganze Gebiet ist, wie ich bemerken muss, noch ziemlich mangelhaft durchforscht. Es wäre daher gewiss zu wünschen, dass alle Fälle von Meningitis oder Sinusthrombose nach Nasenoperationen womöglich mit den Sektions-

---

[1] Vergl. GRUENWALD l. c. S. 68.
[2] FLATAU: Verhandlung der Berliner medizinischen Gesellschaft 1894.
[3] l. c. S. 69.

ergebnissen publiziert würden. GRUENWALD geht so weit, dass er annimmt, Meningitis, so weit sie nach Nasenoperationen vorgekommen
sei, wäre fast immer nur deshalb entstanden, weil ein latentes Nebenhöhlenempyem vorhanden und nicht berücksichtigt worden wäre. Jedenfalls ist zu betonen, dass gelegentlich bei erkrankten Nebenhöhlen auch
eine schon vorhandene Meningitis eine Zeit lang maskiert werden kann,
so dass sich post hoc aber nicht propter hoc nach ein oder mehreren
reaktionslosen Eingriffen unter plötzlich sich manifestierenden meningi-
tischen Symptomen der tödliche Ausgang anschliessen kann. Ich selbst
verfüge über einen in dieser Beziehung äusserst lehrreichen Fall von
spontaner Perforation eines Keilbeinhöhlenempyems in die mittlere
Schädelgrube. Die Patientin, ein anscheinend ganz gesundes Mädchen,
suchte wegen heftiger Kopfschmerzen, die periodisch wiederkehrten
und mit Schwindelanfällen verbunden waren, meine Klinik auf.
Die Umgebung gab an, dass sie in letzter Zeit durch unstätes, verän-
dertes Wesen, häufiges verlorenes Vorsichhinstarren und rätselhaftes
psychisches Verhalten im ganzen aufgefallen sei. Die Untersuchung
ergab nichts ausser einem Keilbeinhöhlenempyem mit Stagnationser-
scheinungen von seltener Ausgeprägtheit; trotz Eröffnung der Keilbeinhöhle und Ausräumung des Sekrets liessen die Kopfschmerzen und die
Reizerscheinungen nicht nach, vielmehr stellten sich zwei Tage später
unter Steigerung der Symptome Bewusstlosigkeit, Delirien, Albuminurie
und Somnolenz ein; Tod im Coma.

Die Sektion zeigte als Ursache der vorhandenen Meningitis basilaris
einen kleinen Defekt in der äussersten Ecke der linken Keilbeinhöhlen-
wandung, woselbst diese unmittelbar in die mittlere Schädelgrube
führten, die andere Nebenhöhle war frei. Auch GRUENWALD[1]) hat eine
Meningitis basilaris durch spontane Perforation eines Keilbeinhöhlenempyems und zwar bei einer Sektion beobachtet, während ein einziger
Todesfall, den er infolge einer Naseneiterung eintreten sah, durch
eine Karies mit Defekt der Lamina cribrosa bedingt war.

Diagnose und Behandlung.

Je schwankender die subjektiven Erscheinungen chronischer Nebenhöhlenerkrankungen sind, umsomehr erwächst die Pflicht des Nachweises
aus den objektiven Symptomen. Die Diagnostik beruht auf denselben
Mitteln, deren wir uns auch sonst in der Chirurgie zu Nachweisen von
chronischen Erkrankungsheerden bedienen. In erster Linie gehört hier-

---

[1]) l. c. S. 72.

her der Nachweis einer etwa bestehenden Eiterung durch die rhinoskopische Untersuchung und der Nachweis der Quelle dieser Sekretion durch die Sondenuntersuchung, beziehungsweise durch die Probepunktion.

Von den übrigen Mitteln der Untersuchung gedachten wir bereits der Methode der Durchleuchtung. Sie hat eine gewisse diagnostische Bedeutung als Erkennungsmittel, besonders bei der Kieferhöhlenerkrankung, während ihre Verwertung für die Erkrankung der Stirnhöhle und des Siebbeins nach meinen Erfahrungen keine sehr verwertbaren Resultate liefert. Aber auch für die Kieferhöhlen ist sie entbehrlich und jedenfalls ist für die Diagnostik der chronischen Nebenhöhlenerkrankungen noch ganz besonders davor zu warnen, dass über der Durchleuchtung etwa andere sichere Anhaltspunkte eine Vernachlässigung erfahren. Es kommt dazu, dass, wie wir gesehen haben, eine Reihe von Bildungsabweichungen und ähnliche, durch Stärke des Fettpolsters begründete Abweichungen der Durchleuchtungsfiguren in -einzelnen Fällen dieses Mittel vollkommen illusorisch für die diagnostische Verwertung machen. Immerhin kann die Durchleuchtung in manchen „dunklen" Fällen zur Klärung mit beitragen.

VOHSEN[1]), dem wir hauptsächlich die Durcharbeitung dieser Methode verdanken, hat auch auf das Dunkelbleiben der Pupille bei erkrankter Kieferhöhle aufmerksam gemacht. Doch kann ich nicht zugeben, dass das Zeichen verlässlich sei, noch weniger, dass es den Vorrang vor der Durchleuchtung der Gesichtsknochen selber verdiene. Die nach der Heilung gelegentlich zu beobachtende Aufhellung kann ausbleiben. Wichtiger ist das von BURGER[2]) angegebene Symptom für die Diagnostik des Kieferhöhlenempyems: die Vergleichung der subjektiven Lichteindrücke während der Durchleuchtung. Es sind stets zwei, weil zwei nicht identische Retinastellen getroffen werden: auf der erkrankten Seite fehlt die Lichtempfindung fast stets und über einem gesunden Antrum ist sie so gut wie konstant vorhanden.

Genauere Prüfungen eines Unterschiedes in der Transparenz beider Seiten können, wo sie wünschenswert scheinen, leicht angestellt werden, wenn man, während die Durchleuchtung stattfindet, symmetrische Stellen durch ein innen geschwärztes Rohr, etwa durch die Röhre eines Stethoskops betrachtet. Der von LINK empfohlenen Perkussion der Höhle vermag ich eine Bedeutung nicht beizulegen.

Am einfachsten ist meist die Erkennung, wenn es sich um eine Höhle handelt und deren Erkrankung sich durch den Ausfluss des Sekretes dokumentiert.

[1]) Deut. klin. Wochenschrift 1890.
[2]) Monatsschr. f. Ohrenheilk. 1893. No. 11.

Zur Untersuchung wird die Nasenhöhle am besten kokainisiert, nachdem aufliegende Borken oder den Ausblick verdeckende Schleim- und Eitermengen abgetupft worden sind.

Für die Kieferhöhle kann die Vorwölbung der nasalen Oberkiefer- höhlenwand gegen die Nasenhöhle hin verwertet werden. Sie präsentiert sich im mittleren Nasengang, so dass man nach HARTMANN's treffendem Ausdruck gleichsam eine zweite mittlere Muschel zu sehen glaubt. Der Hauptpunkt des Nachweises ist das Sekret in der Höhle oder der Nachweis, dass es aus der Höhle ausfliesst. Der zweite Punkt kann immer nur mit einer gewissen Wahrscheinlichkeit begründet werden, denn Eiter im mittleren Nasengange findet sich auch bei anderen Neben- höhlenerkrankungen, und das von B. FRÄNKEL empfohlene Mittel, den Kopf der Kranken auf der gesunden Seite tiefer neigen zu lassen, worauf sich der Antrumeiter entleere, ist eine zwar sehr schätzenswerte Beihilfe, doch versagt es bei gleichzeitigen Erkrankungen der vorderen Siebbeinzellen, auch bei Komplikationen mit Stirnbeinhöhlenprozessen ist es nicht verwertbar.

Daher ist der Nachweis anomaler Sekretion durch Auffindung des Eiters in der Höhle, mit anderen Worten die Probepunktion von dem grössten Werte. Hat man Grund, einen dentalen Ursprung der Er- krankung anzunehmen, so kann der Zugang von der betreffenden Zahn- alveole genommen werden. Ich benutze diese Gelegenheit stets, um alle erkrankten Wurzeln der Seiten zu entfernen und empfehle dazu die Ein- leitung einer lokalen Anästhesie durch submuköse Injektionen einiger Tropfen einer gleichteiligen Mischung 10 %iger Kokain- und 2 %iger Karbollösung. Mit einem passenden Stilet, das nach oben in der Rich- tung des inneren Augenwinkels vorzudringen hat, gelingt es meist ganz leicht, die Höhle zu punktieren und das vorhandene Sekret zum Abfluss durch die neue Öffnung zu bringen. Nötigenfalls nimmt man eine von ebendaher wirkende Irrigation zu Hilfe, die den Eiter dann abwechselnd per nares und durch die angelegte Öffnung hinaus zum Vorschein bringt und allmählich herauswäscht. Ist die Knochenlamelle wider Erwarten dick, so nimmt man zweckmässigerweise einen feineren Hohlmeissel, der durch einige Schläge mittels eines kleinen Metallhammers vorge- trieben wird. ZIEM[1]) geht, wo nichts zu extrahieren ist, medianwärts zwischen den ersten Molaren und zweiten Bicuspidaten oder zwischen beiden Bicuspidaten ein und bedient sich dabei feiner Drillbohrer und der zahnärztlichen Bohrmaschine. Sind die Zähne gesund, so punktiert

[1]) Berl. kl. W. 1889, S. 235.

man von der lateralen Nasenwand her, und zwar wählt man am besten
eine unterhalb des Infundibulum gelegene Stelle, deren Tiefe etwa zwischen dem vorderen und mittleren Drittel des unteren Randstückes der
Mittelmuschel, deren Höhe dicht oberhalb der Ansatzlinie der unteren
Muschel zu finden ist. Hier kann eine scharfe, unten abgebogene, nicht
zu schwach zu wählende Kanüle einfach eingestochen werden, wenn —
wie nicht selten — nur eine dünne Knochenplatte oder gar nur eine
membranöse Wand das Antrum von der Nasenhöhle scheidet. (ZUCKERKANDL.)

Stösst man auf Widerstand, so genügen fast stets ein oder zwei
Schläge mit dem kleinen Metallhammer auf das distale Kanülenende.
Nach der Einführung schraubt man eine Spritze auf die Kanüle und
aspiriert das Höhlensekret. Erweist sich die Höhle nach der Probepunktion als frei, so muss die alveoläre Öffnung durch einen Jodolgaze-
tampon geschlossen werden und heilt ohne Schaden. War Sekret eitriger
Natur vorhanden, so kann man alsbald nach der Ausspülung, wenn der
alveoläre Weg gewählt war, durch Sondierung der zugängigen Teile der
Wandung die Beschaffenheit der Schleimhaut eruieren oder das Vorhandensein kariöser Stellen feststellen. In den meisten Fällen wird man
die definitive Eröffnung der Höhle daranschliessen können. Meines
Erachtens konkurrieren hier, wo eine breite Eröffnung des Antrums in
Frage kommt, nur zwei operative Wege miteinander: der alveoläre und
die Eröffnung von der fossa canina aus. Die alveoläre Öffnung kann,
wenn mehrere Zähne zu extrahieren waren oder freie Lücken benutzbar
sind, durch die von mir empfohlene Exstirpation der interalveolären
Septa mittels einer schneidenden Zange, eventuell mit Resektion eines
Teiles des processus alveolaris so weit gemacht werden, dass die Höhle
gut übersehen, ja ausgetastet werden kann. Die Eröffnung von der
fossa canina aus geschieht durch Ausmeisselung eines Quadrates, das
7—9 mm Seitengrösse habe. Ich halte es, wie GRÜNWALD, für zweckmässig, die Öffnung nicht nach KÖSTER erheblich grösser zu gestalten,
um die Bildung eines bleibenden Defektes zu verhüten. Für diese beiden Eingriffe zur Freilegung des Antrums kann man Chloroform oder
die Bromäthylnarkose verwenden. Die Patienten werden in sitzender
Stellung operiert. Bei der alveolären Eröffnung wird der Kopf etwas
nach vorn geneigt gehalten, damit das Blut nach aussen abfliesse. Die
Chloroformnarkose soll keine vollständige sein; die Kiefer werden
durch einen Keil oder Gummiwürfel abduciert gehalten. Bei der Aufmeisselung von der fossa canina aus hält ein Assistent den Kopf und
zieht gleichzeitig mit einem Haken die Lippe nach aussen oben. Zuerst
wird die Schleimhaut incidiert, wegen der meist starken Blutung schleunig abgehebelt und nun eine Weile komprimiert. Die Aufmeisselung

17 *

muss ebenfalls besonders in der Bromäthylnarkose möglichst flott ausgeführt werden.

Über dem in der Litteratur sich widerspiegelnden Streit, welches
die beste Methode der Eröffnung wäre, hat man vielfach vergessen, dass
damit erst die Vordedingung für die Einleitung der richtigen, den
örtlichen Verhältnissen anzupassenden Therapie der Höhlenerkrankungen
gegeben wird. Es kommt darauf an, die erkrankte Schleimhaut, die etwa
erkrankten Partieen der knöchernen Wandung zu behandeln, Granulationen,
Polypenbildungen und sonstige Excrescenzen mit Drahtschlingen oder
Ecraseur zu entfernen, kariöse Partien mit dem scharfen Löffel auszukratzen und zu sorgen, dass keine erneute Stagnation eintrete. Ich tamponiere nur in den ersten Tagen und lasse alsdann die Öffnung frei,
während die Kranken nunmehr selbst mit Spritze oder Irrigator, die mit
einer Salicylsäureboraxlösung beschickt wird, die Ausspülungen übernehmen.

Im ganzen möchte ich mich eher für die Eröffnung von der fossa
canina aussprechen, und zwar deshalb, weil ein immerhin hoher Grad
von Aufmerksamkeit und Intelligenz seitens der Kranken dazu gehört,
um die Höhle von Speiseresten frei zu halten. Freilich bei genügend
grosser Eröffnung des alveolären Fortsatzes ist das Eindringen von
Speiseresten nur ein zeitweiliges und braucht den Heilungsgang nicht
zu unterbrechen. Bei weiterer Verengerung des Zuganges ist man aber
nicht selten zu der Anwendung von Prothesen genötigt, die teils den
Zugang von Speiseteilen verhüten, teils einer zu schnellen Verengerung
der Öffnung entgegenwirken sollen. Alles das ist bei der Eröffnung
von der fossa canina nicht nötig. Endlich muss ich erwähnen, dass ich
in einem Falle, in dem nach der alveolären Eröffnung absolut keine
Heilung zu erzielen war, doch noch zu der Eröffnung von der fossa
canina schreiten musste, worauf sie in kurzer Zeit, nämlich in drei
Wochen, sich vollzog. Ich konnte hier die Behinderung des Heilungsvorganges nur auf das Eindringen von Speiseteilen beziehen.

Die Heilungsdauer ist eine sehr verschiedene und hängt von der
Intensität der Erkrankung, und nicht zum wenigsten von der Ausbreitung auf die anderen Höhlen ab. Ist von vornherein noch eine der
anderen Nebenhöhlen in der Nachbarschaft befallen, ist womöglich gar
ein gleichzeitiges Empyem der Stirnhöhlen oder der Siebbeinzellen zu
Anfang übersehen worden, so kommt eben immer wieder aufs neue eine
Infektion von den übersehenen genannten Krankheitsheerden aus zu
stande und die Heilung wird ganz illusorisch, so lange nicht die
Therapie auch dieses Heerdes Meister geworden ist. Die Diagnose
einer gleichzeitig mit der Kieferhöhlenaffektion bestehenden Keilbein-

oder Siebbeineiterung darf gefordert werden und wird bei gewissenhafter Sondenuntersuchung unter Kokain nur selten misslingen. Dagegen muss ich zugeben, dass eine Stirnhöhleneiterung sich der genauen Feststellung entziehen kann und oft erst später per exclusionem erschlossen werden kann.

Ich verfüge über eine Beobachtung, die derjenigen Grünwald's ganz parallel geht[1]). In meinem Falle war es, ähnlich wie bei ihm, erst möglich, eine mit doppelseitiger Kieferhöhlen und Siebbeinzelleneiterung mitbestehende rechtsseitige Stirnhöhleneiterung zu konstatieren, nachdem die Eröffnung und Ausheilung dieser Höhlen gelungen war und trotzdem die Eiterung unvermindert fortdauerte.

Liegen derartige Kombinationen nicht vor, so tritt nach meinen Erfahrungen die Heilung eines einfachen Antrumempyems mitunter überraschend schnell ein, in 14 Tagen bis 4 Wochen. Die Sekretion versiegt, während die Kranken sich nicht selten in auffälliger Weise erholen und das verlorene Körpergewicht rasch einholen, während die neuralgischen und sonstigen nervösen Erscheinungen verschwinden. Eine „Schnellheilung" in wenigen Tagen habe ich bei keinem Behandlungssystem gesehen, weder bei trockener Behandlung, noch mit dem vielgerühmten Pyoktanin. Ich finde, dass, wenn die Eröffnung breit genug geschehen und alles Krankhafte entfernt ist, die Heilung ebenso schnell oder ebenso langsam eintritt, wenn man eine vollkommen indifferente oder gar keine medikamentöse Nachbehandlung einleitet und sich, wo es nötig ist, auf einfache Ausspülung des Sekretes ein- bis dreimal in 12 Stunden beschränkt.

Dasselbe Verhalten bewährt sich bei den Erkrankungen des Siebbeins. Die Hauptsache ist, die Krankheitsheerde zu eliminieren und freien Abfluss zu schaffen durch Erzeugung grosser, jede Stagnation verhütender Öffnungen und Höhlen.

Zur Sondierung möchte ich darauf zurückkommen, stets die Benutzung verschieden dicker Sonden zu empfehlen. Neben den sehr zweckmässigen geknöpften Bresgen'schen Silbersonden sind eine Reihe stärkerer und vorn gut abgerundeter Exemplare unerlässlich. Die Handhabung erfordert viel Übung, sei ruhig und vorsichtig, damit nicht durch Verletzungen seitens ungeübter oder ungeschickter Hände Krankheitsheerde vorgetäuscht werden.

Zur Resektion der die Heerde umgebenden knöchernen Wände benutze ich, nachdem ich früher eine Reihe anderer schneidender Zangen — am meisten die Reichert'sche — verwandt habe, jetzt fast ausschliess-

[1]) l. c. S. 158.

lich das GRÜNWALD'sche, sehr vortrefflich konstruierte Instrument. Nur habe ich es zweckmässig gefunden, es mir länger und schlanker arbeiten, sowie neben den nach oben mir nach den verschiedenen Seiten und unten abgebogene anfertigen zu lassen.

Ist das Bild durch Wucherungen oder diffuse Schleimhautschwellungen auch trotz Kokain so sehr verlegt, dass eine genügende Orientierung nicht möglich ist, so müssen diese Gebilde erst entfernt werden. Alsdann gelingt es, den Eiterheerd zu sehen oder zu fühlen, zumal wenn man die Regel beobachtet, in alle Fugen einzugehen. Mit Recht erinnert aber GRÜNWALD daran, dass auch die Sondierung im Stich lassen kann, wenn die kariösen Partieen mit Granulationen ausgekleidet sind. Mit einer Curette oder einem scharfen Löffel wird man alsdann bald zum Ziele kommen. Hierzu, sowie zur Auskratzung und Glättung scheint mir meine leichte und stellbare Curette empfehlenswert.

Zur Blutstillung während der Operation, die in Chloroformnarkose stattfinden kann, von mir indes bisher fast stets unter Kokainanästhesie ausgeführt wurde, kann man, wie sonst bei chirurgischen Eingriffen, temporär tamponieren und dazu ist mir die Anwendung meines Spekulumfixators, der beide Hände frei lässt, recht wertvoll. GRÜNWALD empfiehlt den Wasserstoffsuperoxydspray. So sehr ich die reinigende und styptische Wirkung anerkenne, so finde ich doch die gelbe Schaumperlenfläche auf dem Operationsfeld etwas störend. Ich empfehle schon deshalb, wo es irgend möglich ist, sich mit der Kokainanästhesie zu begnügen, weil man die Kranken während deren Dauer immer einige Minuten ausruhen lassen kann, ohne sie immerfort halten und so peinlich beobachten lassen zu müssen, wie beim Chloroform. Denn hier muss eine halbe Narkose mit Erhaltung der Reflexe herbeigeführt werden, um so, sowie durch geeignete Kopfhaltung nach vorn, auf das peinlichste den Einfluss von Blut in die Luftwege zu verhüten. Ich gebe indes zu, dass Fälle vorkommen können, in denen die Patienten derart ängstlich sind, dass die Kokainanästhesie eben nicht ausreicht. Bei manchen Personen wirkt auch das Kokain nicht genügend oder nicht genügend tief, so dass die Schmerzhaftigkeit des Eingriffs zur allgemeinen Narkose zwingt.

Falls ein Versuch, den Abfluss der Stirnhöhlensekrete durch Beseitigung von Wucherungen oder durch Resektion eines vorderen Teiles der Mittelmuschel frei zu machen, nicht in einem Zeitraume von 2—3 Wochen zur Heilung führt oder doch wenigstens ganz erhebliche Besserung der objektiven und subjektiven Erscheinungen erhoffen lassen, muss man die Eröffnung der Stirnhöhle anraten.

Nur in wenigen Fällen, wo die Sondierung pathologische Veränderungen derart ergiebt, dass die Höhle pathologisch nach unten zu erweitert ist, wird man den Versuch ruhigen Herzens wagen können, einen Zugang von unten her zu schaffen.

Die diagnostische Bedeutung der Durchleuchtung für das Stirnhöhlenempyem muss sehr zurücktreten, wenn man erwägt, dass nach Vohsen's Untersuchungen in 14% beiderseitiges, in 20% einseitiges Fehlen der Stirnhöhle gefunden wurde. Dieselbe diagnostische Unzuverlässigkeit muss ich der Perkussion der Stirnhöhlengegend zuschreiben. Ich selbst verfüge über verhältnismässig wenige Fälle, wo bei einseitigem Stirnhöhlenempyem die kranke Seite dunkel blieb. Es waren das ausnahmslos solche mit schweren Veränderungen, Erkrankungen der knöchernen Wand und vollkommener Anfüllung der Höhle mit Granulationswucherungen. Zahlreicher sind meine Beobachtungen von Stirnhöhlenerkrankungen, bei denen kein Unterschied in der Transparenz nachgewiesen werden konnte.

Die unter den Bildungsabweichungen von uns besprochenen, eigentümlichen anatomischen Verhältnisse, besonders die regellos wechselnde Tiefe des Sinus frontalis haben mich in einer nur ganz verschwindenden Zahl der Fälle eine Sondierung der Höhle ermöglichen lassen. Wie sehr man aber Täuschungen unterworfen ist, davon kann sich Jeder überzeugen, der einmal derartige Versuche an der Leiche oder nach der Eröffnung des Sinus von aussen her auch in vivo, also unter Kontrole, ausführt.

Nach dem, was über die gleichzeitige Erkrankung der vorderen Siebbeinzellen entwickelt ist, ist es selbstverständlich, dass der Versuch einer gesonderten Behandlung der Stirnhöhle ohne Berücksichtigung jener meist resultatlos bleibt.

Die einfache Aufmeisselung der Stirnhöhle von vorn ist eine sehr leichte Operation für den, der Hammer und Meissel zu führen weiss. Sie wird fast ausschliesslich zu therapeutischen Zwecken gemacht, doch kann auch eine probatorische Eröffnung in Frage kommen, wenn zwar aus den objektiven Erscheinungen ein dringender Verdacht auf eine Stirnhöhlenerkrankung, jedoch ohne völlige Gewissheit ihres Bestandes abzuleiten ist. Grünwald hat einen senkrechten, der Mittellinie nahen Hautschnitt von 1½ cm Länge empfohlen, der genau in der vom Corrugator supercilii gebildeten Hautfalte verlaufen soll. Es bezweckt dies, die Entstellung durch die Gesichtsnarbe zu vermeiden, die auf diese Weise nach der Heilung in der Corrugatorfalte verborgen bleibt[1]. Ich

[1] l. c. S. 157.

kann bemerken, dass ich diese Schnittführung mehrfach verwandt habe, dass dabei die Auffindung des Sinus sehr leicht gelingt und die Entstellung sehr unerheblich ist, wenn ich auch nicht gerade finde, dass die Narbe verborgen bleibt.

Ist die Stirnhöhle nach der Abhebelung des Periostes aufgemeisselt, so soll nach GRÜNWALD erst etwas Borsäurelösung durch die Öffnung durchgespült werden, um einerseits die Abflussmöglichkeit durch das Ostium zu prüfen, andererseits auch festzustellen, ob nicht etwa erhebliche Lageabweichung zu der Eröffnung der anderen Höhle geführt habe. Ist Abflussmöglichkeit vorhanden, so wird je nach dem Befunde die Auslöffelung der Höhle vorgenommen und am besten einige Tage lang mit Jodoform oder Jodolgaze nachbehandelt. Die weitere Nachbehandlung geschieht wie bei der Kieferhöhle. Ist die Höhle verlegt, so muss man nach der Nase zu einen künstlichen Zugang schaffen, indem ein nicht zu schmaler Troikart oder ein langer Hohlmeissel neben der Medianlinie nach unten durchgestossen wird.

Die Keilbeinhöhle war lange Zeit ein Stiefkind der Rhinopathologie. Erst in letzter Zeit, besonders durch SCHÄFFER's und GRÜNWALD's Arbeiten, ist die Symptomatologie dieser Erkrankungen bekannter geworden, und auch die Keilbeinhöhlenempyeme sind aus dem Stadium der Paradefälle in dasjenige einer ruhigen klinischen Würdigung getreten. Es hat sich herausgestellt, dass sie keineswegs so selten vorkommen, als man früher glaubte. Ich konnte beispielsweise in den letzten beiden Jahren 26 Fälle aus meiner eigenen Beobachtung sammeln.

Die anatomischen Verhältnisse der foramina sphenoidalia[1]) der Keilbeinhöhle machen es von vornherein verständlich, dass es im Falle ihrer Erkrankungen und Anfüllung mit Sekret schleimigeitriger oder rein eitriger Natur besonders leicht zur Retention desselben kommt. Differentiell diagnostisch sind besonders die Erkrankungen der hinteren Siebbeinzellen zu berücksichtigen. In einer Reihe von Fällen trifft man übrigens gerade diese Gegend mit der Keilbeinhöhle auch gleichzeitig erkrankt. Auf der anderen Seite bleiben aber auch nach ursprünglich kombinierten Empyemen isolierte der Keilbeinhöhlen zurück. Dann nämlich, wenn — wie ich mehrfach beobachtete — die Schleimhaut der übrigen erkrankten Höhlen ausheilte, während die ungünstigen Abflussverhältnisse der Keilbeinhöhlenöffnungen die Erkrankung dieser Höhle fortdauern lässt. Ein von mir vor mehreren Jahren vorgestellter Fall war ein schönes Beispiel dieser Folgen. Der seit 11 Jahren an furchtbaren Kopfschmerzen leidende Mann war ursprünglich wegen eines Kiefer-

---

[1]) Vgl. ZUCKERKANDL. l. c. I, S. 173.

höhlenempyems operiert worden. In der Folge bestand aber die Eiterung jahrelang unverändert. Es wurden dann von mir zunächst Erkrankungen des Siebbeins, und zwar der hinteren Siebbeinzellen nachgewiesen und schliesslich stellte sich heraus, dass nur noch die linke Keilbeinhöhle die Quelle der Eiterung war.

Die Sondierung der Keilbeinhöhle gelingt natürlich am leichtesten, wenn man die natürlichen Öffnungen bei der Rhinoskopie zu Gesicht bekommt. Indes ist das ein recht seltenes, meist nur bei vorgeschrittener Atrophie der Nasenhöhle zu findendes Ereignis. In nicht wenigen Fällen kann man die Ausführungsöffnungen aber fühlen, ohne dass man sie wegen der sie deckenden mittleren Muschel zu Gesicht bekommt.

Man bekommt dann nach vollkommener Kokainisierung, sehr vorsichtig zwischen Mittelmuschel und Septum eingehend, das Gefühl, durch eine enge Öffnung in eine Höhle hineinzufallen. Es gelingt meist besser, wenn man dem Sondenende eine leichte Biegung nach oben und aussen giebt. Übrigens muss man das in jedem einzelnen Falle oft mit grosser Geduld ausprobieren, da ja die Höhe der Ausführungsöffnung an der vorderen Wand sehr wechselt. Um sich vor falschen Deutungen zu hüten, muss man wiederum an die Möglichkeit der Verkümmerung oder des ein- oder doppelseitigen Fehlens der Keilbeinhöhle, besonders aber an die häufige asymmetrische Bildung denken.

Der durchschnittliche Abgang der Tiefen der Keilbeinhöhle vom Naseneingang beläuft sich nach GRÜNWALD bei Frauen auf 7,5, bei Männern auf 8,2 cm. Die Weite des Zuganges finde ich ebenfalls[1]) recht verschieden. GRÜNWALD nimmt an, dass eine besondere Weite derselben die Folge destruierender Entzündungen sei. Indes habe ich zweimal sehr starke Erweiterungen als zufälligen Nebenbefund erhoben, ohne dass die Untersuchung oder die Anamnese den Verdacht einer abgelaufenen Erkrankung rechtfertigte.

Hier und da ist die Resektion eines Teiles der gesunden Mittelmuschel nicht zu umgehen. Ist aber das Siebbein erkrankt, so hat die Wegnahme der erkrankten Teile des Siebbeins selbstverständlich voranzugehen.

Ist die Sondierung gelungen und die Keilbeinhöhle als der Sitz der Eiterung festgestellt, so muss die breite Freilegung des Sinus sphenoidalis durch Resektion seiner vorderen Wand erfolgen. Dazu ziehe ich eine schneidende Zange (HARTMANN's Conchotom oder GRÜNWALD's Instrument) allen anderen Apparaten und Methoden vor, weil, ein genügend scharfes Instrument vorausgesetzt, Nebenverletzungen dabei sicher aus-

---

[1]) Vgl. GRÜNWALD, l. c. S. 148.

geschlossen werden können. Grade für diese Zwecke ist es sehr an-
genehm, verschiedentlich abgebogene Instrumente zur Verfügung zu
haben. Der Freilegung hat die Auskratzung verdickter Schleimhautpartieen, Granulationen und besonders etwa sich ergebender rauher
Knochenpartieen zu folgen. Dazu bediene ich mich meiner stellbaren
Curette. Die Nachbehandlung weicht von der der unteren Höhlen in
ihrer Ausführung und Dauer nicht ab. Wenn mich nicht eine besonders erhebliche Blutung zur Tamponade zwingt, halte ich es für besser,
sie hier von vornherein zu unterlassen. Dass die Auskratzung hier,
wie bei der Stirnhöhle in der Richtung nach der Schädelhöhle zu äusserst
vorsichtig zu geschehen hat, versteht sich von selbst.

Sechstes Kapitel.

Chronische Infektionskrankheiten.

Tuberkulose.

Die Untersuchung hat sich nach verschiedenen Richtungen zu bewegen, um den Grad und die Beschaffenheit der Erkrankung der ersten
Atemwege bei diesem Prozess festzustellen. Entweder liegen spezifische
Veränderungen vor, bedingt durch das Eindringen der Tuberkelbazillen
in das Gewebe mit nachfolgender Entwickelung und Vermehrung dieser
Pilze, oder es entstehen Veränderungen anderer Art, so Ernährungs-
hemmungen, Störungen der Motilität und der Sensibilität im Zusammenhang mit der tuberkulösen Erkrankung anderer Teile des Organismus.

In dem ersten Fall kann die Erkrankung unseres Gebietes durch
Infektion von innen heraus erfolgen, die tuberkulöse Erkrankung kann
sich zu einer bestehenden Organerkrankung wie zu der Lungentuberkulose hinzugesellen und sich klinisch mehr oder weniger deutlich als
sekundäre Erkrankung dokumentieren. Es kann aber auch zweifellos
eine Infektion von aussen her entstehen: es kann sich um eine primäre
Erkrankung handeln. Es ergiebt sich schon hier, dass die Frage nach
der primären oder sekundären Natur einer vorliegenden Erkrankung
nicht immer leicht zu beantworten sein wird. Für die sekundären Erkrankungen wird sich die Entzündung gewiss oft mit grosser Wahrscheinlichkeit aus dem klinischen Befunde ergeben. Aber die primär
erscheinenden werden nach dieser Richtung hin immer zweifelhaft
bleiben müssen. Das ist eben durch die Grenzen unserer Diagnostik
für tiefer liegende umschriebene Heerde bedingt.

Alle Beobachter stimmen darin überein, dass die primäre Tuberkulose in der Nasenhöhle ein seltenes Ereignis sei und ich kann mich
nach meinen Beobachtungen dem anschliessen. Es kann allerdings sein,

dass hier und da Fälle übersehen oder mit ähnlich aussehenden Dingen verwechselt werden, besonders werden dabei Fehldiagnosen syphilitischer Erkrankungen, hier und da auch solche einer Ozaena in Betracht kommen. Ich denke dabei auch an die früher als „Ozaena ulcerosa" bezeichneten Formen, von denen eine, wie ich erwähnen will, schon von HEDENUS auf WETZLAR's Empfehlung durch innere und äussere Anwendungen von Kreosot geheilt worden sein soll.

Immerhin aber muss die Affektion als selten bezeichnet werden, wenn man bedenkt, wie vielen Insulten regelmässig die Nasenhöhlen- schleimhaut durch die zahllosen, das Knorpelseptum und den Eingang treffenden Traumen ausgesetzt ist, und wie oft sie durch akute Steige- rungen der so verbreiteten chronischen Katarrhe auch von einer Steige- rung der Vulnerabilität betroffen zu sein pflegt. —

Im Nasenrachenraum isolierte Lokalisationen sind ebenfalls selten gesehen worden, jedenfalls so selten, dass die Zahl der Beobachtungen durchaus nicht durch die ungenügende Verbreitung der Untersuchungs- methode zu erklären wäre. Häufiger ist schon die Lokalisation im Mund- teil des Rachens, und zwar finden wir das Velum, den Zungengrund und die Tonsillen öfter beteiligt als die hintere Rachenwand.

Bei weitem häufiger aber als der Pharynx ist der Kehlkopf befallen, man kann geradezu sagen, dass das Verhältnis der Häufigkeit in der Richtung nach unten zu ansteigt, im Gegensatz zu den katarrhalischen Prozessen der Schleimhaut, bei denen das umgekehrte Verhältnis vor- lag. Schon dieser Umstand spricht für eine Überwiegen der sekundären tuberkulösen Erkrankungen: das Gros wird in der That durch Infek- tion von innen her, als Folgezustand der Lungentuberkulose, im Kehlkopf erzeugt und erst in den letzten Stadien sehen wir von unten nach oben sich weiter ausbreitende Erkrankungen im Pharynx und in der Nasenhöhle häufiger zur Entwickelung gelangen. Diese Prozesse werden allerdings dann auf dem Sektionstisch öfter als in vivo beobachtet, da sie bei dem desolaten Allgemeinzustande in den seltensten Fällen noch Gegenstand klinischer Beobachtung und therapeutischer Maassnahmen bilden können. Immerhin besitzen wir eine Anzahl derartiger Beobachtungen über Tuberkulose der Gaumenmandeln, sowie der Zungenbalgdrüsen. Eine besondere Bedeutung für die Erkenntnis wie für die Vorhersage haben die Mischinfektionen von Tuberkulose mit Syphilis und sodann die den Chirurgen schon lange bekannte Kombinationen von Tuberkulose und Karcinose.

Wie sehr man bei aller scheinbaren Deutlichkeit der Symptome Täuschungen unterworfen ist, zeigen in lehrreicher Weise Fälle wie der von LANDGRAF[1]). Bei einem Patienten mit doppelseitiger Lungenaffektion bestand in vivo eine Ulceration an der hinteren Larynxwand, die nach dem Ausfall der Bazillenuntersuchung als Tuberkulose angesprochen wurde; die Obduktion ergab dagegen ein zerfallenes sekundäres Karkinom.

Trotz aller diesbezüglichen Bemühungen kann man meines Erachtens auch heute nicht ohne den Begriff einer besonderen örtlichen oder persönlichen Disposition auskommen. Zugegeben, dass bei intaktem Epithel (E. FRÄNKEL) oder allein durch die Drüsenausführungsgänge (HERYNG) eine Bazilleninvasion mit nachfolgender Ausbreitung zu stande kommen könne, so wissen wir schon, dass einerseits nicht jede Impfung Tuberkulose erzeugt und andrerseits lehrt die tägliche Erfahrung, dass die örtliche Reizung eine besondere Rolle spielt. Personen, deren Beruf besondere Anforderungen an den Kehlkopf erheischt, wie Lehrer, Offiziere, solche bei denen das Organ besonderen Reizungen ausgesetzt wird, wie bei Gewohnheitsrauchern, bei Arbeitern in staubigen Werkstätten zeigen eine besondere Neigung zur Erkrankung, um so eher, wenn sie, der Schutzwirkung des natürlichen Respirators, der Nasenhöhle, ganz oder teilweise beraubt, solchen örtlichen Schädlichkeiten direkt ausgesetzt werden. Daneben gehen unverkennbar hereditäre Einflüsse, und endlich sehen wir Tuberkulose des Kehlkopfes nicht so ganz selten auch nach traumatischen Einwirkungen auf das vorher intakte Organ zur Entwickelung kommen. Wir müssen danach annehmen, dass bei einem gewissen Grade der Giftwirkung der Resistenzgrad der Gewebe einen wesentlichen, beziehungsweise die Infektion bedingenden Faktor darstellt, mit anderen Worten, dass der Eintritt der Infektion post invasionem aus zwei Komponenten resultiert: aus der Virulenz der Bazillen und der Resistenz der Gewebe.

Befunde und Diagnose.

Von den spezifischen tuberkulösen Erkrankungen der ersten Atemwege besitzen diejenigen keine besondere klinische Stellung, die im Verlauf, und zwar meistens in den letzten Stadien allgemeiner Tuberkulose, auftreten. Neben diesen Formen der Nasen- beziehungsweise Rachenhöhlentuberkulose besteht meistens eine vorgeschrittene Kehlkopf- und Lungenerkrankung. Es handelt sich um mehr oder weniger grosse, aus dem Zerfall von Tuberkeln hervorgegangene Ulcerationen. An diesen kann man meist noch den buchtigen, wie ausgefressen aussehenden Rand und den entweder glatten oder mit schlaffen Granulationen bedeckten Grund

[1] Charité Annalen XIII.

und geröteten Hof wahrnehmen. Die Nachbarschaft zeigt nicht selten deutlich mittlere, meistens aber etwas grössere grau bis graugelbe etwas opake Knötchen. Das Geschwürssekret, das selbstverständlich mit einem sterilisierten Instrument von der Oberfläche des Ulcus entnommen werden muss, enthält Tuberkelbazillen. Daneben können sich noch frischere grössere Infiltrate und seichtere kleinere Ulcerationen nachweisen lassen, die besonders im Rachen das furchtbare Bild zu vervollständigen pflegen. Geschieht die Propagation der Erkrankungen vorzugsweise unter Bildung der miliaren und submiliaren Knötchen, so spricht man auch von einer akuten miliaren Tuberkulose der betroffenen Schleimhautbezirke. Sie werden meist im Rachen und im Nasenrachenraum, seltener im Larynx beobachtet. Man konnte solche Bilder in der Zeit der Tuberkulinkuren in besonders ausgeprägter Form entstehen sehen und sie entsprachen alsdann den schon vorher von B. Fränkel, Isambert und anderen gezeichneten Skizzen dieses Krankeitsprozesses. Hier wie dort konnte man genau nach der Schilderung[1] (B. Fränkel) die massenhaften frischen Eruptionen der Knötchen neben grösseren und lentikulären Geschwüren, die kolossalen Infiltrationen und Ödeme der Umgebung, die schmerzhaften Infiltrationen der regionären Lymphdrüsen und das rasche Fortschreiten des ganzen Prozesses, in Zerfall und Neueruption, wahrnehmen. Auf eine Reihe von wichtigen und interessanten Krankheitserscheinungen, auf die B. Fränkel hingewiesen hat, möchte ich hier noch besonders aufmerksam machen. Meist im Pharynx an den Seitenwänden beginnend werden alsdann die Gaumenbögen, die hintere Wand und das Velum betroffen. Nach Löri kommt der miliare Tuberkel des Pharynx in Verbindung mit der Erkrankung anderer Organe am häufigsten am Velum und an der Uvula vor. Nur bei der meningitis tuberculosa erscheint er in der Regel zuerst an der pars nasalis. am arcus palatoglossus oder an der hinteren Rachenwand. Der Prozess schreitet gern in querer Richtung fort. Während nun der ösophagus häufig verschont bleibt, findet meist ein Übergreifen auf die pars nasalis und die Nasalflächen des Velums und auf den Zungengrund und -rücken statt. Ist der Kehlkopfteil nicht schon vorher ergriffen, so bleibt er in der Folge jedenfalls nicht verschont. Verkennungen dieser extremen Formen kommen wegen des schnellen, zum Tode führenden Verlaufs, besonders wenn allgemeine Tuberkulose besteht, nicht in Frage, wiewohl Fälle bekannt geworden sind, in denen Fehldiagnosen auf Syphilis zu antiluetischen Kuren und rapiden Verschlimmerungen des Krankheitszu-

---

[1] Berl. klin. Wochenschrift 76, S. 658. Isambert, Annalen des mal. de l'Oreille et des Larynx. Vol. II.

standes geführt haben. In schnell verlaufenden ausgedehnten Fällen finden sich häufig Choroidealtuberkel.

Eher sind Verwechselungen möglich, wenn die miliare Tuberkulose anscheinend vorher gesunde Personen, beziehungsweise solche mit latenten tuberkulösen Heerden befiel. Doch muss als dann die lokale Untersuchung, die Beschaffenheit und die Eruptionsart der Knötchen, der Bazillengehalt des Geschwürsekrets, bei doch noch zweifelhaft bleibenden Formen eine vorsichtige probatorische Darreichung von Jodkalium oder Jodrubidium die Diagnose sichern. Auch hier muss aber an die seltenen, aber wohl beglaubigten Fälle von Mischformen gedacht werden. Ist lokale Tuberkulose nachgewiesen und bestehen gleichzeitig an anderen Stellen Zeichen früherer Syphilis, bessert sich auf Darreichung der Jodate ein Teil der lokalen Erscheinungen, während von einer gewissen Zeit ab ein Stillstand stattfindet, so wird die Diagnose einer Mischinfektion sehr wahrscheinlich.

Die Therapie kann in den fondroyant verlaufenden Fällen akuter miliarer Tuberkulose — wie gleich hier erwähnt werden soll — nur eine palliative sein. Sie beschränkt sich auf Linderung der qualvollen Schlingschmerzen durch Betupfung und Besprühung mit Kokainlösung [5%] und Entfernung des Sekrets aus der Rachen- und Nasenhöhle mit Hülfe von Besprühungen mit $H_2 O_2$-Lösungen.

Eher erfolgreich ist die ärztliche Thätigkeit bei denjenigen Formen der Tuberkulose in den ersten Atemwegen, die entweder wirklich primäre sind oder bei denen wenigstens anderweite Organerkrankungen in den Hintergrund treten. Diese manifestieren sich in verschiedener Weise in der Nasen und Nasenrachenhöhle. Dabei sehen wir, wie es scheint, sogar mit einer gewissen Vorliebe neben der Ulceration den tuberkulösen Tumor zur Entwickelung kommen. Die Invasion der Bazillen führt besonders bei der Infektion des Knorpelseptums zu der Bildung von grösseren, mehr flachen und mit breiter Basis aufsitzenden Granulationsknoten. Bleiben sie ihrer Natur nach unerkannt und unbehandelt, so kommt es frühzeitig im Inneren der Gebilde zur Verkäsung, Erweichung und zum geschwürigen Zerfall. Das Auftreten neuer Knötchen, wie es für die Schleimhauttuberkulose an anderen Stellen längst bekannt ist, ist auch hier von Hajek beobachtet: alsdann findet die Fortpflanzung des Prozesses durch Zerfall und Zusammenfluss der neu erschienenen kleineren Knötchen und tuberkulösen Infiltrationsheerdchen statt. Schäffer[1] beschreibt die nasalen Tuberkelgeschwülste der Nase als vom Septum ausgehende Knollen und Knoten von kleiner Wallnussgrösse, die,

[1] D. med. W. 1886. Schäffer, Nasse.

an der Basis zusammenfliessend, eine ziemlich grosse Fläche einnehmen
können. Die Farbe blass bis dunkelrot, die Oberfläche uneben, höckrig.
himbeerähnlich. Sie rezidivieren leicht. Nach der Entfernung können
sie einen weichen, wallartig umrandeten Substanzverlust zurücklassen,
in dessen Grunde der zum Zerfall neigende Knorpel sich weich anfühlt.
Mikroskopisch findet man Granulationsgewebe mit kleinen Tuberkeln,
gelegentlich Riesenzellen; Tuberkelbazillen in geringer Zahl. Häufig
sind sie gar nicht auffindbar.

Jedenfalls wird man hieraus die Lehre entnehmen, nicht ohne
weiteres jeden geschwürigen Prozess der Nasenscheidewand, wie es
noch vielfach geschieht, der Syphilis zuzurechnen. und auch ohne dass
hervorstechende anderweitige Symptome von Tuberkulose vorhanden sind,
die Untersuchung mit auf diese Erkrankung hin zu richten. Einen Anhaltspunkt wird das Nebeneinander so verschiedener Stadien, wie diejenigen der Geschwürsbildung in Verbindung mit Infiltraten immerhin
geben können. Wenig verlässlich sind die subjektiven Erscheinungen. Ebenso wenig berechtigt die Beschaffenheit des Sekretes
zu sicheren Schlüssen. Ob es übelriechend ist. hängt mehr von den
lokalen Bedingungen zur Stagnation ab als von dem zu Grunde liegenden Prozess. Eher ist, wenn nur das Septum betroffen ist, noch der
Sitz des erkrankten Bezirks in Betracht zu ziehen. Alle Beobachter
stimmen darin überein. dass die Erkrankungen des knöchernen Septums
im allgemeinen für Syphilis sprechen; die des knorpligen schliessen
allerdings diese Erkrankung durchaus nicht aus. Aber auch dieses
Zeichen wird unsicher sowie noch andere Partieen, wie die untere
Muschel, oder Teile der Wandungen des retronasalen Raumes mit-
erkrankt sind.

Bedeutungsvoll ist das Auftreten miliarer Tuberkel in der Nachbarschaft der Ulcerationen. HAJEK, von dem wir die Beobachtung anführten, dass diese durch Zufall und Zusammenfluss zu ausgedehnter
Verbreitung der Schleimhautzerstörungen führen, warnt indes, wie vor
ihm WEICHSELBAUM, vor der Verwechselung dieser Tuberkel mit den ähnlich aussehenden. aus weissen Blutkörperchen aggregierten Septumknöt-
chen, die eine harmlose Begleiterscheinung einfacher katarrhalischer Prozesse
sind. So kann in der That der Fall eintreten, dass bei negativem Ausfall der Bazillenuntersuchung des Geschwürssekretes erst eine weitere
Beobachtung des Falles mit probatorischer Darreichung eines antiluetischen
Mittels. bei Tumorenbildung die histologische Untersuchung nach der
Exstirpation oder Probeexcision zu der erwünschten Sicherstellung
führt. HAJEK[1]) fand — ich halte eine kurze Anführung dieses Falles

[1]) Die Tuberkulose der Nasenschleimhaut. Wien 1889.

für recht lehrreich — bei einem 30jährigen Patienten neben einem
flachen granulierenden Geschwür des knorpligen Septums einen haselnussgrossen Tumor im Nasenrachenraum. der dem weichen Gaumen
aufsass und den grössten Teil der Choanalmündung verdeckte. Die
Untersuchung des Geschwürssekrets fiel 4 mal negativ aus, ebenso die
der Schnitte von den Granulationen des Geschwürsgrundes. Erst die
histologische Untersuchung des nunmehr exstirpierten Tumors -- HAJEK
glaubte auch an ein Sarkom denken zu müssen — zeigte in einem
von zahlreichen fibrösen Zügen durchsetzten Granulationsgewebe sehr
spärliche Riesenzellen. Nur an der Kuppe der Geschwulst, wo der
Tumor ulceriert war, fanden sich in sehr spärlicher Anzahl Tuberkelbacillen vor. Nun wurden Stücke vom Grunde des Septumgeschwürs
noch einmal und zwar mit tiefen Schleimhautschichten zusammen ex-
cidiert und nun zeigte sich. dass in diesen tiefen Schleimhautpartieen
sehr zahlreiche Tuberkelbazillen vorhanden waren.

Ausgedehntere Geschwürsbildung des Nasenrachenraumes findet
sich nicht in den fortgeschrittenen Stadien allgemeiner Tuberkulose.
WENDT[1]) fand sie meist mit Darmverschwärungen gleichzeitig und dann
entweder an der Rachentonsille und der hinteren Wand gemeinsam
oder auch nur an einem kleineren Bezirk eines Recessus oder des
Tubenwulstes. Gegenden, die dann in ihren oberen Teilen tief ausgenagt
waren.

Im Rachen wird die Erkrankung der miliaren Formen sowie der
selteneren Infiltrationen hiernach und nach der oben bei der Besprechung der akuten miliaren Tuberkulose gegebenen Beschreibung unschwer
zu erkennen sein.

Die gewöhnlichere Erscheinungsform ist erst die Ulceration. In
vorgeschrittenen Fällen finden wir fast alle sichtbaren Teile des Mund-
rachenraumes von den charakteristischen flachen. mit zackigem Rande
versehen, von schlaffen Granulationen umgebenen Ulcerationen bedeckt.
In anderen Fällen finden sie sich nur am Velum oder der hinteren
Rachenwand, oder an einzelnen Bezirken des Nasenrachenraumes.
Ebenso können mehr oder weniger grosse Partieen des lymphatischen
Rachenringes in jedem seiner Abschnitte befallen werden. (STRASSMANN,
LUBLINSKI).

Die frischen Tuberkel in der Umgebung werden erst deutlich sichtbar, wenn sie schon Zerfallserscheinungen zeigen. Indem durch ihren
Zerfall und Zusammenfluss die weitere Vergrösserung der Geschwüre
zu stande kommt, bieten sie regelmässig jene zackige, wie ausgenagt

---

[1]) WENDT. Krankheiten der Nasenrachenhöhle und des Rachens. S. 296.

oder abgefressen aussehende Beschaffenheit des Randes dar. Gelegentlich sieht man neben ganz kleinen Granulationen in der Umgebung auch grössere Konglomerate. In der weiteren Peripherie ist die Schleimhaut oft angeschwollen und ödematös, an anderen Stellen auffällig blass. graugelb und atrophisch. Die Frage, ob tuberkulöse Ulcerationen bei vollkommener oder oberflächlicher Heilung zu sichtbaren Narbenbildungen führen, ist noch strittig, vermutlich wegen der grossen Seltenheit wirklich primärer Fälle und der noch grösseren Seltenheit wirklicher Heilung. Fälle, in denen eine Benarbung infolge chirurgischer Eingriffe oder tiefgreifender Ätzungen eintritt, sind natürlich für die Entscheidung dieser Frage nicht zu verwenden.

Die Tuberkulose der retropharyngealen Lymphdrüsen und die caries tuberculosa der Halswirbel sind schon als primäre Ursache eines Teiles der retropharyngealen Abscesse von uns erwähnt worden. Einen besonderen Verlauf derartiger Abscedierungen hat Löri nach mehrfachen Beobachtungen beschrieben. In diesen Fällen kam es nämlich zu einer ein- oder doppelseitigen Hervorwölbung und Verhärtung der seitlichen Abschnitte der hinteren Pharynxwand. Sie persistierten Wochen und Monate lang, ohne dass auch nur Farbeveränderungen sich zeigten oder Fluktuation eintrat. Erst nach dieser Zeit bildet sich ohne Vergrösserung der Schwellung an den betreffenden Stellen ein gelblich durchscheinender Fleck, aus dem eine dünne, Flocken enthaltende Flüssigkeit hervorsickert und in dem nunmehr die Sondierung einen oft mehrere Centimeter grossen Hohlraum ergiebt. Nun erst kommt es zu schnellerer eitriger Einschmelzung der Wandungen und Ränder. Bei doppelseitigem Auftreten fliessen die Heerde zusammen und es entsteht ein grosses tuberkulöses Geschwür mit unterminierten kallösen, flottierenden Rändern.[1]

Ein ausserordentlich seltenes Ereignis ist die Fortpflanzung einer tuberkulösen Ulceration vom Pharynx auf den Kehlkopf. Viel gewöhnlicher ist der umgekehrte Weg, indem zerfallene Kehlkopfinfiltrationen sich längs den pharyngoepiglottischen Falten nach oben verbreitern.

Die Manifestationen der Tuberkulose im Kehlkopf und in der Luftröhre gehören neben den infolge des Typhus und der Syphilis auftretenden Veränderungen zu den häufigsten Krankheitsprozessen dieses Organs. In der Trachea wie im Larynx kommt es durch den Zerfall der zuerst submukösen und subepithelialen Infiltrationen zu mehr oder weniger ausgebreiteten Zerstörungen des Epithels und damit zur tuberkulösen Ulceration. Sie sind bald gross, tief und ausgedehnt,

---

[1] Löri. l. c. 107.

bald von winziger Grösse. Es können diese lentikulären Geschwüre schon bei der Autopsie, noch mehr also bei der Betrachtung in vivo sehr leicht der Untersuchung entgehen. Dasselbe gilt von den miliaren Tuberkeln, die bei der Spiegeluntersuchung vollkommen unsichtbar bleiben, besonders wenn sie in den tieferen Trachealabschnitten und in submiliarer Grössenentwickelung auftreten. In vielen Fällen sehen wir epitheliale Verdickungen und papiläre Wucherungen bald über einer kleinen Infiltration, bald in der Umgebung von Ulcerationen als den Ausdruck einer besonderen Reaktion dieser Stellen gegen die Reizung durch den spezifischen Krankheitsprozess. Wird bei weiterem Eindringen des Prozesses in die Tiefe die Substanz der Drüsen angegriffen, so gehen sie entweder durch Kompression zu Grunde, indem die kleinzellige Infiltration sich als eine interacinöse vordrängt oder es kommt eine intraacinöse Erkrankung zu stande, indem die Drüsen sich in eine feinkörnige Masse verwandeln und mit der Umgebung verschmelzen. Heinze sowohl wie Schech fanden in dieser Schicht Tuberkelbazillen auf. Neben diesen spezifischen Prozessen finden sich auch durch Streptokokken- und Staphylokokken-Infektion bedingte Erkrankungen. Diese können nach den Untersuchungen E. Fränkel's[1]) begleitend oder in ähnlicher Weise wie beim Typhus für sich auftreten. Doch scheinen solche von vorn herein nicht spezifische Prozesse nur in einer verschwindend kleinen Zahl der Fälle vorzukommen. E. Fränkel fand selbst nur zweimal derartige flache Ulcerationen an den Stimmfortsätzen und stellt sie den im Verlaufe des Abdominaltyphus ebenda auftretenden mykotischen Epithelialnekrosen zur Seite. Es liegt auf der Hand, dass später in diesen Herden leicht Gelegenheit gegeben ist für eine sekundäre baciläre Invasion.

Im übrigen kommt er zu dem Schluss, dass die tuberkulösen Veränderungen des Kehlkopfs auf eine Bazilleninvasion von der Oberfläche her zurückzuführen sind und dass die Einschleppung von der Lymphoder Blutbahn die Ausnahme bildet. Die Bazillen gelangen durch die völlig intakten oder hinsichtlich ihres Zusammenhangs alterierten Epithelzellen in die tieferen Gewebsschichten; das Hineingelangen der Bazillen in das Epithel der Schleimdrüsengänge (Heryng) hält er für extrem selten.

Was die sekundären Streptokokken- und Staphylokokkeninfektionen anlangt, so kommen sie nach E. Fränkel's Untersuchungen zwar in einer beachtenswerten Reihe von Fällen vor, ohne dass indes ihre Anwesenheit für das Zustandekommen selbst schwerer Destruktionen notwendig ist.

---

[1]) E. Fränkel. Virchow's Archiv. 121. Untersuchung über die Ätiologie der Kehlkopftuberkulose.

Die Frage von der primären Larynxtuberkulose, die heute ziemlich
allgemein angenommen wird, war lange Zeit Gegenstand lebhafter Erörterungen.

Heinze[1]) fand in seinen ausserordentlich sorgfältigen Sektionsbe-
obachtungen keinen sicheren Anhaltspunkt für das Vorkommen einer
primären Kehlkopftuberkulose und zwar sowohl in dem Sinne dieses
Begriffes, dass der Kehlkopf von der Tuberkulose zuerst von allen Organen ergriffen wird, während die Lunge überhaupt nicht tuberkulös
erkrankt, als in dem anderen, dass er nur eher ergriffen wird als die
erst sekundär erkrankende Lunge. Will man nun aber auch die klinische
Beobachtung von Beobachtern wie Waldenburg, Stoerk und anderen, die
primäre Larynxtuberkulose entstehen und heilen sahen, im Hinblick auf
die Fehlerquellen unserer Diagnostik nur bedingt gelten lassen, so ist
doch auch zu berücksichtigen, dass die rein pathologisch-anatomische
Betrachtung mindestens dieselbe Einschränkung erfahren muss. Lehrt
sie doch immer nur die Ausgänge der Prozesse zweifelfrei, während
die ersten wahrscheinlich auf mehreren Wegen möglichen Anfänge desselben auch hier oft genug unsicher bleiben. Zu bemerken ist noch,
dass Heinze die tuberkulösen Trachealgeschwüre erheblich seltener an-
traf als andere Pathologen. Unter 1226 tuberkulösen Leichen fand er
bei 376 Larynxerkrankungen nur 99 Fälle mit Trachealgeschwüren.

Durch tiefgreifende tuberkulöse Infiltration mit nachfolgendem Zerfall, durch tiefer dringende tuberkulöse Ulcerationen, besonders an den
Stimmbändern, oder auch durch sekundäre Streptokokkeninfektion kommt
die Perichondritis der Kehlkopfknorpel mit ihren Folgen zu stande:
Eiterungen, Abhebungen des Perichondriums, Nekrose. Ähnliche Prozesse sind in der Luftröhre beobachtet. (Perichondritis trachealis.)

Wir besitzen schon aus früherer Zeit Beschreibungen von Fällen,
in denen durch Fistelbildung und Exfoliation nekrotischer Knorpelstücke eine Art spontane Heilung der schlimmsten tuberkulösen Larynxstenosen erfolgte. Plagge[2]) sah bei tuberkulöser Perichondritis mit
nachfolgender Abszessbildung durch spontane Eröffnung der cartilago
cricoidea für 2 Jahre lang die drohendste Suffokation von selbst verschwinden. Oppolzer[3]) berichtet einen Fall von hochgradiger Kehlkopftuberkulose mit Larynxstenose, wobei die Naturheilung der Stenose
durch spontane Abscessbildung zwischen Schild- und Ringknorpel und
nachfolgende Bildung einer persistierenden Kehlkopffistel zu stande kam.

---

[1]) Die Kehlkopfschwindsucht, Leipzig 1879.
[2]) Mem. a. d. Prax. III, II 1858.
[3]) 1844 Ref. Canst. J. 1859.

In diesen Fällen hat es sich jedenfalls um sekundäre Kokkeninfektion gehandelt. Kommt es durch besonders extensive Ausbreitung des spezifischen Prozesses auch zu einer spezifischen perichondralen Infiltration, so führt sie am Knorpelseptum der Nase zu passivem Zerfall durch Erweichung und fettiger Entartung der Knorpelsubstanz.

Im Larynx werden umschriebene, in das Höhlenlumen hineinragende Infiltrate, die tuberkulösen Tumoren, beobachtet. Nach den vorliegenden Berichten gelingt es, wenn sie scheinbar primär auftreten, meist erst nach der Exstirpation durch die histologische Untersuchung, beziehungsweise durch den weiteren Verlauf des Erkrankungsfalles, ihre Natur sicher zu stellen. In dieser Beziehung besteht eine gewisse Analogie für die Diagnostik mit den tuberkulösen Nasen- und Rachenhöhlentumoren. Bei besonders gross entwickelten oder multipeln[1]) Tumoren ist einige Male die Spaltung des Kehlkopfes erforderlich gewesen.

Über die Diagnose der Mischinfektion ist den oben gegebenen Betrachtungen nichts hinzuzufügen. Hier nur noch soviel, dass kompliziertere Formen auch nur selten aus dem Bilde allein diagnostiziert werden können. Dagegen hält B. FRÄNKEL[2]) die lentikulären, aus dem Zerfall isolierter oder konfluierter, subepithelialer Tuberkel entstehenden Geschwüre für wohl differenzierbar. Von differentiell diagnostischer Bedeutung gegenüber der Syphilis ist weniger die Lokalisation als das Aussehen der Geschwüre. Dass die syphilitischen Geschwüre die Epiglottis bevorzugen, die von Tuberkulose besonders selten befallen werden soll, ist eine von den Regeln, die durch die Menge der Ausnahmefälle an lateinische Genusregeln erinnern. Bedeutungsvoller ist, dass die Umgebung der tuberkulösen Geschwüre gewöhnlich einen roten Entzündungshof zeigt und dass der Geschwürsrand nach sorgfältiger Reinigung von den den Grund einnehmenden schmierig speckigen Sekretbeilagen wiederum jenes ausgezackte Aussehen zeigt, während die syphilitischen Ulcera eine mehr rundliche Gestalt haben. Sehr wichtig ist dann deren gewöhnliche Komplikation mit Pharynxlues, sowie ihr schnelles Fortschreiten, wenn sie sich selbst überlassen sind, einerseits und die schnelle Benarbung auf antisyphilitische Behandlung hin andererseits. Die bakteriologische Untersuchung kann natürlich nur bei positivem Ausfall verwertet werden.

Wenn nicht gleich im Beginn der laryngealen Erkrankung der Prozess in besonders extensiver Weise sich ausbildet und — ein glücklicher Weise seltenes Ereignis — sich über das ganze Gebiet des Kehl-

---

[1]) HENNIG S. 369. 1888 Berl. kl. Wochen.
[2]) 1883. Berl. kl. W.

kopfes ausbreitet, so kann man ein Anfangsstadium beobachten, bestehend in einer umschriebenen, manchmal nur einen winzigen Bezirk einnehmenden Infiltration. Eine Lieblingsstelle für diese Frühform ist die hintere Larynxwand, und es empfiehlt sich, um diese diagnostisch sehr wichtige Stelle richtig zu untersuchen, die Anwendung der KILIAN'schen Methode[1]): „Nach Entfernung aller, die freie Beweglichkeit des Halses hindernden Kleidungsstücke soll der Kranke bei aufrechter Körperhaltung den Kopf stark nach vorwärts beugen, und zwar so weit, bis es gelingt, die hintere Larynxwand ganz zu sehen.

Meist empfiehlt es sich, dabei den Kranken stehen zu lassen, während der Arzt vor ihm kniet. „So gelingt es, die hintere Larynxwand samt einem kleineren oder grösseren Stück der hinteren Wand der Trachea vollständig und genau zu betrachten." Es empfiehlt sich auch, bei dieser Untersuchungsmethode noch seitliche Spiegelstellung zu Hilfe zu nehmen.

Nun wissen wir, dass die hintere Larynxwand zuerst vom Kehlkopfe erkranken kann, ja, dass ihre Infiltration vor nachweisbaren Lungenerscheinungen bestehen kann. Man wird deshalb, wie schon oben erwähnt, in diesen Fällen mit der Diagnose Pachydermie vorsichtig sein müssen, zumal auch die Pachydermie eine tuberkulöse Erkrankung im weiteren Verlauf durchaus nicht ausschliesst, und wird gut thun, bei multipeln zapfenförmigen Exkrescenzen auch ohne sonstige Veränderungen an Tuberkulose zu denken. Isolierte kegelförmige, bald spitzige, bald mehr flache Prominenzen können laryngoskopisch zu Zweifeln Veranlassung geben, sollten aber jedenfalls die Veranlassung zu einer ganz besonders eingehenden Gesamtuntersuchung bieten.

Was die Ulcerationen dieser Gegend anlangt, so hat KILIAN gezeigt, dass sie bei gewöhnlicher Untersuchung nur zu einem kleinen Teile zugänglich sind, während bei der Untersuchung nach seiner Methode leicht der ganze Grund des Geschwürs zur Anschauung gebracht werden kann. Dass die Infiltrationen dieser Gegend besonders häufig sind und besonders leicht zur Ulceration führen, liegt wahrscheinlich an ihrer besonderen Gefährdung beim Husten und Räuspern, in Verbindung mit der Infektion durch das Passieren bacillenhaltigen Sekretes von den Lungen. Häufig bildet sich dann eine Reihe von später konfluierenden, krater-

---

[1]) Wenngleich die dabei angewandte Methode in ähnlicher Weise wohl von den meisten Laryngologen automatisch gebraucht worden ist, so ist doch die bewusste und vollkommen ausgebildete Technik KILIAN's von so hoher Bedeutung für den Lernenden, dass wir hier derselben gedenken zu müssen glauben. Wir folgen dabei den von KILIAN's Schüler, KELLER, gegebenen Vorschriften. (München 1892. RUDOLF KELLER. Zur Tuberkulose der hinteren Larynxwand.)

förmigen Geschwüren aus mit zackigen, unterminierten Rändern, die mit kleineren oder grösseren Prominenzen besetzt sein können. Die Infiltration der Stimmbänder zeigt sich durch Farben-, Gestalts- und Volumsveränderungen. Einseitige Erkrankung ist häufig, und eine Reihe von Beobachtern halten an einer Korrespondenz zwischen der betroffenen Larynx- und Lungenseite fest. Ich halte — wie oben erwähnt — dieses Zusammentreffen, dessen Unerklärbarkeit zugegeben wird, für noch nicht erwiesen. Das erkrankte Stimmband wird zunächst glanzlos, gelbrot, verliert die scharfen Contouren, erscheint nach oben gewölbt und ausserdem, besonders bei seitlicher Spiegelstellung vom freien Rande her betrachtet, abgerundet „walzenförmig" und im ganzen vergrössert. In anderen Fällen ist nur ein Teil der Chorda stärker infiltriert und erscheint als Knoten oder Buckel.

Die Stimmbandinfiltration neigt, zumal bei entsprechender allgemeiner und Lokalbehandlung, weniger zum Zerfall, als diejenige der hinteren Wand. Kommt es zur Verschwärung, so folgt diese gern dem Längenzuge der elastischen Fasern bald als einfache lineare Ulceration (Lippengeschwür), bald als mehrfache, das Stimmband zerfressende oder in Etappen zerlegende Reihe von Geschwüren, die alsdann zusammenfliessen. Kleinere, schärfer umschriebene Formen bilden sich über den Spitzen des Stimmfortsatzes. Diese wie jene können durch die ganze Substanz in die Tiefe dringen und führen dann zur Perichondritis und Chondritis arytaenoidea. Wiederholt ist die Exfoliation und Aushustung des erweichten und nekrotisierten Arytaenoidknorpels beobachtet worden. In anderen Fällen wird bei Zerstörung und Defektbildung der oberen Ringknorpelplatte der Aryknorpel nach aussen oder innen luxiert, oder es kommt nach Ablauf einer Entzündung des Cricoarytaenoidgelenks zur Fixation desselben durch Bindegewebsschwielen[1]. Sehr selten findet man Perichondritis thyreoidea. SCHECH[2] erinnert an die Möglichkeit der völligen Abtrennung der Glottis ligamentosa vom processus vocalis. Es ist erklärlich, dass bei genügender Tiefenentwickelung auf einer umschriebenen Ulceration unter der traumatischen Mitwirkung heftiger Hustenstösse eine solche Abtrennung herbeigeführt werden kann.

Die Infiltration der Taschenbänder finde ich überwiegend oft doppelseitig. Sie nimmt häufiger die ganze Masse der Taschenbänder ein, als einen Teil. Der hauptsächlichste Effekt der zustande kommenden

---

[1] SCHECH, l. c. S. 2107.
[2] Die Tuberkulose des Kehlkopfes und ihre Behandlung. VOLKMANN's Sammlung klin. Vorträge No. 236.

Volumsvermehrung ist im Bilde die Überrragung der Stimmbänder. Man bekommt entweder einen ganz schmalen Saum oder nur ein Stückchen von den hinteren Partieen, oder überhaupt keine Spur mehr von ihnen zu sehen. Die Oberfläche braucht zunächst keine Verfärbung oder nur eine geringe Rötung, oder eine mehr gelbrote opake Beschaffenheit zu zeigen. Sie kann uneben und bucklig, aber auch ziemlich glatt aussehen. Die Konsistenz des allseitig verdickten Gebildes erweist sich bei der Betastung mit dem Tupfer oder einer dicken Sonde meist als ziemlich hart und starr. Die Taschenbandinfiltrationen können ziemlich lange unverändert bleiben. Kommt es zur Verschwärung, so werden nach SCHECH zuerst die am meisten prominenten, unebenen und höckerigen Partieen betroffen. Nach ihm kommt es zuerst entweder zu einer siebartigen Durchlöcherung der Schleimhaut oder zu einem das ganze Taschenband einnehmenden wuchernden Flächengeschwür.

Die tuberkulöse Infiltration der ligamenta aryepiglottica tritt meist einseitig auf oder ist wenigstens auf der einen Seite besonders stark entwickelt. Die Volumszunahme und der Verlust der Contour — Veränderungen, die die Infiltration als solche bedingt — vermehren sich durch mehr oder weniger hochgradiges Ödem. Besonders auffällig wird die so entstehende Wulst- und Geschwulstbildung, wenn die Infiltration und das konsekutive Ödem der aryepiglottischen Falten sich mit einer Infiltration des Kehldeckels vergesellschaftet. Die Epiglottis schwillt an, wird rigide und unbeweglich. Die Infiltration kann lange Zeit bestehen bleiben, die Verschwärung findet am Rande und an der vorderen Fläche statt. Der Zerfallsprozess stimmt mit dem von den Taschenbändern beschriebenen überein.

Die tuberkulöse oder sekundär eitrige Entzündung des Kehldeckelknorpels kann, wie es scheint, zu Defektbildungen führen, die, wenn sonst keine diagnostisch verwertbaren Veränderungen vorhanden sind, leicht mit syphilitischen Erkrankungen verwechselt werden können.

STOERK[1]) legt hinsichtlich dieses Gegenstandes auf den Nachweis einer Narbe ein sehr grosses Gewicht. Nach ihm gestatte die Anwesenheit einer Narbe mit Sicherheit die Diagnose auf Syphilis, da er unter vielen tausend Fällen von Larynxtuberkulose nur zweimal Stimmbandnarben habe beobachten können, die als bestimmt von einem tuberkulösen Geschwür herrührend gedeutet werden mussten. —

Die gegebenen Schilderungen lassen den allgemeinen Schluss zu, dass nicht selten frühe Erscheinungen auch bei genauer laryngoskopischer Kontrolle der Beobachtung entgehen müssen, weil sie eben bei der

---

¹) Klinik d. Krankh. d. Kehlkopfes, S. 277.

makroskopischen Betrachtung nicht sicher wahrnehmbar sind. Ferner muss bemerkt werden, dass in vielen Fällen, wo wir eine umschriebene, vielleicht als Frühform anzusprechende Veränderung sehen, bereits in der Tiefe oder in weiterer Ausdehnung grössere Veränderungen vorliegen, als wir durch unsere Untersuchungsmethoden bestimmen können. Endlich bleibt der Zweifel übrig, ob nicht gerade vielfache miliare Infiltrationen neben deutlich tuberkulösen Veränderungen oder ohne solche uns unter dem Bilde eines schwer zu beeinflussenden chronischen Katarrhs oder einer Ernährungsstörung der Schleimhaut oder einer Kombination derartiger Zustände erscheinen können.

In nicht seltenen Fällen sehen wir in der That bei vorgeschrittener Lungentuberkulose keinerlei Infiltrationen, sondern nur das Bild einer schweren Anämie oder eines ziemlich unverändert bleibenden chronischen Katarrhs bis zum Ende bestehen bleiben. Es ist noch die Frage, wie weit es sich dabei wirklich um tuberkulöse, mit unseren Untersuchungsmitteln nicht differenzierbare Erkrankungen handelt oder um blosse Begleiterscheinungen nicht tuberkulöser Natur. Schon für die pharyngoskopische Untersuchung war lange Zeit die tiefe und scharf abgegrenzte Anämie der Rachenschleimhaut auffallend, die den älteren Beobachtern als signum mali omnis erschienen war. Diese anämische, bläulichweisse Verfärbung der Schleimhaut sieht man oft sich in den Nasenrachenraum und in die Nasenhöhle, sowie in den Kehlkopf und in die Luftröhre fortsetzen. Daneben geht eine entschiedene Hyperaesthesie der Rachen und Kehlkopfschleimhaut. Ebenso sind seit langem Störungen der Motilität, besonders der Adduktoren, bekannt. So weit es sich dabei um tuberkulöse Kehlköpfe handelt, können wir mit GOTT-STEIN[1]) die von E. FRÄNKEL gefundenen Erkrankungen der kontraktilen Substanz in der Kehlkopfmuskulatur dafür verantwortlich machen. Für andere Fälle dürfen wir aber an der älteren, von SCHÄFFER vertretenen Deutung festhalten, wonach Druckwirkungen auf den nervus recurrens seitens einer infiltrierten Lungenspitze sie verursachen. Dafür spricht auch die in der That hier überwiegend zutreffende Übereinstimmung der erkrankten Kehlkopf- und Lungenseite. Diesen Fällen von Recurrenslähmung stehen diejenigen gegenüber, in denen einzelne Muskeln oder Muskelgruppen, so die Spanner oder die Verengerer, oder beide zusammen mehr oder weniger unvollkommen funktionieren, weil die betroffenen Muskeln selbst erkrankt sind. Daran schliessen sich diejenigen Fälle, in denen mechanische Bedingungen vorliegen, die die Leistungen der selbst sonst intakten Muskulatur aufheben oder behin-

---

[1]) l. c.

dern. So verhindern z. B. Infiltrationen der Interarytaenoidgegend den vollkommenen Schluss der Stimmritze.

Symptomatologie.

So verschieden sich das Bild der objektiven Veränderungen bei der Larynxtuberkulose gestaltet, so sehr wechselt nach dem Grad und der Ausbreitung der Erkrankung am Orte selbst und an anderen Organen die Beschaffenheit und Schwere der Symptome.

In dem einen Falle sehen wir den Träger eines Infiltrates mit mässiger stationärer Lungenerkrankung Jahre lang ein leidlich beschwerdefreies Dasein führen, wir sehen sogar lentikuläre Geschwüre in der Nachbarschaft des Infiltrates spontan heilen. In anderen geht der Prozess schleunig in die Tiefe, oder der Kranke erliegt akuter allgemeiner oder örtlicher miliarer Tuberkulose. In manchen Fällen verlaufen beträchtliche Infiltrate lange Zeit mit äusserst schwankenden und geringen Symptomen, erst laryngostenotische Erscheinungen bei weiterer Ausbreitung des Prozesses in das Larynxlumen führen zur Entdeckung. In anderen wieder sehen wir bei verhältnismässig geringen Erscheinungen die quälendsten Schluckbeschwerden das Leben des Kranken verbittern und durch die Behinderung der Ernährung abkürzen.

Die Prognose der Erkrankung ist danach immer, nur unter der Berücksichtigung des Verlaufs und aus der Eigentümlichkeit des einzelnen Falles heraus oft erst nach einiger Zeit der Beobachtung zu stellen und hat den Ernährungszustand, den Lungenbefund und vornehmlich die Möglichkeit einer rationellen Therapie zu berücksichtigen. Wenn irgendwo, so ist gerade dieser Umstand hier für die Prognose des ganzen Verlaufs zu verwerten.

Da — wie allgemein bekannt — der Versuch einer kausalen Behandlung der Tuberkulose im Augenblick gescheitert ist und auch die diagnostische Verwertung der Tuberkulininjektion zu wenig sichere und gefahrlose Ergebnisse bildet, als dass man ihrer zunächst nicht besser noch entraten sollte, so ist es umsomehr anzuerkennen, dass wenigstens die lokale Behandlung der Larynxtuberkulose in ihrer modernen Entwicklung zu Resultaten gekommen, denen gegenüber ein Festhalten an dem Pessimismus sans phrase einer bequemen Unterlassungssünde ziemlich ähnlich sehen kann. Wir können sagen, dass die lokale Behandlung der Larynxtuberkulose entweder Heilung oder Stillstand in einer Reihe von Fällen herbeizuführen im stande ist. Freilich sind wir bei keinem in der Lage, das Resultat mit Sicherheit vorher abzuschätzen oder einen Erfolg etwa mit derselben Sicherheit vorherzusagen, wie bei

der Syphilis. Das liegt schon in der oben gegebenen Andeutung über
die Grenzen unserer Erkentnis von dem Stande des Prozesses in vivo.
In wie weit aber unsere Maassnahmen im stande sein können, bei der
Stellung der Prognose nach Lage des Falles mit verwertet zu werden,
sollen die nachfolgenden, der Therapie gewidmeten Betrachtungen lehren.

Therapie.

Schwächliche Kinder, die hereditär belastet sind, durch frühzeitige
lungengymnastische Erziehung und dauernde allgemeine hygienische
Beaufsichtigung zu retten, ist eine ebenso wichtige, als dankbare Aufgabe. Wie aber, wenn eine Lungenerkrankung tuberkulöser Natur besteht, giebt es ein Prophylaxe gegen die drohende komplizierende Kehl-
kopferkrankung? Wir wissen das nicht genau. Sicher ist aber, dass
es sich wohl verlohnt, auch sonst unbeachtet ·bleibende Katarrhe bei
solchen Kranken auf das sorgfältigste nach den von uns besprochenen
Regeln zu behandeln und vor allem, wo es nötig ist, durch Wiederherstellung der freien Nasenatmung dauernde Reizungen der Rachen- und
Kehlkopfschleimhaut zu verhüten. Über diesen Punkt ist den gegebenen
Regeln nichts hinzuzufügen, so weit es sich um die Freilegung der Nase,
die Beseitigung stenosierender Schwellungen und Verdickungen in der
Nasen- und Nasenrachenhöhle handelt. Nur dass man denjenigen Methoden den Vorzug geben wird, die das ohne oder mit dem geringsten
Blutverlust ermöglichen und dass man von eingreifenderen Maassregeln,
Resektionen und ähnlichen Operationen am Septum oder an den Muscheln
bei solchen Kranken Abstand zu nehmen hat. Hier ist ein weiteres Feld für
schonende galvanokaustische und für die elektrolytische Behandlungsweise
einerseits und für die Behandlung durch Schleimhautmassage andererseits. Diese von genügend geübter Hand mit Konsequenz durchgeführt,
ist vielleicht das schönste und sicherste Mittel, um die Depletion der
Mukosa herbeizuführen und ihre Hyperästhesie zu beseitigen. Es empfiehlt sich, ihre Anwendung auf die Nasenhöhle und die Rachenschleimhaut zu beschränken, für den Katarrh des Kehlkopfes dagegen von den
unter diesem Abschnitt besprochenen Mitteln zur Instillation, besonders
von den Menthollösungen fleissig Gebrauch zu machen.

Im übrigen lässt sich die Therapie der tuberkulösen Erkrankungen
der ersten Atemwege nach zwei Gruppen betrachten. Die Behandlung
der örtlichen Erkrankungen kann, so weit unsere augenblicklichen Erfahrungen es lehren, mit einer Aussicht auf Erfolg nur unternommen werden, wenn es uns gelingt, den Heerd zu eliminieren oder bei tuberkulösen Ulcerationen, wenn es uns gelingt, durch chemisch wirkende

Mittel eine Reinigung des Geschwürsgrundes und Benarbung herbeizuführen.

Eine zweite Gruppe bilden diejenigen Fälle, in denen der Allgemeinzustand, vorgeschrittene, beziehungsweise vorschreitende Lungen-
oder Darmtuberkulose, amyloide Degeneration oder tuberkulöse Erkrankung
der Nieren oder andere ähnlich schwere Komplikationen ohne weiteres
unsere lokaltherapeutischen Maassnahmen verbieten.

Hier wird man sich in jedem einzelnen Falle die Frage vorlegen
müssen, ob das, was man durch die örtliche Behandlung anstrebt, die
Plage verlohnt, die man dem herabgekommenen Kranken damit verursacht. In den weitaus meisten Fällen wird man sich darauf beschränken
müssen, die quälendsten Erscheinungen palliativ zu behandeln. Der
unerträglich quälende Hustenreiz, die andauernden, häufig in das Ohr
ausstrahlenden Schmerzen bei Kehlkopf- und Rachentuberkulose, die
dadurch verursachte Dysphagie sind die hauptsächlichsten Symptome,
um deren Linderung es sich hierbei handelt. So weit die Nachbehandlung ausgedehnter flacher Ulcerationen auszuführen ist, kann eine Lokalbehandlung durch Einpinselung, Bestäubungen und Besprühungen mit
einer Kombination von Medikamenten angewandt werden, so dass eine
schonende baktericide Einwirkung auf den Geschwürsgrund mit der lokal-
anästhetischen des Kokains oder des Menthols, oder beider vereinigt
zu stande kommt. Wo in der Zwischenzeit Inhalationen noch ohne zu
grosse Schwächung und Atemnot vertragen werden, können sie daneben
verordnet werden.

Eine recht zweckmässige Zusammenstellung zur Insufflation ist die
folgende von Jodol mit Morphium:

pro dosi Morph. mur. 0,006
Jodoli   0,25
oder als Vorratsmischung: Jodoli   15,0
Acid. borac. 5,0
Morph. mur. 0,5.
D. S. zu Händen des Arztes.

Vor der Insufflation muss bei schwachen Kranken der Grund mit
dem Kokainpinsel gereinigt werden, da längere Besprühung und Inhalation meist nicht vertragen werden. Zu Einpinselungen empfiehlt sich
unter derselben Präparation die Anwendung schwächerer Menthol-
lösung.

Zur Inhalation erwies sich mir die folgende von SCHNITZLER angegebene Zusammenstellung recht praktisch:

Bals. peruv.   0,25
F. l. a. emuls 250,0—500,0
Kokain mur.   0,25
Natr. benz. ⎫
Ag. lauroc. ⎬ a/a 5—10
Ol. menth. pip. gtt. V.

Man beginnt mit schwächeren Dosen und steigt allmählich an.

Zwischen diesen beiden Hauptgruppen unserer Behandlungsmethode, der rein palliativen und den örtlich und gleichzeitig kausal eingreifenden Behandlungsmethoden, stehen einige, die ich als Übergang zwischen beiden bezeichnen möchte, und eine, die eine besondere Stellung einnimmt, die Methode der Tuberkulinbehandlung.

Es ist hier nicht der Ort, über die Theorie und die kurze Geschichte der praktischen Verwertung der Methode zu sprechen. Da aber von mehreren Seiten an der diagnostischen Verwendung kleiner Tuberkulindosen (bis zu 1 mg) festgehalten wird, so möchte ich betonen, dass, wenn von der therapeutischen Verwendung wegen der möglichen Gefahr einer Verschleppung und Übertragung des Giftes abgesehen werden soll, von der diagnostischen jedenfalls abgesehen werden kann. Ich möchte dagegen empfehlen, jede zweifelhafte Ulceration, sobald Lues ausgeschlossen ist, als Tuberkulose anzusehen und zu behandeln[1]). Man kann das sehr wohl ohne unnötige Beunruhigung und Beängstigung des Patienten durchführen, während das bei den Tuberkulininjektionen, wenigstens bei der augenblicklichen Lage der Sachen, kaum zu vermeiden ist.

Als einen interessanten Versuch einer medikamentösen Therapie möchte ich das Unternehmen Schadewaldt's[2]) erwähnen, durch Schmierkuren mit Kreolin laryngeale tuberkulöse Ulcera zu beeinflussen. Man kann 1—3 Gramm oder eine 40—50%ige Salbenkombination für eine Einreibung verwenden, muss aber sich hüten, das Präparat mit Wasser zu mischen, da es so die Haut sehr angreift. Nach der Einreibung wird eine Lanolinschicht über die Haut gebracht. Obwohl ich selbst keinerlei Erfahrung über dieses Verfahren besitze, glaube ich es besonders erwähnen zu müssen, weil es gerade für die Anfangsstadien als ein mildes und auf alle Heerde gleichzeitig wirkendes Verfahren weiterer Versuche wert erscheint. Sch. sah in einem Falle nach dem Verbrauch von 200 gr Kreolin ohne jeden Schaden alle Ulcerationen im Kehlkopfe schwinden, während die Lungenerscheinungen Jahre lang stationär blieben. Entscheidend

---

[1]) Denselben Standpunkt nimmt Schmidt in seinem Lehrbuch ein, ohne die diagnostische Anwendung des Tuberkulins aufzugeben.

[2]) Verhdl. der Berl. laryngoskopischen Gesellschaft. März 1894.

können erst eine grosse Reihe von Beobachtungen werden, besonders
wenn man berücksichtigt, dass oberflächliche tuberkulöse Geschwüre bei
geeignetem allgemeinen Verhalten der Kranken gelegentlich auch spontan heilen.

Die allgemeine Chirurgie lehrt, dass tuberkulöse Affektionen an
Knochen und Gelenken durch absolute Ruhe und zweckmässige allgemeine Behandlung zur Ausheilung gebracht werden können. Methoden,
die auf eine solche Ruhestellung hinzielen, nehmen offenbar eine Mittel-
stellung zwischen einer palliativen und kausalen örtlichen Therapie ein.

Ein Prototyp einer derartigen Behandlungsmethode bildet für die
Larynxtuberkulose die prophylaktische Tracheotomie (BRYANT, ROBINSON,
M. SCHMIDT[1]).

Es versteht sich, dass dieser Schritt erst in Frage kommt, wenn die
weniger eingreifenden Mittel der örtlichen Behandlung versagen. Man
kann sagen, dass das Gebiet der prophylaktischen Tracheotomie durch
die Entwickelung der modernen endolaryngealen Behandlungsmethode
erheblich eingeschränkt ist.

M. SCHMIDT[2]) stellt folgende Hauptindikationen auf. Es soll tracheo-
miert werden 1) bei Laryngostenose, doch soll man dann nicht zu
lange warten. 2) bei schwerer Larynxerkrankung mit leichter Lungenerkrankung auch ohne Stenose. 3) bei rasch fortschreitender Larynxtuberkulose schon vor Eintritt der Dyspnoe. 4) bei gleichzeitig vor-
handenem Schluckweh, eher noch früher. SCHMIDT hebt namentlich
den „wahrhaft zauberhaften" Erfolg der Operation bei blossen Infiltrationen ohne Perichondritis hervor. Was den Effekt quoad sanationem anbetrifft, so braucht — von einzelnen Schnellheilungen abgesehen — der Kehlkopf vier Wochen bis ein Jahr und länger, um
auszuheilen. Das geschieht dann auch ohne weitere Lokalbehandlung.
Neben der Ruhigstellung, die ja allerdings eine viel wirksamere und
dauerndere ist, als bei dem oft übertretenen „Schweigegebot", hält SCHMIDT
die Abhaltung von Staub und Bacillen, und die erleichterte und vermehrte Sauerstoffaufnahme durch die Operation für wirksam. Unter den
sieben Fällen von Ausheilung im Larynx, die er erreichte, befindet sich
eine Kranke, die trotz persistierender Lungentuberkulose ihre Heilung
im Kehlkopfe seit acht Jahren behalten hat.

Wenn irgendwo, so stellt sich nach diesen Vorbetrachtungen für
die örtliche Behandlung der Tuberkulose in den ersten Atemwegen die
Notwendigkeit heraus, früh zur Erkennung und damit zur Behandlung

[1]) Vergl. KUTTNER. Berl. klin. W. 1891, S. 865.
[2]) Die Krankheiten der oberen Luftwege. S. 326.

der Erkrankung zu kommen. Damit wachsen, je besser sich die örtliche
mit der allgemeinen Behandlung vereinigt, die Chancen, mit weniger
eingreifenden Methoden das Ziel der Heilung zu erreichen. Neben der
ausgiebigen Anwendung der jedem Arzte genugsam bekannten klimatischen und diätetischen Faktoren möchte ich in dieser Hinsicht auf
die Bedeutung der Kreosot- und Guajakoltherapie (SOMMERBRODT, SCHÜLLER,
SAAHLI) hinweisen.

Handelt es sich um die lokale Behandlung von Ulcerationen, so
kann fast in allen Fällen bei oberflächlichen und wenig ausgebreiteten
Geschwürsbildungen mit der schonenden Mentholtherapie begonnen werden. ROSENBERG[1]) hat die Anwendung dieses trefflichen antibacillären
Mittels zur Hervorrufung reiner und gesunder Granulationen empfohlen;
ihre gleichzeitige anästhesierende Wirkung ist sehr schätzenswert. Man
verwendet 5—20%ige ölige Lösungen und verbraucht davon jedes Mal
1—2 Gramm, am besten, sie mit dem Pinsel auf der Geschwürsfläche
verreibend. Nebenher lässt man Inhalationen anfangs schwächerer, später stärkerer Lösung mit dem SCHREIBER'schen Apparat mehrmals des
Tages vornehmen.

Wesentlich energischer ist die Wirkung der Milchsäure. Nachdem
v. MOSETIG-MOORHOF gezeigt hatte, dass sie bei aller zerstörenden Einwirkung auf das fungöse Gewebe das gesunde nicht beeinträchtige, wurde
sie von KRAUSE[2]) zur Verwendung in 10—25—40—60—80%igen Lösungen empfohlen. Die Nebenwirkungen, Brennen, Trockenheit an der
geätzten Stelle, im Kehlkopfe Glottiskrampf, sind verhältnismässig geringe. Unmittelbar nach der Anwendung zeigt sich[3]) an den geröteten
und geschwollenen Partieen nach der Anwendung stärkerer Lösungen
ein Abblassen und Abschwellen derselben. Bei den stärkeren Konzen-
trationen bildet sich auch auf den gesunden Partieen ein reifähnlicher
Schorf, dessen Verharren im Kehlkopfe zu vorübergehender stärkerer
Heiserkeit Anlass geben kann. In den nächsten Tagen, mit dem Abstossen des derberen Wundschorfes, wird die Abnahme der Schwellung
und infiltrierten Partieen deutlicher, es schiessen gesunde Granulationen
auf, die Geschwüre verkleinern sich, das Schluckweh nimmt ab und die
Stimme bessert sich. K. selbst hatte indessen schon wahrgenommen,
dass die Wirkung der Milchsäure wesentlich nur hervortrat, wenn der
Heerd bereits freilag und hatte daher bei Infiltrationen ohne Durchbruch empfohlen, Skarifikationen anzulegen. „Bezüglich der perichon-

---

[1]) Berl. klin. Wochenschr. 1887.
[2]) H. KRAUSE. Berl. klin. Wochenschr. 1885.
[3]) l. c.

dritisch ödematösen Infiltrationen hat es den Anschein, als ob dieselben
besser resorbiert werden, wenn sie mit Ulcerationen in Verbindung
stehen und länger persistieren, wenn die bedeckende Schleimhaut noch
intakt ist."

Im allgemeinen möchte ich die Anwendung der Milchsäure auf die
Anwendung bei Ulcerationen beschränken. Neue Ätzungen dürfen erst
nach dem völligen Ablauf der entzündlichen Erscheinungen gemacht
werden, die die vorhergehende Applikation hervorgerufen hatte.

Die Ätzungen selbst müssen energisch, und zwar nach Einleitung
der Kokainanästhesie ausgeführt werden. Das Mittel muss mit dem
Watteträger energisch in die Geschwürsfläche hinein verrieben werden.
Zwischen zwei Milchsäureapplikationen kann man ganz zweckmässig die
Mentholbehandlung mit schwächeren Lösungen einschalten. Bresgen[1])
reibt bei oberflächlichen Geschwüren die von Kollmann empfohlene Auf-
lösung von Milchsäure in Menthol ein (Mentholi Acidi lactici ana 15,0)
und findet, dass diese Kombination besser vertragen wird, als die wäs-
serige Lösung.

Führt die Milchsäurebehandlung nicht zum Ziel, so kommt, wenn
die übrigen Umstände es zulassen, bei Ulcerationen zunächst die Auskratzung in Frage. In der Nasen- und Rachenhöhle ist das nicht schwierig, man muss nur darauf achten, mit der Nasenkurette oder einem
passenden scharfen Löffel das Evidement gleich in der ersten Sitzung
so gründlich als möglich auszuführen und hier, wie bei allen chirurgischen Manipulationen an einem Tuberkuloseheerd sich zu vergegenwärtigen, dass es besser ist, die Hand davon zu lassen, wenn nichts
dabei herauskommt, als einiges zaghaftes Herumkratzen, Bohren oder
Zupfen. Dann erreicht man weder die beabsichtigte Entfernung des
kranken Gewebes, noch wird die wenigstens beabsichtigte folgende natürliche Abstossung erleichtert. — Der Auskratzung kann man unter Benutzung derselben Lokalanästhesie sofort eine Ätzung mit starker Milchsäure folgen lassen.

Im Larynx ist es meistens vorteilhafter, besonders für weniger Ge-
schulte, den ganzen Geschwürsgrund mittels einer Doppelkurette oder
einer gut geschärften schneidenden Zange abzutragen und alsdann wieder die Milchsäurelösung zu imprägnieren. Zur Nachbehandlung Eispillen, Mentholinstillationen und Inhalationen.

Solcher Doppelkuretten muss man in mehreren Grössen und Stel-
lungen zur Hand haben. Von grossem Vorteil ist die von Landgraf
angegebene stellbare Doppelkurette, die ein schonendes und doch ener-

---

[1]) Lehrbuch S. 349.

gisches Eingreifen ermöglicht. Vor der Ausbildung der Kurettage wurde
mehr von tiefen Incisionen in die Infiltrationen Gebrauch gemacht, so
um, wie oben erwähnt, eine Imprägnation mit Milchsäure zu ermöglichen. Dazu dienen kachierte oder nackte Kehlkopfmesser, oder die
Schmidt'schen Scheren. Ich habe neuerdings ein sehr brauchbares stell-
bares, kachiertes Kehlkopfmesser empfohlen, das sich an ein älteres
Tobold'sches Modell anlehnt.

Was die Behandlung geschlossener Infiltrate betrifft, so sind die
Meinungen der Autoren über diesen Punkt noch geteilt. Jedenfalls
muss hier der Verlauf der begleitenden Lungenaffektion einen wesentlichen Einfluss auf die Entschliessung üben. Ist die Lungenerkrankung
vorgeschritten oder progredient, macht dabei eine umschriebene laryngeale Infiltration wenig Erscheinungen, und zeigt sie eine gewisse Konstanz, so würde ich von blutigen endolaryngealen Eingriffen ebenso abraten, wie bei flachen ausgedehnten und progredienten Infiltrationen.
Im ersten Falle würde ich mich exspektativ verhalten, im zweiten würde
höchstens bei Laryngostenose die prophylaktische Tracheotomie in Frage
kommen.

Auch für die Therapie ist immer zu bedenken, dass wir laryngoskopisch nicht mit genügender Sicherheit wahrnehmen können, was ausser
der uns sichtbaren umschriebenen Infiltration für ausgebreitete, etwa
miliare Heerde vorhanden sind. Ferner ist bei ungenügenden endolaryngealen Exstirpationsversuchen an die Gefahr einer schnelleren Propagation durch den Eingriff selbst zu denken. Die Unzulänglichkeit
der Operation braucht nicht in der Technik des Eingriffs zu liegen;
vielmehr kann sie die notwendige Folge davon sein, dass es nicht möglich ist, die Ausbreitung des Heerdes zu übersehen, von den versteck-
teren Komplikationen innerhalb der Luftröhre ganz zu schweigen. Mit
anderen Worten, bei den Exstirpationsversuchen der Infiltrate sind wir
auch im besten Falle nicht in der Lage, die Prognose unseres Eingriffes
zu stellen. Auf diesen, meines Erachtens nach wundesten Punkt der
von Heryng mit so grosser Treue und Unermüdlichkeit ausgebildeten
endolaryngealen Chirurgie der Tuberkulose glaube ich um so eher hinweisen zu können, als eine ganze Reihe von Erfahrungen mich die gelegentlich geradezu glänzenden Erfolge des Verfahrens haben erkennen
lassen. Bestätigen kann ich die Zweckmässigkeit energischen Zugreifens,
wenn man sich einmal dazu entschlossen hat. Die Toleranz des tuberkulösen Kehlkopfes gegen chirurgische Eingriffe ist in der That erstaunlich. Ich verfüge über Fälle, in denen eine grosse Menge erkrankter
Gewebsteile von allen Bezirken entfernt worden sind und unter Hebung
des Allgemeinbefindens mit verhältnissmässig geringer Schädigung der

Sprache eine bis fünf Jahre lang bestehende Heilung erzielt worden ist.
Ich habe nur einen Fall gesehen, bei dem ich nach der Entfernung
einer grossen Infiltration eines Arytknorpels mit nachfolgender Milchsäurebehandlung ein auffällig schnelles Fortschreiten des Prozesses und
Tod in sechs Wochen nach der Operation gesehen habe. In einer anderen Reihe von Fällen erwiesen sich die Heilungen als kurzdauernd
und rechneten nur nach Monaten, bei anderen liess sich schwer eruieren,
ob eine Zunahme des Lungenleidens erneute Erkrankungen hervorgerufen hatte oder ob lokale Rezidive der alten Heerde verantwortlich zu
machen waren.

Dem gegenüber möchte ich raten, bei flachen und ausgedehnten
Infiltraten zunächst immer einen Versuch mit der Elektrolyse zu machen.
HERYNG hat neuerdings selbst wieder auf diese Methode hingewiesen.

Zur Erreichung einer tiefgehenden Anästhesie kann man nach der
Kokainbepinselung auch im Kehlkopfe, wie es von uns für die Nase
empfohlen wurde, einige Tropfen submukös mit der HERYNG'schen Spritze
injizieren; alsdann werden Stromstärken bis zu 20 M.-A. und darüber
wohl vertragen.

Ob die extralaryngeale Chirurgie in der Behandlung der Kehlkopftuberkulose sich einen Platz wird erringen können, lässt sich nach den
wenigen, bisher gesammelten Erfahrungen nicht beurteilen. Immerhin
ist es möglich, dass die Spaltung des Kehlkopfes mit nachfolgender Auslöffelung und Jodoform- oder Jodolgazetamponade mehr Erfolge erringen
wird, wenn wir noch besser gelernt haben werden, die Indikationen für
diesen Eingriff abzuschätzen.

Soviel ist sicher, dass die Laryngofissur wegen Tuberkulose
des Organs einen relativ vorzüglichen Lungenbefund und einen dem-
entsprechenden Allgemeinzustand des Organismus zur Voraussetzung
haben müssen[1]). In noch höherem Grade gilt dies von der partiellen
oder totalen Exstirpation des erkrankten Kehlkopfes, die in Frage kommen
können, wenn die eben genannte Methode nicht genügt, um die Heerde
zu entfernen, also wenn die Infiltration eine ausgedehnte oder tiefer
greifende ist und wenn zu gleicher Zeit Ulcerationen zur Ausbildung
gekommen sind.

Lupus.

Der Lupus der Schleimhaut der ersten Atemwege ist, wie der der
Haut, nur eine besondere Form der tuberkulösen Erkrankung. Durch
denselben Bacillus verursacht, unterscheidet sich diese Erkrankungsform

[1]) Vgl. a. Münchener med. Wochenschrift. L. GRÜNWALD. Beiträge zur Chirurgie
der oberen Luftwege und Adnexa.

von der genuinen Tuberkulose auf der Haut und Schleimhaut durch das primäre Auftreten in Form disseminierter Knötchen, die entweder in Ulcerationen mit umwallten Rändern übergehen oder resorptive Vorgänge, besonders die Tendenz zur Bildung vertiefter Narben, aufweisen. Isolierter Schleimhautlupus wird in der Richtung nach unten immer seltener gefunden, wenn auch gelegentlich primärer Rachen- und primärer Kehlkopflupus sicher beobachtet und beschrieben sind. Sehr gewöhnlich ist er gemeinsam mit Hautlupus, ein Umstand, der die Erkennung sehr erleichtert.

Bekanntlich stellt die äussere Nase einen bevorzugten Ort für die Erkrankung an Lupus dar. In der Mehrzahl der Fälle, in denen es zu tiefgreifenden Zerstörungen des Septums, der Nasenspitze und der Flügel kam (gewöhnlich mit Erhaltung des knöchernen Gerüstes im Gegensatz zu Syphilis), fasste man den Prozess als von der Haut in die Tiefe fortschreitend auf. Es ist jedoch jetzt sichergestellt, dass der Weg oft der umgekehrte ist, dass nämlich ein primärer Nasenschleimhautlupus der Hauterkrankung lange Zeit vorangeht und übersehen oder als einfaches Ekzem, skrophulöser Katarrh oder eine Bildung harmloser Polypen aufgefasst wird.

Die Diagnose auf „Tuberkulose" mangels eines begleitenden Hautlupus und deutlicher Schleimhautnarben bei der ulcerativen, wie bei der tuberkulösen Form ist natürlich keine Fehldiagnose, sondern nur die allgemeinere, da die Therapie des Leidens mit der der Tuberkulose vollkommen zusammenfällt und bei allen klinischen Verschiedenheiten in einzelnen Fällen immer Zweifel übrig bleiben können, welcher Spezies der Fall richtiger zuzurechnen ist.

Prognostisch wichtig ist, dass beim Lupus die Affektion sehr lange eine lokale bleibt und die anderen Organe erst sehr spät oder garnicht von der Tuberkulose ergriffen werden; ungünstig für die Erkennung ist, dass der Prozess ungemein schleichend und fast symptomlos beginnt. Michelsohn[1]) hob schon hervor, dass der Kehlkopf-, wie der Mund- und Rachenhöhlenlupus, selbst bei vorgeschrittenen Erkrankungen, wenig Beschwerde machen, so dass ihn Laryngologen seltener finden, als er ist, häufiger noch die Dermatologen. Ohne dass über Halsbeschwerden geklagt wurde, fand er z. B. bei einem Patienten einen Defekt des oberen Kehldeckelrandes, durch Lupusulceration entstanden, bei einem Mädchen eine Infiltration und Ulceration der Epiglottis und der Taschenbänder mit Defekt der Uvula und eines grossen Teiles des Velums, daneben

---

[1]) Königsberg 1889. Verh. d. V. f. wiss. Heilk.

alte ausgebreitete Narben an der noch vorhandenen Schleimhaut des weichen und harten Gaumens, sowie den gesamten Pharynx entlang.

Eine Seltenheit ist die Beobachtung von Jurasz[1]), die einen Fall von abgelaufenem, sekundärem Kehlkopflupus betrifft, neben primärem Haut- und Rachenlupus. Bei fehlender Uvula zeigte die Rachen- und Gaumenschleimhaut eine nussgrosse lupöse Geschwulst zwischen den beiden Gaumenbögen, der Kehldeckel durch einen länglichen, leicht abgerundeten, weisssehnig aussehenden Wall ersetzt, von dem zwei Wülste

Fig. 33—34.
Lupus laryngis. (Nach Jurasz.)

nach hinten zu den stark verdickten Arytknorpeln zogen, zwischen sich eine Einsenkung mit einer dreieckigen, unregelmässigen Öffnung lassend, die bei der Phonation einen engen Spalt bildete. Dagegen fand sich keinerlei Spur von der Bildung eitrigen Sekretes oder von Knötchen. J. nahm an, die Erkrankung sei von dem Kehldeckel auf die Arytknorpel übergegangen. Diese, durch das Schwinden desselben ihres vorderen Haltes beraubt, stellten sich horizontal und näherten sich den falschen Bändern.

Fig. 35.
Lupus laryngis. (Nach Gottstein.)

Beim weiteren Fortschritt des Prozesses wurden auch diese ergriffen und mit den aryepiglottischen Falten zu den beiden seitlichen Wülsten verschmolzen. Schliesslich degenerierten auch die wahren Stimmbänder

---

[1]) D. m. W. 1878.

und durch Verwachsung ihrer Enden und teilweise geschwürige Zerstörung entstand die unregelmässige Glottis.

Diagnostisch kommt vornehmlich, wenn Narbenbildungen vorliegen, die Verwechselung mit Syphilis in Betracht: doch ist das granuläre, von M. Schmidt einem Hirsebrei verglichene Aussehen einer lupösen Infiltration charakteristisch genug.

Die Ulceration selbst zeigt nicht den gezackten Rand und den schmierigen Grund wie bei der gewöhnlichen Tuberkulose und die umgebende Schleimhaut wird bald als hyperämisch, bald als unverändert, bald sogar als anämisch beschrieben. Fehlen die charakteristischen Infiltrationen in der Umgebung, sowie ein primärer oder sekundärer Hautlupus, so wird sich oft eine probatorische antisyphilitische Behandlung um so weniger vermeiden lassen, als meist wenig oder gar kein Sekret von der Geschwürsfläche zu gewinnen ist, übrigens auch bei der Seltenheit der Bacillen die mikroskopisch bakteriologische Untersuchung regelmässig nur zu einem negativen, also beweisunkräftigen Ergebnis führt. Der mehr atonische Charakter der tuberkulösen und lupösen Geschwüre gegenüber den mehr progredienten, rascher in die Tiefe dringenden, der syphilitischen Ulcerationen würde jedenfalls erst nach längerer Beobachtungszeit sicher zu ermessen sein, und eine vorsichtige, während dieser Zeit eingeleitete Probekur ist ohne Schaden. Die bei Tuberkulose sehr starken, bei Syphilis geringen Schmerzen sind eine zu unsichere Angabe und bilden eine zu zahlreichen Ausnahmen unterworfene Regel, als dass man damit viel anfangen könnte. Therapeutisch kommen neben dem Evidement mit nachfolgender Milchsäurebehandlung, noch die Einpinselungen mit 10^0 iger Pyrogallussäure und mit Jodtinktur in Betracht. In der Nase und im Rachen wird von Einigen die Anwendung des Galvanokauters bevorzugt. Die Behandlungsresultate sind denen des Hautlupus ähnlich.

Syphilis.

Die syphilitischen Erkrankungen in den oberen Luftwegen lassen sich bezüglich ihrer Entstehung nach zwei Gesichtspunkten gruppieren.

In die eine Hauptklasse gehören alle Fälle, bei denen die Syphilis erworben wird. Gewöhnlich geschieht das bekanntlich auf dem Wege der genitalen Infektion, in deren Verfolg sich in den oberen Luftwegen sekundäre oder tertiäre Erscheinungen ausbilden. Es kann aber auch eine Übertragung durch Gegenstände, an denen Syphilisgift haftet, zu stande kommen, so durch Essgeräte, Schnupftücher oder durch Instrumente wie bei zahnärztlichen Manipulationen oder bei der Einführung von Tubenkathetern. Ferner sind Fälle bekannt, in denen durch extragenitalen Kontakt mit Körperteilen, an denen syphilitisches Gift haftet, die Infektion zu stande kam. Hierher gehören die Ansteckungen durch Küsse, durch Berührungen oder Verletzungen mit dem Finger, ferner durch perversen Geschlechtsverkehr. (Cunnilinguus, coitus penobuccalis.)

In die zweite grosse Klasse gehört die Syphilis hereditaria, deren Manifestationen bald frühzeitig im kindlichen Alter (s. hereditaria präcox), bald in einer späteren Periode. oft im Anschluss an die Pubertätsentwickelung auftreten (s. hereditaria tarda).

Die primäre Induration findet sich in den oberen Luftwegen am häufigsten im Rachen. nur einmal ist sie an der Epiglottis (in einem Fall von MOURE) beobachtet worden. Erheblich seltener sind die Initialsklerosen des Naseneingangs.

Von Primäraffekten des Nasenrachens sind nur wenige Fälle bekannt geworden. Sie sind ausnahmslos durch Tubenkatheter bewirkt worden. Doch ist zu bedenken, dass bei der palpatorischen Untersuchung des Nasenrachenraums auch durch den Finger leicht Infektionen bewirkt werden könnten; hoffentlich sind sie auf diesem Wege noch nicht zu stande gekommen.

Die meisten Initialsklerosen kommen bereits im Zustande der Ulceration zur Beobachtung, wodurch die Diagnose erschwert wird. Einen Hinweis bildet die erhebliche indolente Schwellung der regionären Lymphdrüsen am Kieferwinkel, am Halse, vor den Ohren und im Nacken. die relativ geringe Schmerzhaftigkeit, die Anschwellung, das Ödem. die Hyperämie und Verhärtung in der Umgebung der Sklerose.

Die Tonsille soll nach einigen Autoren infolge ihres Baues und ihres Reichtums an Säften besonders geeignet sein, das Gift festzuhalten, und zwar mit deshalb, weil es während des Schluckaktes an den Haftstellen immer tiefer hineingepresst würde.

Wird die Natur der Ulcerationen verkannt, so können sie sich weiter ausbreiten, ähnlich wie bei der genitalen phagedänischen Form: ferner kann die gegenüber liegende Tonsille infiziert werden. Ich sah einen Fall von linksseitigem Schankergeschwür der Tonsille bei einem Mädchen nach penobuccalem Coitus auftreten. Die Tonsille war stark vergrössert, dunkelblaurot; an der vorderen Fläche eine Ulceration, die sich medianwärts herumzog und von einem gelbgrauen, in der Mitte bräunlich schwarzen, runden. festen Belage erfüllt war. Während zweier Wochen war der Zustand, trotzdem jegliches Fieber fehlte und eine nur sehr mässige Schmerzhaftigkeit bestand, auswärts für Diphtheritis erklärt werden. In den letzten Tagen, bevor sich mir die Kranke vorstellte. war eine ähnliche Anschwellung der anderen Tonsille an der dem Medianteil des Belages gegenüberliegenden Partie entstanden, wo-

selbst sich bereits ein ähnlicher Belag zeigte. — Unter geeigneten Verhältnissen kann auch eine derartige Fortpflanzung durch Weiterkriechen
oder Kontakt auf die hintere Fläche des Velums stattfinden[1]. Weitere
Möglichkeiten der Verwecheslung bieten bei langsamem Verlauf Tumoren[2])
der Tonsille, sowie die Peritonsillitis. Natürlich ist in zweifelhaften
Fällen, besonders bei einigem Zuwarten, die Entscheidung alsbald gegeben
durch das Auftreten sekundärer Erscheinungen.

Die früheste und leichteste unter den sekundären Erkrankungen
der oberen Atemwege ist das syphilitische Erythem. Wie das makulöse
Syphilid der Haut, dem es entspricht, ist es in verschiedenen Fällen
verschieden scharf begrenzt und gefärbt und so oft von der Rötung
und Schwellung der Schleimhaut bei einem gewöhnlichen Katarrh um
so weniger zu unterscheiden, als auch bei begrenzten Formen alsbald ein
Zusammenfluss der einzelnen Flecken einzutreten pflegt und die Kranken
sich verhältnismässig selten in den frühesten Stadien präsentieren.

Bei Erwachsenen fällt der „Syphiliskatarrh" der Nasenhöhle und des
Nasenrachenraums in dieser Erscheinungsform oft wenig auf und wird
für einen gewöhnlichen Schnupfen gehalten, wenn nicht die lange
Dauer der Erscheinungen und besondere ihn begleitende, durch das
Nasenrachenerythem veranlasste Störungen wie Schluckschmerzen und
Herabsetzung des Gehörs, den Kranken zu einer Befragung veran-
lassen. Sind die Maculae vorzugsweise im Rachen lokalisiert, so bezeichnet man die Affektion auch als angina syphilitica. Das Symptom
eines spezifischen Erythema laryngotrachealis ist noch nicht ganz sicher.
Es lässt sich bezüglich der Neigung zu Erkrankungen eine zunehmende
Inklination für die schweren Prozesse in der Richtung nach unten feststellen. Im kindlichen Alter kann die Rhinitis specifica, die syphilitische
Coryza neonatorum, durch die in ihrem Gefolge auftretenden Ernährungsstörungen dieselben unheilvollen Einwirkungen äussern, wie
es die einfache Rhinitis in diesem Alter regelmässig thut. Die Verlegung der Atemwege kommt hier wie dort mehr auf Rechnung der
an sich engen Anlage; die Schwellung selbst ist wenig erheblich. Be-
gleitendes umschriebenes Ödem soll nur gelegentlich und zwar an der
Uvula oder um die Tonsillen herum vorkommen.

Es empfiehlt sich, zwischen dieser Form des syphilitischen Katarrhs
und den Katarrhen der Syphilitischen zu unterscheiden. Es ist eine
alte Beobachtung, die jeder Therapeut bestätigen kann, dass bei

[1]) Glauert. Berl. klin. Wochenschrift 18 2.
[2]) Vgl. O. Seifert. Über Syphilis der oberen Luftwege. Verhdl. d. Gesellsch.
deutsch. Naturforscher u. Ärzte 1893 II. S. 348.

Personen, welche an Syphilis erkrankt waren, ohne dass weitere Zeichen
bestehender Prozesse nachweisbar sind, katarrhalische Erkrankungen zu
jeder Zeit nach der Infektion vorkommen, die durch mangelnde Tendenz
zur Rückbildung auffallen, und nach einigen Dosen J-K schnell zurückgehen. Mehrfache Bemühungen, diesen Katarrhen objektive Unter-
scheidungsmerkmalen gegenüber den gewöhnlichen beizulegen, sind als
erfolglos anzusehen. Es scheint sich dabei um die Wirkung örtlicher
Reize zu handeln, die in ähnlicher Weise, wie wir es später bei den
tieferen spezifischen Gewerbserkrankungen sehen werden, durch traumatische Einflüsse und besondere funktionelle Überanstrengungen, denen
das Organ ausgesetzt ist, oder unter dem lokal schädigenden Einflusse
des Tabaks oder Alkohols ausgelöst zu werden pflegen und zwar aus
Perioden scheinbar völliger Latenz, die jahrelang gewährt haben kann.

Von den weiteren Formen der sekundären Schleimhauterkrankungen
sind die häufigsten die papilläre und perifollikuläre Schleimhautinfiltration,
das papulöse Syphilid. Die Papeln sitzen gewöhnlich an den Um-
schlagsstellen der Haut zur Schleimhaut. Die durch ihren Zerfall entstehenden Fissuren sitzen mit Vorliebe an dem Mundwinkel und auch
an der Nasenöffnung. Auch am Nasenboden und in den vorderen
Bezirken des Septums sollen sie vorkommen. Jedenfalls ist ihr Vorkommen in der Nasenhöhlenschleimhaut nicht häufig und von einigen
Seiten wird es überhaupt noch bestritten.

SEIFERT, der über ein reichliches Material frischer Syphilisfälle ver-
fügt[1]), hat nur Plaques an den Naseneingängen gesehen und zwar meist
begleitet von acne syphilitica der äusseren Nasenhaut. Er glaubt, dass
tiefer greifende Störungen von der oberflächlichen papulösen Erkrankung
nur dann ausgehen können, wenn örtliche Reize chemischer Natur hinzu-
kommen. Dann kann es zur Perforation der knorpligen Nasenscheidewand
kommen. — Im Nasenrachenraum können sich ebenfalls Papeln ausbilden.
Vielleicht ist sogar die Rachentonsille, ähnlich wie die übrigen Bezirke des
Rachenringes, ein bevorzugter Ort für die Ausbildung der ulcerativen
Papeln, wenn auch bis jetzt erst spärliche Beobachtungen darüber vorliegen. Soviel ist aber sicher, dass plaques muqueuses gelegentlich ausschliesslich im Nasenrachenraum sitzen können, ohne dass die übrigen
Teile, die Nase und der Mundrachen oder der Kehlkopf Veränderungen
zeigen. Dabei ist die Mahnung SEIFERTs wohl zu berücksichtigen, dass
bei syphilitischen oder dieser Erkrankung verdächtigen Personen die
Untersuchung des Nasenrachenraums häufiger vorgenommen werden
sollte. Öfters weisen allerdings gleichzeitige Veränderungen an den

[1]) l. c. 342.

anderen Teilen der Höhlen sowie an der Haut auf die Diagnose hin.
Denn die Erkrankungen der Mundrachenhöhle gehören zu den häufigsten
Manifestationen der Frühstadien. Die Schleimhaut der Arkaden, die
Tonsillen, die Nischen zwischen den Gaumenbögen und der Zungengrund werden am häufigsten befallen. Doch kommen auch Plaques an
der hinteren Rachenwand vor, die wie diejenigen an der hinteren
Gaumensegelfläche ohne die Untersuchung durch die Rhinoscopia posterior
leicht der Beobachtung entgehen können. Die Symptome, wie der
häufige Schluckschmerz, Regurgitieren und leichtes Fehlschlucken sind
keineswegs konstant. Von den begleitenden Drüsenschwellungen hält
S. diejenige der Submaxillardrüse für nahezu pathognomonisch.

Der Verlauf, wenn sie sich selbst überlassen oder, wie nicht so
ganz selten, als Symptome diphtherischer oder follikulärer Entzündungen
verkannt werden, ist überall der gleiche. Es tritt zunächst die milchige
Trübung der epithelialen Decke ein, der die Flecken den Namen Plaques
opalines verdanken. Später kann die Decke, wenn ein weiterer Zerfall
der Oberfläche eintritt, derber werden und eine lebhaft gelbe Farbe
annehmen und es konfluieren mehrere Papeln. Alsdann liegt nach dem
oberflächlichen Aussehen eine Verwechselung mit diphteritischen Geschwüren noch näher. Zuweilen sitzen Exkrescenzen auf dem Grunde
der Erosionen. Die Schmerzen sind manchmal sehr beträchtlich, und
steigern sich beim Schlucken. In anderen Fällen exacerbieren sie
gegen Abend, während der Zustand am Tage ganz erträglich ist. Die
Heilungsvorgänge sind zuerst in der Mitte der Ulceration zu sehen,
und gehen von da aus allmählich nach der Peripherie zu[1]. Rezidive
sind häufig, wahrscheinlich wegen der auf den Rachen besonders oft
und leicht einwirkenden örtlichen Reizungen.

Das papulöse Syphilid des Kehlkopfes findet sich seltener für sich
allein, als in Verbindung mit dem des Rachens. Im ganzen ist es
nicht häufig, trotzdem die Kehlkopfsyphilis nach der Tuberkulose die
häufigste destruierende Erkrankung des Kehlkopfes ist, vielleicht wegen
des Überwiegens der tiefer greifenden Formen. In mehreren Fällen
ist die Fortpflanzung durch Weitergreifen pharyngealer Geschwüre auf
den Kehlkopf beschrieben worden, so von GOTTSTEIN längs den pharyngoepiglottischen Falten, von SEIFERT[2]) ein Weiterkriechen vom Zungengrunde zur lingualen Epiglottisfläche und etwas ähnliches in einem
zweiten Falle, wo eine Ulceration an der hinteren Larynxwand sass und
sich von da gegenüber auf die hintere Larynxwand fortsetzte. Im

---

[1] Vergl. v. ZEISSL., Grundriss d. Pathologie u. Therapie d. Syphilis.
[2] l. c. 350.

übrigen ist das papulöse Syphilid auch am Rande des Kehldeckels,
auf den aryepiglottischen Falten, an der vorderen Fläche der hinteren
Wand und auf den Stimmbändern beobachtet worden. Nach v. ZEISSL
kommt die Papel auch im sinus morgagni zur Entwickelung.

Die wenigen von mir selbst beobachteten Fälle dieser Art betrafen einmal das linke Stimmband, einmal beide Stimmbänder, und einmal die vordere Fläche der hinteren Larynxwand. In allen diesen Fällen zeigten
die Papeln eine ziemlich auffallende Prominenz, waren scharf von der
Umgebung abgehoben und sahen silbergrau bis graugelb aus. LAND-
GRAF hat einen Fall in der Berliner laryngologischen Gesellschaft gezeigt, bei dem eine bedeutend stärkere Grössenentwickelung an der
vorderen Fläche der hinteren Larynxwand vorlag, so dass an Fibrom
gedacht wurde[1]).

Noch seltener sind die leichten Formen der Trachealsyphilis bekannt
geworden. So die Tracheitis specifica ohne deutliches Gepräge einer
syphilitischen Erkrankung, bei der auf diese Weise bezüglich der
Diagnose und Therapie dieselben Schwierigkeiten entstehen, wie bei den
höher liegenden Katarrhen.

Von dem papulösen Trachealsyphilid existieren nach JURASZ[2]) in der
ganzen Litteratur nur sechs Fälle, in denen an der Trachealwand ein
Kondylom nachgewiesen werden konnte[3]).

Für die späteren Formen der Schleimhautsyphilide ist nach MICHEL-
SOHN's Forschungen die Zeit von ein bis drei Jahren nach der Infektion
die gefährlichste. In 50 °/o der von ihm zusammengestellten Fälle war
die gummöse ulceröse Rhinitis mit spezifischen Erkrankungen des Rachens
und des Nasenrachenraums kompliziert. Die gummöse Infiltration
kann die Schleimhaut, das Perichondrium, und das poröse knöcherne Gewebe der Nasenwandung betreffen. Die Gummigeschwülste der Schleimhaut können diffuse oder mehr umschriebene prominente sein.

Während kleinere oder frühzeitig zur Behandlung kommende Syphilome resorbiert werden, tritt bei den grösseren zu der Eiterung
fettige Degeneration und es kommt häufig zu nekrotischem Zerfall.
Dabei ist es gleichgültig, ob der Beginn der Infiltration in den peripheren oder in den tieferen Gewebsschichten gelegen war. Ob die
Fortpflanzung und der Durchbruch nach innen oder nach aussen erfolgt,
die Gefahr der Usur des knöchernen und knorpligen Gewebes, die Gefahr
der Bildung mehr oder weniger ausgedehnter Knochennekrose ist dieselbe.

---

[1]) Verhdl. d. Berl. laryngol. Gesellsch.
[2]) Verhdl. d. 61. Vers. deutsch. Naturforscher u. Ärzte. S. 355.
[3]) Vgl. SEIDEL, Jen. Zeitschr. II, 4.
[4]) Nasensyphilis. Volkmanns Sammlungen.

Das knöcherne Septum ist ein sehr häufiger Sitz der gummösen Infiltration, doch mehren sich die Beobachtungen von Syphilom der Nasenmuscheln, des Bodens und der Vestibulargegend immer mehr. MICHELSOHN hielt sogar die mehrfach von ihm beobachteten longitudinalen Ulcerationen des Septums für eine regelmässige Folge des Druckes durch gummöse Infiltration der unteren Muschel.

Die syphilitische Periostitis führt entweder zur Abscessbildung (Periostitis suppurativa) oder zur Ossifikation (P. ossificans). In dem ersten Falle schliesst sich Verjauchung und Nekrotisierung der anliegenden Knochenbezirke an den Prozess an. Im anderen kommt es zur Bildung von Hyperostosen und Exostosen. Ist das Knochengewebe selbst und zunächst von der gummösen Infiltration ergriffen, so tritt entweder eitriger Zerfall ein oder es kommt zur Sklerosierung (Eburnisation) oder endlich es verfällt der Knochen der Osteoporose[1]). Ein einmal zerstörter Knochen wird bei der Narbenbildung nie wieder ergänzt, wohl aber kann die Umgebung Hyperostose aufweisen. Ich habe in den letzten Jahren sorgfältig darauf geachtet und es ist mir in auffallend vielen Fällen allmählich zunehmender Nasenstenose, die sich infolge von Verdickung knöcherner Natur am Septum bei Erwachsenen herausgebildet hatten, frühere Syphilis zugestanden worden. Die im Gefolge der gummösen Ostitis und Periostitis entstehenden Nekrosen betreffen manchmal sehr grosse Bezirke der knöchernen Wandungen. So können zum Beispiel die unteren Muscheln in toto oder zum grössten Teil ausgestossen werden. MICHELSON beobachtete Sequesterabstossungen aus dem Hinterhaupt- und Siebbein. Besondere Folgen hat das Syphilom des Nasenbodens. Es führt zu knöchernen und schliesslich auch zu Schleimhautdefekten des harten Gaumens in verschiedener Tiefe und Ausdehnung. In manchen Fällen sieht man nur noch eine dünne Schleimhautdecke die Nasen- und die Mundhöhle von einander trennen, ein deutlicher Beweis, dass der Gang der Zerstörung in der Nasenhöhle begann.

Auch kleine Perforationen des palatum durum machen bedeutende Ernährungs- und Sprechstörungen, indem Speisereste in die Nasenhöhle gelangen und die dauernde Vereinigung beider Höhlen zu dauernder rhinolalia aperta führt.

Wie jede Perichondritis mit Suppuration und Knorpelusur kann auch die syphilitische Perichondritis des Septums zu leichteren Graden der Sattelnase führen. Was die schweren Grade dieser Entstellung betrifft, so herrschte lange die Auffassung, dass sie durch grössere De-

fekte im knöchernen Septum bedingt würden. Indes wird das von
neueren Autoren, wie Moldenhauer[1], Michelson[2] und Gerber[3] in Abrede gestellt. In der That sieht man gelegentlich enorme Defekte des
Knochenseptums ohne eine Spur von Gestaltsveränderung. Diese tritt
erst ein, wenn noch weitere Teile des knöchernen Nasengerüstes alteriert
werden, nämlich die Nasenbeine, oder wenn die bindegewebigen Verbindungen zwischen der knöchernen und der knorpligen Nase zur Einschmelzung gelangen. In diesem Falle kommt nach Gerber sehr wahrscheinlich, auch wenn das knöcherne Nasengerüst unversehrt blieb und
nur das knorplige erkrankte, die als Lorgnettennase beschriebene häss-
liche Entstellung zu stande. Dabei scheint der untere bewegliche Nasen-
teil gleichsam in dem oberen fest drin zu stecken und es entsteht so[4]
an dieser Stelle eine Hautfalte, bisweilen auch ein tiefer Wulst. „Während
man bei der Sattelnase den Eindruck hat, als habe jemand die Nasenspitze mit dem Finger in die Höhe gedrückt, so könnte man bei der
Lorgnettennase glauben, es habe jemand die ganze Nase in die Höhe
schieben wollen und dabei den unteren Teil in den oberen hinein-
geschoben".

Die Difformität lässt sich in der That durch einen Zug an der
Nasenspitze ausgleichen.

Syphilome im Nasenrachen sind keineswegs selten, wenngleich
nicht ganz so häufig als im Mundrachenraum. Sie zeichnen sich durch
verhältnismässig geringe Symptome bei schnellem und leicht in die
Tiefe gehendem Zerfall aus. Besonders bevorzugte Stellen sind die
hinteren Flächen des Velums, die Gegend der plica salpingopharyngea,
sowie die hintere Rachenwand überhaupt. Die gummöse Infiltration der
hinteren Velumfläche führt zu Perforationen desselben, die um so grössere
Schluck- und Sprachstörungen verursachen, je grösser sie sind und je
näher sie sich nach dem harten Gaumen zu erstrecken. Es ist von
grosser Wichtigkeit, durch rhinoskopische Kontrolle sie sich womöglich
noch vor dem Zerfall zu Gesicht zu bringen.

Die Ulcerationen der hinteren Rachenwand sitzen gern lateral und
dringen beim Vorrücken in die Tiefe gegen die Halswirbelkörper vor
wo sie zu Periostitis und Ostitis führen können. Nicht so selten sind
Ulcerationen der hinteren Velumfläche und der hinteren Pharynxwand

---

[1] Krankheiten d. Nasenhöhle.
[2] l. c.
[3] Beitr. zur Kenntnis der pharyngonasalen Syphilis. Archiv für Dermatologie u.
Syphilis.
[4] Gerber, Spätformen hereditärer Syphilis. S. 45. Die von Gerber nach Fournier
gegebene Darstellung der Lorgnettennase ist ihrer Anschaulichkeit halber wörtlich zitiert.

gleichzeitig vorhanden. Dann sind die günstigsten Vorbedingungen für schnelle und ausgedehnte Verwachsung zwischen den ulcerierten Flächen gegeben. Durch Ausbreitung in die Umgebung kommen Verschwärungen in der Umgebung der Tubenmündungen, sowie Ausbreitung der Ulcerationen über den Mundrachenraum und zum Larynx zu stande. Ausserdem kann es dabei zur Arrosion grösserer Gefässe der Nachbarschaft kommen. RAULIN[1] beschreibt einen Fall der Art. in welchem Ulcerationen der hinteren Wand zur Eröffnung der Carotis interna führten. Ausser an der Hinterfläche des Velums sind der untere Rand desselben, hart neben der Insertion der Uvula, häufige Sitze der gummösen Infiltration. Bei dieser stets einseitigen Entwickelung kommt es mit dem Eintritt der Ulceration zu einer Abtrennung des Zäpfchens. Oft sieht man es nur noch an einer dünnen Stelle hängen, so dass selbst bei eingeleiteter Behandlung die Abtrennung nicht mehr verhindert werden kann. In anderen Fällen wird es durch die Benarbung noch erhalten, wenn auch in dislozierter Stellung.

Im Mundrachenraum ist am häufigsten die gummöse Infiltration der Tonsillen. Sie tritt meist multipel auf. Mit dem Zerfall entsteht ein rücksichtslos in die Tiefe dringendes Geschwür, das die benachbarten Arkaden und die hintere Rachenwand, sowie das Velum beteiligen kann und an diesem zu den verschiedensten Formen der bindegewebigen Verlötung Teile führt. Auch zwischen entfernter liegenden Ulcerationen, wie zwischen Zungenbasis und hinterer Rachenwand, kommt es durch Bildung brückenartiger Gewebszüge zu pathologischen Verbindungen in membranförmiger Gestalt, die zu den schwersten Störungen der Respiration, der Deglutition und der Sprache Veranlassung geben können. Bei den Verlötungen zwischen Velum und hinterer Rachenwand hängt die Störung von dem Grade der Verschliessung ab. Ist sie vollkommen, so besteht natürlich ausschliesslich Mundatmung. Ist noch eine Spalte offen geblieben, so sind die Erscheinungen oft sehr geringe: kleine Velumperforationen nahe dem freien Rande machen meist gar keine Schluck- und Sprachstörungen. Im übrigen heilen die Ulcerationen regelmässig unter Hinterlassung charakteristischer strahliger, weisssehniger Narben. Absolut pathognomisch sind indes diese Narben nicht für vorangegangene Syphilis. Ich pflegte früher in Kursen zwei Fälle mit fast identischen Narbenbildungen an der hinteren Rachenwand gleichzeitig vorzustellen. In dem einen war ein tiefes, bis auf die Halswirbelknorpel reichendes syphilitisches Geschwür die Ursache der Narbenbildung gewesen, in dem zweiten rührten die Narben von einer Operation

[1] Ref. D. med. Wochenschrift. S. 146. Mai 92.

mit dem Paquelin her, die von einem Arzte gegen „follikuläre Pharyngitis" unternommen werden.

Das glatte, atrophische Aussehen der Zungenbasis wird von Lewin
als pathognomonisch für inveterierte Syphilis erachtet, eine Auffassung,
die von anderen Seiten indes wohl mit Recht bestritten wird.

Die allgemein von den Autoren geäusserten Klagen, dass die
Kranken, besonders diejenigen mit Nasensyphilis, meistens erst in den
Stadien vorgeschrittener Ulceration, oft mit bereits irreparabeln Defekten
zur Behandlung kommen, deuten darauf hin, dass — soviel man auf
Rechnung des schleichenden, mit geringen Symptomen verbundenen
Krankheitsbeginns setzen mag — auch viel an der noch mangelhaften Kenntnis der Pathologie und der Untersuchungsmethoden liegen
muss. Unterlassungen rächen sich hier nach zwei Richtungen schwer.
Zunächst, indem lokal schwer oder gar nicht mehr zu heilende Zerstörungen zur Ausbildung kommen, dann aber, weil häufig genug die
gummösen Prozesse der ersten Atemwege die einzigen Zeichen der
wieder manifest gewordenen Syphilis darstellen können. Mit dem Übersehen oder der Verkennung dieser Zeichen wird leicht die Gelegenheit
verpasst, der Ausbreitung des Prozesses auf benachbarte und entferntere
lebenswichtige Organe wirksam entgegentreten zu können.

Die gummöse Infiltration des Kehlkopfes tritt partiell auf oder in
diffuser Weise, alle der Inspektion zugänglichen Teile des Kehlkopfes
umfassend. Die Trachea ist seltener betroffen als der Kehlkopf, dieser
wiederum seltener als der Rachen. Die Trachealsyphilis stellt nach
Gerhardt[1] insofern ein Mittelglied zwischen Kehlkopf- und Bronchialsyphilis dar, als die spezifischen Erkrankungen des oberen Tracheal-
abschnittes häufiger mit Larynxsyphilis, die des unteren Bezirks der
Luftröhre öfter mit Bronchialsyphilis kombiniert worden.

Liegen ausgebreitete oder das Lumen einengende Infiltrationen des
Kehlkopfes vor, so können die Symptome der Trachealsyphilis durch die
Laryngostenose verdeckt werden. Von den differentiell wichtigen Symptomen beider ist nach Gerhardt[2] die Kopfhaltung zunächst verwertbar. Bei Laryngostenose wird der Kopf nach vorwärts gebeugt, eine
Haltung, die bei trachealer Stenose fehlt; statt dessen ist da die vorgestreckte gesenkte Kinnhaltung wahrnehmbar. Bei krampfhafter Respiration
und tönendem Atem ist eine Verminderung der respiratorischen Kehl-
kopfbewegung bis auf 1 cm Hebung ein sicheres Zeichen der trachealen
und bronchialen Stenose. Für Bronchostenose spricht eine stärkere in-

[1] Archiv für klin. Medizin 1867.
[2] l. c.

spiratorische Einziehung der Rippenknorpel auf der kranken Seite in der Gegend des Diaphragmaabganges. Dabei ist der Pektoralfremitus und das vesikuläre Atemgeräusch verstärkt. Was die Veränderung der Stimme betrifft, so macht Trachealstenose durch schwächeres Ansprechen des Luftstromes die Stimme umfangärmer, schwächer und tiefer. Heiserkeit und Aphonie entstehen entweder durch dieselben Veränderungen, die wir beim gewöhnlichen Katarrh als Ursache dieses Symptomes kennen gelernt haben, oder durch Ulcerationen, die aus den Infiltraten hervorgehen, oder durch Stimmbandlähmungen, die, wie wir sehen werden, auch durch einen syphilitischen Prozess in der Nachbarschaft veranlasst werden können. Tritt die Infiltration partiell auf, so wird recht häufig die Epiglottis betroffen. Entweder zeigen sich ein oder einzelne Knoten im Kehldeckel, oder er ist im ganzen infiltriert und in einen mehr oder weniger unförmigen, starren roten oder bläulichroten Wulst verwandelt. der sich bei der Betastung mit Sonde oder dem Finger auffallend derb anzufühlen pflegt. Die Infiltration eines Stimmbandes kann ebenfalls eine teilweise oder eine die ganze Länge der Stimmbänder einnehmende sein. In dem ersten Falle ist seine Gestalt nur zu einem Teil durch die Bildung eines oberflächlich glatten, derben roten Knötchens verändert, in dem anderen sehen wir das ganze Stimmband mehr oder weniger stark gerötet und verdickt.

Die syphilitischen Infiltrationen der Stimmbänder können ausserdem einseitig oder doppelseitig auftreten. In einer anderen Reihe von Fällen sind die Infiltrationen auf die regio subglottica beschränkt. Die dann entstehenden subchordalen Wülste können bei doppelseitiger Entwickelung zu bedeutenden Graden von Kehlkopfstenosen führen und die Tracheotomie indizieren. Die Farbenveränderung der Stimmbandinfiltrate soll nach Schrötter erst in späteren Stadien, wenn sich bereits der Zerfall vorbereitet, deutlich als stärkere Rötung zu erkennen geben. In ähnlicher Weise dokumentieren sich die Infiltrationen der Taschenbänder durch wulstförmiges Hervorragen und Bedecken der Stimmbänder, sowie des Einganges in der Morgagni'schen Ventrikel. Die aryepiglottischen Falten zeigen sich bald ganz, bald teilweise in mehr oder minder grosse Wülste umgebildet, die um so stärker die Beweglichkeit der Stimmbänder einschränken, wenn die Umgebung des Cricoarytaenoidgelenkes von der Infiltration betroffen worden ist.

Wenn die Infiltrationen und gummösen Geschwülste nicht durch den Einfluss einer richtig geleiteten Behandlung zur Resorption gebracht werden, so kann ihr Zerfall sehr rasch in grosser Tiefen- und Breitenausdehnung erfolgen. Die pathologisch-anatomischen Verhältnisse sind alsdann denen in der Nasen- und Rachenhöhle ganz ähnlich, so dass wir die Beschreibung kurz fassen können.

Die Geschwüre selbst, von meist rundlicher, manchmal aber auch unregelmässiger Beschaffenheit des Randes, zeichnen sich gewöhnlich durch einen deutlichen Entzündungshof aus und setzen Gefahren einmal wiederum durch Übergreifen auf das Knorpelgerüst (sekundäre syphilitische Perichondritis). Die Perichondritis kann zur Einschmelzung oder Nekrose des Knorpels führen. Zweitens droht die Gefahr der Perforation der Schleimhaut und der knorpeligen Wand. Das sehen wir besonders typisch an den trachealen Knorpelringen.

Die Ulceration des Trachealwandsyphiloms, das ebenfalls bald als umschriebene, bald als diffuse Verdickung der Trachealwandungen auftritt, führt zur Bildung partieller oder totaler Ringgeschwüre. Kommt es zur Perichondritis der betroffenen Trachealringe, so können die ihrer Ernährung beraubten Knorpelringe losgelöst werden, oder es tritt eitrige Schmelzung mit nachfolgender Abscess- und Fistelbildung ein[1]). Der Durchbruch nach aussen ist noch das günstigste Ereignis. Es sind aber auch nicht selten, besonders von den über oder in der Nähe der Bifurkationsstelle sitzenden Geschwüren Durchbrüche in die benachbarten grossen Gefässe hinein beobachtet worden, so in die arteria pulmonalis, in den arcus aortae, in die vena cava. Ausserdem ist ein Fall von Durchbruch in den Ösophagus und einer in das vordere Mediastinum beschrieben[2]) worden.

Die Durchbruchsstelle der laryngealen syphilitischen Infiltration nach aussen ist entsprechend den verschiedenen Ausdehnungen der bald kleinen, bald tumorenartigen, bald diffusen Syphilome nicht konstant. Daher ist die Ansicht allgemein, dass der Sitz der Ulceration nicht diagnostisch verwertbar sei. An dem Kehldeckel sieht man oft, dass noch oberflächliche Geschwüre im Beginn den freien Rand einnehmen, oder es ist an einer Seite schon ein kleinerer Defekt eingetreten, so dass das Organ auffallend asymmetrisch erscheint. Bei grösseren Ausdehnungen kommt es aber zu Defekten, die entweder den ganzen Kehldeckel betreffen oder doch nur geringe Reste desselben zurücklassen. Beim Tieferdringen der Ulceration zeigt sich neben der entzündlichen Schwellung der Geschwürsränder auch Ödem der umgebenden Schleimhaut, das zu Suffokationszuständen führen kann[3]). Die Geschwüre der Stimmbänder führen durch langsame Ulceration vom

---

[1]) Vgl. GERHARDT, l. c.
[2]) Vergl. d. Zusammenstellung von JURASZ, l. c., S. 356.
[3]) SEIFERT, l. c., S. 352.

Rande her zu mehr oder minder grossen, die Funktion oft dauernd beeinträchtigenden Defekten. Bei weiterem Vordringen veranlassen sie leicht die Bloslegung des Arytknorpels und sekundäre Perichondritis arytaenoidea. Wie die sekundäre, kann auch die primäre syphilitische Perichondritis zu vollständiger oder unvollständiger Ankylosierung des Cricoarytaenoidgelenkes führen. Am grössten ist die Gefahr, wenn die Perichondritis arytaenoidea sekundär oder primär sich auf beiden Seiten entwickelt. Alsdann wird durch die Juxtapposition beider Stimmbänder die hochgradigste Laryngostenose erzeugt werden. Ebenso kommt es zu Suffokationszuständen, wenn der Ringknorpel ergriffen wird und durch Nekrose der Platte die haltlos gewordenen Arytknorpel, luxiert werden. Seltener als die sekundäre, aus der Geschwürsbildung entstehende ist die bei intakter Schleimhaut zustande kommende Perichondritis. Doch ist sie ebenso sicher beglaubigt wie die nasale.

Die Perichondritis syphilitica kann sämtliche Knorpel zugleich ergreifen. So fand B. Fränkel[1]) in einem zur Sektion gekommenen Falle sämtliche Knorpel nekrotisiert. Der Schildknorpel, die Arytknorpel sowie das Zungenbein waren nekrotisch, Reste des Ringknorpels in bindegewebigen Höhlen. Die Stimmbänder waren in Juxtapposition, die postici fettig degeneriert.

Die Cikatrisation und Retraktion, welche die Heilungsvorgänge der Ulceration begleiten, liefern sehr mannigfache, zum Teil ausserordentlich schwere Verbildungen.

Die durch Narben bedingten Verengerungen des Kehlkopfes und der Luftröhre gehören zu der grossen Gruppe der intralaryngealen bez. intratrachealen Stenosen, wie sie auch durch tuberkulöse, diphtheritische und typhöse Geschwüre hervorgerufen werden können. Andere innerhalb des Atmungsrohres gelegene Ursachen haben wir bei den Verletzungen und Fremdkörpern, bei den submukösen Entzündungen und akuten infektiösen Prozessen kennen gelernt.

Gewöhnlich scheiden wir davon bekanntlich die zweite grosse Gruppe der Stenosen ab, deren Ursache ausserhalb des Atmungsrohres gelegen ist und die vorwiegend durch Kompression zu stande kommen. Das bekannteste und am meisten typische Beispiel dafür sind die Kropfstenosen, wie sie durch die gewöhnlichen, mehr aber noch durch die substernalen und retrotrachealen Strumaformen herbeigeführt werden; ferner die durch den Druck anderer Schilddrüsengeschwülste, der Aneurysmen, Lymphome und Carcinome der Nachbarschaft bedingten Verengerungen in ihren verschiedenen Formen als Verlagerung, Knickung

---

[1]) Gesellschaft der Charitéärzte.

und concentrische Einengung der Luftröhre. Alle diese können gelegentlich tracheoskopisch festgestellt werden und namentlich das Bild der Säbelscheidentrachea erfreut sich von den chirurgisch-diagnostischen Handbüchern her einer gewissen Popularität. Indes giebt es doch Übergangsformen zwischen den beiden Gruppen; so bei malignen Tumoren, die von aussen in das Lumen hineinwuchern und auch andere Geschwülste, wie Aneurysmen oder Strumen, können allmählich anwachsend die Trachealwand vor sich herdrängen und schliesslich usurieren und perforieren. Ferner ist zu bedenken, dass eine Reihe der Infektionskrankheiten, die zu Ulceration und Narbenstenose führen, auch gleichzeitig zu Lymphdrüsenschwellungen Veranlassung geben können, die ihrerseits zu direkter Kompression oder mittelbar durch Druck auf den Recurrens noch gleichzeitig weitere Beeinträchtigungen der Atmung und der Stimmbandbewegung herbeizuführen vermögen. Im ganzen muss man aber sagen, dass die aus syphilitischen Geschwüren hervorgegangenen Narbenstenosen an Häufigkeit derart überwiegen, dass alle anderen dagegen als selten bezeichnet werden können.

Es finden sich narbige, zu Verziehung führende Brücken und Stränge zwischen gegenüberliegenden ulceriert gewesenen Flächen. ferner leisten-, wulst- und gitterförmige Bildungen, Stränge in kallösem Narbengewebe, Membranen und ringförmige Strikturenbildung im ganzen Verlauf des Kehlkopftrachealrohres. Folgenschwer sind die Verwachsungen und Membranbildungen zwischen den Stimmbändern, und die ringförmigen Narbenmassen unterhalb derselben, und besonders beachtenswert ist dabei das gelegentliche Vorkommen mehrfacher derartiger Bildungen übereinander. Weniger für die Respiration als für die Stimmfunktion von Belang sind die Fixierungen der Stimmbänder durch Narbenmassen an deren hinterem Ende oder zwischen den Arytknorpeln. Im übrigen findet man noch Verziehungen der Kehldeckelreste durch Anlöthung an die Zungenbasis oder Verbindungen zwischen diesen oder den Taschenbändern einerseits und den aryepiglottischen Falten andrerseits. SCHRÖTTER[1]) hebt hervor, dass durch die Retraktion des Narbengewebes und die dadurch bedingten Einschnürungen der Gefässe auch cirkulatorische Störungen, Auftreibungen und Ödeme sowie erneute Geschwürsbildungen in der Umgebung der Narben veranlasst werden können.

Zu den weiteren Folgen ablaufender und abgelaufener syphilitischer Prozesse gehören die Rekurrenslähmungen durch den Druck vergrösserter Bronchialdrüsenkonglomerate. Sie können natürlich auch bei sonst

---

[1]) Vorlesungen über d. Krkhtn. d. Kehlkopfes u. s. w.   S. 238.

intakter Luftröhre entstehen. Ist die Trachea[1]) gleichzeitig durch den Vernarbungsprozess verdickt und die Sekretion erschwert, so werden die stenotischen Erscheinungen dadurch noch weiter gesteigert.

Die hereditäre Syphilis[2]) der ersten Lebenszeit scheint in den oberen Luftwegen oft latent zu verlaufen und die Frühformen bezw. die sekundären Erscheinungen zu bevorzugen.

In der Pubertätszeit kommen eher die Spätformen mit tertiärem Charakter und schwerere Zerstörungen vor. Doch erleidet auch diese Regel vielerlei Ausnahmen. Die Manifestationen stimmen im ganzen mit denen der erworbenen Syphilis überein, doch hält sie GERBER[3]) für weit ernster als bei der acquirierten Lues und betont, dass bei scheinbar harmlosem Beginne leicht eine Wendung zu malignem Ausgange des Processes eintreten kann. Daher erfordern die hereditären Formen eine besonders energische Therapie.

Therapie.

Sie umfasst nach dem vorangehenden die floriden Processe und die Folgezustände.

Die Behandlung dieser kann wesentlich nur eine lokale sein: jene werden der Hauptsache nach durch schleunige Einleitung einer rationellen antisyphilitischen Therapie zu bekämpfen sein. Doch kann ich nicht zugeben, dass eine örtliche Therapie überflüssig sei. Wenn sie nur unnötige Reizungen vermeidet, kürzt sie den Heilungsverlauf nach meinen Erfahrungen ab und wirkt gleichzeitig in einer grossen Reihe von Fällen palliativ auf die Beschwerden der Kranken ein. Während bei den Spätformen die interne oder rektale Darreichung der Jodsalze[4]), am besten in steigender Dose gegeben, wie bekannt fast nie versagende Dienste leistet, ist bei sekundären Erscheinungen die Anwendung des Hg kaum zu entbehren. Die Kenntnis dieser Kurverfahren setze ich als bekannt voraus und möchte nur bemerken, dass mir nach meinen persönlichen Erfahrungen über die Quecksilberwirkung die Schmierkur bei richtiger Ausübung noch immer das beste, wirksamste und einfachste Verfahren zu sein scheint.

---

[1]) GERHARD l. c. KOELING. Deut. Arch. f. kl. Med. B. XXI. PETZOLD. D. A. f. kl. M. Bd. XXII.

[2]) GERBER. D. Spätform. d. hereditären Syphilis.

[3]) l. c.

[4]) Zum Ersatz des Jodkali ist in neuerer Zeit wieder mehrfach (so von NEISSER, WOLFF) auf das 1885 zuerst von RICHET empfohlene Jodrubidium hingewiesen worden. Der Geschmack ist angenehmer und es treten Magenerscheinungen und Beschwerden seitens des Herzens seltener auf als beim JKa.

Eine örtliche Behandlung des Schleimhauterythems in den oberen
Atemwegen ist selten erforderlich und wird sich, wo sie überhaupt in
Frage kommt, meist auf die Anwendung einfacher Gargarismen oder
leichter Alterantien zur Pinselung oder Instillation in den Kehlkopf
beschränken dürfen: darüber findet man die nötigen Angaben in den
von der Behandlung des Katarrhs handelnden Abschnitten. Die Heilung
der Ulcerationen, gleichviel in welchem Stadium sie entstehen und wo
sie sitzen, kann, wenn sie dem Pinsel zugänglich sind, durch Betupfungen
mit $\frac{1}{2}$ %iger alkoholischer Sublimatlösung gefördert werden. Bei tieferen
schwerer benarbenden Formen ist das argentum nitricum in schwächerer
Lösung, bis höchstens 5 %, wirksam und, wo dieses versagen sollte, finde
ich die neuerdings von KUTTNER wieder empfohlene Chromsäure in Lösung
oder in Substanz von vortrefflicher Heilwirkung. Sequester in der Nasenhöhle
sollen, sobald es ohne Reizung und gröbere Verletzung möglich ist, mit der
stumpfen Zange entfernt werden. Zu der beliebten Therapie mit Calomelein-
puderung möchte ich bemerken, dass die von der Konjunktiva bekannten
Reizwirkungen des Quecksilberjodids, das sich durch Kalomel-Appli-
kation bei gleichzeitiger innerer Darreichung von Jodkalium bildet, auch
im Kehlkopf vorkommen können und zuerst von KANASUGI in SEIFERT's
Klinik gesehen und beschrieben wurden. Eine Behandlung der syphilitischen Geschwüre mit dem scharfen Löffel halte ich eben so wie
ZARNIKO[1]) nicht für vorteilhaft.

Die Behandlung der abgelaufenen Syphilis lässt sich nach folgenden
Gesichtspunkten betrachten.

1. Ergänzung von Defekten. Hierher gehört der Ansatz der zer-
störten Nase, die Aufrichtung der Sattelnase, Operationen, welche in das
Reich der Chirurgie gehören und hier nicht abgehandelt werden. Ferner
die einfache Schliessung von persistierenden Kommunikationsöffnungen.

Die dazu notwendigen Eingriffe dürfen erst ausgeführt werden, wenn
der Prozess vollkommen abgelaufen ist. Man kann eigentlich nicht lange
genug damit warten und bezahlt jede zu frühzeitige Operation bei der
technisch besten Ausführung durch spätere oder sofortige Misserfolge,
indem die Narben alsbald zerfallen, neue Ulcerationen an den Stichöffnungen oder an den Entspannungsschnitten eintreten und dergleichen
mehr. Bei den kleinen Defekten des Gaumensegels, die keinerlei Störungen machen, ist eine Schliessung durch Naht jedenfalls unnötig. Gar
nicht selten gelingt es, durch fleissig, aber in grossen Pausen fortgesetzte
Ätzung des Randes mit Chromsäure, Argentum, oder der sehr wirksamen
Cantharidentinktur, auch grössere Defekte noch zu schliessen oder wenig-

---

[1]) D. Krankheiten der Nase. Berlin 1894.

stens sehr erheblich zu verkleinern. Wo nicht, so kommt die Anfrischung und Naht in Anwendung. Perforationen des harten Gaumens können durch Anfrischung und Naht aber nur geschlossen werden, nachdem durch seitliche Schnitte mukös-periostale Lappen durch Abhebelung vom Knochen gelöst sind. Das geht ganz gut unter Kokainanästhesie. Bei Misserfolgen oder wenn man bis zu günstigerer Zeit mit der plastischen Operation zuzuwarten wünscht, hilft man sich mit der Deckung des Defektes durch eine Zahnplatte oder eine hemdknopfähnliche Vorrichtung aus weichem Kautschuck.

2. Die Wiederherstellung einer Kommunikation oder eines Lumens. Verwachsungen und störende Narbenstränge im Rachen, wie im Kehlkopfe müssen durchtrennt werden. Verengerungen des gesamten Lumens durch Bougierung erweitert werden. In schweren Fällen kommt im Kehlkopfe und der Luftröhre die Exstirpation von Narbenmassen oder die Resektion verlöteter Larynxteile, die die Enge bedingen, mit oder ohne vorangehende Tracheotomie in Betracht.

Die Behandlung verlötender Narbenstränge oder Membranen in der Nasenhöhle selbst weicht von derjenigen der aus anderen uns schon bekannten Ursachen entstehenden Synechieen in keiner Weise ab, so dass auf jene Erörterung verwiesen werden kann. Die Behandlung der Velumpharynx-verwachsung ist eine oft recht schwierige Aufgabe, um so schwieriger, je mehr von der Substanz des Velums selbst zu Narben geworden oder sonst zu Grunde gegangen ist. In solchen Fällen kann man sich begnügen, zur Wiederherstellung der Nasenatmung durch einen per nares eingeführten Katheter Narben und Velum zu spannen und breit zu incidieren (Lublinski). Zur Nachbehandlung ist ein häufiges Einlegen von Bougies, ein Verfahren, das die Kranken dann selbst übernehmen können, erforderlich, um die Wiederverwachsung zu hindern. Am meisten empfehlenswert scheint mir für die flächenhaften Verwachsungen das von Lieven[1]) geübte Verfahren. Die Verwachsungen werden in Narkose am hängenden Kopfe mit der krummen Schere durchtrennt und alsdann wird ein möglichst grosser Gazetampon in den Nasenrachen eingeführt, der nach Bedürfnis nach einigen Tagen erneuert wird. Alsdann führt er mittels des Bellocqröhrchens einen Rhineurynter in die Nase ein, dessen im Nasenrachenraum liegendes Ende eine Kugel bildet. Diese wird von dem aus der Nase herausragenden Gummischlauche aus mit Luft gefüllt. Der Apparat wird täglich auf 2—4 Stunden eingelegt, später eventuell von dem Patienten selbst. Die Behandlung dauert 2—4 Monate und verhinderte in dem Falle Lieven's die Wiederverwachsung vollkommen.

[1] 61. Vers. deut. Naturforscher u. Ärzte, S. 274.

Hajek hat übrigens schon vorher ein ähnliches Verfahren beschrieben, bei dem die Wiederverwachsungen durch eingelegte Tampons oder Kautschukprothesen verhütet werden soll. Für die im unteren Pharynxabschnitt befindlichen, meist sehr resistenten narbigen Leisten und Membranen genügt das Verfahren der Incision und Dilatation, beziehentlich die Kombination beider gewöhnlich nicht. Jurasz empfiehlt, in schweren Fällen das Narbengewebe stückweise zu exstirpieren, bis der Rachen zu normalen räumlichen Verhältnissen gebracht wird. Dabei muss man aber sehr langsam und allmählich vorgehen. In einem besonders hartnäckigen Falle, wo wegen Pharynxstriktur die Tracheotomie hatte ausgeführt werden müssen, konnte J. einen Kranken auf diesem Wege von der Kanüle befreien und die Funktion des Pharynx dauernd wiederherstellen.

Was über den Zeitpunkt der Operationen zur Schliessung der Defekte gesagt ist, gilt auch von den Behandlungsmethoden, die auf die Erweiterung einer trachealen oder laryngealen Striktur gerichtet sind. Ausgenommen sind die Fälle hochgradiger Verlegung der Atmung, wobei die indicatio vitalis ein Zuwarten verbietet. Nach der oben gegebenen Darstellung der hier in Frage kommenden Folgezustände ist es zu verstehen, dass die Tracheotomie bei den Larynxstrikturen nicht selten unvermeidbar wird. Alsdann muss man — und das gilt auch für die günstigeren Fälle, wo die Tracheotomie noch verhütet werden soll — zur Wiederherstellung eines geräumigeren Lumens meistens wiederum die Verbindung operativer Trennung mit der Bougiebehandlung verwenden. Zur Durchtrennung wird bald das Messer, bald der Galvanokauter von Nutzen sein, gelegentlich ist aber die schneidende Zange oder die Doppelcurette zur allmählichen Exstirpation von Narbenmassen auch hier von grösstem Vorteil.

Kommt man ohne Tracheotomie aus, so tritt in leichteren Fällen zunächst die einfache Bougierung und die Tubage—also die Dehnung—in die Rechte. Die von Schrötter zur Bougierung angegebene Hartkautschukröhren sind 26 cm lang; das ovale Ende ist rund, das laryngeale, der Glottisgestalt entsprechend, auf dem Querschnitt dreieckig mit nach unten gerichteter Basis. Ausser der unteren trägt es noch zwei Seitenöffnungen. Nach genügender Kokainisierung und Vorübung[1]) beginnt man mit schwächeren Nummern, die ganz allmählich den stärkeren Platz machen. Nach Erreichung des gewünschten Lumens muss das Verfahren längere Zeit fortgesetzt werden. Zu längerem Verweilen darf man sich der O'Dwyer'schen Intubationsröhren bedienen, wird aber gut thun, für

---

[1]) Vergl. d. Verfassers Laryngoskopie u. Rhinoskopie S. 95.

diese Zwecke schwerere Metalltuben zu bevorzugen. Die Tubage kann
auch nach der Tracheotomie sehr wohl verwandt werden; selbstverständlich unter dauernder Überwachung als intermittierende Tubage. Sie darf
ebenfalls erst nach Ablauf der entzündlichen Erscheinungen beginnen. Wer
viel zu intubieren hat, merkt bald, dass man mit den gebräuchlichen und
mit den Vorratskästen der Instrumentenmacher in den Handel kommenden Tuben nicht immer auskommt. Oft genug muss man sich für den
bestimmten Fall besondere Tuben machen lassen, und kann diese Gelegenheit benutzen, die Röhren nicht nur nach Länge und Dicke besonders herrichten zu lassen, sondern auch zur Anbringung von Konvexi-
täten an solchen Stellen, wo ein stärkerer Druck wirken soll. Das
Verfahren selbst ist leicht, wenn man sich ein wenig am Phantom
vorher einübt. Ich benutze möglichst wenig Hilfsinstrumente und führe
die Tuben, nachdem sie richtig am Induktor befestigt sind, unter Kontrole des Laryngoskops ein. Der Patient hält wie gewöhnlich die Zunge.
Die Einführung gelingt bei Ungeübten aber manchmal leichter, wenn
man mit Depressor oder dem Finger die Zunge herabdrückt. Wo es
geht, kann man den Kehldeckel mit dem Finger mitfassen. Ist die
Röhre richtig eingeführt, kann man sie ruhig am Ort belassen, wenn
der Kranke es gelernt hat, das Instrument am Faden herauszuziehen,
sowie es sich verstopft. Wo nicht, muss man die Aufsicht und Extraktion selbst übernehmen. Ist der Faden gerissen oder hat man ihn
mit oder ohne Absicht weggelassen, so dient ein besonderer Exhaustor
zur Entfernung der Tube. Ich ziehe den Faden vor. Wie bei jeder
Strikturbehandlung, muss man überkorrigieren, d. h. zu dickeren Nummern übergehen, bis das zu erreichende Lumen eher etwas überschrit-
ten ist.

   Schrötter's[1]) Verfahren nach der Tracheotomie ist das folgende.
Nachdem der Kranke für den Katheterismus eingeübt ist, sucht man
zunächst mit einem Katheter von oben her durch die Striktur zu kommen und das Kanülenfenster zu erreichen. Hier wird der Katheter
durch einen Knopf seines Mandrins fixiert, der seinerseits durch ein
kleines Klemmpinzettchen von vorn her festgehalten wird. Für die
eigentliche Bougierung werden dann Zinnbougies verwandt, die, ca. 4 cm
hoch, von knöcherner Gestalt und auf den Durchschnitt abgerundet,
dreieckig geformt sind. Schrötter empfiehlt, die Bougies nicht länger
als 24 Stunden liegen zu lassen. Doch blieb das Instrument in einem
seiner Fälle, weil der Faden abgerissen war, ohne Schaden 72 Stunden
liegen. All diese Methoden erfordern ein gut Teil Zeit, Geduld und
Geschick.

---

[1]) Schrötter. Vorlesungen über d. Krankh. d. Kehlkopfes. Lieferung IV.

Lepra.

Der Aussatz kommt bei uns glücklicher Weise so gut wie garnicht vor. Nur an wenigen Orten sind spärliche Endemieen beobachtet worden und nur durch die Verschleppung von leichter Befallenen aus näheren Lepragegenden, aus Russland, Finnland, Schweden, von den spanischen oder italienischen Küsten kommen deutsche Laryngologen gelegentlich in die Lage, einen solchen Fall zu sehen. Viele kennen, wie ich, die Lepra nur aus der Anschauung von Präparaten.

Die oberen Atemwege werden von dem Knotenaussatz mit Vorliebe ergriffen. Die lepröse Infiltration geht von der äusseren Haut in die Nasenhöhle über, deren vordere Partieen öfter betroffen werden, als die hinteren und der Nasenrachenraum. Doch ist auch die Beteiligung des Nasenrachens an der Erkrankung sichergestellt, wie aus der Untersuchung Arning's[1]) über die Lepra auf den Sandwichsinseln zu entnehmen ist. Ebenso ist der Rachen und der Kehlkopf in einer sehr grossen Zahl der Leprafälle an der leprösen Infiltration in den verschiedensten Graden beteiligt. M. Schmidt[2]) konnte einen Fall von Lepra laryngoskopisch untersuchen und fand den Kehldeckel an seiner Spitze blumenkohlartig verdickt und weiss, die aryepiglottischen Falten verdickt und knotig, ebenso auf dem rechten Taschenbande einen kleineren Knoten. Gleichzeitig fand er am harten Gaumen einen bläulich aussehenden Knoten und die Uvula verdickt, fein quer gewulstet und granuliert.

Der Knotenaussatz der Schleimhaut setzt zunächst Beschwerden und Gefahren durch die Grösse und Zahl der bis zur Haselnussgrösse anwachsenden Infiltrationen und durch die ihm folgenden Verlegungen der Höhlenlumina in der Nasenhöhle, im Kehlkopfe und in der Luftröhre.

Schwerer als die Verlegung der Nasenatmung mit ihren bekannten Folgen ist die Laryngostenose zu beurteilen. In allen Fällen mit grösseren Infiltraten fällt die grobe Formveränderung der betroffenen Stellen ins Auge. Die infiltrierten Stellen sehen gelbrot, manchmal bläulich, in der Mitte öfter glänzend weiss aus. Im Rachen können die Arkaden, das Velum, die hintere Rachenwand und die Tonsillen, im Larynx die Epiglottis, die aryepiglottischen Falten, die Arytknorpel, die Stimmbänder, die subchordale und die Trachealschleimhaut ergriffen werden. Besonders mächtige Wülste entstehen durch die Verschmelzung mehrerer Knoten miteinander.

Die Infiltrate bestehen aus äusserst beständigen Granulationszellenkonglomeraten, veranlasst durch die Invasion eines Bacillus, der mit dem

---

[1]) Berl. klin. W. 1890, S. 159: Die Lepra auf d. Sandwichsinseln.
[2]) Lehrbuch S. 359.

der Tuberkulose in der Form grosse Ähnlichkeit zeigt. Die sogenannten Leprazellen sind durch Verschmelzung mehrerer oder Wucherungen einzelner Zellen des Infiltrates um das vier- bis fünffache vergrösserte Zellen, in denen gewöhnlich die Leprabacillen gefunden werden. Trotz ihrer grossen Konstanz unterliegen die leprösen Infiltrate auch dem geschwürigen Zerfall und können zu vollständiger Zerstörung von grossen Teilen des knöchernen und knorpeligen Gerüstes führen. Man kann die verschiedensten Stadien des Prozesses nebeneinander finden, kleine, grössere, zu Wülsten vereinigte Knoten, Geschwüre, konsekutive Perichondritis, Nekrose und Ödem.

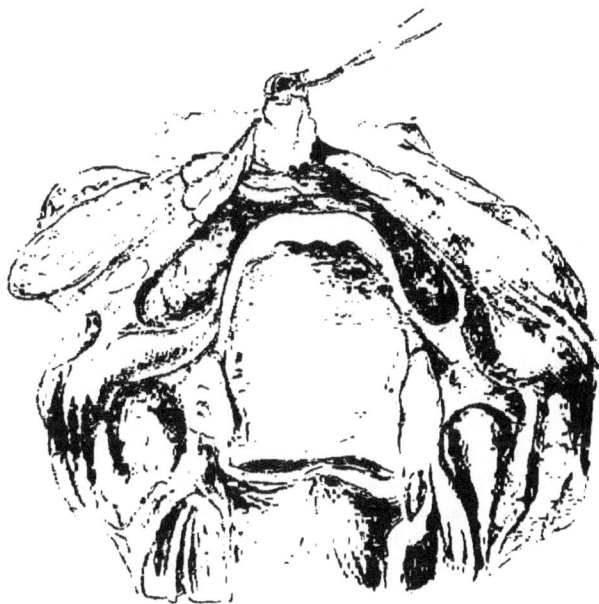

Fig. 36.
Lepra laryngis et pharyngis. (Nach Kast und Rumpel.)

Verwechslungen könnten nach dem Bilde sowohl mit Tuberkulose, als mit Syphilis, und dies besonders bei der ulcerösen Form in der Nasenhöhle, stattfinden, wenn nicht das ausnahmslos sekundäre Erscheinen der Lepra in den oberen Atemwegen Fehldiagnosen verhüten würde. Das Leben wird hauptsächlich durch die Larynxstenose bedroht. Gegen diese ist die Tracheotomie das einzige Mittel, gegen die Lepra selbst kennen wir keines. Die symptomatisch palliative Behandlung beschränkt sich darauf, die durch Neuralgieen und Parästhesieen noch vermehrten Qualen der Befallenen durch narkotische Mittel und den Versuch eines roborierend-excitierenden Regimes zu lindern. Die Krankheit kann Jahrzehnte dauern, führt aber auch oft durch Erschöpfung zu frühem Tode. Ob der Versuch mit einer lokalen Behandlung mit Kauter und scharfem Löffel, selbst frühzeitig unternommen, von Nutzen wäre, das muss abgewartet werden.

Sklerom.

Auch das Sklerom ist eine bei uns äusserst seltene Erkrankung. Es handelt sich um einen besonderen, die Schleimhaut der oberen Atemwege ergreifenden chronischen Entzündungsprozess, der alsdann auf die äussere Haut übergeht. Die geographischen Hauptbezirke seines Vorkommens[1]) sind Südwestrussland, Galizien und Mähren, ferner Süditalien und Südamerika. Es ist eine Krankheit der armen Bevölkerung. Die knorpelige Härte der erkrankten Stellen, welche HEBRA zu der Benennung Sklerom veranlassten, tritt erst in vorgeschrittenen Stadien der Erkrankung hervor. Die jüngsten Formen sind weiche, hirsekorn- bis erdbeergrosse Infiltrate und sitzen gern am vorderen unteren Muschelende, am Boden oder am knorpeligen Septum der Nase. Im Nasenrachen sind sie nach JUFFINGER wenig häufig, besonders sitzen sie am Boden der Choanen und am Septum, selten im Kehlkopf.

Eine zweite Form sind mehr in die Breite gehende, aber auch scharf umschriebene Knotenformen, die sich in der Folge zu strahligen Narben mit derbem, verdicktem Centrum umwandeln und durch Heranziehung der Nachbarschaft zu Verziehungen oder Schrumpfungen, Falten und Verschlussbildungen Anlass geben. Viel seltener ist ein diffuses Infiltrat, das sich gleichzeitig durch tiefe Entwickelung auszeichnet und bis auf den Knochen und Knorpel gehen kann. Es sitzt an den Untermuscheln und an dem Boden der Nasenhöhle, an den aryepiglottischen Falten, den Arytknorpeln und besonders in dem subchordalen Raum bis zur Trachea herab.

Histologisch besteht das Skleromgewebe frisch aus Granulationszellen mit runden Kernen und deutlichem Protoplasma, später entwickeln sich Züge von Spindelzellen und hyaline Bildungen. Konstant findet man im Skleromgewebe, und zwar in den Zellen, die ein oder mehrere durchsichtige Bläschen neben den zur Seite gedrängten Kernen enthalten, die den FRIEDLÄNDER'schen Pneumoniekokken ähnlichen Kapsel-

---

[1]) JUFFINGER. ´ Das Sklerom d. Schleimhaut der Nase, des Rachens, des Kehlkopfes u. der Luftröhre.

kokken[1]), deren Reinkultur aus dem frischen Gewebssaft zuerst PALTAUF und v. EISELSBERG[2]) gelang. In besonders grossen, einzeln entwickelten blasigen Gebilden sind die Bacillen vornehmlich zahlreich; da finden sich zwanzig bis sechzig, während der Kern ganz am Rande liegt. (MIKULICZ'sche Zellen[3]). STEPANOW[4]) erzeugte durch Verimpfung der Bacillen auf das Auge von Meerschweinchen Granulome, welche alle mikroskopischen Eigenschaften der Sklerome bei Menschen besitzen. — Durch das Vorkommen der Bacillen an der Oberfläche und im Epithel erklärt sich die weitere Verbreitung des Prozesses ohne merkliche Verletzung des Gewebes. Ausgenommen sind die diffusen Infiltrate; bei diesen reicht die Entwicklung des Granulationsgewebes bis auf die Muskulatur und die Knorpel des Kehlkopfes. Die Nase ist meist auch äusserlich durch die diffuse Infiltration verändert. entweder ohne erhebliche Niveauveränderung der äusseren Haut oder unter gleichzeitiger Entwickelung von höckerigen Prominenzen an den Nasenflügeln. Seltener ist die äussere Nase von anscheinend normaler Beschaffenheit, und dann tritt erst bei der Palpation ihre veränderte, knorpelharte Starrheit zu Tage. Der Schleimhautprozess geht dem der äusseren Haut voran[5]).

Die vordere Rhinoskopie zeigt bei normalem Aussenbefunde rote, fein höckerige Tumoren mit breitbasiger Insertion, die von den pilzähnlich gebauten Gebilden verdeckt ist. Manchmal sitzen diese auch schon ausgebildeten diffusen Infiltraten auf.

Fig. 37.
Sklerom.   (Nach JUFFINGER.)

Alsdann ist meist das vordere Ende der unteren Muschel und der Boden ergriffen, und das Lumen obliteriert, während die untere Muschel scheinbar in die Infiltration aufgeht. Nach dem Ablauf des Prozesses kann ein der Rhinitis atrophicans foetida ähnliches Bild zu stande kom-

---

[1]) Zur Ätiologie des Rhinoskleroms. PALTAUF und v. EISELSBERG. Fortschritte der Medizin 1886, Bd. IV.

[2]) Zuerst von FRISCH gesehen. Wiener med. Wochenschrift 1882.

[3]) Archiv für Chirurgie, Bd. XX. Über das Rhinosklerom, S. 485.

[4]) Monatsschr. f. Ohrenheilk. 1893. Sep.-Abdr.

[5]) CHIARI u. RIEHL. Das Rhinosklerom d. Schleimhaut. Zeitschr. für Heilkunde VI. Bd., 1885.

men. Charakteristisch ist nach JUFFINGER, dass der Nasenboden in Falten erhoben ist, die bis zur unteren Muschel reichen.

Im Mundrachenraum sind Stellungsanomalien und verminderte Beweglichkeit des Gaumens das erste Zeichen. In den weiteren Stadien kommen die verschiedensten Grade der Stenose zur Entwickelung. Verlust der Zähne und Atrophie des Alveolarfortsatzes vereinigen sich mit dem ausgesprochen Bilde der narbigen Kieferklemme.

Pharyngoskopisch sieht man am häufigsten derbe, verschiebliche, schmerzlose Knoten, symmetrisch an den Insertionen der hinteren Gaumenbögen oder am Rande des weichen Gaumens zu beiden Seiten der Uvula, äusserst selten an der äusseren Pharynxwand.

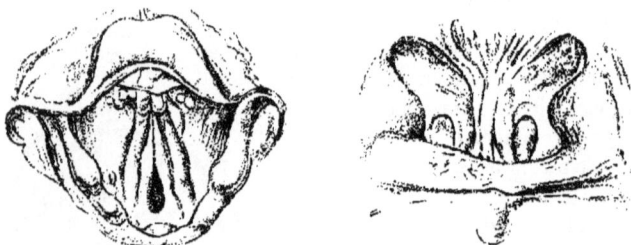

Fig. 38—39.
Sklerom. (Nach JUFFINGER.)

Besonders charakteristisch sind die zuerst vielfach übersehenen Verhältnisse im Nasenrachenraum[1]). Die harten meist am seitlichen Choanalrande sitzenden Knoten bewirken durch Schrumpfung Hinaufziehen des weichen Gaumens. Ferner ziehen sie nach und nach die Schleimhaut der Tuben und der Recessus herab. Daher werden die Choanen leicht nach unten und nach der Seite eingeengt, doch bleibt die Tube meist offen, so dass keine Gehörsstörungen eintreten. Im weiteren Verlauf kommt es dann zu den verschiedensten Graden konzentrischer Einengung. Im Mundrachenraum soll auch eine Herabsetzung der Sensibilität sehr gewöhnlich sein.

Die Infiltrate des Kehlkopfes sind meist parallele derbe Wülste der subglottischen Regionen, glatt blassrot oder grauweiss höckrig. Sie führen bei einigermaassen beträchtlicher Entwickelung zu schwerer Larynxstenose. Die Infiltration, die sich durch eine einfache Wulstbildung bei der Inspektion kund giebt, ist aber meist eine weit mächtigere, als es den Anschein hat und kann bis zur Cartilago cricoidea reichen.

[1]) JUFFINGER l. c.

Mit dem Fortschreiten der bindegewebigen Schrumpfung erscheinen
membranöse narbenähnliche Bildungen, die die mannigfachsten Formen annehmen, bald die Stimmritze einengend, bald subglottisch weit heruntersteigend und in der Höhe der Cartilago cricoidea sich selbst mehrfach
untereinander ausbreitend und umspinnend.

Harte Infiltrate bilden sich meist am Taschenband und ziehen bei
eintretender Schrumpfung die Aryknorpel gegen die Epiglottis, sogar bis
zur Berührung, wodurch der Larynxeingang besonders klein aussehen
muss. „In anderen Fällen[1]) tritt durch Cirkulationsstörungen in den betreffenden Schleimhautpartieen chronisches Ödem auf." Hierdurch und
durch die ausgebreiteten diffusen Infiltrate wird dann Anlass gegeben
zu gefahrdrohend schneller Entwickelung der Laryngostenose.

„Die höchsten Grade der Erkrankung sind diejenigen, wo das Infiltrat
von den Aryknorpeln auf die falschen Stimmbänder und rückwärts bis
in die Trachea reichend, dabei den Larynx in- einen starren Kanal umgewandelt hat."

Von den schweren laryngostenotischen Komplikationen abgesehen
sind die Symptome verhältnismässig geringe; der Verlauf ist eminent
chronisch und kann sich über zwanzig Jahre hin erstrecken, ohne
den Allgemeinzustand erheblich zu alterieren. Die Diagnose ist leicht.
Verwechselungen sind wohl nur mit Syphilomen möglich, doch
schützt davor der Mangel der Verschwärungen, sowie der Lymphdrüsenschwellung und die Beobachtung des Verlaufs, namentlich das sehr langsame Fortschreiten und das Fehlen eigentlicher regressiver Erscheinungen
und Narbenbildungen.

Die Therapie ist ohnmächtig; ein brüskes chirurgisches Vorgehen
wird allseitig widerraten, und so muss sich die Behandlung auf die Beseitigung der Stenose und ihrer Gefahren durch Tracheotomie und Bougierung der Luftröhre beschränken. Auch in der Nasen- und Nasenrachenhöhle kann die Bougiebehandlung erprobt werden. Eine kausale
Behandlung giebt es bis jetzt nicht. Eines Versuchs verlohnt vielleicht
die Milchsäure[2].)

Eine höchst merkwürdige, von LUBLINER aus HERYNG's Klinik[3]) berichtete Erscheinung ist die einer vollständigen Involution diffuser rhino-
skleromatöser Infiltrate, die bereits die Nasenhöhle für Luft und Wasser
unpassierbar gemacht hatte, und zwar durch gleichzeitiges Erkranken an
exanthematischem Typhus. Die Diagnose war mikroskopisch und bakterio-

[1]) JUFFINGER l. c. S. 32.
[2]) KRAUSE. Deutsche Wochenschr. 1885.
[3]) Berl. klin. Wochenschrift 1891 Nr. 40. S. 983.

logisch sichergestellt. Eine ähnliche Erscheinung beobachtete LUBLINER
beim Lupus; er glaubt, dass Lupus und Rhinosklerom sich gegenüber
dem Typhus exanthematicus ähnlich verhielten wie gelegentlich das
Erysipel gegenüber malignen Tumoren.

Aktinomykosis.

Die Strahlenpilzkrankheit wird bei Rindern. Schweinen und Pferden
beobachtet. Die Übertragung der Pilze erfolgt wahrscheinlich nicht
direkt, sondern durch Vermittelung gewisser Pflanzen, besonders Ge-
treidearten, auf denen er sich ansiedelt. Im Gebiet der oberen Luftwege
ist in seltenen Fällen Aktinomykose an den Tonsillen und am Zungengrunde beschrieben worden. Einmal sah SCHLANGE einen retropharyngealen Heerd[1]. Die durch die Ansiedelung des Strahlenpilzes bewirkten
Veränderungen sind knötchenförmige Entzündungsherde, innerhalb deren
sich die Pilzdrusen vermehren können[2]. Es entstehen mehr oder weniger
grosse Gewebswucherungen von oft erheblicher Ausdehnung, Knötchen-
form und derber Konsistenz. Später oder früher kommt es zu Zerfallserscheinungen und der Entleerung eines dünnflüssigen, stellenweise
zäheren Eiters, der die Akinomyceskörner enthält.

Die Invasion der Pilze in der Mundrachenhöhle wird sehr häufig
von Verletzungen durch spitzige oder kariöse Zähne oder von Wunden
und Schrunden der Wangen- oder Zungenschleimhaut aus ermöglicht.

Kommt es am Zungengrund oder den Tonsillen zur aktino-
mykotischen Erkrankung, so bilden sich daselbst wenig empfindliche, im
Anfang überhaupt nur von geringen Symptomen begleitete Knötchen
aus, deren Verhalten im weiteren Verlauf der Gewebswucherung und
der Vereiterung ein auffallend torpides ist.

Es wird allgemein betont, dass die Diagnose der unzerfallenen
Aktinomycesknoten sehr schwer ist und dass Verwechselungen mit
Fibrom, mit Syphilis, Tuberkulose und Carcinomen vorkommen können.
Nach der Eröffnung entscheidet alsbald das Mikroskop durch Nachweis
der Strahlenpilzdrüsen.

Liegen keine Metastasen, Lungen-, Pleural- oder Knochenerkrankungen
vor, so ist die Prognose nicht ungünstig quoad vitam.

Die Behandlung besteht in der Eröffnung und energischen Auslöffelung, worauf die einzelnen Fistelgänge energisch geätzt werden
müssen. [acid. chromicum, arg. nitricum oder zincum chloratum.]

---

1) 1892 Chirurg. Congress.
2) Vergl. ZIEGLER. Patholog. Anatomie.

Malleus. (Rotz.)

Der Rotz bei Menschen entsteht durch Infektion mit rotzbacillen-
haltigem Material und ist bei uns fast ausschliesslich bei solchen Personen vorgekommen, die sich mit der Pflege von rotzkranken Pferden
oder in Abdeckereien beschäftigt haben.

Bei der akuten Form der Übertragung, welche alsbald einsetzen
oder sich an ein chronisch verlaufendes Vorstadium anschliessen kann,
erfolgt nach einer Inkubationsdauer von zwei oder mehreren Tagen die
Bildung der Rotzinfiltrate, mit mehr oder weniger stark hervortretenden
septischen Allgemeinsymptomen: Fieber, Durchfall, Meteorismus, zu denen
sich noch Purpuraflecke, Gelenkentzündungen und Hautabscesse gesellen, doch fehlen Milztumor und Roseola. Ein „Primäraffekt" in Gestalt einer einzelnen Rotzinfiltration mit oder ohne nachweisbare Ein-
gangspforte für die Infektion und mit nachfolgender Lymphangitis lässt
sich in vielen Fällen gerade bei dieser akuten Form verfolgen.

KLEMPERER[1] stellte in einem neuerdings von ihm in LEYDEN's Klinik
beobachteten Falle fest, dass der Rotz ohne Leucocytose verläuft.
Wiewohl sich bei dieser akuten Form die Rotzknoten im ganzen Verlauf des Respirationstractus und von den oberen Atemwegen in der
Nasenschleimhaut[2], in den Nasennebenhöhlen und im Rachen, im Kehlkopf und in der Trachea ausbilden, so kommt wegen des schnellen Verlaufs mit stets tötlichen Ausgängen, eine diagnostische Verwertung durch
örtliche Untersuchung dabei um so weniger in Betracht, als hier die
Knoten und die durch ihren Zerfall entstehenden Geschwüre an den der
Spiegeluntersuchung zugänglichen Stellen zwar ausserordentlich zahlreich,
aber ebenso klein sind, so dass sie unter der ausgedehnten, sie begleitenden diffusen Schleimhautschwellung wohl stets der Untersuchung
entgehen würden[3]. Ihre Grösse variiert sonst in weiten Grenzen. Die
kleinsten Knoten und dem entsprechend die Geschwürchen sind miliar
und darunter, von da an kommen alle Stadien der Grössentwickelung
vor. Die grössten sind in dem von LANGERHANS obduzierten Falle wall-
nuss- bis eigross gewesen.

In den mehr chronisch verlaufenden Fällen tritt entweder nach
einigen Wochen, wie bei dem akuten Einsatz, der Tod ein oder es kommt,
wenngleich sehr selten und erst nach monate-, ja jahrelangem Verlauf

---

[1] Berl. klin. Wochenschrift. Juli 1894.
[2] LANGERHANS. Obduktionsbericht des ausgeführten Falles l. c.
[3] DIRNER. Ein an einem Menschen beobachteter Fall von malleus humidus.
Pester med. chirurg. Presse 82. Nr. 35.

zur Heilung. Die örtlichen Symptome sind danach, je nach der Grösse
und Ausdehnung der Infiltrate und der begleitenden diffusen Schwellung,
die einer mehr oder weniger beträchtlichen und weit hinabragenden Verlegung der Luftwege, begleitet von einer zähen und leicht zur Borkenbildung führenden Sekretion aus den Geschwürsflächen. Bei den
Schwellungen im Kehlkopf und in der Luftröhre können erhebliche
Grade der Laryngostenose und Erstickungsanfälle eintreten. Ulcerationen
grösserer Rotzknoten am Nasenseptum führen zur Perforation. In anderen Fällen treten auch bei der chronischen Art des Verlaufs die örtlichen Erscheinungen in den oberen Luftwegen zurück. Die differentielle
Diagnose von Tuberkulose, mit der bei gleichzeitig ausgebildetem Haut-
rotzknoten Verwechslungen vorgekommen sind, ist, besonders bei chro-
nischem Verlauf, leichter, als die von Syphilis. Erschwerend wirkt der
Umstand, dass mehreren Berichten zufolge auch bei Malleus nach Schmierkuren und Jodkali sich ein vorübergehend günstiger Erfolg zeigen kann.
Entscheidend ist die bakteriologische Untersuchung des Rotzsekretes.
Bei der Überimpfung auf männliche Meerschweinchen, denen geringe
Mengen ins Peritoneum gespritzt sind[1]), tritt am dritten Tage nach der
Einimpfung eine Anschwellung der Testikel ein, die enorme Dimen-
sionen annimmt und als charakteristisch angesehen wird.

Die Therapie kann, so weit die oberen Luftwege in Betracht kommen,
nur eine palliativ-symptomatische sein. Sie muss sich auf Ausspülungen
und Einpuderungen der zugänglichen Geschwüre beschränken. Über
eine Verwendung des Malleins (KOLNING) zu diagnostischen, beziehungsweise therapeutischen Versuchen an Menschen liegen noch keine be-
weisenden Erfahrungen vor. Bei isolierten grösseren Schleimhautknoten
ist vielleicht eine ähnliche chirurgische Therapie wie bei den Haut-
knoten durch Evidement und Ätzung zu versuchen.

[1]) KLEMPERER l. c.

VII. Kapitel.

Neubildungen.

Allgemeine Übersicht.

Die in den oberen Atemwegen vorkommenden Geschwülste sind entweder angeborene oder sie entstehen während des Lebens. Beispiele der ersten Art haben wir bereits wiederholentlich unter den Bildungsabweichungen zu besprechen Gelegenheit gehabt: Wir erinnern an die Dermoide der Nasenhöhle, an die Nebenschilddrüsen und dergl. Die Neubildungen können entweder innerhalb der Höhlensysteme zur Entwickelung kommen, die die ersten Luftwege formieren, oder diese von der Nachbarschaft her beteiligen. In beiden Fällen wirken sie mechanisch durch Verengerung und Verlegung des Lumens, bald durch Druck auf Nerven oder Gefässstämme, die Ernährung oder die Funktion bedrohend, bald, zumal bei malignen Neubildungen, durch Destruktion der Höhlenwandungen und der benachbarten Territorien sowie durch Erzeugung von metastatischen Herden.

Selten ist der Weg der Beteiligung der Nasenhöhle von Tumoren oder Schädelhöhle aus. Als Beispiel dafür nenne ich die Tumoren der Hypophysis cerebri, besonders die Adenome (STRUMEN) derselben. Die wachsen gelegentlich zu solcher Grösse heran, dass sie den Boden der sella turcica in die Nasenhöhle durchbrechen und ulcerierend zu eiteriger Meningitis Veranlassung geben können[1].

a) Gutartige Neubildungen.

Es ist für die allgemeine Betrachtung leicht zu verstehen, dass eine nach dem histologischen Bau durchaus gutartig aussehende Geschwulst,

---

[1] CHIARI: Meningitis suppurativa, veranlasst durch die Ulceration eines in der Nasenhöhle perforierenden Adenoms der Hypophysis cerebri. S. A. Aus der Prager med. Wochenschrift 83. N. 26.

ein Fibrom, ein Enchondrom gerade innerhalb der ersten Atemwege
klinisch unter Umständen sehr gefährliche Erscheinungen hervorrufen
kann, während andererseits die bösartigsten Neubildungen innerhalb der
Höhle so geringe Erscheinungen machen können, dass ihre so unendlich wichtige Frühdiagnose durch die scheinbare Harmlosigkeit ihrer
Symptome sehr in Frage gestellt werden kann. Die subjektiven Erscheinungen eines Nasenhöhlencarcinoms brauchen in den ersten Stadien
keine anderen zu sein, als die der gutartigen weichen Fibrome, und es
giebt Formen von Kehlkopfkrebs, deren Symptome lange Zeit von denen
eines einfachen Katarrhs nicht zu unterscheiden sind.

Was die Nomenclatur anlangt, so empfiehlt es sich, angesichts der
vielen Verwirrungen, die bei Bezeichnung der verschiedensten Neubildungen der ersten Atemwege als „Polyp" entstanden sind, diesen Namen
nur für die polypenähnlichen Formen zu bewahren und im übrigen die
in Frage kommenden Neubildungen möglichst nach der histologischen
Struktur zu bezeichnen. Zweckmässig wäre der Zusatz polypenähnlich
oder polypenartig.

Weiche ödematöse Fibrome.

Die weichen ödematösen Fibrome sind die häufigsten Geschwulst-
formen in den oberen Atemwegen, ihre Häufigkeit nimmt indes sehr
schnell in der Richtung von oben nach unten ab. Sie werden noch
jetzt vielfach als Schleimpolypen bezeichnet, obgleich ihr Serum kein
Mucin sondern Albumin enthält[1]. Sie sind leicht nach dem Aussehen
zu bestimmen, die Farbe ist bläulich bis weissgrau, manchmal leicht
gelblich oder rötlich, sie sind ferner durchscheinend und in der Konsistenz nach HOPMANN's treffender Bezeichnung mit weicher Gelatine ver-
gleichbar. Das frisch gewonnene Serum erstarrt beim Kochen wie
Hühnereiweiss. HOPMANN und ebenso CHIARI führen den Gehalt an Serum
auf Stauungsvorgänge in den Kapillaren zurück. Die weichen Fibrome sind
überzogen von flimmerndem Cylinderepithel. Was den Gehalt an Drüsen
betrifft, so scheinen die verschiedensten Übergänge vorzukommen. ZUCKER-
KANDL spricht geradezu aus, dass drüsenlose und drüsenhaltige Fibrome der
weichen ödematösen Formen unterschieden werden müssen. Nach der
Ansicht dieses Autors handelt es sich um Drüsen der ursprünglichen,
nur hypertrophierten Schleimhaut, die durch das interstitielle Gewebs-
wachstum durcheinander geworfen wäre, und nach ihm hängt der Umstand, dass die Gebilde in einem gewissen Prozentsatz drüsenlos sind,

---

[1] Vgl. HOPMANN. Monatsschrift für Ohrenheilkunde 1885. KÖSTER. Unterrheinisch
Gesellschaft für Natur und Heilkunde. 1881. (Sitzungsbericht).

nur von der Stelle ab, an welcher sie entspringen[1]. Z. hält die Fibrome
dieser Art überhaupt für nichts anderes, als für entzündliche Hyper-
trophieen der Schleimhaut und die albuminhaltige Flüssigkeit, die sie
enthält, für ein entzündliches Exsudat. Mir scheint das mehr eine Frage
der Ätiologie zu sein. Der Kliniker wird angesichts der beobachteten
grösseren Formen einerseits und der Häufung bis zu hunderten in einer
Nasenhöhle andererseits nicht umhin können, sie den Neubildungen zu-
zuzählen. Ungemein häufig nimmt man besonders an grösseren exstirpierten Fibromen schon makroskopisch ein oder mehrere grössere oder
kleinere Cystenbildungen wahr. Beim Einschneiden entleert sich dann eine
klare oder weiss bis weissgelbliche, getrübte, mehr schleimige Flüssigkeit.
Meist handelt es sich wohl um Retentionscysten oder Drüsen, die in
manchen Fällen sich übrigens so excessiv entwickeln, dass sie den grössten
Teil der ganzen Geschwulst ausmachen. Es können dann eine einzelne ganz
grosse oder mehrere verschieden grosse Cystenbildungen vorhanden sein.
In solchen Fällen kann es bei unbeabsichtigter Verletzung des Tumors
vor oder während der Exstirpation vorkommen, dass das Gebilde, während
die Flüssigkeit ausläuft, vor den Augen des Operateurs zusammenfällt,
so dass nur noch eine sackartige Hülle übrig bleibt. In Quetschpräpa-
raten sah LEWY[2] nach kurzer Zeit, meist nach zwei bis drei Stunden,
zwischen den Zellen und dem beim Zer-
quetschen entleerten Saft kleine nadelför-
mige Krystalle aufschiessen, während sie
sich in den unberührt gelassenen Tumoren
so gut wie gar nicht bildeten. Am schnell-
sten und schönsten erschienen sie in den
gallertig aussehenden, sehr weichen und viel
Eiweiss enthaltenden Polypen. Kleiner und
spärlicher und auch viel später erschienen
sie in den dunkeln und härteren, drüsen-
reichen Neubildungen. Sie gleichen den
CHARCOT-LEYDEN'schen Asthmakrystallen. Ihre
Bedeutung muss dahingestellt bleiben.

Fig. 40.
Krystalle am freien Rande eines weichen
ödematösen Fibroms. (Nach LEWY.)

Was den Sitz anbelangt, so ist schon hier für die Untersuchung
im allgemeinen zu bemerken, dass die Höhle, in der die Gebilde
zu sehen sind, noch nicht dem Ursprungsorte zu entsprechen braucht.
So können ödematöse Fibrome, die bei der vorderen Rhinoskopie in der
Vordernasenhöhle gesehen werden, aus einer der Nebenhöhlen her-

[1] ZUCKERKANDL. l. c. II. S. 99.
[2] Berl. kl. Wochenschrift. 1891.

stammen. Ferner können solche, die durch die hintere Nasenhöhlen-
spiegelung oder Palpation als in den Nasenrachenraum ragende Tumoren
erscheinen, sich als aus der Nasenhöhle in den retronasalen Raum her-
übergewachsene Bildungen herausstellen. Nicht immer ist die Bestimmung
trotz genauester Cocainisierung, Spiegelung und Sondierung leicht, ja
nicht immer möglich. Sie ist um so schwieriger je mehr die Höhlen
selbst durch ihren natürlichen Bau, durch massenhafte oder besonders
gross entwickelte Neubildungen verengert sind.

Die weichen Fibrome bevorzugen mehr den oberen Teil der Nasenhöhlen,
das Gebiet des mittleren und oberen Nasenganges und die lateralen Wand-
seiten, die Umgebung des Hiatus semilunaris, des Infundibulum und der
Ostia ethmoidalia. Erheblich seltener sind sie schon in der Umgebung
des Choanalrandes oder am Septum und nur ganz ausnahmsweise werden sie im eigentlichen Cavum nasopharyngeum, im Rachen und in der
Larynxschleimhaut gefunden. Die Form der Gebilde zeigt innerhalb der
vorderen Nasenhöhle am deutlichsten ihre Abhängigkeit von der Gestalt der Nasenhöhle. Nur die kleinsten[1]) sind rundlich und breitbasig,
die grösseren entwickeln sich kamm- oder zungenförmig, manchmal mit
ein oder mehreren Lappungen und einem einzigen etwas derberen Stiele.
Durch stärkeres Schnauben können sie von den Kranken nach vorn getrieben und so oft deutlich sichtbar gemacht werden. Die Grösse schwankt
in weiten Grenzen; Riesenbildungen, die als solitäre oder Hauptexemplare
die Nasenhöhle und einen Teil der Mundrachenhöhle einnehmen, sind
heutzutage enorm selten und nicht alle Rhinologen können dergleichen
in ihren Sammlungen zeigen. — Es ist festgestellt, dass die weichen
Fibrome angeboren vorkommen können und sie sind schon bei jungen
Kindern gefunden worden. (NATIER, CARDONE[2]), P. HEYMANN[3]), KRAKAUER[4]).
Bei langem Bestande und massenhafter Entwickelung zeigt sich nach
der Ausräumung auffallende Kleinheit der Muscheln und grosse Dünne
der Schleimhaut, Zeichen, dass der dauernde Druck dieser so weichen
Gebilde doch zu einer Druckatrophie der anliegenden Wandungen führt.
Sehr wahrscheinlich wird der Druck dadurch vorübergehend stärker und
wirksamer, dass die Veränderungen des Volumens durch stärkere Gefässfüllung die beiden aneinanderliegenden Flächen gleichzeitig betrifft
und sie um so stärker aneinandergepresst — in manchen Fällen kommt

[1]) Vergl. HARTMANN. Deutsche med. Wochenschrift 1879. Über Operation von Nasenpolypen.
[2]) NATIER Ann. pol. de Paris. Juli 1891.
[3]) Berl. klin. Wochenschrift 1886.
[4]) Verhandl. der berl. laryngosk. Gesellschaft I.

es sogar, besonders wenn die Bildungen in jugendlichem Alter entstanden, zu Wachstumshemmungen der äusseren Nase, ähnlich wie bei
Verlegung des Nasenrachenraumes, und ausserdem kann bei massenhaften
oder besonders grossen Geschwulstbildungen dabei eine Verbreiterung
in der Nasenwurzelgegend schon bei der äusseren Untersuchung wahrgenommen werden. Verlötungen zwischen weichen Fibromen und Teilen
der nasalen Wand sind selten. Ich habe sie klinisch nur in zwei
Fällen gesehen; in beiden handelte es sich um sehr grosse, mit mehrfachen Cysten versehene Tumoren, die, der eine mit der äusseren Nasenwand, der andere auch mit dem hinteren Teile des unteren Muschel-
randes so fest verwachsen waren, dass sie nicht entfernt werden konnten
ohne Mitnahme dieser Partieen.

Eine sehr wichtige Frage ist die, ob nicht irgend welche Heerderkrankungen, besonders Nebenhöhleneiterungen neben den Fibromen
bestehen. So sicher es ist, dass diese vorkommen, ohne dass irgend
eine krankhafte Veränderung auch nur an der Schleimhaut nachgewiesen
werden kann, so häufig ist auf der anderen Seite fraglos über den
„Polypen" eine tiefere Erkrankung in der Nasenhöhle oder den Nebenhöhlen übersehen worden, die offenbar durch sekretorische Produkte
und Retentions- und Stagnationszustände den dauernden Reizzustand
erst lieferte und unterhielt. Nach dem bei den Nebenhöhlenerkrankungen
gegebenen Hinweis bedarf es hier darüber keiner weiteren Auseinander-
setzung.

Die Störungen, die durch die weichen Fibrome verursacht werden,
sind einmal die der Okklusion, sei es dass sie die Nebenhöhlen betrifft,
sei es, dass die Atemwege selbst ganz oder teilweise, ein- oder doppelseitig verlegt werden.

In dem ersten Fall wird die Verlegung der betroffenen Nebenhöhlen entweder durch deren Anfüllung mit Polypenmassen bewirkt
oder durch die Verdeckung der Ausführungsmündungen. In allen
Fällen hängt der Grad der hervorgerufenen Belästigungen von der Grösse
der Tumoren und von der häufigen begleitenden entzündlichen Schwellung
der Schleimhaut zusammen ab.

Eine besondere Reihe von Störungen wird durch die Nervenbahnen
reflektorisch oder durch Irradiation einer Dysästhesie oder auch mittelbar durch venöse oder lymphatische Stauungen ausgelöst. Diese Erscheinungen wollen wir im Zusammenhange im nächsten Kapitel besprechen, da sie nicht den hier zu erörternden Neubildungen eigentümlich
sind, vielmehr auch ohne diese genau ebenso bewirkt werden können.

So sind die hier zu erwähnenden Symptome neben der Atembehinderung Empfindungen von Druck und dumpfem Schmerz, je nach

den vorliegenden Verlegungen die Stirnhöhlen- oder Kieferhöhlengegend
betreffend, oder, besonders bei Siebbein- oder Keilbeinhöhlenverschlies-
sungen, mit Vorliebe in die Scheitel- und Hinterhauptgegend lokalisiert.
Daneben gehen die Erscheinungen der chronischen, gelegentlich in akuter
Weise gesteigerten Entzündungen, die nicht selten ganz allein angegeben werden. Manchmal findet man einzelne, nicht stenosierende, ödematöse Fibrome als zufällige Nebenbefunde und manchmal ist man erstaunt, wie wenig Verlegungserscheinungen selbst grössere Tumoren
machen können. In anderen Fällen sind ziemlich kleine Bildungen die
Ursache andauernder Atembeschwerden; das hängt natürlich nicht nur
vom Sitz, sondern in gleicher Weise von dem Zustand der umgebenden
Schleimhaut und all den sonstigen Ursachen ab, die wir bei den
Katarrhen besprochen haben.

Papilläre Fibrome.

Den Übergang zu den eigentlichen papillären Fibromen bilden[1]) die
polypoiden Hyperplasieen. deren verschiedene Formen. die diffuse und
die umschriebene, ebenso wie die verschiedene Beteiligung der einzelnen Schleimhautgebilde an ihrem Bau bereits von uns besprochen worden sind.

Während bei diesen die Oberfläche meistens glatt ist oder ein nur
oberflächlich papilläres Aussehen zeigt, ist bei dem eigentlichen Fibroma
papillare die Ausbildung des papillären Baues eine vollkommene. Sie
treten entweder solitär oder multipel auf. manchmal nehmen sie einen
ganzen Muschelüberzug ein und sitzen diesem dicht gedrängt auf. Von
den ödematösen Fibromen unterscheidet sie das festere Gefüge, sie fühlen
sich im ganzen derber und dichter an. Ferner sind sie wenig oder
gar nicht durchscheinend. und je nach der Gefässfüllung und dem Gefässreichtum dunkel bis bläulich rot gefärbt.. Die papillären Fibrome erinnern bei mehrfachem Auftreten infolge der Einkerbung der Oberfläche
und das so bewirkte lappige Aussehen an einen Haufen von Himbeeren.
(Himbeer-Polypen). Je nach dem grösseren Reichtum an Drüsen oder
Gefässen unterscheidet man mehr kavernöse oder mehr adenomatöse
Formen. Als die Prädilektionsstellen der polypoiden Hyperplasieen haben
wir die Muschelenden kennen gelernt. Wir haben aber gesehen, dass
sie gelegentlich auch an den freien Rändern der unteren und mittleren
Muschel, an der äusseren Wand des mittleren Nasenganges sowie am
Septum vorkommen; sie stimmen mit den Sitzstellen des ausgebildeten

---

[1]) Vergl. HOPMANN l. c.

papillären Fibroms im allgemeinen überein. Bei weitem am häufigsten sind diejenigen Formen, bei denen sich die epitheliale Schicht wenig oder gar nicht an der Bildung der Papillen beteiligt und das papilläre Fibrom die weiche Konsistenz beibehält. Selten tritt das harte Papillom auf, bei dem die Bindegewebsentwickelung gegen diejenige der epithelaren Schicht zurücktritt. Das sind die Formen, bei denen eine Umwandlung des Flimmerepithels in geschichtetes Plattenepithel statthat[1]. Die grosse Seltenheit echter, harter Papillome der Nasenhöhle wird meist darauf zurückgeführt, dass sie, wie auch KAHN[2]) ausführt, zu ihrer Entwickelung eines Bodens aus geschichtetem Pflasterepithel bedürfen. Wo sie vorkommen wird jedenfalls auf die vorangegangene[3]) Epithelmetaplasie, beziehungsweise auf eine Erkrankung zu achten sein, die mit Umbildung des Epithels einhergehen kann. BÜNGNER sah eine sehr ausgeprägte, übermässig gewucherte Warzengeschwulst in der oberen Nasenhöhle auf dem Boden einer Psoriasis nasi und ozaena entstehen.

Als blutende Septumpolypen werden eine Reihe von Bildungen aus der Gegend der KIESELBACH'schen Stelle beschrieben, die wenigstens meistens ebenfalls in die Kategorie der Fibrome gehören, nur dass sie sich durch besonderen Gefässreichtum auszeichnen. Sie finden sich meist linksseitig und werden wohl nicht mit Unrecht auf einen traumatischen Einfluss (Bohren mit dem Finger) zurückgeführt. Sie neigen zu Rezidiven und führen bei ungenügender Abtragung oder Verletzung zu oft sehr heftigen Blutungen. Makroskopisch sind sie von wechselnder Grösse (linsen- bis taubeneigross) von lebhaft roter Farbe und ziemlich fester Konsistenz. Viel seltener ergiebt die mikroskopische Untersuchung neben dem gewöhnlichen Bindegewebe und den venösen Gefässen maschige, mit Epithel ausgekleidete Lymphräume[4]). (Lymphangioma teleangiectaticum.) Die Bekleidung wird meistens von einem mehrschichtigen Plattenepithel gebildet, das stellenweise verhornt zu sein pflegt.

Über die Symptome der gutartigen Bindegewebsgeschwülste in den Nebenhöhlen besitzen wir verhältnismässig wenig Beobachtungen. Im allgemeinen kann man sagen, dass die weichen ödematösen Fibrome

---

[1]) KAHN. (Aus SEIFERT's Klinik.) Wiener klin. Wochenschrift 1890. Zur Kasuistik des harten Papilloms der Nase. CHIARI. Erfahrungen auf dem Gebiete der Hals- und Nasenkrankheiten. Leipzig und Wien.

[2]) l. c. HOPMANN. VOLKMANN's Sammlungen Heft 315 S. 9.

[3]) Archiv f. Chirurgie 1889. 39. O. v. BÜNGNER. Über eine ausgedehnte Hornwarzengeschwulst der oberen Nasenhöhle.

[4]) M. SCHMIER. SCHADEWALDT. P. HEYMANN. FLATAU. Verhandlungen der Berliner laryngologischen Gesellschaft.

häufiger sind als die bindegewebsreichen[1]): dass sie einfach und multipel vorkommen, mit und ohne Zeichen abgelaufener Entzündungsprozesse erscheinen können, sowie gleichzeitig mit Empyemen. In Kieferhöhlen die wegen chronischen Empyems breit eröffnet worden waren, habe ich zu wiederholten Malen ödematöse und nicht ödematöse Fibrome, darunter Tumoren von Haselnussgrösse zu entfernen Gelegenheit gehabt. Es liegt auf der Hand, dass derartige als Nebenbefunde sich ergebende gutartige Nebenhöhlentumoren meist symptomlos und undiagnostizierbar bleiben. Falls sie indes von irgend einer Nebenhöhle her in die eigentliche Nasenhöhle gelangen, ist die Sachlage, wie wir gesehen haben, sofort eine andere und sie werden dann leicht für Nasenhöhlenpolypen gehalten.

Die Nasenrachenfibrome.

Die Nasenrachenfibrome sind durch besondere Eigenschaften von denen der Nasenhöhle unterschieden. Auch hier empfiehlt es sich, streng an dem Unterschied festzuhalten, der für die Auffassung der im Nasenrachenraum erscheinenden Gebilde durch den Ursprung gegeben wird. Danach sprechen wir von wahren oder typischen Nasenrachenfibromen, wenn sie von den Wänden des Nasenrachens entstanden sind, und von falschen oder Pseudonasenrachenpolypen, wenn sie, aus einer der Nachbarhöhlen entspringend, erst sekundär sich im Nasenrachenraum ausbreiten. Von dieser Art haben wir schon eine Reihe kennen gelernt, so die papillären Fibrome der hinteren Enden und die Fibrome, die vom Choanalrande ausgehen. Nach Benscn's[2]) mustergültiger Einteilung gehören hierher noch die Fälle, in denen die Polypen aus den Nasennebenhöhlen nach hinten wachsend, in der Nasenrachenhöhle zum Vorschein kommen. Von dieser Möglichkeit konnte ich mich nicht selten selbst überzeugen.

Die wahren Nasenrachenfibrome können intra- oder extrapharyngeal entspringen. Diese[3]) zerfallen in solche von der Gegend der fibrocartilago basilaris (basilare) und die von der fossa sphenopalatina, respektive sphenomaxillaris herkommenden Fibrome (von Langenbeck's retromaxillare Geschwülste).

Der Ursprung dieser Neubildungen kann von jedem Punkte der Vorderfläche der cerebralen oder cervikalen Wirbelkörper stattfinden,

---

[1]) Vgl. P. Heymann. Über gutartige Geschwülste der Highmorshöhle. S. A. Virchow's Archiv 129.
[2]) cfr. In Voltolini, Krankheiten der Nase S. 373.
[3]) Bensch. l. c. S. 373.

so von der unteren Fläche des Keilbeinkörpers, dem processus basilaris des Hinterhauptbeins. Die lamina interna des processus pterygoideus, die das foramen lacerum verschliessende fibrocartilago basilaris, die Vorderseiten der Halswirbelkörper sind ebenfalls als Ursprungsstellen zu nennen. Sie treten solitär auf, stammen aus den periostalen Schichten und zeichnen sich durch grosse Wachstumsenergie aus, wobei sie ihren mukösen Überzug ausdehnen und vor sich hertreiben. Im Verlauf ihres Wachstums schicken sie Fortsätze in die zunächst liegenden Lücken und Kanäle, so in die fissura orbitalis inferior und in die Orbita, ferner in die fossa temporalis. Im ersten Fall entsteht Exophtalmus, im zweiten eine aussen oft fühlbare Anschwellung und Ausfüllung der regio temporalis. Wächst das Fibrom von hinten in die vordere Nasenhöhle hinein, so erscheint es rhinoskopisch oder gelegentlich sogar auch schon bei der Besichtigung mit blossem Auge als roter derber Tumor; dasselbe gilt von seiner Verbreitung nach unten in die Rachenhöhle hinein. Neben der Bildung dieser Fortsätze, die besonders bei multipler Ausbildung dem Gebilde eine polypenähnliche Gestalt geben, äussert sich die grosse Wachstumsenergie in der Zerstörung der das Fibrom tangierenden Wände durch Usur. Indem die eigene Decke und die benachbarte Höhlenwand verdünnt und usuriert werden, entstehen Verwachsungen, dekubitale Geschwüre und in der Folge davon kommt es im Verlauf des weiteren Wachstums zu den mit Recht so gefürchteten schweren Blutungen, wenn nämlich Gefässe des Gebildes oder in der Nachbarschaft arrodiert werden, oder traumatische Einflüsse auf den Tumor selbst einwirken.

Histologisch zeigen sich einige Umstände, die die klinische Besonderheit der Nasenrachenfibrome erklären. Sie bestehen aus festgefügtem, an elastischen Fasern reichem Bindegewebe und enthalten nur wenig Gefässe. Gefässreiche, den Angiomen mehr oder weniger im Bau sich nähernde Bildungen sind jedenfalls ausserordentlich selten. Sie zeigen dann weichere Konsistenz bis zur Erzeugung von Fluktuationsgefühl, und eine dunklere bis blaurote Färbung.

Die histologische Untersuchung der gefässarmen Fibrome kann aber noch eine andere Eigentümlichkeit ergeben, nämlich den gelegentlichen Befund von eingesprengten Nestern jungen Bindegewebes. Bexsen[1]) bemerkt, dass dieser Umstand in Verbindung mit den dekubitalen Ulcerationen und Usuren des Knochengewebes nicht selten dazu geführt haben mögen, diese Neubildung als Sarkome aufzufassen. Bei allen klinischen Ähnlichkeiten ist aber der Unterschied festzuhalten, dass die Zerstörung

---

¹) l. c. S. 382.

der Nachbargewebe nicht durch degenerative Vorgänge daran erfolgt, wie bei malignen Neubildungen, sondern, wie wir schon hervorhoben, durch Usur.

Die typischen Nasenrachenfibrome sind glücklicherweise seltene Neubildungen, sie kommen in jugendlichem Alter (10.—25. Lebensjahr) meist intrapharyngeal während der Periode der Schädelentwickelung zur Entwickelung. Im Kindesalter kommen sie bei beiden Geschlechtern gleichmässig vor, während der Pubertätsperiode überwiegt bei weitem das männliche Geschlecht. Nach dem 25. Lebensjahre sind sie bei beiden Geschlechtern gleich selten. Die Erklärung für diese und die anderen eigentümlichen Umstände, von denen wir gesprochen haben, sucht BENSCH darin, dass das Periost der vorderen Flächen der cerebralen Wirbelkörper aus unbekannten Umständen an einer umschriebenen Stelle unfähig wird, Knochengewebe zu entwickeln und nun durch das physiologische Plus an Ernährungsmaterial, das während der Pubertätsperiode dem Wachstum der Schädelknochen zugeführt wird, anstatt zu verknöchern, hypertrophiert. Der Stillstand der Schädelentwickelung nach dem 25. Lebensjahre erklärt auch die öfter gemachten Beobachtungen, dass die Tumoren nach dieser Zeit von selbst verschwinden können.

Fig. 41.
Choanalrandpolyp.

Von diesen breitbasig aufsitzenden Tumoren unterscheidet sich durchaus eine Reihe ebenfalls recht seltener Tumoren, die einfachen, meist gestielten Fibrome, die aus der näheren oder weiteren Nachbarschaft der Choanalränder entspringen (Choanalrandpolypen und falsche Nasenrachenpolypen), gelegentlich ebenfalls diese kolossalen Umfänge erreichen und sehr derbe Konsistenz annehmen können, aber ohne die Neigung, zu groben Zerstörungen durch Druck zu führen. Sie können weit in den Rachen hineinragen, entspringen oft seitlich von der Nasenrachenwand und können Cysten enthalten. ZARNIKO[1]) fand in einem Falle Knochengewebe in dem Kern der Geschwulst. Einen solchen von mir operierten Tumor von beträchtlichen Dimensionen habe ich, da die grösseren Bildungen derart hier wie im Kehlkopf immer seltener zur Beobachtung, kommen, hier abgebildet[2]).

[1]) VIRCHOW. Arch. 128.
[2]) Beschrieben in den Verhandlungen des Vereins für innere Medizin.

Er kommt an Grösse den bedeutendsten in früherer Zeit beschriebenen Tumoren nahezu gleich.

Je mehr wir in das Gebiet des Mundrachenraums gelangen, desto mehr beginnen papilläre Fibrome vorherrschend zu werden. Doch sieht man gelegentlich noch bindegewebsreiche, derbe, gestielte Polypen an der hinteren Fläche des Gaumensegels, an den Gaumenbögen sowie, wenngleich schon ziemlich selten, an den Tonsillen. Ich erinnere mich nur eine einzige, grössere birnenförmige, feingestielte Bindegewebsgeschwulst der rechten Gaumentonsille gesehen zu haben. Sie kann gegen 5 cm Länge und gegen 3 in der Breite gemessen haben und verursachte lebhafte Schluckbeschwerden, aber auch, vermutlich durch direkte Reizung am Kehlkopfeingang oder wenigstens am Kehldeckelrande, heftige Hustenanfälle. Trotz der verhältnismässigen Seltenheit der Mandelfibrome wissen wir jedoch, dass auch sie gelegentlich weichere und gefässreichere Formen (teleangieklatische Fibrome) entwickeln. Hier wie an der Nasenschleimhaut mögen wohl die verschiedensten Übergangsformen vorkommen, zwischen diesen Formen und jenen, wo die Bindegewebsentwickelung vor der der Gefässe ganz in den Hintergrund tritt.

Bei den Angiomen kommt bei zufälligen oder zu ihrer Entfernung absichtlich vorgenommenen operativen Verletzungen die zu erwartende starke Blutung in Betracht. Selten sind vom submukösen Bindegewebe des weichen Gaumens ausgehende Fibrome mit ödematösem Bindegewebe. Sie lassen sich meistens leicht ausschälen, nach v. BERGMANN's[1]) Ausspruch, wie ein Geldstück aus dem Portemonnaie. F. KRAUSE beschrieb einen ungewöhnlich grossen Tumor dieser Art, der seit 15 Jahren bestand, aber erst in den letzten drei Jahren verwachsen war und zuletzt 9 : 7 : 5 cm mass. Es musste nach präliminarer Tracheotomie und Einlegung der Tamponkanäle die Durchsägung des Kiefers und die Spaltung des Mundbodens bis zum Zungengrunde vorgenommen werden, worauf die stumpfe Auslösung nach Querspaltung des Gaumens erfolgte.

Wir kommen zu den papillären Fibromen der eigentlichen Mundrachenhöhle. Man findet sie nicht so selten in mehreren Exemplaren, öfter allerdings solitär. Gewöhnlich machen sie gar keine Erscheinungen und werden nur gelegentlich als Nebenbefunde entdeckt. Sie sind in der Farbe entweder gar nicht von der Umgebung abweichend und entgehen dann leicht, besonders wenn sie noch klein sind, der Beobachtung. Bei flüchtiger Untersuchung schon dadurch, dass sie sich während der Phonation hinter dem Uvular- und Velumrande verstecken. Manch-

---

[1]) Sitzungsbericht der Gesellschaft für Chirurgie 1890.

mal stechen sie durch etwas blassere Färbung hervor. Sie sind
von höckeriger oder leicht lappiger Oberfläche und hängen an
einem dünneren Stielchen oder sitzen pilz- oder beerenförmig auf
der Unterlage auf. Man findet sie an der vorderen Fläche des
weichen Gaumens nahe dem Rande und auch gern auf dem Zäpfchen,
und zwar ebensowohl auf dessen hinterer wie auf der vorderen Fläche
oder an den Seitenrändern. Viel seltener sind sie im Bereich des adenoiden Gewebsringes zu finden, am ehesten beteiligt sich dabei die
Region der Zungentonsille, wo ich mehrere Male etwa erbsengrosse,
wohlgestielte Bildungen beobachtete. Ein an der Zungenbasis mit langem
Stiel sich ansetzendes Papillom, das sich gelegentlich auf die hintere
Kehldeckelfläche auflagerte und dann asthmatische Anfälle bewirkte, hat
SEIFERT operiert und beschrieben. An den Gaumentonsillen sehe ich sie
nur sehr selten.

Im Kehlkopf sind, wie alle Autoren übereinstimmend angeben, die
Papillome die häufigsten Neubildungen; ich muss aber, wie ROSENBRRG[1]
bezeugen, dass in den letzten Jahren die Papillomfälle seltener zur Beobachtung gekommen sind als Fibrome. Die Papillome haben bald eine

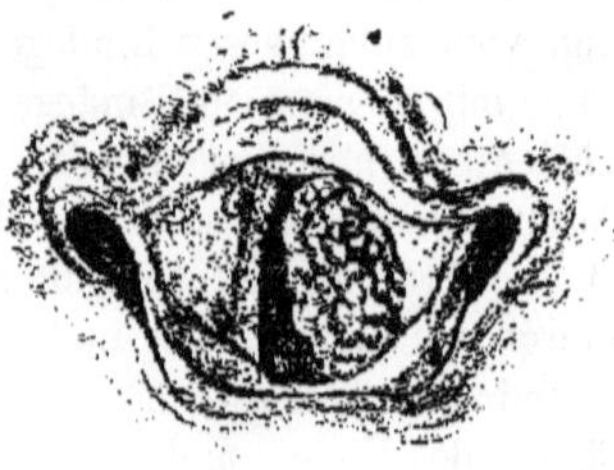

Fig. 42—43.

Traubenförmiges Papillom.   Grosses, von der vorderen Kommissur
                                             entspringendes Fibrom.

reine Warzengestalt oder sie zeigen ein zottenähnliches Aussehen. Dabei pflegen sie solitär aufzutreten. Die grösseren, multipel erscheinenden
Formen, die hauptsächlich dem kindlichen Alter eigentümlich sind, zeichnen sich durch vielfache Verzweigung aus, sie bestehen aus einem besonders zellen- und saftreichen, von zahlreichen dünnwandigen Kapillar-
schlingen durchzogenen Bindegewebsstroma[2]) und stellen grössere rötliche

---

[1]) Krankheiten der Mundhöhle, des Rachens und des Kehlkopfes.
[2]) OERTEL. Über Gewächse im Kehlkopf. München 1867.

trauben-, maulbeer- oder blumenkohlähnliche Gewächse dar. Die erstgenannten beiden Formen etablieren sich gewöhnlich an den Stimmbändern, an deren vorderer Kommissur, am Rande oder an der unteren
Fläche. Die ersten sind hanfkorn- bis bohnengross und meist multipel.
diese sitzen meist breitbasig am freien Rande, seltener unterhalb desselben an den Stimmbändern auf. Die Maulbeerformen können auch
auf der hinteren Kehldeckelfläche sitzen, ja sie ganz und gar einnehmen,
oder auf den Taschenbändern, und von da aus mehr oder weniger weit
in die Kehlkopfhöhle hineinragen, ja selbst subglottisch sich ausbreiten.
Seltener sind sie am Kehldeckelrande. Sitzen sie tief und gestielt, so
können sie leicht der Untersuchung entgehen, indem sie bei der Phonation oder auch schon bei leichten Lageveränderungen der Epiglottis
ganz oder zum grössten Teil hinter dieser verschwinden. Einen typischen
Fall dieser Art habe ich letzthin demonstriert[1]). Ein verhorntes Papillom, ein cornu laryngeum hat JURASZ[2]) beschrieben. Es verdeckte fast
das ganze rechte Stimmband als grauweiss höckerige Geschwulst, die

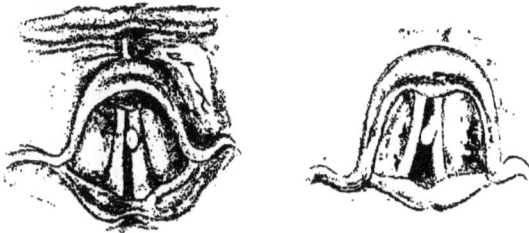

Fig. 41—45.
Stimmbandfibrome.

aus einer Gruppe dicht neben einanderstehender kegelartiger, spitzer
Hervorragungen bestand, zwischen denen sich tiefe Einsenkungen be-
fanden. Eine besondere Neigung zu Recidivbildungen war nach der
Operation des Tumors augenfällig.
     Grössere Kehlkopffibrome sieht man jetzt auch nicht mehr so häufig,
wie in der Zeit, bevor das Kokain bekannt war, vermutlich, weil sie
garnicht mehr zum Grosswerden kommen. Ich habe sie auch nie anders
als einzeln vorkommen gesehen.
     Die Farbe der Fibrome ist manchmal ein ziemlich reines Weiss,
Weissrot oder matteres Graurot, seltener sind sie dunkel gerötet. Sie
sind meist gestielt, glatt, je nach dem Gehalt an Gefässen und faserigem

---

[1]) Verh. der Berl. lar. Ges. 1894.
[2]) 1886. Berl. klin. Wochenschrift S. 73.

Bindegewebe mehr oder weniger derb, von birn-, pilz- oder knollenförmiger
Gestalt. Sie kommen von der oberen oder unteren Stimmbandfläche
und sitzen dann gern im vorderen Drittel, oder sie entspringen von der
vorderen Kommissur, von den Taschenbändern oder von dem untersten
Teile der laryngealen Kehldeckelfläche. (Vergleiche die Abbildungen.)
Der letzte Fall eines grösseren Kehlkopffibroms, das ich beobachtete
und operierte, betraf eine reichlich haselnussgrosse Geschwulst, die mit
einem auffallend breiten Stiel gleichzeitig von der vorderen Kommissur
und dem Kehldeckel entsprang. Bei dem Patienten waren allerdings
ein Jahr, bevor er zu uns kam, von anderer Seite Operationsversuche
nach der Schwammmethode unternommen worden, von der wir noch
sprechen werden. Es ist danach nicht ausgeschlossen, dass eine Verwachsung des Stieles an der einen oder anderen dieser Stellen erst nachträglich entstanden ist. Ganz kleine Fibrome des Stimmbandrandes sehen
ganz ähnlich aus, wie die beim chronischen Katarrhe bereits von uns
besprochenen „Sängerknötchen". Definiert man diese nur nach dem Aussehen, so muss man sich eben erinnern, dass sie verschiedentlich entstanden
und zusammengesetzt sein können: sie können aus einfachen epithelialen
Verdickungen bestehen, sie können kleine oder kleinste Fibrome darstellen und endlich können sie kleinste Cystchen sein, sei es, dass sie
aus Hämorrhagieen hervorgegangen sind oder Retentionscysten darstellen.
(KANTHACK, CHIARI.)
Als Tracheal-„Polypen" hat der Arzt wohl in der Mehrzahl der Fälle
Granulome zu entfernen, die nach der Tracheotomie entstanden sind und
persistieren. Interessant ist, dass einer der wenigen echten Tracheal-
polypen, deren in der vorlaryngoskopischen Zeit (in des jüngeren Ehrmann's Inauguraldissertation von 1844) erwähnt wird, bei der Sektion einer
beiläufig 40jährigen Frau gefunden wurde, die ganz plötzlich gestorben
war und sonst nur geringes Lungenemphysem zeigte. Es war mandel-
gross, sass $^1/_2$ Linie unter dem Ringknorpel und inserierte an der vorderen Trachealwand. In der erwähnten Schrift liest man, bezüglich der
Polypen des Kehlkopfes und der Luftröhre überhaupt, dass die Diagnose
unmöglich, die Therapie fast gar keine sei. Trotzdem war schon fast
10 Jahre zuvor der vermutlich erste Fall von BRAUERS in Löwen im
Leben diagnostiziert und nach Spaltung des Kehlkopfes entfernt. Ebenso
hat dann der ältere EHRMANN einen im Leben diagnostizierten Larynx-
polypen durch Thyreotomie mit nachfolgender Laryngofissur geheilt.
Aus der ersten laryngoskopischen Zeit folgen alsbald eine Reihe von
Beobachtungen; von denen die ersten von TÜRCK, GERHARDT, STOERK und
SCHRÖTTER herrühren. Um diese und die nachfolgenden, im ganzen spärlichen Beobachtungen zu resumieren, so kamen öfter Papillome — auch

multiple tiefe, bis zur Bifurkation und sogar in die Bronchien hineinragende — zur Beobachtung als isoliert auftretende Fibrome. In einem
von AVELLIS[1]) zitierten Falle FIFIELD's war ein Trachealpolyp mit seinem
Stiele so dicht an der Mündung des linken Bronchus gelegen, dass der
feste rötliche Tumor (Fibrom?) einen klappenden Verschluss bildete und
anfallsweise heftige Dyspnoe bewirkte.

Zu nicht geringen Schwierigkeiten für die Erkennung durch das Bild
führen die an elephantiastische Vorgänge sich anreihenden, in seltenen
Fällen ausschliesslich im Kehlkopfe zur Ausbildung kommenden Formen
des fibroma molluscum. Das Aussehen dieser Verdickungen kann teils
den Verdacht einer bösartigen Bildung erwecken, teils an Folgezustände
der Syphilis erinnern[2]). Bei der Seltenheit und der schwierigen Diagnostik
dieser Folgen führe ich den Befund LANDGRAF's hier an, in dessen Fall
neben den hyperplastischen, gleichzeitig atrophische Veränderungen vorhanden waren. Die Epiglottis war asymmetrisch, die Schleimhaut an
ihrer hinteren Fläche verdickt und graurot. An der vorderen Fläche
der hinteren Larynxwand unregelmässige Wulstungen und graurote Färbung. Das linke Stimmband als ganz dünner, grauweisser Strang der
seitlichen Larynxwand anliegend. Das rechte, an der Unterfläche nahe
dem vorderen Winkel, trägt einen lappenförmigen Tumor, der breitbasig
aufsitzt und an der Oberfläche graurot aussieht. Das rechte Taschenband wenig verdickt, das linke im ganzen geschwollen, mit mehreren
parallelen derben Wülsten. In der Höhe des zweiten und dritten Trachealringes ist die Schleimhaut links verdickt und ebenfalls graurot.
Mikroskopisch fand sich bei der Probeexcision ein sehr dickes Epithel-
lager mit stark entwickelten und verästelten Papillen; in dem darunter-
liegenden, mit elastischen Fasern durchzogenen Schleimhautgewebe be-
finden sich längliche Spalten mit grosskörnigen Zellen gefüllt—Lymphgefässe mit Endothel.

Noch wenig geklärt ist die Stellung der behaarten Rachenpolypen,
auf die die Aufmerksamkeit zuerst durch Beobachtungen SCHUCHARDT's[3])
gelenkt worden ist und von denen neuerdings COHITZER[1]) an der Hand
eines eigenen Falles — des zehnten bis dahin bekannten — wieder eine
Zusammenstellung gegeben hat.

Für die Möglichkeit von Missbildungen spricht, dass wahrscheinlich
alle diese Tumoren angeborene sind, ferner dass sie Kerne von Knorpel
verschiedener Struktur mit Perichondrium, ferner quergestreifte Muskel-

[1]) Monatsschrift für Ohrenheilkunde 1892.
[2]) LANDGRAF. Berl. kl. Wochenschrift 1891, S. 14.
[3]) Centralblatt f. Chirurgie 1884.

fasern und im Überzug Schweissdrüsen, Talgdrüsen und ausserdem Haare
besitzen können. Der Hauptbestandteil war in allen Fällen Fettgewebe.
Der Knorpelkern kann elastischer oder hyaliner Knorpel sein. In den
Fällen Conitzer's fanden sich gut ausgebildete Lymphfollikel. Sie inse-
rieren am harten oder weichen Gaumen, an der hinteren Pharynxwand
oder am Zungengaumenbogen, überwiegend auf der linken Seite. In
neuerer Zeit finde ich eine Beobachtung von Avellis[2]), der einen dau-
mengliedgrossen, von der linken Mandelgegend ausgegangenen behaarten
Polypen bei einem neugeborenen Kinde entfernte und so die drohende
Asphyxie behob.

Von den Cystenpolypen der Nasenhöhle haben wir bereits gesprochen. Zu erwähnen wäre hier noch einmal die blasenförmige Auftreibung der Mittelmuschel und der lateralen Nasenwand, die nicht selten durch enorm grosse Entwickelung so erhebliche Stenosenerscheinungen
verursachen, dass ihre Entfernung notwendig wird. Von den Nebenhöhlen sind da in erster Linie die Kieferhöhlen zu erwähnen, weil die
Zahncysten der prämolaren und molaren Zähne sie einnehmen, oblite-
rieren und bei weiterem Wachstum zur Verdünnung und Auftreibung
ihrer Wände, besonders der facialen, zu führen pflegen. Diese Folgezustände der Zahn- oder Kiefercysten sind früher wohl vielfach mit den
Symptomen des Empyems oder der chronischen Entzündungen der
Kieferhöhle (chronischer Hydrops antri) zusammengeworfen worden.

Die Schleimcysten der Kieferhöhlenwandungen sind nach P. Heymann[3]) durchgängig auf verschlossene Drüsen oder Drüsenausführungsgänge zurückzuführen. Sie sind klinisch bisher noch nicht bekannt geworden und dürften auch meistens wegen ihrer Kleinheit symptomlos
verlaufen. H. fand diese — auch bei Kühen oft vorkommenden —
Cysten am häufigsten von allen gutartigen Neubildungen der Kieferhöhle.

Der cystösen Bildungen am Rachendach und ihrer klinischen Bedeutung, ebenso wie derer in den übrigen Bezirken des adenoiden Gewebsringes sei hier, da wir sie schon bei den chronischen Entzündungen
besprochen haben, noch einmal erwähnungsweise gedacht. Erwähnt sei
aber ein Fall Baumgarten's[4]), der eine 44jährige Kranke von einer haselnussgrossen Cystengeschwulst der Rachentonsille befreite, deren Inhalt
aus rahmartigen Detritusmassen, Fett und Epidermisschollen bestand.

[1]) Deutsche med. Wochenschrift.
[2]) Der ärztliche Praktiker. November 93.
[3]) Vergl. P. Heymann l. c. Zuckerkandl l. c.
[4]) E. Baumgarten. In Volkmann's Sammlung No. 44, 1892.

Es war also eine Dermoidcyste gewesen, und zwar der erste beschriebene diesbezügliche Fall.

Im Kehlkopfe sind Cysten nicht sehr häufig, abgesehen von den kleinsten, an den Stimmbandrändern sich entwickelnden Formen, von denen schon die Rede gewesen ist. Sind sie ausnahmsweise zu grösseren Tumoren herausgebildet, so scheinen sie meistens, wie an den Mandeln, gelbgraulich durch und sind an ihrer prallen Füllung erkennbar. M. SCHMIDT[1]) beobachtete indessen eine in der aryepiglottischen Falte gelegene Cyste, die von normal geröteter Schleimhaut überzogen war. Die intralaryngealen Cysten können bis zu Haselnussgrösse anwachsen und dann natürlich je nach ihrer Lage und Füllung mehr oder weniger lebhafte Atembeschwerden im Gefolge haben. Eine Prädilektionsstelle ist die vordere Fläche des Kehldeckels, doch sind sie auch an der hinteren, sowie als Hervorragungen aus dem Morgagnischen Ventrikel und auch auf den Taschenbändern. sowie in der subglottischen Region gesehen worden, also überall, wo Schleimdrüsen vorkommen, aus denen sie eben durch Retention hervorgehen. Eine Besonderheit sind intrachordale Cysten. Den ersten Fall einer Cystenbildung am Stimmbandrande dürfte SOMMERBRODT[2]) beobachtet haben, nachdem schon wiederholentlich intralaryngeale Cysten (so von v. BRUNS, TÜRCK, SCHRÖTTER) operiert worden waren. S. gab damals als charakteristisches Symptom an die Bildung einer knötchen- oder spindelförmigen Verdickung des Stimmbandrandes von gleicher, sehnigweisser Farbe, wie die des Stimmbandes selber, ferner die Bildung einer Delle beim Eindrücken und die Entleerung einer wässerig klaren Flüssigkeit beim Einstechen[3]). In einem Falle meiner Beobachtung, den ich hier abbilde, war aber die Cyste chromgelb gefärbt, von der Farbe des Stimmbandes sehr verschieden und deutlich durch die Contour abgehoben, ohne die Spur einer Dellenbildung beim Eindrücken und sehr prall. Einen zweiten, ganz ähnlichen Fall habe ich vor wenigen Tagen gesehen und operiert. Interessant ist, dass WALDEYER schon gelegentlich des ersten Falles dem Operateur mitteilte, dass die normalerweise erst in einer gewissen Entfernung vom freien Stimmbandrande auftretenden Schleimdrüsen in seltenen Fällen mit ein oder zwei Schläu-

Fig. 46.

Rechtsseitige Stimmbandcyste.

[1]) Krankheiten d. oberen Luftwege, S. 502.
[2]) Berl. klin. Wochenschrift 1872.
[3]) Breslauer ärztl. Zeitschrift 1880.

chen an den Stimmbandrand treten können. Während der Auffassung
der Cysten als Retentionscysten da, wo Drüsen vorhanden sind, nichts
im Wege steht, so scheint innerhalb der Stimmbandrandfibrome eine
andere Entstehungsweise der Cysten das gewöhnliche zu sein und Retentionscysten entsprechend dem selteneren Vorkommen von einzelnen
Drüschen daselbst nur eine Besonderheit. Chiari[1]) glaubt sich nach
seinen Untersuchungen zu der Annahme berechtigt, dass es sich hier
fast immer um Erweiterungen der Lymphgefässe oder Bindegewebs-
maschenräume oder um Bläschenbildung, und unter dem Epithel infolge
von seröser Transsudation handele. Nach Chiari ist ein strenger Unterschied zwischen anscheinend selbstständigen Cysten und solchen innerhalb von Neubildungen nicht aufrecht zu halten. Vielmehr müsse be-
dacht werden, dass bei allmählichem Wachstume eine Anfangs kleine
Cyste in einer Neubildung schliesslich die Hauptmasse des Tumors aus-
macht und als selbstständige Bildung imponiert.

B. Fränkel's[2]) neuere Untersuchungen bestätigen, dass am freien
Teile des Stimmbandes eine horizontale Zone fast drüsenfrei ist, diese
Zone ist aber relativ schmal (nach unten 1--1$\frac{1}{2}$ mm, nach oben
1,8—2,5 mm). Ausserhalb dieser Zone werden oben und unten am
Stimmbande Drüsen getroffen, aber auch innerhalb derselben findet sich
gewöhnlich eine Drüse: dieselbe sitzt meistens am hinteren Ende der
pars libera, kann aber auch eine andere Stelle einnehmen.

Was die Gefässgeschwülste anlangt, so haben wir der Varicenbil-
dungen, der angiomatösen Fibrome und der Aneurysmen schon gedacht.
Während die letzteren, meist von den grösseren Gefässen der Nachbarschaft stammend, die Schleimhaut des Rachens vorstülpen, gehören solche
der Arterien des Gaumengewölbes selbst[3]) (palatina ascendens) zu den
grössten Seltenheiten. Beide werden durch die bei der Palpation und
Inspektion wahrnehmbare Pulsation erkannt und manchmal vielleicht
auch noch durch die zeitweise Kompression des zuführenden Gefässes,
wo diese eben ausführbar ist.

Es bleibt hier nun nur noch übrig, der nicht so seltenen Stimm-
bandangiome Erwähnung zu thun. Sie bleiben meist klein entwickelt,
hanfkorn- bis höchstens halblinsengross und sind kaum zu verkennen, da
sie sich durch ihre blaurote Farbe sehr prägnant von der des Stimmbandes abheben. In manchen Fällen besteht Gefässnävus gleichzeitig

---

[1]) Verhdl. d. 64. Versamml. deutsch. Naturforscher u. Ärzte in Halle.
[2]) Archiv f. Laryngoskopie u. Rhinologie Bd. I, Heft I.
[3]) Delabarre. Essai sur les tumeurs de la rég. palat. Gaz. méd. de Paris.
23—25 (1850).

auf der Schleimhaut der Atemwege und auf der äusseren Haut. So sah SCHÄFFER einen Gesichtshautnävus auf die Mund-, Nasen- und Kehlkopfschleimhaut übergehen und P. HEYMANN sah ein Angioma vasculosum der rechten Mundhöhle mit Übergang auf die Epiglottis und die aryepiglottischen Falten.

Lymphangiome, von denen wir eines bei Gelegenheit der Septumpolypen erwähnten, sind äusserst selten; noch seltener sind Lipome in den oberen Luftwegen. Von Neuromen der Nasenhöhle existiert nur eine Beobachtung, eine einzige ferner von amyloiden Tumoren des Kehlkopfes.

Ob das, was als Cholesteatom der Nasenhöhle beschrieben worden ist, onkologisch diese Bezeichnung verdient und nicht vielmehr durch Inspissation und Stagnation eitrigen Sekretes veranlasste Zustände vorgelegen haben, scheint mir noch zweifelhaft.

Eine merkwürdige Erscheinung sind die Osteome der Nasennebenhöhlen. Nach BORNHAUPT[1]) können sie in einer oder gleichzeitig in mehreren Nebenhöhlen entstehen und sind wahrscheinlich auf lange Erhaltung des Chondrocraniums zurückzuführen in Verbindung mit besonderen, vorläufig nicht näher zu präzisierenden Störungen in der verhältnismässig langen Periode ihrer Entwickelung. Sie sind einfache oder mehrfache, meist elfenbeinerne Geschwülste, die in der Regel klein bleiben, ausnahmsweise aber nach besonderen Schädlichkeiten progredient werden und zu grossen Geschwülsten auswachsen können[2]).

Die Stirnhöhlenosteome[3]) können die Wandungen nicht allein ausdehnen, sondern nach stellenweiser Zerstörung derselben durch Druckatrophie auch durchbrechen. Am häufigsten ist der Durchbruch nach aussen oder in die Orbita, seltener in die Nasen- oder Schädelhöhle. Der Augapfel wird immer nach vorn, unten und etwas nach aussen verdrängt. Trotz der grossen Toleranz des Augapfels wegen der sehr langsamen, unter Umständen 10—12 Jahre dauernden Entwickelung, sind nicht selten Ciliarneurosen, selbst Retinitiden und corneale Ulcerationen beobachtet. Ebenso erweist sich das Hirn lange tolerant; es sind erst nach 20jährigem Bestande psychische Störungen und Apoplexieen aufgetreten.

Charakteristisch ist das schmerzlose Wachstum und die harte Resistenz.

[1]) Archiv f. klin. Chirurgie 26.
[2]) DELABARRE. Essai sur le tumeurs de la rég. palet. Gaz. méd. de Paris 23—25 (1856)
[3]) Die folgenden Darstellungen folgen meist der ausführlichen Arbeit BORNHAUPT's.

22*

Die Prognose ist bei vollkommener Operation nicht ungünstig; die diagnostisch mögliche Verwechselung mit Cysten oder Sarkom ist praktisch belanglos.

Was die Siebbeinosteome anlangt, so ist nach BORNHAUPT sehr schwer zu entscheiden, ob der Tumor vom Siebbeinlabyrinth als eingekapseltes Osteom oder von der Lamina papyracea als Exostose hervorgegangen ist. Übrigens kommt es früh zum Durchbruch und manchmal zu spontaner Exfoliation durch Eiterung.

Vom Keilbeinhöhlenosteom besitzen wir nur Leichenbefunde. Ein einziges Mal ist es in vivo Gegenstand operativer Behandlung mit unglücklichem Ausgang geworden. Die Keilbeinhöhlenosteome sitzen meist breitbasig und gleichzeitig im Siebbein auf, gelangen teilweise zu kolossalen Dimensionen und brechen bei ihrem Wachstum regelmässig in die Schädelhöhle durch, daher ist ihre Operation besser zu unterlassen.

Die Antrumosteome scheinen eine gewisse Vorliebe für den Eingang von der medialen Hälfte des unteren Orbitalrandes zu haben, während der Bulbus vorzugsweise nach oben, und zwar bald mehr nach vorn, bald mehr nach aussen verdrängt wird. Der Durchbruch geschieht entweder durch den Orbitalboden, oder, und zwar dann frühzeitig, in die Nasenhöhle. In die Schädelhöhle ist nur einmal unter zehn Fällen ein Durchbruch erfolgt. Zweimal war die Entwickelung von Osteomen doppelseitig.

In allen Nebenhöhlen können sich ·die Elfenbeinosteome von dem Mutterboden ablösen und weiter in den Höhlen verbleiben. Man nennt sie dann tote Osteome.

Eine andere Form von Knochenneubildungen hat ZUCKERKANDL.[1]) in Gestalt von Knochenplättchen im Periost beschrieben und auch HEYMANN[2]) erwähnt einen Fall, indem er das Periost fast in ganzer Ausdehnung mit grösseren und kleineren Knochenschüppchen durchsetzt fand, welche sich von den Knochen leicht loslössen liessen.

Sehr selten sind Chondrome der Nasenhöhle. Sie sind leicht durch eine Probeincision von anderen Tumoren, besonders Osteomen zu unterscheiden. Noch seltener sind sie innerhalb des Kehlkopfes und der Luftröhre, wo sie, entweder nach aussen oder nach innen ragend, bucklige Prominenzen bilden und in diesem Falle zu Stenosenerscheinungen führen können. Ein kleinhaselnussgrosses Chondrom des Kehldeckels ist neuerdings von mir beschrieben worden. — Eine ebenfalls sehr seltene Geschwulstform ist das Odontom. In dem von ZUCKERKANDL[3]) beschriebenen Fall hatte ein solches, aus einem retinierten Eckzahn ent-

[1]) l. c.
[2]) l. c.
[3]) l. c., S. 66, II. Band.

standen, die äussere Nasenwand gegen den unteren Nasengang vorge-
wölbt und die Kieferhöhle verkleinert.

Über die heterotope Bildung von Strumen und die Nebentonsillen
ist schon im ersten Kapitel gesprochen worden.

Symptomatologie und Prognose.

Die Erscheinungen, die die bisher besprochenen gutartigen Neubildungen verursachen, treten in sehr verschiedener Stärke in die Erscheinung. Sie lassen sich wesentlich nach drei Richtungen betrachten.
Zunächst kann die Verengerung der Kanäle, in denen sie sitzen,
also die von ihnen verursachte Stenose hervortreten. Der Grad der
stenotischen Erscheinungen hängt natürlich nicht von dem Volumen der
Neubildungen allein ab, sondern verschiedene Faktoren bedingen sie
ausserdem. Einmal die Weite des Kanals selbst, ferner die Beschaffenheit seiner Wandungen und in Verbindung damit die Struktur des Tumors selbst. Sind beide in ihrem Volumen bei verschiedenen Füllungs-
zuständen der Gefässe, die sie enthalten, sehr verschieden, so wird der
Grad der Verlegung und die Stenose mit ihren Folgeerscheinungen ebenfalls als eine wechselnde erscheinen müssen.

Sodann ist von Wichtigkeit für die Intensität der Beschwerden, die
durch die Verengerung gesetzt werden, die Zeitdauer, die Entstehung
und Wachstum der Neubildungen erforderte. Je langsamer der betreffende Kanal sich verlegte, je unmerklicher bis zur völligen Latenz können die Verengerungserscheinungen werden. Je schneller das Wachstum erfolgt, desto lebhafter und gefahrdrohender treten sie hervor. —

Nunmehr ist der Ort, wo die Neubildung sitzt, die Art ihres Wachstums und ihrer Ausbreitung zu berücksichtigen. Der erste Faktor ist
auch für den Grad der Beschwerden, die weiteren sind aber auch schon
mit für die Prognose zu verwerten. Es ist ohne weiteres verständlich,
dass Neubildungen des Kehlkopfes und der Luftröhre, auch wenn sie
allmählich entstanden sind und die Passage nur wenig verlegen, leicht
erheblichere Atembeschwerden und Störungen der Stimmfunktion hervorrufen können, während, abgesehen von dem den Nasenrachenraum
verlegenden Tumoren, die intranasalen Neubildungen mit oder ohne begleitende oder ursächliche Nasennebenhöhlenaffektionen erfahrungsmässig
lange unbeachtet bleiben und ebenso übersehen zu werden pflegen, wie
wir es bei der Besprechung der chronischen Nebenhöhlenaffektionen von
diesen selbst kennen gelernt haben. Um so mehr ist das der Fall, wenn
die Verlegung der Nasenwege eine nur partielle ist und zunächst nur
gelegentlich, etwa zusammen mit einer akuten Rhinitis, stärkere Be-

schwerden durch verlegte Nasenatmung bedingt werden. Das sind dann die Fälle, die als chronische Schnupfen jahrelang herumlaufen und nebenbei wegen der verschiedensten „nervösen" Krankheiten die merkwürdigsten und gewöhnlich die gerade modernen Kurverfahren, von Kneippgüssen bis zur Suggestivbehandlung, absolvieren.

Sublata causa verschwinden dann nicht selten diese Folgeerscheinungen mit einem Schlage, leider aber durchaus nicht immer. Bei langem Bestande und bei vorher kranken oder erst nervenkrank gewordenen Personen ist nach der Beseitigung des örtlichen Leidens häufig genug eine besondere individuelle Behandlung des geschwächten Nervensystems nicht zu entbehren.

Die stenotischen Erscheinungen sind, wenn die Nasenatmung verlegt ist, natürlich dieselben wie wir sie bei der chronischen Mundatmung besprochen haben. Eine grosse Reihe von Fällen gutartiger Neubildungen der vorderen Nasenhöhle und ihrer Nebenhöhlen kann ohne alle, oder wenigstens ohne erhebliche stenotische Erscheinungen zumal während des Tages verlaufen. Sie machen sich sehr oft nur während der Nacht und am Morgen sich in ihren uns bekannten Folgen bemerkbar, oder bei stärkeren körperlichen Bewegungen und Anstrengungen. oder wenn eine weitere Verengung des Luftraumes durch akute entzündliche Schwellungen der Umgebung hinzutritt. Kleinere Tumoren des Mundrachenraumes machen gar keine oder geringe Atembeschwerden. Im Kehlkopf werden sie schon eher auch bei verhältnismässig kleinen Tumoren bemerkbar, wenn sie durch ihre Lage oder Gestalt die Glottis oder das Lumen des Kehlkopfrohres einengen. Manche thun das nur gelegentlich, so z. B. bewegliche birnförmig gestielte Fibrome, die für gewöhnlich lang herunterhängen und dann wenig Raum fortnehmen. Wenn sie aber aus irgend einem Anlass diese Stellung verlassen, um die eine Querstellung einzunehmen, so ist damit eine plötzliche Verengerung des Lumens und eine hochgradige Erschwerung der Einatmung gegeben.

Neben den Einengungen der Hohlräume haben wir bei Gelegenheit der Nasenrachenfibrome bereits die Folgen des Druckes kennen gelernt. die gerade bei diesen Tumoren in einer Weise bewirkt werden, dass klinisch sehr schwere Folgezustände dadurch entstehen. Leichtere Druckerscheinungen kann man aber bei fast allen gutartigen Neubildungen in Gestalt von Druckfurchen an den der Druckwirkung ausgesetzten Flächen und Kanten der die Gebilde umgebenden Wandbezirke wahrnehmen, und zwar um so mehr, je weniger diese Partieen vermöge ihrer anatomischen Struktur ausweichen können. So sieht man sie an den Wänden der vorderen Nasenhöhle, nicht nur an den Schleimhautbedeckungen der

Muscheln und des Septums, sondern gelegentlich auch an zarteren Stellen des Knochengerüstes. Weniger tritt diese Erscheinung im Mundrachenraum zu Tage, wenn wir von den hinuntersteigenden typischen Nasenrachenfibromen absehen, denen nichts Widerstand leistet und die natürlich auch das Velum weit vor sich hertreiben. Die einfachen Druckerscheinungen sieht man aber auch gelegentlich bei den Choanalrandpolypen. Im Kehlkopf kommen hier und da auch Druckeinsenkungen an dem der Neubildung gegenüberliegenden Stimmbande vor.

Die Stimmstörungen nasalen Ursprungs sind dieselben wie bei den Verlegungen der Vorder- und Hinternasenhöhle aus anderen Ursachen. Der Grad der laryngealen Stimmstörung schwankt auch bei wenig beweglichen Tumoren sehr nach Sitz und Ausdehnung. Die schwersten Grade bis zur völligen Aufhebung der tönenden Stimme pflegen die multiplen Papillome des kindlichen Alters darzubieten, demnächst die grösseren unter den gestielten Fibromen sowie sie mechanisch den Glottisschluss behindern. Im übrigen hängt bei den beweglichen Fibromen der Grad der Dysphonie von der jedesmaligen Lage beim Anlauten ab. Schon GERHARDT[1] hat auf die verschiedenen Phasen dabei hingewiesen. Er unterschied eine erste von ziemlich natürlichem etwas heiserem Klange — die Geschwulst hängt in den unteren Kehlkopfraum herab, — eine zweite sehr heisere — die Geschwulst wälzt sich zwischen beiden Stimmbandrändern empor, — endlich eine dritte von natürlicherem aber noch sehr heiserem Klange — die Geschwulst ruht zitternd auf der oberen Fläche der Stimmbänder. Kleinere Fibrome, knötchenförmige wie gestielte, machen häufig gar keine oder nur ganz geringe Stimmstörungen. Bei Sängern und Sängerinnen habe ich wiederholentlich derartige kleine Gebilde — mögen sie zusammengesetzt sein wie sie wollen — als zufälligen Nebenbefund gesehen, ohne jede Herabsetzung der Leistungsfähigkeit. Einem neulich[2] von SEMON erhobenen Einspruch gegen allzu eifrige operative Entfernungen der Knötchen bei Sängern möchte ich durchaus beipflichten. Es ist nämlich in der That nicht vorher zu bestimmen, ob man durch den Eingriff nicht die gesangliche Leistungsfähigkeit herabsetzt und es spricht eine solche Beobachtung SEMON's dafür, dass diese Möglichkeit berücksichtigt werden muss.

Funktionelle Störungen gehören zu den regelmässigen Begleiterscheinungen der Neubildungen der Nase und der Nasenrachenhöhle. Die Geruchswahrnehmungen können schon eingeschränkt und aufgehoben werden, wenn die für diese Wahrnehmungen notwen-

---

[1] Über Diagnose und Behandlung der Stimmbandlähmungen.

[2] Verh. des XI. intern. Kongresses zu Rom.

digen Bewegungen der Einatmung durch die Nase aufgehoben und erschwert sind. Ist die regio olfactoria von Neubildungen verlegt, so ist eine Störung (Einschränkung oder Aufhebung) der Geruchswahrnehmungen ebenfalls ohne weiteres verständlich. Dazu kommt aber eine weitere Beeinflussung der Geruchswahrnehmung durch die die Neubildungen oft begleitenden entzündlichen Schwellungen der Nasenschleimhaut, durch die chronisch katarrhalischen Erscheinungen, sowie durch die häufigen akuten Exacerbationen des chronischen Katarrhs.

Spontane Schmerzen gehören im allgemeinen nicht zu den Symptomen der gutartigen Neubildungen. Nur bei den Nasenrachenfibromen, die histologisch und auch klinisch eine Art Übergangsstellung zwischen den gutartigen und den malignen Bildungen einnehmen, sind als Folgen der zerstörenden Wirkung ihrer alles überwindenden Ausdehnungskraft auch frühzeitig Schmerzen vorhanden. Klinisch dokumentieren sie sich früh bald als ausstrahlende Ohrenschmerzen, bald als dumpfe Hinterhaupt- und Schläfenkopfschmerzen, bald als Trigeminusneuralgieen in einem oder mehreren Ästen, je nach ihrem Sitz und der Ausbreitung ihrer Fortsätze. Ebenso ist es mit den Blutungen. die wir vornehmlich bei den typischen Nasenrachenfibromen als eine ihrem Verlauf eigentümliche, ebenso häufige wie gefahrdrohende Erscheinung bereits kennen gelernt haben. Bei allen übrigen hier besprochenen gutartigen Neubildungen sind sie nur ausnahmsweise vorhanden und sie sind dann meistens auf besonders reiche Gefässentwickelungen und traumatische Einflüsse zurückzuführen. So bei den Septumpolypen, den Angiomen und Lymphangiomen überhaupt. Ebenso ferner verhält es sich mit den Motilitätsstörungen, was besonders für den Kehlkopf und Mundrachenraum von Bedeutung ist. Sind ausser den vorgenannten Momenten noch andere wirksam, die Störungen der Motilität, spontane Schmerzen und Blutungen bedingen, so muss stets der Verdacht rege werden, dass es sich um eine maligne Neubildung handeln könne.

Dieselben Reizerscheinungen, von denen wir bei der Besprechung der entzündlichen Prozesse gesehen haben. dass sie durch venöse und Lymphstauungen, durch Irritationen, durch pathologische Steigerungen der Reflexe und schliesslich auch als wahre Reflexneurosen zu stande kommen können, können auch die hier besprochenen gutartigen Neubildungen in mannigfacher Weise begleiten. Es ist indes festzuhalten, dass die Neubildungen erst die gelegentlichen Ursachen sind, die alle diese Reizungen vermitteln und auslösen. In der Nase z. B. erzeugt derselbe Kontakt mit einer hyperästhetischen Stelle durch einfache entzündliche Schwellungen oder plötzliche Gefässfüllung des sonst normalen Überzuges genau dieselben Symptome, genau dieselben sekretorischen Ab-

weichungen, Neuralgieen. Nies- und Hustenanfälle.   Daher begnügen wir
uns hier mit dieser Andeutung und verweisen teils auf die oben gegebenen Ausführungen, teils auf die des folgenden Kapitels, das die Nervenkrankheiten behandelt.

Die Prognose quoad vitam ist, von dem unheilvollen Verlauf der
Nasenrachenfibrome abgesehen, fast durchgängig eine gute.   Höchstens
das zartere Kindesalter giebt zu Befürchtungen Anlass, indem bei Verlegungen der Nasenhöhle Ernährungsstörungen, bei denjenigen des Kehlkopfes durch multiple Papillome die schweren Folgen chronischer Larynxstenose zur Entwickelung gelangen, während andererseits die Entfernung
der Bildungen durch die natürlichen Wege immer schwieriger bis zur
Unmöglichkeit wird, je jünger das Kind ist und je weiter unten die
Neubildungen sitzen.

Die Prognose der örtlichen Heilung ist besonders bei multiplen
Bildungen erst während der Beobachtung zu stellen.   In der Nase können
oft erst auf diese Weise die weichen Fibrome beziehentlich ihres Ursprunges verfolgt werden.   Es zeigt sich, dass immer neue Scharen aus
der Tiefe hervor- und herunterkommen und dass weiter und tiefer, etwa
in eine Nebenhöhle, eingegangen werden muss, um sie gründlich aus-
zuräumen.   Wo das nicht geschieht, ist ein Nachwachsen von der Ur-
sprungsstelle unausbleiblich und so — das heisst aus unvollständigen
und darum mangelhaften Operationen — ist zum Teil der böse Ruf der
Unheilbarkeit und des „Immerwiederkommens" zu erklären, in dem die
Nasenpolypen ungerechtfertigter Weise bei Ärzten und vielen Kranken
stehen.   Grade das Vorhandensein begleitender oder ursächlicher
tieferer Erkrankungen der Nasennebenhöhlen oder von Bezirken der
knöchernen Wandungen wird oft übersehen oder verkannt. Das sind
aber Beziehungen, die wir in ihrer grossen Wichtigkeit schon eingehend
besprochen haben.

Die Frage der Prognostik der gutartigen Neubildungen erfordert
noch die Besprechung zweier Punkte, die vor einer Reihe von Jahren
zu einer längeren Disskussion und für den Kehlkopf zu einer ebenso
wichtigen und maassgebenden wie verdienstlichen Sammelforschung Veranlassung gaben, die von Felix Semon unternommen ist[1]).   Es handelt
sich um die Frage, ob gutartige Neubildungen sich in bösartige umwandeln können, und im weiteren ob unsere Eingriffe für eine solche
Transformation angeschuldigt werden können.   Was die erste Frage betrifft, so müssen wir heute zugeben, dass, wie an anderen Organen, so
auch innerhalb der oberen Atemwege eine Transformation gutartiger in

---

bösartige Geschwülste vorkommt, wenngleich zu bedenken ist, wie leicht
eine solche Transformation auch vorgetäuscht werden kann und wie oft
eine Entscheidung gar nicht zu treffen ist. Man diagnosticiert z. B.
klinisch adenoide Vegetationen. Sie werden entfernt, sie recidivieren
mehrmals und immer schneller wie in dem von uns oben erzählten
Falle. Schliesslich ergiebt die Untersuchung ein Sarkom. Alsdann ist,
selbst wenn die zuerst exstirpierten Stücke adenoides Gewebe gezeigt
hätten, doch nicht zu bestimmen, ob nicht in der Tiefe bereits Sarkom,
und noch weniger, ob es primär vorhanden oder durch Umbildung gebildet
worden war. Denn es können maligne Bildungen klinisch eine Zeit lang
als gutartige imponieren oder von einer solchen begleitet sein, während
die maligne vorhanden, aber noch nicht diagonosticiert ist, weil sie eben
eine zeit lang undiagnosticierbar war. Ob nun dementsprechend ein besonderer Übergang oder von Anfang an ein Nebeneinander verschiedener Formen existierte, so viel ist klar, dass die so entstehenden Mischgeschwülste der klinischen und histologischen Diagnostik schwere Aufgaben
stellen. Immerhin ist doch aus der Zusammenstellung der von sicherer
Seite mit allen Hilfsmitteln beobachteten Fälle eine Umbildung als erwiesen anzusehen. Die Ursache der Transformation kennen wir nicht.
Ihre Seltenheit ist aber glücklicherweise eine so grosse, dass im ganzen
die Prognose der gutartigen Bildungen durch diese Möglichkeit wenig
getrübt wird. Erwiesen sind Umbildungen von Polypen der Nasenhöhle;
die sich zu Karcinom transformierten. Für die Highmorshöhle giebt Fink[1])
neuerdings die Beschreibung eines Falles, wonach er die Umbildung
von Nasen-, beziehentlich Kieferhöhlen-„Schleimpolypen" in Karcinom
annehmen zu dürfen glaubt.

Für die Kehlkopfgeschwülste ergab Semon's Sammelforschung,
dass eine spontane Degeneration unter 2531 Fällen von nicht operierten
gutartigen Tumoren 12 mal, d. h. unter 211 Fällen einmal eintrat, während 8216 Fälle gutartiger intralaryngeal operierter Fälle 33 Degenerationen, d. h. das Verhältnis 1 : 249 ergaben. Wir können also daran
denken, ob nicht dieselbe Umwandlung in diesen Grenzen sich auch
vollzogen habe würde, wenn überhaupt keine Operation ausgeführt worden wäre. Jedenfalls dürfen wir nunmehr als erwiesen betrachten, dass
ein Einfluss intralaryngealer Operation auf das Zustandekommen der
überhaupt enorm seltenen Fälle von Transformation nicht existiert.

Diagnose und Therapie.

Die Diagnose ist im allgemeinen als leicht zu bezeichnen. Nur ist
zu bedenken, dass, wie bei der Geschwulstdiagnostik in der allgemeinen

[1]) Archiv f. Laryngologie S. 198 Bd. 1.

Chirurgie, wir uns keineswegs blos auf die Ergebnisse der Inspektion
verlassen dürfen. Es ist durchaus notwendig — mit Ausnahme weniger,
durch ein besonders charakteristisches Bild ausgezeichneter Fälle — die
taktile Erforschung durch palpatorische oder Sondenuntersuchung so oft
als möglich mit heranzuziehen. Nur so können Irrtümer vermieden
werden. Ganz besonders ist auf die Wichtigkeit der postrhinoskopischen
Untersuchung bei den multiplen weichen ödematösen Polypen hinzuweisen, auch wenn sie scheinbar der vorderen Nasenhöhle angehören.
Die Unterlassung dieser Untersuchung kann sich — wie ich oft zu bemerken Gelegenheit habe — schwer rächen. Nester, die nur bei der
hinteren Rhinoskopie zu sehen sind und unaufhörlich Recidive veranlassen, werden nicht so selten selbst von Spezialisten zum Nachteil der
Befallenen übersehen. In der That weist der versteckte Sitz dieses Ur-
sprungsortes oft auf die Beteiligung der Siebbeinhöhle an dem Processe hin, indem sich bei eingehender Untersuchung Karies oder ein
Empyem in den hinteren Zellen nachweisen lässt. Ebenso ist bei den
Tumoren in der Umgebung der Choanalöffnung und im Nasen- und
Mundrachenraum, wo es die Ausdehnung der Gebilde überhaupt zulässt,
die palpatorische Untersuchung von grossem Vorteil zur Kontrolle der
Inspektion. Auch im Kehlkopf und in der Luftröhre orientiert uns
nach genügender Kokainisierung die Sonde oft gründlicher und schneller
über die Beweglichkeit und Art der Insertion, besonders aber über die
Konsistenz des Tumors, als die blosse selbst noch so oft wiederholte
Inspektion. Je genauer man diese Regeln befolgt, je weniger wird man
in die Lage kommen sich Verwechselungen mit tuberkulösen oder syphilitischen Infiltraten auszusetzen oder sich zu vorschnellen, ungenügend
vorbereiteten und darum wenig oder gar nicht erfolgreichen Operations-
versuchen hinreissen zu lassen.

Die Therapie kann nur eine chirurgische sein und in der Entfernung
bestehen. Nur wo diese unausführbar ist, treten andere zerstörende
Methoden dafür ein. In seltenen Fällen ist ja ausser den Involutions-
erscheinungen der Nasenrachenfibrome eine Art spontaner Heilung beobachtet worden, nämlich bei Kehlkopffibromen, gewöhnlich bei schmal-
gestielten Bildungen, die unter dem Einfluss heftiger Hustenattacken
sich losrissen. So hat noch THORNER[1]) jüngst einen derartigen Vorgang
beschrieben, in dem Keuchhustenattacken diese kurative Rolle bei einem
Stimmbandfibrom übernahmen. Indes sind dies so ausnahmsweis vorkommende und ausser aller Berechnung liegende Ereignisse, dass sie auf
die Therapie nicht von Einfluss sein können.

[1]) Arch. intern. de laryngologie etc. 1892. Nr. 7.

Für die Entfernung der weichen ödematösen Fibrome ist die kalte
Schlinge das zweckmässigste Instrument, doch kann man auch vielfach
von den äusserst gracilen schneidenden Zangen Gebrauch machen, die
wir jetzt in grosser Zahl besitzen. Ich selber verwende beide Instrumente etwa gleichmässig oft und finde nicht, dass die Zange des Rhinologen irgendwie gewaltsamer einwirkt als die Schlinge. Bei grösseren
isolierten Tumoren kann mit Vorteil die bimanuelle Methode im fixierten
Spekulum verwendet werden. Bei ganz grossen, besonders bei den ad-
härenten Fibromen ist eine präparatorische Herauslösung mit dem Nasenmesser oder der feinen Nasenschere, wobei die Schlinge als fassendes
Instrument dient, das sicherste, schönste und schnellste Verfahren. Sowie sich herausstellt, dass der Ursprung der weichen Fibrome in den
Nebenhöhlen zu suchen ist, muss unverzüglich zu deren breiter Eröffnung geschritten werden, ebenso ist diese zur Behandlung bei einem
sich herausstellenden Empyem oder einer sonstigen chronischen Erkrankung daselbst erforderlich Die Operation der polypoiden Hyperplasieen der Hinterenden ist bereits besprochen. Die himbeerförmigen
Fibrome werden leicht mit der Schlinge abgeschnitten, die hinten liegenden treten dabei oft erst nach der Entfernung der vorliegenden deutlich
hervor. Manche lappige herabhängende Tumoren lassen sich besser übersehen und in die Schlinge bringen, wenn man bimanuell vorgeht und
sie mit der Linken etwas anhebt, gleichsam der Schlinge entgegenbringt.

Gestielte Tumoren der Hinternasengegend lassen sich am besten
anschlingen, wenn man die Schlinge — eventuell ohne den Handgriff —
durch die Nasenhöhle einführt und gleichzeitig den Tumor vom Nasenrachenraum her mit dem Finger in die Schlinge hineinzubringen sucht.
Das ist aber nicht immer so einfach auszuführen, wie es sich anhört.
Ist es gelungen, so wird der Handgriff befestigt und nun der Tumor
möglich hoch hinauf abgesetzt. Stehengebliebene Stücke des Stieles
sind nach der Entfernung der Hauptmasse meist sehr leicht mittelst der
Schlinge zu entfernen. In der Behandlung der breit aufsitzenden Nasenrachenfibrome wird, wie es scheint, die elektrolytische Therapie ihre
Haupttriumphe feiern können, um die Kranken vor den entstellenden
und schweren, lebensbedrohenden Operationen zu bewahren, die früher
das einzige Mittel gaben, an diese Bildungen heranzukommen.

Erst wenn die Elektrolyse versagen sollte, würden, sofern nicht
durch Übergreifen auf die Schädelhöhle die Operation überhaupt kontraindiciert ist, die chirurgischen Methoden in Frage kommen. Von diesen
sind die älteren durch von LANGENBECK's Methoden der osteoplastischen
Oberkieferresektion verdrängt worden. GUSSENBAUER[1]) hält diese Methode

---

[1]) Verhdl. d. 14. Chirurgenkongresses 1878.

fürgeeigneter für die von der fossa pterygoidea herkommenden Geschwülste: für die von derSchädelbasis heruntersteigenden sei jedoch dieZugänglichkeit nicht so vollkommen wie bei seiner bukkalen Exstirpationsmethode. Bei dieser wird das Involukrum des harten und des weichen Gaumens gespalten, unter seitlicher Auslösung jenes, so dass der ganze harte Gaumen herausgehebelt werden kann. Dabei wird der ganze Rachenraum den Fingern und Augen zugänglich.

Die elektrolytische Doppelnadel wird nach der Zugänglichkeit des Tumors und seiner Fortsätze vermittels eines passenden Ansatzes von der Nasenhöhle oder vom Rachen her in den Tumor eingestochen. Ich sehe, dass M. Schmidt[1]) bei dieser Gelegenheit Ströme bis 40 M.-A. verwandt hat und ich kann auch konstatieren, dass derartige Stärken in der That vertragen werden. Je länger man die Sitzung ausdehnen kann und je höher die Intensität des Stromes dabei ist, desto geringer ist die nötige Zahl der Sitzungen: freilich ist sie auch in günstig verlaufenden Fällen oft keine kleine. Ein Beispiel eines sehr kurzen Behandlungscyklus giebt M. Schmidt[2]). In einem Falle zeigte sich nach der zwölften Sitzung der ganze Tumor in eine graue Masse verwandelt und schmolz in einigen Tagen weg. In einem von v. Bruns[3]) erwähnten und später von P. Bruns[4]) beschriebenen Falle erforderte die Heilung dagegen 130 Sitzungen, in 11 Monaten. Man kannte nach der bei dieser Gelegenheit gegebenen Zusammenstellung damals unter 9 Fällen nicht weniger als 7 vollständige Heilungen. Die erste Heilung eines wohlbeglaubigten Nasenrachenpolypen geschah 1864 und zwar durch Nélaton[5]).

Leider sind besonders in vorgeschrittenen Fällen die Resultate keineswegs so günstig; sie beschränken sich mehr auf Hintanhaltung des Wachstums und entfalten somit eine nur palliative Wirkung. Ob alsdann die galvanokaustische Zerstörung des Tumors mehr leistet als die Exstirpation mit der galvanokaustischen Schlinge, scheint mir doch recht zweifelhaft. Die Gefahr der Blutungen ist dabei sehr zu berücksichtigen.

Die ödematösen wie die papillären Fibrome im Mundrachenraum sind sehr einfach meist mit einem Scherenschlage zu entfernen. Nur bei angiomatösen Bildungen wird die galvanokaustische Schlinge in Frage kommen. Sonst wird eher die kalte und zwar manchmal zweckmässig nur als fassendes Instrument verwandt. Während der Tumor selbst mit Messer oder Schere abgetrennt wird, verhindert sie dann, dass er herunterfalle.

[1]) Krankheiten der oberen Luftwege.
[2]) l. c. S. 491.
[3]) Galvanochirurgie S. 85.
[4] Berl. klin. Wochenschrift 187?.
[5]) Compt. rend. des séances de l'acad. 1864. citiert l. P. Bruns. l. c.

Bei der Entfernung der Kehlkopffibrome konkurrieren wiederum
Schlinge und schneidende Instrumente in Zangen- oder Pincettenform.
Ich lege auch hier nicht viel Gewicht darauf, ob man das eine oder
das andere Instrument wählt. Da spielt Gewöhnung und Liebhaberei
viel mit. Die schneidende Zange wie die Kehlkopfpincette haben
den hier gerade hoch zu schätzenden Vorteil, dass sie das Abgetrennte
unfehlbar wieder mitherausbringen, während die Schlinge so manches
entgleiten lässt. Es ist doch kein gleichgültiges Wagnis, Partikel in die
Luftröhre hineingelangen zu lassen.

Die Kehlkopfpapillome sind bei Erwachsenen oder grösseren Kindern mit Schlingen und Zangen gleich leicht zu entfernen. Eine vollständige Entfernung multipler Papillome des Kehlkopfes und der Luftröhre bei kleineren Kindern ist aber eine technisch sehr schwierige
Aufgabe. Es giebt immer eine Reihe derartiger Kranken mit hartnäckigen Recidiven, die die Runde unter den Laryngologen ihres Wohn-
orts machen und trotzdem nicht genügend, d. h. dauernd frei zu machen
sind. Doch müssen wir uns damit trösten, dass auch die extralaryngeale Operation nicht vor Recidiven schützt, während andererseits gelegentlich spontaner Stillstand und Involution zur Beobachtung gekommen
sind. Den Wachstumverhältnissen des Körpers ähnlich scheinen hin und
wieder akute Infektionskrankheiten auf den Stillstand der Papillom-
bildungen zu wirken. Wir gedachten schon gelegentlich der Zurückbil-
dung des Rhinoskleroms auch eines Falles von JURASZ, der Kehlkopfpapillome nach Typhus schwinden sah.

Über die Methode von LICHTWITZ, der Larynxtuben nach passender
Fensterung einlegt, die Papillome in das Fenster bringt und im Herausziehen entfernt, besitze ich keine Erfahrung. Ich will jedoch erwähnen,
dass diese Methode eigentlich eine weitere Entwickelung eines BÖCKER'-
schen Vorgehens darstellt. B. brachte ein katheterähnliches Instrument,
dessen Auge geschärft war, in die Trachea und entfernte damit wand-
ständige Polypen der Luftröhre.

Bei ausgedehnter Entwickelung der multiplen Papillome soll um so
eher tracheotomiert werden, je jünger das Kind ist, auch können dann
immer noch die Exstirpationsversuche von oben her sich anschliessen.
Zur Nachbehandlung empfehlen SCHÄFFER und M. SCHMIDT Ätzungen mit
Milchsäure.

Ausser den durch das zarte Alter und örtliche Hindernisse entstehenden Kontraindikationen der endolaryngealen Papillombehandlung
ist die akute Laryngostenose und Asphyxie anzuführen[1]. NAVRATIL em-

[1] NAVRATIL. Berl. klin. Wochenschrift 1880.

empfiehlt zur Sicherung vor Recidiven die Excision der Basilarschleimhaut ohne die elastischen Fasern und die Muskulatur, besonders bei den weichen, zu Wiederbildungen neigenden Formen.

Stärkere Blutungen in der Nasen- und Nasenrachenhöhle bei der Operation teleangiektatischer Fibrome und Angiome müssen nach den bei der Besprechung der Blutungen gegebenen Regeln behandelt werden. Die kleinen Angiome der Stimmbänder schwinden leicht auf Berührung mit dem rotglühenden Kehlkopfkuppelbrenner, Cysten werden incidiert. Wenn sie recidivieren, muss man ein grösseres Stück der Decke entfernen, man schneidet mit einem nackten oder kachierten Messer ein Dreieck aus, oder trägt die Decke so weit als möglich mit einer schneidenden Zange ab und kann dann noch bei zögernder Heilung schwache Argentumnitricumlösung in das Cysteninnere injicieren.

Wann die Operation knötchenförmiger Fibrome bei Sängern kontraindiciert ist, haben wir bereits gesehen. Die übrigen Gegenanzeigen sind die allgemein bekannten: Schwächezustände, Arteriosklerose, konstitutionelle zehrende Krankheiten sind die hauptsächlichsten Ursachen dieser Art. Dazu kommen noch etwaige klinische Erscheinungen hinsichtlich der Zusammensetzung des Tumors. die mit Sicherheit stärkere Blutverluste erwarten lassen.

Für die Operation der Nebenhöhlentumoren kommen im wesentlichen die Methoden der breiten Eröffnung der Höhlen in Betracht. Die Exstirpation des darin befindlichen Tumors, der Cysten. Polypen oder Osteome in ihren verschiedenen Formen ist dann der Technik nach von selbst gegeben.

Unter den Operationsmethoden für Kehlkopfpolypen findet man noch vielfach die Schwammmethode beschrieben. VOLTOLINI empfahl, mit einem oblongen, an starkem Stahldraht befestigten dichten Schwammstück in den Kehlkopf einzugehen, um breiter aufsitzende weiche Neubildungen wie mit einem Finger abzuwischen. Ich habe mich in der Zeit, bevor wir das Kokain hatten. mehrfach überzeugt, dass man damit ganz gut operieren kann. Der Kehlkopf ˙reagiert zwar durch starke Rötung und Schwellung auf den Eingriff. indessen ein Kehlkopf ist meistens sehr tolerant. Jetzt sollte indessen das Verfahren nicht mehr gelehrt werden: das Kokain ermöglicht ja stets ohne so starke Reizungen zu dem gewünschten Ziel zu gelangen.

b) Bösartige Neubildungen.

Sarkome und Karcinome der Nasenhöhle sind selten beobachtete. und im Beginn oft übersehene Neubildungen. Dazu kommt in vorge-

schrittenen Stadien beider, wenn die Nebenhöhlen beteiligt sind, die
Schwierigkeit der Entscheidung, ob sie aus diesen oder aus der eigentlichen Nasenhöhle entsprungen sind.

Das Sarkom der Nasenhöhle ist häufiger als das Karcinom und
giebt vornehmlich in seinen härteren Formen auch eine etwas bessere
Prognose beziehentlich der Wiederbildung, vorausgesetzt, dass es frühzeitig erkannt und operiert wird. Beide kommen im übrigen in den
verschiedensten Formen vor. Das Karcinom als Cylinderzellen- und als
Plattenepithelialkrebs, das Sarkom als Rund- wie als Spindelzellensarkom;
ferner sind wiederholentlich Pigmentsarkome, seltener alveoläre und
Osteosarkome beschrieben worden[1]. Das melanotische Sarkom scheint
nach den bisher vorliegenden Beobachtungen keine grosse Neigung zu
baldigen Recidiven zu haben. Der Fall Heymann's z. B. blieb 4 Jahre nach
der Operation recidivfrei.

Der Ursprung ist der obere Teil der vorderen Nasenhöhle, das
knorpelige Septum oder die laterale Nasenwand. Das Septum kann sogar lange frei bleiben, wie ein von mir beobachteter Fall von Karcinom
der Nasenhöhle lehrte, in dem es durch Druck zu einem weichen dünnen
haltlos hin und her flottierenden Segel umgewandelt, von der Karcinose
aber frei geblieben war.

Im Nasen- und Mundrachenraum werden maligne Neubildungen,
die von den adenoiden Geweben des Rachenringes ihren Ausgang nehmen,
entschieden häufiger. Diejenigen anderen Ursprungs kommen meist
vom Periost und aus noch tieferen Gewebsschichten her, sitzen breitbasig auf und verlaufen im Anfang oft schleichend oder mit verhältnismässig geringen Störungen, sodass sie von den Kranken übersehen, aber
auch bei Untersuchungen hier und da mit harmlosen Bildungen verwechselt werden können.

Die Karcinome können wir mit Krönlein[2] nach dem Sitze ein-
teilen. Die Fornixkarcinome sind die seltensten; sie sind wohl stets
inoperabel, können besonders anfangs ohne grosse Symptome und, wenn
nicht die hintere Rhinoskopie gemacht wird, wegen ihrer Lage ungesehen
hinter dem Velum verlaufen, aber auch mit adenoiden Vegetationen verwechselt werden, obwohl ihre härtere Konsistenz und die oft sehr charakteristisch gebuckelte Oberfläche davor bewahren sollte. Die Früh-
symptome sind Obstruktion der nasalen Atmung, die bekannten Schluck-
und Sprachstörungen und spontane Schmerzen, die in die Ohren, sowie

[1] Vohsen. Verhdl. d. Versammlung deutsch. Naturforscher und Ärzte in Heidel-
berg. 1889. Heymann. Verhdl. dto. zu Halle 1892. Dreyfuss. Wiener med. Presse 1891.
Die malignen Epithelgeschwülste d. Nase.
[2] Korrespondenzblatt für Schweizer Ärzte 1887 N. 20.

in die Hinterhaupts- und Schädelbeingegend verlegt werden. Es folgen
die von der seitlichen Pharynxwand ausgehenden Karcinome. Sie greifen
bald auf die hintere Pharynxwand, nach vorn auf den arcus palatoglossus und das Velum über, und ergreifen dann nach und nach die
Zungenbasis und die Gegend der aryepiglottischen Falten. Die Symptome, welche sie machen, sind von Anfang an lebhafter. Die Schluckschmerzen sind stärker und ebenso die lancinierenden Ohrenschmerzen.
In noch höheren Graden gilt das von den tiefer liegenden, den retro-
laryngealen Karcinomen. Sitzen sie in der Höhe der Ringknorpelplatte,
so können auch die Früherscheinungen ganz denen eines Larynxleidens
entsprechen, umsomehr wenn sie, wie es gewöhnlich der Fall ist, schon
bald auf den Kehlkopf übergreifen. Neben den Schluckschmerzen treten
dann Heiserkeit und laryngeale Atembeschwerden in den Vordergrund.
Die primären Tonsillarkarcinome scheinen durch die retrotonsillare Pharynxwand mit dem darunter liegenden Fettgewebe und die von den Mm. stylo-
glossus und stylopharyngeus gebildeten Muskelschichten ziemlich lange
von dem Übergreifen auf die Gegend der Carotis interna fern gehalten
zu werden. In solchen Fällen, deren genauer Stand allerdings erst durch
die Operation selbst bestimmbar ist, könnte ohne entstellende Aussen-
operation die Exstirpation noch vom Munde aus gemacht werden,
(Körte, I. Wolff) durch stumpfe Ablösung des Tumors von der tiefen
Halsfascie mit dem Finger. Dagegen neigen sie zu früher Ulceration
und Blutungen und ebenso werden die submaxillaren und submentalen
Drüsen bald infiltriert. Mit dem Übergreifen auf das Rachendach, die
hintere Rachenwand und die Choanen treten unter den heftigsten Schluckbeschwerden die Anzeichen der Verjauchung des Krebses auf, während
gleichzeitig die durch Infiltration der Wangenhaut entstehende karcino-
matöse Kieferklemme den qualvollen Zustand noch schlimmer gestaltet.

Die Sarkome des Rachens sind meist von weicherer Konsistenz und
blasser. In der Schnelligkeit des Wachstums und der Neigung zu
Metastasenbildungen, selbst im mikroskopischen Aussehen ähneln den
Rundzellensarkomen auffallend die Lymphosarkome, in denen ein lymph-
drüsenartiger Bau neben den Merkmalen des Sarkoms charakteristisch ist.

Sarkome des Nasenrachenraums, denen mit mehr oder weniger grosser
Wahrscheinlichkeit der Ausgang von der Rachenmandel zugeschrieben
wird, sind nunmehr schon in einer ganzen Reihe von Fällen beschrieben
worden. Es kommen weiche und harte Formen vor. Die ersteren sind
ganz besonders im Anfange der Verwechselung mit adenoiden Vegetationen
ausgesetzt. Erst das fortgesetzte schnelle Wiederwachsen, die Infiltration
der Lymphdrüsen, die Invasion in die Nachbargewebe, die Ulceration
und endlich die Geschwulstkachexie, mit anderen Worten der weitere

Verlauf haben früher oder später den Irrtum aufzuklären vermocht. Entspringt es periostal oder aus der fibrocartilago basilaris, oder werden diese Schichten und Gebilde bald beteiligt, so drohen mit dem Wachstum nach der Schädelhöhle alsbald Meningitis oder, nach Arrosion grösserer Gefässstämme, Tod durch Verblutung. Das Lymphosarkom entsteht ausschliesslich in den lymphatischen Geweben des Mund- und Nasenrachens, seltener dadurch dass Lymphosarkome der Halsgegend in den Rachen hineinwachsen. In dem ersten Fall bilden sich entweder isolierte grössere Tumoren, wie an der Tonsille, oder eine Reihe kleinerer, mehr flächenhaft ausgebreiteter Infiltrate. Leicht entstehen infolge frühen ulcerativen Zerfalles dicke Beläge mit unregelmässigen, aber verdickten Rändern; wiederholt haben sie zu Verwechselungen mit Syphilis oder — da auch Fieber den Zerfall begleiten kann — mit Diphtheritis Veranlassung gegeben. Der gewöhnliche Verlauf ist äusserst infaust und führt meist in wenigen Monaten zum Exitus durch Zerstörung und Durchwucherung lebenswichtiger Organe, oder durch Suffocation Inanition, oder durch die dem Zerfall, der Vereiterung und Verjauchung folgende Pyämie.

CHIARI[1]), der neuerdings eine wertvolle Arbeit über diesen Gegenstand geliefert hat, erwähnt, dass einige Male Rückbildungen ohne Eiterung beobachtet sind. Beziehentlich des Verhältnisses zur Leukämie und Pseudoleukämie verweist CHIARI zwar auf die ausgebreitete Beteiligung der Lymphdrüsen des Körpers und die der Milz und der Leber hin, doch führt er mit Recht die Fälle KUNDRATS an, die auf freilich noch unklare Beziehungen zwischen diesen Erkrankungsformen hindeuten. In zwei Fällen von Pseudoleukämie und in einem Falle von Granuloma fungoides fand KUNDRAT Lymphosarkom an einer Drüsengruppe.

Im Kehlkopf sind, wenn wir von der Teilnahme des Organs an malignen Neubildungen der Nachbarschaft absehen, Karcinome häufiger als Sarkome. Ausser Rund- und Spindelzellensarkomen sind auch bindegewebsreichere und härtere, sowie aus beiden Elementen gemischte Formen und auch Lymphosarkome beschrieben worden. Die letzteren gehen meistens von den Stimmbändern oder den Taschenbändern aus oder entstehen wenigstens in ihrer nächsten Nähe und sind durch hervorragend häufige und ausgedehnte Drüsenmetastasen von besonders übler Prognose. Dagegen sind von den einfachen Sarkomen bereits eine ganze Reihe bekannt geworden, in denen es gelungen ist, durch endolaryngeale oder äussere Operation, wenigstens so weit die Beobachtungen reichten, Heilung ohne Recidive zu erzielen. Natürlich handelte es sich alsdann

---

[1]) Wien. klin. Woch. 1894. Über Lymphosarkome des Rachens.

meist um die umschriebenen Tumoren, die an einem Stimmbande oder
an der Epiglottis sassen (in einem Falle SCHEINMANN's sogar subglottisch)
und bei denen Drüseninfiltrationen und Ulceration noch nicht vorhanden
waren. Wo der Tumor schon beträchtlicher herangewachsen war, sind
auch nach extralaryngealer Operation Recidive meist schon nach Monaten
gekommen.

Es liegt auf der Hand, dass das Geschick der Kranken hier ebenso
wie bei dem Kehlkopfkrebs von der frühzeitigen Erkennung des Leidens
abhängt. BERNHARD FRÄNKEL[1], dem wir eine musterhafte Abhandlung über
die Frühformen des Kehlkopfkrebses verdanken, hält auch für das Karcinom den Ursprung vom Stimmband nicht für selten, ebenso F. SEMON[2].
B. FRÄNKEL unterscheidet folgende Frühformen nach den Erscheinungen:
zunächst die unter dem Bilde einer Geschwulst auftretenden Stimmband-
krebse. (Carcinoma polypoides.) Im Beginn stellt dieses eine flache
und breit aufsitzende Erhabenheit dar, die gar keine charakteristischen
Erscheinungen zu haben braucht. Besonders fehlen Drüsenschwellungen,
Schmerzen oder Symptome von Ischämie oder Kachexie. „Während die
gutartigen Geschwülste aber ausschliesslich in die Höhe und Breite,
vorwiegend aber in die Höhe zu wachsen pflegen, dringt das Karcinom
auch in die Tiefe ein." Daher die verhältnismässig geringe sichtbare
Prominenz in die Glottis, trotzdem die Neubildung schon ziemlich weit
in das Stimmband invadiert sein kann. Im Anfang glatt oder leicht
höckrig, kann sie sogar durch Anhäufung epithelialer Gebilde auffallend
weiss aussehen, jedenfalls ist eine lebhaftere Rötung oder ein Entzündungshof bei dieser Frühform des Stimmbandkarcinoms durchaus
keine regelmässige Begleiterscheinung. Histologisch findet sich meistens
das Carcinoma keratoïdes.

Davon unterschieden ist das in die Fläche ausgebreitete Stimm-
bandkarcinom (Carcinoma diffusum). Eine zuerst wenig auffallende
und kaum zu differenzierende Schleimhautverdickung geht in ein Stadium
ungleichmässiger, aber unabgegrenzter Verdickungen über, aus der dann
ein oder mehrere Knötchen in verschiedener Grösse hervorwachsen.
Auch hier ist die Farbe stellenweise wie kreidig; in anderen Partieen
sehen sie speckig oder hyperämisch aus.

Diese langsam und lange an der Oberfläche sich weiterbildende
Form zeigte histologisch in den Fällen F.'s, die typischen Formen des
Carcinoma simplex.

---

[1] D. Kehlkopfkrebs, seine Diagnose u. Behandl. Deutsch med. Wochenschrift 89.
[2] Internation. Centralblatt f. Laryngologie. V.

Beide Formen, die polypoide wie die diffuse, kommen[1]) auch auf den Taschenbändern und den aryepiglottischen Falten vor, so weit diese vom Cylinderepithel bekleidet sind; jedoch fand F. die Anschwellung hier niemals kreidig weiss, sondern rot gefärbt, zuweilen stärker gerötet als die Umgebung.

Entsteht der Krebs in dem Morgagnischen Ventrikel, so bleibt die Neubildung von normaler oder nur wenig geröteter Schleimhaut bedeckt und giebt sich zunächst nur dadurch kund, dass sie diese vor sich herschiebt und auftreibt; so entsteht das Carcinoma ventriculare. FRÄNKEL hält es für wahrscheinlich, dass die so entstehenden Carcinome häufig von den dort befindlichen zahlreichen Drüsen ausgehen und fand in der That bei einem derartigen Fall mikroskopisch ein ausgesprochenes Drüsencarcinom.

Diesen vier Formen reiht nun M. SCHMIDT[2]) als fünfte an das sich in der Tiefe entwickelnde Carcinom. Charakterisisch für dieses ist, dass es lange in der Tiefe bleiben kann, ohne deutliche laryngoskopische Erscheinungen oder subjektive Symptome zu machen, und dass es sich nur gelegentlich an der Oberfläche und dann durch die Bildung von Papillomen, spitzen Kondylomen verrät, die durch die reizende Wirkung des Krebses wie von einem Fremdkörper her entstehen. Diese Formen neigen zu frühzeitiger Beteiligung des Perichondriums und enden vielfach mit den grössten Zerstörungen. Die erste Andeutung, mit der dann das Carcinom selber auftaucht, besteht in einem weissgelben, stecknadelkopfgrossen Köpfchen, das unter den Papillomen leicht übersehen werden kann. Diesem Beginn folgt dann, und zwar sehr schnell, die Bildung grösserer Knoten. Alsdann kann das Bild der Perichondritis in den Vordergrund treten und längere Zeit die Scene beherrschen, bis dann im Verlauf der weiteren Wucherungen der Krebsknoten mit dem folgenden ulcerativen Zerfall je nach der Hauptrichtung der Zerstörung der unheimliche Prozess sich weiter auf die benachbarten Organe ausbreitet.

Im allgemeinen glaubt B. FRÄNKEL annehmen zu dürfen, dass das Wachstum des Stimmbandcarcinoms sich dem Pflasterepithel entsprechend weiter entwickele, auf welchem es ja entstanden ist.

So entstehen durch Übergreifen auf das zweite Stimmband längs der vorderen Kommissur oder über das Pflasterepithel hinweg die cirkulären Formen. Werden die Taschenbänder mit ergriffen, so bilden sie erbsengrosse Knoten. Auf den aryepiglottischen Falten, auf dem Kehldeckel und auf den Taschenbändern entstehen meist Blumenkohlgewächse. Der

[1]) B. FRÄNKEL l. c.
[2]) l. c. S. 523.

Ulceration, die meist viel weiter in die Tiefe treibt, als man nach dem laryngoskopischen Bilde vermuten sollte, folgt alsdann die Durchwucherung aller Nachbargewebe, Nekrose der Knorpel und Gangrän der Oberfläche. Der Knorpel wird entweder direkt ergriffen, wobei ausgelöste Partikeln expektoriert werden können oder durch Vermittelung der Perichondritis. Der Tod erfolgt schliesslich durch Asphyxie; nach der Tracheotomie durch Verstopfung des Kanülenendes, durch erneute tiefere Wucherungen, an Aspirationspneumonie oder an Carcinomkachexie, wenn nicht mediastinale Eiterungen, Blutungen nach Arrosion grosser Gefässstämme oder andere Komplikationen die traurige Scene beenden.

Auch ohne dass die Tracheotomie gemacht wurde, können die Krebsmassen äusserlich fühlbar und sogar sichtbar werden, nämlich wenn der Schildknorpel durchwachsen ist und das Carcinom nach der Haut zu zerfällt.

Sitzt das Carcinom noch tiefer, in der Trachea selber, so kann schon früher der Tumor im Jugulum wahrnehmbar werden, wie in einem Falle GERHARDT's. Im Stadium der Ulceration können in all diesen Fällen kleinere Krebsteile expektoriert werden. Alsdann wird die mikroskopische Untersuchung des Auswurfes die etwa noch bestehenden diagnostischen Zweifel lösen. Ein Unikum ist ein von M. SCHMIDT[1]) beschriebener Fall. Eine ältere Dame mit beträchtlicher Trachealstenose hustete eine haselnussgrosse Geschwulst aus, deren histologische Untersuchung Krebs ergab. Das wiederholte sich öfter, wiewohl die Kranke sich seit zwei Jahren wohl befindet.

Verlauf, Symptomatologie und Diagnose.

Gewisse Verschiedenheiten im Verlauf und in den Krankheitserscheinungen werden zur Genüge aus den histologischen Eigentümlichkeiten und den Besonderheiten des Sitzes verständlich. Die Ausdehnung der Neubildungen und die dadurch allein von ihnen bewirkte Verlegung der Höhlen, innerhalb deren sie prominieren, werden begreiflicherweise in der Luftröhre und im Kehlkopfe eher zu lebensbedrohender Unterbrechung der Respiration führen, als in den obersten Abschnitten der Atemwege. Dafür ist bei den malignen Neubildungen des Nasenrachenraumes, in der Nasenhöhle und ihren Nebenhöhlen wieder die Nachbarschaft der Schädelhöhle und der Orbita gefahrdrohend, während im Mundrachenraum und im Kehlkopfteil des Rachens sitzende Geschwülste wieder durch Beeinträchtigung der Ernährung lebensabkürzend wirken und den Eintritt der Kachexie beschleunigen. Die Ätiologie ist

[1]) l. c. S. 525.

ebenso dunkel wie die der malignen Neubildungen überhaupt; all die
Beziehungen zu örtlichen Reizungen, hereditären Momenten, und beim
Sarkom der für einen Teil der Fälle angesprochene Zusammenhang
mit Syphilis, sind in ihrem Werte recht zweifelhaft.

Soviel ist indes sicher, dass beim Carcinom das reifere und höhere
Alter eine Rolle spielt, während Sarkom auch Kinder, jüngere oder in
der Vollkraft stehende Individuen befällt.

Im ganzen sind die malignen Neubildungen der Nasen- und Rachenhöhle, so weit sie neben der Spiegeluntersuchung auch der Palpation
zugänglich sind, weit weniger Gegenstand von Fehldiagnosen, als diejenigen des Kehlkopfes, sofern nicht auch dort Komplikationen mit gutartigen Bildungen, z. B. mit begleitenden ödematösen Fibromen, den
eigentlichen Heerd verstecken. Allerdings bedingt dort wieder die anscheinend grössere Harmlosigkeit der subjektiven Erscheinungen, dass
erst überwiegend vorgerücktere Stadien zur Behandlung kommen. Sind nur
die einfachen Erscheinungen einer einseitigen Nasenhöhlen- oder einer noch
partiellen Nasenrachenverlegung, geringere Schluckbeschwerden, nur gelegentliche Hustenparoxysmen und geringere, bald wieder vorübergehende
Neuralgieen vorhanden, so werden die Erscheinungen eben leichter von
den Kranken in ihrer Bedeutung unterschätzt und vernachlässigt, während andauernde Heiserkeit besonders höheren Grades und selbst
leichtere, aber andauernde laryngeale Atembeschwerden schon frühzeitig
zur Untersuchung führen. Noch eher ist das der Fall, wenn dauernde
spontane Schmerzen vorhanden sind, wenn sie sich beim Schlucken
steigern und in die Ohrgegend ausstrahlen.

Schech[1]) und ebenso Ziemssen[2]) hielten die stechenden Ohrenschmerzen für ein frühzeitiges und geradezu für die Carcinomdiagnose
verwertbares Symptom. Es wurde als Ausstrahlungserscheinung angesehen, hervorgerufen durch den Druck des Neoplasma auf Fasern des
N. laryngeus superior, die auf den N. auricularis vagi irradiiert wurden.
Indes wurde mit Recht der diagnostische Wert dieser Erscheinung später
in Abrede gestellt, da sie in der That bei den verschiedensten Erkrankungen in derselben Weise vorkommt. Ebenso ist auf die Beteiligung der
Lymphdrüsen differentielldiagnostisch nicht viel zu geben. Es giebt Sarkome
mit frühzeitigen Drüseninfiltrationen, während andererseits, z. B. bei dem
Carcinoma keratoides, die Lymphdrüsenerkrankung verhältnismässig spät
eintritt, ein Umstand übrigens, der gerade bei diesen Formen die Prognose
der frühzeitigen Operation relativ günstig gestaltet[3]). Die Drüseninfil-

[1]) D. Archiv f. klin. Medizin 1878.
[2]) Handbuch d. Krankheiten d. Respirationsapparates.
[3]) Hahn. Berl. klin. Wochenschrift. 1887.

tration bei Carcinom kann sogar ganz ausbleiben, es können nach B. FRÄNKEL Patienten am Kehlkopfkrebs sterben, ohne dass an der Leiche Drüsenschwellungen gefunden werden [1]).

In einem von BRUCK [2]) aus KRAUSE's Poliklinik publicierten Falle von Rundzellensarkom des Kehlkopfes war sogar eine Komplikation mit einem ausgebreiteten Sarkom der seitlichen Halsdrüsen vorhanden. Allerdings ist die Neigung zu sekundären sarkomatösen Lymphdrüsenerkrankungen im ganzen eine geringe, so dass BRUCK an die Möglichkeit denkt, der Kehlkopfheerd sei der sekundäre gewesen und entgegen dem Lymphstrom von den Cervikaldrüsen aus entstanden.

Um so wichtiger ist gerade für die malignen Neubildungen des Kehlkopfes, dass das Hauptgewicht auf die laryngoskopische Untersuchung der Frühformen gelegt wird, wenngleich sie in einem Teil der Fälle allerdings, wie wir sehen werden, nicht zu ganz zweifelfreien Ergebnissen zu führen vermag. Die Ergebnisse der oben erwähnten Sammelforschung, sowie die eigenen Beobachtungen SEMON's lehren [3]), dass bösartige Geschwülste im Kehlkopfe unter dem Bilde gutartiger Neubildungen auftreten können. Sie können im Beginn des Leidens Papillomen täuschend ähnlich sehen. Auch B. FRÄNKEL giebt zu, dass aus dem blossen Anblick in manchen Fällen kein diagnostisch ausreichender Schluss gezogen werden kann. Das Carcinoma keratoides kann glatt sein wie ein Fibrom und neben den gewöhnlichen Formen solitärer Entwickelung kommen auch solche von mehrfacher, ja von symmetrischer Entwicklung an beiden Stimmbändern vor. Die rein papillären Formen des Carcinoms sind allerdings meistens solitär und von härterer Konsistenz. Indessen entsteht eine neue Schwierigkeit dadurch, dass Carcinome sich aach aus Papillomen entwickeln können, mit anderen Worten durch die Übergangsformen und Mischgeschwülste.

Endlich gehören diagnostisch hierher die bei der tiefliegenden Form zu stande kommenden Bilder. Bei diesen Gruppen kann auch die Probeexcision mit nachfolgender histologischer Untersuchung die Täuschung nicht heben. Bei den in Tumorform sich präsentierenden Frühformen von Stimmbandkrebs, der in Form einer halbkugeligen oder oblongen, öfter breitbasigen als gestielten Warze auftritt, ist neben der einseitigen Hyperämie und der auffallend starken Heiserkeit oder selbst Aphonie in hohem Grade verdachterregend die nach einiger Zeit sich herausstellende Schwerbeweglichkeit des betreffenden Stimmbandes. Dabei

---

[1]) Verhdl. d. Berl. med. Gesellschaft 1888.
[2]) Sarkom d. Kehlkopfes. Berl. klin. Wochenschrift. 1893. No. 37.
[3]) Intern. Centralblatt f. Laryngologie V., S. 198.

kann, ohne dass Infiltration und Schwellung noch sichtbar sind, in der Peripherie der Geschwulst eine unregelmässige, schmutzige, matte, verwaschene, ungleichmässig entwickelte Rötung auftreten.

Die Beweglichkeitsbeschränkung zeigt sich nun darin, dass die Bewegungen sich weniger prompt vollziehen, als auf der gesunden Seite. „Diese Schwerbeweglichkeit, welche ebenso wie die Rötung der Umgebung einen stetig, wenn auch langsam fortschreitenden Charakter trägt, möchte S. als das wichtigste Moment der Differentialdiagnose zwischen einer bösartigen Kehlkopfneubildung und einer gutartigen (der Pachydermia verrucosa VIRCHOW's) bezeichnen." Die Wahrscheinlichkeit eines Carcinoms wird um so grösser, je sicherer Syphilis, Tuberkulose, Lupus u. s. w. ausgeschlossen werden, während die anderen, für Carcinom sprechenden Momente, das Alter, excessive Heiserkeit u. s. w. zusammentreffen. Neben dieser Schwerbeweglichkeit, die nach B. FRÄNKEL nur bei den im hinteren Teile des Stimmbandes sitzenden Krebsen wahrnehmbar wird, ist, wie SEMON weiter ausführt, eine Tendenz zum weiteren Wachstum in der Richtung nach den betreffenden Giessbeckenknorpeln im stande, die Carcinomdiagnose zu stützen. Das ist nämlich eine Gegend, die von gutartigen Neubildungen frei zu bleiben pflegt.

Irrtümer bezüglich des Sitzes bei dem Kehlkopfkrebs können durch Überwucherung der Stimmbänder erzeugt werden. So beschrieb KRAUSE[1]) einen Fall, in dem auf diese Weise das Bild eines Kehlkopfcarcinoms vorgetäuscht wurde, während die Sektion den Kehlkopf unterhalb einer Knötcheninfiltration des Zungengrundes, die die Täuschung hervorgerufen hatte, intakt zeigte. In einem Falle SEMON's[2]) zeigte neben anderen Umständen, die für maligne Neubildungen sprachen, die Spiegeluntersuchung das linke Stimmband vollständig in papillomähnliche Massen eingebettet. Nur die freie Beweglichkeit war erhalten und blieb auffällig. Bei der Operation — es wurde die linke Kehlkopfhälfte von HAHN exstirpiert — stellte sich heraus, dass das linke Stimmband gar nicht in den Process einbezogen war, sondern von einer schmalen, mit blumenkohlähnlichem Auswuchse bedeckten Geschwulst überlagert war, die mit breitem, bandartigem Stiel aus dem linken Ventrikel hervorgewachsen war. Daraus erhellt die Bedeutung des von SEMON angegebenen Symptoms auch für die Diagnose des Sitzes. —

Bei dem Carcinoma ventriculare und bei dem diffusen Stimmbandcarcinom wird die Sondenuntersuchung manche wertvolle Anhaltspunkte bieten können, um das Carcinom von einfachen Schwellungen zu diffe-

---

[1]) Gesellschaft d. Charité-Ärzte. Bericht d. Berl. klin. Wochenschrift 91.
[2]) l. c. S. 204.

renzieren. In vielen Fällen, fast immer beim beginnenden Sarkom, wird eine probatorische Jodkalibehandlung an gezeigt sein, um bei noch zweifelhaft bleibender Diagnose die Syphilis sicher ausschliessen zu können. Dabei soll man aber auf vorübergehende geringe Volumsverminderungen nicht viel geben, da sie auch bei malignen Neubildungen unter Jodkaliwirkung hier und da beobachtet werden. In vorgeschrittenen Fällen mit Ulceration und Perichondritis ist, besonders wenn Kachexie eingetreten ist, nicht immer ohne weiteres eine Differentialdiagnose von Tuberkulose zu stellen, zumal, wie wir hervorgehoben haben, diese Erkrankungen auch schon gleichzeitig im Kehlkopfe beobachtet worden sind. Die Untersuchung der Lungen und des Sekretes auf Bacillen, beziehungsweise diejenige expektorierter Partikeln und Massen auf Carcinombestandteile wird im Verlauf der Beobachtung die Entscheidung bringen.

Bei den zweifelhaft bleibenden Frühformen hat zur Diagnose, wo irgend möglich, vor der Entscheidung über die Frage und den Modus einer Operation, die Probeexcision möglichst tiefer Teile der verdächtigen Neubildung behufs histologischer Untersuchung zu erfolgen. Freilich ist auch diese Methode nach den auseinandergesetzten Erscheinungsformen der Carcinomanfänge nur eine bedingt zu verwertende. Voll entscheidend ist sie nur, wenn bei verdächtigen Fällen die Untersuchung ein positives Resultat liefert. Wo nicht, wird eine wiederholte Probeexcision notwendig sein, wenn nicht die Beobachtung des klinischen Verlaufs durch das Laryngoskop jeden Zweifel klärt und dem Arzte die Gefahr längeren Wartens vergegenwärtigt.

Prognose und Therapie.

Die Prognose der malignen Neubildungen der oberen Luftwege muss im ganzen als eine schlechte bezeichnet werden. Dieses allgemeine Urteil kann nur wenig dadurch eingeschränkt werden, dass eine Reihe von Fällen, auch noch nach sehr eingreifenden, zur Entfernung der Neubildungen unternommenen Operationen, lange Zeit recidivfrei erhalten, einzelne vollkommen zur Heilung gebracht werden konnten. Durch verhältnismässig einfache, noch innerhalb der Höhle selbst ausgeführte Exstirpationen hat man wiederholentlich früh entdeckte, noch wenig ausgedehnte maligne Neubildungen ohne Drüseninfiltrationen beseitigen können, ohne dass Recidive eintraten, ein Umstand, der wiederum sehr eindringlich für die Wichtigkeit der Beobachtung und Behandlung der Frühform spricht und gleichzeitig beweist, dass die Besserung der Prognose von der frühzeitigen Erkennung und der chirurgischen Behandlung der malignen Neubildungen abhängig ist.

Derartige günstige Erfahrungen besitzen wir von den Sarkomen der Nasenhöhle, vom Carcinom der Tonsille[1]), ja es sind sogar Kehlkopfneubildungen bösartiger Natur endolaryngeal operiert worden. Schon die grosse Seltenheit dieser Fälle und der recidivfrei gebliebenen unter ihnen lässt uns indes kaum erwarten, dass die Umstände oft vereinigt sein werden, die ein solches Vorgehen berechtigt erscheinen und gelingen lassen werden. Und der Erste, der ein Larynxkankroid endolaryngeal zur Heilung brachte, B. Fränkel, mahnt mit Recht zu einer möglichst kritischen und vorsichtigen Auswahl der Fälle für dieses Vorgehen. Im allgemeinen ist an dem in der Chirurgie wohl allgemein bekannten Princip festzuhalten, dass wenigstens beim Carcinom nicht nur die Freilegung und Exstirpation des Primärheerdes, sondern auch die der nächst liegenden Drüsen zu ihrer genauen Besichtigung und eventuellen Exstirpation stattzufinden habe. Es ist nicht einzusehen, warum hier von einem Verfahren, das sich z. B. bei dem Carcinoma mammae so sehr bewährt hat, soweit es hier eben nachgeahmt werden kann, abgegangen werden soll.

Die vorgeschrittenen Tumoren der Nasenhöhle, so weit sie nicht durch Übergreifen auf die Schädelbasis und in die Orbita bereits inoperierbar geworden sind, werden immer umfangreichere, zum Teil hochgradig verstümmelnde Operationen zur Entfernung alles Krankhaften erfordern müssen, neben der Resektion der Nasenhöhlengebilde selbst. Also bei Beteiligung der Kieferhöhle oder beim Ursprung der Bildung von dieser die Resektion der betreffenden Oberkieferhälften, Eingriffe, an die sich dann die plastischen Deckungs- und Ersatzversuche der entstandenen Lücken und Defekte anzuschliessen haben.

Die Prognose der Operation der Rachenkrebse, die früher für gänzlich inoperierbar gehalten wurden, würde, seitdem wir in der Pharyngotomia subhyoidea mit vorgängiger Tracheotomie einen Weg besitzen, ihnen in relativ gefahrloser Weise näher zu kommen, sich um so eher bessern, wenn mit der Vervollkommnung der Methoden auch eine richtige Auswahl der zu operierenden Fälle Hand in Hand ginge. Es wäre wünschenswert, dass wenigstens weitgreifende Erkrankungen den Exstirpationsversuchen nicht unterworfen würden.

Die präliminare Tracheotomie wurde auch in dem bekannt gewordenen Falle Laquer's ausgeführt, und zwar drei Tage vor der eigentlichen Operation, der Pharyngotomia subhyoidea.

Der betreffende Patient blieb recidivfrei und starb 9 Monate später an Phtisis.

[1]) l. c.

Bei den malignen Tonsillartumoren ist von der buccalen Exstirpation abzuraten, wenn die Wucherungen in die Nachbarschaft vorgedrungen sind. Julius Wolff konnte in seinem Falle nach der Exstirpation vom Munde aus ein 1½ Jahre dauerndes freies Intervall beobachten; ein ebenfalls vom Munde aus operierter Fall Körte's blieb nach der Exstirpation einiger Drüsenrecidive vier Jahre recidivfrei. Genügt der Zugang vom Munde aus nicht mehr, so kommt wiederum die Pharyngotomie mit oder ohne temporäre Durchsägung des Unterkiefers in Frage. Dabei wird wohl meistens die Tracheotomie mit Einlegung der Hahn'schen Press-schwammkanüle vorangehen müssen, um mit Sicherheit das Eindringen von zersetztem Material, Blut und Sekret in die Bronchien und Lungen zu verhüten. Zur Nachbehandlung wird die Schlundsonde von der Wunde aus belassen und die Höhle mit Jodoformgaze gefüllt.

Dieselbe Operation kann auch noch bei Tumoren des introitus laryngis und des Kehldeckels ausreichen.

Eine interessante, aber scheinbar wenig gebrauchte extralaryngeale Methode zur Geschwulstoperation ist die 1851 durch Schuppart[1] publicierte Roser'sche Methode der Laryngotomia subepiglottica. Langenbuch hat sie später unabhängig wieder erdacht und ausgeführt. Einem transversalen Hautschnitt mit Ablösung der Muskeln vom Zungenbein folgt die Querabtrennung der Membranea hyothyreoidea hart am oberen Schildknorpelrande, Spaltung des in der Incisura thyreoidea superior gelegenen ligamentösen Dreiecks und Querdurchtrennung der Epiglottiswurzel. Alsdann wird der Larynx mit Häkchen nach unten und vorn gezogen, und nach der Entfernung des Gebildes lässt man ihn zurückschnappen. Die Heilung erfolgt schnell.

Von den zum Zweck der Entfernung unternommenen Operationen wollen wir, der Schüler'schen Statistik[2] folgend, berichten über die Resultate der Laryngotomie mit nachfolgender Exstirpation, über die partielle Kehlkopfresektion und über die totale Entfernung des Kehlkopfes.

Die einfache Tracheotomie ist als operativer Behandlungsversuch nicht anzusehen, sondern nur als ein Palliativum gegen die drohende Asphyxie. Sie kann daher mit den anderen Methoden nicht in Vergleich gestellt werden. Pneumonie und Marasmus[3] folgen ihr meistens, ausser den oben von uns schon erwähnten zufälligen Komplikationen. Die Laryngotomie behufs Exstirpation des Carcinoms aus dem Inneren ist

[1] De operat. in canali respir. instituendis et de novo quodam eius operandi methodo 1851. Diss. inaug. Marburg. Citiert bei Langenbuch, Berl. klin. Wochenschrift 1880.
[2] Schüler. D. Kehlkopfkrebs u. seine Behandlung. Deutsch. med. Wochenschrift 1880.
[3] Schüler l. c.

nur in 70 Prozent der 125 seit dem Jahre 1880 publicierten, von Sen. zusammengestellten Fälle ausgeführt worden, also 9 Mal. Von diesen starben drei innerhalb der ersten 14 Tage, in drei Fällen traten Recidive ein, und zwar nach 3, 10 und 13 Monaten. Von den übrigen Fällen konnte nur einer als geheilt angesehen werden.

Die partielle Kehlkopfexstirpation ist 23 Mal (in 18% der Fälle) ausgeführt worden. Sie erzielte als Endresultat 56 Prozent Heilung, von denen jedoch 35 zu früh veröffentlichter abgezogen werden müssen. Angesichts der funktionellen Ergebnisse wird erwähnt, dass in den fünf dauernd geheilten Fällen eine zwar heisere, aber deutlich vernehmbare Stimme erzielt wurde.

In 54 Procent der Fälle (68 Mal) wurde die totale Exstirpation gemacht. Dabei traten 26 Procent Todesfälle durch die Operation, 7 Procent durch die Nachbehandlung ein. Von den 32 Procent „Heilung" müssen aus demselben Grunde wie oben 19 Procent abgezogen werden.

Es zeigt sich danach, dass bei der Totalexstirpation die unmittelbare Gefahr der Operation eine bedeutend grössere ist, als bei der partiellen Resektion, dass hinsichtlich der Sicherheit vor Recidiven die partielle Entfernung günstigere Chancen gewährt, als die totale, und endlich dass die Zahl der geheilten Patienten dabei eine viel grössere ist, als bei der totalen Larynxexstirpation.

Welche der Operationsmethoden in Anwendung gebracht wird, hängt natürlich von der Ausdehnung der Neubildungen ab und kann manchmal erst mit Sicherheit während der Operation selbst bestimmt werden. JULIUS WOLFF[1]) hat neuerdings die Fälle günstigen Ausgangs und längerer Recidivfreiheit nach Totalexstirpation des Kehlkopfes zusammengestellt und führt für diese Operation besonders diejenigen Fälle an, in denen die Kranken erst 4½ bis 6 Jahre p. o. an interkurrenten Krankheiten zu Grunde gegangen sind. Es folgen diejenigen, in denen das Recidiv erst nach 3 bis 4 Jahren auftrat. Er selbst konnte bei einem Falle 2½ Jahre p. o. örtliche Recidivfreiheit konstatieren. Allerdings waren Metastasen am Oberschenkel und in der rechten Lunge erfolgt, die die Todesursache gaben und von denen VIRCHOW[2]) annimmt, dass der Knoten in der Lunge eine Art Implantation von oben her gewesen sei, dass die Keime durch den Bronchus heruntergedrungen seien. So sehr diese Resultate anzuerkennen sind, so sehr ist auch hier zu wünschen, dass weiter verbreitete Karcinome nicht, wie das mehrfach geschehen ist, doch aussichtslosen Exstirpationsversuchen unterworfen wür-

---

[1]) Berl. klin. Wochenschrift 1894.
[2]) Daselbst S. 708.

den und dass auch hier eine sorgfältige Auswahl der Fälle für die Operation stattfinde.

' Was die Entwickelung der Technik für die Nachbehandlung anbelangt, so ist der Vorschlag BARDENHEUER's[1]), die Patienten nach der Kehlkopfexstirpation mit tiefliegendem Kopf und hochliegender Wunde zu lagern, nach den vorliegenden Erfahrungen sehr geeignet, die Gefahr der Aspirationspneumonie in der Nachbehandlungsperiode herabzumindern. J. WOLFF[2]) glaubt, dass die Operation bei herabhängendem Kopf und mit Verwendung seiner Kompressionsmethode ebenfalls den reaktionslosen Wundverlauf begünstige. In einigen Fällen sind, selbst nach anfänglich günstigem Verlauf, plötzlich Todesfälle durch Shok beobachtet, in anderen frühzeitige Herzlähmung nach wenigen Tagen, wobei eine kolossale Erhöhung der Pulsfrequenz — in einem Falle TOTT's 160—180 Schläge — voranging. Die Gründe dafür sind nicht aufgeklärt. Ich glaube, dass es sich dabei hauptsächlich, ähnlich wie es bei Operationen am Netz beobachtet wird, um reflektorische Störungen und Hemmungen der Herzthätigkeit durch die Reizung grosser Nervenstämme bei und nach der Operation handelt.

Die phonetischen Resultate sind auch im ganzen besser nach der partiellen Resektion, um so eher, wenn eine ganze Hälfte des Schildknorpels mit dem entsprechenden Stimmbande geschont werden kann und an der Stelle des exstirpierten eine prominierende riff- oder walzenförmige, narbige Masse eintritt. In solchen Fällen bekommt man eine recht deutliche, wenn auch dauernd rauhe und heisere Stimme zu hören.

Es hat sich aber die merkwürdige Erscheinung gezeigt, dass auch nach Totalexstirpation des Kehlkopfes eine Stimmbildung ohne künstliche Apparate eintreten kann.

In den Fällen, wo die Luftröhre durchgängig bleibt, kann man daran denken, dass zwei derartige strangförmige Narben als Pseudostimmbänder funktionieren und dem ja sonst vollkommen intakten Artikulationsapparat den Ton liefern. Immerhin würde es rätselhaft bleiben, welche Muskelkräfte die nötige Enge hervorrufen sollten.

Nun hat aber, wie STOERK[3]) erzählt, schon 1859 CZERMAK durch BRUECKE der Wiener Akademie der Wissenschaften die Mitteilung gemacht, dass bei einem seiner Patienten, dessen Stimmritze durch Verlötung der Stimmbänder vollkommen unzugänglich geworden war, eine

---

[1]) Archiv f. klin. Chirurgie 1891. Vorschläge zur Kehlkopfexstirpation.
[2]) Über einen Fall von totaler Kehlkopfexstirpation. Verhandl. d. Berl. med. Gesellschaft 1892.
[3]) Klinik d. Kehlkopfkrankh. S. 516.

auf geringe Entfernung vernehmliche Sprache durch Verdickung und
Verdünnung der im Mundrachenraum befindlichen Luft erzeugt wurde.
STOERK beobachtete dann eine Kranke, die sich in selbstmörderischer Absicht die Luftröhre wiederholt aufgeschnitten hatte und bei dieser Gelegenheit einmal genau die Höhe der wahren Stimmbänder getroffen
hatte. Diese waren verlötet und die Atmung war nur durch eine unter
der Glottis eingesetzte Kanüle ermöglicht. Trotzdem sprach die Kranke
fast ganz unbehindert. Die Sektion ergab, dass auch nicht die kleinste
Lücke vorhanden war. Neuerdings hat H. SCHMIDT[1]) in einem Falle
nach Totalexstirpation mit vollkommen nach oben abgeschlossenem, auch
gegen den Pharynx verschlossenem Trachealstumpf, bei dem auch nur
durch die Kanüle geatmet werden konnte, eine ähnliche Beobachtung
gemacht und hat daraufhin den Vorschlag begründet, immer die Wunde
nach dem Pharynx fest abzuschliessen, um so der Hauptgefahr, der Zersetzung des Wundsekretes infolge dieser Kommunikation, zu begegnen,
ein Vorschlag, dem sich auch POPPART[2]) anschliesst. Allerdings ist das
nur ausführbar, wenn die grösseren Teile der Schleimhautwand des
Schlundes entfernt werden müssen.

In vielen Fällen wird man so gänzlich ohne Apparat auskommen
können, wo nicht, kann die zur Anlegung des Apparates notwendige
Öffnung nach dem Rachen auch noch nachträglich eingelegt werden.

Was die phonetischen Resultate ohne Sprechapparat anbelangt, so
ist vielleicht in allen diesen Fällen, wie B. FRÄNKEL annimmt, der Vorgang der, dass inspiratorisch Luft in den Ösophagus gebracht wird.

Vielfach wird von der zuerst von CZERNY[3]) angegebenen, später
mehrfach modifizierten Vorrichtung eines künstlichen Kehlkopfes Gebrauch gemacht, um den Luftstrom des Kehlkopflosen zum Tönen zu
bringen. J. WOLFF[4]) hat durch Verbesserungen die Mängel der von
GUSSENBAUER und von v. BRUNS konstruierten Apparate beseitigt, und
zwar so, dass auch die Höhe des durch den Apparat erzeugten Tones
reguliert werden kann. Sein Apparat ermöglicht ein mehr oder weniger
starkes Abheben der schräg zu stellenden Zunge durch die Stärke des
Exspirationsstromes und damit ein Aushalten des abgeschlossenen Tones.

Inoperable Fälle können einem Versuch mit der elektrolytischen
Behandlung unterworfen und gleichzeitig mit innerlichen Gaben von
Arsenik, und zwar mit der FOWLER'schen Lösung behandelt werden. Die

[1]) Verhdl. d. Berl. med. Gesellschaft Juni 1893 und Archiv f. klin. Chirurgie, Bd. 38.
[2]) Zur Frage d. totalen Kehlkopfexstirpation. Deutsche med. Wochenschr. 1893, No. 35.
[3]) Wiener med. Wochenschrift 1870.
[4]) Über d. künstl. Kehlkopf u. die Pseudostimme. Berl. klin. Wochenschr. 1893.

nötigen Einzelheiten darüber sind von uns schon angegeben worden. Die über die elektrolytische Methode berichteten Ergebnisse sind bisher sehr widerspruchsvoll und das vorhandene Material noch zu wenig ausgiebig, um ein einigermaassen abschliessendes Urteil zu gestatten. Dagegen sind von der Arsenmedikation wiederholt günstige Erfolge bei Sarkomen, auch beim Lymphosarkom und beim Melanosarkom berichtet worden, so dass in derartigen Fällen zu einer Kombination der internen mit der subkutanen Anwendung dieses Mittels geraten werden kann. Ist auch dieser Versuch nicht durchführbar oder erweist er sich als erfolglos, so tritt die Frage an uns heran, ob wir eine Erleichterung durch Ausräumung der wuchernden Massen, wo sie erreichbar sind, mit dem scharfen Löffel mit nachfolgender Thermokauterisation wagen wollen, in der Erinnerung daran, dass die temporären Erfolge solcher Versuche an anderen Körperstellen gerühmt werden. Ich habe in der Nasenhöhle in einigen Fällen wohl einige Monate lang dauernde, so erhebliche Erleichterungen der Obstruktion und der Neuralgieen gesehen, dass ich mich gelegentlich wieder dazu entschliessen würde. Die ebenfalls empfohlene Anwendung des Kauters statt des Messers in inoperablen Fällen möchte ich sehr widerraten. — Im übrigen ist man auf die medikamentöse Palliativbehandlung beschränkt, die von derjenigen in den letzten Stadien anderer destruierender Erkrankungen nicht abweicht und in dem Abschnitt über Tuberkulose ausführlich dargelegt worden ist. Die Anwendung der Schlundsonde zur künstlichen Ernährung ist nicht immer zu umgehen. Ist die Respiration ernstlich durch die Wucherungen behindert, so schafft die Tracheotomie eine meist allerdings nur kurz dauernde Frist. An Stelle der übrigen biegsamen Metallkanülen empfiehlt M. Schmidt für solche Fälle weiche Kanülen von rotem Gummi zu nehmen, die mit einem Faden am Halse befestigt werden.

Achtes Kapitel.

Nervenkrankheiten.

Anomalieen der Geruchsempfindung.

Wenngleich wir bei verschiedenen Gelegenheiten der Herabsetzung
sowie des vorübergehenden oder dauernden Verlustes der Geruchsempfindung in der Symptomatologie der Nasen- und Nasenrachenkrank-
heiten gedacht haben, so ist an dieser Stelle eine kurze Besprechung der
Anomalieen der Geruchsempfindung im Zusammenhange nicht zu umgehen. Wenn es auch neueren Untersuchungen nicht gelungen ist, die
über dem „Stiefkind der Sinne" waltenden Schwierigkeiten der Auffassung
zu heben und die Unklarheit der Erscheinungen zu lichten, so ist durch
sie doch die Betrachtung nach manchen Richtungen hin bereichert und
selbst bis zu dem Versuch einer diagnostischen Verwertung gesteigert
worden.

Bei normalem Riechapparat sind, wie die qualitative und in gleicher
Weise die olfaktometrische[1]) Messung lehrt, die Schwankungen in dem
Umfang und der Stärke der Wahrnehmungen bei verschiedenen Personen
sehr grosse. Sie sind abhängig von dem Bau und der Entwickelung
des Organs, und vermutlich spielt die Grösse der mit Riechepithel aus-
gestatteten Fläche dabei eine Rolle. Sie ist aber auch bei ein und demselben Individuum zu verschiedenen Zeiten verschieden. Dabei wirken
die Gefässfüllungen der Mukosa innerhalb des respiratorischen Teils der
Nasenhöhlen, der momentane Reizzustand des Riechepithels und nicht
zum wenigsten die Pflege und Übung des Geruchssinnes als bedeutsame
und in der verschiedensten Weise einander beeinflussende Faktoren zusammen. Bekannt ist die Steigerung des Riechvermögens bei Frauen

[1]) Die Bestimmung der Geruchsschärfe. ZWAARDEMAKER. Berl. klinische Wochenschrift 88 S. 950.

zur Zeit der Menstruation oder in den anderen kritischen Perioden, in der Schwangerschaft und in der Zeit des Klimakteriums.

Wieviel der Verlust des Geruchs psychopathisch bedeutet, wissen wir wenigstens klinisch rein nicht anzugeben. Es lässt sich zur Erklärung der öfters beobachteten Gemütsdepression bei erworbener Anosmie wohl immer ebensowohl die den Geruchsverlust hervorrufende oder begleitende centrale oder periphere Erkrankung verantwortlich machen. Um so sicherer ist die sociale Bedeutung des Verlustes im einzelnen für die betroffenen Personen, wenn sie in ihrem Beruf auf den Gebrauch dieses Sinnes angewiesen waren.

Der Mangel des Geruchssinnes kann angeboren oder erworben sein, er kann einen völligen oder nur teilweisen Ausfall der Funktion mit sich bringen.

Ausser dem gänzlichen oder teilweisen Ausfall kennen wir Zustände von beträchtlich und allgemein herabgesetztem und andererseits von gesteigertem Geruchsvermögen. In dem ersten Fall müssen gegen das frühere oder normale Maass beträchtlich grössere Mengen riechbarer Stoffe dem Riechapparat zugeführt werden, um eine Geruchswahrnehmung auszulösen. (Hyposmia; Hypaesthesia olfactoria). In dem anderen wird eine solche schon bei erheblich gegen das frühere Maass verringerten Mengen hervorgerufen. (Hyperosmia; Hyperaesthesia olfactoria.).

Ferner können pathologisch Geruchswahrnehmungen entstehen, ohne dass riechbare Stoffe zugeführt werden, dann sprechen wir von Hallucinationen des Geruchssinnes, oder es werden riechbare Stoffe wahrgenommen, aber falsch empfunden und gedeutet. Diese Sinnestäuschungen sind die Illusionen des Geruchssinnes.

Im hohen Grade schwankt nun Art und Grad der Veränderungen in der Färbung der Gefühle, welche durch diese verschiedenen Störungen der Geruchssinneswahrnehmungen erzeugt werden können. Wahrnehmungen, die im allgemeinen als angenehme empfunden werden, können stets oder vorübergehend bei einem bestimmten Individuum Unlustgefühle erzeugen, die bis zum äussersten Ekel mit Erbrechen gesteigert sein können. Umgekehrt kommt es vor, dass allgemein als üble Gerüche bekannte Geruchswahrnehmungen in einem bestimmten Falle positive Gefühlstöne hervorrufen.

Intrakaniell bedingte Geruchswahrnehmungen.

Nach den bisher vorliegenden Beobachtungen scheint das Riechcentrum in der Gegend des Gyrus uncinatus gelegen zu sein. Soviel ist jedenfalls sicher, dass Erkrankungen in diesem Bezirk des Central-

organs einseitige Anosmieen auf derselben Seite oder doppelseitige, also
mit vollkommenem Verlust des Geruchs verbundene Anosmieen erzeugen.
Ebenso wirken Alterationen, angeborene oder erworbene Defekte des
tractus olfactorius und Leitungsunterbrechung und Hemmung der Nervenstämme der Olfactorius. In all diesen Fällen gehen der vollkommenen
Aufhebung des Geruchsvermögens mehr oder minder deutliche Paros-
mieen meist hallucinatorischer Art voran, in anderen Fällen bleiben sie
nach dem Erlöschen der Geruchswahrnehmung lange Zeit bestehen. Der
erste Fall angeborener Anosmie, der durch die Sektion auf Defekt der
Olfactorii zurückgeführt werden konnte, stammt aus dem Jahre 1600
(Rudius[1]). Althaus, der Neuritis olfactoria für nicht so selten hält, fand
in einem Falle 6 Wochen lang subjektive Geruchsempfindungen andauern[2].
Während dieser Zeit ging der entzündlich geschwellte Riechnervenstamm
in degenerative Schrumpfung über. Sind die intrakraniellen Teile des
Riechapparates durch Tumoren in ihren eignen oder den benannten Bezirken oder durch sonstige Hirnleiden erhöhtem Druck ausgesetzt, so
kommen ebenfalls Ausfallserscheinungen zu stande und zwar nach Reiz-
symptomen oder gepaart mit solchen. Die die Druckvermehrung bedingenden Heerde können unter Umständen ziemlich weit entfernt liegen.
So fand sich in einem Falle Quincke's[3] eine Kleinhirncyste, die durch
Abplattung des tractus olfactorius Anosmie bewirkt hatte. Es ist also
der Ausfall der Funktion als Heerdsymptom nur mit Vorsicht zu verwerten und muss jedenfalls stets durch weitere, besonders ophtal-
mologische Untersuchung ergänzt werden. Dass Geruchshallucinationen
gelegentlich sogar anderen Heerderscheinungen vorangehen können, beweist ein Fall Sander's[4], in dem epileptiforme Anfälle von schrecklichen,
während des Anfalles andauernden subjektiven Geruchsempfindungen
begleitet waren. Erst später kamen Symptome eines Hirntumors dazu. Es war ein Gliom im vorderen Teil der linken Grosshirnhälfte,
das zu Zerstörungen des linken Tractus olfactorius geführt hatte. In
diese Kategorie gehören auch die senilen Atrophieen des bulbus und nervus olfactorius. Prevost[5] berichtet über vier Fälle, in denen Anosmie
und senile Degeneration des Bulbus olfactorius Hand in Hand gingen.
Mit Recht bemerkt Zwaardemaker, dass es noch der Feststellung des
Zustandes am Riechepithel bedarf, um mit Sicherheit diese Fälle zu den

[1] Citiert bei Landois Physiologie S. 949.
[2] Beobachtung über Neuritis u. Perineuritis einiger Gehirnnerven.
[3] Quincke. Korrespondenzblatt f. Schweizer Ärzte 1883. Anosmie bei Hirndruck.
[4] Archiv f. Psychiatrie Bd. IV Heft 5. Epileptiforme Anfälle mit subjektiver Geruchsempfindung.
[5] Citiert bei Zwaardemaker l. c. S. 26.

intrakrauiellen rechnen zu dürfen. Schliesslich sind hier noch zu nennen die bei schweren Traumen durch centrale Verletzung, Blutungen und Kontinuitätstrennung innerhalb der Nervenbahnen bis zu der lamina cribrosa, zustandekommenden Reiz- und Ausfallserscheinungen der Geruchsfunktion. Um Illusionen und Hallucinationen, viel seltener um Ausfall des Geruchsvermögens handelt es sich in manchen Fällen von Hysterie und Neurasthenie. Bei dem weiblichen Geschlecht kommen derartige Störungen meist im Anschluss an die Vorgänge des Geschlechtslebens, die Menstruation, die Gravidität und das Klimakterium, aber auch im Anschluss an Operationen zur Beobachtung. Gottschalk[1]) beobachtete in einem Fall nach operativer Entfernung beider Eierstöcke vollständigen Wegfall eines bis dahin gut ausgebildeten Geruchsvermögens. Nach 6 Monaten besserte sich der Zustand.

Die eben angedeuteten Geruchssinnesstörungen haben, mögen sie nun im Riechcentrum, in den Olfactoriuswurzeln, innerhalb des Riechnervenstammes, oder aus irgend einer Ursache sonst entstehen, die eine Vermehrung des Hirndruckes bewirkt, das gemeinsam, dass sie innerhalb der Schädelhöhle entstehen. Eine kausale Behandlung ist danach wohl nur in den seltensten Fällen möglich. Etwa wenn ein Tumor, in vivo diagnosticiert, operativ entfernt oder als Gummigeschwulst erkannt, durch antisyphilitische Behandlung noch zur Rückbildung gebracht werden konnte. Von einer symptomatischen, etwa psychischen Behandlung schwererer dauernder Geruchshallucinationen ist, so weit ich weiss, bisher nichts bekannt geworden.

Peripher bedingte Geruchsstörungen.

Es giebt nun noch eine Reihe von Geruchsstörungen, die durch peripher gelegene oder daselbst zur Einwirkung gelangende Ursachen bedingt werden. Dabei kann es sich einmal um Störungen innerhalb des Riechepithelbezirkes handeln, sei es, dass direkte Reizungen sie auslösen, sei es, dass Zerstörungen oder fehlerhafte Bildungen daselbst Ausfallserscheinungen nach sich ziehen. (Essentielle Geruchssinnesstörungen). Das ist histologisch leicht verständlich, da ja die Grösse der riechenden Fläche einer der Faktoren ist, von der das Zustandekommen und die Intensität der Geruchsempfindung abhängt und unter den genannten Verhältnissen stets eine gänzliche oder teilweise Zerstörung, mithin eine gänzliche oder teilweise Reduktion des Flächenbezirkes veranlasst wird, über den die zu riechenden Substanzen hinwegstreichen sollen.

---

[1]) Deutsch. med. Wochenschrift 1891.

Es kann aber auch ohne derartige Erkrankungen oder Missbildungen zu Störungen der Geruchswahrnehmung kommen, wenn nämlich dem riechbaren Körper der Zugang verlegt oder erschwert wird. Diese Verlegungen können den Zugang von vorn her oder den Choanalweg betreffen. In beiden Fällen sind die Ursachen dauernd oder vorübergehend wirksam und führen entweder zu ein- oder doppelseitiger Geruchssinnesstörung. In diesem Falle werden die die Ernährungsaufnahme begleitenden — häufig als Geschmacksempfindungen bezeichneten — Geruchswahrnehmungen mehr oder weniger behindert oder aufgehoben. Die bei dem Genuss aromatischer Substanzen den Bissen oder Schluck charakterisierenden Duftwahrnehmungen sind vermindert oder verloren. In dem ersten Fall hingegen bedingt die Behinderung oder Aufhebung der nasalen Inspiration den Grund, weswegen die Geruchswahrnehmung aufgehoben wird. Die riechbaren Substanzen können nicht an den Endapparat gelangen, der die specifischen Reize entgegenzunehmen hat.

In diesen Fällen mechanischer Störungen handelt es sich meistens um Herabsetzung oder Aufhebung der Geruchsempfindung; Hyperosmieen dagegen sind nur seltene und ganz vorübergehende Erscheinungen, so weit sie nicht durch die Wahrnehmung von Produkten der Sekretzersetzung und -Stagnation hervorgerufen oder durch die gleichen Vorgänge an Fremdkörpern bedingt werden, die in die Nasen- oder Rachenhöhle gelangten.

Alle Ursachen, die den nasalen Inspirationsstrom hemmen, unterbrechen oder aufheben, führen zur Herabsetzung des Geruchsvermögens. (Hyposmia und Anosmia respiratoria[1]). Die zu äusserst gelegene Ursache ist der Verschluss der äusseren Nasenöffnung, durch welcherlei Vorgänge er auch bedingt gewesen sein mag. Hierher gehören nicht nur die partiellen und die totalen Atresieen eines oder beider Nasenöffnungen, sondern auch das Anklappen der Nasenflügel, von dessen verschiedenen Ursachen bereits die Rede war. Liegt eine Parese oder Paralyse des Gesichtsnerven zu Grunde, so wirkt die Erschwerung oder Aufhebung der Bewegung des Aufriechens auch herabsetzend oder aufhebend auf die Geruchsempfindung ein. Die sakkadierten kurzen Einatmungsbewegungen mit Spannung und Abhebung der Nasenflügel fallen dann eben aus.

Weiter dem Inspirationsweg folgend treffen wir auf die Verlegung der Bahn am Septum und an den vorderen Muschelenden, besonders an der mittleren. Also das ganze Heer der Verbiegungen und Verdickungen

---

[1] ZWAARDEMAKER. Anosmie. VOLKMANN'S Sammlung klin. Vorträge.

der Nasenscheidewand durch feste oder weiche Vorsprünge, die verschiedenen Formen der Rhinitis, die Vorbauchungen der Wände durch Tumoren und Empyeme, die Verlegung durch Fremdkörper, Steinbildungen und Sekrete. Ebenso wird mit der Inspirationsbahn die Geruchswahrnehmung aufgehoben, wenn umfangreiche Zerstörungen der äusseren Nasenwände vorhanden sind oder wenn pathologisch bedingte oder künstlich und operativ herbeigeführte Defekte die Konfiguration des Naseninnern so weit zerstört haben. Diese Beobachtungen hat man häufig sogar machen können, wenn grössere Tumoren exstirpiert worden sind, deren Gegenwart eine wenn auch unvollkommene Geruchsempfindung noch gestattete. Alsdann beklagen sich die Kranken nach der Entfernung der Gebilde nicht selten darüber, dass sie nun gar nicht mehr riechen könnten. Meist handelt es sich dann um beträchtliche Zerstörungen und Druckatrophieen der mittleren Muscheln und Exkavation der lateralen Nasenwand nach aussen, die zu abnormen Ausweitungen und zu ausgedehnten Austrocknungen im Naseninnern geführt haben. Ähnlich wirken grössere Defekte des Septums.

Die Ursachen der Verlegung von den Choanen her sind ebenfalls sehr mannigfache (Hyposmia, Dysosmia und Anosmia gustatoria).

Hier sind einmal zu nennen alle Tumoren der Hinternasengegend, sowie alle Processe, die zu Sekretablagerungen an dieser Stelle führen. Unter diesen Bedingungen kommt es besonders beim Vollschlucken ungemein oft zur Dysosmie, indem statt der erhofften angenehmen Empfindung eines Aromas von Speisen oder Getränken diejenige des stagnierenden Sekrets bei dessen Ortsveränderung durch den Schluckakt wahrgenommen wird. Solche Kranke werden oft allen möglichen Magenkuren unterworfen und haben auch selbst meist keine Ahnung von den Ursachen der veränderten „Geschmackswahrnehmung", unter der allerdings die Esslust und der Ernährungszustand in hohem Grade leiden kann. Ebenso sind diese peripheren Dysosmiceen, beziehentlich die ihnen zu Grunde liegenden Processe eine häufige und noch gar nicht genug bekannte Ursache von Gemütsdepressionen, Karcinom- und Syphilisfurcht und dergleichen.

Die Annahme einer essentiellen Geruchsinnstörung ist nur dann zu machen, wenn die erwähnten anderen Formen mit Sicherheit ausgeschlossen sind. Im übrigen muss aber darauf hingewiesen werden, dass Erkrankungen des Riechepithels auch mit den respiratorischen Geruchsinnesstörungen verbunden sein können. Alsdann ist eine Entscheidung nur zu treffen, wenn diese beseitigt werden konnte und trotzdem totaler Verlust, Herabsetzung oder sonstige Störungen des Geruchsvermögens bestehen bleiben.

Eine sehr gewöhnliche Form essentieller Hyp- oder Anosmie ist diejenige, welche durch den Strom der Nasendusche hervorgerufen werden kann, sei es, dass rein wässrige oder medikamentöse Lösungen, die bei diesem Zweck angewandt werden, die mechanische Zerstörung des Riechepithels herbeiführen. Diese Erwägung hat uns bei verschiedenen Gelegenheiten schon zu einer Warnung vor allzu eifrigen Verordnungen von Nasenirrigationen geführt. Glücklicherweise werden sie jetzt, von den Specialisten wenigstens, auf das richtige Maass zurückgeführt. Leider aber blühen sie umsomehr in den anderen ärztlichen, und am allermeisten in den Laienkreisen selbst. Da werden sie mit der gleichen Kritiklosigkeit und mit demselben Fleisse gegen alle mögliche Nasenleiden ins Treffen geführt, wie wir es früher mit den Lohbädern, jetzt bei den schablonenmässigen Wasserkuren und ähnlichen Biedermannsscherzen und Schäferspielen erleben.

Was der Wasserstrom der Nasendusche bewirkt, kann gelegentlich[1] auch durch Inhalation gasförmiger oder leichtverdampfender Substanzen, wie Äther oder durch Applikation von Ätzmitteln in irgend welcher Form bewirkt werden. An eine rein toxische Wirkung ist zu denken, wenn nach dem Gebrauch solcher Medikamente, die in der Nasen- und Rachenschleimhaut zur Ausscheidung gelangen, Hyper- oder Anosmie eintritt. Hierher gehört besonders das Jod in seinen verschiedenen in der Pharmacie verwandten Präparaten. In all solchen Fällen sind bald sehr lang dauernde Herabsetzungen und Aufhebungen des Geruchs mit späterer völliger oder teilweiser Besserung beobachtet worden, es sind aber auch Fälle von dauernder vollkommener Anosmie berichtet worden. Offenbar hängt die Entwickelung und Dauer der Zerstörungen von dem Umfang ab, in dem das Riechepithel zerstört worden war.

Vollkommene dauernde Anosmie habe ich in einem Falle von doppelseitigem chronischen Keilbeinhöhlenempyem beobachtet. Vorübergehende und teilweise Zerstörungen des Geruchsvermögens folgen lang bestehenden Nasennebenhöhleneiterungen sehr gewöhnlich, veranlasst durch die arrodierende irritierende Wirkung des flüssigen, wie des antrocknenden eitrigen Sekretes auf das zarte Riechepithel.

Es ist zu verstehen, dass nur einseitige Geruchsstörungen, selbst einseitige völlige Anosmieen der ärztlichen Wahrnehmung fast häufiger entgehen als den Kranken selbst, die gelegentlich den Mangel vollkommen richtig entdecken. Eine qualitative und olfaktometrische Untersuchung gehörte bisher noch zu den seltener in Anwendung kommenden Untersuchungsmethoden. Vielleicht ist, wie GRADENIGO meint, die funktionelle

---

[1] ZWAARDEMAKER l. c.

Untersuchung der Nase durch die Ausbildung der Inspektions- und Pal-
pationsmethoden und deren leicht und vollkommen zu Tage tretenden
Untersuchungsergebnisse so sehr in den Hintergrund gedrängt worden.
Wir können noch erwähnen, dass alle ulcerativen Vorgänge, die die
Gegend des Riechepithels betreffen, mit Sicherheit dieselben Zerstörungen
auslösen, und endlich, dass, einigen Beobachtungen zufolge, auch mit dem
Pigmentschwund daselbst ein Verlust des Geruchs verbunden zu sein scheint.

Als Beweis dafür werden gewöhnlich zwei Fälle angeführt. Der eine
betrifft eine auch von ZWAARDEMAKER citierte Beobachtung von einem
Neger, der von vollkommener Leukopathie befallen wurde und gleichzeitig allmählich Anosmie bekam. Der zweite betrifft[1]) einen von ALTHAUS
von einem englischen Staatsmann berichteten Fall, in dem ebenfalls Verlust
des Hautpigments und Hyposmie zusammen eintraten. Es würde sich
empfehlen, alle die freilich sehr seltenen Fälle von Albinismus acquisitus
nach dieser Richtung zn kontrollieren, neben der funktionellen aber auch
einer rhinoskopischen Kontrolle zu unterwerfen. In einem von mir beschriebenen Falle von Albinismus acquisitus mit Canities, der ein zwölf-
jähriges Mädchen betraf, bestanden adenoide Vegetationen mässigen
Grades, jedoch keine Anomalie des Geruchsvermögens und auch keine
sichtbare Veränderung der Nasenschleimhaut für die Inspektion.

Die Erkennung, die Prognose und auch die Therapie der geschilderten Störungen ergiebt sich nach diesen Darlegungen ohne weiteres.
Zu erwähnen wäre nur, dass bei den auf Hysterie beruhenden Störungen
des Geruchs ein Versuch mit der Anwendung eben fühlbarer faradischer
Ströme gerechtfertigt ist. Nach ZARNIKO[2]) ereignet sichs dabei, dass der
Geruch bei der ersten Sitzung, und manchmal für die Dauer, zur Norm
zurückkehren kann. Ich bekenne, dass meine Erfahrungen weniger glücklich waren. Verhältnismässig günstig ist die Prognose und das Resultat
einer elektrischen Behandlung in den oben erwähnten Fällen von Geruchsstörungen bei Hysterie. Indessen kann man da mit Recht fragen,
ob nicht die Behandlungsmethode nur durch die psychische Einwirkung
von Einfluss ist, die mit ihr verbunden ist. Mir gelang es in einigen
derartigen Fällen, die Aufhebung der Empfindungstäuschungen durch rein
suggestive Behandlung zu erzielen.

Störungen der Sensibilität.

Veränderungen der Sensibilität werden in den oberen Luftwegen
mit oder ohne nachweisbare Erkrankungen des Nervensystems beobachtet.

[1]) LANCET 1881, MACKENZIE, Bd. 2, p. 653.
[2] ZARNIKO l. c. S. 249.

Sie können für sich allein bestehen. Alsdann wirken sie in verschiedener Weise, je nachdem eine krankhafte Steigerung oder Verminderung der gewöhnlichen Sensibilität vorhanden ist. Ist sie ganz aufgehoben, so ist die pathologische Dignität dieser Erscheinungen eine verschiedene, abhängig von dem Sitz und der Ausbreitung der Anästhesie und der Bedeutung des mit dieser Erscheinung verbundenen Ausfalles physiologischer Reflexe. Ist sie erhöht, so bilden entweder Schmerzempfindungen verschiedener Art den Hauptgegenstand der Beschwerden, oder es werden die physiologischen Reflexe abnorm gesteigert, oder es kommt zu der Bildung pathologischer Reflexerscheinungen. Tritt nur Schmerzempfindung auf und äussert sich auch diese in Attacken oder in regelmässiger, dem Verlauf eines Nerven entsprechender Lokalisation, so sprechen wir von Neuralgie. Jedoch können auch Anästhesieen mit Schmerzempfindungen verknüpft sein. Untrennbar und ohne scharfe Grenzlinie führen die uns bekannten Verhältnisse der falschen und mangelhaften Lokalisation in den oberen Luftwegen, wie wir sie unter normalen Verhältnissen treffen, zu den Parästhesieen. Der Unterschied von den Hyperästhesieen liegt darin, dass hier die Störungen nicht in der Richtung der Intensität, sondern in der Qualität der Empfindungen liegen. Gleichzeitig werden sie nicht nur falsch lokalisiert, sondern auch oft in fremdartiger Weise gedeutet. Indessen haben wir schon in der Pathologie der entzündlichen Zustände gesehen, wie leicht hier vielfach kleinere und umschriebene Veränderungen übersehen werden können, während man mit der Annahme einer nervösen Parästhesie bald bei der Hand ist. Man wird also gut thun, hier von vornherein scharf zu scheiden zwischen den Steigerungen der Irritation, einer durch irgend eine pathologische Veränderung bedingten, oft falsch lokalisierten Sensation, und denjenigen Parästhesieen, für die sich eine örtliche oder in der Narbarschaft gelegene Lage nicht finden lässt. Zu der ersten Gruppe würden z. B. die Halsparästhesieen der Phtisiker zu rechnen sein.

Auch zwischen diesen beiden Hauptklassen giebt es eine Übergangs form, nämlich diejenige, bei der zwar eine örtliche Ursache vorhanden war und eine Sensation hervorrief; nach der Beseitigung der Ursachen bleibt diese aber unverändert bestehen. Durch diese Fortdauer wird die Sensation erst zur Parästhesie. Ein Beispiel für diese Form sind die Empfindungen nach der (spontanen oder instrumentellen) Entfernung von Fremdkörpern.

Die Störungen der Sensibilität können nun aber auch nur als Teilerscheinungen neben Sensibilitäts- und Motilitätsstörungen an anderen Orten oder neben solchen der Motilität an derselben Stelle gefunden werden. Sind palpable Ursachen da, so können sie entweder in den

Centralorganen oder aber in den peripheren Nerven sein, wie wir es
beispielsweise für die Gruppe der postdiphterischen Lähmungen gesehen
haben. Ebenso können beide Störungen, die der Sensibilität und der
Motilität bei akuten Entzündungen (Hypokinesen und Hyperästhesie)
oder bei anämisch-chlorotischen Zuständen (Hypokinesen und Hypästhesie)
gleichzeitig vorkommen. — Die centralen Erkrankungen, welche nach
irgend einer Richtung hin in den oberen Luftwegen einen Ausdruck
finden, werden noch besondere Erwähnung finden, weil, abgesehen von der
pathologischen und klinischen Würdigung, die betreffenden Erscheinungen
nicht selten eine hohe diagnostische Bedeutung gewinnen können.

Schon bei gesunden Personen ist die Empfindlichkeit der Schleimhaut in den oberen Luftwegen, zu verschiedenen Zeiten auf dieselbe
Weise untersucht, nicht die gleiche. Bei den meisten Menschen ist sie
nach der Nahrungsaufnahme erhöht; ferner ist ein Zusammenhang mit
der Darmfüllung bei sehr vielen Personen nachzuweisen, so dass bei
stärkeren Gefässfüllungen in der Schleimhaut der Luftwege auch die
Sensibilität erhöht ist. Im allgemeinen ist, wenigstens nach meinen Erfahrungen, die Sensibilität bei gesunden Frauen in der Rachen-, Nasen-
rachen- und Kehlkopfschleimhaut höher als bei gesunden Männern.
Auf der Nasenschleimhaut dagegen finde ich das umgekehrte Verhältnis. Ob es sich dabei um eine Verschiedenheit handelt, die durch
andauernde, dem männlichen Geschlecht vorzugsweise eigene, die Nasenschleimhaut betreffende Schädlichkeiten erworben ist, wage ich nicht zu
entscheiden. Bekannt ist, wenigstens allen den Laryngologen, die noch,
wie ich, ohne Kokain endolaryngeal operiert haben, der eigentümliche
scheinbare Umschwung in der Toleranz während der Einübungsdauer.
Durch Berührungen mit der Sonde oder Bougies im Rachen, auch
durch Berührung mit dem Spiegel oder Finger wird die Sensibilität
allmälig künstlich herabgesetzt, also eine künstliche Hypästhesie erzeugt.
Nun war das bei den meisten Patienten eine sehr mühevolle und
zeitraubende Aufgabe. Bei anderen wieder konnte man nach wenigen
vorbereitenden Sitzungen die Operationsreife erzielen. Aber bei beiden
Gruppen war gelegentlich mitten in den regelmässigen Übungssitzungen
eine intermittierende Vermehrung der Empfindlichkeit nicht so selten zu
konstatieren, ohne dass man in der Lage war, zu entscheiden, ob sie auf
nervöse oder auf mechanische Einflüsse zurückzuführen waren. Diese
Erwägungen lassen erkennen, dass bei dem Mangel eines Normalmaasses
für die Sensibilitätsverhältnisse und bei den grossen individuellen
Schwankungen die Annahme einer Hyper- oder Hypästhesie sehr subjektiver Natur ist. Dazu kommt noch, dass, wo sich diese Annahme

auf Erscheinungen bei der Spiegeluntersuchung stützt, die Fertigkeit
des Untersuchers in Rechnung gezogen werden muss. Jeder Anfänger
trifft auf eine überwältigende Anzahl von „Hyperästhesieen". Nimmt
seine Fertigkeit zu. so verringert sich diese Zahl recht bedeutend. Aber
nicht nur die technische Fertigkeit. auch der psychische Einfluss des
Untersuchers auf erregte und ängstliche Gemüter ist von erheblichem
Einfluss. Ein Beispiel für die Wichtigkeit dieses Faktors ist die Ausführung des Katheterismus der Eustachischen Röhre. Ich sehe in meinen
Übungskursen, dass da nicht selten von den untersuchenden Ärzten
Hyperästhesieen der Nasenschleimhaut als Hinderungsgrund angenommen
wird. während es sich nur um die Beeinflussung eines allgemein psychischen Erregungszustandes handelt, um den Eingriff glatt zur Ausführung
gelangen zu lassen.

Auszuschliessen sind von der Betrachtung der Hyperästhesieen, Hyper-
algesieen und Neuralgieen hier diejenigen, die entzündliche und destruierende Vorgänge in den oberen Luftwegen begleiten.

Pathogenese.

Für die Pathogenese der peripher bedingten Sensibilitätsstörungen
kommen zunächst zwei Gruppen von Krankheitsursachen in Betracht,
die peripheren traumatischen Lähmungen und die periphere Neuritis.

Die Sensibilitätsstörungen der ersten Klasse können, je nach den
betroffenen Nerven und dem Orte der Nervenverletzung, allein bestehen
oder mit anderen vasomotorischen, sekretorischen oder motorischen Störungen vergesellschaftet sein, und zwar auch so. dass die Sensibilitätsstörungen in klinischer Beziehung nur einen Nebenbefund bilden. Gelegentlich kann es sogar vorkommen, dass die zu erwartenden oder die
zunächst vorhandenen Sensibilitätsstörungen, wie auch sonst bei peripherer Neuritis sich zurückbilden oder doch wenigstens nur ganz geringe
Reste zurücklassen, indem bei einseitiger Verletzung die sensibeln Anasto-
mosen kompensierend eintreten.

Die peripher gelegenen Äste des Trigeminus werden beteiligt durch
Verletzungen, welche die Schädelbasis, die Orbitalwände oder irgend eine
der Stellen betrafen, durch welche seine Äste treten. Sind daher die
Nasaläste beteiligt, so sind durch den Ausfall der motorischen Wirkung
des III. Astes Lähmungen des Masseter, des Temporalis und der
Pterygoidei die Folge. Die Anästhesie betrifft neben der äusseren und
den Schleimhäuten der Konjunktiva, der Cornea, der Zunge und der
Wangen alsdann auch die Nasen- und einen Teil der Rachenschleimhaut, nämlich das Gebiet des Gaumens und den hinteren Zungenbezirk;.

der obere Teil des Rachens wird nebst der hinteren Velumfläche vom Glossopharyngeus versorgt. Im übrigen richtet sich die Ausbreitung und Lage der anästhetischen Zone nach dem Ort der Verletzung. Wir müssen uns erinnern, dass sich in die sensible Innervation der Nasenschleimhaut der nervus ethmoidalis vom nasociliaris des ersten Trigeminusastes, die infraobitales und sphenopalatini vom zweiten und endlich die oberen Alveolarnerven vom dritten gemischten Quintusast teilen.

Dass mit dem Ausfall der Sensibilität an der Nasenschleimhaut auch ein solcher der Drüsensekretion verbunden sei, ist noch nicht erwiesen. Zarniko[1]) hat mehrere Patienten F. Krause's untersucht, bei denen die Resektion des ganzen Nerven innerhalb der Schädelkapsel ausgeführt war, und hat keine Trockenheit und auch keine Atrophie der Schleimhaut konstatieren können.

Sind ausschliesslich Sensibilitätsstörungen vorhanden, so brauchen sie, wenn sie einseitig sind, gar keine Erscheinungen zu machen und werden übersehen. Wenn aber Reizungszustände im Trigeminus durch entzündliche Vorgänge an Knochenbezirken oder der Hirnbasis oder an den Kanalwandungen in der Peripherie oder bei Gegenwart von Neubildungen, Gummigeschwülsten, Hypophysistumoren, Aneurysmen der Karotis herbeigeführt werden, so sind zunächst neuralgische und hyperästhetische Zustände die Folge, denen erst später im Verlauf des Processes und der weiteren Druckwirkungen mit der allmäligen Leitungsunterbrechung zuerst die Hypästhesie und dann die Anästhesie folgt. Nach Oppenheim[2]) wird der erste Ast durch Tumoren, die sich in der Gegend der fissura orbitalis superior bilden, auch von der Hypophysis ausgehende, und durch Aneurysmen der Karotis interna, durch Orbitalgeschwülste, durch Thrombose des sinus cavernosus getroffen; der zweite und dritte Ast durch Geschwülste am Boden der mittleren Schädelgrube und in der fossa sphenopalatina.

Zu den verschiedenartigsten Kombinationen der Trigeminuslähmungen mit derjenigen anderer Hirnnerven führen meningeale und cerebrale Gummibildungen. In einem Fall Jaffe's imponierte eine Gummosität der Schädelbasis als eigentümlicher Pharynxtumor, der sogar zunächst für einen Abscess gehalten wurde. Es handelte sich um eine partielle Lähmung; Geruch und Geschmack waren intakt geblieben, dagegen war die Kaubewegung gestört und die Hautsensibilität erloschen. J. nahm an, dass durch diesen intrakraniellen, aber extracerebralen Process ein bestimmter Teil des Ganglion Gasseri, und der in dieses eintretenden

---

[1]) l. c. S. 245.

[2]) Lehrbuch der Nervenkrankheiten. S. 323.

Quintuslasern betroffen wurde. Wir haben ferner gesehen, dass Empyeme
der Nasennebenhöhlen, so der Kieferhöhle, der Siebbeinzellen und besonders
der Keilbeinhöhle eine besonders leicht der gewöhnlichen ärztlichen Beobachtung entgehende Ursache von schweren Trigeminusneuralgieen sein
können. Ebenso werden manchmal leichtere Sensibilitätsstörungen im
Trigeminusgebiet übersehen, wenn sie die rheumatische Facialislähmung
begleiten.

Eine ausschliesslich die Rachen- und Zungenschleimhautbezirke betreffende Hyp- oder Anästhesie würde bei peripherer Verletzung oder
neuritischer Affektion des Glossopharyngeus zu erwarten sein; doch wird
dieser Nerv nur mit anderen, bei meningealen oder die hinteren Schädel-
gruben berührenden Krankheitsprocessen ergriffen.

Auch der Vagus ist höchst selten von primärer Neuritis ergriffen
und dann immer gemeinsam mit anderen Nerven, nach OPPENHEIM[1] besonders bei der durch Alkoholismus bedingten Form der multiplen Neuritis. Derselbe Autor hat gezeigt, dass die bei der Tabes auftretenden
Vagussymptome, von denen wir noch ausführlich sprechen werden, zwar
meistens bulbären Ursprungs sind, aber auch auf einer Entartung des
Nerven selbst beruhen können. Ist der Laryngeus superior betroffen,
so tritt Hyp- beziehungsweise Anästhesie des Kehlkopfeinganges ein, mit
den Gefahren der Aspirationspneumonie durch die gleichzeitige Areflexie.
wie wir es schon bei der postdiphtheritischen Lähmung kennen gelernt
haben. Ungestört bleibt natürlich die Sensibilität, wenn, wie es z. B. bei
Halsoperationen gelegentlich vorkommt, der Vagus unterhalb des Ab-
ganges des Laryngeus superior verletzt oder durch den Druck eines
Tumors, Einbettungen in eine Bindegewebsschwarte und derlei Ursachen
komprimiert wird. Übrigens ist auch bei höher gelegenen, den Vagusstamm einer Seite betreffenden Insulten, durchaus nicht immer Anästhesie nachgewiesen worden, teils weil andere Symptome in den Vordergrund treten, teils weil zu der Zeit der Untersuchung bereits die
von uns hervorgehobene Möglichkeit des Ausgleiches Platz gegriffen
haben mag.

Sensibilitäts- und Motilitätslähmungen gleichzeitig entstehen auch
aus toxischen Ursachen. Hier finden wir peripher bedingte Lähmungen,
wie bei der Alkoholneuritis. Ferner ist es von der Bleivergiftung bekannt, dass sie ausnahmsweise auch Erscheinungen peripherer Neuritis
an den Hirnnerven und Lähmungssymptome des Vagus mit oder ohne
Sensibilitätsstörungen machen kann. Es kann aber die chronische Blei-
intoxikation auch vom Centrum aus diese und andere Heerderscheinungen

[1] l. c. S. 325.

hervorrufen. Bekannt ist, dass wir uns bei der Inhalationsnarkose mit
Chloroform und Äther der Anästhesie und Areflexie im Rachen und
Kehlkopf bald bedienen, bald je nach dem vorliegenden Zweck und durch
die Art der Dosierung und Darreichung erwehren müssen. Bevor das
Kokain bekannt war, versuchte man mit Opium, Belladonna und Morphium-
präparaten lokale Hypästhesie zu erreichen, ohne dass aber irgend etwas
davon den durch die Gewöhnung mittels Berührung erreichten Resultaten gleichkam.

Zu den vom Centrum aus wirkenden, gleichzeitig Gefühls- und
Bewegungslähmung oder Herabsetzung hervorrufenden Ursachen gehört die Kohlensäureintoxikation. Wir treffen sie in den letzten Stadien
des Lebens, in der Agonie, ebenso auch vorübergehend bei hochfiebernden, unbesinnlichen Kranken. Von den Anästhesieen der ersten Art
ist seit lange[2]) diejenige des asphyktischen Stadiums bei der Cholera
asiatica bekannt. Hypästhesieen und Subparesen finden sich überhaupt
bei allen Zuständen, die mit einer mangelhaften Ernährung des Central-
organs verbunden sind, so bei hochgradig anämischen Zuständen und oft
bei der Chlorose.

Als Teilerscheinung allgemeiner oder wenigstens ausgedehnterer
Aufhebungen und Herabsetzungen der Sensibilität treffen wir die Hyp-
und Anästhesie in den oberen Luftwegen bei einer ganzen Reihe von
Erkrankungen der Centralorgane. So bei der Bulbärparalyse, bei der
Epilepsie, wo sie während der Aura, im Anfall und selbst nach dem
Erlöschen desselben bestehen kann. Ferner ist die Syringomyelie zu
nennen. Bei diesem Process kann es durch Übergreifen auf die spinale
Trigeminuswurzel zu Anästhesie im Trigeminusgebiet kommen, wiewohl
gewiss die motorischen Störungen, die schlaffe Lähmung an den Extre-
mitätenmuskeln, die sekretorischen und vasomotorischen Störungen und
die Bewegungslähmungen vom vagoaccessorius diejenige der Sensibilität
an Bedeutung meist überragen. Eine seltene, nach GOTTSTEIN's Ansicht
in ihrer Ausdehnung noch nicht sichergestellte Begleiterscheinung der
Bewegungsstörungen ist die Pharynx- und Larynxanästhesie bei der Tabes
und diejenige bei der progressiven Muskelatrophie. Ferner[2]) sind nach
Apoplexie neben Motilitätsstörungen auch Anästhesieen der Kehlkopfschleimhaut beobachtet worden. Endlich ist ja Hyp- und Anästhesie
überhaupt eines der hervorragendsten Symptome der Hysterie, und so
finden sich auch nicht so selten Gefühlslähmungen und Herabsetzungen
in den oberen Luftwegen mit allen Merkmalen, die dieser Erkrankung

¹) ROMBERG. Lehrbuch der Nervenkrankheiten des Menschen. Berlin 1857 S. 273.
²) GOTTSTEIN l. c. S. 381.

zukommen. Sie zeichnen sich bekanntlich aus durch die scharfe Abgrenzung bei einseitigem Auftreten, durch ihr plötzliches Auftreten und Verschwinden, durch das Wechselverhältnis, in dem sie mit anderen hysterischen Erscheinungen zu stehen scheinen, und durch die gleichzeitig mit der Gefühlslähmung und -Herabsetzung zu Tage tretenden Störungen des Geruchs und Sehvermögens. Jene paart sich gewöhnlich mit der Hemianästhesie der Nasenschleimhaut, mit koncentrischer Einengung des Gesichtsfeldes oder anderen Sehstörungen. Gleichzeitig bestehen Areflexie oder wenigstens Herabsetzung der Reflexe, ebenso kann die Schmerzempfindung fehlen oder herabgesetzt sein.

Wir haben schon erwähnt, dass einer Reihe der Hyp- oder Anästhesieen Reizerscheinungen vorangehen, die sich meist als Hyperästhesieen und zwar als Neuralgieen, seltener als Parästhesieen dokumentieren. Anästhesie mit Hyperalgesie zusammen scheint eine seltene Kombination zu sein. Schnitzler fand bei einer Kranken Anästhesie des weichen Gaumens und der hinteren Rachenwand, die bis zum Kehlkopf und weit in die Luftröhre hinein ausgebreitet war, neben ausgeprägten Schmerzempfindungen in der Halsgegend (Anästhesia dolorosa).

Die gewöhnlichsten Ursachen der Hyperästhesieen in den oberen Luftwegen sind örtliche Erkrankungen: wir haben dieser Erscheinungen und der vielfachen Möglichkeiten der Täuschung durch falsche Lokalisation der symptomatischen Schmerzempfindungen aber bei den betreffenden Gelegenheiten zu oft gedacht, um hier dieser Erwähnung noch weiteres hinzufügen zu müssen. Schmerzpunkte an der Eintrittsstelle des Laryngeus superior bei laryngealer Parästhesie[1]) findet man nicht konstant. Was die eigentliche Neuralgie betrifft, so haben wir die des Trigeminus als symptomatische Erscheinung bei verschiedenen Ursachen schon kennen gelernt, so bei den Empyemen und den kariösen Processen der Wandungen der Nasen- und Nasennebenhöhlen sowie der Zähne. Mit der Annahme einer Trigeminusneuralgie auf Grund einer selbstständigen primären Neuritis oder Perineuritis auf infektiöser Basis muss man sehr vorsichtig sein. Jedenfalls kann diese Diagnose erst nach Ausschluss aller anderen Möglichkeiten und einer gewissen Beobachtungszeit in Frage kommen[2]).

Den Begriff einer Kehlkopfneuralgie aufzustellen für Schmerzen, die nicht typisch, dass heisst, anfallsweise und dem Verlauf eines Nerven in der Ausbreitung folgend, auftreten, halte ich nicht für gerechtfertigt.

---

[1]) E. Fränkel. Breslauer ärztl. Zeitschrift 1880.
[2]) Näheres darüber findet sich in den Lehrbüchern der Nervenkrankheiten z. B. 1893 Möbius, die Nervenkrankheiten, Leipzig.

Mit Schrötter[2]) kann man in diese Rubrik etwa die Fälle rechnen, in
denen Reizzustände des Laryngeus superior mit solchen des Nervus
auricularis vagi verbunden sind, eine Erscheinung, deren diagnostischen
Wert wir schon kennen. Die Beobachtung Schrötter's, dass bei mechanischer Reizung der Schleimhaut durch die Bougie gelegentlich diese
neuralgische Erscheinung zu stande kommt, kann ich auch bestätigen.
Psychisch ohne örtliche Veränderungen werden Hyperästhesieen selten
bedingt. Syphilidophobie, oder bei sehr ängstlichen Menschen Karcinom-
furcht in noch normalen Grenzen, oder schon pathologisch gewordene
Befürchtungsideen des Hypochonders können sich gelegentlich in der
Form von Hyperästhesieen äussern; doch treffen wir hier vorherrschend
die Parästhesie. Die Hysterie beider Geschlechter und die Neurasthenie
stellt ein erhebliches Kontingent dafür.

Fast stets, wenn einfache örtliche Veränderungen Hyperästhesieen
und Parästhesieen auslösen, müssen wir im-Hinblick darauf, dass die
gleichen Veränderungen andere Personen unberührt lassen, eine allgemein nervöse Disposition zur Erklärung heranziehen. Begünstigend auf
das Entstehen der Parästhesie wirken Überanstrengungen des Organs,
daher Sänger, Prediger, Schauspieler und Offiziere recht häufig von
solchen befallen werden. Einen, den Fortbestand von Parästhesieen bei
solchen Personen vermittelnden Faktor bildet die Befürchtungsidee,
leistungsunfähig zu sein.

Die Parästhesie in den oberen Luftwegen äussert sich in der Nasenhöhle als Jucken, Brennen, Kribbeln oder ein Gefühl von Wundsein
während der nasalen Einatmung, im Nasenrachenraum und Rachen
als Druck und Fremdkörpergefühl, als ob noch eine Haut die Höhle
auskleide, oder als ob ein spitziger oder kugeliger Fremdkörper da sässe,
als Druck oder Empfindlichkeit beim Schlucken. Im Kehlkopf und in
der Luftröhre sind Gefühle von Rauhigkeit beim Sprechen oder Wundsein beim Räuspern, öfter aber wiederum Kitzeln, Jucken, Brennen,
Kriebeln und ebenfalls Schluckbeschwerden durch Druck, Einengung
oder Schmerz, besonders oft aber das Aufsteigen und Festsitzen einer
„Kugel" (globus hystericus) zu verzeichnen. Durch Parästhesieen eingeleitet werden die als Larynxkrisen bezeichneten keuchhustenartigen
Hustenanfälle mit Erstickungsnot und Ohnmacht. Sie gehören zum
Symptombilde der Tabes und werden noch später Besprechung finden
müssen. Erwähnt sei hier, dass sie gelegentlich auch nur rudimentär
auftreten als Parästhesie mit einem einzigen leichteren Hustenanfall. Eine
besondere Klasse der Parästhesieen bilden die Empfindungen nach dem

---

[1]) Vorlesungen über die Krankheiten des Kehlkopfes u. s. w. 1892. VI. Lieferung.

Eindringen und der Entfernung eines Fremdkörpers. Hier fehlt die Grundlage einer nervösen Disposition, doch werden offenbar ähnlich günstige psychische Vorbedingungen durch die Schreckwirkung bei dem plötzlichen Eindringen eines Fremdkörpers in die Luftwege oder ähnliche begleitende Umstände gesetzt. Die Fremdkörperparästhesie kann unglaublich lange dauern. Ich habe oben[1]) die Geschichte eines jungen Mannes angeführt, der mit voller Sicherheit angab, dass er als kleines Kind sich einen Schuhknopf in die rechte Nasenhöhle gesteckt habe und seitdem den Fremdkörper deutlich an einer bestimmten Stelle oben in der Nasenhöhle zu fühlen meinte, während die Inspektion weder einen Fremdkörper noch irgend eine Anomalie der betreffenden Seite überhaupt zeigte.

Unter den Symptomen der Fremdkörperparästhesie in den tieferen Regionen dominieren besonders die Schluckschmerzen; sie dauern meist nicht auf lange fort, können aber äusserst lebhaft sein.

Indessen auch nach der Entfernung eines Fremdkörpers erfordert die Diagnose Parästhesie i. e. pathologische Nachempfindung noch einige Reserven. Ich habe letzthin selbst eine Lehre bekommen, als ich nach der Entfernung eines eingekeilten Knochensplitters aus der pharyngoepiglottischen Falte von einem zweiten, zu Rate gezogenen Kollegen hören musste, er habe noch einen zweiten, im Sinus morgagni versteckten Fremdkörper aufgefunden.

Eine recht peinliche Form der Parästhesie in der Nase stellt sich nach galvanokaustischen Operationen in der Nase zuweilen ein, indem die Empfindung schmerzhaften Brennens wochenlang nach der Heilung fortdauert. Dabei handelt es sich meist um Neurastheniker. Nach den oben gegebenen Ausführungen über die Fähigkeit der Lokalisation in den Halsorganen kann es nicht Wunder nehmen, dass eine Anzahl von Parästhesieen in tiefer gelegene Stellen der oberen Luftwege verlegt werden, während pathologische Veränderungen nur in den oberen Teilen der Nasenhöhle und im Nasenrachenraum gefunden werden. Es muss darauf hingewiesen werden, dass die vielfach übliche Benennung solcher, durch die mangelhafte Lokalisation der Missempfindung entstandenen Krankheitsbilder als Reflexneurose nicht gerechtfertigt ist.

Prognose und Therapie.

Die Prognose hängt ausschliesslich von dem Grundleiden ab. Sie ist also bei organischen Veränderungen meistens ungünstig, bei den

[1]) Kap. II. Fremdkörper.

hysterischen, neurasthenischen und hypochondrischen Kranken meistens zweifelhaft, in den übrigen Fällen um so günstiger zu stellen, je mehr ein Zusammenhang mit einem zu beseitigenden örtlichen Leiden da ist, oder je zugänglicher Patient und Arzt einer psychischen Behandlung sind. Ob dabei der elektrische Apparat oder innere Mittel zu Hülfe genommen werden sollen, ist gleichgültig und hängt von Faktoren ab, deren Erörterung hier zu weit führen würde. Die Therapie der örtlichen Veränderungen muss eine gründliche, aber vorsichtige sein; in erster Linie steht bei den an irgend funktioneller Neurose Leidenden das „nil nocere" und die allgemeine Behandlung des Grundleidens. Die in Frage kommenden lokalchirurgischen Eingriffe, von denen in den einschlägigen Kapiteln gehandelt worden ist, sollten unter Kokainanästhesie geschehen. Wo irgend möglich, sehe man, mit den schonenden Methoden, besonders mit der Schleimhautmassage, die hier oft wunderbar wirkt, zum Ziel zu kommen. Von einer Behandlung mit narkotischen Mitteln ist entschieden abzuraten. E. FRÄNKEL empfiehlt, wie vorher schon Tobold, den galvanischen Strom bei Hyperästhesie des Rachens und Kehlkopfes, und als Palliativmittel heisse Umschläge.

Reflexneurosen.

Vorbemerkungen.

Die Lehre von den Störungen der Reflexe umfasst sowohl die pathologischen Steigerungen der normalen Reflexe (die Hyperreflexie), als die krankhaften, von den oberen Luftwegen unter besonderen Umständen zur Auslösung gelangenden Reflexe (eigentliche Reflexneurose). Streng genommen, würde auch noch der Ausfall der normalen Reflexe (die Areflexie) hierher gehören. Doch haben die dieser Klasse angehörigen Erkrankungen schon unter den einfachen Sensibilitätsstörungen, mit denen sie untrennbar verbunden sind, ihre Besprechung gefunden. Es ist nicht unwahrscheinlich, dass es mit der Zeit gelingen wird, die beiden übrig bleibenden Klassen physiologisch näher zu verbinden. Die Lehre von den Reflexneurosen handelte ursprünglich nur von den nasalen Reflexneurosen und knüpfte im wesentlichen an die Lehre von der nasalen Form des Bronchialasthma an. [VOLTOLINI[1]), HANISCH[2]), HARTMANN[3])

[1] D. Galvanokaustik u. s. w. 1871.
[2] Berl. klin. Wochenschrift 1874 (10).
[3] Deutsche med. Wochenschrift 1879.

Schäffer[1]), B. Fränkel[2]), Hack[3]).] Es stellte sich aber später heraus, dass, wie B. Fränkel zuerst nachwies, das Auftreten der nasalen Reflexneurosen nicht, der Hack'schen Ansicht entsprechend, allein an die Anwesenheit und Erregung des Schwellgewebes gebunden sei, und ferner ergab sich, dass Reflexneurosen auch von anderen Teilen der oberen Luftwege, vom Nasenrachen[4]), vom Rachen und sogar vom Kehlkopfe[5]) her zustande kommen könne. Der zweite diagnostisch und therapeutisch gleich wichtige Fortschritt in der Erkenntnis der Reflexneurosen wurde dadurch gegeben, dass Rossbach[6]) auf die mit diesem Zustande gleichzeitig bestehenden Symptome von Veränderungen in den Reflexbahnen, beziehungsweise in den Centren und auf deren Ähnlichkeit mit den hysterischen und neurasthenischen Symptomen hinwies. Es war das mit anderen Worten die Erkenntuis, dass eine besondere Disposition des Nervensystems das Entstehen der Reflexneurosen veranlasse oder begünstige.

B. Fränkel hatte gezeigt, dass nicht die Natur der peripheren Veränderungen reflexneurotische Symptome erkläre, sondern der auf irgend eine Weise zustande kommende, auf die sensiblen Nervenendigungen der Schleimhaut wirkende Reiz. Dass hier unter Umständen, trotz geringer Veränderungen für die Inspektion, eine enorme Hyperästhesie bestehen kann, wusste man schon von der lang bekannten Reaktion der Nasenschleimhaut auf geringe peripherische Hautreize. Dazu gesellten sich Beobachtungen von anderen peripheren Reizsphären her, so von der sexualen. Man beobachtete bei Erregungszuständen[7]) in dieser Sphäre, wie z. B. bei der Menstruation, An- und Abschwellungen der Nasenschleimhaut, plötzlich eintretend und völlige Obstruktion erzeugend, sowie Niesen und Nieskrämpfe. Neben den hier, wie im Asthma liegenden spastischen und vasomotorischen Vorgängen wurden dann noch eine Reihe von anderen, besonders sekretorischen, neuralgischen, hyperkinetischen und hypokinetischen Erscheinungen herangezogen, für die mit mehr oder weniger grosser Sicherheit das reflektorische Entstehen

---

[1]) Deutsche med. Wochenschrift 1879 (32/33).
[2]) Berl. klin. Wochenschr. 1887 (28 u. s. f.).
[3]) Oper. Radikalbehandl. bestimmter Formen v. Migräne u. s. w. Wiesbaden 1884.
[4]) D. Neurosen u. Reflexneurosen d. Nasenrachenraums. E. Baumgarten, Volkmann's Sammlungen, 44, 1892.
[5]) Berl. klin. Wochenschrift 1876, S. 563. (Sommerbrodt.)
[6]) W. Runge, D. Nase, ihre Beziehungen zum übrigen Körper. Jena 1885.
[7]) John M. Mackenzie, Baltimore. Irritation of the sexual apparates as an idiological factor, the production of nasal diseases. (American journal for the medical science. April 1884.)

von den oberen Luftwegen aus in Anspruch genommen worden ist. Bevor wir nun zu der speciellen Darstellung dieser Dinge übergehen, ist aber noch zu erwähnen, dass eine ziemlich lange Zeit verging, ehe die Anschauungen sich klärten und ehe nach der Lösung jener Schale von Übertreibungen, die allem Neuen anhaftet, ein freilich nicht sehr grosser, aber doch beachtenswerter Kern sich herausgeschält hat. Die Übertreibung zeigte sich einmal in der übermässigen Inanspruchnahme der Nasenhöhle und in der Vernachlässigung der anderen Teile der oberen Luftwege, und der anderen Ursachen und Reizsphären überhaupt, sodann in der kritiklos und zu oft nur probatorisch ausgeführten galvanokaustischen Behandlung der Nasenschleimhaut, ohne genauere Berücksichtigung der hier so oft vorkommenden einfachen Bildungsabweichungen, ja selbst ohne Kenntnis der richtigen Technik des Verfahrens und Berücksichtigung der notwendigen Nachbehandlung. Bei jedem Asthma sah man, wie BLOCH[1]) in beherzigenswerter Weise ausführte, in die Nase und ätzte alles, was einer Schwellung ähnlich sah. „Blieb der erwartete Erfolg aus, so wurde die Theorie verurteilt, wenn es gleich richtiger gewesen wäre, die Diagnose anzuklagen. Denn in manchen derartigen Fällen handelte es sich nicht um ein nasales, sondern etwa um ein cardiales Asthma. Ein chronisches Herzleiden, ein Klappenfehler, eine atheromatöse Erkrankung der Koronartierien, eine chronische Myokarditis bedingte nebst dem asthmatischen Anfalle auch Stauungen nach den reichen Venennetzen der Schleimhaut — beide Erscheinungen waren koordinierte Folgen des chronischen Herzleidens.“ Man sieht, es handelt sich um dieselben Fehler, die von uns schon in der Besprechung der galvanokaustischen Therapie des chronischen Katarrhs in ähnlicher Weise herangezogen worden sind, nur dass hier womöglich die Polypragmasie noch grössere Ausdehnung annahm, da die übrigen Versuche einer dankbaren Therapie des „Asthma“ noch geringe Triumphe gefeiert hatten, und mancher ephemere, nur suggestiv zu erklärende Augenblickserfolg bei anderen angeblichen Neurosen geeignet genug war, das Urteil zu trüben.

Symptomatologie.

Die erste Frage ist die nach den örtlichen Veränderungen, durch welche bei vorhandener Disposition reflektorisch krankhafte Zustände ausgelöst werden. Alsdann werden wir diese Erscheinungen und ihren Verlauf zu besprechen haben. Die Veränderungen, welche wir in den oberen Luftwegen antrafen, sind nun äusserst verschieden. Das ist er-

---

[1]) Die sogenannte nasale Form d. Bronchialasthma.

25*

klärlich, nachdem wir wissen, dass es auf die Erzeugung des Reizes auf
die sensibeln Nervenendigungen ankommt und dass deren leichtere oder
schwerere Erregbarkeit nicht blos von dem Grade der pathologischen
örtlichen Veränderungen, sondern ebenso und oft allein von der Beschaffenheit der Bahnen und ihrer Centren abhängt. In eine besonders
schnelle und starke Erregung können die Endigungen durch chronisch
entzündliche Veränderungen, durch den Reiz einer Neubildung, durch
Reibung zwischen zwei Schleimhautflächen versetzt werden. Es können
aber durch die Inspektion wahrnehmbare Veränderungen auch fehlen und
die abnorme Erregbarkeit giebt sich kund bei der Berührung bestimmter Stellen, durch vermehrte Schmerzhaftigkeit, durch das Auftreten der
ganzen Kette der reflektorischen den Anfall charakterisierenden Erscheinungen oder eines Teils derselben, oder auch solcher, die im Anfalle gering oder garnicht vorhanden sind und nur gelegentlich sich sub-
stituieren. In anderen Fällen ist trotz der verschiedensten Reizversuche
mit der Sonde, dem Pinsel oder dergleichen die Hervorrufung der Erscheinungen nicht sicher oder nicht konstant, oder sie gelingt überhaupt
nicht. Vermutlich weil unsere zu diesem Zwecke angewandten Reize
nicht die aequivalenten sind und daher die in der Natur vorkommenden
Alterationen der Wärme-, Kälte-, Druck- und Spannungsempfindungen
ebensowenig wie die der specifischen Reize für die Riechnervenendi-
gungen in der Nase ersetzen können.

Statt dessen wird der Zusammenhang erst klar, wenn wir während
der Anfälle die Reizstellen ausschalten können, indem die Erscheinungen
coupiert werden und ganz oder zum grössten Teil verschwinden. In
diesem Falle findet man eine vermehrte Schwellung und eine Berührung
sonst, wenn sie abgeschwollen sind, einander nicht anliegender Teile,
die, in der freien Zeit untersucht, keine Veränderungen zeigen und
nur auf den bestimmten Reiz hin die vermehrte Schwellbarkeit aufweisen. Eine Regel darüber, wo die Stellen zu suchen sind, giebt es
nicht. Das muss in jedem Einzelfalle durch die Untersuchung, von der
wir noch sprechen werden, herausgefunden werden. Es können ein
oder mehrere Stellen sein, meist sind es kleinere Bezirke, die Reizstellen
bergen. Innerhalb der Nasenhöhle können solche Reize sowohl auf die
Olfactoriusenden, als auf diejenigen des Trigeminus einwirken. — Entsprechend findet man Reizstellen oder umschriebene Veränderungen in
Gestalt von Knorpelwülsten, Auswüchsen am Septum oder umschriebene
Schwellungen an den vorderen, an den seitlichen, medianen oder an
den hinteren Muschelpartieen. Die gleiche Rolle übernehmen Neubildungen, und zwar meist kleinere und bewegliche, aber auch Fremdkörper
und reizende eingedickte Sekretmengen. Im Nasenrachenraum ist eine noch

wenig beobachtete, aber sehr häufige Prädilektionsstelle die ROSENMÜLLER-
sche Grube, ferner die Oberfläche des Tubenwulstes und deren hinterer
Teil mit den in den ROSENMÜLLER'schen Gruben ziehenden, oft pathologischen Strängen und Leisten, endlich Veränderungen der Rachentonsille selbst, besonders ihre Vergrösserungen.

Seltener sind Reizstellen im Rachen und im Kehlkopfe zu finden.
Meist sind hier deutliche Veränderungen, follikuläre Schwellungen an
der hinteren Wand, an den Seitensträngen, versteckte Erkrankungen.
Vergrösserungen, schwielige Verdickungen der Gaumen- und der Zungentonsille vorhanden. Reine vasomotorische Erkrankungen der Rachenschleimhaut gehören zu den grössten Seltenheiten.

Die vom Kehlkopf- und der Luftröhrenschleimhaut ausgehenden
Reflexneurosen sind noch wenig studiert. In einem Falle SOMMERBRODT's
bestanden bei einem 54jährigen Manne mit linksseitigem Stimmbandfibrom epileptische Anfälle, die der Autor durch Reizungen der Lungen-
äste des Vagus und Fortpflanzung der Reizung auf die Medulla erklärte.
Seine Annahme indes, dass die durch die Neubildung hervorgerufene
Larynxstenose, die Überladung der Lungenluft mit Kohlensäure, für die
Erscheinungen verantwortlich zu machen sei, erinnert in ihrer mechanischen Erklärungsweise an die Versuche, auch das Asthma nasale
durch die Nasenstenose zu erklären. Auch für den Kehlkopf wird
in erster Linie die Reizung der sensibeln Nervenendigungen durch die
Neubildungen verantwortlich gemacht werden müssen, und es spricht
mehr für diese Auffassung, als für mechanische Erklärungsversuche,
dass die am meisten charakteristischen Anfälle besonders Nachts und
überhaupt in der Rückenlage, mit anderen Worten bei Veränderungen
der Körperlage und damit auch derjenigen des Tumors eintraten[1]). Wir
werden später sehen, dass unter verschiedenen Bedingungen, in denen
aber stets eine erhöhte Erregbarkeit in der Peripherie, in den Bahnen
oder in den Centren gemeinsam ist, von den oberen Luftwegen aus
reflektorische Bewegungsstörungen der Kehlkopfmuskeln erzeugt werden.
Unter diesen Bedingungen sind nun auch, wenngleich selten, Sensibilitätsstörungen der Kehlkopfschleimhaut selbst zu finden. Es handelt sich
dabei um eine Überempfindlichkeit, die durch örtliche Erkrankungen,
katarrhalische Veränderungen, Neubildungen und dergleichen veranlasst
sein, aber auch nach deren Beseitigung noch fortbestehen kann. Die
reflektorisch so hervorgerufenen Störungen lassen sich zum Teil zurück-

---

[1]) Die bei Verletzungen eines Vagusstammes eintretende Reflexparalyse der vorderen Seite gehört in eine andere Kategorie und findet unter den Motilitätsneurosen
ihre Besprechung.

führen auf eine Hyperreflexie, so bei dem nervösen Husten und dem
Laryngospasmus. Wohin die als Larynxschwindel (Charcot). Ictus laryngis (Garel), Syncope laryngea (Armstrong) beschriebenen Erscheinungen
zu rechnen sind, steht noch dahin. Die Reihe beginnt mit laryngealer
Parästhesie, dann folgen Hustenattacken, Schwindel mit Ohnmacht oder
Krampfanfälle. In anderen Fällen sinkt der Kranke plötzlich um, wie
vom Blitz getroffen. Offenbar sind hier recht verschiedenartige Dinge
ziemlich willkürlich rubriciert worden; ein Teil der Fälle bietet eine
gewisse Ähnlichkeit mit den Larynxkrisen der Tabiker. Auch da kann
die einleitende Parästhesie manchmal die motorischen Reizerscheinungen
an Dauer und Intensität übertreffen. Ob nun eine besondere Form
der Reizungen im Gebiet des laryngeus superior diese Symptome aus-
löst — Charcot dachte an ähnliche Beziehungen wie bei der Meniere'-
schen Krankheit — ob dieser Symptomenkomplex als epileptoider bezeichnet werden soll, ob es sich einfach um die Wirkung der mangelhaften Sauerstoffaufnahme während des Anfalls handelt, begünstigt durch
die Einwirkung bei Personen mit wenig widerstandsfähigem Nervensystem, kann bisher nicht entschieden werden. Kurz[1]) in Florenz schlägt
für die Affektion den Namen Lipothymia laryngis vor, in der Annahme,
dass von allen beschriebenen Begleiterscheinungen nicht der Glottiskrampf, auch nicht Husten, sondern nur plötzliche Ohnmacht konstant
sei. Er macht auf die bemerkenswerte Thatsache aufmerksam, dass unter
den Befallenen Angehörige der romanischen Rasse überwiegen und schliesst
im ganzen, dass die diesen Stämmen eigene grössere Labilität und
Neigung zu reflektorischen Ohnmachten zu der individuellen noch eine
nationale Disposition als begünstigendes Moment hinzutrüge. Diese sei
aber nichts anderes als Neurasthenie, Hysterie oder ähnliche die Reflexerregbarkeit erhöhende Zustände. Ebenso ist es durchaus fraglich, ob
nicht gelegentlich beobachtete periphere Veränderungen im Kehlkopf
oder in den höheren Bezirken der oberen Luftwege oft mehr zufällige Begleiterscheinungen der Erkrankungen waren. Vielleicht wird sich auch
hier, wie neuerdings in einer Reihe von Krankheitserscheinungen des
Gehörorgans mit ähnlichen Allgemeinerscheinungen herausstellen, dass
eine Reihe der Beobachtungen in letzter Instanz auf schwere Hysterie
zurückzuführen sind.

Eher scheint der Laryngospasmus der Kinder, seltener der der erwachsenen Personen, sowie der nervöse Husten, besonders in seiner
paroxysmalen Form unter vielen anderen Entstehungsbedingungen
gelegentlich auch durch periphere laryngeale Veränderungen zur Entwick-

---

[1]) Deutsche med. Wochenschrift 1898. N. 20.

lung kommen zu können. Beide Formen werden übrigens ausführlich unter den hyperkinetischen Motilitätsstörungen zu besprechen sein. Hier nur soviel, dass, wo sie nachweislich durch örtliche Veränderungen im Larynx ausgelöst werden, eine Hyperreflexie vorliegt, die sich durch das anfallsweise Auftreten, durch das plötzliche Eintreten und Verschwinden und die gleichzeitig oft bestehende Steigerung der Reflexerregbarkeit in den Bahnen oder Centren (Hysterie, Neurasthenie) als Neurose charakterisiert und den von den höheren Bezirken der oberen Luftwege zur Auslösung gelangenden gleichen myospastischen Reflexen durchaus gleichzusetzen ist.

Die von der Nasenhöhle, dem Mund und dem Nasenrachenraum her ausgelösten Reflexneurosen sind wesentlich häufiger als die laryngealen und lassen sich für die Betrachtung einmal physiologisch nach Gruppen ordnen; dann aber ist es zweckmässig, sie klinisch nach der Häufigkeit ihres Auftretens kurz zu besprechen.

Wir können unterscheiden: 1) Die sekretorischen Reflexe. Es handelt sich um Wirkungen auf die Schleimhautdrüsen der Nasenhöhle, die Speicheldrüsen, die Thränendrüsen. Nasenlaufen, Salivation, Thränenfluss können für sich bestehen, mit anderen Neurosen abwechseln oder sie selbst einleiten. Zu diesen so eingeleiteten Neurosen gehören z. B. der Niesskrampf, ferner das Bronchialasthma. Ein solcher Ersatz kann sich auch blos bei der Reizprobe kund thun. Bemerkt muss werden, dass auch die Larynxkrisen bei Tabes in manchen Fällen von Niesskrämpfen begleitet werden. 2) Vasomotorische Störungen kommen als angioparalytische und als vasoconstrictorische Erscheinungen vor. Auch sie kommen allein oder mit sekretorischen, oder mit myospastischen Reflexen zusammen vor. Der ersten Art gehören an die hyperämischen und Schwellungszustände der äusseren Haut und der Nase, im Gesicht besonders an den Augenlidern, weniger an den Wangen. Ähnliche Dinge kommen auf der Schleimhaut des Rachens und des Kehlkopfes vor, wobei dann die Reizzone höher oder in demselben Bezirk liegen kann. Charakteristisch ist der Mangel entzündlicher Erscheinungen. Die Rötung und Schwellung ist inkonstant, kommt und schwindet meist plötzlich und wechselt auf beiden Seiten, Fieber fehlt stets. Sehr lästig ist die abnorme Schwellbarkeit der kavernösen Schichten der Muschelschleimhaut, besonders wenn sie von sekretorischen Reflexen der Drüsen der Nasenschleimhaut und der Thränendrüsen begleitet ist. Schon Trousseau kannte, wie B. Fränkel in seiner Arbeit über das nasale Asthma[1] ausführt, diesen Symptomkomplex. Er kann auch die Erscheinungen des

---

[1] Berl. klin. Wochenschrift 1881.

Heufiebers (Catarrhus autumnalis) begleiten, jene bei uns seltene, aber in England und Amerika öfter vorkommende Krankheit, von der wir schon wissen, dass allerdings sehr lebhafte akute katarrhalische Erscheinungen dabei vorhanden sind. Wir haben gesehen, auf wie mannigfache Reize hin, mögen sie auf die sensiblen oder die Olfaktoriusnerven wirken, dieser Symptomkomplex eintreten kann. Entschieden erinnert ihre Art des Einsetzens an diejenige der reinen Reflexneurosen, wiewohl wir zugeben müssen, dass das Wesen der Affektion mit dieser Analogie noch nicht erklärt ist.

Eine eigentümliche vasomotorische Rachenschleimhautneurose hat ROSSBACH in zwei Fällen beschrieben, und zwar in einer scharf auf die Rachenschleimhaut begrenzten Form[1]). In dem einen Fall war die hochgradige Injektion der hinteren Rachenwand und der seitlichen Halsgegend nach $^1/_4$ Stunde plötzlich spurlos verschwunden. Langsamer war der Vorgang in dem zweiten Fälle, jedoch konnte immer eine Abwechslung mit normalen Befunden nachgewiesen werden. Bei beiden bestand gleichzeitig hochgradige Hyperästhesie und allgemeine Neurasthenie. Die Vasomotoren der Haut waren unbeteiligt. ROSSBACH nahm eine äusserst leichte Erregbarkeit der sensibeln und vasomotorischen Halsnerven und ihrer Centren als Ursache an.

Eine sehr interessante vasomotorische Schleimhautneurose der vasodilatatorischen Form ist die der Bronchialschleimhaut. Über diese von den Asthmazuständen durch das Fehlen des Bronchospasmus zu unterscheidenden Zustände, von denen ich eine Reihe von Fällen notiert habe und die in weiteren Kreisen noch wenig gekannt zu sein scheinen, verdanken wir SOMMERBRODT die ersten näheren Aufschlüsse[2]). Auf die Analogie zwischen den plötzlich eintretenden Nasenverstopfungen mit plötzlichen Bronchialschleimhauthyperämieen hatte schon 12 Jahre vorher[3]) WEBER aufmerksam gemacht. Das physiologische Bild ist das der chronischen Bronchitis, in einigen meiner Fälle sogar der diffusen. Eine oft übersehene Erscheinung ist der sekretorische Begleitreflex in der Nasenhöhle. Die Erkrankung kann einseitig oder doppelseitig auftreten, ferner kann die Affektion der einen derjenigen der anderen Seite folgen. Sie kann jahrelang fortbestehen, ohne aber wegen der vielfachen freien Intervalle dauernde Störungen zur Folge zu haben. Der Nachlass der pseudokatarrhalischen Erscheinungen auf der Bronchialschleimhaut nach der Beseitigung der auslösenden Reizstellen in der Nase oder Nasenrachen-

---

[1]) Vergl. Berl. klin. Wochenschrift 1882.
[2]) SOMMERBRODT, Berl. klin. Wochenschr. 1884 u. 1885. Über Nasenreflexneurosen.
[3]) Tageblatt d. Naturforscherversamlung 1872.

höhle kann ein momentaner sein. So verschwand in dem letzten Falle
der Art, den ich beobachtete, ein wochenlang bestehender diffuser „Bron-
chialkatarrh", der allen Mitteln getrotzt hatte, sofort spurlos nach der
Operation adenoider Vegetationen. Freilich giebt es Fälle genug, in
denen dem plötzlichen Nachlass Recidive folgen, wie bei den anderen
Reflexneurosen auch, und die Behandlungsdauer, in der die örtliche Therapie eine ausgedehntere Wirksamkeit zu entfalten hat, eine längere
sein muss[1]).

Unter den angiospastischen Reflexen sind zunächst die der äusseren
Haut zu erwähnen: in manchen Fällen tritt mit dem Anfall Blässe der
Schleimhaut und Frostgefühl auf. Die befallenen Kranken frieren am
ganzen Leibe oder an einzelnen Stellen, besonders in der Rückenhaut.
Bei manchen tritt das Hautfrieren allabendlich auf und die andere Erscheinung, die plötzliche Verlegung und Verengung der Nase wird dann
leicht dabei vollkommen übersehen.

Seltenere, aber ebenfalls sicher nachgewiesene Reflexe sind wahrscheinlich durch vasokonstriktorische Zustände der Hirnhäute oder des
Hirnes selbst reflektorisch veranlasst. Hierher gehören anfallsweise auftretende Schwindelanfälle, epileptiforme Zustände, ebenfalls anfallsweise sich
einstellende halbseitige Kopfschmerzen mit Erbrechen, oder in derselben Form
auftretende dumpfe Schmerzen der vorderen Kopfhälfte mit Ringgefühl um
den Kopf und Herabsetzung der geistigen Leistungsfähigkeit während der
Dauer des Anfalls. Die anfallsweise, mitten in der Thätigkeit, auch im Liegen
oder Gehen auftretenden Schwindelanfälle sind wohl zu unterscheiden
von dem bei chronischen Schwellungskatarrhen vorkommenden, nur beim
Bücken zustande kommenden Schwindelgefühl, das, wie wir schon wissen,
mechanisch durch venöse und Lymphstauungen der die Nasenhöhle mit
dem Subarachnoidalraum verbindenden Gefässe zu erklären ist. Wahrscheinlich sind eine Reihe von Sehstörungen ebenfalls durch solche
Nasenkrankheiten veranlasst, die durch Ausübung eines dauernden Reizes
auf die Trigeminusenden reflektorisch zu Veränderungen der die Gefäss-
muskulatur der Augenhöhle innervierenden Vasomotoren Veranlassung
geben und damit zu der Entwicklung von Skotomen und sogar zu
Amblyopieen führen. Vielleicht finden aber auch diese Erscheinungen
manchmal mechanisch als Folge von venösen und Lymphstauungen ihre
Erklärung, wie sie die Hypothese Ziem's zur Erklärung der Gesichts-
feldeinschränkungen bei Nebenhöhlenerkrankungen verwertet.

Noch sehr rätselhaft sind die wenigen Beobachtungen, denen zufolge
kompleter oder inkompleter morbus Basedowii durch Beseitigung nasaler

---

[1]) Monatsschrift f. Ohrenheilkunde 1884. Götze (aus Rossbach's Klinik).

Erkrankungen rückgängig gemacht worden ist. Ein besonderes Interesse hat die erste derartige Beobachtung, die wir Hopmann[1]) verdanken, da es sich dabei um eine Rhinopharyngitis sicca handelte und H. so diesen Fall gegen die Schwellkörpertheorie Hack's verwerten konnte.

3) Die neuralgischen Reflexe müssen wohl unterschieden werden von den nur durch Irradiation entstehenden, sowie von den durch blosse Cirkulationsstörungen bedingten Schmerzen. Anfallsweise mit dem reinen Charakter einer Neuralgie auftretende Schmerzen kommen häufig in den beiden ersten Trigeminusästen vor. Sodann folgen nach meinen Beobachtungen in der Reihe der Häufigkeit die Occipitalneuralgieen[2]). Beide sind gern von sekretorischen und vasomotorischen Reflexen begleitet oder eingeleitet.

Auch Reizungsphänomene vom Vagus, Aufstossen und Erbrechen, kommen im Beginn des Anfalls und mehrfach während der oft tagelangen Dauer der Attacken vor. Dass, wie von Einigen angenommen wird, Interkostalneuralgieen, Schmerzen im Verlauf des Plexus brachialis unter den Schulterblättern und im Kreuz zu häufigen oder gar regelmässigen Begleiterscheinungen der nasalen Reflexneurosen gehören sollen, muss ich bezweifeln. Ich habe übrigens mehrere Fälle von Interkostalneuralgie gesehen, die zwar einen vorübergehenden Nachlass nach anderweitig vorausgegangener Behandlung eines angeblichen Nasenleidens durch den Galvanokauter gehabt haben sollen, bei denen aber die Interkostalneuralgie alsdann unverändert weiter bestand; dasselbe habe ich mehrfach von lumbalen und skapularen Schmerzen gesehen, die offenbar fälschlich als reflexneurotische Erkrankungen angesehen worden waren. Gerade diese Fälle haben mich gelehrt, dass der nach der Reflexneurose eifrig fahndende und schablonisierende Arzt leicht selbst ein Opfer der Suggestion wird, durch die er bei den Kranken jenen der Natur der Sache nach vorübergehenden Nachlass der Schmerzen erzielt. In solchen Fällen wirkte der Nasenkauter wie die alten Moxen. Demjenigen aber ist nicht zweifelhaft, was vorzuziehen wäre, der unter diesen Fällen eine respektable Anzahl artificieller Synechieen, Xerosen und dergleichen üble Folgezustände rhinologischer Polypragmasie immer aufs Neue sehen und nachbehandeln muss.

4) Unter den spastischen Reflexen ist der gewöhnlichste der Niesskrampf. In leichteren Graden wird er wenig beachtet. Ich kenne einen

[1]) Tageblatt d. 58. Versammlung deutsch. Naturforscher u. Ärzte.
[2]) Anmerk. Es ist recht bedauerlich, dass noch immer viele Fälle von Trigeminusneuralgieen ohne weiteres als nasale Reflexneurosen angesprochen und behandelt werden, während mit Leichtigkeit dentale Erkrankungen als Ursache derselben nachgewiesen werden können.

alten, sonst sehr auf seine Gesundheit bedachten Herrn, der es ganz natürlich fand, dass er alle Morgen einen aus 15—20 Akten bestehenden Niesskrampf zu absolvieren hatte; erst die Verlegung der Nasenatmung, die ihm immer lästiger wurde und gewisse Folgezustände, die die Niesskrämpfe in seinem Kehlkopf hervorgerufen hatten, brachten ihn dazu, eine Untersuchung zu erbitten.

Sodann folgt der Reflexhusten, auch Nasenhusten oder Trigeminushusten (WILLE, SCHADEWALDT) genannt. HACK hat auf die Verwandtschaft beider Reflexe hingewiesen; es giebt nämlich eine Form von rudimentärem Niesen, die wenig Erschütterung verursacht und unterdrücktem Husten sehr ähnelt. Dabei kann es auch sehr wohl zu Insulten der Interarytaenoidschleimhaut kommen.

Der Nasenhusten ist eine Form des nervösen Hustens, er ist sekretlos und zeichnet sich manchmal durch einen bellenden oder heulenden Klang aus (Tussis bovina). Den Bellhusten beschreibt schon J. FRANK[2]) als Paraphonia latrans und als Symptom der Hysterie: „Manchmal geht die menschliche Stimme von den höchsten zu den tiefsten Tönen über, so dass sie mit dem Gebell der Hunde Ähnlichkeit hat."

Mit vielen dieser offenbar pathologischen Reflexe ist es mir sonderbar genug ergangen. Als die Reflexneurosen neu und modern waren, kamen mir oft Fälle mit der fertigen Diagnose „nervöser oder Nasenhusten" zur Konsultation, bei denen es sich um übersehene Lungenerkrankungen handelte. Jetzt, wo die nasalen Reflexneurosen etwas in Misskredit gekommen sind, geschieht es umgekehrt häufig, dass Folgezustände der Reflexhustenattacken, Schwellungen an der hinteren Larynxwand, Rötungen an den Taschenbändern und dergleichen Befunde, wegen der laryngealen, den Anfall einleitenden Parästhesie, fälschlich als Ursachen der Hustenparoxysmen angesehen werden, ein Irrtum, auf den schon HACK[1]) hingewiesen hat.

Seltener als die genannten sind schon Facialiskrämpfe, isolierter Blepharospasmus. Vom Nasenrachenraum meistens werden Spasmen des Tubenmuskels und des Tensor tympani ausgelöst. Ein sehr seltener Reflex ist der Pharyngospasmus, es sind nur wenige Fälle von klonischen, das Gaumensegel einnehmenden Spasmen aus diesem Grunde bekannt. Der reflektorische Oesophagospasmus (Dysphagia spastica) kann vom Nasenrachenraum, aber auch vom Larynx her ausgelöst werden. So beschreibt SOMMERBRODT schon 1875 eine spastische Oesophagusstriktur aus dieser Ursache. Sodann treffen wir wiederum den spasmus glottidis oder Laryngospasmus in der Reihe der

---

[1]) l. c.
[2]) De vitiis vocis et loquelae. (Citiert nach der Übersetzung H. GUTZMANN's) Monatsschr. für die gesamte Sprachheilkunde II. S. 310 311.

nasalen und der rhinopharyngealen Reflexe und endlich als wichtigste Reflexneurose dieser Reihe das nasale Asthma, den Bronchospasmus.

Auch das nasale Asthma zeigt zunächst rudimentäre und primitive Formen, auf die BLOCH besonders hingewiesen hat und die im Anfang vielleicht wirklich nur mechanisch durch Umstände bedingt werden, die zeitweise, vornehmlich in der horizontalen Lage, eine Behinderung der nasalen Atmung mit sich bringen, während der automatische Abschluss der Mundhöhle während des Schlafes gleichzeitig bestehen bleibt[1]). So entwickeln sich im Schlafe die Erscheinungen des Alpdruckes, Beängstigung, Beklemmung mit folgenden schreckhaften Träumen, die zu mehrmaligen Unterbrechungen des Schlafes hintereinander führen können. Der eine Weg der Atmung ist automatisch vollkommen, der andere durch die während der Ruhelage stärkere Gefässfüllung in den hinteren Partieen mehr als sonst verschlossen, und so entsteht inspiratorische, beziehungsweise exspiratorische Dyspnoe. Bei dieser muss es bei tiefstehendem Zwerchfell zu starken Kontraktionen der exspiratorischen Bronchialmuskeln kommen, und mit der häufigeren Wiederkehr dieser Anfälle steigt die Neigung der Bronchialmuskeln und des Zwerchfells zu derartigen Aktionen immer mehr. Das zweite Moment, was dazu kommt, ist das einer allgemeinen oder partiellen neurasthenischen Veränderung: sie schleift die Bahnen für die Auslösung des Krampfanfalles immer mehr aus, so dass schliesslich die kleinsten und verschiedenartigsten Reize, sogar rein psychische, den asthmatischen Anfall hervorrufen können. Mit dieser Hypothese BLOCH's würde das vasomotorische Moment, das man neben dem myospastischen annahm, wegfallen.

Eine seltener von der Nase als von anderen Teilen ausgelöste spastische Neurose ist der Singultus, die plötzliche koordinierte Kontraktion sämtlicher Inspirationsmuskeln. Gewöhnlich wird er reflektorisch durch akute Darm- und Magenkatarrhe erzeugt, was nach DEMIO[2]) durch Beklopfen oder Sondenberührung der regio epigastrica oder durch Kohlensäureauftreibung des Magens eruiert werden kann. Doch kann er auch von verschiedenen Stellen der oberen Luftwege durch daselbst einwirkende sensible Reize, und dann meistens von der Nasen- und der Nasenrachenhöhle her seine Entstehung nehmen.

Wir haben nun noch einiger myoparalytischer Reflexe zu gedenken. Noch hypothetisch scheint mir die Annahme, dass die Enuresis nocturna gelegentlich als nasaler oder rhinopharyngealer Reflex erscheint, wiewohl ich einige Fälle beobachtet habe, wo diese Erscheinung sehr bald nach

[1]) Vergl. BLOCH. Die sogenannten nasalen Formen des Bronchialasthma, S. 7.
[2]) DEMIO. Singultus als Reflexneurose. Berl. klin. Wochenschrift 1889, S. 487.

Freilegung der Nasenwege verschwand. In all den Fällen, wie in mehreren der Litteratur, ist eben die psychische Einwirkung durch irgend einen operativen Eingriff nicht auszuschliessen. Schon HENOCH[1]) hat in seiner scharfen Beobachtungsweise auf diese Erklärung der bekannten schnellen Wirkung subkutaner Ergotininjektionen hingewiesen.

Dass durch Erkrankungen der höheren Partieen der oberen Luftwege Bewegungslähmungen (Paresen und Paralysen) in den tieferen zu stande kommen, ist eine alte Erfahrung. Schon GREEN[2]) wusste, dass Aphonie die Folge von Rachenkrankheiten sein könne und von selbst mit deren Heilung verschwinde. Natürlich sind direkte. rein mechanisch bedingte Behinderungen, wie die der Gaumensegelaktion durch retronasale und Nasenrachengeschwülste, sowie die durch Druck auf den motorischen Gaumennerven seitens tonsillärer Tumoren nicht hierher zu rechnen. Ebensowenig dürfen die Fälle hierher gerechnet werden. bei denen katarrhalische Veränderungen im ·Kehlkopf, wie besonders die Laryngitis sicca, zu Paresen und Paralysen der Schliesser und Spanner führen — die Postici sind sehr selten betroffen. Die rein hierher gehörigen Fälle kommen vielmehr durch reflektorisch von oben her ausgelöste, auf den Rekurrens übertragene Leitungsstörungen zu stande und zeichnen sich dadurch aus, dass die Paresen nicht dauernd vorhanden sind, sondern einen wechselnden Befund bieten. Ferner bestehen noch andere Reflexneurosen gleichzeitig, oder sie wechseln mit den hypokinetischen Störungen im Kehlkopf ab. Im übrigen erinnern sie durch ihr wechselvolles Auftreten, das plötzliche Kommen und Schwinden der Aphohie sehr an die Stimmbandlähmungen bei Hysterie. und wir treffen sehr gewöhnlich auch noch andere Symptome dieser Krankheit. Erwähnenswert ist nach dieser Richtung übrigens, dass die diesbezüglichen Beobachtungen BAUMGARTEN's. so weit sie reine sind, ausschliesslich das weibliche Geschlecht betreffen.

Die hierher gehörigen Bewegungsstörungen selbst können einmal das Bild der Lähmung thyreoarytaenoidei interni bieten. oder es können alle Schliesser gleichzeitig ausfallen. Ein ander mal trifft man die cricoarytaenidei laterales, allein oder mit den thyreoarytaenoidei zusammen, insufficient. Bei ein und demselben Fall kann man sogar bei verschiedenen Untersuchungen die entsprechenden verschiedenen Bilder bekommen.

Sehr interessant ist eine Beobachtung BAUMGARTEN's[3]) an einer 40 jährigen Frau, die vor dem Anfall ihres Asthma nasale abwechselnd

---

[1]) Lehrbuch der Kinderkrankheiten.

[2]) GREEN. Aphonia arising from organic lesions. Referat Canst. Jahrbuch 1851.

[3]) l. c. S. 12.

Lähmungen eines oder beider postici zeigte. Nach der Entfernung einer Hypertrophie der Rachentonsille verschwanden die Anfälle sofort.

Prognose.

Die Prognose der von den oberen Luftwegen her ausgelösten Reflexneurosen kann quoad sanationem um so günstiger gestellt werden, je früher sie in ihrem Zusammenhang erkannt und einer rationellen Behandlung unterzogen werden. Geschieht das nicht, oder wird das Leiden, wie so häufig, verkannt, so verschlimmern sich mit der Dauer des Fortbestandes und in dem Maasse, als die Erscheinungen den übrigen therapeutischen Versuchen trotzen, die begleitenden neurasthenischen und hysterischen Erscheinungen und es können schwere Depressionen des Gemütslebens, auch wahre Hypochondrie sich entwickeln. Ferner führen eine Reihe der Reflexneurosen zu anatomischen Veränderungen, die später irreparabel oder wenigstens sehr schwer und unsicher zu beeinflussen sind, und die Betroffenen geradezu einem Siechtum entgegenführen können. Hier müssen wir in erster Linie an die bekannten schweren Folgen eines länger bestehenden Asthmas erinnern, zumal wenn es zu bleibendem sekundären Emphysem gekommen ist. Ich kenne derartige Fälle bei jugendlichen Individuen, die trotz aller aufgewandter Mühen mit lokaltherapeutischen Versuchen zur Freilegung der oberen Luftwege und Beseitigung der Reizstellen, mit pneumatischen Kuren, lungengymnastischen und sonstigen rationellen Muskelübungen, ihr Asthma und ihre Neurasthenie nicht mehr los wurden und den verschiedensten kleinsten Reizungen gegenüber ein Spielball waren und blieben.

Auch wo eine günstige Beeinflussung der Reflexneurosen durch lokaltherapeutische Eingriffe nachweisbar ist, ist die Prognose der gänzlichen Heilung vorsichtig zu stellen. Wir können nicht wissen, ob wir bereits alle Reizstellen ausgeschaltet haben und ob nicht auf dem günstigen Mutterboden hysterischer oder neurasthenischer Zustände früh genug neue entstehen, wie die alten zu stande gekommen waren. Es wird also auch bei günstigem Verlauf immer eine längere Beobachtung notwendig sein. Es wird schon dadurch erforderlich, dass die rationelle Behandlung sich auf die örtliche Therapie nicht beschränken darf, soll sie dem Kranken wirklichen Vorteil bringen. Genau so wichtig ist es mit allen Mitteln gegen die nervöse Disposition vorzugehen. Hier wären alle Faktoren einer der Person angepassten, auf die Erstarkung der Widerstandskraft im Nervensystem gerichteten Behandlung einzusetzen. Und die zweckmässige Auswahl eines diätetisch, hydrotherapeutisch, gymnastisch und psychisch richtig ansetzenden Regimes fordert nicht wenig von dem Können des Arztes. Je mehr nach dieser Richtung erwartet werden kann, um so günstiger ist die Prognose der völligen Heilung.

Diagnose und Therapie.

Die Diagnose ist leicht zu stellen, wenn die Reizprobe positiv ausfällt, oder wenn es gelingt, durch eine Untersuchung während des Anfalles die betreffenden Erscheinungen auszuschalten oder deutlich herabzumindern. Aber jenes Mittel versagt, wie wir sahen, häufig, und die Untersuchung im Anfall ist oft nicht ausführbar. Daher wird oft eine längere Beobachtungszeit zur Aufklärung nötig sein. Den Kranken Kokain mitzugeben, um sie selbst durch die Ausführung einer Instillation oder Besprühung zur Aufhellung der Sachlage mit heranzuziehen, habe ich mich nach einigen bösen Erfahrungen, die ich trotz aller Bemühungen. Instruktionen und Warnung mit solcher Anwendung des Kokains machen musste, aufgegeben[1]). Auch können die Angaben der Kranken die eigene Beobachtung nicht ersetzen und sind wegen Unklarheit oft unverwertbar.

Die eigentliche örtliche Therapie umfasst, entsprechend den verschiedenen pathologischen Befunden, auf die wir stossen können, und entsprechend der verschiedenen Zahl und dem oft versteckten Sitz der Reizstellen, das ganze Arsenal aller Behandlungsmethoden, die wir in der Behandlungslehre der akuten und chronischen Endzündungen in den oberen Luftwegen kennen gelernt haben.

Das allgemeine Princip muss sein, die nötigen Eingriffe ohne langes Zögern in einer oder möglichst in wenigen Sitzungen vorzunehmen. Denn viele hysterische, neurasthenische und alle anämischen Personen ertragen fortgesetzte lokaltherapeutische Eingriffe chirurgischer Art schlecht. Die nervösen Allgemeinerscheinungen können sich verschlimmern, und das muss unter allen Umständen vermieden werden. Ich rate daher, in allen zweifelhaften Fällen nicht gleich mit Feuer und Schwert vorzugehen, sondern zunächst reaktionslosere, und doch die Hyperästhesie sicher herabsetzende Methoden zu versuchen. Oft habe ich mit der Applikation der Vibrationsmassage oder in den dafür geeigneten Fällen die elektrolytische Methode in einer Sitzung[2]) mit demselben günstigen Erfolge verwandt, wie ich das früher nur vom Galvanokauter oder den chemischen Ätzungen (Chromsäure, Trichloressigsäure) gekannt hatte. Mat hat dabei den Vorteil, dass die bei diesen und den rhinochirurgischen

[1]) SCHEINMANN. Zur Diagnose und Therapie der nasalen Reflexneurosen. Berliner klin. Wochenschrift 1889. IV. N. 11.
[2]) s. Kap. 5.

Methoden folgenden Verschwellungen und die damit nicht selten sich einstellenden reaktiven Verschlimmerungen vollkommen vermieden werden.

Motilitätsstörungen.

1. Hyperkinetische Motilitätsstörungen.

Die zuerst zu betrachtenden Formen tragen den Charakter tonischer
oder klonischer Krämpfe. Sie bestehen allein im Rachen oder allein
im Kehlkopf, oder sie sind in beiden zusammen etabliert. In beiden
Fällen können die spasmodischen Erscheinungen nur innerhalb der oberen
Luftwege vorhanden sein, oder sie sind von gleichen Störungen in anderen
benachbarten oder entfernteren Gebieten begleitet. Bei einseitigem Auftreten spasmodischer Erscheinungen kann die andere Seite sich normal
verhalten, Störungen der Sensibilität allein oder solche der Motilität im
entgegengesetzten Sinne als Parese oder Lähmungen aufweisen. Schliesslich sind, wie wir gesehen haben, die hyperkinetischen Motilitätsstörungen
zu einem grossen Teil von solchen der Sensibilität begleitet oder wenigstens eingeleitet.

Die allgemeine ätiologische Betrachtung der spasmodischen Hyperkinesen lässt in erster Reihe organische Erkrankungen des Centralnervensystems, sodann von funktionellen Neurosen die Hysterie erkennen. Sodann folgen alle diejenigen Umstände, welche Reflexneurosen bedingen, denn auch unter diesen finden wir, wie schon bekannt,
als Endresultat hyperkinetische Erscheinungen. In einer ganz kleinen
Reihe von Fällen schien es sich um nur im Rachen lokalisierte Begleiterscheinungen von Erkrankungen des Trigeminus oder Facialis zu
handeln. Von akuten Infektionskrankheiten sind nur der Tetanus und
die Hydrophobie zu nennen.

Unter den Erkrankungen der nervösen Centralorgane steht voran
an Häufigkeit des Vorkommens, wie der Beteiligung der oberen Luftwege die Tabes mit einer Reihe derjenigen Erscheinungen, die im Bereich des Vago accessorius vor sich gehen und von denen wir hier nur
auf die spasmodischen eingehen. Wir werden aber noch andere laryngeale Tabessymptome unter den hypokinetischen Erscheinungen kennen
lernen. Eine verhältnismässig seltene Form der tabischen Hyperkinesen
sind auf die Schlingmuskeln allein beschränkte klonische Krämpfe, wie
sie OPPENHEIM[1]) als Pharynxkrisen beschrieben hat. Der Anfall dauert
mehrere Minuten bis zu einer halben Stunde, es können 24 Schlingbe-

---

[1]) l. c. S. 122.

wegungen auf die Minute kommen, wobei man ein glucksendes, gurren-
des Geräusch hört.   Der Pharyngismus lässt sich nach dem genannten
Autor gewöhnlich durch einen Druck auslösen, der zur Seite des oberen
Kehlkopfabschnittes in die Tiefe dringt.   Etwas häufiger sind die reinen
Larynxkrisen.   Die Dauer eines derartigen laryngospastischen Anfalls ist
verschieden.   Sie setzen mehr oder weniger plötzlich ein, manchmal von
länger dauernden Parästhesieen eingeleitet; dem krampfhaften Verschluss
entspricht ein tönendes, lang gezogenes Geräusch während der Inspiration.
Bald stehen nun die einleitenden Parästhesieen[1]) mehr im Vordergrund,
bald der mit ihnen einsetzende Krampf.   Die öfters folgenden, keuch-
hustenähnlichen Anfälle erzeugen ebenso wie bei Pertussis eine sehr
starke Dyspnoe und Cyanose.

Von den centralen Veränderungen (Ependymitis im vierten Ventrikel
oder subependymäre Sklerose) kann der Vagoaccessoriuskern verschont
bleiben, und es finden sich sekundäre, beziehentlich periphere Veränderungen an den Nerven selbst[2]) (Faserschwund, Atrophie einzelner Fasern
im recurrens oder Vagusstamm).   Das erklärt die Verschiedenheit der
klinischen Befunde, sowie besonders das Phänomen, dass die Larynxkrisen jahrelang ohne Lähmungserscheinungen bestehen können.   Häufig
ist ausser den einleitenden Parästhesieen, die leicht beim Essen,
Sprechen, Schlucken oder durch psychische Erregung entstehen, noch eine
dauernde Druckempfindlichkeit am Innenrand des sternocleidomastoideus
nachzuweisen.

Klonische rythmische Krämpfe des Gaumens und der Kehlkopfmuskulatur zusammen sind mehrfach und bei verschiedenen centralen
Veränderungen als Teilerscheinungen, neben anderen je nach dem Sitz,
der Art und der Ausbreitung der centralen Erkrankung wechselnden
Symptomen, beschrieben worden.   Nur in zwei bisher beschriebenen
Fällen bestand dabei der klonische Rachen- und Kehlkopfkrampf einseitig, so in dem einen[3]) von SCHEINMANN beschriebenen links neben einer
Lähmung der rechten Gaumensegelhälfte.   Es erfolgten nicht weniger
wie 160 Zuckungen in der Minute.   Während der Respiration zeigte
sich noch, dass die zuckenden Bewegungen des linken Stimmbandes
adduktorische waren.   Es handelte sich um Syphilis, die zu einem apo-
plektischen Insult geführt hatte.   Ein Pendant dazu bildet der andere
bei derselben Gelegenheit erwähnte Fall GERHARDT's[4]) von rechtsseitigem

---

[1]) s. oben.
[2]) Über Vaguserkrankungen bei Tabes. OPPENHEIM. Berl. klin. Wochenschr. 1885.
[3]) SCHEINMANN. Ein Fall von einseitigem chronischem Rachen- u. Kehlkopfkrampf.
Deutsch. med. Wochenschrift August 1894.
[4]) l. c. S. 74.

Accessoriuskrampf, bei dem Zuckungen der rechten Hälfte des Velum palatinum regelmässig erfolgten und das Stimmband der gleichen Seite ruckweise krampfhafte Öffnungsbewegungen machte. Ein besonderes Interesse hat die Gegenüberstellung dieser Fälle durch den von GERHARDT gegebenen Hinweis auf die bekannten Experimente von SEMON und HORSLEY. In dem ersten Falle würde, wie GERHARDT ausführt, der Krankheitsheerd cerebral entsprechend dem Centrum der Adduktoren und Spanner in der Hirnrinde, in dem zweiten mehr in der Medulla oblongata entsprechend dem Sitz der Innervation der Abduktoren zu suchen sein.

Nach abgelaufener epidemischer Cerebrospinalmeningitis sah OPPEN-
HEIM[1]) in einem Falle, neben anderen Symptomen chronischer Meningitis der hinteren Schädelgrube und eines encephalitischen Heerdes der linken Ponshälfte, auch rhythmische, 80 Mal in der Minute auftretende Zuckungen des Gaumensegels und der Stimmbänder. — Den nystaktischen Augapfelbewegungen parallelisiert hat BAGINSKI[2]) einen auf schwerer chronischer Hysterie beruhenden Fall einer Kranken, bei welcher Stimmbänder und Arytknorpel etwa 50 Mal in der Minute regelmässige zuckende Bewegungen zeigten, die die Stimmbänder ungefähr bis zu der Ruhestellung näherten.

Während der letzten Lebensmonate fortdauernde klonische Zuckungen des Gaumensegels und des Kehlkopfes beobachtete OPPENHEIM[3]) bei einem Tumor des Kleinhirns, der auf die Medulla oblongata drückte. ROSEN-
BERG sah bei einem Kranken mit Paralysis agitans[4]) der Schüttelbewegung des Kopfes oder der Arme isochrone Kontraktionen des Gaumensegels auftreten, die aber nicht dauernd, sondern nur bei psychischer Erregung sich einstellten.

Sehr selten sind ausschliesslich auf den Kehldeckel beschränkte Motilitätsstörungen, wie sie von KÜSSNER[5]) beschrieben wurden. Der Kehldeckel legte sich, der Beobachtung K.'s zufolge, auf den Kehlkopfeingang und hob sich anscheinend spontan und unabhängig von Atmungs- und sonstigen Reizen wieder auf. Die Dauer des Verschlusses betrug meist einige Sekunden, manchmal aber mehr. Ausser diesen mehr langsam verlaufenden Bewegungen, mit denen anfallsweise auftretende Atembeschwerden zusammenfielen, sah man noch leichtere zuckende, die indes nicht zum Verschluss führten. K. deutet diese Erscheinung als Krampf

---

¹ l. c. S. 482.
²) Berl. klin. Wochenschrift 1892.
³) l. c. S. 541.
⁴) l. c. S. 163.
⁵) Berl. klin. Wochenschrift 1891.

der Mm. thyreo- und aryepiglottici, welche zusammen als Depressoren des Kehldeckels wirken, während dessen aufrechte oder halb aufrechte Stellung nicht durch Muskelkräfte, sondern nur durch die elastischen der Bänder und Schleimhautfalten bewirkt wird, durch die die Epiglottis mit dem Giessbecken- und Schildknorpel, mit Zunge und Pharynx in Verbindung steht.

Zwischen den durch organische Erkrankung des Centralnervensystems und den peripher bedingten Hyperkinesen stehen diejenigen, die wir als Reflexneurosen ansehen müssen, insofern wir hier meistens peripherische Veränderungen und daneben solche in den Bahnen oder kortikal gelegene annehmen müssen, die die Reflexerregbarkeit pathologisch zu steigern im stande sind. Hierher gehören ziemlich sicher einige Fälle von nasalen Reflexneurosen, in denen, zum Teil neben Facialiskrämpfen, klonische Krämpfe des Velums ausgebildet waren, die mit der Beseitigung der nasalen Veränderung rückgängig wurden. In einigen anderen waren Trigeminusneuralgieen die einzigen Primärerkrankungen, von denen die Spasmen des weichen Gaumens ausgingen. Im übrigen ist unter den funktionellen Neurosen des Centralnervensystems wiederum die Hysterie diejenige Erkrankung, die am häufigsten zu Spasmen, und zwar zu Pharyngo- und Laryngospasmen führt. LEO hat neuerdings einen Fall von männlicher Hysterie beschrieben, in dem der Glottiskrampf nicht diagnosticiert wurde — es wurde keine laryngoskopische Untersuchung gemacht — und der Tod eintrat. Viel seltener finden wir Laryngospasmus bei Chorea und bei der Epilepsie, wo er meist mit Zwerchfellkrampf kombiniert auftritt. Dagegen ist der Tetanus eine Erkrankung, bei der die frühzeitige Beteiligung der Schlund- und Rachenmuskulatur an den tonischen Krämpfen regulär auftritt und ebenso der krampfhafte Glottisschluss die höchsten Grade der Atemnot hervorruft, da er mit krampfhafter Inspirationsstellung des Thorax verknüpft ist. Die Dysphagie beim Tetanus führt indes nur selten zu den furchtbaren Schlingkrämpfen, die der zweiten von uns genannten Infektionskrankheit eigentümlich sind, nämlich der Hydrophobie.

Die bisher erhobenen laryngoskopischen Befunde dabei sind nicht übereinstimmend.

Während PITT[1]) während des Anfalles die Glottis weit offen fand, konnte SCHRÖTTER[2]) in zwei Fällen mit aller Bestimmtheit einen Krampf der Schliesser nachweisen. In dem Falle PITT's handelte es sich um das seltene Ereignis eines tonischen Krampfes der Erweiterer, wobei

[1]) G. N. PITT. Guys Hosp. Reports. 1884. Ref. im Int. Centr. 1, S. 251.
[2]) l. c. S. 385.

also, ähnlich wie bei dem oben erwähnten klonischen Abduktorenspasmus, eine Störung medullärer Natur angenommen werden musste. Semon gab schon in seiner Analyse des Pitt'schen Falles die Erklärung für das Offenstehen der Glottis bei dem Krampf, dass bei der gewaltigen Erregung des Respirationscentrums tonische inspiratorische Impulse zu den mit diesem Centrum in Beziehung stehenden Gangliencentren der Glottiserweiterer geleitet würden, diese in starke Erregung versetzten und eine krampfhafte, einige Sekunden dauernde Kontraktion der Postici auslösten. Lange Zeit existierte nur eine Beobachtung Fräntzel's[1]), in der ein Spasmus der Erweiterer mit gleichzeitiger Lähmung der Verengerer zu Grunde gelegen hat. Er fand bei der Intonation und bei gewöhnlicher starker Exspiration äusserste Inspirationsstellung. Die Phonation und der Husten vollzog sich vollkommen tonlos. Es scheint aber unter dem Einfluss schwerer Hysterie, wenngleich offenbar sehr selten, primärer Krampf der Glottiserweiterer vorkommen zu können. Przedborski[2]) fand in einem derartigen Fall die Rima während der Respiration ad maximum geöffnet, die Phonationsbewegungen erhalten, doch gingen nach dem Akt die Stimmbänder sofort auseinander und blieben den Seitenwänden des Larynx anliegend. Die Ausatmung war laut, stossweise, explosiv, gleich dem Entweichen des Dampfes aus einer Lokomotive.

Eine besondere Stellung nimmt klinisch wie ätiologisch der Spasmus glottidis des kindlichen Alters ein. Hier tritt zumeist ein vollständiger Glottisschluss ein (Apnoe, Wegbleiben), dem erst nach einer sekundenlang dauernden Pause eine ziehende oder pfeifende Inspiration folgt. Husten fehlt gänzlich, und schon dadurch ist ein Unterschied von der Tussis convulsiva gegeben[3]), mit der er manchmal verwechselt wird. Beim Laryngospasmus der Erwachsenen wird gewöhnlich noch etwas Luft durchgelassen, es kommt selten oder garnicht zur Apnoe und im Anfall hört man eine Reihe mehr oder minder langgezogener misstönender Inspirationsphasen, getrennt durch die laute, kurz dauernde Ausatmung. Beiden Formen des Spasmus gemeinsam ist die hochgradige Atemnot und der plötzliche, von der Phonation unabhängige Eintritt des Krampfes. Die meisten Pädiater läugnen die von einigen behauptete ätiologische Bedeutung der rhachitischen Craniotabes für den kindlichen Glottiskrampf und ebenso die Annahme Oppenheimer's und Rosenthal's, dass der Anfall durch einen von der vena jugularis auf den

[1]) Charitéannalen VI, 1881, S. 271.
[2]) Monatsschrift f. Ohrenheilkunde 1893, No. 11.
[3]) Vgl. Schwechten, Grundriss d. Kinderkrankheiten.

vagus im foramen jugulare ausgeübten Druck hervorgerufen würde. Es ist bekannt, dass zwar die meisten Anfälle von Glottiskrampf bei Kindern günstig enden; in einer Anzahl von Erkrankungen sind aber Todesfälle während der Attacke beschrieben worden. Allgemein anerkannt wird die Bedeutung einer falschen, unzureichenden oder auch einseitig überreichlichen Ernährung.

Bei Erwachsenen hat der Laryngologe hier und da Gelegenheit, bei lokaltherapeutischen Eingriffen geringere Grade des Laryngospasmus zu beobachten. Wie hier, wirkt auch das unbeabsichtigte Eindringen von Fremdkörpern, die Aspiration von Speiseteilen oder Flüssigkeitspartikeln beim Fehlschlucken, bei erhaltener oder durch Krankheitsprocesse, sei es welcher Natur auch immer, erhöhter Sensibilität.

Abgesehen von den früher schon genannten Ursachen, sind nun noch solche periphere, auf die Recurrentes wirkende Reize zu nennen, welche nur gelegentlich stärker auf die Nerven einwirken, ohne jedoch die Leitung vollkommen zu unterbrechen. [BRESGEN[1].] Wir haben also an dieselben Ursachen zu denken, die bei völliger Kompression zur Lähmung führen müssen und dürfen danach erwarten, dass in einer gewissen Reihe von Fällen peripherer (neuropathischer) Lähmung die Beobachtung oder wenigstens die Anamnese dyspnoische, scheinbar laryngospastische Anfälle nachweisen lässt. Das ist indes nur in den seltensten Fällen herauszubekommen, wie ich mich in den letzten Jahren überzeugt hatte. Es können nämlich die präliminaren Laryngospasmen nur ein oder wenige Male zeitlich getrennt auftreten, nur ganz kurze Zeit dauern, blitzartig verschwinden und trotz des augenblicklich grossen Angstgefühls vergessen werden. Ich behandle augenblicklich einen unserer bekanntesten Schauspieler mit rechtsseitiger Recurrenslähmung, der erst nach mehrwöchentlicher Behandlung sich eines Tages entsann, dass 1½ Jahre zuvor ein Anfall von Stimmritzenkrampf ihn erfasst hatte, trotzdem sich nun herausstellte, dass das zur grossen Beängstigung der Zuhörer sich auf offener Scene ereignet hatte und der Vorhang hatte fallen müssen.

Wie die Glottiskrämpfe zu erklären sind, die Recurrensläsionen begleiten oder sie einzuleiten scheinen, ist noch ungewiss. SEMON[2] nimmt an, dass bei einer plötzlichen Reizung eines Recurrens ein Anfall dyspnoischer Natur ebensowenig zu erwarten ist, wie bei der dauernden Medianstellung eines Stimmbandes. Er weist darauf hin, dass man einmal an direkte Kompression der Luftwege (bei Aneurysmen), dann aber

---

[1] Berl. klin. Wochenschr. 1887.
[2] J. C. 1893. S. 572.

cher an Reizung des Vagus resp. Laryngeus superior zu denken haben
wird.

Der nervöse Husten ist uns ebenfalls schon bei der Besprechung
der Reflexneurosen begegnet. Hier ist noch zu erwähnen, dass er ebenso
wie der Laryngospasmus von anderen hyperästhetischen Zonen, besonders durch Vermittelung der Hysterie, Neurasthenie, auf der Basis
anämischchlorotischer Zustände oder durch Vermittelung psychischer
Erregung entstehen kann. Bekannt ist der Gehörgangshusten; er entsteht durch Berührung der Haut des äusseren Gehörgangs. Ich kenne
einen Fall, in dem ein nervöser Husten, der allen möglichen Behandlungsweisen widerstanden hatte, nach der Entfernung eines Ceruminal-
pfropfes verschwand. Es sind auch einige Fälle berichtet, in denen durch
Reizung der äusseren Haut Hustenattacken ausgelöst wurden.

ROSENBACH[1]) unterscheidet eine paroxysmale Form und das kurze
trockene Hüsteln, zusammengesetzt aus drei bis vier ganz gleichen, durch
keine inspiratorische Pause getrennten, räuspernden Bewegungen.

Bei jener folgt einer kurzen Inspiration, die durch Lufttreibung, nicht
aber durch Glottisschluss tönend wird, eine Reihe kurzer, bellender
Hustenstösse ohne besondere Dyspnoe oder Cyanose. In beiden Formen
ist, abgesehen von geringen Veränderungen, wie Rötung und Schwellung
an den Stimmbändern und der hinteren Wand nach dem Paroxysmus,
das Fehlen weiterer Erscheinungen im Kehlkopf und ebenso der Mangel
der Expectoration charakteristisch.

Weitere Momente sind nach ROSENBACH das Aufhören der Anfälle
während der Nacht und bei Ablenkung der Aufmerksamkeit, das auffallend geringe Betroffensein der Kranken nach anscheinend sehr schweren Anfällen und endlich der Erfolg einer rein psychischen Therapie.
— Die paroxysmale Form findet sich bei beiden Geschlechtern in der
Jugend und in den Entwickelungsjahren, die zweite meist bei Frauen.
Übrigens giebt es Übergänge zwischen beiden Formen.

Auf eine wichtige, bei der Auskultation zu Tage tretende Folgeerscheinung länger dauernden, nervösen Hustens hat ebenfalls ROSENBACH
aufmerksam gemacht. Es ist die Veränderung des inspiratorischen Atem-
geräusches über der hinteren Partie der Lungenspitzen. Es ist abgeschwächt,
unbestimmt oder hauchend, öfters durch klangloses, kleinblasiges oder
knisterndes Rasseln ersetzt, das übrigens nach einigen Atemzügen wieder
verschwunden sein kann. Perkutorisch ist keine Veränderung vorhanden. Als Ursache dieser Erscheinungen nimmt ROSENBACH einen durch
die häufige starke Exspiration bedingten leichteren Grad von Atelectasen-

¹) Berl. klin. Wochenschrift 1887, No. 43, 44.

Bildung an. — Der nervöse Husten kann jahrelang bestehen und neben den rein örtlichen noch andere Folgen für das meist schon von Anfang an labilere Nervensystem mit sich bringen, so weitere Steigerung der Reizbarkeit, Gemütsdepression u. dgl.

Therapie.

Soweit die hyperkinetischen Motilitätsstörungen von organischen Veränderungen peripherer und centraler Natur abhängig sind, hängt ihr Verlauf, ihre Prognose, ihre Erkennung und Behandlung mit der dieser Grundleiden so vollkommen zusammen, dass über diese Dinge nur auf die Lehrbücher der einschlägigen Fächer verwiesen werden kann. Es kann nicht unsere Aufgabe sein, auf die Diagnose der Hysterie, der in Frage kommenden organischen Hirn- und medullären Erkrankungen, auf die Pathogenese der Hydrophobie oder des Tetanus hier einzugehen.

Die örtliche Untersuchung begegnet, wo die Erscheinungen der Spiegeluntersuchung zugänglich sind, keinen Schwierigkeiten. Zuckungen der Rachen-, Schlund- oder Kehlkopfmuskulatur sind durch die gewöhnliche Spiegeluntersuchung leicht genug nach Art und Zahl festzustellen; sogar die Annäherung und Entfernung der Vorderlippen des Tubenwulstes von der hinteren ist mehrfach postrhinoskopisch gesehen worden. Aber auch, wo eine Spiegeluntersuchung im Anfall nicht möglich ist, wie bei dem kindlichen Spasmus glottidis, sind die Erscheinungen, die man hört und sieht, so charakteristisch, dass eine Verwechslung — gegen die wir die nötigen Fingerzeige schon kennen gelernt haben — kaum möglich ist.

Die Behandlung des Laryngospasmus zerfällt in die des Grundleidens und die des Anfalls. Der Spasmus glottidis der Kinder kann im Anfall zunächst versuchsweise durch Hautreize oder, wie KÜRT empfahl, durch Reizung der sensibeln Trigeminusendigungen der Konjunktiva und der Nasenschleimhaut behandelt werden. Andere empfehlen die Anlegung von Derivantien auf die äussere Haut in Gestalt von Canthariden-Einpinselungen auf die Hals- und die Brustbeingegend oder das Aufdrücken heisser Schwämme. Bei lang dauernden, sich häufig wiederholenden Anfällen schwächlicher, hochgradig rhachitischer Kinder sei man indes nicht zu sehr exspectativ. Es kann nötig sein, der drohenden tödlichen Asphyxie durch den Katheterismus oder die Tubage der Luftröhre zu begegnen, ja es kann die Tracheotomie notwendig werden. Regelung der Ernährung, wo nötig sofortige Ableitungen auf den Darm, alsdann alle Mittel der antirhachitischen Therapie, unter denen ich neben den üblichen Bädern Phosphor mit Leberthran nach KASSOWITZ sehr nützlich finde, bilden die Hauptmomente für die allgemeine Behandlung.

Die laryngospastischen Anfälle der Erwachsenen bedingen sorgfältige
Behandlung aller örtlichen Veränderungen. Im Anfall selbst ist zunächst
ein ähnliches Regime, wie bei der infantilen Form, zu versuchen, in
leichteren Fällen ist jede Behandlung im Anfall unnötig. In schweren
bleiben wiederum nur die Intubation, bezichentlich die Tracheotomie zur
Verhütung des Erstickungstodes übrig. Doch sind diese schweren Fälle
sehr selten. Die Hauptsache ist auch hier die Behandlung des Grundleidens. Eine medikamentöse Behandlung zur Herabsetzung der Reflexerregbarkeit der Larynxschleimhaut, etwa mit Bromsalzen oder Chinin,
kann doch immer nur vorübergehend helfen und vor der dauernden
Anwendung dieser Präparate, wie derjenigen der narkotischen Mittel bei
Neurasthenikern, hysterischen Personen und bei anämisch-chloritischen
Zuständen ist im ganzen eher zu warnen. Um so wichtiger sind die
physikalischen Heilmethoden, die Hydrotherapie in denjenigen ihrer Formen, die eine anregende und roborierende Wirkung auf die peripheren
Nerven und damit rückwärts auf die Centralorgane äussern. Dazu gehört natürlich eine Kenntnis dieser Methoden. Nichts wäre schlimmer,
als wie es leider öfters geschieht, durch eine forcierte „Kaltwasserkur"
wirken zu wollen, die das Gegenteil des zu Erstrebenden herbeiführen
würde.

Für die Behandlung des nervösen Hustens hat ROSENBACH eine
psychische Behandlungsmethode vorgeschlagen — alle anderen sind zweifelhaft. Bei Kindern genügt nach dieser Richtung in manchen Fällen
schon die Ankündigung eines operativen Eingriffs oder einer anderen,
Unlustgefühle weckenden Anordnung, um den Reflex zu hemmen. Demnächst folgt die Erprobung des faradischen Pinsels, eventuell mit Isolierung. Bei Erwachsenen wendet er eine Art Lungenfreigymnastik an,
aus tiefem Atemholen und -anhalten bestehend, wobei ein — zunächst
temporäres — Unterdrücken des Hustenanfalls geübt wird.

Diese Übungen werden mehrmals täglich von dem Arzte persönlich
geleitet und dann ausgedehnt werden müssen. Vielleicht wird es manchmal lohnen, die Hypnose in solchen Fällen als Heilfaktor heranzuziehen,
um die suggestive Einwirkung zu erleichtern. Gewiss ist, dass diese
psychische Behandlung, der wir auch in der Behandlung mancher Formen der hypokinetischen Störungen begegnen werden, grosse Anforderungen an beide Teile stellt.

2. Koordinationsstörungen (Dyskinesen).

In diese Gruppe gehört eine Reihe von Motilitätsstörungen, von
denen ein gut Teil noch sehr wenig genau bekannt ist. Manche sind
nur in einem oder wenigen Exemplaren beschrieben. In einigen

dieser Fälle handelt es sich um Teilerscheinungen solcher Koordinationserscheinungen, welche infolge bestimmter centraler Veränderungen sich auch an anderen Stellen eingefunden haben. Hierher gehören unpräcise oder nicht vollständig durchgeführte Bewegungen, wie sie gelegentlich bei der Tabes, bei der Dementia paralytica und bei der Sklerose en plaques gefunden worden sind. Bei den beiden ersten giebt es, wiewohl sehr selten, zuckende und saccadierte Bewegungen beim Schliessen, wie beim Öffnen (SCHRÖTTER, KRAUSE, REJHI). Bei der disseminierten Sklerose kommen, neben spasmodischen Erscheinungen, erschwerte und verlangsamte Stimmbandbewegungen vor, daneben Intentionszittern (ROSENBERG). Bei diesen und anderen Erkrankungen sind aber diese Erscheinungen einmal höchst selten und zweitens deshalb nicht als pathogonomisch anzusehen, weil die meisten davon auch ohne diese sogar konstant bei vollkommen gesunden Menschen vorkommen können. (SCHRÖTTER.)

Es sind aber auch bei sonst gesunden Personen ausschliesslich Koordinationsstörungen im Kehlkopf beobachtet worden, die, wie es scheint, durch Überanstrengung des Organs hervorgerufen waren und als Beschäftigungsneurose gelten können. Wir werden dies als die verschiedenen Formen der Mogisphonie kennen lernen. (B. FRÄNKEL.) Sodann gehören hierher der phonische und der inspiratorische Stimmbandritzenkrampf. Hier äussert sich eine der gewollten entgegengesetzten Bewegung nur im Moment der beabsichtigten Exspiration oder Phonation. Zum Schluss folgen die perversen Stimmbandbewegungen.

B. FRÄNKEL[1]) hat als Mogisphonie einen Zustand beschrieben, der sich bei Personen, die beruflich ihren Kehlkopf besonders anstrengen müssen, entwickeln kann. Er stellt ihn parallel einer anderen Beschäftigungsneurose, dem Schreiberkrampf. Wie es dort eine spastische, eine tremorartige und eine paralytische Form giebt, so auch hier. Die spastische fällt mit dem zusammen, was als phonischer Stimmritzenkrampf bezeichnet wird. Das ist eine Koordinationsstörung, welche nur im Moment der beabsichtigten Phonation eintritt, und zwar indem statt der Phonationsstellung eine vollkommene krampfhafte Verschlussstellung mit Aphtongie oder wenigstens eine dieser sehr nahestehende mit Dysphtongie eintritt. Es ist das also ein nur mit der Exspiration und der Intention zum Phonieren eintretender Krampf.

Die tremorartige Mogisphonie äussert sich als unfreiwilliges, nicht zu unterdrückendes Tremolieren der Stimme. Die paralytische als

[1] Berl. klin. Wochenschrift 1887

schmerzhafte Ermüdung beim Singen, Predigen oder dergleichen berufs-
mässigen stimmlichen Leistungen, während die Sprache für die gewöhnliche Phonation vorhanden ist. Simulation, nervöse oder hysterische
Grundlagen sind auszuschliessen. Therapeutisch hilft nur Ruhe, Massage
und vielleicht die Elektrisation.

Noch schwer lösbare Beziehungen und Verbindungen herrschen
zwischen dem Gebiet der perversen Aktion der Stimmbänder und dem
inspiratorischen Stimmritzenkrampf. Die verkehrte Bewegung der Stimmbänder besteht in einer Adduktionsbewegung im Moment der Inspiration.

Der Erste, der sie beschrieb, war wiederum B. FRÄNKEL (1878). In
seinem Falle war sie nach einer postdiphtheritischen Erweitererlähmung
entstanden und zeigte eine exspiratorische Öffnungsbewegung und inspiratorischen Glottisschluss. Wie MACKENZIE hervorgehoben, finden sich
leichtere Grade inspiratorischer Einwärtsbewegung bei gesunden Personen
während der laryngoskopischen Untersuchung, veranlasst durch die Erregung der Aufmerksamkeit auf die Kehlkopf- und Stimmbandbewegung
oder unter dem Einfluss einer psychischen Erregung während der Untersuchung. Die Anomalie kann aber auch andauern und eine Affektion
sui generis darstellen (SEMON). Ob unter gewöhnlichen Umständen eine
Störung daraus resultiert, wird vor allem von dem Grad der inspiratorischen Annäherung abhängen. Geschieht dies über die Gleichgewichtsstellung hinaus, etwa bis nahezu zur Verschlusstellung, so muss inspiratorische Dyspnoe eintreten.

Wie RIEGEL[1]) zeigte, kommen noch wechselvollere Bilder zu stande
bei primärer Parese der Erweiterer. Gerade mit leichteren Paresen der
Postici kommen nämlich, wie es scheint, sekundäre perverse Adduktions-
bewegungen besonders leicht zu stande.

Die Prognose des phonischen, wie des respiratorischen Stimmritzen-
krampfes ist im allgemeinen quoad vitam als günstig zu bezeichnen,
wiewohl eine Beobachtung von einer Kombination beider Formen vorliegt, die zur Tracheotomie führte. Bei den phonischen Krämpfen scheint
wiederum eine systematische psychische Therapie auf der Grundlage physiologischer Sprachübungen eine günstige Wirkung entfalten zu können.
ROSENBERG hat bei einem Falle von inspiratorischem Glottiskrampf von der
fortgesetzten Intubation — ein Mittel, das sich hier gegen die Dyspnoe,
sozusagen von selbst empfiehlt — Erfolg gesehen. Eine befriedigende
Erklärung der phonischen und inspiratorischen Krämpfe, sowie der perversen Bewegung überhaupt lässt sich bisher nicht geben.

---

[1]) Berl. klin. Wochenschrift. 1881. Zur Lehre v. Motilitätsneurose d. Kehlkopfes.

3. Hypokinetische Motilitätsstörungen.

Übersicht.

Sie umfassen die Einschränkung und die Aufhebung der Beweglichkeit. Wir haben schon eine Reihe von Fällen kennen gelernt, in denen Hypokinesen neben Spasmen und Koordinationsstörungen bestanden. Ferner haben wir bei verschiedenen Gelegenheiten der mechanischen Bewegungsstörung und Aufhebung gedenken müssen. Hier liegen zunächst keine Nervenstörungen vor, meistens entzündliche Infiltrationen in der Umgebung der Muskulatur oder in dem Muskel selbst. So bei akuten Entzündungen, den submukösen Katarrhen, gummösen und tuberkulösen Processen u. s. w. Begreiflich ist, dass diese Processe neben Schädigung der fibrillären Elemente der Muskelsubstanz auch periphere Nervenerkrankungen in den von ihnen erreichten Bezirken bewirken können. Dann gesellt sich zu der myopathischen eine neuropathische Motilitätsstörung. Umgekehrt kann eine neuropathische Lähmung, wenn sie einige Zeit bestanden hat, durch sekundär hinzutretende Atrophie der unthätigen Muskeln kompliciert werden.

Für die Nase kommen zuerst die Lähmungen des levator alae nasi in Betracht. Sie bilden gewöhnlich eine Teilerscheinung der Facialislähmung, und wir wissen bereits, wie wir die so bewirkte Störung der nasalen Inspiration prothetisch zu behandeln haben. Es ist in dieser Beziehung keine Abweichung von der Behandlung der anderen Störungen vorhanden, die zu dem inspiratorischen Anklappen der Nasenflügel führen können.

Die Lähmungen des Gaumensegels kommen einseitig oder doppelseitig als Paresen oder Paralysen vor.

Die Lähmung kann beiderseitig gleich stark entwickelt sein, als doppelseitige Parese oder Paralyse, oder sie ist doppelseitig, aber ungleich, z. B. auf der einen Seite Parese, auf der anderen Paralyse. Central wie peripher bedingte, einseitige wie doppelseitige Gaumensegellähmungen sind oft von Stimmbandlähmungen begleitet: so bei den verschiedensten Erkrankungen des verlängerten Markes, den nach aufwärts sich verbreitenden spinalen Erkrankungen, den bulbären Kernlähmungen, der disseminierten Sklerose, der progressiven Muskelatrophie und bei der Tabes. Bald Gaumensegel- und Stimmbandlähmung zusammen, bald diese allein begleiten als Ausdruck der Vagoaccessoriuskern- oder Stammerkrankung diejenigen der anderen Hirnnervenkerne und -Stämme, des Hypoglossus, des Facialis, des Glossopharyngeus oder sie gehen, wie die Stimmband-

lähmungen bei der Tabes, den anderen Erscheinungen voran und bilden
ein diagnostisch bedeutsames Frühzeichen.

Gaumensegellähmungen allein finden wir als Begleiterscheinungen
der peripheren Facialislähmungen, wenn deren Krankheitssitz oberhalb
des Ganglion geniculi gelegen ist.

Für beide Gruppen kommen dann alle jene peripheren und Central-
erkrankungen in Betracht, deren wir bei der Ätiologie der Hyperkinesen
gedachten, sofern die Natur der ursächlichen Störungen eine Aufhebung
der centrifugalen Leitung bewirkt. Apoplexie. Traumen, Hirntumoren.
Aneurysmen der Vertebralis und Basilaris, Sarkome, Echinokokken an
der hinteren Schädelgrube, basale Erkrankungen der Dura, des Knochens,
Caries tuberculosa, syphilitische Processe. Sodann alle jene Erkrankungen,
die den Vagusstamm nach dem Verlassen der Schädelhöhle und weiter-
hin den Recurrens treffen können. Operationstraumen, der Druck von
Geschwülsten, Adenomen, Strumen, Karcinomen des Pharynx, tief liegenden Atheromcysten, Halsabscesse, dann intrathoracische (mediastinale) Tumoren, Bronchialdrüsenpackete, auch pleurale und pericar-
diale Ergüsse. Verhängnisvoll können dem rechten Rekurrens Verdickungen und Schwielenbildungen der rechten Lungenspitze werden,
an deren Innenseite er verläuft, und Aneurysmen der Anonyma oder
Subclavia, um die er sich herumschlägt, während linksseitige Rekurrenslähmungen durch Druck von Aneurysmen der Aorta selbst zu stande
kommen können. Zu der Gruppe der toxischen Neuritiden überleiten
uns die nach Infektionskrankheiten zu stande kommenden Formen, als
deren Typus uns die postdiphtheritischen gelten können. In ähnlicher
Weise kommen sie aber auch bei Typhus, Scharlach, Pocken, Malaria
und Influenza vor, wenngleich lange nicht in der Häufigkeit, wie nach der
Diphtheritis. Ihnen würden sich die saturninen und die auf chronischem
Alkoholismus beruhenden Formen anschliessen. Bei diesen gehen,
wie wir schon gesehen haben, periphere und centrale Nervenstörungen
nebeneinander her.

Die Neurasthenie und die Hysterie sind auch für die hypokinetischen Störungen eine der häufigsten centralen Ursachen. Einmal wegen
der nasalen oder rhinopharyngealen Reflexneurosen, wovon schon die
Rede war. Sodann auch ohne einen solchen Zusammenhang, oft durch
Vermittelung einer plötzlich wirkenden psychischen Erregung. — Noch
rätselhaft sind die Fälle von reinen peripheren Rekurrenserkrankungen[1],
in denen bald oder später eine Gaumensegellähmung nachweisbar wurde.
Hier kann von einer Reflexwirkung nicht die Rede sein, da der Recur-

---

[1] D. Motilitätsneurosen des weichen Gaumens

rens keine centripetalen Fasern führt. Beachtenswert erscheint RETHI's Erklärung, dass da vielleicht eine gegen das Centrum fortschreitende Degeneration das Übergreifen des Processes auf die Gaumennerven vermittelt habe. In' zwei Fällen, die AVELLIS[1]) beschrieben hat, trat die Gaumensegellähmung erst nach einem halben Jahre hinzu.

Symptomatologie und Diagnose.

Um eine hypokinetische Störung des Gaumensegels bei der Inspektion festzustellen, muss man eine Bewegung des Velums machen lassen. Ist sie einseitig, so bleibt die gelähmte oder paretische Seite ganz oder teilweise zurück und man sieht die bei ganz gerader Kehlkopfhaltung richtig hervortretende unsymmetrische Gestaltung am unteren Velumrande. Aber auch bei doppelseitiger, gleichmässiger Lähmung ist die aufgehobene oder mangelhafte Hebung leicht wahrzunehmen. Auf die Lage des Zäpfchens ist weder bei ein-, noch bei doppelseitiger Lähmung viel zu geben. da es median stehen, nach der gesunden oder nach der kranken Seite hinsehen kann. Vermutlich ist die diagnostische Verwertung der Stellung des Zapfens, wie ich mit RETHI annehmen möchte, schon desshalb ausgeschlossen, weil die asymmetrische Entwickelung des Azygos uvulae schon bei gesunden Personen zur Schiefstellung des Organs führen kann.

Die konstanten Begleitsymptome der Gaumensegellähmung, die Störungen des Schluckaktes, das Regurgitieren und die besonders grosse Gefahr dieser Symptome bei gleichzeitiger Anästhesie und mangelndem Kehlkopfverschluss, sowie die mit der Velumlähmung verbundene charakteristische Störung der Sprache (Rhinolalia aperta) sind uns bereits wohlbekannt.

Was die hypokinetischen Störungen der Stimmbänder anlangt. so weist bekanntlich die Anatomie, besonders die Myologie und Neurologie, noch viele strittige Punkte auf und ebenso ist die Physiologie der Phonation in manchen Gebieten noch wenig angebaut. Auf beiden Gebieten werden einzelne Dinge von verschiedenen Autoren verschieden gelehrt. Nichtsdestoweniger weist die Betrachtung der myopathischen Lähmung eine Reihe verschiedener, ziemlich konstanter Veränderungen des gewöhnlichen Bildes auf, die als Ausdruck der Insufficienz oder des Thätigkeitsausfalls bestimmter einzelner Muskeln oder Muskelgruppen angesehen werden dürfen.

Fig. 47.
Doppelseitige Transversuslähmung (Phonation).

[1]) Klin. Beiträge zur halbseitigen Kehlkopflähmung. Berl. klin. Wochenschrift. Oktober 1891.

Es handelt sich zunächst um die Spanner und Schliesser. Die Störungen betreffen nur die Phonation.

1) Am einfachsten ist der Ausfall der Mm. transversi zu verstehen. Unterbleibt die ihnen obliegende Annäherung der Arytknorpel, so steht die Knorpelglottis offen. Im Moment der Phonation zeigt der ligamentöse Teil der Glottis die Phonationsstellung, der kartilaginöse die Gestalt eines gleichschenkligen Dreiecks.

2) Der Ausfall der Thyreoidei interni bewirkt, dass die Straffung der adducierten Stimmbänder ausbleibt; der freie Rand wird bei der Phonation unscharf, exkaviert erscheinen und die Stimmbänder können infolge dessen sehr wenig oder garnicht mehr in Vibrationen gesetzt werden, die zur Stimmgebung taugen. Die Lähmung der Interni kommt ein- oder doppelseitig vor und kann die verschiedensten Heiserkeitsgrade bis zur schlimmsten Dysphonie mit sich bringen. Gottstein weist auf diese Verschmälerung der Stimmbänder hin. Nach ihm verlieren sie wahrscheinlich an Breite, weil ihnen die gelähmten Muskeln nicht die normale Form und Festigkeit geben können.

Fig. 48.
Lähmung der Interni
(Phonation).

3) Eine Kombination dieser hinteren dreieckigen Spalte (Transversuslähmung) mit der elliptisch klaffenden Bänderglottis (Lähmung der

Fig. 49—50.

Lähmung der Transversi und der Interni
(Phonation).

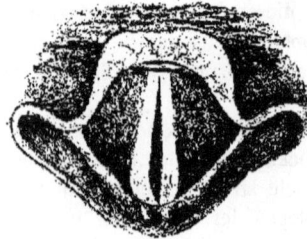

Einseitige Lähmung d. H. cricoarytaenoideus
lateralis (Phonation). Nach Wagner.

Interni) wird als sanduhrförmige Stimmritze bezeichnet. Sie deutet auf eine kombinierte Lähmung der genannten Muskeln. Auf einen bei dieser Kombination leicht entstehenden Irrtum, der durch Annäherung der Taschenbänder bei Phonationsversuchen entsteht, hat ebenfalls Gottstein aufmerksam gemacht. Er hat beobachtet, dass diese Erscheinung zu der fälschlichen Annahme einer entzündlichen Taschenbandschwellung als mechanischer Ursache der Stimmstörung geführt hat.

4) Sind diese funktionstüchtig, der Cricoarytaenoideus lateralis auf einer oder beiden Seiten aber gehemmt, so werden die vorderen und hinteren Abschnitte der Stimmbänder adduciert, dagegen bleibt ein Spalt in der Ebene der Spitzen der Stimmfortsätze. Ausschliessliche, ein- oder doppelseitige, Lateralisparesen machen wenig Störungen. Sie werden übrigens nur selten als gelegentliche Nebenbefunde erhoben.

Während die genannten Muskeln vom Recurrens versorgt werden — Oxodi spricht allerdings den transversi auch Fasern vom Laryngeus superior zu — wird der nun noch übrigbleibende Spanner, der Mm. cricothyreoideus von dem (gemischten) oberen Kehlkopfnerven motorisch versehen.

Ob aber ausschliesslich oder auch noch mit durch Rekurrensfasern ist nicht mit Sicherheit zu sagen: die Beobachtung, dass nach reiner Rekurrenslähmung ohne Schädigung des Superior Atrophieen des Crico-thyreoideus vorkommen, lässt diese Annahme zu. Die Aktion des Crico-thyreoideus — die Annäherung des Schild- und Ringknorpels — kann palpatorisch geprüft werden. Phonatorisch sind leichte Ermüdbarkeit, Verminderungen des Stimmumfanges in der Höhe und der Stärke, und Heiserkeit angegeben. Was die laryngoskopischen Merkmale anlangt, so geben einige Beobachter an, dass der freie Rand bei der Phonation wellig erscheine, andere legen Gewicht darauf, dass bei einseitiger oder auf einer Seite stärkerer Lähmung das erkrankte oder stärker erkrankte Stimmband tiefer steht. M. Schmidt empfiehlt als Kontrolexperiment den Ringknorpel palpatorisch, von aussen dem Schildknorpel entgegenzu-drängen, wobei eine Verbesserung der Stimme hörbar werden muss. Bei der Seltenheit isolierter Lähmungen des Cricothyreoideus wird die begleitende Anästhesie, deren prognostische Bedeutung wir schon be-sprochen haben, für die Diagnose besonders wertvoll sein; bei einseitiger Affektion ist also stets die Sondenprüfung daraufhin anzustellen.

Hypokinesen bei Hysterie.

Während die Gaumensegellähmung, sowie die paralytische Dysphagie zu den seltensten hysterischen Lähmungen gehören, treten die nahen Beziehungen der Lautgebung zu dem Gemütsleben auf das deutlichste hervor durch die grosse Häufigkeit der hysterischen Stimmbandlähmungen. Sie sind meistens doppelseitig und betreffen gruppenweise die Spanner und Schliesser. Der plötzliche Eintritt und die Form der Adduktoren-lähmungen sind so charakteristisch, dass nach Gerhardt's[1] treffendem

---

[1] Deutsche med. Wochenschrift 1878.

Ausspruch diese Symptome ebensogut zur Diagnose der Hysterie verwertet werden können wie eine Hemianalgesie. Es können gleichzeitig die uns schon bekannten Sensibilitätsstörungen der Rachen- und Kehlkopfschleimhaut vorhanden sein, und zwar ist Hypästhesie in diesen Fällen häufiger, als die gesteigerte Empfindlichkeit. Die elektrische Erregbarkeit bleibt erhalten. Es können alle Spanner und Schliesser gleichzeitig betroffen sein oder nur ein einziges Paar, und zwar dann meistens die Transversi, oder man findet Kombinationen der Transversus- und Internus- oder dieser beiden mit der Lateralislähmung. Seltener sind die Thyreoarytaenoidei oder die Laterales allein betroffen. In leichteren Fällen ist nur die Sprechstimme fort, während tönendes Husten möglich ist. Auf irgend einen peripherisch wirkenden Reiz hin kann dann sofort wieder die Lautgebung eintreten, nicht immer freilich, um dauernd dazubleiben. Nicht selten hören die Kranken zu ihrem eigenen Erstaunen die Stimme wiederkommen, sowie der Kehlkopfspiegel angelegt wird. In anderen Fällen genügt eine einfache Sondenberührung oder die Einblasung eines indifferenten, leicht reizenden Pulvers. Offenbar wirken diese Dinge rein psychisch, indem die reflektorisch erzeugte kräftige Adduktion mit der einmaligen Lautgebung, die sie mit sich bringt, die Vorstellung der wiedergewonnenen Fähigkeit verknüpft. In schwereren Fällen sind aber diese Mittel wirkungslos oder sie bringen nur während der Dauer ihrer Bewegung die Stimme wieder.

Von der hysterischen Aphonie zu trennen ist die hysterische Stummheit (Schreckaphasie, Mutismus hystericus, Apsithyrie[1]). Während bei jener zwar die Stimme eingebüsst, aber die artikulatorische Fähigkeit und die Flüstersprache erhalten ist, ist hier jede Fähigkeit zu Sprechversuchen verloren gegangen. Es werden gar keine artikulatorischen Bewegungen zu Sprechzwecken mehr gemacht, während sie für alle anderen Zwecke erhalten sind. Das Symptom charakterisiert diese Erkrankungen und macht die Erkennung leicht genug.

Oppenheim[2]) sah einmal komplicierende Agraphie. Es giebt Fälle beider Art, die Wochen und Monate lang dauern. Mit der Länge des Stimmverlustes kommt offenbar Inaktivitätsatrophie in den gelähmten Muskeln zu stande.

Nach der Anschauung Ziemssen's und einer Beobachtung Schreiber's[3]) sollen bei Hysterischen auch transitorische Lähmungen der Öffner vorkommen.

[1]) Von ψίθυρος Flüstern mit α privativum.
[2]) l. c. S. 658.
[3]) Deutsche med. Wochenschrift 1878.

Wahrscheinlicher ist aber bei dem Mangel laryngoskopischer Beobachtungen, dass da eine hyperkinetische Motilitätsstörung (inspiratorischer
Stimmritzenkrampf) vorgelegen habe. Bei funktionellen Störungen können wir als Regel annehmen, dass die Gruppe der Verengerer fast stets
allein afficiert ist (SEMON).
Ganz anders liegen die Verhältnisse bei den jetzt zu besprechenden

Lähmungen bei organischen Läsionen der motorischen Kehlkopfnerven.

ROSENBACH[1]) und unabhängig von ihm SEMON[2]) haben gefunden, dass
bei progressiven organischen Läsionen der motorischen Kehlkopfnerven
von der Medulla oblongata abwärts die Glottiserweiterer zuerst ausschliesslich ergriffen werden.
Die Lähmung der Musculi cricoarytaenöidi postici, die bekanntlich
die einzigen Erweiterer sind, kann eine vollständige oder unvollständige,
einseitige oder doppelseitige sein. Ist der Posticus einer Seite insufficient, so ist die Auswärtsbewegung des Stimmbandes geringer, als auf
der anderen Seite, ist seine Funktion
ausgefallen, so steht es infolge der
Aktion der Schliesser fest in der
Medianlinie. Dabei ist die Spannung
und Vibration erhalten, die Phonation
ist so gut wie garnicht gestört, laryngostenotische Erscheinungen kommen
nur in leichten Graden und nur bei
stärkeren Anstrengungen vor, abgesehen vom frühesten Kindesalter, wo
Dyspnoe eintreten kann (SOMMER-
BRODT). Fehlt Gaumenlähmung und

Fig. 51.
Lähmung beider Postici
(Stellung nach tiefer Inspiration).

bleibt die Lähmung auf einen Postikus beschränkt, so können die
Störungen so geringfügig sein, dass die Postikuslähmung unentdeckt
bleibt. Bei der Untersuchung sieht man während der Phonation keine
Abweichung. Beide Stimmbandränder werden scharf und vibrieren, und
erst während der Respiration zeigt sich, dass nur die eine Seite Erwei-
terungsbewegungen ausführt, während das gelähmte Stimmband in der
Mittellinie bleibt.
Sind beide Seiten gelähmt, so entwickelt sich in demselben Maasse,
als die Stellung der Stimmbänder sich der Medianlinie annähert, eine

---

[1]) Breslauer ärztliche Zeitschrift 1880.
[2]) Archiv f. Laryngologie, Vol. II, No. 3, 1881

inspiratorische Dyspnoe. Tritt der Schwund der Erweitererfasern sehr allmählich ein, so ist es auch hier erstaunlich, welche Grade der Verengerung bei der langsamen Ausbildung ertragen werden können. Freilich rächt sich die unter solchen Umständen öfters von den Kranken ausgehende Verweigerung der Tracheotomie durch die unheilvolle, schliesslich zu unerwartet plötzlichen Todesfällen führenden Folgen der chronischen Kohlensäureintoxikation. Bei schnellerer Entwicklung kann auch die Dyspnoe schnell eintreten und stürmischen Charakter annehmen, so dass alsbald zum Luftröhrenschnitt gegriffen werden muss.

Laryngoskopisch findet man, dass bei der doppelseitigen Postikuslähmung nun gar noch eine inspiratorische Annäherung der Stimmbänder zu stande kommt; öfters besteht eine tönende Inspiration heulenden Charakters. Das wird bedingt durch den Inspirationsstrom, der bei seinem Eintritt die groben Schwingungen der juxtapponierten Stimmbänder macht. Die Phonation ist wiederum ungestört. Werden durch Fortschreiten des ursächlichen Processes die zu den Schliessern und Spannern gehenden Fasern des Rekurrens auch noch ergriffen, so tritt, wie ich bei einem Falle doppelseitiger Lähmung, wo die Tracheotomie verweigert wurde, sehr gut beobachten konnte, zunächst eine Besserung der Larynxstenose ein mit gleichzeitiger Verschlechterung der Stimme, indem zunächst die Thyreoarytaenoidei interni ausfallen. So bildete sich z. B. in dem erwähnten Fall auf beiden Seiten Exkavation der Stimmbandränder aus und die Atmung wurde freier.

Alsdann mit dem Ausfall der Schliesser hört die paralytische Kontraktur dieser Gruppe auf und das Stimmband bleibt fixiert, etwa in der Mitte zwischen Respirations- und Medianstellung. Bei beiderseitiger Lähmung bildet die ganze Stimmritze ein gleichschenkliges Dreieck. Die Bilder, welche sich, diesen Gesetzen entsprechend, bei Postikuslähmung der einen und kompleter Rekurrenslähmung der anderen ergeben, sind wiederum leicht zu konstruieren.

Kommt es zur Heilung durch Elimination der Krankheitsursache und Regeneration der Nervenleitung, so ist die Reihenfolge genau die entsprechend umgekehrte, indem das Bild der kompleten Rekurrenslähmung erst durch dasjenige der Postikuslähmung hindurch zu der normalen Beweglichkeit übergeht.

Die komplete Rekurrenslähmung ist auch einseitig schon mit schweren Phonationsstörungen verknüpft. So lange nicht kompensierende Hyperadduktionen das gesunde Stimmband heranzubringen vermag, kann nur geflüstert werden, während wegen Ausfalls der Glottisenge der Exspirationsstrom in Mengen ungenutzt herausgeht. (Phonatorische Luftverschwendung.) In manchen Fällen, besonders traumatischer Lähmungen, ist allerdings eine sofortige Kompensation des Bewegungsausfalles durch die gesunde Seite beobachtet worden. Der Ausfall der Stimmbandschwingungen kann bei der Palpation der Schildknorpelhälften auch von aussen her festgestellt werden. Indess ist das eine nicht sehr sichere Untersuchungs-

a.   b.

Fig. 52—53.

Linksseitige Recurrenslähmung.

a) Respiration.   b. Phonation (mangelhafte Kompensation)

methode. — Eine ungewöhnlich hohe Pulsfrequenz, ohne dass Erkrankungen des Cirkulationsapparates oder fieberhafte Störungen nachweisbar sind, spricht für neuropathische, den Vagus betreffende Ursachen der Lähmungen[1]).

Von besonderem Interesse ist die Thatsache, dass bei Erkrankungen, beziehungsweise Verletzungen, eines Vagus statt der kompensierenden Überbewegung der gesunden Seiten eine Paralyse zu stande kommen kann.

Während Druck auf den Rekurrens einer Seite stets nur zu einseitiger Kehlkopfmuskellähmung führen kann — wie wir schon gesehen haben — kann Druck auf den Stamm eines Vagus entweder doppelseitige Krämpfe oder doppelseitige Lähmung bewirken [Johnson[2]]. „Trifft ein Reiz den Vagusstamm, ohne die Leitung vollständig zu zerstören, so kann er, durch die sensitiven Fasern zum Centrum fortgepflanzt, auf beide in kommissuraler Verbindung stehende Vagus- und Accessoriuskerne übertragen und nunmehr eine nach Dauer, Stärke und Angriffspunkt des Reizes verschiedene Motilitätsstörung, unter Umständen eine ungleichnamige (Krampf auf der einen, Lähmung auf der anderen Seite) ausgelöst werden. Lang anhaltende, den einen Vagus treffende Reize, können schliesslich vermutlich zu nachweisbaren Strukturveränderungen führen[3])".

Die klinisch- und die pathologisch-anatomischen Forschungen haben gelehrt, dass auch bei organischen centralen Erkrankungen, also bei

[1]) Edinger. Vagusneurosen. Eulenburgs Realencyklopädie.

[2]) Transaction of the Royal med. and chir. society, Vol. XIII, p. 29.

[3]) Semon. Berl. klin. Wochenschrift. 1883.

Bulbärleiden, die Gangliencentren der Erweiterer früher erliegen, als die
der Verengerer. Natürlicher Weise sind Eintritt und Ausdehnung der
Erscheinungen sehr wechselnd nach dem Sitz, der Art und der Ausbreitung der zu Grunde liegenden Processe. Bei der Tabes ist z. B.
schon das Verhältnis zu den Larynxkrisen ein wechselndes. In einigen
Fällen bestehen diese jahrelang ohne Lähmungen. In anderen sind die
motorischen Reizerscheinungen von Lähmungen begleitet. Endlich stehen
den Krisen ohne Lähmungen noch Fälle gegenüber, in denen ausschliesslich Paralysen ohne jede motorische Reizerscheinung ein- oder doppelseitig zu stande kommen und sogar das erste Symptom der Tabes bilden
können[1]), so dass sicher der Rat SEMON's alle Beachtung verdient, jeden
Fall von Postikusparalyse auf das Vorhandensein der Kniephänomene
u. s. w. zu prüfen. Auffällig ist der verhältnismässig seltene Befund von
Rekurrensparalysen gegenüber den bedeutend häufigeren Postikuslähmungen. Ähnliche Verhältnisse bieten die anderen, mit bulbären Erkrankungen verknüpften centralen organischen Störungen[2]).

Die von ROSENBACH und von SEMON erhobenen Befunde, deren allgemeine Giltigkeit von SEMON erwiesen wurde, die grössere Vulnerabilität der Erweiterefasern des Rekurrens haben einerseits zu
der Aufstellung einer Reihe von Erklärungsversuchen des Phänomens
der Medianstellung bei Postikuslähmungen geführt, deren Aufzählung
uns zu weit führen würde, andererseits sind sie, besonders von
KRAUSE[3]), angezweifelt. K. sah die Medianstellung nicht als Effekt
einer Paralyse an, sondern als die Folge einer neuropathischen Kontraktur aller Kehlkopfmuskeln, unter denen dann die Verengerer das
Übergewicht erlangten.

Indes mehrten sich die klinischen und physiologischen Beweismittel
gegen die Annahme einer Kontraktur und für die Erklärung des Befundes nach SEMON's und ROSENBACH's Deutung. So sprachen folgende
Thatsachen dafür, dass ein Unterschied bereits in der biologischen Zusammensetzung der beiden in Frage kommenden Muskelgruppen und
Muskeln mit Einschluss der Nervenendigungen existiert, entsprechend
dem Dienst des Kehlkopfes für die beiden verschiedenen Funktionen
der Atmung und der Stimmbildung.

---

[1]) WEIL. Lähmung d. Glottiserweiterer als initiales Symptom der Tabes. Berl.
klin. Wocheuschrift. 1886. No. 13.
[2]) Eingehende Zusammenstellung der Litteratur und eigener Befunde findet man
in GOTTSTEIN's bekannter Monographie: Larynxaffektionen im Zusammenhang mit Erkrankungen des Centralnervensystems.
[3]) VIRCHOW's Archiv 1884, Band 98. 1885, Band 102.

1) Nach dem Tode sterben die Erweiterer früher ab, als die Glottisschliesser[1].

2) Die Wirkung allmählicher Abkühlung auf den Nervus recurrens zeigt sich darin, dass der Postikus früher gelähmt wird, als die Glottisschliesser[2]. (B. FRÄNKEL und GAD.)

3) Die Resultate der Trennungsversuche des Rekurrens an Lebenden (ONODI, RUSSEL). RUSSEL fand, dass die Fasern für die Erweiterer und diejenigen für die Schliesser bis zu den Endigungen getrennt werden können, und dass unter gleichen atmosphärischen Verhältnissen die Erweiterer- vor den Schliesserfasern ihre Leitungsfähigkeit verlieren.

Therapie.

Auch die Behandlung der hypokinetischen Motilitätsneurosen zerfällt in die lokale und in die des Grundleidens. Oft genug wird dessen Natur, wenn es sich um fortschreitende irreparable Zerstörungen centraler und peripherer Natur handelt, nur eine palliative Therapie gestatten, und es muss dahingestellt bleiben, wieviel bei bulbären und cerebralen Ursachen durch die centrale Galvanisation und die Applikation des Induktionsstroms peripher auf die gelähmten Muskeln geleistet werden kann. Schlucklähmungen, besonders wenn Kehlkopfanästhesie besteht, erfordern die grösste Aufmerksamkeit; die Anwendung der Schlundsonde ist zur Ernährung und zur Verhütung der drohenden Aspirationspneumonie erforderlich. Am günstigsten stehen noch die syphilitischen Processe da, wenngleich bekanntlich die cerebrale Lues nicht selten gegen jede antisyphilitische Behandlung sich spröde erweist.

Günstig sind von den peripheren neuropathischen Lähmungen die nach den Infektionskrankheiten zu stande kommenden; über diesen Gegenstand können wir auf die bei den postdiphtheritischen Lähmungen gegebenen Ausführungen verweisen.

Die Behandlung komprimierender Tumoren der Halsgegend ist in den bekannten Grenzen der chirurgischen Therapie zugänglich.

Die der Aneurysmen ist, soweit die operative ausgeschlossen erscheint, nach v. LANGENBECK's Empfehlung einer Einwirkung hoher Dosen der Jodsalze nicht ganz unzugänglich.

Die myopathischen Lähmungen erfordern zunächst eine Beseitigung der örtlichen Veränderungen, soweit diese durch die Lokaltherapie mög-

[1] SEMON und HORSLEY: British medic. Journal. 1886 (Sept.).
[2] Centralblatt f. Physiologie 1889 (Mai).

lich ist. Sodann kommt die Massage, die perkutane und endolaryngeale Elektrisation und die Gymnastik in Anwendung. Das sind auch die lokal und psychich wirkenden Hauptmittel bei den hysterischen Lähmungen.

Prophylaktisch gegen die drohende Inaktivitätsparese wirksam und gleichzeitig ein ausgezeichnetes Übungsmittel sind die schon von Rossbach empfohlenen endolaryngealen mechanischen Reizungen der Kehlkopfschleimhaut durch die eingeführte Sonde.

Die psychisch-gymnastische Behandlung schwerer hysterischer Aphonie, sowie die der Apsithyrie ist oft sehr schwierig. Die suggestive Wirkung des zuerst auf irgend eine Weise erzeugten Tones benutzte schon v. Bruns[1]) mit Erfolg. Ob man dabei von aussen durch Kompressionsbewegungen oder durch Ausgehen vom Hustenton, oder von der inspiratorischen Stimme oder, wie es mir sich in letzter Zeit recht nützlich erwies, mit der Pressbewegung beginnend, den ersten Ton hervorruft[2]), ist gleichgültig. Es kommt eben nur darauf an, auf die Vorstellung dahin einzuwirken, dass der Kranke überzeugt wird, die phonatorische Funktion sei nicht erloschen. Bei jeder Methode kommt man nur zum Ziel, wenn man versteht, von da aus die psychische Therapie auch systematisch weiter zu leiten.

Kayser[3]) hat in die Therapie der hysterischen Stummheit zuerst das Princip eingeführt, die Kontrolle des Gesichts mittels der Autolaryngoskopie zur Herbeiführung richtig koordinierter Stimmbandbewegung zu benutzen. Das kann in einfachster Weise geschehen, indem der Kranke während der Untersuchung einen grossen Kehlkopfspiegel an den Reflektor des Untersuchers anlegt, um das eigene Kehlkopfbild aufzufangen oder, wie ich es letzthin in einem Fall mit gutem Erfolg geschehen liess, indem man dem Kranken sein Kehlkopfbild einfach in dem Noltenius'schen Spiegelchen kontrollieren lässt.

Die Beseitigung der hochgradigen Atemnot, welche plötzlich eintretende Postikuslähmungen beider Seiten zu verursachen pflegen, ebenso auch die Verhütung einer allmählich, aber sicher eintretenden Kohlensäureintoxikation bei langsam entwickelten doppelseitigen Erweitererlähmungen kann sicher nur durch die Tracheotomie geschehen. Nur

---

[1]) Die Galvanokaustik.

[2]) Näheres über die physiologische Verwertbarkeit der Zwischenstellung zwischen Verschluss und Fistelstimmstellung findet man in dem sprachphysiologischen Abschnitt unseres, neuerdings erschienenen Buches: Flatau u. Gutzmann. Die Bauchrednerkunst. (Ambr. Abel.

[3]) Zur Therapie der hysterischen Stummheit. 1893. Therapeutische Monatshefte.

wo diese nicht ausgeführt werden kann, ist ein Versuch mit der Tubage gestattet. In einem derartigen Falle gelang es mir[1]. den Kranken etwa ein Jahr lang in ganz leidlichem Zustande zu erhalten und seine stenotischen Erscheinungen wenigstens subjektiv wesentlich zu beeinflussen. Immer wenn die Tube einige Zeit gelegen hatte, fühlte sich der Kranke erleichtert und konnte stundenlang weit besser atmen. Einen Erfolg bezüglich der laryngoskopischen Erscheinungen konnte ich indes nur in sehr geringem Grade wahrnehmen.

---

[1] Verhdl. d. Berl. laryngologischen Gesellschaft, Bd. III, S. 53.

Sachregister.

www.ingramcontent.com/pod-product-compliance
Lightning Source LLC
Chambersburg PA
CBHW021345210326
41599CB00011B/761